150

Wissen für die Zukunft
Oldenbourg Verlag

Physik verstehen

Eine Einführung in die Denkweise der Physik.
Homogene Systeme

von
Prof. Dr. Rolf Schloms

Oldenbourg Verlag München Wien

Prof. Dr. Rolf Schloms studierte Physik an der RWTH Aachen, an der er auch in Theoretischer Physik promovierte. Nach Forschungs- und Entwicklungstätigkeiten am Fraunhofer-Institut für Lasertechnik, Aachen, lehrt er seit 1995 an der Hochschule Niederrhein in Krefeld und vertritt im Fachbereich Maschinenbau und Verfahrenstechnik das Lehrgebiet Physik.

Bibliografische Information der Deutschen Nationalbibliothek

Die Deutsche Nationalbibliothek verzeichnet diese Publikation in der Deutschen Nationalbibliografie; detaillierte bibliografische Daten sind im Internet über <http://dnb.d-nb.de> abrufbar.

© 2008 Oldenbourg Wissenschaftsverlag GmbH
Rosenheimer Straße 145, D-81671 München
Telefon: (089) 4 50 51-0
oldenbourg.de

Lektorat: Kathrin Mönch
Herstellung: Anna Grosser
Coverentwurf: Kochan & Partner, München
Gedruckt auf säure- und chlorfreiem Papier
Gesamtherstellung: Druckhaus „Thomas Müntzer" GmbH, Bad Langensalza

ISBN 978-3-486-58582-7

Inhaltsverzeichnis

Vorwort

Das Thema dieses Buches ist vielfältig motiviert. In meiner Tätigkeit als Hochschullehrer bin ich, als verantwortlich für die physikalische Grundausbildung angehender Ingenieure, mit einer Fülle von Anforderungen an dieses Fach konfrontiert. Neben der klassischen Vermittlung physikalischer Phänomene soll auch systemisches Denken eingeübt werden. Zunehmend sollen auch moderne Maschinenelemente und -prinzipien wie Piezoelemente, Wirbelstrombremsen, Lasertechnik etc. in der Physikvorlesung vorgestellt werden. Diesen Anforderungen steht eine Änderung der Bildungsstruktur der Studienanfänger gegenüber. Die jungen Menschen beherrschen heute eine riesige Anzahl von Phänomenen an ihrer Oberfläche, demgegenüber steht eine verminderte Fähigkeit, unter diese Oberfläche zu schauen und Phänomene zu strukturieren. Diese hier nur holzschnittartig wiedergegebene Situation war für mich Anlass, die Physikausbildung zu überdenken. Dieses Buch gibt Rechenschaft über die neuen Aspekte dieser Vorlesung. Mit diesem Buch erfüllt sich aber auch ein von mir lang gehegtes Projekt. In meiner Studienzeit habe ich das Buch „Energie und Entropie" der Professoren Dr. Falk und Dr. Ruppel mit großem Gewinn gelesen und mir vorgenommen, mein erlerntes Wissen daran zu spiegeln. Da man nur versteht, was man aufgeschrieben hat, ist dieses Buch der verspätete Abschluss dieses Projektes.

Auch dieses Physikbuch kommt nicht ohne Mathematik, der Sprache, in der unsere Erfahrungen und Denkschemata besonders kompakt formuliert werden können, aus. Hier ist die mathematische Darstellung aber mehr als symbolische Schreibweise zu verstehen. Wenn ich es für nötig gehalten habe, habe ich kleine Einschübe zur Verdeutlichung der Symbolik eingeführt. Sie erheben keinen Anspruch auf mathematische Exaktheit und Vollständigkeit.

Ohne Unterstützung wäre ein solches Projekt nicht möglich gewesen. Mein Dank gilt den Studierenden meines Fachbereichs, die mir durch ihre Fragen eine Rückmeldung gegeben haben; meinen Kollegen für die vielen Diskussionen, die mich bestätigt haben, dieses sich über sechs Jahre erstreckende Projekt zu beenden. Dem Verlag danke ich für die vertrauensvolle Zusammenarbeit und die Aufnahme eines etwas „schrägen" Physikbuches in sein Programm. Herrn Dipl.-Ing. Thomas Liepin danke ich für die Erstellung der Abbildungen, die er als Student angefertigt hat. Mein besonderer Dank gilt jedoch meiner Familie, die mir die notwendigen Freiräume geschaffen hat.

Sicher finden Sie, lieber Leser, in diesem Buch Fehler. Diese sind trotz der Unterstützung der Genannten allein mir zuzuordnen. Dennoch hoffe ich, dass Sie genug Anregungen für Ihr Studium oder Ihre Vorlesungen finden. Für Anregungen und Kritik (an rolf.schloms@hsnr.de) bin ich sehr dankbar.

Krefeld   Rolf Schloms

1 Einleitung

Die kulturelle Entwicklung des Menschen ist durch den Versuch, die Welt zu verstehen, geprägt. Die Welt als Ganzes ist vermutlich nicht zu verstehen, doch gibt es Phänomene in dieser Welt, die sich in der Geschichte oder an verschiedenen Orten wiederholen. Diese Phänomene kann man in natürliche und übernatürliche Phänomene unterteilen. Wir wollen bewusst nicht unnatürliche Phänomene sagen, da die übernatürlichen Phänomene stark mit der Religiosität einer Kultur verknüpft sind, die – wie die Vorsilbe „über" andeutet – eine höher stehende Qualität besitzen. Sokrates (469–399 v. Chr.) setzte den natürlichen Phänomenen das Wesen des Menschen gegenüber. Natürliche Phänomene zeichnen sich dadurch aus, dass sie aus sich selbst heraus erklärt werden können und sind im weitesten Sinne Gegenstand der Physik. Der Begriff „Physik" kommt aus dem Griechischen und kann mit „das Natürliche" übersetzt werden. Die Erklärung eines Phänomens als natürlich ist an Vorstellungen, Methoden und Konventionen geknüpft, die es erst ermöglichen, ein Phänomen zu verstehen.

Die Physik wird heute grob in eine experimentelle und eine theoretische Physik unterteilt. Der experimentellen Physik fällt dabei die Aufgabe zu, Phänomene systematisch zu untersuchen und zu beschreiben, während die theoretische Physik sich der Interpretation – der Veranschaulichung – dieser Phänomene zuwendet. Der Unterschied lässt sich vielleicht an den Literaturgattungen Erzählung und Roman deutlich machen. Eine Erzählung beschreibt eine Geschichte, wie der Autor sie erlebt oder erfunden hat. In einem Roman versucht der Autor eine Geschichte aus der Innenwelt der handelnden Personen zu entwickeln. Er interpretiert die Geschichte als Folge der Charaktere der Handelnden. In diesem Buch legen wir das Schwergewicht auf die Interpretation. Der Autor geht davon aus, dass dem Leser die meisten der hier vorgestellten physikalischen Phänomene bekannt sind, und will eine Hilfestellung im Sinne einer Darstellung des Denkschemas der Physik geben, so dass bekannte und neue Phänomene in dieses Denkschema eingeordnet werden können. Darüber hinaus bemühen wir uns, die Grenzen dieses Denkschemas aufzuzeigen, so dass aktuelle Fragestellungen der Physik besser verstanden werden können. Der mit der Physik schon vertrautere Leser wird erkennen, dass der Leitfaden dieses Buches die Thermodynamik ist und die physikalischen Phänomene – auch die der Mechanik – unter einem thermodynamischen Gesichtspunkt beschrieben werden. Für diesen Leserkreis sind auch die mathematischen Vertiefungen gedacht, die für das Grundverständnis nicht unmittelbar nötig sind, jedoch dem mit Mathematik Vertrauten ein wenig mehr Boden unter den Füßen verschaffen.

1.1   Das Natürliche

Physik beschäftigt sich mit natürlichen Phänomenen. In diesem Kapitel werden wir versuchen, die Aufgabe der Physik weiter einzugrenzen und wesentliche Begriffe der Physik kennen zu lernen. Wir definieren:

Ein Phänomen heißt natürlich, wenn der dem Phänomen zugrunde liegende Prozess aus sich selbst heraus erklärt werden kann.

Um uns diesen Satz zu veranschaulichen, betrachten wir das Phänomen der Liebe zwischen zwei Menschen. Die Prozesse, die wir dem Phänomen Liebe zuordnen, sind z. B. ein Verhalten der Partner untereinander, das von Dritten kaum nachvollzogen werden kann – eben verrückte Dinge tun. Wäre dieses Herumalbern natürlich, so könnte man es aus Kenntnis der einzelnen Personen voraussagen. In dem Adjektiv „verrückt" steckt schon die Unmöglichkeit dieser Voraussage. Liebe ist ein Phänomen, das in unserem Sinne übernatürlich ist oder noch nicht als natürlich identifiziert werden kann. In vielen Büchern wird Physik als die Lehre von der unbelebten Natur definiert, was darauf zurückzuführen ist, dass mit den heutigen Methoden der Physik lebenden Systemen nicht beizukommen ist. Ein Beispiel für ein natürliches Phänomen ist das Kühlen eines Getränkes durch einen Eiswürfel. Der Prozess wird durch die Zunahme bzw. Abnahme der Temperatur des Getränks bzw. des Eiswürfels beschrieben. Dieser Prozess ist eindeutig aus den Anfangstemperaturen bzw. Mengen des Eiswürfels und des Getränks bestimmt und vorhersagbar.

Die Beispiele machen den Unterschied zwischen physikalischen und unphysikalischen Phänomenen deutlich, doch bei genauerer Betrachtung sind an diese Definition Voraussetzungen geknüpft. Um dies einzusehen, stellen wir uns vor, es gäbe nur ein Liebespaar und ein Getränk mit Eiswürfeln auf der Welt. Die Einmaligkeit des Phänomens macht es uns jetzt unmöglich über die Natürlichkeit desselben zu entscheiden. Die Identifizierung eines Phänomens als natürlich setzt seine Wiederholbarkeit voraus. Erst wenn wir Getränk und Eiswürfel Hunderte von Male beobachtet haben, folgern wir, dass auch beim hundert und einten Mal das Phänomen beobachtbar ist. Die Identifizierung von natürlichen Phänomenen basiert auf Erfahrungen. Physik ist eine Erfahrungswissenschaft und physikalische Gesetze sind Erfahrungen, die sich immer und immer wieder bestätigt haben und deren Gültigkeit wir in die Zukunft extrapolieren. Es ist deswegen auch unmittelbar einsichtig, dass die Erklärung des Phänomens Liebe ungleich schwieriger sein wird.

Aus der Wiederholbarkeit ergibt sich als weitere Voraussetzung der Identifizierung eines natürlichen Prozesses die Möglichkeit der Zerlegung der Welt. Die Welt entwickelt sich im Lauf der Zeit ständig weiter. Um ein Phänomen zu reproduzieren, ist es notwendig, den Teil der Welt, der das an dem Phänomen Beteiligte enthält, von dem restlichen Teil der Welt zu trennen und in einen definierten Ausgangszustand zu versetzen. Erst wenn dies möglich ist, können wir davon ausgehen, dass das Phänomen reproduzierbar und aus sich heraus erklärbar ist.

Von der Voraussetzung der Zerlegbarkeit werden wir noch öfter Gebrauch machen. Wir weisen darauf hin, dass diese Voraussetzung operativ nicht beweisbar ist, also eine Vorraussetzung ist, die nur näherungsweise gilt. Es ist nicht möglich, irgendeinen Teil der Welt, und sei es nur ein Elektron, vom Rest der Welt zu trennen. Das überrascht vielleicht, da wir meistens ein mechanistisches Weltbild haben, das aus materiellen Körpern besteht, die im leeren Raum umherfliegen. Dieser Vorstellung liegt jedoch schon eine Zerlegung zugrunde. Die Welt zeigt sich aber vielschichtiger. Der Raum ist ein kompliziertes System, das alle diese umherfliegende Materie verbindet. Denken wir nur daran, dass das System Erde seine gesamte Vielfalt dem System Sonne verdankt, dass Ebbe und Flut Phänomene sind, die durch den Mond verursacht werden und über den Raum übertragen werden, oder dass es unmöglich ist, eine perfekte Thermoskanne, die ihren Inhalt vom Rest der Welt isoliert, zu bauen.

Die Unmöglichkeit, die Welt vollständig zu zerlegen, ist das zentrale Problem bei der Grenzziehung zwischen natürlichen und übernatürlichen Phänomenen. Die Vertreter der Auffassung, dass sich letztendlich alle Phänomene als natürlich erweisen, haben eben ein Weltbild, das dem mechanistischen sehr nahe kommt. Ein direkter Beweis dieses Weltbildes ist aber nicht möglich, so dass man auf indirekte Schlüsse angewiesen ist. In diesem Weltbild ist z. B. das universelle Menschenrecht der Unantastbarkeit der Würde des Menschen entweder ableitbar aus grundlegenderen Gesetzen oder auf einer Vereinbarung basierend. Das erste ist kaum vorstellbar, das zweite eine Katastrophe. Religiöse Menschen haben es dagegen oft sehr schwer zu verstehen, dass es überhaupt Phänomene gibt, die sich aus sich selbst heraus erklären – also nicht das Interesse ihres Gottes finden, da dieser sich nicht einmischt. Die skizzierte Grenze wird dann in Bewegung kommen, wenn es gelingt, einen lebenden Organismus aus Bausteinen aufzubauen. Es gibt Molekularbiologen, die solche Organismen noch in diesem Jahrhundert sehen. Wir sind gespannt. In jedem Fall bleibt die Existenz einer solchen Grenze unverständlich.

Einen Teil der Welt, der für das untersuchte Phänomen charakteristisch ist, nennen wir Anordnung. Eine Anordnung hat, wie das Wort schon ausdrückt, eine Struktur bzw. Ordnung. Diese Struktur ist notwendig, um die meisten Phänomene zu erklären. In der Struktur müssen wir die Ursache für das untersuchte Phänomen suchen. Phänomene in strukturlosen Anordnungen sind zufällig, mit anderen Worten nicht „vernünftig" zu erklären. Eine Anordnung ist i. A. wieder zerlegbar in ihre Struktur bildenden Konstituenten. Diese nennen wir Systeme; gekoppelte Systeme bilden eine Anordnung.

Die Beschreibung eines Phänomens geschieht mit Hilfe von Eigenschaften der Systeme, die sich durch die Kopplung mit den anderen Systemen ändern. Diese Beschreibung hat den Vorteil, dass bei Kenntnis der Systeme und der Kopplungen diese in neuen Anordnungen zusammengefasst werden können und damit neue Phänomene vorhersagbar werden. Diese Interpretation ist spezifisch für unser rationales Denken, und so lernen wir durch die Auseinandersetzung mit einfachen physikalischen Problemen sehr viel über unser Denken und die Funktionsweise rationaler Anordnungen, wie z. B. Unternehmen etc.

In dieser Interpretation erkennen wir schon das wegweisende Prinzip von Ursache und Wirkung. Erfahrungen können nur bis zur Gegenwart gewonnen werden. Die Ursache eines Phänomens ist bei einem natürlichen Phänomen in der Vergangenheit zu suchen. Bei der Beschäftigung mit unnatürlichen Phänomenen interpretiert man diese oft aus dem Bestreben, ein (in der Zukunft liegendes) Ziel zu erreichen. Vor Gericht entspräche dies der Suche nach einem Motiv. Ein solches Motiv kann zur Interpretation physikalischer Phänomene prinzipiell nicht herangezogen werden.

1.2 Das Programm „Physik"

Das Programm „Physik" besteht darin, die dem Menschen innewohnende Sehnsucht, die Welt zu verstehen, so weit als möglich zu erfüllen. Da das Verständnis von Anordnungen immer auf Erfahrungen aufbaut, ist das Programm „Physik" eine Gemeinschaftsaufgabe, zu der jeder mit seinen Erfahrungen beiträgt. Jeder, der an diesem Programm teilnimmt, muss sich verpflichtet fühlen, die von ihm gemachten Erfahrungen so weiterzugeben, dass andere sie nutzbringend weiterverwenden können. Dazu hat man schon sehr früh Normen und Regeln entwickelt. Diese Erfahrungen werden von den theoretischen Physikern interpretiert, so dass diese mit wenigen Regeln bzw. Gesetzen erklärt werden. Diese Interpretation ist vermutlich nie vollständig richtig, da permanent neue Erfahrungen gesammelt werden, die neu interpretiert werden müssen, ja ganz neue Interpretationsschemata erfordern. Die Elektrodynamik, die statistische Physik, die Relativitätstheorie und die Quantentheorie waren solche Umbrüche. Während Interpretationen wie von selbst neue Fragestellungen gebären, die wieder neue Anordnungen und Phänomene nach sich ziehen, also Wissen geschaffen wird, baut der Ingenieur auf Grund der Kenntnisse über Systeme und deren Kopplung Anordnungen – Maschinen und Anlagen – auf, in denen Prozesse ablaufen, die dem Menschen dienen und ihm helfen, die Welt zu gestalten. Die Physik ist die Grundlage der Ingenieurwissenschaften.

Von der Struktur und der Begrifflichkeit der Physik können wir dieses Programm mit dem Aufbau einer Sprache vergleichen, die, da sie nur den natürlichen Teil der Welt zu beschreiben versucht, auf diese Beschreibung hin optimiert ist. Diese Sprache ist in der Definition der verwendeten Begriffe und der Grammatik viel präziser als unsere Umgangssprache, kann aber auch weniger beschreiben. Sich mit Physik beschäftigen, erfordert im Wesentlichen eine neue Sprache zu erlernen. Da diese aber so ähnlich klingt wie unsere Umgangssprache, erscheint diese neue Sprache oft sehr schwierig, da der Anfänger die beiden Sprachen oft vermischt.

1.3 Die Struktur des Buches

Die Struktur des Buches richtet sich an dem soeben skizzierten Programm der Physik aus. Dazu werden wir im Kapitel „Das Wesen physikalischer Größen" aufzeigen, wie mit Hilfe von Messungen die Größen extrahiert werden, mit denen Phänomene beschrieben werden sollen. Auf spezielle Messtechniken werden wir dabei nicht eingehen, sondern nur das Prinzip herausarbeiten. In diesem Kapitel werden wir auch die wichtigsten Konventionen für ein Erfahrungsarchiv beschreiben. In dem Kapitel „Der Aufbau der Physik" werden wir das wichtigste Interpretationsschema der Physik kennen lernen. Dabei werden wir schon allgemeine Erfahrungen, die für alle bisher untersuchten Anordnungen gelten, in Hauptsätzen formulieren.

Nach diesen Vorüberlegungen, die den Rahmen bilden, in dem alles weitere eingeordnet werden kann, werden wir uns die wichtigsten Phänomene der Bewegung und der Wärmelehre erarbeiten und das Interpretationsschema anwenden. In dem Kapitel statistische Physik werden wir versuchen, verschiedene scheinbar widersprechende Interpretationen eines Phänomens ineinander zu überführen, was uns zu neuen Erkenntnissen führt. Wir beschränken uns dabei auf homogene Systeme.

Homogene Systeme sind strukturlos, d. h., die Vorgänge im Inneren eines Systems werden näherungsweise ausgeblendet. Eine Berücksichtigung dieser Vorgänge erfordert die Werkzeuge der Feldtheorie, die notwendig sind, um Phänomene der Wärmeleitung, der Hydrodynamik, der Elektrodynamik und der Quantentheorie zu beschreiben. Diese riesigen Gebiete der Physik werden hier also nicht beschrieben. Das Verständnis der homogenen Systeme liefert aber den Schlüssel zum Verständnis der Feldtheorie, in der die Systeme durch eine immer größere Anzahl von immer kleineren Subsystemen beschrieben werden.

2 Das Wesen physikalischer Größen

2.1 Einführung

Physikalische Größen sind die Begriffe, mit denen wir die Phänomene dieser Welt beschreiben. Sie entsprechen den Wörtern unserer Sprache, deren Bedeutung in einem Duden hinterlegt ist. Phänomene beschreiben wir in Sätzen, die aus Substantiven, Verben etc. gebildet werden. Physikalische Größen unterscheiden sich von den in unserer Umgangssprache verwendeten Wörtern lediglich dadurch, dass ihre Bedeutung eindeutig ist. Die deutsche Sprache kennt z. B. hunderte Verben, das Phänomen der Bewegung zu beschreiben. Beispiele sind laufen, gehen, fahren, wandeln, hüpfen, etc. Die physikalische Beschreibung der Bewegung erfolgt durch den Begriff des Bewegungszustandes, der durch die Geschwindigkeit charakterisiert wird. Wir wollen in diesem Kapitel zunächst nur untersuchen, wie man zu den Definitionen dieser Größen gelangt. Der „Duden der physikalischen Größen" sind die Normen, in denen Messvorschriften beschrieben werden. Um die Struktur dieser Normen zu erkennen, machen wir wieder von der Zerlegung Gebrauch.

In der Sprache wie auch in der Physik erfolgt die Definition der Begriffe durch einen Vergleich. Das Wort „wandeln" erzeugt beim Autor eine Assoziation mit der Bewegung in einem Museum, die eine gewisse Ziellosigkeit enthält. Das Verb „wandeln" enthält sowohl die Qualität „Bewegung" als auch die Quantität „Schnelligkeit der Bewegung", auf die der Zustand der Bewegung in der Physik reduziert wird. In die Sprache der Physik übertragen, wird die Geschwindigkeit des Gehens als Vergleichsnormal definiert und „wandeln" als der Bewegungszustand, der z. B. halb so schnell ist wie der des Gehens. Die Definition eines Wortes oder einer physikalischen Größe erfolgt immer durch einen Vergleich. Ein solcher Vergleich setzt immer eine Zerlegung der Welt voraus. Bei den Substantiven bzw. den Systemen der Physik ist dies unmittelbar einsichtig.

Die Zerlegung der Welt erfolgt zweckmäßig in Gruppen von Systemen, die ähnlich sind. Ähnlich heißt in irgendeinem Sinne vergleichbar. Den Begriff System wollen wir hier in seinem naiven Sinne als von etwas Lokalisiertem mit einer scharfen Abgrenzung zu seiner Umgebung gebrauchen. Wir denken aber auch daran, dass auch eine weltweit operierende Firma – obwohl nicht lokalisiert – als ein sinnvoll abgegrenztes System dargestellt werden kann. Gruppen von lokalisierten Systemen, wie wir sie in unserer Sprache bilden, wie Tische,

Menschen, Autos, etc., sind schon viel zu komplizierte Gebilde. Gemeinsames Merkmal der letztgenannten Systeme ist aber zum Beispiel die Längenausdehnung. Wir greifen nun ein System heraus und definieren es bezüglich der Längenausdehnung oder eines anderen Merkmals als Normal (früher war z. B. der Pariser Urmeter das Normal der Längenausdehnung). Das heißt, wir vergleichen alle Systeme mit dem Normal und geben an, wie oft das Normal an dem interessierenden System abgetragen werden kann. Das Ergebnis wird dann in der Art angegeben: Das untersuchte System ist *n*-mal so lang wie das Normal. Den geschilderten Vorgang nennt man Messung. Das Ergebnis der Messung ist eine physikalische Größe – hier die physikalische Länge eines Systems. Beschreiben wir ein System mit den Worten, es sei *n* Meter lang, so muss an irgendeiner Stelle hinterlegt sein, was das Normal ist und wie der Vergleich durchgeführt wurde. Damit ist die Beschreibung nahezu eindeutig. Für den Austausch von Erfahrungen mit Hilfe physikalischer Größen ist es aber auch notwendig anzugeben, wie genau die angegebene Größe ist, bzw. auf welche Weise die Messung durchgeführt wurde.

2.1.1   Die Messung

Wir wollen die Messung einer physikalischen Größe analysieren: Eine Messung ist immer ein Vergleich mit einem Normal, auch wenn dies im Alltag nicht immer augenfällig ist. Zur Durchführung der Messung benötigt man eine Messvorschrift, also eine Beschreibung des operativen Vorgehens. Die Genauigkeit der Messung hängt wesentlich von diesem operativen Vorgehen ab. Das Ergebnis der Messung ist eine Zahl, die das Vielfache des Systems bezüglich des Normals angibt. Da das Programm der Physik kein Projekt eines Einzelnen ist, sondern ein Menschheitsprojekt, und Anfangsbedingungen und Endresultate von natürlichen Phänomenen durch physikalische Größen beschrieben werden, hat man weltweite Standards eingeführt, die sich auf die Normale, die Messvorschriften und deren Darstellung beziehen.

Zu jeder physikalischen Größe existiert mindestens ein Normal. Das Normal ist ein System, das in idealer Weise vom Rest der Welt isoliert ist. Darüber hinaus sollte es bezüglich des Merkmals, anhand dessen es mit anderen Systemen verglichen wird, zeitlich unveränderlich sein. Dies gilt insbesondere für den Zeitraum der Messung. Beide Bedingungen sind nur näherungsweise zu erfüllen. Am Beispiel des Pariser Urmeters ist sehr schön zu sehen, was diese Anforderungen bedeuten.

Der Pariser Urmeter ist ein Stab aus Platiniridium, der im 19. Jahrhundert als Längennormal eingeführt wurde und viele lokale Längennormale wie die Elle, den Fuß etc. abgelöst hat.[1] Wie wir wissen, versucht jedes materielle System, die Temperatur seiner Umgebung anzunehmen. Mit dieser Zustandsänderung geht i. A. auch eine Längenänderung einher. Auch hier wollen wir die Sprache naiv gebrauchen und nicht auf die Frage eingehen, wie man diese Längenänderung misst, das Vergleichssystem ist ja der Urmeter. Dieses Problem kann

---

[1]   Der Urmeter definiert sich historisch aus dem 40.000.000ten Bruchteil des Erdumfangs, so dass man ein Normal definiert hat, das allen Nationen zugänglich ist und das damit den universellen Charakter der Physik unterstreicht. Für die damalige Zeit war dies ein revolutionärer Schritt, der den Aufbruch in unsere aufgeklärte Zeit symbolisiert.

man reduzieren, indem man das System besser vom Rest der Welt isoliert, indem man es z. B. in ein Hochvakuum einschließt und vor Strahlung schützt. Je besser diese Isolierung ist, desto unpraktischer wird das Normal jedoch. Zur Vermessung eines Systems muss dieses in das Hochvakuum gebracht werden. Für die Messung selbst muss man das zu vermessende System in Kontakt mit dem Normal bringen, dabei findet wieder ein Temperaturausgleich statt, das Normal und das System „ändern" sich während der Messung.

Es ist eine große Kunst, die im Verborgenen gepflegt wird, geeignete Normale zu entwickeln. Heute können wir ein praktikables Längennormal vom Rest der Welt isolieren, so dass eine Länge überall auf der Welt mit einem Unterschied von 10^{-14} m genau bestimmt werden kann. Normale für alle physikalischen Messgrößen sind in Deutschland bei der physikalisch technischen Bundesanstalt in Braunschweig hinterlegt. Schon aus praktischen Erwägungen heraus, nicht für jede Messung nach Braunschweig fahren zu müssen, fertigt man Duplikate von den Normalen an. Man nennt diese Duplikate Maßverkörperungen. In der Regel werden an diese Duplikate viel geringere Anforderungen gestellt. Ein Zollstock, wie wir ihn im Haushalt verwenden, muss i. A. eine Genauigkeit von 1 mm aufweisen. Das meint, bei einer gleichartigen Messung mit dem Zollstock und mit dem Normal darf bei Einhaltung der Messvorschriften das Ergebnis der Messung nur um 1mm voneinander abweichen. Dieser (systematische) Fehler der Maßverkörperung ist auf der Maßverkörperung vermerkt. Die operative Tätigkeit des Abgleichs zwischen Normal und Maßverkörperung nennt man eichen. Die Tätigkeit des Eichens darf nur vom Eichamt durchgeführt werden. Das Vergleichen und Anpassen von Maßverkörperungen untereinander, wie wir es im Labor durchführen, nennt man kalibrieren und gehört zu den täglichen wissenschaftlichen Arbeiten.

Ohne näher auf den komplexen Zusammenhang zwischen dem Normal und der Herstellung der Maßverkörperung einzugehen, wird klar, dass ein großer Anteil der Kosten eines Messgerätes auf die Eichfähigkeit entfällt und dass diese Kosten überproportional mit der Genauigkeit des Messgerätes zunehmen. Es empfiehlt sich daher, vor jeder Messaufgabe die Frage nach der benötigten Genauigkeit des Messgerätes zu stellen. Eine gewöhnliche Armbanduhr hält diesen Kriterien an ein Messgerät nicht stand. Armbanduhren, die als Messgeräte zugelassen sind, heißen Chronometer (in der Umgangssprache verwischt dieser Unterschied oft) und zeichnen sich i. A. durch viel höhere Preise aus.

Aus dem Vorangestellten wird deutlich, dass auch die operative Nutzung des Normals oder der Maßverkörperung Einfluss auf das Messergebnis hat: Nehmen wir zum Beispiel die Messung der Länge einer Schreibtischplatte. Dazu nehmen wir einen Zollstock (die Maßverkörperung) und legen ihn auf die Platte. Um sicher zu gehen, dass wir ihn auch genau an der Tischkante abtragen, legen wir unsere Hand an die Kante und drücken den Zollstock dagegen. Dieses Vorgehen ist Teil einer Messvorschrift. Bei der Ausführung dieser Vorschrift drücken wir den Zollstock jedoch in unseren Handballen, der unter dem Druck etwas nachgibt. Es bleibt eine Unsicherheit (Ungenauigkeit) bei diesem Messverfahren. Diese kann verringert werden, indem wir die Messvorschrift modifizieren und vorschreiben, immer ein planes Stück Hartholz als Anschlag zu benutzen.

Der Fehler der Maßverkörperung ist also nicht mit dem Fehler der physikalischen Größe zu verwechseln. Der Fehler der physikalischen Größe wird durch die Güte der Messvorschrift und der Maßverkörperung bestimmt. Auch hier gilt in der Praxis, dass diese Fehler aufeinander abzustimmen sind. Es ist bei dem oben genannten Beispiel sinnlos, einen „Zollstock" zu verwenden, dessen Fehler 10^{-6} m ist, wenn der Eindruck in den Handballen in der Größenordnung von 1 mm liegt.

2.1.2   Standards

Aus der oben skizzierten Messung ergibt sich die Darstellung einer physikalischen Größe „G" in einer der folgenden Formen.

$$G = \{G\} \cdot [G] \pm \Delta G \text{ bzw. } G = \{G\} \cdot [G] \cdot \left(1 \pm \Delta G /_{G}\right) \qquad (2.1)$$

Hierbei symbolisiert $\{G\}$ den Zahlenwert, das Vielfache im Vergleich zum Normal, $[G]$ die Einheit der physikalischen Größe, die aussagt welche Größe eines Systems gemessen wurde, bzw. welches Normal verwendet wurde, und ΔG die Abweichung (den Fehler), der durch Abweichung der Maßverkörperung, die Messvorschrift und weiteren in der Regel schlecht abschätzbaren Fehlerquellen verursacht wird. Der Fehler ist auch immer ein Produkt aus Zahlenwert und Einheit. Trivialerweise gilt: $[G] = [\Delta G]$. Oft ist es auch gebräuchlich den relativen Fehler $\Delta G/G$ in Prozent anzugeben. Die Bestimmung der Abweichung[2] beruht selbst wieder auf Konventionen. Wir kommen in Abschnitt 2.2 darauf zurück. In einer etwas laxeren Form lässt man die explizite Angabe des Fehlers weg, gibt dann beim Zahlenwert jedoch nur die im Rahmen des Fehlers sicheren Nachkommastellen an. Es empfiehlt sich, ein Messergebnis immer in einem ganzen Satz zu formulieren, so werden Ungereimtheiten am ehesten klar.

Ein Beispiel: Der Abstand zwischen Köln und Krefeld beträgt 60 km. Das Ergebnis einer Abstandsmessung zwischen zwei ausgewählten Punkten (Kölner Dom und Seidenweberhaus in Krefeld) beträgt 60 km. Der Fehler der Längenmessung beträgt 10 km. Verbesserte man die Längenmessung auf einen Fehler von 1 km und verwendet unsere Konvention, so würde man sagen: „Der Abstand zwischen Köln und Krefeld beträgt 63 km". Dies ist aber ein unsinniger Satz, da die Lage der Messpunkte (Köln, Krefeld) selbst auf 10 km ungenau ist.

Zu jeder physikalischen Größe gibt es mehrere Normale, die auch Verwendung finden. So ist die Zeit z. B. mit einem Umlauf der Erde um die Sonne, einem Umlauf des Mondes um die Sonne, einer Drehung der Erde um ihre Achse, oder der Periode einer Schwingung eines Pendels definiert. Die Einheiten sind die gebräuchlichen: Jahr, Monat, Tag, Stunde, Minute und Sekunde. Da die Messungen der Zeit mit diesen Normalen alle ineinander überführbar sind (es ist eine experimentelle Erfahrung, dass das Jahr in zwölf Monate unterteilt werden kann), gibt es zu jedem Merkmal ein Standardnormal mit einer Standardeinheit. Dieser Standard ist im so genannten SI- Einheitensystem festgelegt. Längen werden in Metern gemessen (Einheitensymbol: m), Zeiten in Sekunden (s), Massen in Kilogramm (kg), elektrische Strö-

---

[2]   Aus Gründen, die später deutlich werden, ist der offizielle Terminus Abweichung und nicht Fehler. Das wertende Wort Fehler wird in der praktischen Laborarbeit jedoch überwiegend verwendet.

me in Ampere (A) usw. Dieser Standard erleichtert, wie jeder Standard, die Kommunikation enorm. Andererseits schränkt jeder Standard auch ein.

Es ist unmittelbar einsichtig, dass die Vermessung eines Abstandes zwischen zwei Atomen (ca. 10^{-9} m) eine ganz andere Qualität hat als die Vermessung des Abstandes zwischen Erde und Sonne (ca. 10^{11} m). Obwohl aufgrund der Standardeinheit das verwendete Normal in der physikalischen Größe explizit nicht mehr vorkommt, darf man nicht annehmen, dass das Pariser Urmeter im Falle des Abstandes Erde-Sonne 10^{11}-mal angelegt wurde. Um zu einer überschaubareren Vorstellung der physikalischen Größe zu kommen, verwendet man Voranstellungen an den Einheiten, die den Zahlenwert in eine Größenordnung bringen, der zwischen 1/100 und 100 liegt, einem Zahlenraum der sicher beherrscht wird. Man skaliert die Einheit in angepasster Weise.

Tabelle 2.1.   *Bezeichnungen von dezimalen Vielfachen und Bruchteilen von Einheiten*

Zehnerpotenz	Vorsilbe	Kurzzeichen	Beispiel
10^9	Giga	G	GW
10^6	Mega	M	MW
10^3	Kilo	k	kW, km
10^{-1}	Dezi	d	dm
10^{-2}	Centi	c	cm
10^{-3}	Milli	m	mm, mW
10^{-6}	Micro	μ	μm
10^{-9}	Nano	n	nm

Ein weiteres Beispiel: Die Angabe, dass der Abstand zwischen Köln und Krefeld 60.000 m ist, ist nicht leicht verständlich. Wir haben z. B. eine Vorstellung von einem Meter (ein gedachtes Normal, z. B. die halbe Höhe einer Bürotür). Der Zahlenwert 60.000 besagt jetzt, dass wir 30.000 Bürotüren in einer Reihe zwischen Köln und Krefeld legen können. Wenn wir aber 60 km sagen, haben wir auch eine Vorstellung von einem km, z. B. der Abstand unserer Wohnung zum Bäcker. 35-mal zum Bäcker und zurück gehen ist eine Größe, die wir auf Anhieb weiterverarbeiten können.

Obwohl beide Darstellungen äquivalent sind, ist die zweite für eine Kommunikation besser geeignet. Da jede Messung Ausgangspunkt für weitere Tätigkeiten, die nicht unbedingt von uns durchgeführt werden müssen, sein sollte, bemüht sich jeder immer um eine Darstellung der Messergebnisse, die besonders leicht weiterverarbeitet werden kann. Darum hat man diese Standards getroffen, und die Einführungen dieser Standards waren nicht immer einfach.

Der Wert des Einheitensystems liegt nicht nur in einer Vereinfachung der Dokumentation und Kommunikation, sondern in der Beschränkung auf heute sieben Basiseinheiten. Unser physikalischer Sprachschatz umfasst derzeit ca. 1.000 verschiedene Größen, mit denen wir Systeme und deren Wechselwirkung beschreiben, z. B. Ladung, Impuls, Geschwindigkeit, Temperatur, Viskosität etc. Jede dieser Größen besitzt zunächst eine eigene Einheit. Eine genaue Analyse der zugehörigen Messprozesse zeigt jedoch, dass die verschiedenen Größen vergleichbar sind. Das heißt, dass zwischen den verschiedenen Messgrößen Beziehungen bestehen. Nach dem heutigen Stand reichen sieben verschiedene Größen, um alle im SI-Einheitensystem erfassten Größen auszudrücken. Man hat unter dem Gesichtspunkt der Zweckmäßigkeit sieben spezielle physikalische Größen als Basiseinheit bestimmt. Diese sieben Größen sind besonders einfach messbare Größen und die Maßverkörperungen dieser Größen sind Teil der Grundausstattung eines jeden Labors.

Tabelle 2.2. *Basisgrößen im SI-Maßsystem*

Größe	Formelzeichen	Einheit	Symbol
Länge	s, l	Meter	m
Zeit	t, T	Sekunde	s
Masse	m	Kilogramm	kg
Systemmenge	N, n	Mol	mol
el. Stromstärke	I	Ampere	A
Lichtstärke	I_v	Candela	Cd
Temperatur	T	Kelvin	K

Da – wie schon betont – das Programm der Physik eine Gemeinschaftsaufgabe ist, haben sich auch Standards für die Dokumentation von Messergebnissen, die ja unsere Erfahrung beschreiben, herausgebildet. Wie für fast alle Bereiche unseres Lebens gilt: „Was nicht in den Akten ist, ist nicht von dieser Welt". Diese Standards sind nicht Physik-spezifisch, sondern gelten für fast alle Bereiche des Berufslebens.

Mit jeder Messung ist ein Informations- und Erkenntnisgewinn verbunden. Die Ergebnisse von Messungen sollten zumindest im betrieblichen Ablauf schon aus Kostengründen Konsequenzen haben. Aufgrund von Messungen werden Produktionsabläufe geändert, besondere Versuchsaufbauten führen zu Patentanmeldung etc. Mit anderen Worten: Messungen sind es wert, so dokumentiert zu werden, dass ein Dritter an die Ergebnisse der Messung anknüpfen kann oder diese mit demselben Ergebnis wiederholen kann. Der letztere Fall ist sogar unabdingbar für die Feststellung der Natürlichkeit eines Prozesses. Die Dokumentation von Ereignissen (hier Versuchsreihen, Messaufbauten) kann natürlich nicht so rigoros standardisiert sein und muss dem Einzelfall angepasst werden. Dennoch ist es sinnvoll, einige allgemeine Richtlinien zu beachten. Dazu schließen wir an unsere Alltagserfahrung an.

Dokumente sind z. B. Zeugnisse, Logbücher, Schichtbücher, Geschäftsberichte, Betriebsanleitungen etc. Zunächst ist es sinnvoll sich zu verdeutlichen, dass alle diese Dokumente in eine Informationshierarchie eingeordnet sind. Die Ebenen dieser Hierarchie unterscheiden sich durch den Grad der Informationsverdichtung. Ein Schulzeugnis ist ein Dokument mit einem sehr hohen Verdichtungsgrad. Die Leistung eines Schülers während eines Schuljahres in einem Fach, die ein Lehrer kontinuierlich bewertet, wird durch eine Note ausgedrückt. Eine noch höhere Informationsverdichtung stellt das Abitur dar. Da in immer höheren Hierarchiestufen kaum neue Information zugefügt wird, sondern lediglich zueinander gehörige Informationen gesammelt und bewertet werden – eine Tätigkeit, die in der Regel höher vergütet wird als das Sammeln von Information –, ist es unabdingbar, dass die Basisinformation klar und präzise formuliert wird und vor allem richtig ist. Im Anschluss an eine Schicht dokumentiert der Schichtleiter Besonderheiten der Schicht wie Produktionsausfälle, Arbeitsunfälle, etc. im Schichtbuch. Der Gruppenleiter benutzt die Daten mehrerer Schichten, um festzustellen, ob sich z. B. bestimmte Besonderheiten häufen. Er bewertet die verschiedenen Basisinformationen, um Änderungen oder Verbesserungen zu initiieren. Darüber hinaus verdichtet er seinerseits die Informationen, um seinem Abteilungsleiter die Produktivität seiner Abteilung zu dokumentieren. All diese Informationen werden in dem jährlichen Geschäftsbericht letztendlich auf die Kosten und Erträge eines Unternehmens verdichtet; umgekehrt muss der Geschäftsführer diese Daten auch wieder zurückverfolgen. Ihm muss klar sein, wo die Kosten entstehen. Die Informationshierarchie muss also in beide Richtungen transparent sein. In einem Unternehmen fallen täglich eine Fülle von Informationen an. Wir denken zum Beispiel an die Kennzeichnungspflicht von Bauteilen, oder die lückenlose Rückverfolgung eines Produktes. Diese Randbedingungen einer Fertigung stellen sehr hohe Anforderungen an die Informationsverarbeitung. Daher ist es oberstes Gebot, nur solche Information zu sammeln und zu verarbeiten, die einen Neuigkeitswert hat. Alle Information, die schon dokumentiert ist, braucht nicht wieder dokumentiert werden. Man verweist in der eigenen Dokumentation auf die schon dokumentierten Informationen durch Zitate.

Die Dokumentation einer einfachen Messaufgabe, also der Vergleich mit einem Normal, nennt man Protokoll. Ein Protokoll stellt wissenschaftlich die niedrigste Stufe der Informationshierarchie da. Es besteht im Wesentlichen aus zwei Teilen. Zum einen die von den Messgeräten abgelesenen Rohdaten und zum anderen deren Verdichtung, welche die Lösung der Messaufgabe in der Form Gl. 2.1 beschreibt. Dieser Verdichtung wenden wir uns im nächsten Abschnitt zu. Die formalen Anforderungen an ein solches Protokoll seien hier der Vollständigkeit halber aufgelistet:

1. Ein Deckblatt mit den Namen der an der Messaufgabe Beteiligten und das Datum der Versuchsdurchführung. Darüber hinaus sollte dieses Deckblatt auch die Fragestellung an den Versuch und die Antwort enthalten. Dadurch ist gewährleistet, dass ein Dritter das Messresultat sofort erkennt und weiterverarbeiten kann. Hat er Zweifel an der Richtigkeit der Antwort, muss er aus dem Inneren des Protokolls die von den Versuchsdurchführenden gegebene „Begründung" nachvollziehen können. Für den Anfänger scheint es zunächst frustrierend, dass die gesamte Arbeit eines Labortages in einem Satz formuliert werden kann, doch mit der Zeit stellt man fest, dass Sätze, die es wert sind, dokumentiert zu werden, in der Regel nicht schnell formuliert werden können.

2. Im Inneren des Protokolls müssen die verwendeten Begriffe, Formeln und Formelzeichen definiert werden. Benutzt man standardisierte Größen – verwendet man z. B. das Formelzeichen t für die Zeit, so kann darauf verzichtet werden. Des Weiteren muss das Messverfahren und der Versuchsaufbau dokumentiert werden. Verwendet man schon dokumentierte Messverfahren, werden diese zitiert. Zu dem Messverfahren gehört auch die Angabe der verwendeten Messgeräte und ihrer Fehler.

3. Die verwendeten Rohdaten werden dem Protokoll beigefügt oder, falls sie in einem persönlichen Laborbuch niedergeschrieben wurden, zitiert. Beim Aufschrieb der Rohdaten ist darauf zu achten, dass diese vollständig sind, z. B. auch Einheiten etc. notiert werden. Da die Rohdaten die Quelle aller weiteren Arbeiten sind, sollten diese mit einem dokumentenechten Stift festgehalten werden. Treten beim Notieren Fehler auf, die direkt korrigiert werden können, so sind diese Korrekturen ebenfalls zu dokumentieren (durchstreichen, niemals mit Tippex o.Ä. arbeiten).

Es gibt natürlich noch viel mehr und oft auch firmenspezifische Formalien, die zu beachten sind, doch lassen diese sich meistens aus dem Wesen einer Dokumentation verstehen. Aus Sicht der grundlegenden Zusammenhänge interessiert uns jedoch die Verdichtung der Rohdaten zu der Darstellung einer physikalischen Größe (Gl. 2.1), der wir uns jetzt zuwenden wollen.

2.2   Die direkte Messung

Als direkt wollen wir eine Messung bezeichnen, die auf einem einfachen Vergleich mit einem Normal beruht, im Unterschied zur indirekten Messung, bei der die zu vermessende Größe über einen funktionalen Zusammenhang mit anderen direkt vermessenen Größen gewonnen wird. Ein Beispiel für eine direkte Messung ist Messung der Zeit, die eine Kugel benötigt, in Öl eine bestimmte Strecke abzusinken. Messen wir neben der Fallzeit auch Masse und Radius der Kugel und die Fallhöhe selbst, so können wir aus Kenntnis dieser Messwerte indirekt auf die Viskosität des Öls schließen, also die Viskosität indirekt messen.

Bei der direkten Messung gehen wir davon aus, dass ein wahrer Messwert existiert, d. h. der Vorgang des Fallens natürlich ist und die Fallzeit einen bestimmten Wert t_w besitzt. Symbolisch wollen wir den wahren Wert einer physikalischen Größe eines Systems mit μ (My) bezeichnen. Die direkte Messung hat die Aufgabe, den wahren Wert μ so gut wie möglich zu bestimmen. Dazu benötigen wir ein Vergleichsnormal. In unserem Beispiel ist dies eine Stoppuhr. Der Fehler des Vergleichsnormals ist auf der Stoppuhr vermerkt. Der Hersteller der Stoppuhr garantiert uns also unter gewissen Bedingungen, die in der Betriebsanleitung angegeben sind, dass die Stoppuhr die Zeit bis auf einen Fehler von z. B. ±0,1 s anzeigt. Messen wir die Fallzeit, so stellen wir fest, dass die Messwerte bei wiederholter Messung zwischen z. B. 37 s und 43 s schwanken. Diese Schwankungen sind dem Messverfahren zuzuordnen, das zunächst keine Aussage darüber macht, wie die Kugel geworfen werden soll oder wie die Start- und Stoppzeit definiert ist (die Kugel hat eine endliche Ausdehnung.). Darüber hinaus ist auch die Reaktionszeit des die Uhr Bedienenden und deren Nachlassen bei wiederholter Messung zu berücksichtigen. Es ist unmittelbar einsichtig[3], dass die Schwankungen der Messwerte ein Maß für die Güte des Messverfahrens ist, das sich neben dem Fehler der Maßverkörperung in dem Fehler der Messgröße niederschlägt. Zur Quantifizierung dieses Fehlers führen wir eine Größe ein, die wir durch σ (Sigma) symbolisieren und die wir Varianz nennen, welche die Güte des Messverfahrens beschreibt (es gilt: $[\mu] = [\sigma]$.).

Unabhängig von der Art der physikalischen Größe erhalten wir bei der n-fachen Wiederholung der Messung n Messwerte $x_1, x_2, ..., x_n$ (kurz: $\{x\}_n$). Diese Messwerte müssen in irgendeinem Zusammenhang mit den Größen μ und σ stehen. Die Herstellung dieses Zusammenhangs ist der Gegenstand des Nachfolgenden.

Zunächst halten wir fest, dass aufgrund des Fehlers der Maßverkörperung Δx (hier: $\Delta t = 0,1\text{s}$) der wahre Wert nicht genauer als Δx bestimmt werden kann. Demzufolge ist auch die Angabe der x_i in Bruchteilen von Δx sinnlos und hat zu unterbleiben (auch wenn die digitale Stoppuhr 1/100 s anzeigt). Mit dieser Konvention können wir schon zwei bedeutsame Fälle unterscheiden:

1. Innerhalb des Fehlers der Maßverkörperung sind alle Messwerte gleich. D. h., die Messwerte schwanken nicht: $x_i = x$. Wir definieren: Der wahre Wert ist $\mu \in (x - Dx, x + Dx)$. Oft schreibt man auch: $\mu = x \pm \Delta x$. Der wahre Wert liegt in einem Intervall $x - \Delta x$, $x + \Delta x$. Das bedeutet, dass der Fehler des Messverfahrens kleiner ist als der Fehler der Maßverkörperung. Mehr Information enthält die Messung nicht. Diese Art Fehler heißt systematischer Fehler, er kann durch Verwendung einer genaueren Maßver-

---

[3] Bemerkung zum wahren Wert: Der Appell an die unmittelbare Einsicht sollte hinterfragt werden. Die Unmittelbarkeit bezieht sich bei genauerer Betrachtung auf die Voraussetzung der Existenz eines wahren Wertes einer physikalischen Größe. Dessen Existenz bedingt zwangsläufig, dass die Schwankungen dem Messprozess zugeordnet werden, da die zu messende Größe einen wahren Wert hat. Nun kann man die Schwankung auch der zu messenden Anordnung zuordnen. Wir können uns z. B. vorstellen, dass das Absinken der Kugel im Öl bei jedem Versuch zu einer anderen Fallzeit führt. Dazu können wir uns das Öl aus Molekülen bestehend vorstellen, die mit der Kugel stoßen. Da diese Stöße bei jedem Fall aus unterschiedlichen Richtungen kommen und die Moleküle unterschiedliche Geschwindigkeiten haben, ist die Schwankung der Fallzeit nicht im Messprozess begründet, sondern in der Anordnung selber. Es könnte auch sein, dass die Anordnung von einem zufälligen Moment bestimmt wird, das zur Schwankung der Fallzeit führt. Im Grunde werden beide Interpretationen einen Teil der „Wahrheit" enthalten: Die Schwankungen der Messwerte beschreiben die Beziehung zwischen Messgerät und Anordnung und die Beschreibung einer Anordnung ist „zerlegt" von der Messapparatur nicht möglich. Durch viele Messungen mit derselben Apparatur an verschiedenen Systemen und verschiedenen Apparaturen an demselben System kann man jedoch zeigen, dass bei den meisten Messungen die Ursachen der Schwankungen getrennt werden können und wir in guter Näherung von einem wahren Wert sprechen können. Wir machen diese Bemerkung an dieser Stelle aus drei Gründen.

1. Wir wollen von Anfang an deutlich machen, dass prinzipiell alles zu hinterfragen ist. Zweifel scheint dem Autor der geeignete Antrieb, um ein Verständnis zu erlangen.

2. Durch dieses Beispiel wird das Wesen einer Interpretation deutlich, die immer einer Zuordnung bedarf, die aus sich heraus zunächst willkürlich ist.

3. Die statistische Physik und die Quantenmechanik setzen bei dieser Interpretation an und erweitern damit das Feld der Phänomene, die mit der klassischen Physik beschrieben werden, um solche, deren Schwankungen ihre Ursache in mikroskopischen, aber klassischen Phänomenen haben, oder aber ein zufälliges Moment haben.

körperung systematisch verkleinert werden, bis der systematische Fehler in die Größen-ordnung des zufälligen[4] Fehlers kommt, der durch den Messprozess verursacht wird. Dieser auftretende Fehler heißt zufällig, weil er aus der Struktur des Messprozesses nicht erklärbar ist.

2. Unter Berücksichtigung des Fehlers der Maßverkörperung sind die Messwerte verschie-den. Der Fehler des Messverfahrens ist größer als der Fehler der Maßverkörperung. Der Zusammenhang zwischen Messwerten und wahrem Wert bedarf der Erklärung.

Bevor wir den letztgenannten Fall weiter diskutieren, wollen wir die Bedeutung dieser bei-den Fälle diskutieren. Der erste Fall ist der, der uns im Alltag begegnet, wenn wir mit dem Zollstock einen Raum ausmessen, um Möbel aufzustellen, und der in der betrieblichen Praxis anzustreben ist. Er lässt sich wie folgt beschreiben:

1. Der Anlass für eine Messung ist der Bedarf an einer Information mit einer gewissen Ge-nauigkeit.

2. Dies empfiehlt die Auswahl einer Maßverkörperung mit einem Fehler, der der geforder-ten Genauigkeit entspricht. Diese Auswahl liegt schon aus Kostengründen nahe, da eine Verdoppelung der Genauigkeit mit ca. einem Faktor 10 in den Kosten für das Normal einhergeht.

3. Auswahl eines Messverfahrens, dessen Schwankungen kleiner sind als der Fehler der Maßverkörperung. Das Messverfahren sollte aber nicht viel genauer sein als der Fehler der Maßverkörperung, da die Komplexität und die Kosten der Realisierung der Messvor-schrift mit der Genauigkeit ebenfalls stark zunehmen.

Bei diesem Vorgehen muss zur Erlangung der Information nur einmal gemessen werden. Die Information muss nicht, wie im Weiteren beschrieben, aus den Messwerten extrahiert wer-den. Andererseits hängt der Fehler des Messverfahrens auch von dem Messobjekt und der Umgebung ab. Es leuchtet unmittelbar ein, dass die Längenmessung der Kantenlänge eines Zimmers ein anderes Verfahren erfordert als die Vermessung der Länge einer glühenden Stahlbramme, so dass der Fehler des Messverfahrens oft vom verantwortlichen Ingenieur ermittelt werden muss.

2.2.1   Mittelwert und Standardabweichung

Im Weiteren werden wir davon ausgehen, dass der Fehler der Maßverkörperung im Verhält-nis zu den Schwankungen des Mittelwertes zu vernachlässigen ist. Wir haben also die Situa-tion, dass wir n Messwerte $\{x\}_n$ ermittelt haben, die i. A. verschieden sind. Als Beispiel

---

[4]   Der Zufall ist eines der am schwierigsten zu verstehenden Phänomene der Physik. Wir werden den Begriff des Zufalls umgangssprachlich benutzen und erst zu einem späteren Zeitpunkt tiefer in seine Bedeutung eindringen.

nehmen wir die Fallzeit einer Kugel in Öl, so wie sie vielleicht in einem physikalischen Praktikum ermittelt wurde. Abb. 2.1 stellt das Ergebnis eines Versuches dar, bei dem die fallende Kugel 49-mal gestoppt wurde.

Messreihe / Viskosität, Müller, 12.01.95

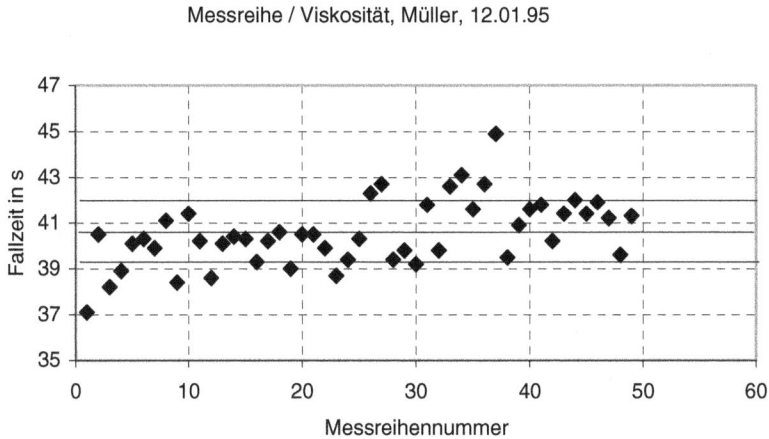

Abb. 2.1. *Messreihe Viskosität*

Das Bild verdeutlicht die Informationsvielfalt der Rohdaten, die verdichtet werden müssen, um weiter verarbeitet werden zu können. Darüber hinaus sieht man auch, dass die Fallzeit mit steigender Versuchsnummer „im Durchschnitt" zuzunehmen scheint. Dieser Effekt kann zufällig sein, so wie wir beim „Mensch ärgere dich nicht" auch zufällig dreimal hintereinander eine Sechs würfeln können. Es kann aber auch eine systematische Tendenz sein, die z. B. mit dem Nachlassen der Aufmerksamkeit des Studenten, der die Kugel beobachtet, zusammenhängt. Ähnlich wie beim „Mensch ärgere dich nicht" ist diese Frage schwierig bzw. nur durch eine größere Messreihe, mit wechselnden Studierenden, zu entscheiden. Auf jeden Fall wäre eine solche Ursache ein systematischer Fehler. Wir gehen hier davon aus, dass diese Tendenz einen zufälligen Charakter hat. Anderenfalls müssten wir von einem systematischen Fehler bei der Versuchsdurchführung sprechen, den auszuschalten oder abzuschätzen immer schwierig ist.

Die erste Informationsverdichtung ist die Mittelwertbildung. Aus allen Messwerten bilden wir das arithmetische Mittel $\bar{x}$:

$$\bar{x} = \frac{1}{n}(x_1 + x_2 + ... + x_n) = \frac{1}{n}\sum_{i=1}^{n} x_i \tag{2.2}$$

Der Mittelwert des Beispiels ist in Abb. 2.1. als mittlere Linie bei 40,5 s eingezeichnet.

Der Zusammenhang zwischen dem wahren Wert und dem Mittelwert ist durch eine Grenzwertbetrachtung gegeben, deren Logik wie folgt nachvollzogen werden kann: Der Mittelwert nach obiger Definition hängt von der individuellen Messreihe ab. Hätte man im obigen Beispiel nur 30-mal gemessen, wäre das Ergebnis der Mittelwertbildung verschieden. Könnte man jedoch die Messreihe bis ins Unendliche fortsetzen, so dürfen wir erwarten, dass zwei beliebige Messreihen mit unendlichen vielen Messwerten den identischen Messwert liefern, den wir den wahren Wert nennen:

$$\mu = \lim_{n \to \infty} \frac{1}{n} \sum_{i=1}^{\infty} x_i \tag{2.3}$$

Der Mittelwert einer Messreihe mit n Messwerten ist eine Schätzung auf den wahren Wert, die umso genauer wird, je länger die Messreihe ist.

Zu Gl. (2.3) sei eine Warnung ausgesprochen: Die Gleichung enthält einen Grenzwert, d. h., es ist operativ unmöglich, diese Gleichung zu verifizieren. Diese Gleichung ist die Definition des wahren Wertes, den man operativ durch Ausweitung der Messreihe zwar immer besser schätzen kann, dessen wahren Wert auf eine beliebige Nachkommastelle man jedoch prinzipiell nicht ermitteln kann. Solche Grenzwertbetrachtungen nimmt der Physiker sehr oft vor und sie sind sehr hilfreich, wiewohl eine kritische Hinterfragung auch zu neuen Einsichten führen kann. Da wir den wahren Wert nur schätzen können, müssen wir uns um die Güte der Schätzung Gedanken machen, die sicherlich auch mit den Schwankungen der Messwerte zusammenhängen wird.

Als nächste, die Messreihe charakterisierende und die Information verdichtende Größe führen wir die Standardabweichung s ein. Die Standardabweichung ist ein Maß für die Stärke der mittleren Abweichung:

$$s = \sqrt{\frac{1}{n-1} \sum_{i=1}^{n} (x_i - \overline{x})^2} \tag{2.4}$$

In unserem Beispiel ist die Streubreite $2s$ in Abb. 2.1. eingezeichnet. 63% aller Messwerte liegen in unserem Beispiel innerhalb der Streubreite. Wie der Mittelwert im Vergleich zum wahren Wert ist die Standardabweichung spezifische Größe der Messreihe. Um zu einem von Messreihen unabhängigen Maß für die Güte eines Messverfahrens zu kommen, führen wir wieder eine Grenzwertbetrachtung durch. Den derart bestimmten Grenzwert identifizieren wir mit der Varianz (des Messverfahrens) σ.

$$\sigma^2 = \lim_{n \to \infty} \frac{1}{n-1} \sum_{i=1}^{n} (x_i - \overline{x})^2 \tag{2.5}$$

Der Mittelwert und die Standardabweichung als Schätzwerte für den wahren Wert und die Varianz sind die zentralen Größen der Messauswertung. Obwohl sie eine extreme Informationsverdichtung der Messwerte darstellen, sind sie die einzigen Informationen, die aus einer

Messreihe weiterverarbeitet werden. Um das einzusehen, machen wir uns klar, dass so wie wir die direkte Messung definiert haben – mit vernachlässigbarem systematischen Fehler – wir nur zwei einfache Fragen gestellt haben: a) Wie groß ist der zu messende Wert und b) wie genau können wir ihn mit dem gewählten Messverfahren bestimmen. Die Antwort auf beide Fragen wird durch μ und σ gegeben, die ihrerseits durch Mittelwert und Standardabweichung geschätzt werden können. Um den Zusammenhang zwischen der Genauigkeit und σ herzustellen bedarf es noch der Spezifikation der Genauigkeit. Dies gestaltet sich nicht so einfach und wir müssen auf Begriffe der Wahrscheinlichkeitsrechnung zurückgreifen bzw. genauer sagen, welche Auswirkungen der Zufall hat.

2.2.2   Die Wahrscheinlichkeit

Bisher haben wir nur Messwerte aufgezeichnet und die in den Messwerten steckende Information verdichtet. Wir haben also unser Erfahrungsarchiv gefüllt. Wir wollen nun deutlich machen, wie wir aus diesen Erfahrungen auf zukünftige Messungen schließen wollen. Dazu verdichten wir die Messwerte in einer anderen Form.

Die Auftragung der Messwerte in Abb. 2.1. beinhaltet durch die Nummerierung der einzelnen Versuche die zeitliche Reihenfolge der Messung. Diese Auftragung ließ uns einen systematischen Fehler vermuten. Denken wir uns aber alle systematischen Fehler eliminiert, so gehört es zu den Eigenschaften des Zufalls, dass jeder Messwert unabhängig von den anderen – eben zufällig – entstanden ist. Deswegen können wir bei einer rein zufälligen Messreihe diese in einer Häufigkeitsverteilung anordnen. Dazu bilden wir Zeitklassen – hier der Breite 1 s – und tragen die Anzahl der Messwerte, die innerhalb einer Klasse liegen, in diese Klassen ein. Das Ergebnis ist eine Häufigkeitsverteilung wie in Abb. 2.2. für unser Beispiel dargestellt.

Häufigkeitsverteilung

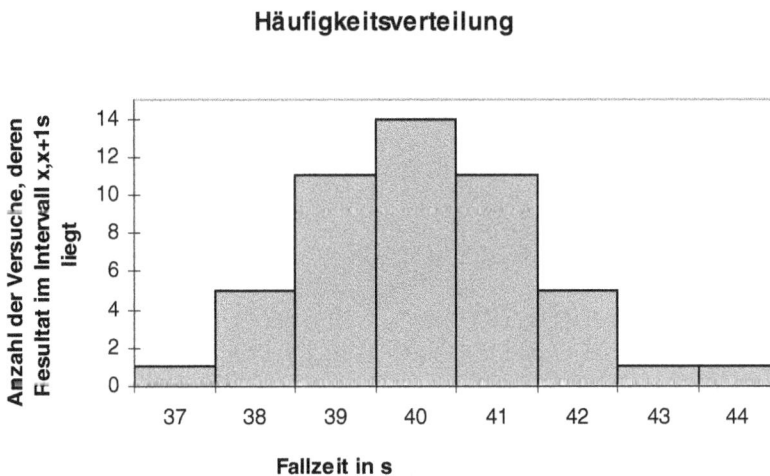

Abb. 2.2. Beispiel einer Häufigkeitsverteilung

Um bei einer endlichen Anzahl von Versuchen ein solches Bild zu erhalten, darf man die Klassenbreite nicht zu klein, bzw. die Anzahl der Klassen nicht zu groß wählen, da wir sonst eine wilde Zick-Zack-Linie erhalten, die dadurch bestimmt ist, dass die meisten Klassen leer sind und die wenigen gefüllten Klassen nur einen Messwert enthalten. Eine Faustformel besagt, dass bei n Messwerten eine Einteilung zwischen dem höchsten und niedrigsten Messwert in $\sqrt{n}$ Klassen ein „vernünftiges" Bild ergibt. Für die weiteren Überlegungen, die ja unabhängig von der Anzahl der Versuche sein sollen, ist es sinnvoll, eine relative Häufigkeitsverteilung einzuführen. In die Klassen dieser Verteilung trägt man nicht die Anzahl der Messwerte ein, sondern den Bruchteil dieser Messwerte bezogen auf die gesamte Zahl der Messwerte. Die Gestalt der Häufigkeitsverteilung Abb. 2.2 ändert sich dabei nicht. Lediglich die Ordinate muss um einen Faktor n skaliert werden. Geht die Anzahl der Versuche gegen unendlich, kann man natürlich die Klassen beliebig klein wählen und erhält als Häufigkeitsverteilung eine glatte Kurve (Abb. 2.3.). Diese Kurve heißt relative Häufigkeitsdichte. Denken wir uns eine solche Kurve aus dem Experiment bestimmt, was zumindest näherungsweise möglich ist, wie Abb. 2.2. verdeutlicht (wenn dx eine beliebig klein gedachte Klassenbreite ist, dann ist $h(x)dx$ die relative Häufigkeit, Messwerte in einem Intervall, das durch x und $x+dx$ gebildet wird, zu finden.), dann enthält diese Funktion alle Informationen über die Zufälligkeit des Messprozesses. Wird das Spezifische der Messaufgabe durch die Lage der Kurve auf der Abszisse und die Breite der Kurve bestimmt, so wird die Form der Kurve durch die Zufälligkeit festgelegt.

Relative Häufigkeitsdichte

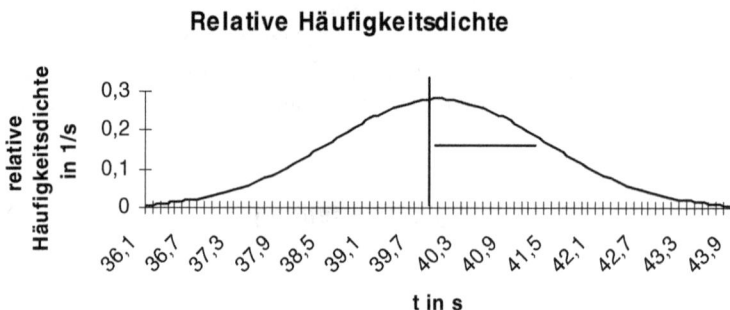

Abb. 2.3. *Relative Häufigkeitsverteilung*

Da wir die Zufälligkeit als weitgehend unabhängig von der Messaufgabe sehen können, sollte die Form der Kurve einen universellen Charakter haben. Diese Vorstellung ist beweisbar und das Ergebnis dieses Beweises ist der zentrale Grenzwertsatz der Statistik. Dessen Inhalt lautet: Kann eine Messgröße jeden beliebigen Wert annehmen, so ist die relative Häufigkeitsverteilung im Grenzfall unendlich vieler Messungen eine Gauß'sche Glockenkurve.

$$h(x) = \frac{1}{\sqrt{2\pi} \cdot \sigma} e^{-\frac{(x-\mu)^2}{2\sigma^2}} \qquad (2.6)$$

Diese Kurve wird durch den wahren Wert μ und die Varianz σ parametrisiert. Wir haben also das überraschende Ergebnis, dass die Messaufgabe, bei Elimination der systematischen Fehler, wirklich nur durch zwei Parameter beschrieben wird und mit wenigen Einschränkungen zu einer universellen Häufigkeitsverteilung führt. Andere Einschränkungen führen zu anderen funktionalen Abhängigkeiten, die jedoch auch analytisch darstellbar sind.

Die Häufigkeitsverteilung ist der Ausgangspunkt, um unsere Erfahrung in die Zukunft zu extrapolieren. Haben wir eine relative Häufigkeitsverteilung ermittelt, so behaupten wir, dass die Wahrscheinlichkeit, dass bei einem erneuten Versuch das Messergebnis in einer bestimmten Klasse liegt, der gemessenen relativen Häufigkeit dieser Klasse entspricht. In unserem Beispiel ist es also extrem unwahrscheinlich, dass wir eine Zeit von 60 s und 61 s messen, aber sehr wahrscheinlich, dass eine erneute Fallzeit ein Ergebnis zwischen 40 s und 41 s liefert. Die Behauptung ist nicht beweisbar. Aber wenn viele Messungen, die jetzt noch zukünftig sind, durchgeführt sind, in die Berechnung der relativen Häufigkeitsverteilung aufgenommen werden, und diese sich nicht ändert, ist die Behauptung zumindest nicht widerlegt. Es ist nachvollziehbar, dass auf Grund dieses Gedankens der Begriff des Fehlers vernünftig definiert werden kann, da die Angabe des Fehlers eine Aussage beinhaltet, dass bei einer erneuten Nachprüfung des dem Sachverhalt zugrunde liegenden Tatbestandes im Rahmen des Fehlers dieselbe Aussage getroffen werden kann.

Die überaus plausible Extrapolation unserer Erfahrung offenbart bemerkenswerte Züge physikalischer Gesetzmäßigkeiten. Zum einen können physikalische Gesetze nicht bewiesen werden. Sie haben Gültigkeit für vergangene Phänomene und können sich in der Zukunft als falsch erweisen. Zum anderen können über zukünftige Phänomene nur Wahrscheinlichkeitsaussagen getroffen werden, was die Formulierung außerordentlich erschwert und einen faden Beigeschmack bei der Verwendung des Begriffs Gesetz hinterlässt. In der klassischen Physik interpretiert man dieses Problem weg, wie wir bei der Interpretation des Fehlers sehen werden. Es zeigt sich jedoch, dass dieses Problem auch durch eine noch so geschickte Argumentation nur kaschiert werden kann.

Mit Hilfe des Wahrscheinlichkeitsbegriffs können wir jetzt einer Definition des zufälligen Fehlers nachspüren. Wenn wir den Wert einer physikalischen Größe mit einem Fehler angeben, dann verstehen wir darunter in idealer Weise, dass der wahre Wert der Messgröße innerhalb des durch diese Angabe definierten Intervalls liegt. Das heißt, dass die Wahrscheinlichkeit bei einer erneuten genaueren Messung, deren Ergebnis wieder durch Mittelwert und Fehler angegeben wird, mit hundertprozentiger Wahrscheinlichkeit innerhalb des Fehlerintervalls der ersten Messung liegt. Aufgrund des Wahrscheinlichkeitscharakters und der Endlichkeit einer Messreihe ist dieses nicht erreichbar.

Mit Hilfe der als Gauß'sch angenommenen Häufigkeitsdichte lässt sich jedoch ein Intervall angeben, innerhalb dessen der wahre Wert mit einer vorgegebenen Wahrscheinlichkeit von p Prozent liegt. Dazu muss man aber nach der Wahrscheinlichkeit fragen, mit der eine Messreihe eintritt, wenn die Wahrscheinlichkeit einer Einzelmessung Gauß'sch verteilt ist. Diese Wahrscheinlichkeitsverteilung ist die so genannte Student-Verteilung, die aus Überlegungen, denen wir hier nicht nachgehen wollen, aus der Gauß-Verteilung ableitbar ist. Man kann sagen: Bei einer Messung mit n Messwerten, Mittelwert $\bar{x}$ und Standardabweichung σ liegt der wahre Wert μ mit einer p-prozentigen Wahrscheinlichkeit im Vertrauensbereich.

$$\bar{x} - \frac{\tau(p,n) \cdot s}{\sqrt{n}} \leq \mu \leq \bar{x} + \frac{\tau(p,n) \cdot s}{\sqrt{n}} \qquad (2.7)$$

Die Funktion $\tau(p, n)$ ist eine Funktion, die in tabellarischer Form vorliegt und die aus der Student-Verteilung hervorgeht. Dieses Intervall erschließt sich, wenn man nach der Häufigkeitsdichte der Größe $\dfrac{\bar{x} - \mu}{s/\sqrt{n}}$ fragt, wenn die dieser Größe zugrunde liegenden Messwerte Gauß'sch verteilt sind. Für große n ist die Student-Verteilung selbst wieder eine Gauß-Verteilung, so dass wir uns wenigstens für diese Fälle eine Vorstellung machen können. Die Funktion τ hängt empfindlich von p ab. Für $p = 99$, also die Frage nach der 99%igen Wahrscheinlichkeit, dass der wahre Wert innerhalb des Vertrauensbereichs liegt, ist τ für $n > 2$ kleiner als zehn. Für noch größere p geht τ dann sehr schnell gegen unendlich.

Definieren wir den zufälligen Fehler durch den Vertrauensbereich $p = 99$, so bedeutet der so definierte Fehler, dass die Wahrscheinlichkeit, den wahren Wert im Vertrauensbereich zu finden, 99% beträgt, was im Alltag de facto 100% heißt.

$$\Delta_{zufällig} = \frac{\tau \cdot S}{\sqrt{n}} \qquad (2.8)$$

Damit sind wir auch zu einer Definition des Fehlers gekommen und können die Genauigkeit unserer Schätzung angeben. Bei dieser Definition ist nur die Höhe der vorgegebenen Wahrscheinlichkeit p zu beachten, die je nach Industrie- oder Wissenschaftszweig unterschiedlich ausfallen kann.

Wir haben zwei Fehlerarten, den systematischen und den zufälligen, getrennt betrachtet. Wie immer, wenn zwei Größen verschiedene Größenordnungen haben, lassen sich diese Größen leicht getrennt voneinander behandeln. Wenn diese Größen jedoch in derselben Größenordnung sind, ist es schwer zu unterscheiden, von welcher Qualität der Fehler ist. Bei unserem Beispiel haben wir schon vermutet, dass vielleicht ein systematischer Fehler durch Ermüdung des Beobachters vorliegt. Die praktische Bestimmung eines Fehlers ist also gar nicht so einfach, dabei sind vor allem die systematischen Fehler nicht von vornherein bekannt und nur durch viele Messungen unter variierenden Bedingungen bestimmbar. Aus diesem Grund sollte ein Protokoll auch Informationen erhalten, deren Wert nicht direkt einsehbar ist.

Den Gesamtfehler einer Größe können wir also nur nach besten Wissen und Gewissen definieren. Dies tun wir, indem wir den zufälligen Fehler und den vermuteten systematischen Fehler addieren.

$$\Delta = \Delta_{zufällig} + \Delta_{systematisch} \qquad (2.9)$$

Der Fehler einer Größe ist nicht ein Beiwerk, das man notgedrungen angeben muss, weil man sich nicht die Zeit genommen hat, es besser zu machen. Der Fehler ist eine zentrale Größe, die unser Handeln bestimmt. Dazu wollen wir zwei praktische Beispiele geben, die dies verdeutlichen und uns auch eine Interpretation des Zufalls geben.

Das erste Beispiel ist der Weg eines Studierenden zu seiner Vorlesung. Misst er die Zeit, die er morgendlich für den Weg zur Hochschule benötigt, können diese Zeiten gemäß Abb. 2.2. aufgetragen werden und wir erhalten ein ähnliches Bild. Der Mittelwert betrage 20 min und der Vertrauensbereich für $n = 1$ betrage 15 min. Dann bedeutet dies, dass der Studierende, wenn er 25 min vor Vorlesungsbeginn losfährt, mit einer 99%-igen Wahrscheinlichkeit pünktlich ankommt. Fährt er 20 min vor Vorlesungsbeginn los, wird er jedes zweite Mal unpünktlich sein. Da wir höfliche Menschen sind, fährt er also 25 min vor Vorlesungsbeginn los. Kommt er dann wirklich einmal zu spät, ist entweder der sehr unwahrscheinliche Fall eingetreten oder es liegt ein systematischer Fehler vor. Beispielsweise könnte ein ganzer Stadtteil wegen eines Minenfundes gesperrt sein und ihn zu einem großen Umweg zwingen. Eine solche Verspätung wird sicher entschuldigt. Obwohl der Autor vermutlich der einzige ist, der seinen Weg zur Hochschule auf diese Weise analysiert, basiert Pünktlichkeit und Entschuldbarkeit auf demselben Gedankengang, nur wird er meistens intuitiv durchgeführt.

Dieses Beispiel zeigt aber auch, wie der Zufall interpretiert werden kann.[5] In völliger Analogie zur Vorstellung des aus Molekülen bestehenden Öls, entsteht in unserem Beispiel die Schwankung durch andere Verkehrsteilnehmer oder rote Ampeln und dergleichen. Begibt man sich auf diese Beschreibungsebene, so fällt es schwer, von Zufall zu sprechen. Die Ampel wechselt ihre Farbe ja nicht zufällig, sondern wird durch ein Programm gesteuert. Offenbar ist es so, dass sich sehr viele auf einer tieferen Beschreibungsebene determinierte Prozesse auf einer höheren Beschreibungsebene in einer Weise auswirken, die einem zufälligen Prozess entsprechen. In der klassischen Mechanik und der statistischen Physik glaubte man, Schwankungserscheinungen auf solche tiefer liegenden Prozesse zurückführen zu können, dadurch wurden diese Erscheinungen zu Fehlern im wahrsten Sinne des Wortes und der Zufall nur eine Beschreibung für pauschal unberücksichtigte Fehler. Ein wirklicher Zufall wurde sogar als gottlos aufgefasst, da Gott als letztes Steuerelement immer noch vorhanden war. Diese Interpretation des Zufalls, von der in der klassischen statistischen Physik Gebrauch gemacht wird und die heute noch zum Repertoire unseres gesunden Menschenverstandes gehört, erwies sich aber als Vorurteil. Es gibt zufällige Prozesse, die nicht auf tiefer liegende Prozesse, deren Beschreibung durch so genannte verborgene Variablen erfolgt, zurückgeführt werden können. Es liegt in der Natur der Dinge, dass ein solcher Zufall bei der Beschäftigung mit den elementaren Bausteinen der Materie besonders deutlich wird. Solche Prozesse werden mit Hilfe der Quantentheorie beschrieben.

---

[5] Dieses Beispiel ist natürlich auch gewählt, um deutlich zu machen, warum der vortragende Professor unwirsch auf permanente Störungen durch verspätete Hörer reagiert. Als Desinteresse kann er diese Verspätung nicht interpretieren, da das Kommen der Studenten überhaupt sonst unverständlich ist. Ist es die Unfähigkeit, den „Fehler" intuitiv abzuschätzen? Das wollen wir bei einem Studenten nicht annehmen. Wir interpretieren das Verhalten als bewusste Unhöflichkeit, die nicht entschuldbar ist. Zu einer Persönlichkeit kann man sich nur entwickeln, wenn man versucht, seine Wirkung auf andere zu verstehen.

Ein zweites Beispiel soll aus der Qualitätssicherung eines Fertigungsprozesses entstammen. Gemessen wird z. B. der Durchmesser einer Laufbuchse. Misst man jede Laufbuchse in einer Fertigung, so erhält man wieder eine Häufigkeitsverteilung vom Gauß'schen Typ. Das Messverfahren wird man so auswählen, dass sein Fehler kleiner ist als der Fehler, der dann offensichtlich durch den Fertigungsprozess bestimmt ist. Wird jetzt dreimal hintereinander ein Wert gemessen, der außerhalb des Vertrauensbereichs liegt, so kann entweder der sehr unwahrscheinliche Fall vorliegen, dass diese Tatsache zufällig ist, oder ein systematischer Fehler vorliegen, der natürlich ein sofortiges Einschreiten erfordert. In der Industrie werden Vertrauensbereiche vorgegeben, um den Verantwortlichen Handlungsanweisungen an die Hand zu geben. Darüber hinaus ist plausibel, dass die Kenntnis des Fehlers eines Fertigungsschrittes unabdingbar ist, um mehrere Fertigungsschritte zu verzahnen. Wären die Fehler der einzelnen Fertigungsschritte nicht aufeinander abgestimmt, müssten die Einzelteile individuell angepasst werden. Ein solches Vorgehen ist typisch für ein Handwerk. Eine Fließbandproduktion ist ohne Fehlerbetrachtung überhaupt nicht möglich. Die Leistung Henry Fords besteht nicht darin, das Fließband erfunden zu haben, sondern die Fertigungsschritte eines Automobils so abgestimmt zu haben, dass ein Fließband genutzt werden kann. Die Qualitätssicherung eines Unternehmens beschäftigt sich im Wesentlichen mit solchen Fehlerbetrachtungen. Die damit beauftragten Mitarbeiter haben oft kein hohes Ansehen in der Produktion, aber bei Lichte betrachtet, sind sie es, die das Geld verdienen.

2.3   Ausblick und weiterführende Literatur

Das Kapitel „Die direkte Messung" sollte uns mit dem Wesen von physikalischen Größen vertraut machen. Für die praktische Anwendung sind natürlich noch viele Fragen zu beantworten, die wir hier kurz anreißen werden. Zunächst wollen wir den wichtigen Fall der indirekten Messung besprechen. In der Praxis ist es oft sehr schwierig, physikalische Größen mit Maßverkörperungen zu vergleichen. Dieses Problem umgeht man, indem man ausnutzt, dass oft funktionale Abhängigkeiten zwischen verschiedenen physikalischen Größen existieren, von denen einzelne sehr gut messbar sind.

In unserem Beispiel der fallenden Kugel sind wir gar nicht primär an der Fallzeit T der Kugel in der Flüssigkeit interessiert, sondern an der Viskosität η (Eta) der Flüssigkeit. Im Idealfall, den wir hier nicht genauer beschreiben, gilt: je länger die Fallzeit, desto viskoser ist die Flüssigkeit.

$$\eta \approx \frac{1}{T} \qquad\qquad (2.10)$$

Es stellt sich die Frage, wie sich der Fehler der Fallzeitmessung auf den Fehler der Bestimmung der Viskosität auswirkt. Dabei gehen wir davon aus, dass der Fehler des funktionalen Zusammenhangs Gl. (2.10) vernachlässigbar klein ist, die Proportionalitätskonstante sehr genau bestimmt ist. Abb. 2.4. stellt einen solchen Zusammenhang zweier Größen x und y graphisch dar. Ist $\overline{T}$ unsere Schätzung auf den wahren Wert der Fallzeit, der Mittelwert un-

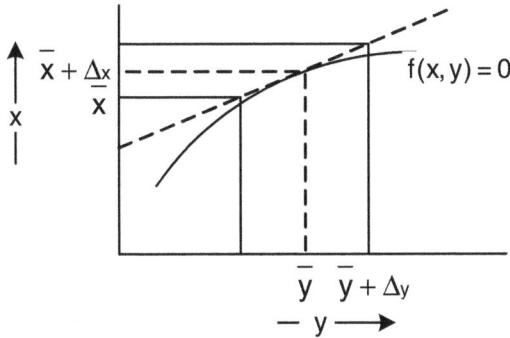

Abb. 2.4. Graphische Darstellung des funktionalen Zusammenhangs der indirekten Messung

serer Messung, dann definieren wir $\bar{\eta} = \eta(\bar{T})$ als Schätzung unserer Messung auf den wahren Wert der Viskosität der Flüssigkeit. Es liegt nahe, den Fehler der indirekten Messung $\Delta\eta$ durch $\Delta\eta = \left|\eta(\bar{T} \pm \Delta T) - \eta(\bar{T})\right|$ zu beschreiben.

Wie man sofort sieht (Abb. 2.4.), führt dies jedoch zu einem unsymmetrischen Fehlerintervall. Konzentrieren wir uns auf den Fall, dass der Fehler klein gegen den Mittelwert ist, so können wir den funktionalen Zusammenhang linearisieren und erhalten für den Zusammenhang zwischen dem Fehler der Fallzeit und dem Fehler der Viskosität:

$$\Delta\eta = \left|\frac{d\eta}{dT}_{T=\bar{T}}\right| \cdot \Delta T \qquad (2.11)$$

Eine gesonderte Überlegung erfordert der Fall, dass die indirekte Messung durch zwei oder mehrere einfache Messungen erfolgt. In unserem Beispiel hängt die Information der Viskosität der Flüssigkeit auch von unserer Kenntnis der Dichte ρ (Rho) ab. Im wiederum angenommenen Idealfall gilt:

$$\eta \approx \frac{\rho}{T} \qquad (2.12)$$

In diesem Fall definieren wir als Schätzwert:

$$\bar{\eta} = \eta(\bar{\rho}, \bar{T}) \qquad (2.13)$$

Zur Bestimmung des Fehlers linearisieren wir wieder den gegebenen funktionalen Zusammenhang, was in diesem Fall bedeutet, dass wir die Tangentialebene bestimmen, die wie im Fall der Tangente (Abb. 2.4.) wieder durch die Ableitungen der Funktion $\eta(\rho, T)$ an der Stelle der Schätzwerte bestimmt wird. Bei der Bestimmung der Fehlerfortpflanzung haben wir jedoch mehrere Möglichkeiten. Zwei davon sind in Abb. 2.5. eingezeichnet. Wir können den

„Fehlerraum" als Quadrat mit den Kantenlängen $\Delta\rho$ und ΔT auffassen, was den größtmöglichen Fehler, den so genannten Größtfehler definiert:

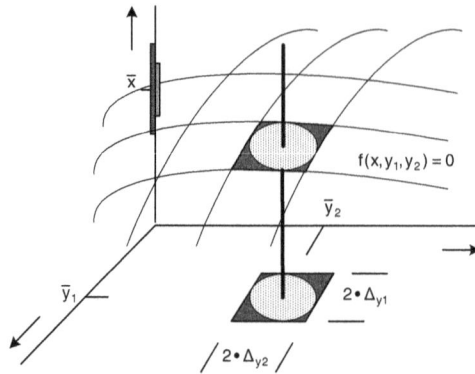

Abb. 2.5. *Graphische Darstellung der Zusammenhänge der indirekten Messung bei zwei Eingangsgrößen*

$$\Delta\eta = \left|\frac{d\eta}{dT}_{\substack{T=\bar{T},\\ \rho=\bar{\rho}}}\right| \cdot \Delta T + \left|\frac{d\eta}{d\rho}_{\substack{T=\bar{T},\\ \rho=\bar{\rho}}}\right| \cdot \Delta\rho \qquad (2.14)$$

Die Ableitungen sind dabei so zu bilden, dass die jeweils andere Variable als konstant behandelt wird. Ist der Fehler jedoch rein zufälliger Natur, wird ein Fehlerraum, bei dem die Fehler der gemessenen Größen die Halbachsen einer Ellipse bilden, sinnvoller sein, da Messwerte, die in den „Schmutzecken" liegen, extrem unwahrscheinlich sind. In diesem Fall verwendet man das so genannte Gauß'sche Fehlerfortpflanzungsgesetz:

$$\Delta\eta = \sqrt{\left|\frac{d\eta}{dT}_{\substack{T=\bar{T},\\ \rho=\bar{\rho}}}\right|^2 \cdot \Delta T^2 + \left|\frac{d\eta}{d\rho}_{\substack{T=\bar{T},\\ \rho=\bar{\rho}}}\right|^2 \cdot \Delta\rho^2} \qquad (2.15)$$

Beide Gesetze sind gebräuchlich. In der Praxis verwendet man eher den Größtfehler, in der Theorie eher das Gauß'sche Fehlerfortpflanzungsgesetz, da es sich mathematisch einfacher handhaben lässt.

Als Letztes wollen wir noch die Bestimmung von funktionalen Zusammenhängen diskutieren. Wollen wir einen Zusammenhang $y = f(x)$ zwischen zwei physikalischen x und y feststellen, so müssen wir die betrachtete Anordnung in verschiedene Zustände bringen und jedes Mal x und y messen. Das Ergebnis einer solchen Vielzahl von Messungen ist in Abb. 2.6. dargestellt.

Sind die Messwertpaare $\left(\bar{x} \pm \Delta x, \bar{y} \pm \Delta y\right)$ nach der Messung nicht homogen über die Abbildung verteilt, so vermuten wir einen funktionalen Zusammenhang. Ohne jegliche mathematische Kenntnisse könnten wir diesen Zusammenhang qualitativ in die Abbildung einzeichnen.

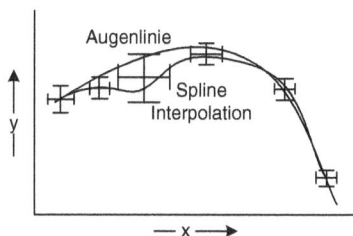

Abb. 2.6. *Ausgleichskurven*

Diese Linie muss natürlich immer innerhalb der Fehlerbalken verlaufen. Eine Linie, die von Anfängern überraschenderweise oft gewählt wird, ist die Linie, die alle Messpunkte miteinander verbindet. Durch die Möglichkeiten der Datenverarbeitung ist es auch möglich, diese Linie dahingehend zu modifizieren, dass sie knickfrei ist (Spline-Interpolation). Beide Möglichkeiten sind aber nicht besonders tragfähig, da es doch ein sehr großer Zufall wäre, wenn bei Hinzufügung eines Messwertpaares, dieses genau auf der Linie läge. Hätte man diese Möglichkeiten nicht, würde man eher eine Linie wählen, die möglichst einfach ist und von der man erwartet, dass sie bei Hinzufügen eines weiteren Messwertpaares nicht geändert werden muss. Diese Linie nennt man Augenlinie, da das Auge eine solche Linie quasi automatisch auswählt.

Dieses intuitive Verfahren wird aus Gründen der Standardisierung formalisiert. Man wählt einen Funktionentyp, der das Verhalten der Messpunkte (z. B. ein Maximum zu besitzen) enthält. Ein solcher Funktionentyp wird durch Koeffizienten parametrisiert (bei der Anpassung der Gauß-Funktion nutzten wir die beiden Parameter μ und σ). Diese Koeffizienten werden jetzt so lange variiert, bis die Summe der Abstände der Messpunkte von dieser Funktion möglichst klein (minimal) ist. Dieses Verfahren nennt man lineare Regression. Dieses hier grob skizzierte Verfahren überführt unser intuitives Handeln in einen verbindlichen nachvollziehbaren Algorithmus. Die derart ausgewählte Funktion wird erst dann unbrauchbar, wenn wir durch einen Wechsel des Messverfahrens die Fehler der Messwerte verkleinern können, so dass die ausgewählte Funktion durch keine Wahl der Koeffizienten die oben gestellten Bedingungen erfüllen kann. Umgekehrt erwartet man, dass bei einem idealen Messverfahren ($\Delta \rightarrow 0$) die wahre Funktion ermittelt wird. Mit diesem Verfahren sollte man sich insbesondere dann auseinandersetzen, wenn man aus den Messwerten die Ableitung der gesuchten Funktion bestimmen will.

Wir wollen mit diesem kleinen Exkurs über das Wesen physikalischer Größen enden. Wie immer, wenn wir einen vernünftigen Satz bilden wollen, müssen wir uns über die Bedeutung der Worte, die wir verwenden, Klarheit verschaffen. Was in unserer Sprache der Duden, ist in der Physik die Messvorschrift – dokumentiert im „Kohlrausch". Vor jeder neuen Messaufgabe empfiehlt es sich, in diesem Buch oder in den entsprechenden DIN-Normen nachzuschlagen. Mit den gewonnen Einsichten wenden wir uns jetzt der Grammatik unserer neuen Sprache zu.

3 Der Aufbau der Physik

3.1 Einführung zum Aufbau der Physik

Die Darstellung des Gedankengebäudes der Physik unabhängig von speziellen Phänomenen ist zwangsläufig eine sehr abstrakte Aufgabe, weswegen wir uns dem Problem zunächst in einer groben Form annähern und die dazu notwendigen Begriffe vorstellen. Dabei werden wir auch das „Eimermodell" einführen, das uns beim Verständnis dieses Gedankengebäudes und des Aufbaus dieses Buches sehr hilfreich sein wird. Den Abschluss der Einführung bilden Beispiele aus dem nicht unbedingt physikalischen Alltag, die uns verdeutlichen, dass dieses Gedankengebäude nicht zu den Geheimnissen der Physik zählt, sondern, ohne dass wir uns dem meist bewusst sind, unseren Alltag bewältigen hilft. In der Physik tritt diese Art zu denken lediglich in einer kristallenen Klarheit hervor, weshalb die Physik auch einen Vorbildcharakter für alle Wissenschaften hat. In den Kapiteln Kinematik und Dynamik werden wir dann den Aufbau der Physik genauer beschreiben. Philosophisch interessant sind natürlich die Phänomene, die sich heute nicht in diesen Aufbau pressen lassen. Zu diesen Phänomenen zählt ganz allgemein das „Leben" mit den dazugehörigen Phänomenen „Bewusstsein, Liebe etc.", deren Beschreibung von der Physik und der Wissenschaft i. A. heute nicht geleistet werden kann. Die Ursache dafür liegt in einigen Voraussetzungen, die wir an die Beschreibung von Phänomenen machen müssen und die nur in der unbelebten Natur hinreichend gut erfüllt sind.

3.1.1 Voraussetzungen an physikalisch zu nennende Phänomene

Zur Beschreibung von Phänomenen hat die Physik einen Begriffsapparat entwickelt, den wir hier vorstellen. Dazu setzen wir die Zerlegung der Welt voraus. Wir gehen davon aus, dass die Welt in eine Anordnung, Beobachter dieser Anordnung, Normale und den Rest der Welt zerlegbar ist. Ein Phänomen ist dadurch definiert, dass die Anordnung in irgendeiner Weise einer Änderung unterliegt, sie durchläuft einen Prozess. Die Voraussetzung der Zerlegbarkeit impliziert, dass dieser Prozess faktisch unabhängig von dem Rest der Welt existiert. Koppeln wir den Beobachter mit seinen Normalen an diese Anordnung an, so kann durch den Vergleich mit den Normalen dieser Prozess durch physikalische Größen beschrieben werden.

Diese Ankopplung – der Messprozess – muss dergestalt sein, dass er einen zu vernachlässigenden Einfluss auf die zu messende Anordnung hat. Nach diesem Schema kommen wir zu einer Darstellung eines Phänomens durch physikalische Größen.

Wir hatten schon angedeutet, dass die Erklärung eines natürlichen Phänomens auf eine Struktur der Anordnung zurückgeführt wird. Es ist leicht einzusehen, dass es unmöglich ist, einen Prozess, der zu irgendeinem Zeitpunkt zu einer strukturlosen Anordnung führt, im weiteren Verlauf aus sich selbst heraus zu erklären. Einen solchen Prozessfortgang würden wir zufällig nennen. Die notwendige Struktur erhalten wir durch eine Zerlegung der Anordnung in Systeme. Systeme zeichnen sich dadurch aus, dass sie substantiell – z. B. in Form von Materie – sind. Das Substantielle ist, wie wir später sehen werden, ein wesentliches Merkmal eines natürlichen Prozesses. Diese Systeme sind in irgendeiner Weise gekoppelt, denn wären sie es nicht, so könnten wir das nicht gekoppelte System einfach aus der Anordnung entfernen, ohne dass ein Einfluss auf das Phänomen messbar wäre.

Die Definition eines Systems erfolgt durch Vergleich. Systeme entsprechen den Substantiven unserer Sprache z. B. Baum, Wald, Auto, Unternehmen usw. Systeme werden durch Ihre Merkmale, die in eigenen Prozessen[6] ermittelt werden, klassifiziert. Der substantielle Charakter drückt sich durch das Vorhandensein einer Systemmenge aus. Zu jedem System gibt es ein gleichartiges, aber z. B. kleineres System. Bei einfachen räumlich ausgedehnten Systemen erhält man ein solches kleineres System durch Teilung. Bei komplizierteren Systemen, die selbst aus einfachen Systemen zusammengesetzt gedacht werden können, nennt man das Ändern der Systemmenge skalieren. Beispiele physikalischer Systeme sind: der Massepunkt, der starre Körper, der elastische Körper, das Gas, die Flüssigkeit, das Gravitationsfeld, das elektromagnetische Feld, Magnete, Kapazitäten, Widerstände, etc. Beispiele von Systemmengen sind: die Masse, das Mol, das Volumen.

Das zu beschreibende Phänomen wird, nachdem die beteiligten Systeme identifiziert sind, durch Änderung der einem Merkmal zugeordneten physikalischen Größe beschrieben. Dabei lässt sich jede physikalische Größe einem System zuordnen. Merkmal eines Autos ist z. B. die Fähigkeit sich bewegen zu können. Die zugeordnete physikalische Größe ist die Geschwindigkeit. Die einem Merkmal eines Systems zugeordnete Größe beschreibt den Zustand des Systems. Systemzustände sind: die Geschwindigkeit, die Winkelgeschwindigkeit, die Spannung, der Druck, die Temperatur, die elektrische Feldstärke, die magnetische Feldstärke etc. Systemzustände sind so genannte kinematische Größen. Sie haben die Eigenschaft intensiv zu sein. Der Systemzustand verrät nichts über die Systemmenge. Bei der Skalierung eines Systems ändert sich der Systemzustand nicht.

Übertragen wir diese Voraussetzungen auf das lebende System „Mensch", so werden die für das Menschsein in diesem Sinne relevanten Zustände durch seine Gefühle beschrieben. Einmal abgesehen von dem Problem der Messbarkeit von Gefühlen, liegt die Hauptschwierigkeit in der Beschreibung zum Beispiel des Phänomens der Liebe darin, dass Liebe nicht durch die Gefühle der Liebenden beschrieben wird, sondern ein kollektives Phänomen beider

---

[6]   Prozesse, die der Definition der von uns verwendeten „Wörter" dienen, sind so genannte Gleichgewichtsprozesse (Vgl. Kap. 3.4.3).

Liebenden ist, dass weder dem einen noch dem anderen Liebenden zuzuordnen ist bzw. sich nicht aus der Struktur der „Anordnung" erklären lässt. Hier muss die Wissenschaft, so wie wir sie heute verstehen, kapitulieren, und das Feld den Künsten überlassen.

3.1.2   Die Beschreibung eines Phänomens

Nachdem wir die Begriffe zur Beschreibung eingeführt haben, können wir den Prozess, den eine Anordnung durchläuft, als eine Abfolge von Zustandsänderungen beschreiben. Die Abfolge selbst parametrisieren wir durch die Zeit, deren genaue Definition wir auf das Kapitel „Punktmechanik" vertagen. In Abb. 3.1. ist der Prozess einer Anordnung, die nur aus zwei Systemen besteht, die jeweils nur durch einen Zustand x_i beschrieben werden, im so genannten Zustandsraum graphisch dargestellt.

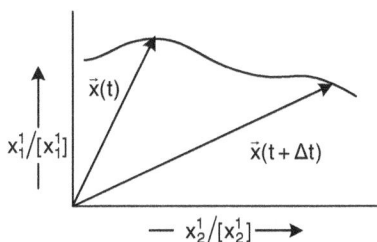

Abb. 3.1. *Trajektorie einer Anordnung*

Abbildung 3.2 zeigt denselben Prozess beispielhaft in einem Zustands-Zeit-Diagramm des Zustandes x_1 des Systems 1.

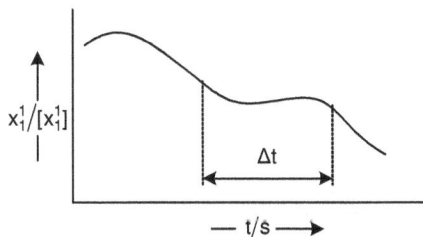

Abb. 3.2. *Zustands-Zeit-Diagramm eines Zustandes eines Systems*

Die Zustände einer Anordnung wollen wir durch den Vektor $\vec{x}$ symbolisieren. Durch die Auswahl der Normale wird $\vec{x}$ durch die Angabe alle abgelesenen Messwerte dargestellt.

$$\vec{x} = (\, x_1,...x_N \,) \qquad\qquad (3.1)$$

Die betrachtete Anordnung wird also durch N Zustände beschrieben, die die N Komponenten des Vektors bilden. Da die Anordnung z. B. aus m-Systemen zusammengesetzt gedacht werden kann, ist es sinnvoll, diese N Komponenten in m Gruppen zusammenzufassen. Symbolisch:

$$\vec{x} = \vec{x}_1 \otimes \vec{x}_2 \otimes ... \otimes \vec{x}_m \qquad\qquad (3.2)$$

Die mit den Indizes gekennzeichneten Vektoren stellen die Systemzustände des jeweiligen Systems dar.

Eine Folge dieser Zerlegung ist, dass die gesamte Geschichte eines Systems in Zustands-Zeit-Diagrammen dargestellt werden kann. Damit haben wir eine einfache Sprache, die die natürliche Welt beschreibt. In der Umkehrung bedeutet dies, dass, wäre die ganze Welt „natürlich", alle Geschichten dieser Welt in solchen Diagrammen darstellbar wären. Wie am Beispiel der Liebe angedeutet, ist dies aber nicht möglich, so dass wir auf andere Ausdrucksformen zurückgreifen müssen. Um die Welt zu verstehen, muss man im Grunde beide Sprachen sprechen.

3.1.3   Das Eimermodell

Das Vorgenannte lässt sich einfach am Beispiel des „Eimermodells" konkretisieren. Dazu stellen wir uns eine Anordnung aus Gefäßen bestehend vor. Der Zustand dieser Gefäße ist durch ihre jeweiligen Füllstände h charakterisiert. Zur Messung des Füllstandes nehmen wir ein Normgefäß in Form eines zylindrischen Glasröhrchens, an das wir im gleichen Abstand Markierungen angebracht haben. Sinnvollerweise wählen wir für jedes Gefäß unserer Anordnung eine identische Maßverkörperung. Der Messprozess ist dadurch beschrieben, dass wir am Boden der Gefäße einen Schlauch anschließen und diesen mit dem Glasröhrchen verbinden. An der Markierung des Glasröhrchens können wir dann den Füllstand des Gefäßes ablesen. Abb. 3.3. zeigt das System „Gefäß" oder „Eimer" mit dem angekoppelten Messgerät. Der Zustand des $\vec{x}_i$ des i-ten Eimers der Anordnung wird also nur durch einen Wert h_i bestimmt.

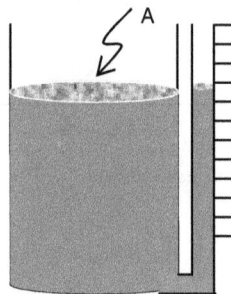

Abb. 3.3. Das Eimermodell

Die aus den Eimern bestehende Anordnung denken wir uns der Einfachheit halber dadurch beschrieben, dass alle Eimer auf dem Boden stehen. Die Kopplung der Systeme innerhalb der Anordnung erfolge durch Schläuche. Es ist offensichtlich, dass ein nicht an diese Anordnung gekoppelter Eimer einfach aus der Anordnung entfernt werden kann. Der gesamte Zustand der Anordnung wird durch die Angabe aller Füllstände beschrieben. Sind diese alle gleich, so werden die Füllstände sich von selbst nicht ändern. Die Anordnung ist strukturlos. Man sagt auch, die die Anordnung konstituierenden Systeme sind im Gleichgewicht untereinander.

Liegen zu irgendeinem Zeitpunkt innerhalb der Anordnung unterschiedliche Füllstände vor, so können wir das Verhalten der Anordnung – die Änderung der Füllstände in den Eimern – in Füllstands-Zeit-Diagrammen aufzeichnen und dadurch Erfahrungen sammeln, die wir in „physikalischen Gesetzen" formulieren können. Zum Beispiel: Bei einer aus zwei Eimern bestehenden Anordnung wird der Füllstand des Eimers mit dem zu einem Zeitpunkt t höheren Füllstand abnehmen und umgekehrt. Man kann sich leicht vorstellen, dass bei Anordnungen aus z. B. zehn Eimern diese physikalischen Gesetze sehr kompliziert sind und auch sehr schwierig verallgemeinert werden können. Aus diesem Grund versucht man, diese Erfahrungen zu interpretieren; man fragt nach einer inneren Ursache, die für das Verhalten der Anordnung verantwortlich ist. Dass es sich dabei um eine Interpretation handelt, wird schon daran deutlich, dass mehr als die Zustands-Zeit-Diagramme nicht notwendig sind, um das Verhalten der Anordnung zu beschreiben, also alle Informationen in den Zustands-Zeit-Diagrammen enthalten sind.

Wenn wir den Prozess unserer Modellanordnung interpretieren, also nach den Ursachen dieses Prozesses fragen, können wir dies einfach tun: Der Füllstand eines Eimers ist eine direkte Folge der Flüssigkeitsmenge in dem Eimer. Das zeitliche Verhalten wird durch die Strömung der Flüssigkeit durch den Verbindungsschlauch – die Kopplung – bestimmt. Das eigentümliche an dieser Interpretation ist, dass wir mengenartige Größen benutzen, um das Verhalten der Anordnung zu beschreiben. Die entsprechenden physikalischen Gesetze zur Beschreibung solcher Anordnungen erfolgen mit diesen mengenartigen Größen in drei Schritten:

1. Die Systembeschreibung, die angibt, welche Flüssigkeitsmenge innerhalb eines Eimers einen Füllstand verursacht, bzw. die Systembeschreibung einer Zuordnung von Füllstand und Flüssigkeitsmenge.

2. Die Bilanz der Flüssigkeitsmenge, die sich in der Erfahrung widerspiegelt, dass in einer isolierten „Eimeranordnung" unabhängig von Details der Anordnung die gesamte Flüssigkeitsmenge konstant ist, also nur zwischen den gekoppelten Eimern ausgetauscht werden kann.

3. Der Beschreibung der Kopplungen zwischen den Eimern, die den Flüssigkeitsstrom durch den Schlauch als Funktion der Füllstandsdifferenz der Eimer, die der Schlauch verbindet, angibt.

Mit der Kenntnis dieser drei Erfahrungen/Gesetze kann umgekehrt das Füllstands-Zeit-Verhalten jeder vergleichbaren Eimeranordnung vorhergesagt werden. Das Besondere dieser Beschreibung liegt darin, dass die Gesetze vom Typ „1" und „3" lokaler Natur sind und sich nur auf die Subelemente System und Kopplung beziehen, während sich der eigentliche Erfahrungssatz, der sich auf alle Anordnung bezieht, besonders einfach und einleuchtend ist.

In völliger Analogie ordnen wir jeder kinematischen Größe eine mengenartige Größe zu. Diese Größen heißen dynamisch. Beispiele für diese Größen sind: Impuls, Drehimpuls, Entropie, dielektrische Verschiebung, magnetische Induktion, etc. Der mengenartige Charakter dieser Größen ermöglicht die Beschreibung von Phänomenen durch fließen, austauschen, wachsen, usw. Diesen Größen können auch Ströme zugeordnet werden. Beispiele sind: Impulsstrom (die Kraft), Drehimpulsstrom (das Drehmoment), Entropiestrom, Verschiebungsstrom, Induktionsstrom, elektrischer Strom, etc. Dynamische Größen sind interpretatorische Größen. Sie sind von uns nicht direkt sinnlich erfahrbar. Zwar merken wir, wenn eine Kraft auf uns wirkt, aber ein Impulsstrom ist direkt nicht beobachtbar.

Umgangssprachlich beschreiben wir z. B. die Änderung des Bewegungszustandes „Geschwindigkeit" des Systems „Kind auf Fahrrad" durch die Übergabe einer Bewegungsmenge, die wir Schwung nennen. Den Schwung selbst können wir im Unterschied zur Flüssigkeitsmenge im Eimer nicht sehen, riechen oder hören. Die „Existenz" des Schwungs, den wir in der Physik Impuls nennen, wird aber durch das Phänomen des Anschiebens nahe gelegt. Die Schwungübergabe kann nur durch Kontakt mit einem anderen System z. B. „dem anschiebenden Elternteil" erfolgen. Die Menge Schwung fließt über die Kontaktstelle von einem System zum anderen. Die Beobachtung, dass eine Zustandsänderung einen Kontakt erfordert, führt u.a. zu der Interpretation der Zustandsänderung durch einen Mengenfluss und zu unserer Vorstellung von der Existenz einer Menge.

Auch wenn wir dynamische Größen als interpretatorisch klassifiziert haben, müssen wir diese Größen durch Messvorschriften definieren. Diese Messvorschriften nutzen spezielle Prozesse – sogenannte Gleichgewichtsprozesse – zu ihrer Definition. Gleichgewichte spielen generell in der Messtechnik eine große Rolle. Am Beispiel der Füllhöhenmessung sieht man, dass unser Messröhrchen in irgendeiner Weise im Gleichgewicht mit dem Eimer stehen muss. Wir messen ja eigentlich die Füllhöhe der Maßverkörperung und schließen daraus auf die Füllhöhe des Eimers. Dieser Schluss geschieht mit Hilfe eines angenommenen Gleichgewichts zwischen Normal und Eimer. Dieses Gleichgewicht muss darüber hinaus dergestalt sein, dass die faktisch angenommene Füllhöhe des Eimers unverändert bleibt. Die geschieht dadurch, dass im Idealfall die Systemmenge des Messgerätes – des Röhrchens – viel kleiner ist als die Systemmenge des Systems – des Gefäßes. Aus diesem Grund ist der Zustand eines Systems eine intensive Größe. Würde man versuchen, in dem untersuchten Prozess gleichzeitig zum Systemzustand, die zugehörige Menge – das Flüssigkeitsvolumen –, zu messen, so gelänge dies während des Prozesses nur durch Ankopplung eines Systems – z. B. einer Schöpfkelle – mit einer zum Eimer vergleichbaren Systemmenge, die aber einen erheblichen Einfluss auf den Prozess hätte. Stattdessen wird man also zunächst in einem Gleichgewichtsprozess den Zusammenhang zwischen Füllhöhe und Flüssigkeitsmenge herstellen und diesen Zusammenhang zur Beschreibung des faktischen Prozesses benutzen.

Wir halten fest, dass in der oben skizzierten idealisierten Vorstellung der faktische Prozess mit kinematischen Messgrößen vermessen werden kann, ohne diesen Prozess zu stören. Eine Messung der dynamischen Größen einer Anordnung führt zu einer faktischen Änderung des Prozesses. Gleichgewichtsprozesse erlauben die Messung der dynamischen Größen, sind also in Bezug auf die kinematischen Größen definiert. Dynamische und kinematische Größen sind in gewisser Hinsicht komplementär.

Für die Interpretation des Verhaltens eines Systems in einer Anordnung ist die Systembeschreibung – der Zusammenhang zwischen Systemzustand und Zustandsmenge – von großer
Wichtigkeit. Dieser Zusammenhang heißt Zustandsgleichung. In unserem Eimermodell stellt
die Zustandsgleichung den Zusammenhang zwischen der Füllhöhe h des Eimers und der zugehörigen Flüssigkeitsmenge – dem Flüssigkeitsvolumen V – her.

$$h = f(V) \tag{3.3}$$

In Abb. 3.4. sind die Systeme zylindrischer bzw. konischer Eimer dargestellt, die verschiedene Zustandsgleichungen besitzen. Alle Zustandsgleichungen haben die Eigenschaft, monoton steigend zu sein. Es ist zumindest bei einfachen Gefäßen nicht vorstellbar, dass bei weiterem Zufügen von Flüssigkeit die Füllhöhe abnimmt. Das Beispiel des konischen Eimers
zeigt aber auch, dass die Angabe der Zustandsgleichung schon bei einem so einfachen Gefäß
sehr kompliziert sein kann. Aus diesem Grund gibt man die Zustandsgleichung meist in differentieller Form an:

$$dh = \frac{dV}{A(h)} \tag{3.4}$$

$A(h)$ ist in dem vorliegenden Beispiel der Eimerquerschnitt in der Höhe h (hier:
$A(h) = A_0 + A' \cdot h$). Die genannte Zustandsgleichung erhält man durch Integration:

$$\int_0^h A(h') \cdot dh' = V(h) - 0 \tag{3.5}$$

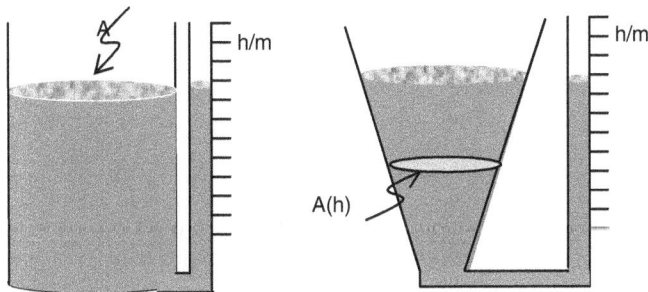

Abb. 3.4. *Verschiedene Zustandsgleichungen im „Eimermodell"*

Wenn wir die Bedeutung der Zustandsgleichung vollständig erfassen wollen, müssen wir uns
klarmachen, dass in Bezug auf den untersuchten Prozess der Eimer vollständig durch die Zustandsgleichung charakterisiert ist. In dem gegebenen Beispiel ist für die Beschreibung des
Prozesses durch die Änderung der Füllhöhen die Farbe oder das Material der Eimer völlig ir-

relevant. Wir können sogar sagen: alle Gefäße mit derselben Zustandsgleichung sind in Bezug auf den untersuchten Prozess identisch und können Eimer genannt werden bzw. umgekehrt alle Eimer sind in ihrer Eigenschaft, Gefäß zu sein, durch Gl. 3.4 vollständig beschrieben. Damit wird die Zustandsgleichung eines Systems zu seiner definierenden Eigenschaft. Diese Schlussweise ist typisch für die gesamte Physik. Einerseits entfernt man sich durch ein extrem hohes Abstraktionsniveau von unserer Umgangssprache, andererseits erhält man eine sehr genaue Definition, die völlig unabhängig von speziellen Beobachtern und deren sinnlichen Eindrücken ist. Kaufen wir ein Glas, so sind wir eigentlich an der Eigenschaft des Glases, Gefäß zu sein, das durch die Zustandsgleichung beschrieben wird, interessiert. Unsere Kaufentscheidung wird aber in den meisten Fällen durch ganz andere Kriterien bestimmt. Lediglich bei sehr teuren Weingläsern, wird die Form des Glases (die Zustandsgleichung) auf die Geschmacksentwicklung des Weines thematisiert. Physikalische Beschreibung und Alltag sind obwohl ähnlich oft sehr weit voneinander entfernt.

Wenn die Zustandsgleichung ein System vollständig beschreibt, muss in irgendeiner Weise die Systemmenge in ihr enthalten sein. Dies sieht man leicht ein, wenn man sich ein Gefäß vorstellt, das um einen Faktor n skaliert wurde. Dessen Funktion f^n steht in einem direkten Zusammenhang mit der Funktion f.

$$h = f^n(V) = f\left(\frac{V}{n}\right) \tag{3.6}$$

Das bedeutet, dass die Zustandsgleichung gleichartiger Systeme mit unterschiedlichen Systemmengen N immer dieselbe Gestalt besitzt:

$$h = f'\left(\frac{V}{N}\right) \tag{3.7}$$

Da auf der linken Seite der Gleichung eine intensive Größe steht, muss das Argument der Funktion f' Quotient zweier extensiver Größen sein.

3.1.4   Die Strukturierung der Physik

Bei der Interpretation des Zustandes haben wir von Schwankungen der Messgrößen, die in Abb. 3.4. graphisch angedeutet werden, abgesehen. Sehen wir von Schwankungen ab, die durch Unvollkommenheiten der Ablesungen des Messgerätes (Fehler) erklärt werden können, so liefert das Eimermodell verschiedene Erklärungen für Schwankungen. Wesentlich für diese Erklärungen ist, dass eine Menge als etwas Substantielles gedacht ist, die keinen Schwankungen unterliegt.

1. Eimer und Messgerät sind nicht vollständig von der Umgebung isoliert. Luftmoleküle stoßen an den Eimer, Temperaturschwankungen verändern das Eimervolumen etc. Als Folge kann man sich vorstellen, dass die Flüssigkeitsmenge im Eimer und zwischen Eimer und Messröhrchen hin und her fließt. Durch eine immer bessere Isolation sollten die Schwankungen immer mehr unterdrückt werden können. Die klassische Physik ist durch

die Vorstellung charakterisiert, dass bei vollständiger Isolation die Schwankungen verschwinden. In diesem Fall können Schwankungen einer Messgröße als Fehler im wörtlichen Sinn interpretiert werden.

2. Schwankt die Messgröße auch bei vollständiger Isolation, so kann man sich vorstellen, dass die Schwankung ein intrinsischer Effekt ist, d. h., die angenommene Homogenität der Füllhöhe des Eimers gilt nur näherungsweise. Es gibt innere Strukturen der Flüssigkeit, die für eine Bewegung der Flüssigkeitsoberfläche sorgen. Die Schwankung selbst ist dann ein Maß für den Bewegungszustand der Flüssigkeit.[7] Diese Interpretation erfordert natürlich einen sehr speziellen Bewegungszustand, da dieser von zufälligen Schwankungen nicht zu unterscheiden ist. Eine solche Interpretation kann man stützen, indem man den Eimer in immer kleinere Raumbereiche unterteilt und eine lokale Füllhöhe misst. Man erhält in diesem Fall so genannte Füllhöhenfelder, deren Beschreibung Gegenstand der Feldtheorie ist. In diesen Feldtheorien bekommen die Zustandsmengen eine Art Eigenleben, das von der Existenz des Eimers immer mehr entkoppelt wird. Noch radikaler ist die Vorstellung, dass die Menge selbst kein Kontinuum ist, also man bei einer immer feineren Unterteilung des Eimers auf die Flüssigkeitsmoleküle stößt, deren Zustände mit dem Begriff der Füllhöhe überhaupt nicht erfasst wird. Füllhöhe und Schwankung sind in diesem Fall konstruierte Größen, die sich als Funktion der Zustände der Flüssigkeitsmoleküle darstellen lassen. Die Zustände der Flüssigkeitsmoleküle sollen dabei schwankungsfrei gemessen werden können. Diese Vorstellung ist in der statistischen Physik ausgearbeitet und heute allgemein akzeptiert.

3. Auch die letztgenannte Interpretation entspricht in ihrem Wesen der Denkweise der klassischen Physik, Schwankungen für einen Fehler des Beschreibenden oder Beobachtenden zu halten. In der statistischen Physik wird dieser Fehler nur etwas „verzeihlicher". Man treibt die Feinstrukturierung eines Systems so weit, dass man nur noch punktförmige Systeme in Betracht zieht, die definitionsgemäß einen homogenen Systemzustand haben. Das Konstrukt des punktförmigen Systems – der Elementarteilchen – gehört zu den schwierigsten der ganzen Physik. In dem hier diskutierten Zusammenhang ist es nur wichtig, darauf hinzuweisen, dass auch die Systemzustände solcher definitiv homogener Systeme Schwankungen unterliegen. Diese Schwankungen müssen dann als wirklich zufällig interpretiert und in die Beschreibung von Prozessen mit einbezogen werden. Es gibt also keine verborgenen Parameter, auf die man diesen Zufall durch Reduktion zurückführen kann. Diese Beschreibung erfolgt in der Quantenmechanik. Umgekehrt führt dieser Zufall zu Effekten, die sich in unserer unmittelbaren Lebenswelt bemerkbar machen. Das Spektrum des Lichtes, die Temperaturabhängigkeit der Wärmekapazitäten, die Stabilität von Atomen und Molekülen, die gesamte Halbleitertechnologie sind ohne diesen Zufall nicht zu verstehen.

Die Behandlung von Schwankungsphänomenen zieht sich wie ein roter Faden durch die gesamte Physik. Wir haben hier einen groben Abriss gegeben, um deutlich zu machen, dass die wesentlichen Begriffe der Erklärung natürlicher Phänomene – Anordnung, System, Zustand,

---

[7] In dem skizzierten Interpretationsschema existiert dann auch eine „Schwankungsmenge".

Zustandsmenge, Kopplung – erhalten bleiben. Diese Begriffsbildung erfolgte historisch im Zusammenhang mit der Wärmelehre und deswegen wird die Lehre vom Umgang mit diesen Begriffen auch Thermodynamik genannt. Die Thermodynamik ist jedoch in ihrem Anwendungsbereich eher die Systemtheorie der Physik, und wir wollen in diesem Buch den Versuch unternehmen, die Physik aus diesem Blickwinkel zu beleuchten.

Die klassische Physik ist heute ein Spezialgebiet der Physik, das aber in den Ingenieurwissenschaften und in unserem Alltag ein riesiges Anwendungsgebiet besitzt. In der klassischen Physik geht man davon aus, dass alle Schwankungserscheinungen Fehler sind, die im Prinzip vermeidbar sind. Dies ist ein vernünftiges Vorurteil, da die Entwicklung der Wissenschaft und Technik zeigt, dass Fehler von Messgrößen immer kleiner gemacht werden können. Das Vorurteil besteht im Wesentlichen darin, dass dieser Entwicklung der Grenzwert „null Fehler" zugeordnet wurde. Dieses Vorurteil ist sicher auch entscheidend für die Entwicklung der Physik, da eine Beschreibung von Phänomenen durch Häufigkeitsverteilungen und deren Voraussage mit Wahrscheinlichkeitsdichten zu erheblichen Komplikationen führt, zumal der Verzicht auf diese Beschreibung die wesentlichen Begriffe liefert, die Physik verständlich machen und die auch in der statistischen Physik und Quantentheorie Bestand behalten.

Wir gehen also im Weiteren davon aus, dass ein wahrer Wert eines Zustandes existiert und dieser im Prinzip messtechnisch von uns bestimmt werden kann. Darüber hinaus beschränken wir uns auf homogene Systeme, d. h., der Systemzustand ist unabhängig von dem Ort, an dem er im System gemessen wird. Ist dies nicht der Fall, zerlegen wir das System so lange in Subsysteme, bis die Subsysteme als homogen angenommen werden können. Auf unser Eimermodell übertragen bedeutet dies, dass der Flüssigkeitsspiegel immer plan ist.

3.1.5   Beispiele

Um das Interpretationsmodell besser verstehen zu können und um seine Grenzen kennenzulernen, wollen wir willkürliche Beispiele aus unserem Alltagsleben unter diesem Gesichtspunkt besprechen. Diese Beispiele sollen auch anregen, immer wieder den Bezug der Denkstruktur der Physik zu eigenen Erfahrungen herzustellen. Eine Wissenschaft beruht auf Erfahrung und wir müssen uns klarmachen, dass Newton, Huygens, Mayer, Joule, Euler und die vielen anderen Riesen, auf deren Schultern wir stehen, vermutlich weniger Erfahrungen in ihrem Leben sammeln konnten als wir. Wir haben also den großen Vorteil, das Gedankengebäude der Physik an unseren reichhaltigen Erfahrungen auf Plausibilität zu überprüfen. Dazu müssen wir nur unsere Lebenswelt aufmerksam wahrnehmen.

Das einfache Beispiel des Temperaturausgleichs zweier fester Körper soll das Denken des Physikers illustrieren. Wir betrachten drei Ausschnitte aus der Welt. Um sie sprachlich zu unterscheiden müssen wir schon auf das Hilfsmittel der Strukturierung zurückgreifen. Alle drei Ausschnitte bestehen zu einem festem Zeitpunkt t_0 aus zwei festen Körpern der Temperatur T_1 und T_2 und unterscheiden sich nur durch ihre Lage zueinander. Die gemessenen Temperaturverläufe sind für alle drei Anordnungen in Abb. 7.5 skizziert.

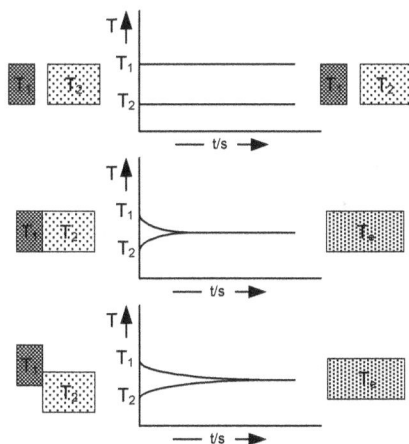

Abb. 3.5. *Temperatur-Zeit-Diagramme dreier Anordnungen, die aus identischen Systemen bestehen, aber verschieden gekoppelt sind*

Die Erfahrung, die zunächst aus dem Experiment gewonnen werden kann, lautet: Zwei sich berührende Körper, die vom Rest der Welt isoliert sind, gleichen Ihre Temperaturen im Laufe der Zeit an. Die Rate, mit der diese Angleichung erfolgt, hängt von der Kontaktfläche der Körper ab. Haben die Körper keinen Kontakt, ändern sich die Temperaturen der Körper nicht.

Die (besser: eine) Interpretation, die das Verhalten der Anordnungen erklärt, lautet:

1. Bei der oberen Anordnung handelt es sich um isolierte Systeme (Körper). Ist ein System isoliert, ändert es seinen Zustand nicht, da die den Körpern innewohnende Zustandsmenge konstant bleibt.

2. In den beiden unteren Anordnungen sind die Systeme gekoppelt. Die Kopplung erfolgt an der Systemgrenze (dem Rand des Körpers). Über diese Kontaktfläche kann die Zustandsmenge von einem Körper zum anderen fließen.

3. Die Zustandsmenge fließt so lange von einem Körper zum anderen, bis die Temperaturen gleich sind.

4. Je größer die Kopplung – hier: die Kontaktfläche –, desto besser kann die Zustandsmenge fließen und desto schneller findet der Temperaturausgleich statt.

Sollte diese Interpretation stimmen, so muss eine Anordnung mit einem zweiten Körper, der viel kleiner ist als Körper 2, von dem wir erwarten, dass seine Zustandsmenge bei gleicher Temperatur ebenfalls viel kleiner ist, zu einer höheren Mischtemperatur führen, die auch viel schneller erreicht wird. Führen wir ein solches Experiment durch, so finden wir diesen Sachverhalt im Wesentlichen bestätigt.

Wir können also mit wenigen Grundannahmen die Ergebnisse neuer Experimente vorhersagen – die Interpretation ist tragfähig. Um das quantitativ zu tun, müssen wir aber noch den

Zusammenhang zwischen Zustandsmenge (umgangssprachlich Wärmemenge) und der Temperatur – die Zustandsgleichung – sowie die Kopplung – den Wärmeübergang – genauer beschreiben, was wir in den späteren Kapiteln (7.2.2 ff) nachholen.

Ein Beispiel aus dem Alltag ist die Personalauswahl durch ein Assessment-Center. In einem solchen Auswahlverfahren erhält man meist in kleinen Gruppen scheinbar unsinnige Aufgaben, die dadurch gekennzeichnet sind, dass eine Lösung der gestellten Aufgabe verschiedene sich oft widersprechende Realisierungen hat. Beispielsweise soll man einen Turm aus einer begrenzten Anzahl von Legosteinen bauen, der sowohl schön als auch hoch ist. Das Verhalten der Kandidaten in einer solchen Ausnahmesituation wird im Idealfall durch Personen mit großen Menschenkenntnissen interpretiert, den Charakteren der Probanden zugeordnet und in Bezug auf Situationen die typischerweise im Berufsalltag auftreten, bewertet. Wir erkennen in diesem Vorgehen dieselbe Denkstruktur, die wir zur Interpretation des Temperaturausgleichs angewandt haben. Der Unterschied besteht im Wesentlichen darin, dass eine Wissenschaft eine Methode der Interpretation besitzt, während in dem vorliegenden Fall das Fehlen einer Methode durch den schwammigen Begriff Menschenkenntnis ersetzt wird.

Ein ähnliches Denkmuster liegt unserem Rechtsverständnis zu Grunde. Ein Polizist hat unter anderem die Aufgabe, eine Straftat zu protokollieren (Kinematik). Der Richter muss eine Interpretation der faktischen Straftat vornehmen (Dynamik). Er muss die Schuldfrage klären. Schuld ist eine mengenartige Größe, die, obwohl sinnlich nicht erfahrbar, entscheidend für die Bemessung der Strafe ist. In diesem Sinne können wir uns ein Gefängnis vorstellen als der Versuch, einen Schuldigen vom Rest der Anordnung – der Gesellschaft – zu trennen. Auch hier gibt es keine eindeutigen Methoden der Schuldzuweisung, so dass das Richteramt ein sehr schwieriges ist und immer der berühmte Grundsatz „im Zweifel für den Angeklagten" gilt.

Durchforsten wir unsere Umwelt nach Anwendungen dieses Denkmodells, so werden wir es fast überall wiederfinden. Dies ist jedoch keine Selbstverständlichkeit. Dieses Denkmodell ist eine Folge des Urereignisses der europäischen Kultur – der französischen Revolution[8]. Holzschnittartig kann man die Ereignisse im Lichte des vorgenannten dahingehend zusammenfassen, dass dem französischen Volk eine Begründung der Aristokratie durch Gott nicht mehr ausreichte. Der König sollte seine Existenz aus sich selbst heraus begründen. Als er dies nicht konnte, war es um seine Position und sein Leben geschehen. In der Folge wurde diese Vorstellung dann von Frankreich ausgehend auf alle Lebensbereiche ausgedehnt. Ein Rechtssystem frei von Willkür wurde nach dem obigen Schema installiert. Die Wissenschaften, insbesondere die Physik, nahmen ihren Aufschwung. Die Literaturgattung des Romans, die im Unterschied zur Erzählung eine Handlung aus der Innenwelt der Figuren zu erklären versucht, wurde „erfunden". Und so weiter.

Die Anwendung dieses Denkmodells auf „lebende Systeme" kann immer nur ein Aspekt sein. In der unbelebten Natur ist nach unserem Kenntnisstand dieser Aspekt jedoch vollstän-

---

[8] Dies ist natürlich eine stark vereinfachte Darstellung. Ein Angelsachse wird eher die „Glorious Revolution" als Keimzelle dieser Denkart sehen. Vielleicht ist es sogar völlig falsch, ein Ereignis in einem Entwicklungsprozess so hervorzuheben.

dig. Aus diesem Grunde operiert der Ingenieur oder Naturwissenschaftler bei der Beschreibung von Maschinen oder Prozessen mit Flussdiagrammen, die den Mengenfluss in oder aus einer Maschine beschreiben. Dieses Verfahren nennt man ganz allgemein Bilanzieren. Dieses Bilanzieren von mengenartigen Größen erfordert natürlich eine gewisse Kenntnis der Mengen, deren Bezeichnungen Impuls, Entropie etc. und Wesen nicht unbedingt zu unserem Allgemeinwissen gehören, wogegen die Methode jedoch einfach zu verstehen ist.

3.2   Kinematik

3.2.1   Die „nullten" Hauptsätze

In diesem Kapitel konkretisieren wir, ohne auf ein spezielles Phänomen Bezug zu nehmen, die Beschreibung von Prozessen. Dazu werden wir auf allgemeine Erfahrungen zurückgreifen. Erfahrungen, die auf kein spezielles Phänomen beschränkt sind, haben natürlich einen besonderen Charakter. Sie werden in so genannten Hauptsätzen beschrieben. Am bekanntesten ist der erste Hauptsatz, der die Erfahrung der Energieerhaltung beschreibt. In diesem Sinne sind die Erfahrungen, die wir hier vorstellen „nullte Hauptsätze". Sie beschreiben Erfahrungen, die so selbstverständlich erscheinen, dass sie oft nicht einmal Erwähnung finden.

Wie in der Einführung dieses Kapitels beschreiben wir im Grunde nur allgemeines Gedankengut, das so selbstverständlich erscheint, dass wir überrascht sein werden, wie schwierig die Definition der Begriffe durch Messvorschriften wird, aus denen wir diese Erfahrungen ja gewonnen haben. Für diese Definitionen greifen wir immer wieder auf mathematische Formulierungen zurück, von denen nicht erwartet wird, dass der Leser mit diesen im handwerklichen Sinne vertraut ist. Diese mathematischen Formulierungen sind als symbolische Schreibweise zu verstehen, die die allgemeinen Erfahrungen kompakt zusammenfassen.

3.2.2   Kinematische Größen und Prozessdarstellung

Kinematische Größen sind intensive Größen, d. h., sie haben keinen mengenartigen Charakter. Geschwindigkeit, Temperatur etc. sagen uns nichts über die Größe des Systems, das mit diesen Zuständen beschrieben wird. Solche Größen eines Systems, das wir durch einen Index „i" kennzeichnen, wollen wir uns in einem Vektor $\vec{x}_i$ zusammengefasst denken. Die Komponenten dieses Vektors $x_1^i, x_2^i, ..., x_{m_i}^i$ stellen symbolisch m_i gemessene Zustandsgrößen wie Geschwindigkeit, Temperatur etc. dar und sind messbar, ohne das System zu beeinflussen. Da wir annehmen, dass ein System faktisch einen Zustand hat, kann man sagen, dass der Vektor $\vec{x}_i$ eine Darstellung dieses Zustandes ist. Der faktische Zustand kann auch anders dargestellt werden, indem man z. B. andere Normale verwendet.

Betrachten wir eine Anordnung, die aus n Systemen besteht, so können wir den Zustand der Anordnung durch einen Vektor $\vec{x}$ darstellen (Vgl. Gl. 3.2.), dessen Komponenten aus allen Zuständen der die Anordnung konstituierenden Systeme besteht. Symbolisch schreiben wir:

$$\vec{x} = \vec{x}_1 \otimes \vec{x}_2 \otimes \ldots \otimes \vec{x}_n = \left(x_1^i, \ldots, x_{m_n}^n \right) \tag{3.8}$$

Der Vektor $\vec{x}$ hat M Komponenten, mit:

$$M = \sum_{i=1}^{n} m_i \tag{3.9}$$

Stellen wir diesen Vektor durch einen Pfeil in einem Raum – dem Zustandsraum – dar, so hat dieser Raum die Dimension M. Dieser M-dimensionale Raum setzt sich aus n m_i-dimensionalen Unterräumen zusammen. Bei der graphischen Veranschaulichung im Zustandsraum beschränken wir uns auf Anordnungen, die aus zwei, maximal drei Systemen, die durch nur einen Zustand charakterisiert werden, bestehen.

Ein Prozess, den eine Anordnung durchläuft, wird durch die zeitliche Abhängigkeit der Messwerte $x_{m_i}^j$ – kurz: $\vec{x}(t)$ – beschrieben. $\vec{x}(t)$ ist die Darstellung unserer Erfahrung mit beobachteten Phänomenen. Die Funktion $\vec{x}(t)$ ist natürlich nur für die Beobachtungszeit definiert. Diese Funktion ist die Darstellung eines Phänomens und entspricht einer ganzen Erzählung in der Literatur. Durch Aufzeichnung ganz vieler solcher Funktionen ist es der Menschheit gelungen, ein gemeinsames Muster dieser Funktionen zu entdecken. Das wichtigste verbindende Merkmal dieser Erfahrung ist ihre Natürlichkeit. Es ist unmittelbar anschaulich, dass der Flug einer Kuh oder andere Science-Fiction auch durch eine Funktion $\vec{x}(t)$ beschrieben werden kann, die aber noch nicht beobachtet wurde.

3.2.3 Natürliche Prozesse

Natürliche Prozesse sind dadurch beschrieben, dass sie aus sich selbst heraus erklärt werden können, d. h., wenn wir eine isolierte Anordnung betrachten, dass der Zustand einer Anordnung $\vec{x}(t + \Delta t)$ zu einem Zeitpunkt $t + \Delta t$ eindeutig durch den Zustand $\vec{x}(t)$ bestimmt ist. Ist der zeitliche Abstand Δt sehr klein, so können wir annehmen:

$$\vec{x}(t + \Delta t) = \vec{x}(t) + \frac{d\vec{x}(t)}{dt} \cdot \Delta t \tag{3.10}$$

Die mathematische Ableitung der Komponenten des Vektors $\vec{x}(t)$ nach der Zeit ist selbst ein Vektor, der die Rate der Veränderung dieses Vektors beschreibt (Vgl.: Gl. 3.2.)

$$x_k^i / [x_k^i]$$

$$x_k^i \quad dx_k^i \Updownarrow \qquad \alpha$$

$$dt$$

$$t \qquad -t/s \rightarrow$$

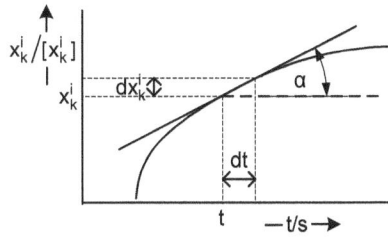

Abb.3.6. *Definition der Zustandsrate einer Anordnung*

Diese Rate zum Zeitpunkt t hängt bei einem natürlichen Prozess, den eine isolierte Anordnung durchläuft, nur von dem Zustand $\vec{x}(t)$ ab. Wir können also schreiben:

$$\frac{d\vec{x}}{dt} = \vec{F}(\vec{x}) \qquad\qquad (3.11)$$

Jeder natürliche Prozess ist Lösung einer Differentialgleichung vom Typ Gl. 3.11. Geben wir zu irgendeinem Zeitpunkt einen Zustand der Anordnung vor (mathematisch: die Anfangswerte), so ist das Verhalten der Anordnung eindeutig definiert. Alle Prozesse, die von einer isolierten Anordnung realisiert werden können, unterscheiden sich nur durch die Anfangsbedingungen. Gemeinsam ist ihnen die Funktion $\vec{F}(\vec{x})$, die selbst ein Vektor ist, dessen Komponenten m Funktionen $F^i\left(x_1^1,...,x_{m_n}^n\right)$ sind, die bei einer isolierten Anordnung wegen der geforderten Wiederholbarkeit nicht explizit von der Zeit abhängen.

Diesen Typ einer Differentialgleichung nennt man autonome Differentialgleichung erster Ordnung Die Funktion $\vec{F}(\vec{x})$ beschreibt die Anordnung in Bezug auf die untersuchten Phänomene vollständig.[9]

3.2.4   Die irreduzible Darstellung eines Prozesses

Analysiert man eine Reihe von Experimenten und bestimmt die Rate der Zustandsänderung, und es gelingt nicht, die Funktion $\vec{F}(\vec{x})$ zu bestimmen, bzw. die bestimmte Funktion hängt explizit von der Zeit ab, so kann bei einem als natürlich angenommenen Prozess entweder die Isolation nicht vollständig genug sein oder man hat die Dimension des Zustandsraums zu klein gewählt, d. h. man hat vergessen, die für die betrachteten Prozesse noch wichtigen Zustände mit in Betracht zu ziehen. Bisher konnte noch jeder Prozess durch Beseitigung dieser

---

[9]   Wir sehen im Weiteren von den Anfangsbedingungen ab. „In Bezug auf die untersuchten Phänomene" bezieht sich auf die Zustände, die wir in Betracht gezogen haben. Die Farbe oder das Material des Eimers wird natürlich nicht beschrieben.

Fehlerquellen als natürlich bestimmt werden. Diese Fehlerquellen lassen auch die Perspektive zu, dass jeder Prozess – die Möglichkeit der ersten Zerlegung vorausgesetzt – sich als natürlich erweisen wird.

Uns interessiert hier der Fall, dass wir eventuell zu viele Messgrößen aufgenommen haben, also die Beschreibung künstlich verkomplizieren. Dieses Problem schalten wir durch die Variation der Anfangsbedingungen aus. Sind die Anfangsbedingungen nicht unabhängig voneinander zu variieren, so hängen offensichtlich Zustände der Anordnung auf triviale Weise voneinander ab. So könnte es bei unserem Eimer sein, dass wir die Füllhöhe mit unserem Röhrchen und mit einem Ultraschallsensor messen. Wir würden feststellen, dass die Messwerte, die wir zunächst verschiedenen Zuständen zugeordnet haben, durch Kalibrieren der Messskalen denselben Zustand beschreiben. Als Konsequenz würden wir ein Messgerät aus der Anordnung entfernen. Dieses Verfahren führt zu einem minimalen Satz von Messgrößen, der zur Beschreibung notwendig ist. Denken wir uns diesen minimalen Satz von Zuständen, den wir auch $\vec{x}(t)$ nennen werden, da wir im Weitern nur noch diesen minimalen Satz benutzen werden, so erhalten wir eine Darstellung der Prozesse einer Anordnung $\vec{F}(\vec{x})$, die wir irrreduzibel nennen, was nichts anderes heißt, als dass eine Beschreibung der Prozesse mit weniger Zuständen nicht gelingt.

3.2.5   Der Zustandsraum

Die Funktionen $\vec{F}(\vec{x})$ stehen im Weiteren im Mittelpunkt unseres Interesses, da wir die Summe unserer gewonnenen Erfahrungen mit einer Anordnung durch $\vec{F}(\vec{x})$ ausdrücken können. Im Zustandsraum können wir die Funktion $\vec{F}(\vec{x})$ dadurch darstellen, dass wir uns an jeden Punkt des Zustandsraumes einen Pfeil angeheftet denken. Dies führt zu einem Bild vergleichbar mit dem Strömungsbild in einem Windkanal. Die Stromlinien entsprechen den Trajektorien. Die Natürlichkeit von Prozessen bedingt, dass diese „Stromlinien" sich nicht schneiden können.

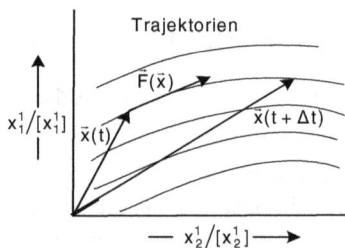

Abb. 3.7. *Darstellung der Funktion $\vec{F}$ im Zustandsraum*

Aufgrund allgemeiner Erfahrungen sind aber auch noch andere Aussagen über die Funktion $\vec{F}(\vec{x})$ möglich.

3.2.6   Die Abhängigkeit

Die erste allgemeine Erfahrung, die wir dem Experiment entnehmen, ist die Abhängigkeit der Raten $d\vec{x}/dt$ voneinander. Es wird nicht beobachtet, dass sich während eines Prozesses eine Messgröße ändert, ohne dass sich nicht mindestens eine andere Messgröße auch ändert. Die Komponenten des Vektors F hängen auf irgendeine Weise voneinander ab. Mathematisch können wir diesen Sachverhalt dadurch ausdrücken, dass zu jeder Funktion $\vec{F}(\vec{x})$ N unabhängige Funktionen $I_i(\vec{F})$, $i = 1,..., N$ existieren, die wir wieder zu einem Vektor $\vec{I}$ zusammenfassen. Für diese Funktionen I gilt:

$$\vec{I}(\vec{x}, \vec{F}) = 0 \qquad (3.12)$$

Das Adjektiv „abhängig" bedeutet, dass diese Funktionen nicht trivial auseinander hervorgehen dürfen, also z. B. durch Multiplikation mit einer Zahl[10]. Obwohl wir hier schon höhere Mathematik benutzen, ist dieser Sachverhalt nicht weiter erstaunlich: Da wir die Natürlichkeit eines Prozesses aus der Struktur der Anordnung erklären, darf die Erklärung nicht von der Auswahl der verwendeten Messnormale abhängen. Am Beispiel des Temperaturausgleichs wird deutlich, dass wir im eigentlichen Sinn nur die Änderung der Temperaturdifferenz beobachten – also einer relativen Größe, der absolute Wert der Temperatur eines Systems jedoch wird durch die Wahl des Temperaturnormals von außen an die Anordnung heran getragen, ist also keine Eigenschaft der Anordnung. Es wird sich später zeigen, dass gerade der notwendige Übergang von relativen Größen zu absoluten Größen, die ein System beschreiben, nicht ohne Schwierigkeiten ist. Dies gilt insbesondere für den Zustand der Geschwindigkeit. Umgekehrt bedeutet dies, dass die in der Physik häufig vorkommende Differentialgleichung

$$\frac{dx}{dt} = -\alpha \cdot x \qquad (3.13)$$

mit $F(x) = -\alpha \cdot x$ und der Lösung

$$x(t) = x(t_0) \cdot e^{-\alpha(t-t_0)} \qquad (3.14)$$

keine Beschreibung eines klassischen natürlichen Prozesses darstellt, wenn x den Zustand eines Systems charakterisiert. Eine solche Funktion F müssten wir dahingehend interpretieren, dass die Änderung des Zustandes x seine Ursache einzig und allein im Zustand x selbst liegt, d. h., wir können die Ursache des Prozesses nicht in einer Struktur suchen. Eine solche Funktion F beschreibt einen zufälligen Prozess, wie er z. B. beim radioaktiven Zerfall vorliegt.

---

[10]   Mathematisch wird dieser Sachverhalt durch das Verschwinden der Funktionaldeterminante von $\vec{F}(\vec{x})$ definiert.

Die Funktionen $\vec{I}$ sind für die Interpretation der Prozesse von großer Wichtigkeit. Aus Ihnen werden die Zustandsmengenströme zwischen den Systemen abgeleitet (Kap. 3.4.2 ff).

3.2.7   Das Superpositionsprinzip

Die nächste allgemeine Erfahrung, die wir jetzt nutzen wollen, um die Funktionen interpretierbar zu machen, ist die Eigenschaft der Zerlegbarkeit. In Analogie zu Gl. 3.8 stellen wir auch $\vec{F}(\vec{x})$ in Komponenten dar:

$$\vec{F} = \vec{F}_1 \otimes \vec{F}_2 \otimes ... \otimes \vec{F}_n \qquad (3.15)$$

Entkoppeln wir das (homogene) System k von der Anordnung, so gilt:

$$\frac{d\vec{x}_k}{dt} = \vec{F}_k = 0 \qquad (3.16)$$

Das heißt, dass k-te System bleibt unbeeinflusst vom Verhalten der restlichen Anordnung. Umgekehrt bleibt das Verhalten der restlichen Anordnung unbeeinflusst vom Verhalten des k-ten Systems. Das Verhalten der restlichen Anordnung wird nach Entkopplung durch Gl. 3.17 beschrieben.

$$\frac{d\vec{x}'}{dt} = \vec{F}'(\vec{x}') \qquad (3.17)$$

mit

$$\vec{x}' = \vec{x}_1 .... \vec{x}_{k-1} \otimes \vec{x}_{k+1} .... \vec{x}_n \qquad (3.18)$$

und

$$\vec{F}' = \vec{F}_1' .... \vec{F}_{k-1}' \otimes \vec{F}_{k+1}' .... \vec{F}_n' \qquad (3.19)$$

Es ist unmittelbar anschaulich, dass die Funktionen $\vec{F}$ der ursprünglichen Anordnung nicht unabhängig von den Funktionen $\vec{F}'$ der neuen Anordnung sind. Wir schreiben:

$$\vec{F}_i = \vec{F}_i' + \vec{F}_{ik} \qquad (3.20)$$

Die Funktion $\vec{F}_{ik}$ beschreibt die Wirkung des Systems k auf das in die restliche Anordnung eingebundene System i. Im Allgemeinen hängt diese Wirkung vom Zustand des Systems k und allen Zuständen der restlichen Anordnung ab. Die Erfahrungen, die wir jedoch mit solchen Zerlegungen machen, lehren uns, dass die Wirkung des Systems k auf das System i nur von den Zuständen der Systeme i und k abhängen.

$$\vec{F}_{ik} = \vec{F}_{ik}(\vec{x}_i, \vec{x}_k) \tag{3.21}$$

Im mathematischen Sinne ist dies eine erhebliche Einschränkung an die Funktion $\vec{F}$. Im Lichte unserer Erfahrungen scheint diese Einschränkung so selbstverständlich, dass sie oft nicht einmal Erwähnung findet. Diese Erfahrung kann wie folgt formuliert werden: Die Wirkung zweier Systeme j und k auf ein System i setzt sich additiv aus den Wirkungen des Systems j auf i und den Wirkungen des Systems k auf i zusammen. Schiebt beispielsweise eine Person ein Auto mit einer Beschleunigung a an, so ist die Beschleunigung doppelt so hoch, wenn der Zwillingsbruder mit dergleichen Anstrengung hilft – die Kräfte, die die Brüder auf das Auto ausüben, addieren sich in ihrer Wirkung.

Allgemein lässt sich lässt sich diese Erfahrung im so genannten Superpositionsprinzip formulieren:

$$\vec{F}_i = \sum_{k=1}^{n} \vec{F}_{ik}(\vec{x}_i, \vec{x}_k) \tag{3.22}$$

Die Wirkung des Systems auf sich selbst kann wegen der vorausgesetzten Natürlichkeit der Prozesse ausgeschlossen werden (Vgl. Gl. 3.13).

$$\vec{F}_{ii} = 0 \tag{3.23}$$

Das in Gl. 3.22 formulierte Superpositionsprinzip ist von entscheidender Bedeutung für unsere Interpretation der Ursachen eines Prozesses. Erst das Superpositionsprinzip erlaubt, die Wirkung einzelner Systeme auf die Anordnung zu bestimmen. Ohne dieses Prinzip wäre es dem Ingenieur unmöglich, einen Motor aus seiner Kenntnis der Maschinenelemente und Ihrer Wirkung untereinander zu konstruieren, dem Naturwissenschaftler wäre eine Systemdefinition unmöglich. An dieser Stelle sei darauf hingewiesen, dass die Erfahrung des Superpositionsprinzips die Zerlegung erfordert, wir also die betrachtete Anordnung auseinanderreißen müssen.

In der Physik der kleinsten Teilchen muss man sich z. B. das Proton, das für viele Prozesse ein Elementarsystem ist, als eine Anordnung mit einer inneren Struktur vorstellen. Betrachten wir die Anordnung eines Protons, das wir uns aus Subsystemen – den Quarks – zusammengesetzt denken, so müssen wir, um das Verhalten der Anordnung Elektron aus der Wirkung der Quarks untereinander zu verstehen, das Superpositionsprinzip aufgeben. Erstaunlicherweise ist die Anordnung Proton nicht in seine Quarks zerlegbar, d. h. ein Quark ist nicht vom Rest der Welt zu isolieren. Man spricht von hypothetischen Teilchen, d. h. man führt Systeme ein, die operativ nicht „herstellbar" sind. In anderen Bereichen der Physik wie der Beschreibung von Suspensionen führt man Dreikörperwechselwirkungen ein, dies ist hier aber nur das Resultat einer effektiven Beschreibung, die unseren prinzipiellen Überlegungen nicht widersprechen.

Das Superpositionsprinzip hat natürlich auch Auswirkungen auf die Funktionen $\vec{I}(\vec{F})$:

$$\vec{I}(\vec{F}) = \sum_{i,k=1}^{n} \vec{I}_{ik}(\bar{x}_i, \vec{F}_{ik}) \qquad (3.24)$$

mit

$$\vec{I}_{ik}(\bar{x}_i, \vec{F}_{ik}) + \vec{I}_{ki}(\bar{x}_k, \vec{F}_{ki}) = 0 \qquad (3.25)$$

Im Vorgriff auf die Interpretation von I als Mengenstrom, wollen wir die Bedeutung von I_{ik} als Mengenstrom von dem System i in das System k festhalten. Gl. 3.24 bedeutet dann nichts anderes, als dass eine Bilanz aller Ströme dazu führt, dass kein Mengenstrom die Anordnung verlässt, also die Anordnung isoliert ist.[11] Gl. 3.25 kann in diesem Kontext dahingehend gedeutet werden, dass der Mengenstrom vom System k in das System i dem negativen Mengenstrom vom System i in das System k entspricht; die Menge, die dem System i in der Zeit dt aus dem System k zufließt, fließt in derselben Zeit aus dem System k ab und in das System i hinein.

3.2.8   Die Skalierbarkeit

Eine weitere von speziellen Phänomenen unabhängige Erfahrung ist die der Skalierbarkeit von Systemen. Zu jedem System mit der Systemmenge N_i kann ein identisches System mit der Systemmenge N'_i hergestellt werden. Diesen Sachverhalt müssen wir auf homogene Systeme beschränken. Es ist unmittelbar einsichtig, dass ein räumlich ausgedehntes System z. B. ein Ziegelstein in allen Größen herstellbar ist und dabei immer ein Ziegelstein bleibt. Für inhomogene Systeme, z. B. einen Ziegelstein, den wir soweit verkleinert haben, dass er nur noch aus wenigen Molekülen besteht, so dass er nicht mehr als homogen anzusehen ist, gilt dies nicht. Bei noch weiterer Verkleinerung verliert das System die Eigenschaft, „Ziegelstein" zu sein. Ein Ziegelstein ist wie vermutlich jedes System nur näherungsweise homogen.

Systeme mit einer ausgeprägten inneren Struktur, die also selbst Anordnungen sind, wie lebende Systeme, existieren nur auf bestimmten Größenskalen. Insekten werden nicht „größer" als 20 cm, Wale nicht kleiner als 1 m. Jeder Verfahrenstechniker wird in seinem Berufsleben von den Schwierigkeiten, eine Anlage, die im Labormaßstab funktioniert hat, auf einen Fertigungsmaßstab zu skalieren, zu berichten wissen. Die Ursache für diese Schwierigkeiten liegt in der Kopplung der Subsysteme untereinander und mit dem Rest der Welt. Koppelt ein System über seine Oberfläche mit der Umgebung, dann nimmt bei Vergrößerung des Systems das Volumen überproportional zur Oberfläche zu. Ein Insekt, das sein „Volumen" über die Oberfläche mit Sauerstoff versorgen muss, wird ab einer gewissen Größe sein „Volu-

---

[11]   Das führt sofort zu der Frage, ob nicht auch eine Struktur $\vec{I}_i(\vec{F}_i) = \sum_k \vec{I}_{ik}(\vec{F}_{ik})$ ableitbar ist, wobei I_{ik} einen

Mengenstrom vom System i zum System k beschreibt. Dies ist leider nur im Spezialfall des reversiblen Prozesses möglich. Im Allgemeinen hängt der Mengenstrom von i nach k von allen Zuständen ab.

men" nicht mehr ausreichend mit Sauerstoff versorgen können. Größere Lebewesen haben ein anderes Versorgungsprinzip durch ihre Lunge, bei der die Größe der Oberfläche, über die Sauerstoff aufgenommen wird, von der Größe des Lebewesens entkoppelt wird. In Science-Fiction-Filmen sind riesige Insekten oder Menschen, die auf das Niveau eines Däumlings schrumpfen, möglich. Die Physik ist jedoch eine Erfahrungswissenschaft, so dass wir die Erfahrung der Skalierbarkeit homogener Systeme nicht leichtfertig verallgemeinern dürfen. Wir werden später so vorgehen, dass wir inhomogene Systeme so weit reduzieren, dass wir sie als aus homogenen Systemen bestehend auffassen können. Dies führt dann zu einer Übertragbarkeit der aus der Skalierbarkeit homogener Systeme gewonnenen Interpretationen.

Besondere Überlegungen erfordern punktförmige Systeme und Systeme, deren Systemmenge sich während des betrachteten Prozesses ändert. Der erste Fall wird in der Relativitätstheorie begrifflich gefasst, der zweite ist Gegenstand der Chemie. Wir wollen im Weiteren diese Spezialfälle ausklammern und uns fragen, welche Konsequenzen sich aus skalierten Anordnungen ergeben.

Eine Anordnung, die aus Systemen der Mengen N_i besteht, wird durch die Funktionen $\vec{F}_i$ vollständig beschrieben. Skalieren wir die Systeme der Anordnung mit Faktoren n_i, so erhalten wir eine Anordnung, die aus Systemen der Mengen $N_i' = n_i \cdot N_i$ besteht, die durch andere Funktionen $\vec{F}_i'$ beschrieben wird. Die Darstellung der ursprünglichen Anordnung hängt auf einfache Weise mit der skalierten zusammen.

$$\vec{F}_i' = \frac{1}{n_i} \cdot \vec{F}_i \qquad (3.26)$$

Das heißt, die Wirkung aller Systeme der Anordnung auf das System i nimmt mit der Größe des Systems i ab. Dies ist in anhand unseres Eimermodells leicht einzusehen. Schütten wir einen Eimer Wasser in eine Badewanne, steigt die Füllhöhe, schütten wir denselben Eimer in einen See – die skalierte Badewanne –, so steigt der Wasserstand kaum. Gl. 3.26 kann man als Erfahrung lesen, dass zu jeder Anordnung, die durch $\vec{F}$ beschrieben wird, eine Anordnung existiert, die durch $\vec{F}'$ beschrieben wird. Unsere Vorbemerkungen sind dann Erfahrungen, die uns die n_i als Skalierungen einer noch zu definierenden Systemmenge interpretieren lassen.

Wir weisen daraufhin, dass der Prototyp eines physikalischen Gesetzes, das Bewegungsgesetz eines fallenden Körpers, dessen Zustand durch die Fallgeschwindigkeit v beschrieben wird, genau diese Eigenschaft nicht besitzt.

$$\frac{dv}{dt} = g \qquad (3.27)$$

Dieses Gesetz ist unabhängig von der Systemmenge „Masse". Erst die Allgemeine Relativitätstheorie beseitigt dieses Problem, so dass obige Betrachtungen ihre Gültigkeit behalten.[12]

Die Abhängigkeit der Funktionen $\vec{F}'_{ik}$ lässt sich einfach durch die Funktionen I_{ik} ausdrücken. Nennen wir die „Ströme" der skalierten Anordnung $\vec{I}^{\,n_i}_{ik}$, so gilt:

$$\vec{I}^{\,n_i}_{ik}\left(\frac{\vec{F}_{ik}}{n_i}\right) = \vec{I}_{ik}\left(\vec{F}_{ik}\right) \tag{3.28}$$

Die so definierten Funktionen hängen also nicht von der Größe der betrachteten Systeme ab. Dies lässt sich leicht einsehen, wenn wir nur ein System der Anordnung – das System k – skalieren. Für diese Anordnung gilt:

$$\sum_{i \neq k} \vec{I}_i\left(\vec{F}_i\right) = -\vec{I}^{\,n_k}_k\left(\frac{\vec{F}_k}{n_k}\right) \tag{3.29}$$

Die linke Seite der Gleichung hängt aber gar nicht von n_k ab, so dass Gl. 3.29 gültig ist. Dieses Resultat ist ein weiteres Indiz für die Interpretation der I als Ströme. Haben wir unser Eimermodell vor Augen, so ist der Mengenstrom im Schlauch nur von den Füllhöhen der Eimer abhängig, nicht jedoch von der Größe der Eimer.

Diese den Phänomenen vorangestellten Erfahrungssätze sind sehr hilfreich bei dem Verständnis der Physik. Sie zeigen, dass eine physikalische Anordnung nicht mehr ist als die Summe seiner Systeme und deren Wirkung untereinander, dass diese Wirkung immer durch eine Differentialgleichung der ersten Art beschrieben werden kann und dass mit der Skalierung zumindest eine mengenartige Größe direkt zugänglich ist. Um jedoch all die uns bekannten mengenartigen Größen zu definieren, bedarf es spezieller Prozesse. Diese Prozesse sind Gleichgewichtsprozesse.

---

[12] Man sieht sehr schön, dass große Theorien, die wir i. A. komplizierten Sachverhalten zuordnen, ihre Wurzeln in ganz einfachen Fragestellungen bzw. Ungereimtheiten haben, über die man sehr schnell hinwegzugehen geneigt ist. Die „Größe" einer Theorie bezieht sich auf Ihren Anwendungsbereich, und so behandeln auch die bekanntesten Theorien eben Erfahrungen, die nahezu unabhängig von einem speziellen Phänomen sind, sehr wohl jedoch bei speziellen Phänomenen besonders hervortreten. In diesem Zusammenhang sei auch darauf hingewiesen, dass die sogenannte Renormierungsgruppentheorie, die in der zweiten Hälfte des vorigen Jahrhunderts in der Physik weite Anwendung gefunden hat (Nobelpreis für K. G. Wilson 1982), sich im Wesentlichen mit Skalierungsgesetzen beschäftigt.

3.3   Das Gleichgewicht

Das Gleichgewicht und Prozesse in unmittelbarer „Nähe" des Gleichgewichtes sind für die Interpretation natürlicher Prozesse und die begriffliche Entwicklung der Physik von entscheidender Bedeutung. Man unterscheidet zwischen stabilen, instabilen und indifferenten Gleichgewichten, die selbst wieder in thermische oder mechanische Gleichgewichte unterschieden werden. Wir werden diese Begriffe später präzisieren.

Wir wollen das Kapitel Gleichgewichtsprozesse mit allgemeinen Erfahrungen beginnen:

1. In jeder Anordnung können Anfangswerte eingestellt werden, die sich im Laufe der Zeit nicht mehr ändern. Solche Zustände der Anordnung heißen Gleichgewichtszustände. Liegt ein solcher Zustand vor, befinden sich die die Anordnung konstituierenden Systeme im Gleichgewicht untereinander.

2. Betrachten wir ein System, so lässt sich immer eine Anordnung finden, dass ein beliebiger Zustand dieses Systems als Gleichgewichtszustand einstellbar ist. Praktisch bedeutet dies, dass jeder Zustand einer Anordnung durch Ankopplung von externen Systemen als Gleichgewichtszustand eingestellt werden kann.[13]

3. Die o.g. Erfahrungen gelten insbesondere auch für stabile Gleichgewichtszustände.

Diesen Erfahrungen entsprechen wieder einschränkende Bedingungen an die Funktionen $\vec{F}$ bzw. $\vec{I}$. Diese Einschränkungen stellen sich als Symmetrien dar, deren Bedeutung erst in dem Kapitel Dynamik deutlich wird. Die Herleitung dieser abstrakten Symmetrien bzw. die Übersetzung unserer umgangssprachlich formulierten Erfahrung in die Sprache der „Mathematik" ist nicht ganz einfach. Der durch die folgende mathematische Symbolik abgeschreckten Leser muss darauf vertrauen, dass die Übersetzung richtig ist, und die Details überspringen. Da die Existenz des die gesamte Physik überspannenden Energiebegriffs an diesen Symmetrien hängt, ist es jedoch wichtig diese Übersetzung detaillierter zu dokumentieren.

Wenn wir von einem Gleichgewicht sprechen, meinen wir i. A. ein stabiles Gleichgewicht. Das heißt, ein Anfangszustand in der Nähe des Gleichgewichtes verbleibt in der Nähe des Gleichgewichtszustandes bzw. die Zustände der Anordnung entwickeln sich derart, dass sich ein Gleichgewichtszustand einstellt. Das Verhältnis eines Systems zu dem den Zustand des Systems beschreibenden Messgerätes ist z. B. dadurch gekennzeichnet, dass das Messgerät und das zu vermessende System sich in der Nähe ihrer stabilen Gleichgewichtszustände befinden.

---

[13]   Die ersten quantenmechanischen Interpretationen durch Max Planck, Nobelpreis 1901, waren notwendig, da zwischen einem strahlenden Körper und dem Strahlungsfeld selbst ein solcher Gleichgewichtszustand in der klassischen Vorstellung nicht denkbar ist, obwohl er de facto existiert.

3.3.1 Die Darstellung einer Anordnung in der Nähe des Gleichgewichtes

Die Gleichgewichtszustände $\vec{x}^g$ sind bei bekannter Darstellung der Anordnung $\vec{F}$ wie folgt bestimmbar:

$$\vec{F}\left(\vec{x}^g\right) = 0 \qquad\qquad (3.30)$$

Aufgrund der Abhängigkeit der Funktionen $\vec{F}$ existehen immer mehrere Gleichgewichtszustände. Im Zustandsraum einer Anordnung bilden die Gleichgewichtszustände einen Unterraum mindestens der Dimension M, die der Anzahl der unabhängigen Funktionen $\vec{I}\left(\vec{F}\right)$ entspricht.

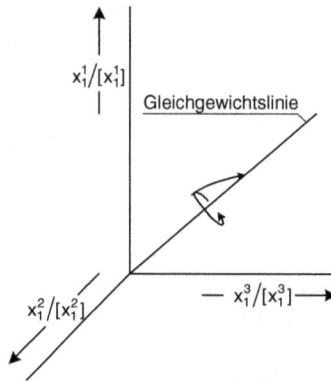

Abb. 3.8. *Trajektorie in der Nähe des stabilen Gleichgewichtes*

Abb. 3.8. zeigt zwei Trajektorien einer Anordnung in der Nähe eines stabilen Gleichgewichts und macht anschaulich, was wir unter „stabil" verstehen wollen: Jedem Ausgangszustand einer Anordnung kann ein Gleichgewichtswert zugeordnet werden, so dass der „Abstand" des Zustandes einer Anordnung zu diesem Gleichgewichtszustand immer kleiner oder gleich bleibt. Diese Erfahrung führt zu einer starken Beschränkung der Funktionen „F", die für die Interpretation von beliebigen Prozessen genutzt wird. Eine genauere Analyse erfordert jedoch die Darstellungen der Funktionen F und I in der Nähe des Gleichgewichtes und die Definition eines Abstandes im Zustandsraum.

Ist $\vec{x}^g$ ein Gleichgewichtszustand einer Anordnung, dann lässt sich dieser Zustand durch die Systemzustände gemäß Gl. 3.8 ausdrücken:

$$\vec{x}^g = \vec{x}_1^g \otimes \ldots \otimes \vec{x}_N^g \qquad\qquad (3.31)$$

Diese Zustände erfüllen die Bedingung:

$$\vec{F}_i\left(\left\{\vec{x}_k^g\right\}\right)=0 \tag{3.32}$$

bzw.

$$\sum_k \vec{F}_{ik}\left(\vec{x}_i^g,\vec{x}_k^g\right)=0 \tag{3.33}$$

Wir unterscheiden hier zwei Arten von Gleichgewichten. Ist jeder Summand von Gl. 3.33 identisch null ($\vec{F}_{ik}\left(\vec{x}_i^g,\vec{x}_k^g\right)=0$), so sprechen wir von einem thermischen Gleichgewicht. Praktisch bedeutet dies, dass beim Entfernen eines Systems aus der im Gleichgewicht befindlichen Anordnung die restliche Anordnung weiterhin in dem Gleichgewichtszustand verbleibt. Ein Beispiel für ein thermisches Gleichgewicht ist eine isolierte Wanne warmen Wassers. Schöpfen wir ein Teil des Wassers ab, so ändert sich die Temperatur des verbleibenden Wassers nicht.

Ist nur die Summe aus Gl. 3.33 identisch null ($\vec{F}_{ik}\left(\vec{x}_i^g,\vec{x}_k^g\right)\neq 0$), so sprechen wir von einem mechanischen oder Fließgleichgewicht. Das mechanische Gleichgewicht ist dadurch gekennzeichnet, dass sich bei einer Entfernung des Systems i oder einer Entkopplung des Systems *i* vom System *k* die Anordnung nicht mehr im Gleichgewicht befindet. Ein Beispiel für ein mechanisches Gleichgewicht ist ein Haus. Bei der Entfernung einer tragenden Wand aus der Anordnung „Haus" stürzt dieses zusammen. Das bedeutet, dass eine tragende Wand von einer Zustandsmenge durchflossen wird, was schon geometrisch daran deutlich ist, dass eine tragende Wand immer an mindestens zwei Stellen (oben und unten) mit dem Rest des Hauses gekoppelt ist. Das Gleichgewicht der tragenden Wand ist dadurch bestimmt, dass oben genauso viel herein- wie unten herausfließt, bzw. umgekehrt.

Die beiden genannten Gleichgewichte sind natürlich Extremformen. Im Allgemeinen treten Mischformen auf, die Klassifizierung ist Komponentenweise vorzunehmen. Um nicht zu viele Fallunterscheidungen durchführen zu müssen, behandeln wir im Weiteren nur diese Extremformen. Alle sich aus den weiteren Überlegungen ableitenden Konsequenzen behalten auch für die Komponenten Gültigkeit.

Einen Zustand $\vec{x}_i$ in der Nähe eines Gleichgewichtszustandes wollen wir wie folgt darstellen:

$$\vec{x}_i = \vec{x}_i^g + \delta\vec{x}_i \tag{3.34}$$

Das griechische d (= δ) soll andeuten, dass die Komponenten des Zustandes $\vec{x}_i$ sich nur unwesentlich von den Komponenten des Gleichgewichtszustandes unterscheiden, so dass die Funktionswerte $\vec{F}_{ik}$ sich in der Nähe des Gleichgewichtes linear mit den $\delta\vec{x}_i$ ändern.[14]

---

[14] Das deutsche d wollen wir solchen kleinen Zustandsänderungen vorbehalten, die in einem „kleinen" Zeitintervall d*t* auch tatsächlich von der betrachteten Anordnung erreicht werden.

$$\vec{F}_{ik}\left(\vec{x}_i,\vec{x}_k\right) = \vec{F}_{ik}\left(\vec{x}_i^g,\vec{x}_k^g\right) + \frac{d\vec{F}_{ik}}{d\vec{x}_i}\bigg|_{\vec{x}_{i,k}=\vec{x}_{i,k}^g} \delta\vec{x}_i + \frac{d\vec{F}_{ik}}{d\vec{x}_k}\bigg|_{\vec{x}_{i,k}=\vec{x}_{i,k}^g} \delta\vec{x}_k \qquad (3.35)$$

Das neu eingeführte Symbol des „Quotienten zweier Vektoren" wird gleich erläutert werden, es stellt die Ableitungen der Funktionen F_{ik}^l nach seinen Argumenten x_i^l symbolisch dar. Dieser Darstellung haftet noch eine gewisse Willkür an, da sie für einen beliebigen Gleichgewichtswert gilt, wenn dieser nur in der Nähe des Ausgangszustandes liegt. Von diesen vielen Gleichgewichtszuständen ist derjenige ausgezeichnet, der im Falle des stabilen Gleichgewichtes erreicht oder der von der Trajektorie umschlossen wird. Diesen speziellen Gleichgewichtswert können wir mit Hilfe der „Ströme" einfach angeben.

Obwohl die $\vec{F}_{ik}\left(\vec{x}_i^g,\vec{x}_k^g\right) \neq 0$ sind und nicht „klein" sein müssen, sind die $\vec{F}_i$ in der Nähe des Gleichgewichtes klein, d. h. sie sind linear abhängig:

$$\vec{I}\left(\vec{F}\right) = \sum_i \underline{\underline{a}}_i\left(\vec{x}_i\right) \cdot \vec{F}_i\left(\{\vec{x}_k\}\right) \qquad (3.36)$$

Daraus folgt:

$$\vec{I}_{ik} = \underline{\underline{a}}_i\left(\vec{x}_i\right) \cdot \vec{F}_{ik}\left(\vec{x}_i.\vec{x}_k\right) = -\vec{I}_{ki} = -\underline{\underline{a}}_k\left(\vec{x}_k\right) \cdot \vec{F}_{ki}\left(\vec{x}_k,\vec{x}_i\right) \qquad (3.37)$$

Daraus können zwei wichtige Konsequenzen gezogen werden:

1. Da im mechanischen Gleichgewicht die $\vec{F}_{ik}\left(\vec{x}_i^g,\vec{x}_k^g\right) \neq 0$ sind, müssen die Darstellungen einer Anordnung mit stabilen mechanischen Gleichgewichten immer, d. h. nicht nur in der Nähe des Gleichgewichtes, linear abhängig sein. Eine Tatsache, die hier noch recht abstrakt erscheint, die aber in der Interpretation unmittelbar einsichtig ist und die auf Erhaltungssätze für die entsprechenden Mengen führt.

2. Die Tensoren $\underline{\underline{a}}_i\left(\vec{x}_i\right)$ lassen sich als systemspezifisch definieren und sind für jeden Systemzustand definiert (vgl. mit den allgemeinen Erfahrungen über Gleichgewichte).

Durch Gl. 3.36 können wir eine einfache Definition des Gleichgewichtswertes geben, der bei einem Prozess in der Nähe der Gleichgewichtslinie bei gegebenem Ausgangszustand erreicht oder umkreist wird:

$$\sum_i \underline{\underline{a}}_i\left(\vec{x}_i^g\right) \cdot \delta\vec{x}_i = 0 \qquad (3.38)$$

Wir schieben zunächst eine kurze Erläuterung zu den neuen verwendeten Symbolen ein, die wir Tensoren nennen. Danach werden wir jedoch die Erfahrung der Stabilität des Gleichgewichtes nutzen, um wichtige Eigenschaften der eingeführten Tensoren abzuleiten.

Mit dieser Darstellung haben wir ein neues Symbol $\underline{\underline{a}}$, das einen Tensor kennzeichnet, und das Produkt eines Tensors mit einem Vektor eingeführt. Ein Tensor ist ein mathematisches Objekt, dass durch m x n Zahlen a_{ij} ($i = 1,...,m;\ j = 1,...,n$) oder Funktionen dargestellt werden kann. Hat ein Vektor $\vec{x}$ die Darstellung ($x_1,..., x_n$), so ist das Produkt eines Tensors mit einem Vektor wieder ein Vektor mit m Komponenten y_i:

$$y_i = \sum_j a_{ij} \cdot x_j \tag{3.39}$$

Tensoren sind Objekte, die in der Physik und den Ingenieurwissenschaften sehr häufig vorkommen. Beispiele sind der Trägheitstensor oder der Spannungstensor. Tensoren erlauben es, Gruppen von Objekten wie Funktionen oder Vektoren kompakt zusammenzufassen. Dabei kann man mit Tensoren rechnen wie mit „normalen" Zahlen, lediglich bei der Multiplikation von Tensoren ist zu beachten, dass das Kommutativgesetz nicht gilt. Im Allgemeinen gilt für die Multiplikation:

$$\underline{\underline{a}} \cdot \underline{\underline{b}} \neq \underline{\underline{b}} \cdot \underline{\underline{a}} \tag{3.40}$$

mit

$$\left(\underline{\underline{a}} \cdot \underline{\underline{b}}\right)_{ik} = \sum_j a_{ij} \cdot b_{jk} \tag{3.41}$$

Wir würden an dieser Stelle gerne aus didaktischen Gründen auf diese Symbolik verzichten und uns auf einfache Systeme mit nur einem Zustand beschränken, aber für die Entwicklung der Begriffe wird die Symmetrie des Tensors $\underline{\underline{a}}_i$ entscheidend sein. Die Symmetrie des Tensors wird wie folgt definiert: Zu jedem Tensor $\underline{\underline{a}}$ existiert ein zu diesem Tensor transponierter Tensor $\underline{\underline{a}}^{tr}$ mit der ij Komponente a_{ji}. Er geht also aus dem Tensor $\underline{\underline{a}}$ durch Vertauschen der Indizes hervor. Ein Tensor $\underline{\underline{a}}$ heißt symmetrisch, wenn gilt:

$$\underline{\underline{a}} = \underline{\underline{a}}^{tr} \text{ bzw. } a_{ij} = a_{ji} \tag{3.42}$$

Ein symmetrischer Tensor besitzt immer die gleiche Anzahl von Spalten und Zeilen ($m = n$) und seine Darstellung enthält nur $n \cdot (n+1)/2$ unabhängige Komponenten.

Das Symbol $\dfrac{d\vec{F}}{d\vec{x}}$ ist ebenfalls ein Tensor. Dessen Komponenten werden durch die partiellen Ableitungen der F_i nach den x_k definiert, wobei die Differentiation derart durchzuführen ist, dass alle anderen x_j $j \neq k$ als konstant aufzufassen sind.

$$\left(\frac{\mathrm{d}\vec{F}}{\mathrm{d}\vec{x}} \right)_{ik} = \frac{\mathrm{d}F_i}{\mathrm{d}x_k} \qquad\qquad (3.43)$$

Nach dieser kleinen Exkursion in die lineare Algebra wieder zurück zur Physik: Unser Interesse gilt den $\underline{\underline{a}}$'s, die uns etwas über die Systeme einer Anordnung verraten. Um die Eigenschaften dieser systemspezifischen Größen zu erkennen, wollen wir zwei Vereinbarungen treffen, die uns die weiteren Überlegungen und Interpretationen vereinfachen: Wir vereinbaren an allen Systemen mit identischen Messnormalen zu messen. Dies führt im thermischen Gleichgewicht dazu, das gilt:

$$\vec{x}_i^g = \vec{x}^g \qquad\qquad (3.44)$$

Diese Wahl der Messnormale hat keinen Einfluss auf die Struktur der Darstellung einer Anordnung und ist keine Einschränkung. Um uns die Bedeutung klar zumachen, gehen wir auf das Beispiel der Badewanne zurück. Natürlich ist es möglich, das geschöpfte Wasser in Grad Fahrenheit zu messen und das in der Wanne verbleibende Wasser in Grad Celsius. In der Praxis wird man jedoch immer dasselbe Messgerät verwenden, so dass im Gleichgewicht das Wasser in der Wanne dieselbe Temperatur hat wie das geschöpfte Wasser. Diese Wahl übersetzt auch die Strukturlosigkeit des Gleichgewichtes direkt in die Darstellung der Systemzustände, da jetzt im thermischen Gleichgewicht alle Systeme denselben Gleichgewichtszustand haben.

Im mechanischen Gleichgewicht ist dies allgemein nicht möglich, da die $\vec{F}_{ik}\left(\vec{x}_i^g, \vec{x}_k^g\right) \neq 0$ sind. Als Beispiel betrachten wir einen festen Körper, dessen Zustand durch seine Spannungen an den verschiedenen Orten in ihm beschrieben wird. Wird ein solcher Körper gespannt, so ergibt sich ein komplizierter Verlauf von Linien gleicher Spannungen. Es stellt sich also kein homogener Spannungsverlauf ein. Um dieses Problem zu umgehen, wollen wir uns auf spezielle Anordnungen im mechanischen Gleichgewicht beschränken. Diese Anordnung nennen wir sequentiell, d. h. ein System ist immer nur über jeweils zwei Kopplungen mit der Anordnung verbunden. Es gilt:

$$\frac{\mathrm{d}\vec{x}_i}{\mathrm{d}t} = \vec{F}_i = \vec{F}_{ii-1} + \vec{F}_{ii+1} \qquad\qquad (3.45)$$

In diesem Fall stellt sich im Gleichgewicht bei Verwendung identischer Messnormale wieder ein homogener Gleichgewichtszustand Gl. 3.44 ein. Diese Einschränkung in Bezug auf die untersuchten Anordnungen trifft uns ebenfalls nicht sehr, da aufgrund der Zerlegbarkeit der Anordnung die uns interessierenden Funktionen auch in komplizierteren Anordnungen ihre Bedeutung behalten.

Mit diesen Vereinbarungen vereinfacht sich die Beschreibung der Anordnung in der Nähe des Gleichgewichtes im Vergleich zu Gl. 3.35 erheblich. Wir können schreiben:

$$\vec{F}_{ik}\left(\vec{x}_i,\vec{x}_k\right)=\vec{F}_{ik}\left(\vec{x}^g,\vec{x}^g\right)+\frac{d\vec{F}_{ik}}{d\vec{x}_i}\bigg|_{\vec{x}_i=\vec{x}_k=\vec{x}^g}\cdot\left(\vec{x}_i-\vec{x}_k\right)+....$$ (3.46)

$$\equiv\vec{F}_{ik}^{\,g}-\underset{=ik}{f}\cdot\left(\vec{x}_i-\vec{x}_k\right)+...$$

und

$$\vec{I}_{ik}=\vec{I}_{ik}^{\,0}-\underset{=i}{a}\cdot\underset{=ik}{f}\cdot\left(\vec{x}_i-\vec{x}_k\right)+...$$ (3.47)

$$\equiv\vec{I}_{ik}^{\,0}-\underset{=ik}{\alpha}\cdot\left(\vec{x}_i-\vec{x}_k\right)+...$$

Ein Prozess in der „Nähe" des Gleichgewichtes wird nur von den Differenzen der Zustände zwischen den Systemen getrieben. Diese Differenz nennt man allgemein die Spannungen zwischen dem System i und dem System k. Dieser Begriff der Spannung ist zu unterscheiden von der Spannung eines Systems, wie er bei der Federspannung verwendet wird. Wir werden später noch sehen, wie diese Begriffe zusammenhängen. Der Vollständigkeit halber sei noch erwähnt, dass der erste Summand der linken Seite von Gl. 3.46 bzw. Gl. 3.47 nur im Falle des Fließgleichgewichts auftritt.

Obwohl wir mit diesen Darstellungen nur einen kleinen Ausschnitt von Prozessen, die im gesamten Zustandsraum möglich sind, beschreiben können, haben die soeben eingeführten Begriffe in den Ingenieurwissenschaften eine große Bedeutung. Für die Konstruktion einer Maschine oder die Auslegung eines Prozesses ist Stabilität ein Wert an sich und so verwundert es nicht, dass der Ingenieur die Prozesse, die er gestalten will, so auslegt, dass sie oft in der Nähe eines Gleichgewichts ablaufen.

Das Verhalten der Anordnung in der Nähe des Gleichgewichtes wird durch die Tensoren $\underset{=i}{a}$ und $\underset{=ik}{f}$ bestimmt. Für diese Tensoren gilt gemäß Gl. 3.37:

$$\underset{=i}{a}\cdot\underset{=ik}{f}=\underset{=k}{a}\cdot\underset{=ki}{f}$$ (3.48)

Zur Abkürzung haben wir in Gl. 3.47 noch den symmetrischen Tensor der Durchgangs- oder Übergangskoeffizienten $\underset{=ik}{\alpha}=\underset{=ki}{\alpha}=\underset{=i}{a}\cdot\underset{=ik}{f}$ eingeführt.

Solche Übergangskoeffizienten beschreiben die Kopplung von Systemen und werden je nach Phänomen Reibungskoeffizient, Wärmeübergangskoeffizient etc. genannt.

Mit Hilfe der Erfahrung der Existenz von stabilen Gleichgewichten wollen wir ableiten, dass Gl. 3.48 eine Lösung besitzt, für die gilt:

$$\underset{=i}{a}=\underset{=i}{a^{tr}}$$ (3.49)

Diese Symmetrie ist eine starke Einschränkung für die Funktion $\vec{F}$. Diese tritt im Verlauf des Kapitels aber immer mehr in den Hintergrund, so dass wir sie hier nicht weiter diskutieren.

3.3.2   Gleichgewicht und Metrik, der Begriff der Nähe

Die Offensichtlichkeit des Begriffes „Nähe" steht im umgekehrten Verhältnis zu der Tiefsinnigkeit seiner Bedeutung. Gebrauchen wir „Nähe" in seinem geometrischen Sinn, können wir diesen mit Hilfe eines Längenmaßstabes quantifizieren, indem wir den Abstand zwischen zwei Objekten messen. Je kleiner der Abstand zwischen zwei Objekten, desto näher sind sich diese Objekte. Sprechen wir z. B. davon, dass zwei Geschäftspartner sich in einer Verhandlung näher kommen, so meinen wir, dass der Abstand der zu verhandelnden Positionen sich annähert. Man verzichtet vielleicht auf ein Anforderungsmerkmal gänzlich, bei einem anderen erwartet man dafür weit reichende Zugeständnisse. Auch bei diesem Beispiel impliziert der Begriff der Nähe einen Abstand. Im Geschäftsleben wird dieser Abstand jedoch nicht in Metern gemessen, sondern in Geldeinheiten. Nähern heißt also, dass jeder der Geschäftpartner durch Ändern seiner Verhandlungsposition seinen geldwerten Vorteil sieht. Je größer und je gleichmäßiger verteilt der geldwerte Vorteil für beide Geschäftspartner ist, desto näher sind sie sich, desto besser ist das Geschäft. Der Begriff der Nähe erfordert im letzten Beispiel die Vergleichbarkeit von primär verschiedenen Merkmalen und die Existenz eines Abstandes, der die Vergleichbarkeit voraussetzt.[15]

Die Existenz von stabilen Gleichgewichten wird uns in Konsequenz erlauben, verschiedenste Zustände zu vergleichen und einen Abstand zwischen diesen Zuständen zu definieren, also eine Art Währung einzuführen, mit der die verschiedensten Systemzustände bewertet werden können. Diese Währung der Natur ist die Energie. Dazu müssen wir jedoch unsere Darstellung einer Anordnung $\vec{F}$ weiter ausschlachten, was leider nicht ohne die Verwendung einer etwas abstrakten Symbolik möglich ist. Wir wollen zeigen, dass aus der Stabilität des Gleichgewichtes die Symmetrie Gl. 3.49 folgt, so dass wir mit dieser Größe einen Abstand oder allgemeiner eine Metrik definieren können. Die Behandlung von Prozessen in der Nähe des Gleichgewichtes ist aber auch für sich von großem Interesse. Wir werden darauf genauer bei der Behandlung von Schwingungen im Kap. 4 eingehen.

Wir wollen die Bedeutung der Vergleichbarkeit und des Abstandes zunächst graphisch im Zustandsraum veranschaulichen.

---

[15]   Im täglichen Leben sind die Definitionen von Abstand und Vergleichskriterien sehr subjektiv. Man denke nur an Autotests, bei denen verschiedene Fahrzeugmerkmale auf einer Punkteskala bewertet werden und der Testsieger durch Addition der Punkte bestimmt wird. Die entrüsteten Leserbriefe, in denen die eigene Kaufentscheidung, die in der Regel nach anderen Kriterien erfolgt, als die einzig richtige dargestellt wird, sind Beispiele für die Subjektivität von Abständen und Vergleichskriterien. Bedeutsam wird diese Subjektivität natürlich bei allen Geldgeschäften. Dies führt uns zu der Frage, wie die Arbeit eines Schmiedes mit der eines Zahnarztes verglichen wird. Obwohl beide Tätigkeiten bzw. Wertschöpfungen im Grunde verschieden sind, können sie in Geldeinheiten verglichen werden. Der Vergleich findet auf dem Markt statt. Der Markt soll ein Gleichgewicht von Angebot und Nachfrage widerspiegeln. Gäbe es einen transparenten Markt, so wie im vorherigen Jahrhundert von den Volkswirtschaftlern postuliert wurde, wäre die Bewertung eindeutig.

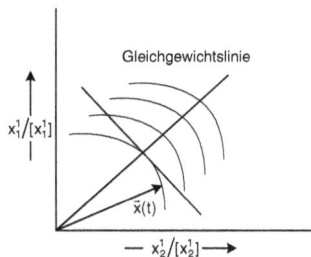

Abb. 3.9. *Der Zustandsraum in der Nähe des Gleichgewichtes*

Abb. 3.9. zeigt einen zweidimensionalen Zustandsraum. Der Unterraum der Gleichgewichts-zustände ist die Winkelhalbierende, hier ein Raum der Dimension 1. Die Erfahrung, dass Zustände einer Anordnung vergleichbar sind, bedingt die Existenz einer Funktion $G(\vec{x})$, die jedem Zustand $\vec{x}$ einen Wert $G = G(\vec{x})$ zuordnet. In Abb. 3.9. sind alle Zustände, denen derselbe Wert G zugeordnet wurde, durch eine Linie verbunden.[16] In einer Volkswirtschaft wird jedem Produkt oder jeder Dienstleistung, so weit es möglich ist[17], ein Geldwert zugeordnet. Bei einem Autotest wird jedem Merkmal wie z. B. Höchstgeschwindigkeit, Preis, Komfort etc. eine Punktzahl zugeordnet. Damit eine solche Zuordnung sinnvoll ist, muss ein Konsens über diese Zuordnung hergestellt werden, d. h. die Funktion $G(\vec{x})$ muss für alle Nutzer dieser Funktion nachvollziehbar sein.[18] Jedem Punkt $\vec{x} = (x, y, z)$ wird in der Geometrie ein Wert zugeordnet, den wir das Quadrat der Länge des Vektors $\vec{x}$ nennen.

$$G(x, y, z) = x^2 + y^2 + z^2 \qquad (3.50)$$

Die im Zustandsraum eingezeichnete Linie konstanter G's entspricht in diesem Fall der Oberfläche einer Kugel mir dem Radius $r = \sqrt{G}$.[19] Auch wir werden später solche Funktionen für Zustände definieren. Sie heißen Energie, Enthalpie, frei Energie etc. Die Bedeutung dieser Funktionen geht natürlich über die Mathematik hinaus und muss mit Erfahrungen verknüpft werden. Diese Funktionen werden aber auf alle Fälle etwas komplizierter sein, da wir ja Zustände unterschiedlicher Qualität – durch verschiedene Einheiten verdeutlicht – verglei-

---

[16] Wir setzen einige Eigenschaften, z. B. Differenzierbarkeit, der Funktion $G(\vec{x})$ stillschweigend voraus.

[17] Wir denken hier an die in der Politik diskutierten Themen wie Erziehungsarbeit, Zwangsarbeiterentschädigung etc.

[18] Für den Physiker heißt „Konsens herstellen" eine Messvorschrift angeben, was wir im Weiteren mit Hilfe von Gleichgewichtsprozessen tun wollen.

[19] Wir weisen darauf hin, dass die Länge eines Vektors, in keiner Weise den Abstand zweier Vektoren definiert, obwohl umgangssprachlich die Länge den Abstand zwischen Pfeilanfang und Pfeilende markiert. Diese Messvorschrift entwickeln wir jedoch erst noch aus der Funktion G.

chen. Zusammenfassend halten wir fest, dass die Vergleichbarkeit die Existenz einer Funktion $G(\vec{x})$ impliziert.

Zur Definition des Abstandes betrachten wir zwei Zustände $\vec{x}, \vec{x} + \delta\vec{x}$, deren Komponenten nur geringfügig voneinander abweichen, die sich „geometrisch" nahe sind. „Geometrisch nah" bedeutet, dass die Zustände ähnlich sind, wie zwei Automobile desselben Typs, bei dem einem die Zündkerzen herausgeschraubt wurden. In dem Autotest wären diese beiden Autos sehr weit voneinander entfernt, da ein Auto überhaupt nicht fahren würde, also in den Kategorien Höchstgeschwindigkeit etc. keine Punkte erhalten würde. Wir werden aber im Weiteren die Vorstellung nutzen, dass eine immer größere „geometrische" Annäherung zweier Zustände auch zu einer Verkleinerung des Wertabstandes der Zustände führt (vgl.: Fußnote 16).

Kann beiden Zuständen derselbe Wert G zugeordnet werden, so gilt:

$$G = G(\vec{x}) = G(\vec{x} + \delta\vec{x}) \qquad (3.51)$$

Da $\delta\vec{x}$ sehr klein ist, können wir schreiben:

$$G(\vec{x} + \delta\vec{x}) = G(\vec{x}) + \sum_k \frac{dG(\vec{x})}{dx_k} \cdot \delta x_k \equiv G(\vec{x}) + \frac{dG}{d\vec{x}} \cdot \delta\vec{x} \qquad (3.52)$$

Gl. 3.52 bedeutet, dass die Komponenten des Vektors $\delta\vec{x}$ so klein sein sollen, dass die Fläche, die alle $\delta\vec{x}$ mit $G = G(\vec{x} + \delta\vec{x})$ in einer Umgebung von $\vec{x}$ verbindet, eine Ebene ist.

Das Symbol $\dfrac{dG}{d\vec{x}}$ stellt einen Vektor dar, dessen Komponenten durch Ableitung der Funktion G an der Stelle $\vec{x}$ nach den Komponenten von $\vec{x}$ erfolgt. Die Ableitung nach einer Komponente erfolgt derart, dass jeweils alle anderen Komponenten als Konstanten behandelt werden, was in der Literatur oft durch einen Index explizit angegeben wird.

Das Produkt zweier Vektoren (hier $\dfrac{dG}{d\vec{x}} \cdot \delta\vec{x}$) nennt man (geometrisches) Skalarprodukt, mit dem der (geometrische) Winkel α zwischen zwei Vektoren definiert werden kann:

$$\vec{x} \cdot \vec{y} = \sum_i x_i \cdot y_i = \|\vec{x}\| \cdot \|\vec{y}\| \cdot \cos\alpha \qquad (3.53)$$

Diese Definition des Winkels legt dann auch den (geometrischen) Abstand zweier Vektoren fest:

$$\|\vec{x} - \vec{y}\| = \sqrt{(\vec{x} - \vec{y})^2} = \sqrt{\|\vec{x}\|^2 + \|\vec{y}\|^2 + 2 \cdot \|\vec{x}\| \cdot \|\vec{y}\| \cdot \cos\alpha} \qquad (3.54)$$

Aus Gl. 3.52 erhalten wir durch Vergleich unmittelbar die in der Mathematik „Hess'sche Normalform" genannte Darstellung der o. g. Ebene.

$$\frac{\mathrm{d}G}{\mathrm{d}\vec{x}} \cdot \delta\vec{x} = 0 \qquad (3.55)$$

D. h. die Vektoren $\dfrac{\mathrm{d}G}{\mathrm{d}\vec{x}}$ und $\delta\vec{x}$ stehen „geometrisch" senkrecht aufeinander. Im Sinne unserer Metrik definieren wir ebenso ein Skalarprodukt:

$$(\vec{x}, \delta\vec{x}) = \|\vec{x}\| \cdot \|\delta\vec{x}\| \cdot \cos\phi \qquad (3.56)$$

Wobei wir ϕ nicht Winkel, sondern Phase nennen, da wir den Begriff des Winkels zwischen zwei Vektoren einem Raum mit geometrischer Metrik vorbehalten wollen. Für dieses Skalarprodukt soll gelten, dass $\phi = \pi/2$ gleichbedeutend mit Gl. 3.54 ist, d. h. $\vec{x}$ und $\delta\vec{x}$ stehen im Sinne unserer Metrik senkrecht aufeinander. Fordern wir zu unseren Definitionen auch die Anwendbarkeit des Pythagoräischen Lehrsatzes, dass in einem rechtwinkligen Dreieck die Summe der Quadrate der Katheten gleich dem Quadrat der Hypotenuse ist, so muss gelten:

$$G(\vec{x} + \delta\vec{x}) = G(\vec{x}) + \|\delta\vec{x}\|_G^2 \qquad (3.57)$$

Mit Gl. 3.55 ist damit der Abstand der Zustände (Vektoren) $\vec{x}, \vec{x} + \delta\vec{x}$ definiert:

$$\|\delta\vec{x}\|_G = \sqrt{\frac{1}{2}\delta\vec{x} \cdot \frac{\mathrm{d}^2G}{\mathrm{d}\vec{x}\mathrm{d}\vec{x}} \cdot \delta\vec{x}} = \sqrt{\sum_{ik}\frac{1}{2}\delta x_i \cdot \frac{\mathrm{d}^2G(\vec{x})}{\mathrm{d}x_i\mathrm{d}x_k} \cdot \delta x_k} \qquad (3.58)$$

Dieser Ausdruck ist nur dann sinnvoll, wenn der Radikant immer positiv ist, was eine Einschränkung für die möglichen Funktionen G bedeutet. Man sagt, der Tensor $\dfrac{\mathrm{d}^2G}{\mathrm{d}\vec{x}\mathrm{d}\vec{x}}$ muss positiv definit sein. Geometrisch lässt sich diese Einschränkungen für Funktionen $G(\vec{x}) \geq 0$ dahingehend interpretieren, dass die Ebenen $G = G(\vec{x})$ immer zum Ursprung des Zustandsraumes gekrümmt sein müssen, so wie wir es in Abb. 3.9 eingezeichnet haben. Diese Bedingung ist Voraussetzung dafür, dass das Gitternetz durch Verzerrung der Koordinaten in ein „geometrisches" Koordinatensystem überführt werden kann. Das Abstandssymbol haben wir noch mit einem Index G versehen, um anzudeuten, dass der Abstand mit Hilfe der Funktion G gebildet wird. Wenn Verwechslungen unmöglich sind, werden wir diesen Index unterdrücken.

Mit Hilfe der Funktion G können wir auch lokal (d. h. für zwei (geometrisch) geringfügig verschiedene Zustände) ein Skalarprodukt definieren. Wir werden dies aus Gründen der weiteren Nutzung nur für unmittelbar benachbarte Vektoren tun.

$$(\delta \vec{y}, \delta \vec{x})_G = \sum_{ik} \frac{1}{2} \delta y_i \cdot \frac{d^2 G(\vec{x})}{dx_i dx_k} \cdot \delta x_k \qquad (3.59)$$

3.3.3   Die Metrik des Zustandsraumes

Der vorherige mathematische Einschub, der uns in die Differentialgeometrie geführt hat, sollte nur rudimentär die wichtigsten Begriffe erklären. Uns kommt es wesentlich darauf an, plausibel zu machen, dass die Stabilität des Gleichgewichtes einen Abstand impliziert, der uns zu einer Vergleichsfunktion G führen wird. Die physikalische Aufgabe besteht im Wesentlichen darin, eine sinnvolle, d. h. messbare Funktion G anzugeben. Da die untersuchten natürlichen Prozesse vollständig durch die Angabe der Funktionen $\vec{F}$ beschrieben werden können, sollte die Definition der Funktion keine neuen willkürlich eingeführten Gesichtspunkte enthalten, sie sollte durch die Funktion $\vec{F}$ definiert werden können. Der Funktion G schreiben wir die Einheit Joule zu (Formelzeichen J). Nutzen wir unsere Erfahrung der Zerlegbarkeit, so ist es sicher sinnvoll, die Zerlegbarkeit der Funktion G fordern.

$$G(\vec{x}) = \sum_i G_i(\vec{x}_i) \qquad (3.60)$$

Dies bedeutet, dass wir jedem System i eine Funktion G_i zuordnen können, die nur Systemeigenschaften enthält. Weiterhin ist es sinnvoll, den G_i einen mengenartigen Charakter zu geben. Wir werden den Abstand zweier Zustände aus den Aufwendungen definieren, die wir zur Überführung des Systems von einem in den anderen Zustand aufwenden müssen. Vergleichen wir einen Eimer Wasser (V_1=10 l) und eine Badewanne (V_2=100 l) mit den Temperaturzuständen T_1=10 °C und T_2=11 °C, so ist der Abstand der Zustände für das System Eimer und das System Badewanne gleich, aber der energetische Wertunterschied der Badewanne wird sinnvoller Weise zehnmal so groß sein (der Aufwand, die Badewanne um 1 °C zu erhitzen, ist zehnmal so groß). Wir fordern also von unseren Funktionen G_i:

$$G_i(\vec{x}_i) = N_i \cdot \mu_i(\vec{x}_i) \qquad (3.61)$$

Dabei ist N_i die Systemmenge und μ_i bis auf ein Vorzeichen das so genannte chemische Potenzial des Systems i. Das chemische Potenzial ist eine intensive bzw. kinematische Größe. Bei chemischen Prozessen mit sich ändernden Stoffmengen charakterisiert sie den Zustand eines solchen Systems. Bei den hier untersuchten Prozessen von Systemen, die ihre Systemmenge nicht ändern, ist das chemische Potenzial eine Funktion der Zustände eines Systems, die die Qualität eines Systems beschreibt. Die restlichen Eigenschaften der Funktion G konstruieren wir aus der Analyse von Gleichgewichtsprozessen.

Wir betrachten eine Anordnung in einem Zustand $\{\vec{x}_i = \vec{x}^g + \delta \vec{x}_i\}$, der nur geringfügig vom Gleichgewichtszustand abweicht. Die Komponenten des Vektors $\delta \vec{x}_i$ sind wieder alle sehr klein. Die zeitliche Änderung der Auslenkung $\delta \vec{x}_i$ des Systems i aus dem Gleichgewicht wird durch die Funktion $\vec{F}_i$ beschrieben. Aufgrund der Kleinheit der Auslenkung können wir $\vec{F}_i$ in guter Näherung linearisieren. Das heißt, dass alle Beiträge zur Funktion $\vec{F}_i$, die proportional zu $\left(\delta x_i^m \cdot \delta x_k^n\right)$ sind bzw. noch höhere Potenzen enthalten, vernachlässigbar klein sind. Nach Gl. 3.46 gilt dann:

$$\vec{F}_i\{\vec{x}_j\} = -\sum_k \underline{\underline{f}}_{ik} \cdot (\delta\vec{x}_i - \delta\vec{x}_k) \tag{3.62}$$

Die Stabilität des Gleichgewichtes impliziert die Existenz eines Abstandes oder einer Norm $\|\{\delta\vec{x}_i\}\|$, bzw. erlaubt die Definition einer Norm, ohne von außen an das System herangetragene Vergleichsmaßstäbe.

$$\|\{\delta\vec{x}_i\}\| = \sqrt{\sum_i \left(\delta\vec{x}_i, \underline{\underline{\lambda}}_i \, \delta\vec{x}_i\right)} \tag{3.63}$$

mit der Abkürzung

$$\underline{\underline{\lambda}}_i = \frac{\mathrm{d}^2 G_i}{\mathrm{d}\vec{x}_i \mathrm{d}\vec{x}_i}\Big|_{\vec{x}_i = \vec{x}^g} \tag{3.64}$$

Die Stabilität des Gleichgewichtes lässt sich mit Hilfe der Norm sehr kompakt formulieren:

$$\frac{\mathrm{d}\|\{\delta\vec{x}_i\}\|}{\mathrm{d}t} \leq 0 \tag{3.65}$$

Wobei der Abstand auf den Gleichgewichtswert bezogen wird, der durch

$$\sum_i \underline{\underline{\lambda}}_i \cdot \delta\vec{x}_i = 0 \tag{3.66}$$

definiert ist, was nichts anderes heißt, als dass der Abstand zu diesem speziellen Gleichgewichtwert der „kürzeste Abstand" von der Gleichgewichtslinie ist.

Ein Vergleich von Gl. 3.66 mit Gl. 3.38 zeigt, dass die systemspezifischen Tensoren $\underline{\underline{a}}_i$ als symmetrisch und positiv definit gewählt werden können, was wir im Weiteren auch tun werden. Mit dieser Wahl bedeutet Stabilität:

$$\sum_i \left(\delta\vec{x}_i, \underline{\underline{a}}_i \frac{\mathrm{d}\delta\vec{x}_i}{\mathrm{d}t}\right) = -\sum_{ik} \left(\delta\vec{x}_i, \underline{\underline{a}}_i \cdot \underline{\underline{f}}_{ik} (\delta\vec{x}_i - \delta\vec{x}_k)\right) \leq 0 \tag{3.67}$$

Nutzen wir unsere Erfahrungen der Zerlegbarkeit, so kann diese Gleichung nur erfüllt werden, wenn gilt:

$$\left(\delta \vec{x}_i , \underset{=i}{a} \underset{=ik}{f} \delta \vec{x}_i \right) = \left(\delta \vec{x}_i , \underset{=ik}{\alpha} \delta \vec{x}_i \right) \geq 0 \qquad (3.68)$$

Das bedeutet, dass die $\underset{=ik}{\alpha}$ positiv definit (s.o.) sind. Die Erfahrung der Existenz eines stabilen Gleichgewichtes und ihre Bedeutung für die Darstellung einer irreduziblen Darstellung eines Prozesses in der Nähe des Gleichgewichtes kann also mit Hilfe von Gl. 3.68 sehr kompakt formuliert werden.

Mithilfe der $\underset{=i}{a}$ können wir für jedes System und jeden Zustand dieses Systems eine Vergleichsfunktion G angeben.

$$N_i \frac{\mathrm{d}^2 \mu_i}{\mathrm{d}\vec{x}_i \mathrm{d}\vec{x}_i} = \underset{=i}{\lambda} = \underset{=i}{a} \qquad (3.69)$$

Diese Funktion ist bis auf eine Konstante und einen linearen Anteil eindeutig definiert. Messtechnisch ist die Funktion G schwierig zugänglich, da sich bei einem Prozess in der Nähe des Gleichgewichtes der Wert der Anordnung in G gemessen verändert.

Aus der Existenz stabiler Gleichgewichtszustände konnten wir systemspezifische Funktionen G_i konstruieren, die in der Nähe des Gleichgewichtszustandes jeden Systemzustand vergleichbar machen. Da jeder Systemzustand in einer Anordnung als Gleichgewichtszustand eingestellt werden kann, können wir im Prinzip alle nur denkbaren Systemzustände vergleichen. Also im Unterschied zu den anschaulichen Beispielen Autotest oder Volkswirtschaft können wir objektive Vergleichskriterien angeben. In der Natur ist der „transparente Markt" realisiert.

Diese Vergleichsfunktion G hat vordergründig keine herausstechenden Eigenschaften. Um sie für unser Verständnis nutzen zu können, müssen wir sie interpretieren lernen. Für uns als Menschen hat eine Anordnung im Gleichgewicht einen geringeren Wert als eine Anordnung, die noch einen Prozess durchläuft. Solange sich in einer Anordnung noch etwas bewegt, können wir z. B. diese Anordnung nutzen, um in unserer Umgebung etwas zu verändern. Wir müssen die Bewertung der Natur mit unserer Bewertung verbinden. Dazu müssen wir die Prozesse interpretieren lernen. Dies wollen wir im nächsten Abschnitt angehen.

3.4 Dynamik

Die Dynamik will die Ursachen der Zustandsänderungen erklären. Dies heißt die gewonnen Erfahrungen interpretieren. Dazu führen wir eine Fülle neuer Begriffe ein: die Zustandsmengen, deren Ströme und Quellen. Diese Begriffe sind natürlich nur dann sinnvoll, wenn wir sie aus den Funktionen $\vec{F}_i$ ähnlich den Funktionen G_i ableiten können. Es zeigt sich, dass mit der Einführung dieser neuen Größen und der damit einhergehenden Interpretation der untersuchten Prozesse bzw. der Funktionen $\vec{F}_i$ die Erfahrungen besonders kompakt definiert wer-

den können. Will man die Entwicklung der Physik – unseres Verständnisses von der uns umgebenden Welt – nachvollziehen, so kann man behaupten, dass die Darstellungen von Anordnungen durch $\vec{F}_i$ in vielerlei Hinsicht erweitert werden mussten, um unsere Erfahrungen
auszudrücken, das hier vorgestellte Interpretationsschema der (Thermo-)Dynamik jedoch un-
angetastet blieb. Die wesentlichen Gesichtspunkte dieses Interpretationsschemas können wir
durch unser Eimermodell veranschaulich, wie überhaupt dieses Interpretationsschema tief in
unserem alltäglichen Interpretieren der Welt verknüpft ist. Wichtigste Erfahrungssätze sind
mit mengenartigen Begriffen formuliert. Der Begriff der Schuld, der Grundlage unserer
Rechtsvorstellung ist, ist sinnlich nicht erfahrbar und eine rein interpretatorische Größe und
damit begrifflich auf einer Stufe mit der Zustandsmenge, jedoch viel komplizierter, da keine
objektive Messvorschrift existiert.

3.4.1   Die Zustandsgleichung

Die Grundidee dieses Interpretationsschemas besteht darin, jeden Systemzustand $\vec{x}_i$ als Folge einer dem System innewohnenden Menge $\vec{M}_i$ anzusehen. Das heißt, die Existenz einer
Zustandsgleichung, die das System i beschreibt, zu postulieren.

$$\vec{x}_i = \vec{\xi}_i\left(\vec{M}_i\right) \tag{3.70}$$

Dabei ist $\vec{M}_i$ eine mengenartige Größe, mit derselben Anzahl von Komponenten wie $\vec{x}_i$.
Diese Mengen eines Systems sind bei gleichem Zustand selbstverständlich proportional zur
Systemmenge.

$$\vec{M}_i \sim N_i \tag{3.71}$$

Beispielsweise bleibt im thermodynamischen Gleichgewicht bei einer Halbierung des Systems der Zustand $\vec{x}_i$ unverändert, die zugehörige Menge ist jedoch in dem verbleibenden
System halbiert. Wir können bei der Zustandsgleichung die folgende Struktur voraussetzen:

$$\vec{x}_i = \vec{\xi}_i\left(\vec{M}_i\right) = \vec{f}_i\left(\frac{\vec{M}_i}{N_i}\right) \tag{3.72}$$

Da wir zunächst nur homogene Systeme mit konstanter Zustandsmenge betrachten, werden
wir von der Struktur der Gl. 3.72 keinen Gebrauch machen. Bei inhomogenen Systemen
müssen wir dieses Konzept erweitern, da der Zustand des betrachteten Systems, sofern wir
davon überhaupt sprechen können, auch von der Mengenverteilung innerhalb des Systems
abhängt. Diese Betrachtungen sind aber Bestandteil der Feldtheorie, die in ihrem Wesen auf
dem Interpretationsschema homogener Systeme aufsetzt.

Damit Gl. 3.70 sinnvoll ist, müssen wir fordern, dass die Zuordnung eindeutig ist. Es existiert also auch die Umkehrfunktion von ξ_i, d. h. die Zustandsgleichung kann auch wie folgt dargestellt werden.

$$\vec{M}_i = \vec{M}_i(\vec{x}_i) \qquad (3.73)$$

Wir vereinbaren, dass wir innerhalb einer Anordnung gleichartige Zustände mit gleichartigen Mengen hinterlegen. Für unser Eimermodell bedeutet dies, dass wir die Flüssigkeiten in den Eimern mit gleichen Begriffen beschreiben. Es verkompliziert die Beschreibung enorm, wenn wir die Flüssigkeit in einem Eimer Flüssigkeit nennen würden und die eines anderen Eimers z. B. Wasser. Dann müsste man zur Beschreibung der Anordnung Sätze bilden wie: Wenn die Flüssigkeit des einen Eimers sich verringert, nimmt der Wasserstand des anderen Eimers zu. Flüssigkeit und Wasser können erzeugt oder vernichtet werden, aber in dem Maße, in dem Flüssigkeit vernichtet wird, wird Wasser erzeugt. Mit der obigen Konvention können wir einfach sagen: Unabhängig von dem speziellen Prozess bleibt bei allen beobachteten Prozessen die gesamte Flüssigkeitsmenge in der abgeschlossenen Anordnung erhalten. Die Messvorschrift und damit auch die Einheit dieser Mengen legen wir später fest.

Die Vorstellung der Existenz von Zustandsmengen hat zur Konsequenz, dass jedes System einen Minimalzustand $\vec{x}_i^{min}$ besitzt muss, der durch Gl. 3.74 definiert ist.

$$\vec{x}_i^{min} = \vec{\xi}(0) \qquad (3.74)$$

Auf unsern Eimer übertragen heißt dies, dass die Füllhöhe nicht unterhalb eines Wertes, der dem Eimerboden entspricht, absinken kann. Der Eimer ist dann leer. Dem Charakter einer Menge entsprechend erscheint es sinnlos, von einer negativen Menge zu sprechen.[20] Diese Interpretation entspricht einer neuen Einschränkung des Zustandsraums eines Systems bzw. einer Anordnung, die experimentell überprüft werden muss. Kalibrieren wir unsere Messskalen derart, dass das wir diesem Minimalzustand den Wert null zuordnen, so erhalten wir eine Beschreibung des Systems, die wir absolut nennen. Beispiele dafür sind die absolute Temperatur, der absolute Druck oder der absolute Raum. Diese absolute Messskala kann sich zunächst nur auf die Anordnung beziehen, in die das System eingebettet ist. Übertragen auf den Eimer können wir uns vorstellen, dass der an den Rest der Anordnung koppelnde Schlauch nicht am Boden des Eimers angebracht ist, sondern in einer Höhe über dem Boden. Das heißt, ein Bodensatz an Flüssigkeit unterhalb dieser Höhe nimmt gar nicht an den Prozessen der Anordnung teil. Da man ein System jedoch an beliebige Anordnung koppeln kann, erhält man durch die Nutzung dieser Möglichkeit eine Messskala, die man als wirklich absolut bezeichnen kann.[21]

---

[20]   In der Mechanik spricht man oft von negativen Impulsen bzw. Drehimpulsen. Wir werden an den entsprechenden Stellen auf die Besonderheit dieses Sprachgebrauchs eingehen.

[21]   Diese am Eimermodell einfach aufzulösende Problematik führt bei vielen Anordnungen zu scheinbaren Paradoxien (vgl. Mischungsentropie).

Ein Eckpfeile unserer Interpretation eines Systemzustandes muss also durch die Erfahrung der Existenz eines absoluten Nullpunktes gestützt werden. Diese Erfahrung, die unabhängig von spezieller Anordnung ist, wird auch bei der Temperatur und dem Druck gemacht. Doch gerade in dem wichtigen Gebiet der Mechanik ist ein absoluter Bewegungszustand nicht messbar, so dass er zwar postuliert wird, aber operativ nicht bestimmbar ist. Aus diesem Grund haben wir diese Erfahrung nicht in die nullten Hauptsätze aufgenommen.

Für die praktische Anwendung spielt der absolute Nullpunkt eine eher untergeordnete Rolle, da wir i. A. an Zustandsänderungen interessiert sind. Dennoch wollen wir, wenn wir im Weiteren von einem Zustand reden, diesen durch die absolute Messskala gemessen denken. Gl. 3.70 denken wir uns ergänzt durch:

$$0 = \vec{\xi}_i(0) \tag{3.75}$$

3.4.2 Die Zustandsänderungen

Als Folge der Zustandsgleichung kann eine Änderung des Zustandes $\vec{x}_i$ nach $\vec{x}_i + \mathrm{d}\vec{x}_i$ nur dadurch erfolgen, dass Zustandsmengen im System geändert werden.

$$\mathrm{d}\vec{x}_i = \frac{\mathrm{d}\vec{\xi}_i}{\mathrm{d}\vec{M}_i} \cdot \mathrm{d}\vec{M}_i \tag{3.76}$$

Das Differential ist ein Tensor, dessen Darstellung ebenso viele Spalten wie Zeilen hat und der invertierbar ist:

$$\frac{\mathrm{d}\vec{\xi}_i}{\mathrm{d}\vec{M}_i} \cdot \left(\frac{\mathrm{d}\vec{\xi}_i}{\mathrm{d}\vec{M}_i} \right)^{-1} = \frac{\mathrm{d}\vec{\xi}_i}{\mathrm{d}\vec{M}_i} \cdot \frac{\mathrm{d}\vec{M}_i}{\mathrm{d}\vec{\xi}_i} = \underline{\underline{1}} = \begin{pmatrix} 1 & 0 & . & . \\ 0 & 1 & 0 & . \\ . & 0 & . & . \\ 0 & . & . & 1 \end{pmatrix} \tag{3.77}$$

Für die Rate, mit der sich der Zustand eines Systems ändert, gilt:

$$\frac{\mathrm{d}\vec{x}_i}{\mathrm{d}t} = \frac{\mathrm{d}\vec{\xi}_i}{\mathrm{d}\vec{M}_i} \cdot \frac{\mathrm{d}\vec{M}_i}{\mathrm{d}t} \tag{3.78}$$

mit

$$\frac{\mathrm{d}\vec{M}_i}{\mathrm{d}t} = \frac{\mathrm{d}\vec{M}_i}{\mathrm{d}\vec{x}_i} \cdot \vec{F}_i \tag{3.79}$$

Durch die Einführung der Zustandsgleichung erhalten wir also einen neuen Typ von Gleichung, der die untersuchte Anordnung beschreibt und den wir Bilanzgleichung nennen wollen. Der Gewinn dieser Aufspaltung liegt darin, dass wir die Änderung einer Menge viel anschaulicher durch Begriffe wie strömen, fließen, wachsen etc. beschreiben können und damit auch besser veranschaulichen bzw. verstehen können. Die Aufspaltung der Darstellung einer Anordnung in systemspezifische Zustandsgleichungen und Bilanzgleichungen ist zunächst noch inhaltsleer. Die Prozesse in der Nähe des Gleichgewichtes werden es aber erlauben, diese neuen Begriffe mit Leben zu füllen.

Wir kennen zwei Mechanismen, mit denen wir eine Menge ändern können. Der Offensichtliche ist der Fluss einer Menge in ein System. In unserer Eimeranordnung kann die Systemmenge nur geändert werden, wenn aus einem oder in einen anderen Eimer Menge zu- oder abfließt. Mengen können in dieser Anordnung nur ausgetauscht werden. Die gesamte Menge Flüssigkeit der Anordnung bleibt erhalten.[22] Es gibt also einen Anteil der Mengenrate, der Folge von Strömen ist.

$$\left(\frac{d\vec{M}_i}{dt} \right)_I = \vec{I}_i \qquad (3.80)$$

I^n_i ist der Strom der Menge M^n in das oder aus dem System i. Ist I^n_i positiv/negativ strömt die Menge in das/aus dem System hinein/heraus.

Aufgrund des substantiellen Charakter eines Mengenstroms gilt:

$$\vec{I}_i = \sum_k \vec{I}_{ik} \qquad (3.81)$$

mit

$$\vec{I}_{ik} = -\vec{I}_{ki} \qquad (3.82)$$

Ein Mengenstrom kann zerlegt werden in Anteile, die den Mengenströmen aus den Systemen k ins System i entsprechen. Der Mengenstrom vom System k in das System i entspricht betragsmäßig, dem Mengenstrom vom System i in das System k. Das Vorzeichen legt fest, dass der Mengenstrom, der dem einen System zufließt, bei dem jeweils anderen abfließt. Die Mengenrate kann sich, wie es unser Eimermodell vielleicht nahe legt, nicht nur durch Ströme ändern, sondern kann auch wachsen oder schrumpfen. Die Menge Mensch oder die Menge Geld z. B. wächst kontinuierlich an, was natürlich kein Naturgesetz ist, diese Mengen können durch Naturkatastrophen, Kriege etc. auch schrumpfen. Da das Bild einer erzeugten Menge eng mit dem Bild einer Quelle zusammenhängt, nennt man diesen Beitrag zur Mengenrate Quelle oder Senke.

---

[22] Diese Erfahrung scheint so offensichtlich bzw. einsichtig, dass sie klar den Vorteil der Beschreibung einer Anordnung durch Mengen hervorhebt. Die Funktionen F, die das Verhalten der Anordnung vollständig bestimmen, erscheinen uns viel komplizierter, jedoch wird die o. g. Erfahrung nur aus diesen Funktionen gewonnen.

$$\left(\frac{\mathrm{d}\vec{M}_i}{\mathrm{d}t}\right)_Q = \dot{\vec{Q}}_i \qquad\qquad (3.83)$$

Mit diesen Definitionen erhalten wir die Raten- oder Bilanzgleichungen[23] für die Zustands-
mengenänderungen einer Anordnung:

$$\frac{\mathrm{d}\vec{M}_i}{\mathrm{d}t} = \sum_k \vec{I}_{ik} + \dot{\vec{Q}}_i \qquad\qquad (3.84)$$

Man sieht hier sehr schön das Wesen der Interpretation. Anstelle einer Funktion $\vec{F}$ haben
wir drei Funktionen – die Zustandsfunktion, die Ströme und die Quellen – eingeführt. Diese
Funktionen erlauben aber nur dann eine anschauliche Beschreibung der Funktion $\vec{F}$, wenn
es uns gelingt, eine eindeutige Zuordnung zu konstruieren. Inhaltlich trennt diese Zuordnung
die Beschreibung des Verhaltens einer Anordnung in die Beschreibung der Systeme (Zustandsgleichung), der Wechselwirkung der Systeme untereinander (Ströme) und das Verhalten der Zustandsmengen bei Zustandsänderungen (Quellen). Dies ist ein Interpretationsschema oder Denkmuster, mit dem wir z. B. auch ein Fußballspiel beschreiben würden, nur
dass wir in der Physik dieses Denkmuster in exakt definierten Begriffen anwenden können.

3.4.3   Bestimmung der Zustandsgleichung

Zur Bestimmung der Zustandsgleichung definieren wir Normsysteme, mit deren Hilfe wir
eine Menge definieren. In unserem Eimermodell heißt dies, dass wir einen Messbecher definieren, dessen Füllstand an irgendeiner Stelle z. B. einem Liter Flüssigkeit entspricht. Zu jedem verwendeten Zustandsgrößennormal einer Anordnung wird dieselbe Anzahl Mengen-
größennormale definiert.

$$\mathrm{d}x^n_{Normal} = \alpha^n\left(x^n_{Normal}\right)\cdot \mathrm{d}M^n_{Normal} \qquad\qquad (3.85)$$

Koppeln wir ein System dergestalt an ein Normal, dass der Zustand des Normals sich um
$\mathrm{d}x_{Normal}$ und der Zustand des Systems sich um $\mathrm{d}\vec{x}_i$ ändert, so können wir, wenn wir sicher
sind, dass während des Prozesses keine Menge erzeugt oder vernichtet wurde, die Zustandsgleichung bestimmen.

$$\frac{\mathrm{d}\vec{M}_i}{\mathrm{d}\vec{x}_i} = -\underset{=}{\alpha}\cdot\frac{\mathrm{d}\vec{x}_{Normal}}{\mathrm{d}\vec{x}_i} \qquad\qquad (3.86)$$

mit

---

[23]   Beachte, dass nur mengenartige Größen bilanziert werden können.

$$\underline{\underline{(\alpha)}}_{mn} = \begin{cases} \alpha^n & \text{für } m = n \\ 0 & \text{für } m \neq n \end{cases} \qquad (3.87)$$

Das Problem bei der Bestimmung der Zustandsgleichung liegt einzig in der Schwierigkeit, einen Prozess zu finden, bei dem $\dot{Q} = 0$ sichergestellt ist. Dies kann offensichtlich nur auf dem Wege einer Definition gelingen. Selbst wenn wir den oben geschilderten Prozess wieder rückgängig machen, also im Eimermodell so lange Flüssigkeit in den Messbecher schütten, bis dieser wieder seine ursprüngliche Füllhöhe erreicht hat, und feststellen, dass der Eimer auch wieder in seinem ursprünglichen Zustand ist, können wir nicht ausschließen, dass bei diesem Prozess die Menge vernichtet wurde, die beim ersten Prozess erzeugt wurde. Obwohl wir beim Eimer so vorgehen, ist dies nur sinnvoll, weil wir wissen, dass jeder Prozess in der Eimeranordnung wieder rückgängig gemacht werden kann, also alle möglichen Prozesse durch eine konstante Flüssigkeitsmenge innerhalb der Anordnung eingeschränkt werden können. Dies ist jedoch keine Erfahrung, die wir auf alle Anordnungen, die wir kennen, übertragen können.

Die Zustandsänderungen in der unmittelbaren Nähe eines stabilen Gleichgewichtes legen es jedoch nahe, diese als Prozesse zu definieren, die frei von Quellen oder Senken sind. In der unmittelbaren Nähe eines Gleichgewichtzustandes gilt mit Gl. 3.37:

$$\underline{\underline{a}}_i \cdot \frac{\mathrm{d}\vec{x}_i}{\mathrm{d}t} = \vec{I}_i\left(\vec{F}\right) \qquad (3.89)$$

Wir können also, wie im Kapitel „Kinematik" angedeutet, in der Nähe des Gleichgewichtes die Mengenströme $\vec{I}_i$ mit der Summe der Funktionen $\vec{I}_{ik}$ (Gl. 3.24) identifizieren:

$$\vec{I}_i = \sum_{k=1}^{n} \vec{I}_{ik}\left(\vec{x}_i, \vec{F}_{ik}\right) \qquad (3.90)$$

Damit erhalten wir für die Zustandsgleichung:

$$\frac{\mathrm{d}\vec{M}_i}{\mathrm{d}\vec{x}_i} = \underline{\underline{a}}_i \qquad (3.91)$$

Mit diesen Definitionen haben wir drei Dinge auf einmal erreicht. Erstens haben wir die Zustandsfunktionen bis auf eine Konstante – den absoluten Nullpunkt – direkt aus den Abhängigkeitsbeziehungen gewonnen. Zweitens haben wir durch diese Definition sichergestellt, dass alle Prozesse in der Nähe des Gleichgewichts als Prozesse interpretiert werden können, bei denen nur Mengen ausgetauscht werden können. Dies wiederum erlaubt uns, eine Messvorschrift zur Messung der Zustandsgleichung anzugeben. Als Drittes haben wir erreicht, dass bei geeigneter Normierung des Mengennormals (Gl. 3.87) der Tensor der Ableitungen der Zustandsgleichung die angenehme Eigenschaft besitzt, symmetrisch zu sein. Gerade die letzte Eigenschaft, die uns schon erlaubte, eine Metrik im Zustandsraum zu definieren, ermöglicht uns hier die Definition einer Energiefunktion, die viel anschaulicher und uns schon aus dem alltäglichen Sprachgebrauch bekannt ist.

3.4.4 Die Energiefunktion

Aufgrund der Symmetrie des Tensors der Ableitungen der Zustandsfunktion hat diese die angenehme und für das Verständnis der Physik unabdingbare Eigenschaft, aus einer Funktion $E_i(\vec{M}_i)$ ableitbar zu sein: Da $\underline{\underline{a}}_i$ symmetrisch ist, gilt:

$$\vec{\xi}_i(\vec{M}_i) = \frac{\mathrm{d}E_i(\vec{M}_i)}{\mathrm{d}\vec{M}_i} \tag{3.92}$$

Die so definierte Funktion heißt Energiefunktion des Systems i. Legen wir noch die Einheiten der $\vec{M}_i$ gemäß Gl. 3.93 fest, so hat die Energiefunktion die Einheit Joule.

$$\left[\vec{M}\right] \cdot \left[\vec{x}\right] = Joule \tag{3.93}$$

Die Energiefunktion E_i hängt eng mit der schon eingeführten Funktion G_i zusammen. Wir können jedem System wieder einen Wert in Abhängigkeit der in dem System enthaltenen Mengen zuordnen. Führen wir einem System eine „kleine" Menge dM zu, so ändert sich sein Wert um dE gemäß:

$$\mathrm{d}E = \xi \cdot \mathrm{d}M \tag{3.94}$$

Gl. 3.94 nennt man eine Energieform des Systems.

3.4.5 Der Phasenraum

Denken wir uns die Zustandsgleichungen der Systeme einer Anordnung als bekannt vorausgesetzt, können wir anstatt der Zustandsvariablen $\vec{x}_i$ die neuen Variablen „Zustandsmenge" $\vec{M}_i$ zur Beschreibung des Verhaltens der Anordnung heranziehen. Diese Variablen definieren in Analogie zum Zustandsraum den Phasenraum. Jeder Zustand eines Systems ist im Phasenraum eindeutig durch einen Punkt gekennzeichnet. Der Phasenraum geht durch Verzerrung der Koordinatenachsen gemäß Gl. 3.95 aus dem Zustandsraum hervor.

$$\vec{M}_i = \frac{\mathrm{d}G_i}{\mathrm{d}\vec{x}_i} \tag{3.95}$$

Dieser Phasenraum besitzt wie der Zustandsraum ebenfalls einen Abstand, der aufgrund der Verzerrung etwas anders definiert ist. Die Metrik in dem Phasenraum erhält man durch einfache Umformungen:

$$\left\| \delta \vec{x}_i \right\|_G^2 = \frac{1}{2} \delta \vec{x}_i \cdot \frac{d^2 G_i}{d\vec{x}_i d\vec{x}_i} \cdot \delta \vec{x}_i \qquad (3.96)$$

$$= \frac{1}{2} \delta \vec{x}_i \cdot \delta \vec{M}_i$$

$$= \frac{1}{2} \delta \vec{M}_i \cdot \frac{d^2 E_i}{d\vec{M}_i d\vec{M}_i} \cdot \delta \vec{M}_i$$

$$\equiv \left\| \delta \vec{M}_i \right\|_E^2$$

Die Energiefunktion E ist also die erzeugende Funktion der Metrik im Phasenraum. Die Transformation der Metrik bei einem Variablenwechsel nennt man Legendre-Transformation. Wie man leicht sieht, gilt der überraschend einfache Zusammenhang zwischen den erzeugenden Funktionen:

$$E + G = \vec{x} \cdot \vec{M} \qquad (3.97)$$

Bzw. in differentieller Form unter Anwendung der Kettenregel:

$$dE = -dG + \vec{M} \cdot d\vec{x} + \vec{x} \cdot d\vec{M} = \vec{x} \cdot d\vec{M} \qquad (3.98)$$

Mit dem Wechsel vom Zustandsraum in den Phasenraum haben wir mit der Energiefunktion E eine neue Währung zur Bewertung der Zustände eines Systems erhalten. Wir werden auf unserem Weg durch die Physik noch andere Währungen kennen lernen, die je nach Problemstellung mehr oder weniger sinnvoll sind. Die Energie E hat jedoch eine herausgehobene Bedeutung, da die Erfahrung uns lehrt, dass eine isolierte Anordnung, die einen Prozess durchläuft, ihren energetischen Wert nicht ändert. Wir möchten an dieser Stelle auch explizit darauf hinweisen, dass die Energie eine eigenständige Größe ist, die durch Gleichgewichtsprozesse direkt gemessen werden kann. Dieses abstrakte Ergebnis stellt ein aus den nullten Hauptsätzen gewonnenes Erfahrungswissen dar und ist nicht selbstverständlich bzw. muss als Axiom allen Betrachtungen vorangestellt werden. Darüber hinaus wird hoffentlich deutlich, dass energetische Betrachtungen von natürlichen Prozessen in allen Anordnungen möglich sind. Phänomene, die wir esoterisch, psychologisch, o.Ä. nennen sind, mit dem Begriff der Energie nicht beschreibbar, weil dieser Begriff für die dort betrachteten Systeme nicht definierbar ist.

Unsere analytisch formulierten Eigenschaften lassen sich graphisch einfach darstellen.

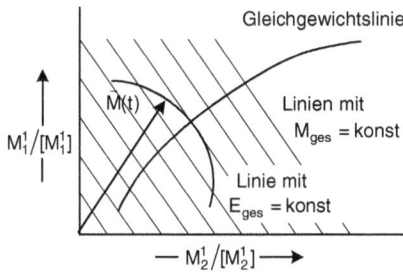

Abb. 3.10. *Der Phasenraum*

Abb. 3.10. zeigt in Analogie zu Abb. 3.9. den Phasenraum einer einfachsten Anordnung. Die Gleichgewichtslinie ist im Phasenraum nicht mehr die Winkelhalbierende, sondern durch

$$\vec{M}^g = M_1\left(x^g\right) \otimes M_2\left(x^g\right) \qquad (3.99)$$

gegeben. Die Diagonalen fassen die Zustände im Phasenraum zusammen, die einer konstanten Systemmenge der Anordnung entsprechen:

$$M_1 + M_2 = M_{ges} = \text{konst.} \qquad (3.100)$$

Die zum Ursprung gekrümmten Linien kennzeichnen die Zustände gleicher Energie. Vergleichen wir einen Nichtgleichgewichtszustand mit einem Gleichgewichtszustand gleicher Zustandsmenge, so steht der „Vektor" der Zustandsänderung im Sinne unserer Metrik „senkrecht" auf der Gleichgewichtslinie, und von allen möglichen Zuständen (mit gleicher Zustandsmenge der Anordnung) hat der Gleichgewichtszustand die geringste Energie.

Da jeder Prozess (einer abgeschlossenen Anordnung) in unmittelbarer Nähe des stabilen Gleichgewichtes reversibel (zustandsmengenerhaltend) ist, ist auch jeder dieser Prozesse Energie erhaltend. Betrachten wir einen Energie erhaltenden Prozess in der Nähe des Gleichgewichtes, bei dem ein Gleichgewichtszustand auch erreicht wird, so kann dies nur dadurch geschehen, dass mindesten eine Zustandsmenge anwächst. In der Nähe des Gleichgewichtes sind diese Eigenschaften der genannten Prozesse noch definitorisch erzwungen. Erfahrungssätze über die Energie oder die Zustandsmengen sind immer Erfahrungssätze über das Verhalten dieser Größen in beliebigen, auch sehr weit vom Gleichgewicht entfernten Nichtgleichgewichtszuständen einer Anordnung.

Obwohl die Definition Gl. 3.90 nur in der unmittelbaren Nähe des Gleichgewichtes erfolgt ist, interpretieren wir die „Ströme" $\vec{I}_{ik}\left(\vec{F}_{ik}\right)$ für alle Werte von $\vec{F}_{ik}$ als Mengenströme, da sie genau die Eigenschaften haben, die wir mit Mengenströmen verknüpfen. Die Quellen bzw. Senken der Bilanzgleichung sind dann wie folgt durch die $\vec{F}_{ik}$ darstellbar:

$$\dot{Q}_i = \sum_k \vec{I}_{ik}\left(\vec{F}_{ik}\right) - \underline{a}_i \cdot \vec{F}_{ik} = \sum_k \dot{Q}_{ik} \qquad\qquad (3.101)$$

Man sieht unmittelbar, dass in der unmittelbaren Nähe des Gleichgewichtes keine Mengen-produktion auftritt.

3.4.6   Das Wesen physikalischer Gesetze

Fassen wir das bisher Gesagte zusammen, so ist methodisch vorgegeben, dass physikalische Gesetze die Erfahrungen über Anordnungen festhalten. Der Charakter eines Gesetzes, etwas über die Zukunft vorherzusagen, ergibt sich aus der Erfahrung, dass die schon gewonnen Er-fahrungen sich immer bestätigt haben. Physikalische Gesetze erklären sich aus sich selbst heraus. Aus der Bestimmung der physikalischen Größen müssen wir aber festhalten, dass diese Vorhersagen einen Wahrscheinlichkeitscharakter haben: Von allen denkbaren Prozes-sen, die in der Zukunft liegen, werden einige mit hoher Wahrscheinlichkeit realisiert. In der klassischen Physik ignorieren wir diesen Wahrscheinlichkeitscharakter weitestgehend und behaupten, dass von allen denkbaren Prozessen nur einer realisiert wird.

Zum Vergleich betrachten wir Gesetze anderer Kategorien, wie z. B. die Zehn Gebote. Diese Gesetze sind nicht aus sich selbst heraus begründbar. Wir verdeutlichen uns dies dadurch, dass Moses diese Gesetze direkt von Gott (außerhalb unserer natürlichen Welt) erhalten hat. Darüber hinaus sind diese Gesetze mit dem Modalverb „sollen" formuliert, was bedeutet, dass von allen Möglichkeiten, die wir für unser Verhalten in der Zukunft haben, wir eben spezielle (töten, lügen etc.) nicht wählen sollen. Um die Schwierigkeiten der Bedeutung des Wörtchens „sollen" zu umgehen, formulieren wir diese Gesetze stark vereinfachend manch-mal mit dem Verb „dürfen". Wir erkennen an diesem Beispiel, dass beide Gesetze eine ähn-liche Struktur besitzen, aber doch grundverschieden sind. Das Verständnis dieser beiden ex-tremen Gesetze und ihr Unterschied in ihrer moralischen Bewertungen ist wichtig, um z. B. die Diskussionen zur Europäischen Verfassung, zum Natur- und Völkerrecht zu verstehen.

In dem Kapitel Dynamik haben wir eine ganz neue Begriffswelt kennen gelernt, die uns er-möglicht, wie bei dem Erlernen einer neuen Sprache, Erfahrungen über Anordnungen neu auszudrücken. Diese neue Sprache ist natürlich noch nicht vollständig beschrieben, aber ihr Grundgerüst – ihre Grammatik – ist schon weitestgehend festgelegt. Die durch die Dynamik vorgegebene Struktur erzwingt, dass nur solche Anordnungen beschrieben werden können, die aus Systemen bestehen. Für den Anfänger besteht ein Großteil der Physikausbildung dar-in, diese Systeme kennen zu lernen – im Wesentlichen die funktionalen Zusammenhänge zwischen den Systemzuständen und den Zustandsmengen zu erlernen. Die Bewegung, die durch Geschwindigkeiten und Winkelgeschwindigkeiten beschrieben wird, ist durch einfache lineare Zustandsgleichungen gekennzeichnet. Die zugehörigen Bewegungsmengen sind der Impuls und der Drehimpuls. Spannungszustände sind schon komplizierter darzustellen und man tut das durch die Angabe von Spannungs-Dehnungsbeziehungen. Da diese aber i. A. nicht unabhängig von der Temperatur (Entropie) sind, muss man schon mehr Fälle unter-scheiden, die experimentell gar nicht mehr so einfach zugänglich sind. Da diese Zusammen-hänge oft nur in Diagrammen abgelegt sind, parametrisiert man diese Diagramme durch ge-

eignete charakteristische Größen. Als Beispiel sei die Dauerschwingfestigkeit oder Kerb-
schlagarbeit genannt. Dies sind aber schon sehr praktische Gesichtspunkte, die in der „reinen" Physik kaum betrachtet werden. In der Wärmelehre spielt der Zustand der Temperatur
die entscheidende Rolle. Eigentümlich an diesem Zustand ist die Tatsache, dass ein System
niemals nur einen Temperaturzustand haben kann, sondern immer auch Bewegungszustände
oder Spannungszustände besitzt. Dies führt dazu, dass wir die Nebendiagonalelemente des
Tensors der Ableitungen der Zustandsfunktion ernst nehmen müssen, was sich in einer Fülle
von verschiedenen Zustandsgleichungen äußert, die die Verschiedenartigkeit der uns umgebenden Systeme widerspiegelt. In der Feldtheorie werden wir noch andere Zustände – die
Feldstärken – kennen lernen, auf die wir hier noch nicht weiter eingehen. Wir halten aber
fest, dass bei der Systembeschreibung Zustände und Zustandsmengen immer paarweise vorkommen müssen.

Sind die Systeme beschrieben, müssen wir zur Beschreibung der Anordnung die Kopplungen
zwischen den Systemen beschreiben. Dazu reicht es aufgrund der Erfahrung der Zerlegbarkeit, diese Kopplungen immer nur paarweise anzugeben. Diese Kopplungen geben uns den
Mengenstrom von einem System in das andere als Funktion der Systemzustände der beiden
Systeme an. Darüber hinaus enthält die Beschreibung der Kopplung immer auch Größen, die
von beiden Systemen abhängen z. B. die Kontaktfläche oder der Reibungskoeffizient der
Materialpaarung. In der Mechanik sind diese Gesetze die Kraftgesetze, die den Impulsstrom
in ein System beschreiben, in der Wärmelehre sind das z. B. die Fourierschen Gesetze, die
den Wärmestrom beschreiben. Das Ohmsche Gesetz der Elektrizitätslehre ist ebenfalls ein
solcher Vertreter.

Mit den Zustandsgleichungen und den Stromgesetzen sind wir in der Lage, das Verhalten der
Mengenflüsse zwischen den Systemen zu beschreiben. Zur vollständigen Beschreibung der
Anordnung fehlt aber noch die Angabe über das Verhalten der Mengen. Wir müssen wissen,
ob in der Anordnung Quellen oder Senken existieren. Diese Feststellung treffen wir mit Hilfe
von Bilanzen, d. h., wir bestimmen zu jedem Zeitpunkt die gesamten Zustandsmengen der
Anordnung und vergleichen diese.

Stellen wir fest, dass gilt:

$$M_{ges,i}(t) = M_{ges,i}(t + \Delta t) \qquad (3.102)$$

so ist die Anordnung durch die Zustandsgleichungen und die Stromgesetze vollständig beschrieben. Der Impulserhaltungssatz bzw. das dritte Newtonsche Gesetz oder der Energieerhaltungssatz sind Beispiele für ein solches „Bilanzgesetz". In diesem Fall sind die Gleichungen, die das zeitliche Verhalten der Anordnung beschreiben, besonders einfach:

$$\frac{dM_i}{dt} = I_i \qquad (3.103)$$

Diese Gleichung stellt ebenfalls eine Bilanz dar. Hier wird dann nicht „vorher" und „nachher" bilanziert, sondern „innen" und „außen" in dem Sinne, dass die Änderung der Menge in

dem System i gleich dem Strom von der Umgebung in das System ist. Integrieren wir über die Prozesszeit, so erhalten wir:

$$\Delta \vec{M}_i = \int_{t_P} I_i \cdot dt \qquad (3.104)$$

Die rechte Größe ist oft eine einfach messbare Größe. Eine solche Formulierung wird meist für den Energieerhaltungssatz gewählt:

$$\Delta E = Q + A \qquad (3.105)$$

Hierbei sind Q die Wärme und A die Arbeit – Energien, die mit speziellen Zustandsmengen-strömen in der Prozesszeit in das System transportiert wurden. Wir werden später darauf zu-rückkommen. Den Energiesatz in dieser Formulierung kann man z. B. so lesen, dass wir uns zwar viele Möglichkeiten denken können, eine Energieänderung herbeizuführen, aber bei dem Versuch, dies operativ durchzuführen, von allen denkbaren Möglichkeiten nur solche realisiert werden können, bei denen die Summe aus verrichteter Arbeit und zu- bzw. abge-führter Wärme dieser Energieänderung entspricht.

Kann Gl. 3.102 experimentell nicht verifiziert werden, so wird die Beschreibung kompliziert, da wir zusätzlich noch den Mechanismus des Mengenwachstums beschreiben müssen. Dieser Fall kommt in der Wärmelehre vor und wird leider oft versucht zu umgehen, was das Wesen der Wärmelehre nicht gerade durchsichtiger macht. Diese Gesetzmäßigkeiten sind in der Li-teratur unter dem Begriff der „Onsager-Symmetrien" zusammengefasst. Wobei die Onsager-Symmetrie natürlich nur der Ausdruck einer Erfahrung ist. Wir nennen diesen Typ Gesetz auch Meixner-Onsager Erfahrung, um damit neben Ludwig Onsager auch Josef Meixner, ei-nem der Gründerväter der Theoretischen Physik in Aachen, der Alma Mater des Autors, der auf den Zusammenhang der Onsager-Symmetrien und der Erfahrung hingewiesen hat, zu eh-ren.

Diese Struktur der physikalischen Gesetze sollte man verinnerlichen, da anhand dieser Struk-tur ein Transfer zwischen Erfahrungen, die auf verschiedensten physikalischen Gebieten ge-macht werden, einfacher möglich ist. Diese Struktur geht im Wesentlichen auf Newton zu-rück, der sie anhand seiner berühmten Bewegungsgesetze eingeführt hat, und dient heute noch als Prototyp einer wissenschaftlichen Formulierung gemachter Erfahrung.

3.4.7   Die Hauptsätze

Nachdem wir unsere Betrachtungen zum Aufbau des physikalischen Denkgebäudes mit den nullten Hauptsätzen begonnen haben, wollen wir sie mit dem ersten und zweiten Hauptsatz abschließen. Diese Hauptsätze sind im Unterschied zu den nullten Hauptsätzen, die wir schon durch unser Vorurteil als unabhängig von der Erfahrung zu kennen glaubten, nicht di-rekt „zu verstehen". Dies ist umso erstaunlicher, als diese Hauptsätze ihrem Titel gemäß all-gemein gültig sind, d. h. wir (die gesamte Menschheit) haben noch keine Anordnung beo-bachtet, die diesen Hauptsätzen widersprechen. Dieses Erstaunen ist und war so groß, dass man die Geschichte der Physik auch unter dem Aspekt lesen kann, diese Erfahrungen aufgrund einfach zu verstehender Erfahrungen abzuleiten.

Der erste Hauptsatz ist der schon öfter erwähnte und hoffentlich aus der Schule bekannte so genannte Energiesatz, der wie folgt formuliert werden kann: Die gesamte Energie einer isolierten Anordnung verändert sich nicht. Bei Prozessen, die eine solche Anordnung durchläuft, wird die Energie lediglich zwischen den Systemen ausgetauscht. Kurz: $\Delta E_{isoliere\ Anordnung} = 0$. Für die Darstellung in unserem Phasenraum bedeutet das, dass alle Trajektorien auf der Linie konstanter Energie liegen. Man sieht schon graphisch, dass dies eine erhebliche Einschränkung an die denkbaren Prozessrealisierungen ist. Die zugrunde liegende Erkenntnis verdanken wir Robert Mayer (1814–1887) und Rudolf Clausius (1822-1888), aber auch Sadi Carnot (1753–1823) hat diesen Satz schon benutzt, jedoch vermutlich ohne sich der ungeheuren Tragweite dieses Satzes bewusst zu sein. Carnot verdanken wir auch die Formulierung des zweiten Hauptsatzes.

Unsere Erfahrungen lehren uns, dass alle Prozesse, die in ein Gleichgewicht führen, durch eine Menge beschrieben werden können, die wir Entropie (Formelzeichen S) nennen. Eine Bilanz der Gesamtentropie einer beliebigen Anordnung führt zu der Erfahrung, dass die Entropie einer isolierten Anordnung immer nur zunimmt. Kurz: $\Delta S_{isolierte\ Anordnung} \geq 0$. Diesen Erfahrungssatz kann man auch sehr schön in die Sprache des Ingenieurs übersetzen: Es gibt keine periodisch arbeitende Maschine, die von einem Wärmereservoir Wärme aufnimmt und in Arbeit umwandelt. Es ist uns also nicht möglich, die nahezu unendliche Wärmeenergie des Ozeans zu nutzen, um eine Maschine zu bauen, die Arbeit verrichtet, ohne dass mindestens ein zweites Wärmereservoir von verschiedener Temperatur zur Verfügung steht. Lax gesprochen, jeder (periodisch arbeitende) Motor hat immer auch einen Kühler.

Mit diesem Erfahrungsschatz, den neuen Begriffen und Strukturen werden wir in den nächsten Kapiteln die Phänomene der Bewegung und der Wärme untersuchen und diese anwenden. Obwohl dieses Kapitel über den Aufbau der Physik sehr abstrakt war, ist eine Art Setzkasten entstanden, in den die im Weiteren beschriebenen Erfahrungen einsortiert werden können und der dem Leser über einige Schwierigkeiten im Verständnis oder Lücken hinweghilft.

4 Punktmechanik

4.1 Einführung

Die Aufgabe der Punktmechanik ist die Beschreibung, die Interpretation und die Vorhersage der Bewegung von Körpern. Körper sind dabei alle materiellen Systeme vom kleinsten Teilchen bis zum Himmelskörper. Es ist hier nicht nötig, die Vielfalt der Bewegungsphänomene weiter zu beschreiben. Die Beschreibung der Bewegung – der Kinematik im eigentlichen Sinne – ist mit einigen Schwierigkeiten verbunden. Die Frage „Was ist Bewegung?" führt uns zu den Begriffen Materie, Raum und Zeit, von denen wir zwar Vorstellungen haben, deren genaue Definitionen sich aber im Sinne von Messvorschriften als sehr schwierig erweisen. Damit zusammenhängende Fragestellungen sind bis heute noch nicht abschließend diskutiert. Wir werden versuchen, diesen Themenkreis – soweit es uns möglich ist – zu diskutieren. Wenn wir uns die Beschreibung der Bewegung mit Hilfe von Koordinatensystemen erarbeitet haben, wenden wir uns der für das Denkschema der Physik wichtigen Frage des Zustandes der Bewegung zu, die von Galileo Galilei (1564–1642) zufriedenstellend beantwortet wurde. Nach der Klärung dieses zentralen Punktes, müssen wir feststellen, dass unser „Eimernodell" sich nicht so gradlinig übertragen lässt, wie wir es vielleicht erhofft haben. Nachdem wir diese Klippen umschifft haben, wird sich die Interpretation der Bewegung als relativ einfach erweisen. Eine Fülle von Bewegungsphänomenen wird auf einfache Gesetzmäßigkeiten zurückgeführt werden.

Wir untersuchen die Bewegungsphänomene in erster Linie, um das Denkschema der Physik zu verdeutlichen. In der geschichtlichen Bewertung ist der Erfolg einer solchen Beschreibung der Bewegung der erste erfolgreiche Prüfstein einer solchen Denkart gewesen. Und es wundert einen unter diesem Gesichtspunkt nicht, dass die Erklärung der Bewegung der Himmelskörper durch Nikolaus Kopernikus (1473–1543), Johannes Kepler (1571-1630) und Isaac Newton (1643-1727) von großem (kirchen-) politischem Interesse war, und dass das Ringen um eine solche Denkart nicht ohne Opfer geblieben ist. Newton hat aufbauend auf seine Vorgänger als Erster die Punktmechanik geschlossen formuliert. Aus unserer rückblickenden Sicht, bei der der Erfolg der Beschreibung natürlicher Phänomene bekannt ist, können wir nur erahnen, welche Schwierigkeiten Newton und seine Mitstreiter zu überwinden hatten. Im größeren philosophischen Rahmen markieren die Leistungen des Kopernikus, Keplers, Galileis und Newtons den Beginn unserer durch Wissenschaften geprägten Neuzeit.

Eine Bewegung ist nicht an einen materiellen Körper gebunden – z. B. kann sich auch ein Schatten bewegen. Eine solche Bewegung wird ebenso in der Kinematik beschrieben, wie die Bewegung eines Körpers, die wir aber durch den Begriff des Transportes, in dem der mengenartige Charakter der Bewegung schon zum Ausdruck kommt, spezifizieren. Die Punktmechanik untersucht im eigentlichen Sinne nur Transporte. Zwar ist die kinematische Beschreibung auch auf Schatten o.Ä. anwendbar, um jedoch den dazu notwendigen Begriffs-apparat zu entwickeln, ist es sinnvoll, sich vorab über Körper Gedanken zu machen.

Die Körper, deren Bewegung wir beschreiben wollen, zeichnen sich dadurch aus, materiell zu sein, was wir naiv durch ihr Gewicht feststellen. Dieses Gewicht ist ein Maß für die Systemmenge des Körpers. Skalieren wir einen Körper um einen Faktor, so wird das Gewicht um denselben Faktor zu- bzw. abnehmen. Für einen Schatten gilt dies selbstverständlich nicht. Es muss betont werden, dass es sich hier nur um ein Maß handelt, das unserer naiven Vorstellung entgegenkommt und welches nur eingeschränkt nutzbar ist, da die Messung des Gewichtes vom Ort der Messung abhängt. Ein solcherart definierter Körper ist unserer Eimer, der die Zustandsmenge der Bewegung aufnehmen wird. Nun wissen wir aus unserer Erfahrung mit gefüllten Eimern, dass die Flüssigkeit auch innerhalb des Eimers Bewegungen ausführen kann. Diese innere Bewegung äußert sich in der Bewegung des Körpers dadurch, dass der Körper seine Form ändert oder sich dreht. Die Beschreibung dieser Bewegung wollen wir vertagen und uns zunächst nur mit der Bewegung des Körpers als Ganzes – der Translation – beschäftigen. Es zeigt sich, dass die Translationsbewegung in vielen Fällen unabhängig von „inneren" Bewegungen erfolgt. Wir betrachten also nur homogene Systeme.

Für eine Beschreibung der Bewegung eines homogenen Systems reicht es, einen gedachten mit dem Körper verbundenen Punkt auszuwählen und dessen Bewegung zu beschreiben. Dazu kann man z. B. eine Markierung an dem Körper anbringen, und deren Bewegung beobachten. Ein Versuch mit einem Ball, an dessen Oberfläche wir einen Farbklecks anbringen, zeigt uns, dass die Bewegung des Farbkleckses sehr stark von dem Ort der Markierung abhängt, obwohl der Ball als Ganzes immer dieselbe Flugbahn hat. Ein ausgezeichneter Ort ist der Mittelpunkt des Balls. Die Auszeichnung besteht darin, dass dieser Punkt eine besonders einfache Flugbahn hat. Alle anderen markierten Punkte des Balls drehen sich während des Fluges um diesen Punkt und können als innere Bewegungen verstanden werden. Diesen ausgezeichneten Punkt nennt man den Schwerpunkt des Balls. Er lässt sich in dem einfachen Beispiel aufgrund der geometrischen und materiellen Symmetrie des Körpers leicht bestimmen und fällt mit dem Mittelpunkt zusammen. Es ist anschaulich, dass jeder Körper einen solchen Schwerpunkt besitzt, der die Bewegung des Körpers als Ganzes repräsentiert. Die Messvorschrift für den Schwerpunkt wollen wir auf das Kapitel „Die Mechanik der ausgedehnten Körper" verschieben.

Die Beschreibung der Translationsbewegung erfolgt im Weiteren durch die Beschreibung der Bewegungen des Schwerpunktes, an den wir uns die gesamte Systemmenge angeheftet denken. Dieses Gebilde nennt man Massepunkt oder anschaulicher Teilchen.[24] Die Über-schrift „Punktmechanik" resultiert gerade aus dieser Einschränkung auf die Bewegung von Teilchen.

4.2   Kinematik

4.2.1   Einführung

Bewegung ist ein Prozess, der dadurch beschrieben wird, dass ein Körper in einem Zeitinter-vall Δt eine Strecke Δs zurücklegt. Diese einfache Definition führt uns nach kurzem Nach-denken schon direkt alle Schwierigkeiten, mit denen wir ringen müssen, vor Augen.

1. Was ist Zeit? Wie kann Zeit gemessen werden?

2. Die zurückgelegte Strecke beschreibt die Bewegung des Teilchens relativ zu dieser Stre-cke. Um auf den Zustand des Teilchens zu schließen, benötigen wir jedoch ein absolutes Maß für die Bewegung.

Diesen Fragestellungen wollen wir uns im Folgenden zuwenden. Geschichtlich war es ein langer Weg, bis die Geschwindigkeit als Bewegungszustand erkannt wurde. Die entschei-denden Impulse kamen dabei von Galileo Galilei.

4.2.2   Die Zeit

Zur Beschreibung des Verhaltens der Zustände einer Anordnung haben wir die Rate, mit der sich die Zustände ändern, eingeführt. Wir vergleichen damit die Zustandsänderung mit der Zeit, die während dieser Änderung verstreicht. Dabei nehmen wir meistens intuitiv an, dass diese Zeit faktisch existiert und eine Uhr diese Zeit misst. Eine solche Zeitvorstellung nen-nen wir transzendent, da sie operativ nicht erfassbar ist. Eine Anordnung, die vom Rest der Welt isoliert ist, kennt keine Zeit. Wird die Anordnung vollständig durch die beispielhaften Zustände x und y beschrieben, so kann aus der Anordnung heraus der Prozess der Zustands-änderung dx und dy nur dadurch beschrieben werden, dass sich eine Änderung dx in dem Moment einstellt, in dem der Zustand y sich nach $y + dy$ geändert hat. Erst durch eine nicht zur Anordnung gehörenden Uhr vergleichen wir die Zustandsänderungen dx und dy mit der Zustandsänderung der Uhr, die wir dt nennen.

Die Uhr selbst ist eine spezielle (isolierte) Anordnung, bei der die Abfolge der Zustandsän-derung in sich geschlossen ist, d. h. alle durchlaufenden Zustände werden periodisch immer wieder erreicht. Der Zyklus einer Periode definiert ein Zeitintervall. Zum Beispiel nennen

---

[24]   Der Begriff des Massepunktes ist eine große Abstraktion und es ist umso überraschender, dass in der Physik der Elementarteilchen diese Abstraktion als konkret angenommen wird.

wir die Periode des Umlaufs der Erde um die Sonne „Jahr", die Periode des Mondes um die Erde „Monat" und die der Drehung der Erde um sich selbst „Tag". Wenn wir sagen „ein Mensch wird 70 Jahre alt", dann meinen wir, dass während des Prozesses des Alterns des Menschen von der Geburt bis zum Tod die Erde siebzigmal die Sonne umkreist.

Eine Uhr misst also nicht die Zeit, sie definiert sie. Der Fehler des heutigen Zeitnormals ist 10^{-14} s und bedeutet, dass eine Vorschrift existiert, eine Anordnung mit einer Periodendauer dieser Größenordnung von dem Rest der Welt zu isolieren. Dieser operative Zeitbegriff führt uns direkt zu einem Fragenkomplex, der durch drei Begriffe geprägt ist: Die Synchronisation von Uhren, das Verhalten bewegter Uhren und die Berücksichtigung der Signalgeschwindigkeit beim Ablesen von Uhren.

Die Anforderung an Uhren ist als Herstellung periodischer Uhren mit identischer Periode beschreibbar. Dies wird ein Hersteller z. B. durch möglichst baugleiche Uhren, die mit hoher Präzision hergestellt werden, sicherstellen. Damit gehen Uhren an einem Ort unter selben Bedingungen (im Rahmen eines Fehlers) synchron. Eine gute Uhr sollte aber auch an anderen Orten unter anderen Bedingungen dieselbe Zeit anzeigen. Es muss also sichergestellt werden, dass eine z.B bewegte oder abgekühlte Uhr dieselbe Periodendauer besitzt. Um dies zu überprüfen, müssen aber die Uhren an verschiedenen Orten von einem Beobachter abgelesen und verglichen werden werden. Gäbe es ein Signal, das sich „unendlich" schnell ausbreitete, so wäre die Überprüfung der Synchronität von Uhren kein Problem. Es gehört aber zu den gesichertesten Erfahrungen der Menschheit, dass sich kein Signal schneller als mit Lichtgeschwindigkeit ausbreitet, so dass die Signallaufzeit von dem Beobachter der voneinander entfernten und sich vielleicht auch bewegenden Uhren berücksichtigt werden muss.

Prinzipiell müssen wir annehmen, dass es mehrere Zeiten gibt. Zunächst definieren wir die Eigenzeit eines Systems. Dies ist die Zeit, die eine Uhr anzeigt, die wir uns an ein System angeheftet denken. System und Uhr sind immer am gleichen Ort. Diese Zeit unterscheiden wir von der Inertialzeit, die Zeit, die ein Beobachter an „seiner" Uhr abliest, die sich i. A. zu den Uhren, die die Eigenzeit angeben, bewegt. Geben wir also eine Gleichung vom Typ 3.10 an, so meinen wir immer die Inertialzeit. Aufgrund der endlichen Signalgeschwindigkeit geben aber verschiedene Beobachter bei der Beobachtung ein und desselben Prozesses verschiedene Zeiten an, so dass den o.g. Gleichungen immer etwas Subjektives (Beobachterabhängiges) anhaftet. Um auf das Verhalten der Anordnung zu schließen, benötigen wir noch eine Transformation, die die Zeiten verschiedener Beobachter ineinander überführt. Diese Transformationen heißen je nach Anwendungsfall Galilei- oder Lorentz-Transformation und werden in den Bemerkungen zur Relativitätstheorie (Kap. 4.10.2) vertieft diskutiert. Bei dieser Diskussion ergibt sich insbesondere die Fragestellung, wie die Signalgeschwindigkeit gemessen werden soll, wenn man über keine synchronisierten Uhren verfügt, da ja zur Synchronisation der Uhren verschiedene Beobachter den Wert der Signalgeschwindigkeit benötigt.

In der klassischen Mechanik bzw. der Mechanik unserer unmittelbaren Lebenswelt entschärft sich das praktische Problem der Nutzung von Uhren etwas, da die beobachten Bewegungen inklusive der der Beobachter untereinander und zur Anordnung durch Geschwindigkeiten beschrieben werden können, deren Wert klein gegenüber der Signalgeschwindigkeit ist (Der Wert der Lichtgeschwindigkeit beträgt $3 \cdot 10^8$ m/s). Darüber hinaus werden wir nur spezielle

Beobachter bzw. Inertialzeiten zulassen, deren Uhren aufgrund der Erfahrung, die im Relativitätsprinzip formuliert ist, über dieselbe Periodendauer verfügen, so dass verschiedene Beobachter ihre Uhren einfach synchronisieren können und wir immer nur von einer Zeit sprechen, die den Prozess einer beobachteten Anordnung (zumindest näherungsweise) objektiv (Beobachterunabhängig) parametrisiert.

4.2.3 Der Raum

Das Problem der Zeit ist eng mit dem des Raumes verknüpft. Auch hier haben wir eine transzendente Vorstellung, die wir auf den Prüfstein stellen müssen. Unsere Vorstellung des Raumes geht auf Rene Descartes zurück: Wir denken uns durch das Universum ein Gitternetz gespannt, das immatriell ist und die Bewegung der Systeme im Universum nicht beeinflusst, also von der Welt isoliert ist. Der Ort eines Systems wird durch den entsprechenden Gitternetzpunkt beschrieben. Das einfachste Gitternetz wird durch ein dreidimensionales kartesisches Koordinatensystem beschrieben. Die genaue Zahl der benachbarten Gitternetzpunkte hängt von der Geometrie des Gitternetzes ab. Diese Vorstellung einer Bühne, auf der das Weltgeschehen, ohne durch die Bühne beeinflusst zu werden, stattfindet, ist wesentlich für die klassische Mechanik. Diese Vorstellung ist im Rückgriff auf unsere Bemerkungen im vorherigen Kapitel nicht haltbar. Der Raum ähnelt viel eher einem System mit Zuständen, deren Änderungen wir z. B. als Licht erfahren. Dieses System ist, obwohl es im Unterschied zu einem Koordinatensystem ein physikalisches System darstellt, abstrakterer Natur und hat mit den hier besprochenen Systemen „Körper" nichts gemein. Historisch hat man lange versucht, diese Art von System durch Einführung des Äthers an den Systembegriff des Körpers anzupassen. Es hat sich jedoch gezeigt, dass das „Körperliche" des Raumes durch kein Experiment zu erfassen ist. Da ein solches physikalisches System mit den Körpern, die relativ zu diesem Bewegen auch in Wechselwirkung treten können, ist diese transzendente Vorstellung auch als eine vernünftige Näherung betrachtbar, bei dem diese in unserem unmittelbaren Alltag vernachlässigbaren Effekte ignoriert werden. Eine geschlossene Behandlung dieses Problemkreises, die auch die Zeit und die Gleichzeitigkeit von Abstandsmessungen einschließt, erlaubt die von Einstein entwickelte Relativitätstheorie, deren Verständnis aber höhere mathematische Ansprüche stellt. Da diese Implikationen die Beschreibung und Interpretation der Bewegung nicht prinzipiell beeinflusst, stellen wir sie hinten an.

Zur operativen Beschreibung der Bewegung betrachten wir eine isolierte Anordnung, die aus n Körpern besteht, welche voneinander isoliert sind (die Auswirkung des sie verbindenden Systems „Raum" wird vernachlässigt). Diese Körper sollen sich zueinander bewegen. Ein solches Experiment können wir z. B. in einem Raumschiff durchführen, indem wir mitgeführte Steine willkürlich in verschiedene Richtungen werfen. Aufgabe ist es, die Bewegung dieser Anordnung zu vermessen.

Die o.g. Körper bewegen sich i. A. relativ zueinander, zum Rest der Welt, und zu verschiedenen Beobachtern. In der transzendenten Vorstellung des Gitternetzes können sich die Körper auch relativ zu dem Gitternetz – dem absoluten Raum – bewegen. Diese Bewegung ist jedoch messtechnisch nicht erfassbar. Sie wird erst wieder messbar, wenn wir dieses Gitternetz aus dem Rest der Welt konstruieren. Da die betrachte Anordnung isoliert ist, erhalten wir jedoch nur eine Information über die Gesetzmäßigkeiten der Anordnung, wenn wir die Lagen der Körper zueinander vermessen. Wir messen also zu jedem Zeitpunkt die Abstände zwischen den sich bewegenden n Körpern.[25] Die Bewegung der Körper der Anordnung ist durch $n(n\text{-}1)/2$ Abstände gekennzeichnet. Den Abstand zwischen dem i-ten und dem j-ten Körper bezeichnen wir mit $l_{ij} = l_{ji}$. Tragen wir die Messergebnisse in $n(n\text{-}1)/2$ Diagrammen l_{ij} gegen t auf, so können wir (im Rahmen der Fehler) die Messergebnisse wie folgt analytisch darstellen:

$$l_{ij}(t) = \sqrt{l_{ij}(0)^2 + v_{ij}^2 \cdot t^2 + 2 \cdot l_{ij}(0) \cdot v_{ij} \cdot cos\,\alpha_{ij} \cdot t} \qquad (4.1)$$

$l_{ij}(0)$ bezeichnet den Abstand des i-ten Körpers zum j-ten Körper zum Zeitpunkt $t = 0$ s – dem Beginn des Experimentes. v_{ij}, α_{ij} sind Konstanten. v_{ij} nennt man den Betrag der Relativgeschwindigkeit.

Eine weitergehende Analyse zeigt, dass zwischen den $n(n\text{-}1)/2$ Messwerten zeitunabhängige Zusammenhänge bestehen. Legt man die Abstände von vier Körpern zugrunde, so ist die Lage jedes weiteren Körpers durch die Angabe von nur vier Abständen zu den vier Ausgangskörpern vollständig bestimmt, obwohl mit dem Hinzufügen eines $n+1$-ten Körpers n neue Abstände hinzukommen (d. h. für die oben genannten Konstanten, dass Abhängigkeiten zwischen ihnen vorhanden sind, bzw. diese in einem Experiment nicht beliebig vorgegeben werden können). Genauer betrachtet, müssen nur drei Abstände angeben werden und ein Abstand größer oder kleiner als eine Länge sein, die sich aus den Abständen eines Grundkörpers zu den anderen Grundkörpern ergibt. Ein Raum heißt d-dimensional, wenn bei $d+1$ Grundkörpern $d+1$ Abstände ausreichen, um die Lage eines Körpers vollständig zu bestimmen. Für $d = 2$ kann man die Situation auf einem Blatt Papier leicht nachvollziehen. Darüber hinaus kann man aus dem Experiment entnehmen, dass die Winkelsumme eines aus drei beliebigen Körpern gebildeten Dreiecks immer 180° bzw. π (rad) beträgt.

Diese experimentelle Erfahrung zu interpretieren, ist in der vorliegenden Darstellung etwas unhandlich, da schon der einfachste Fall einer Bewegung – die Bewegung isolierter Körper – zu einer verwickelten Darstellung führt. Diese Darstellung werden wir durch die Einführung von Koordinatensystemen vereinfachen. Die Lösung des eigentlichen Problems der Bestimmung der Bewegungszustände können wir in den o.g. Konstanten vermuten. Es ist im Lichte einer mengenartigen Interpretation plausibel anzunehmen, dass ein isolierter Körper eine konstante Bewegungsmenge und damit einen konstanten Bewegungszustand besitzt; bzw. dass die (konstanten) Bewegungszustände von jeweils zwei Körpern das zeitliche Verhalten des Abstandes zwischen diesen Körpern definieren.

---

[25]   Mit dem Abstand zwischen zwei Körpern meinen wir den Abstand zwischen den Schwerpunkten dieser Körper.

4.2.4   Das Koordinatensystem

Wir beginnen mit der Darstellung einer Bewegung relativ zu einem Koordinatensystem. Dabei nutzen wir die Erfahrung der Dreidimensionalität des Raumes und definieren z. B. als Koordinatenachsen die Kantenlängen eines Quaders, die wir in gleiche Abstände unterteilen.

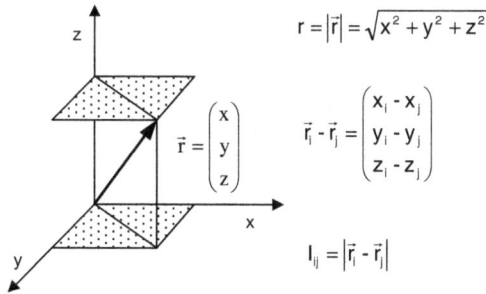

$$r = |\vec{r}| = \sqrt{x^2 + y^2 + z^2}$$

$$\vec{r} = \begin{pmatrix} x \\ y \\ z \end{pmatrix} \qquad \vec{r}_i - \vec{r}_j = \begin{pmatrix} x_i - x_j \\ y_i - y_j \\ z_i - z_j \end{pmatrix}$$

$$l_{ij} = |\vec{r}_i - \vec{r}_j|$$

Abb. 4.1. *Darstellung eines Punktes in einem Koordinatensystem*

Die Lage eines Körpers relativ zu diesem Quader (abstrakt Koordinatensystem) können wir dann durch die (kürzesten) Abstände zu diesen drei Kanten (Koordinatenachsen) angeben. Diese Angabe ist jedoch noch nicht eindeutig, da bei gegebenen Abständen von den Koordinatenachsen acht verschiedene Positionen des Körpers bezüglich der Koordinatenachsen möglich sind. Der Raum wird durch die Koordinatenachsen in acht Unterräume unterteilt. Die acht Unterräume werden durch die Bezeichnungen + + +, + + −, + − +, − + +, + − −, − + −, − − +, − − − unterschieden, womit wir bei der Verwendung von reellen Zahlen als Koordinaten mit drei Zahlenangaben zur Lagebeschreibung auskommen. Diese drei Zahlen fassen wir in einem Ortsvektor $\vec{r}$ zusammen. Der Schwerpunkt eines Körpers wird in seiner Lage durch die Angabe von drei physikalischen Größen – den Koordinaten(zahlen), die die Einheit einer Länge haben, aber auch negativ sein können – bestimmt. Zu beachten ist, dass die Koordinaten des Ortsvektors von der Wahl des jeweiligen Koordinatensystems abhängen – der Ortsvektor verschiedene Darstellungen hat. Der Ortsvektor gibt die Lage eines Punktes bezüglich eines gewählten Koordinatensystems an. Der Ortsvektor ist also keine Größe, die den Zustand eines Systems charakterisieren kann.

Man spricht in dem genannten Fall von einem kartesischen Koordinatensystem, da wir aufgrund unserer Erfahrung die Koordinaten mit unserem Längen- und Winkelnormal in einen einfachen Zusammenhang bringen können. Das Koordinatensystem verfügt über die uns vertraute Metrik. Die Länge des Ortsvektors $r = |\vec{r}|$ gibt den Abstand des Schwerpunktes vom Schnittpunkt der Koordinatenachsen – dem Koordinatenursprung – an.

Um auf den Bewegungszustand eines Körpers zu schließen, gehen wir wieder zurück auf unser Experiment mit den geworfenen, isolierten Körpern. Mit diesen können wir ebenfalls ein Koordinatensytem konstruieren. Dazu werfen wir drei isolierte Körper mit einem identischen Mechanismus in drei senkrecht aufeinander stehende Raumrichtungen. Diese Raumrichtungen definieren die Koordinatenachsen, deren Einteilung dadurch definiert ist, dass die isolierten Körper in gleichen Zeiten gleiche Strecken zurücklegen. Hierbei handelt es sich offenbar um eine spezielle Klasse von Koordinatensystemen. Koordinatensysteme, die sich gegenüber einem derart erzeugten Koordinatensystem mit einem komplizierten Zeitprogramm bewegen, können derart nicht hergestellt werden. Diese spezielle Klasse von Koordinatensystemen nennt man Inertialsysteme. In einem Inertialsystem hat der Ortsvektor eines vierten isolierten Körpers die einfache Gestalt:

$$\vec{r}(t) = \vec{r}(0) + \vec{v} \cdot t \tag{4.2}$$

Den konstanten Parameter $\vec{v}$ nennen wir die Geschwindigkeit des Körpers. Obwohl wir sprachlich schon so tun, als ob die Geschwindigkeit eine Eigenschaft des Körpers ist, ist sie immer nur im Zusammenhang mit dem verwendeten Koordinatensystem sinnvoll zu verwenden. Die Geschwindigkeit ist ein Vektor, dessen Richtung die Richtung der Bewegung angibt und dessen Betrag die zurückgelegte Strecke Δs pro Zeiteinheit angibt.

$$\vec{v} = \frac{\vec{r}(t + \Delta t) - \vec{r}(t)}{\Delta t} = \frac{\Delta \vec{r}(t, \Delta t)}{\Delta t} \tag{4.3}$$

und

$$v = |\vec{v}| = \sqrt{\sum_i \left(\frac{\Delta x_i}{\Delta t}\right)^2} = \frac{\sqrt{\sum_i (\Delta x_i)^2}}{\Delta t} = \frac{\Delta s}{\Delta t} \tag{4.4}$$

Die Darstellung der Bewegung eines isolierten Körpers in einem Inertialsystem folgt abgesehen von der vektoriellen Schreibweise einer einfachen linearen Gesetzmäßigkeit. In einem Inertialsystem hat ein isolierter Körper immer eine konstante Geschwindigkeit, was umgekehrt auch zu Definition von Inertialsystemen herangezogen werden kann.

Vergleichen wir diesen Sachverhalt mit unserer Vorstellung an einen Zustand eines isolierten Systems, so ist der Bewegungszustand schon annähernd durch die Geschwindigkeit eines Körpers in einem Inertialsystem beschrieben.

4.2.5   Der Bewegungszustand

Wir verallgemeinern den Begriff der Geschwindigkeit auch auf nicht isolierte Körper gemäß:

$$\vec{v}(t) = \frac{d\vec{r}}{dt} \equiv \lim_{\Delta t \to 0} \frac{\Delta \vec{r}}{\Delta t} \tag{4.5}$$

Diese Größe nennen wir die Momentangeschwindigkeit und definieren sie zum aktuellen Bewegungszustand eines Körpers. Genauer muss man sagen: die Momentangeschwindigkeit in einem Inertialsystem ist eine physikalische Größe, die alle Eigenschaften einer Zustands-

größe besitzt, diese aber nur bis auf einen konstanten Vektor $\vec{w}$, der von dem jeweilig gewählten Inertialsystem abhängt, beschreibt. Der absolute Raum kann aufgrund unseres operativen Vorgehens nicht bestimmt werden. Wenn er denn existiert, können wir aber behaupten, dass er ein Inertialsystem ist.

In einem Inertialsystem (in jedem Koordinatensystem, doch nur im Inertialsystem gelingt die
Bestimmung des Bewegungszustandes) kann die Bewegung eines Körpers durch eine Bahnkurve dargestellt werden. Diese Bahnkurve durchläuft ein Körper im Laufe der Zeit. Die
Tangenten an die Bahnkurve geben die Richtung der momentanen Geschwindigkeit an und
die pro Zeiteinheit zurückgelegte Strecke den momentanen Betrag der Geschwindigkeit, die
auch Bahngeschwindigkeit genannt wird.

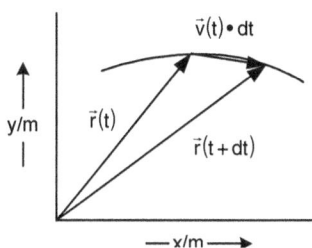

Abb. 4.2. *Zweidimensionale Bahnkurve*

Durch Kenntnis der Momentangeschwindigkeiten zu allen Zeiten und der Position des Körpers zu irgendeinem Zeitpunkt ist es möglich, die gesamte Bahnkurve zu rekonstruieren.
Nachdem wir uns dies klar gemacht haben, können wir uns im Weiteren voll auf die eigentlich interessante Größe – den Bewegungszustand – konzentrieren. Diesen stellen wir in einem Geschwindigkeits-Zeit-Diagramm dar. Eine solche Darstellung für die Bahngeschwindigkeit kennen wir von Lastkraftwagen, bei denen solche Diagramme durch Fahrtenschreiber
aufgenommen werden.

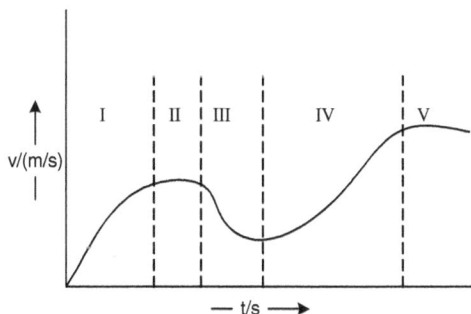

Abb. 4.3. *v-t-Diagramm eines Körpers*

Der Einfachheit halber beschränken wir uns auch zunächst auf die Bahngeschwindigkeit. Abbildung 4.3 zeigt einen typischen Verlauf: Handelt es sich bei dem Körper z. B. um einen Motorradfahrer, so befände er sich zum Zeitpunkt $t = 0$ s in Ruhe, um aus diesem Zustand zu beschleunigen (Bereich I) und dann für kurze Zeit eine Fahrgeschwindigkeit zu halten (Bereich II). Aus dieser Fahrgeschwindigkeit bremst der Motorradfahrer auf eine niedrigere Geschwindigkeit ab (Bereich III), um im unmittelbaren Anschluss erneut auf eine diesmal etwas höhere Fahrgeschwindigkeit zu beschleunigen (Bereich IV), die er über den Beobachtungszeitraum auch halten kann (Bereich V).

Das Eigentümliche an dieser Darstellung ist, dass die „Erzählung" eines kurzen Abschnittes im Leben eines Motorradfahrers, die ein Literat noch viel ausführlicher gestalten würde, in Bezug auf die Bewegung in einem einfachen Diagramm erzählbar ist. Die physikalische Darstellung dieser Geschichte ist wie eine Übersetzung in eine neue Sprache, die sehr einfach ist, dadurch aber auch viele Gesichtspunkte überhaupt nicht ausdrücken kann. Nichts desto trotz ist diese Beschreibung in Bezug auf die Bewegung vollständig. Alle weiteren Größen, die uns an der Bewegung interessieren, werden aus diesem Diagramm abgeleitet werden (in der Mathematik würde man dies eine Kurvendiskussion nennen.).

Die von dem Motorradfahrer in einem Zeitintervall zurückgelegte Strecke können wir durch die Bestimmung der „Fläche" unter der Kurve angeben:

$$s = \int_{t}^{t+\Delta t} v(t') \cdot dt' \tag{4.6}$$

Die Begriffe „beschleunigen" oder „verzögern" charakterisieren umgangssprachlich den Begriff der Rate der Zustandsänderung. Im vorliegenden Beispiel charakterisieren wir die Rate der Bahngeschwindigkeit mit dem Begriff der Bahnbeschleunigung und kürzen diese mit dem Symbol a ab:

$$a_B = \frac{dv}{dt} \tag{4.7}$$

Eine Verzögerung ist dann in der Sprache der Physik eine negative (Bahn-) Beschleunigung.

Ist die Funktion $v(t)$ analytisch nicht bekannt, was ja meistens der Fall ist, so zerlegen wir das v-t-Diagramm in Zeitintervalle, in denen wir die Funktion v als Gerade annehmen dürfen (a = konst., vgl. Abb. 4.4.). Für ein Zeitintervall $\Delta t = t_2 - t_1$, in dem die Beschleunigung als konstant angenommen werden kann, gilt dann:

$$s = \frac{1}{2} \cdot (v_1 + v_2) \cdot \Delta t \tag{4.8}$$

und

$$a_B = \frac{v_2 - v_1}{\Delta t} \qquad (4.9)$$

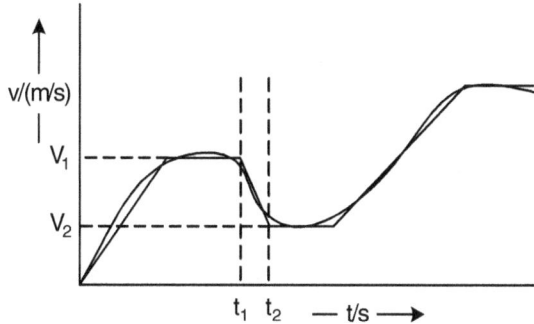

Abb. 4.4. *Genäherte Darstellung eines v-t-Diagramms*

Beachtet man den vektoriellen Charakter des Bewegungszustandes, so erhält man drei *v-t-*Diagramme für die einzelnen Komponenten der Geschwindigkeit und dementsprechend ist auch die Beschleunigung ein Vektor:

$$\vec{a} = \frac{d\vec{v}}{dt} \qquad (4.10)$$

Beachte, dass $|\vec{a}| = a_B + a_R \neq a_B$. Den zweiten Summanden nennt man Radialbeschleunigung; er beschreibt die Rate der Richtungsänderung der Bewegung. Dies macht man sich einfach am Beispiel einer Kreisbewegung (in der *x-y*-Ebene) mit konstanter Bahngeschwindigkeit v_B klar. Die analytische Darstellung des Bewegungszustandes zum Zeitpunkt *t* lautet:

$$v_x = v_B \cdot cos(\omega \cdot t + \phi) \; \textit{bzw.} \; v_y = v_B \cdot sin(\omega \cdot t + \phi) \qquad (4.11)$$

Den Parameter ω nennt man die Winkelgeschwindigkeit. Eine Bezeichnung, die man leicht einsieht, nachdem man sich klargemacht hat, dass nach der Zeit $T = 2\pi/\omega$ der Körper wieder den Bewegungszustand zur Zeit *t* innehat ($v(t+T) = v(t)$) und der Körper die Kreisbahn mit dem Radius *R* einmal durchlaufen hat, also der vom Mittelpunkt des Kreises ausgehende Ortsvektor den Winkel 2π überstrichen hat. Da in derselben Zeit *T* der Körper die Strecke zurückgelegt hat, die dem Kreisumfang entspricht, gilt:

$$\omega = \frac{v_B}{R} \qquad (4.12)$$

Der Parameter ϕ wird durch die speziellen Anfangsbedingungen bestimmt. Die Beschleunigung erhalten wir durch Differentation von Gl. 4.11:

$$a_x = -\omega \cdot v_B \cdot sin(\omega \cdot t + \phi) \text{ bzw. } a_y = \omega \cdot v_B \cdot cos(\omega \cdot t + \phi) \qquad (4.13)$$

und damit

$$|\vec{a}| = a_R = \omega \cdot v_B = \frac{v_B^2}{R} \qquad (4.14)$$

Die maximale Radialbeschleunigung eines Sportwagens, die z. B. in amerikanischen Autotests von großer Bedeutung ist, gibt an, wie schnell ein Fahrzeug eine Kurve mit dem Radius R durchfahren kann.

Es scheint so, dass die möglichen Fragestellungen an die Darstellung eines Bewegungsphänomens mit Hilfe eines v-t-Diagramms recht eingeschränkt sind. Dieser Eindruck kann aber nur entstehen, wenn man sich mit den einfachsten Fällen von Bewegungen beschäftigt. Im Allgemeinen sind mehrere Körper an einem Bewegungsphänomen beteiligt, so dass man auch mehrere v-t-Diagramme in Beziehung zueinander bringen kann.

Betrachten wir z. B. ein Sprintrennen zweier Fahrzeuge mit den maximalen Beschleunigungen a_1=10 m/s^2 und a_2 = 8 m/s^2 über eine Strecke von s = 100 m, so können wir die Frage nach dem Vorsprung Δs von Fahrzeug 1 stellen. Erstellen wir ein v-t-Diagramm und zeichnen den Vorsprung in das Diagramm ein, so finden wir relativ schnell die Lösung[26].

Für das weitere Vorgehen ist die Interpretation des Zustandes der Geschwindigkeit als Folge einer Bewegungsmenge und die Beschreibung der Beschleunigung als Folge eines Mengenflusses im Vordergrund. Es sei aber ausdrücklich darauf hingewiesen, dass die experimentelle Erfahrung der Bewegungsphänomene vollständig in v-t-Diagrammen dokumentiert werden kann.

4.3   Dynamik

4.3.1   Die Zustandsgleichung

Die Bestimmung des Bewegungszustandes beginnt mit der im Relativitätsprinzip festgehaltenen Erfahrung:

---

[26] $\Delta s = s \cdot \left(1 - \dfrac{a_2}{a_1}\right) = 20m$

Eine in einem Inertialsystem ruhende Anordnung durchläuft denselben Prozess wie die gleiche Anordnung mit identischen Anfangsbedingungen, die sich in diesem Inertialsystem mit konstanter Geschwindigkeit bewegt.

Eine absolute Geschwindigkeit ist durch kein Experiment feststellbar.

Oder:

Kein Inertialsystem ist vor einem anderen Inertialsystem ausgezeichnet.

Diese Erfahrung schließt ein, dass alle Uhren, die sich in einem Inertialsystem mit konstanten Geschwindigkeiten bewegen, die gleiche Periodendauer haben. Bei unendlicher Signalgeschwindigkeit sind die Uhren der verschiedenen Beobachter, die jeweils in einem Inertialsystem ruhen, synchronisierbar.

Der Zustand der Bewegung eines Körpers ist durch die Geschwindigkeit in einem Inertialsystem bis auf eine Konstante festgelegt. Diesen Zustand interpretieren wir als Folge einer Bewegungsmenge. Diese Bewegungsmenge können wir auf Grund der Unbestimmtheit des absoluten Bewegungszustandes auch nicht absolut bestimmen. Dies ist aber kein ernstes Problem, da wir ja im Wesentlichen an Zustandsänderungen interessiert sind, und hat im Gegenteil zur Folge, dass die Zustandsgleichung, die das System Körper in Bezug auf Bewegungsphänomene charakterisiert, eine besonders einfache Gestalt haben muss.

Die Bewegungsmenge nennen wir umgangssprachlich Schwung. Schieben wir ein Fahrrad an, so geben wir ihm Schwung. Die Eigenschaften des Schwungs sind charakteristisch für eine Menge. Schwunggeben beinhaltet immer, auf die eine oder andere Weise Kontakt mit dem Fahrrad zu haben. Über diese Kontaktstelle fließt der Schwung vom Schwunggebenden zum Fahrrad. In der Physik nennt man diesen Schwung Impuls.

Da der Bewegungszustand durch die drei Koordinaten des Vektors der Geschwindigkeit ausgedrückt wird, ist auch der Impuls eine vektorielle Menge, die durch einen Vektor $\vec{P}$ mit drei „Koordinaten" P_1, P_2, P_3 symbolhaft dargestellt wird. Die Einheit des Impulses wird durch die Einheiten der Energie und der Geschwindigkeit festgelegt:

$$[P_i] = \frac{J \cdot s}{m} = kg \cdot \frac{m}{s} \tag{4.15}$$

Im Vorgriff auf eine Analyse der Stoßprozesse, die die operative Anweisung zur Definition der Zustandsgleichungen beinhalten, nehmen wir hier schon die aus der Schule bekannten Ergebnisse vorweg. Bei einem inelastischen Stoß zwischen zwei Stoßpartnern mit geringfügig unterschiedlicher Geschwindigkeit kann aufgrund der Nähe zum Gleichgewicht definitionsgemäß nur Impuls ausgetauscht werden.[27] Das Verhalten der Anordnung ist unabhängig von einer Drehung der Stoßanordnung im Inertialsystem. Daraus folgt für die Zustandsgleichung:

---

[27]   Aus der Schule wissen wir, dass der Impulssatz immer gilt. In der Nähe des Gleichgewichtes gilt der Impulssatz aber definitionsgemäß, um die Größe Impuls überhaupt eigenständig zu definieren.

$$\Delta \vec{v} = m_{träge}{}^{-1} \cdot \Delta \vec{P} \qquad\qquad (4.16)$$

Den Proportionalitätsfaktor nennt man träge Masse. Ihrem Wesen nach hat die träge Masse nichts mit der schweren Masse, die wir einem Gewicht zuschreiben, zu tun. Es zeigt sich aber, dass die schwere Masse identisch mit der trägen Masse ist, was jedoch eine zusätzliche Erfahrung ist. Diese Erfahrung nutzend verzichten wir im Weiteren auf den Index „träge".

Die träge Masse kann i. A. auch noch geschwindigkeitsabhängig sein. Da das in Gl. 4.16 formulierte Ergebnis für Beobachter in beliebigen Inertialsystemen gleich ausfällt, kann die träge Masse nicht von der absoluten Geschwindigkeit abhängen, andererseits könnten wir den absoluten Raum operativ erfassen. Eine Erfahrung, die wir ja schon im Relativitätsprinzip allgemein formuliert hatten. Diese Argumentation beruht wesentlich darauf, dass die übertragene Bewegungsmenge in allen Inertialsystemen gleich wahrgenommen wird, und sie wird durch die Erfahrung des Impulserhaltungssatzes bestätigt.

Mit unseren Überlegungen zum Aufbau der Physik können wir den Wert der Bewegung mit ihrer Energieform beschreiben. Bei der Zuführung einer Menge Impuls $d\vec{P}$ ändert sich die Geschwindigkeit des betrachteten Körpers gemäß Gl. 4.16. Mit dieser Zustandsänderung ändert sich auch der energetische Wert des Körpers gemäß:

$$dE = \vec{v}\left(\vec{P}\right)\cdot d\vec{P} = \frac{\vec{P}\cdot d\vec{P}}{m} = d\left(\frac{1}{2}\cdot\frac{P^2}{m}\right) \qquad\qquad (4.17)$$

Durch die Unabhängigkeit der Zustandsgleichung von anderen inneren Zuständen des Körpers kann diese Energieform unabhängig von den inneren Zuständen integriert werden. Das heißt, dass der energetische Wert eines Körpers sich additiv aus zwei Anteilen zusammensetzt. Diese Anteile nennt man die innere Energie und die kinetische Energie E_{kin}:

$$E_{kin} = \frac{1}{2}\frac{P^2}{m} = \frac{1}{2}\cdot m \cdot v^2 \qquad\qquad (4.18)$$

Die Unabhängigkeit des energetischen Wertes des Bewegungszustandes eines Körpers von der Richtung ist Ausdruck der Tatsache, dass eine Vorzugsrichtung im Raum nicht feststellbar ist.

4.3.2   Die Stoßgesetze

Der Stoß zweier Körper (Systeme) miteinander gehört zu den einfachsten Prozessen, auf die wir die Interpretationen der Dynamik anwenden können. Ein Stoßprozess ist dadurch definiert, dass zwei zunächst isolierte Systeme mit den Massen m_1 und m_2 sich mit den konstanten Geschwindigkeiten $\vec{v}_1$ und $\vec{v}_2$ aufeinander zu bewegen und während des eigentlichen Stoßprozesses Kontakt miteinander haben. Nach einer gewissen Zeit – der Stoßzeit – bewegen sich beide Systeme wieder mit den konstanten Geschwindigkeiten $\vec{v}_1'$ bzw. $\vec{v}_2'$ isoliert voneinander. Sind $\vec{v}_1'$ und $\vec{v}_2'$ verschieden, so sind die Stoßpartner nach dem Stoß räumlich getrennt; sind $\vec{v}_1'$ und $\vec{v}_2'$ gleich, so bilden beide Systeme ein neues System mit der Masse $m = m_1 + m_2$ und der Geschwindigkeit $\vec{v}' = \vec{v}_1' = \vec{v}_2'$. Den letzt genannten Grenzfall nennt man total inelastischen Stoß. Derart beschreibbare Stöße werden in unserem Alltag näherungsweise beim Billardspiel, bei Autounfällen etc. beobachtet. Die Näherung der Beschreibung liegt im Wesentlichen in der Vernachlässigung des Einflusses der anderen beteiligten Systeme, die bei Stoßprozessen unserer unmittelbaren Umwelt immer auch teilnehmen, wie in den genannten Beispielen der Billardtisch, der Asphalt oder die den betrachteten Körper umgebende Luft.

Beschränken wir uns der Einfachheit halber auf eine Anordnung, die nur aus zwei Systemen besteht, die wir uns vom Rest der Welt (Billardtisch, Asphalt, Luft etc.) isoliert denken, so kann ein Stoßprozess in der „Sprache" der Zustände in Zustands-Zeit-Diagrammen einfach erzählt werden. Da keine Geschwindigkeitskomponente ausgezeichnet ist, wollen wir dies beispielhaft für die x-Komponenten der Geschwindigkeiten tun.

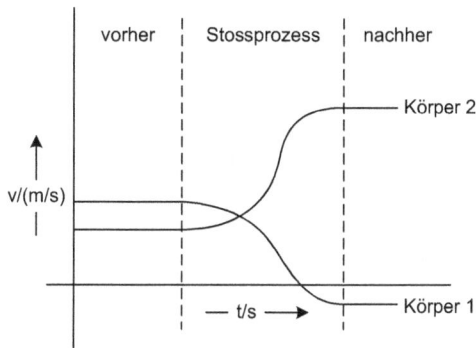

Abb. 4.5. *v-t-Diagramm eines Stoßes*

Vier Bemerkungen können zu diesen v-t-Diagrammen gemacht werden:

1. Wir sehen als weiteres Beispiel, dass trotz der Einfachheit – eine „Erzählung" von zwei Systemen, die kurzzeitig wechselseitig aufeinander wirken – viele Geschichten erzählbar sind. Diese Geschichten sind die Erfahrungen, über die wir verfügen. Um diese zu nutzen, müssten wir alle Geschichten auswendig lernen. Diese unmögliche Aufgabe werden wir dadurch vereinfachen, dass wir durch unser Interpretationsschema diese Erfahrungen in Wissen umsetzen.

2. Alle v-t-Diagramme lassen sich sinnvoll in drei Bereiche unterteilen: vor dem Stoß, während des Stoßes und nach dem Stoß.

3. Der Bereich während des Stoßes ist der am schwierigsten zu beschreibende. Wir habe den Zustand des jeweiligen Systems nur gestrichelt gezeichnet, da bei der Beobachtung des Stoßprozesses augenfällig ist, dass die stoßenden Systeme sich verformen und von einem homogenen Geschwindigkeitszustand nicht gesprochen werden kann.

4. Die Beschreibung des Stoßvorgangs in v-t-Diagrammen ist nicht vollständig. Im Allgemeinen bleibt nach dem Stoß eine bleibende Verformung zurück oder die Systeme haben eine erhöhte Temperatur. Durch den Stoß werden auch andere Systemzustände, die es später noch zu beschreiben gilt, geändert.

Unsere Erfahrungen mit stoßenden Systemen lassen sich in unserem Eimermodell einfach interpretieren. Der Einfachheit halber tun wir dies wieder nur für eine Komponente. Vor dem Stoß sind die Systeme isoliert und die Impulsmenge in den Systemen ist konstant. Haben die Systeme Kontakt, fließt die Impulsmenge durch die Kontaktfläche von einem System in andere. Die Inhomogenität während des Stoßes ergibt sich anschaulich durch eine endliche Fließgeschwindigkeit des Impulses. Liegt eine inhomogene Impulsverteilung im System vor, bewegen sich die unterschiedlich gefüllten Subsysteme mit unterschiedlicher Geschwindigkeit, der Körper verformt sich. Die Geschwindigkeit, mit der der Impuls durch den Körper fließt, ist die Schallgeschwindigkeit. Die verschiedenen Stoßarten werden in diesem Bild dadurch gekennzeichnet, dass durch den Fluss und die Stoßdauer die Zustandsmenge sich unterschiedlich auf die beiden Systeme verteilt. Beim total inelastischen Stoß fließt der Impuls so lange, bis beide Systeme ein gleiches Impulsniveau bzw. gleiche Geschwindigkeiten haben.

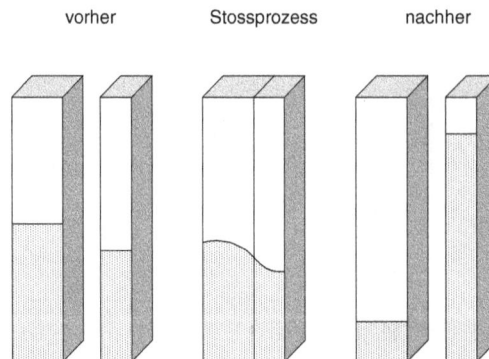

vorher   Stossprozess   nachher

Abb. 4.6. *Der Stoßprozess im Eimermodell*

Die detailliertere Interpretation des eigentlichen Stoßvorgangs erfordert die Beschreibung von Mengenverteilungen (Feldern) in Systemen, die den Rahmen dieses Buches sprengen würde. Das Konzept der Zustandsmengen erlaubt aber, von dem eigentlichen Stoßvorgang zunächst einmal abzusehen und die insgesamt in den Systemen vorhandene Impulsmenge zu bilanzieren, d. h. wir vergleichen die Impulsmenge in den beiden Systemen vor nach dem Stoß.

$$\text{vor dem Stoß: } \vec{P}_{ges} = \vec{P}_1 + \vec{P}_2 = m_1 \cdot \vec{v}_1 + m_2 \cdot \vec{v}_2 \qquad (4.19)$$

nach dem Stoß: $\vec{P}'_{ges} = \vec{P}'_1 + \vec{P}'_2 = m_1 \cdot \vec{v}'_1 + m_2 \cdot \vec{v}'_2$

Bilanzieren wir auf diese Weise alle uns bekannten Stöße, so stellen wir fest, dass der Gesamtimpuls sich während des Stoßes nicht ändert, dass durch den Stoß nur Impuls zwischen den Systemen ausgetauscht wird. Diese Erfahrungen mit Stößen lassen sich durch die Einführung der Bewegungsmenge kompakt formulieren:

$$\vec{P}_{ges} = \vec{P}'_{ges} \qquad (4.20)$$

oder

$$\Delta\vec{P}_1 = \vec{P}'_1 - \vec{P}_1 = -\left(\vec{P}'_2 - \vec{P}_2\right) = -\Delta\vec{P}_2 \qquad (4.21)$$

Diese Erfahrung mag vielleicht etwas überraschen, aber wir müssen natürlich auch damit rechnen, dass Mengen wachsen oder schrumpfen. Wir denken z. B. an die Geldmenge oder die Menge Mensch. Bei Stößen können wir jedoch einen Mengenerhaltungssatz formulieren. Durch Untersuchung von komplizierteren Vorgängen, an denen auch andersartige Systeme beteiligt sind, kann unsere Erfahrung extrem ausgeweitet und in einem allgemeinen Impulserhaltungssatz formuliert werden: Alle Erfahrungen mit Phänomenen der Bewegung im weitesten Sinne haben gemein, dass in einer abgeschlossenen Anordnung der Gesamtimpuls der Anordnung, der auf die Systeme der Anordnung verteilt ist, bei jedem beobachteten Prozess, den die Anordnung durchläuft, erhalten bleibt. Impuls wird zwischen den Systemen der Anordnung nur ausgetauscht. Über die während des Prozesses ausgetauschten Mengen macht der Impulserhaltungssatz keine quantitative Aussage, da diese Quantitäten spezifisch für den jeweiligen Prozess sind.

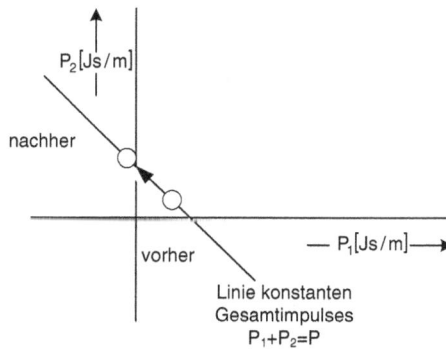

Abb. 4.7. Der Stoß im Phasenraum

Der Stoß zweier Systeme erfährt durch den Impulssatz eine erhebliche Einschränkung, die wir uns im Phasenraum der Anordnung deutlich machen können. Wieder betrachten wir nur eine Komponente des Impulses. Kommt es zu einem Stoß zwischen zwei Systemen mit dem Anfangsimpuls in z. B. x-Richtung P_1 und P_2, so kann der Zustand der Anordnung nach dem

Stoß nur durch eine Impulsverteilung P'_1 und P'_2 beschrieben werden, der auf der Linie mit konstantem Gesamtimpuls mit der Steigung –1 liegt. Alle anderen Impulsverteilungen führen zu einem geänderten Gesamtimpuls.

Aus der Tatsache, dass nicht ein Gegenbeispiel zu der Erfahrung der Impulserhaltung bekannt ist, schließen wir, dass auch in Zukunft alle noch zu betrachtenden Prozesse diese Erfahrung bestätigen. Dieser Schluss selbst wird im Laufe der Zeit ebenfalls wieder bestätigt, so dass wir Erfahrung in Wissen umwandeln und im Impulserhaltungssatz formulieren. Dies ist ein philosophisch sehr erstaunliches Naturgesetz, da es, obwohl es nicht trivial ist, keine Einschränkung kennt. Der Vorteil dieses prägnant (mit Hilfe von Mengen) formulierten Gesetzes liegt auf der Hand: Lesen Sie einem Eskimo die Lügengeschichte des Barons von Münchhausen vor, in der dieser sich an den Haaren aus dem Sumpf zieht, ist ihr Zuhörer, auch wenn er keine Sümpfe kennt, in der Lage, diese als Lügengeschichte zu entlarven. Die Bewegung aus dem Sumpf erfordert eine Impulsänderung, diese Impulsänderung ist, nach aller Erfahrung des Eskimos nur durch eine Impulszufuhr von außen realisierbar. Keinesfalls kann das System „Münchhausen" diese Impulsänderung selbst erzeugen. Diese Geschichte kann also nicht von dem Eskimo als folkloristische Eigenheit der Sumpfbewohner mit einem „kann sein" abgetan werden, sondern wäre eine so unwahrscheinliche Erfahrung im Kontext der gesamten Menschheit, dass Sie als Lüge erkennbar ist.

4.3.3   Der eindimensionale Stoß

Um mit dem Impulssatz vertraut zu werden, betrachten wir zunächst nur Stöße, die auf einer Geraden verlaufen. Diese Stöße nennt man zentral. In einem geeignet gewählten Koordinatensystem, wird also durch den Stoßprozess nur eine Impulskoordinate geändert, die wir bilanzieren werden. Für einen solchen Prozess gilt die Bilanz:

$$m_1 \cdot v_1 + m_2 \cdot v_2 = m_1 \cdot v'_1 + m_2 \cdot v'_2 \qquad (4.22)$$

Das Gleichheitszeichen verbindet die Impulsverteilung in der Anordnung vor dem Stoß mit der Impulsverteilung nach dem Stoß. Sind also die Systeme (durch ihre Massen charakterisiert) und deren Bewegungszustände (Geschwindigkeiten) vor dem Stoß bekannt, bedarf es nur einer zusätzlichen Information über den Stoßprozess, um die Geschwindigkeiten nach dem Stoß vorherzusagen. Diese Information über den Stoßprozess finden wir sprachlich in den Adjektiven elastisch bzw. inelastisch. Umgangssprachlich beziehen wir z. B. das Adjektiv elastisch auf ein System und verstehen unter einem elastischen Körper einen solchen, dessen Formänderung unter Belastung bei Entlastung vollständig zurückgeht. Bei genauerer Betrachtung ist dies eine sprachliche Ungenauigkeit, da wir immer Prozesse – Stöße – realisieren können, bei denen sich auch ein elastischer Körper dauerhaft verformt oder zerstört wird. Sprechen wir also im Zusammenhang mit Stößen von elastischen Körpern, so meinen wir, dass dieser Körper sich bei einer bestimmten Klasse von Stößen – den elastischen – nicht dauerhaft verformt.

In Bezug auf den Stoßprozess können wir mit Hilfe unserer „Sprache" den elastischen Stoß besonders einfach definieren. Wir haben gesehen, dass während des Stoßes immer auch andere innere Zustände eine Änderung erfahren. Wir nennen in Analogie einen Stoß elastisch, wenn diese Zustandsänderungen dergestalt sind, dass die inneren Endzustände identisch mit den Ausgangszuständen sind. Der elastische Stoß ist also ein energetischer Grenzfall aller Stöße. Es ist ein übliches Vorgehen, sich über die Betrachtung von Grenzfällen einen Überblick über den allgemeinen Fall zu verschaffen. Das Billardspiel kann z. B. durch elastische Stöße beschrieben werden. Nach dem Stoß sind die Billardkugeln abgesehen vom Bewegungszustand augenfällig in demselben Zustand wie vor dem Stoß. Da sich bei einem elastischen Stoß alle inneren Zustände wieder zurückbilden, kann offensichtlich keine der zu diesen Zuständen gehörigen Mengen gewachsen oder geschrumpft sein. Der elastische Stoß ist ein reversibler Prozess. Kinematisch erkennen wir das auch daran, dass wir die Filmaufnahmen eines elastischen Stoßes, die wir rückwärts laufen lassen, auch nicht für ungewöhnlich halten, also als mit unseren Erfahrungen für kompatibel empfinden. Ein Autounfall ist dagegen durch einen inelastischen Stoß beschreibbar, da die beteiligten Automobile erheblich verformt sind. Ein inelastischer Stoß ist ein irreversibler Prozess, wir würden beim rückwärtigen Abspielen eines Filmes dieses sofort erkennen.

Die Information der Elastizität eines Stoßes kann mit Hilfe des Energiesatzes so formuliert werden, dass wir die Geschwindigkeiten nach dem zentralen Stoß eindeutig vorhersagen können. Dazu zerlegen wir die Energie eines Systems in einen inneren Anteil U und den Anteil E_{kin} der Bewegung. Die Erfahrung des 1. Hauptsatzes gilt natürlich auch für Stoßprozesse, d. h. der gesamte energetische Wert der Anordnung wird durch den Stoß nicht verändert. Wir können also bilanzieren:

$$U_1 + E_{kin,1} + U_2 + E_{kin,2} = U_1' + E_{kin,1}' + U_2' + E_{kin,2}' \qquad (4.23)$$

Diese Gleichung hilft einem i. A. nicht viel weiter, da die Kenntnisse der inneren Energien die Kenntnis der Zustandsänderung der inneren Zustände durch den Stoß erfordern. Im Fall des elastischen Stoßes sind die inneren Zustandsände vor und nach dem Stoß gleich, so dass die inneren Energien wie folgt bilanziert werden können:

$$U_1 = U_1' \quad \text{bzw.} \quad U_2 = U_2' \qquad (4.24)$$

Im Falle des elastischen Stoßes – und nur dann – kann also der kinetische Energieanteil dementsprechend bilanziert werden:

$$E_{kin,1} + E_{kin,2} = E_{kin,1}' + E_{kin,2}' \qquad (4.25)$$

bzw.

$$\tfrac{1}{2} m_1 \cdot v_1^2 + \tfrac{1}{2} m_2 \cdot v_2^2 = \tfrac{1}{2} m_1 \cdot v_1'^2 + \tfrac{1}{2} m_2 \cdot v_2'^2 \qquad (4.26)$$

Die Gln. 4.22 und 4.26 sind zwei Gleichungen für die beiden unbekannten Endgeschwindigkeiten und beschreiben ein mathematisch wohl definiertes Problem. Gl. 4.26 ist die Gleichung einer Ellipse, die wir in den Phasenraum einzeichnen können. Zwischen der Ellipse und der „Geraden des Impulssatzes" ergeben sich zwei Schnittpunkte, die die Lösung unseres Problems darstellen. Die eine Lösung besagt: Der Stoß findet nicht statt, die Geschwindigkeiten bleiben unverändert; die andere Lösung ist die gesuchte, wenn der Stoß stattgefunden hat.

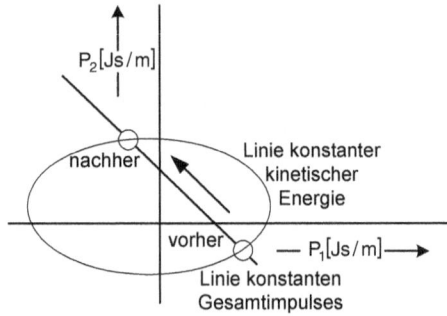

Abb. 4.8. *Der zentrale elastische Stoß im Phasenraum*

Um das Problem elegant analytisch zu lösen (hier: Umgehen der quadratischen Gleichung), empfiehlt sich eine etwas andere Bilanz. Der Absolutwert der physikalischen Größen ist eigentlich nicht von Interesse, er hängt ja von der Wahl des Koordinatensystems ab, vielmehr ist der gesamte physikalische Inhalt des Stoßes in der Änderung des Zustandes enthalten. Aus den Erhaltungssätzen folgt für die Änderung des Impulses ΔP_i und der kinetischen Energie ΔE_i des Systems i ($i = 1,2$):

$$\Delta P_1 = P_1' - P_1 = -\left(P_2' - P_2\right) = -\Delta P_2 \tag{4.27}$$

und

$$\Delta E_{kin,1} = E_{kin,1}' - E_{kin,1} = -\left(E_{kin,2}' - E_{kin,2}\right) = -\Delta E_{kin;2} \tag{4.28}$$

Dies heißt nichts anderes als dass „Alles, was aus dem einen System herausströmt, in das andere System hineinströmt". „Heraus" und „hinein" ist durch das jeweilige Vorzeichen gekennzeichnet. Die Änderung der kinetischen Energie kann wie folgt umgeschrieben werden:

$$\Delta E_{kin,i} = \tfrac{1}{2}m_i \cdot \left(v_i'^2 - v_i^2\right) = \tfrac{1}{2}m_i \cdot \left(v_i' + v_i\right) \cdot \left(v_i' - v_i\right) = \tfrac{1}{2}\left(v_i' + v_i\right) \cdot \Delta P_i \tag{4.29}$$

Wir erkennen in dieser Gleichung unschwer die Verwandtschaft zur differentiellen Energieform der kinetischen Energie. Setzen wir Gl. 4.29 in Gl. 4.28 ein, so erhalten wir:

$$\Delta E_1 = \tfrac{1}{2}\left(v_1' + v_1\right) \cdot \Delta P_1 = -\tfrac{1}{2}\left(v_2' + v_2\right) \cdot \Delta P_2 = -\Delta E_2 \tag{4.30}$$

Mit Gl. 4.27 erhalten wir einen weiteren linearen Zusammenhang zwischen den Geschwindigkeiten:

$$v_1 + v_2 = -(v_1' + v_2') \tag{4.31}$$

Diese Beziehung ist charakteristisch für den eindimensionalen elastischen Stoß und findet ihre Begründung im Relativitätsprinzip. Durch diese Betrachtung haben wir unser analytisches Problem auf die Lösung zweier lineare Gleichungen zurückgeführt, die einfach zu lösen sind. Wir erhalten:

$$\Delta P_1 = 2 \frac{m_1 \cdot m_2}{m_1 + m_2} (v_2 - v_1) \tag{4.32}$$

und

$$\Delta E_1 = v_S \cdot \Delta P_1 \tag{4.33}$$

Mit der Schwerpunktgeschwindigkeit v_S:

$$v_S = \frac{P_{ges}}{m_1 + m_2} \tag{4.34}$$

Die Schwerpunktgeschwindigkeit, deren Bezeichnung eine Erweiterung des Schwerpunktes eines Systems auf den Schwerpunkt der Anordnung darstellt, ist eine Invariante des Stoßprozesses, d. h. sie bleibt während des Stoßes unverändert. Der Wert Schwerpunktgeschwindigkeit hängt von der Wahl des Inertialsystems ab. Überraschenderweise hängt damit auch der Energieübertrag von der Wahl unseres Inertialsystems ab. So erscheint zwei Beobachtern, die sich mit verschiedenen Geschwindigkeiten zueinander bewegen, beim selben beobachteten Prozess der Energieübertrag verschieden. Dies liegt in dem Wesen der Energie als Wert. Eine sinnvoll definierte Mengenübergabe sollte für alle Beobachter zu der gleichen übertragenen Menge führen. Diese übertragene Menge kann aber durchaus für verschieden Beobachter von verschiedenem Wert sein. In diesem Sinne ist Gl. 4.33 auch operativ (messtechnisch) für verschieden Beobachter konsistent.

Der Impulsübertrag (Gl. 4.32) ist nur von der Relativgeschwindigkeit der Stoßpartner abhängt, wie es das Relativitätsprinzip fordert. Aus diesem Grund können wir uns ein spezielles Koordinatensystem zur Diskussion auswählen. Wir wählen das Koordinatensystem dergestalt, dass vor dem Stoß Körper 2 ruht, also $v_2 = 0$ ist, d.h:

$$\Delta P_1 = -2 \frac{m_1 \cdot m_2}{m_1 + m_2} v_1 \tag{4.35}$$

bzw.

$$\Delta v_1 = -\frac{2}{1 + {m_1}/{m_2}} v_1 \tag{4.36}$$

Relativ zur Geschwindigkeit vor dem Stoß nimmt die Geschwindigkeit nach dem Stoß ab. Stößt das Teilchen mit einer Wand, ist die Masse der Wand, die starr mit der Erde verbunden ist, näherungsweise unendlich groß. Das heißt, das Teilchen bewegt sich nach dem Stoß mit der betragsmäßig selben Geschwindigkeit in die entgegengesetzte Richtung, so wie wir es bei einem „Flummi" beobachten. Der Energieübertrag ist trotz des Impulsübertrages vernachlässigbar. Die kinetische Energie des stoßenden Teilchens ist vor und nach dem Stoß gleich. Der Eimer „Wand" ist vergleichbar mit einem Ozean, in den ein Eimer Wasser geschüttet wird. Weder der Meeresspiegel ändert sich noch der Wert des Ozeans, obwohl die Zustandsänderung für den Wassereimer sich dramatisch von voll nach leer ändert. Ist die Masse des stoßenden Teilchens viel größer als die Masse des ruhenden gestoßenen Teilchens, ist der Impulsübertrag vernachlässigbar. Ein Automobil lässt sich kaum von einem im Weg stehenden Staubkorn beeindrucken. Mathematisch können wir diese Situation durch einen Wechsel des Koordinatensystems zu einem, in dem die große Masse ruht, auf den erst genannten Fall zurückspielen.

Fragen wir als Ingenieur, was zu tun ist, um ein Teilchen mit Hilfe des elastischen Stoßprozesses abzubremsen, so sehen wir, dass wir den Stoßpartner mit der gleichen Masse ausstatten müssen wie das abzubremsende Teilchen:

$$\Delta v_1 = -v_1, \ d.h. \ v_1' = 0 \tag{4.37}$$

Diese Realisierung eines solchen Bremsprozesses nennt man Moderation. Die Bedeutung des schweren Wassers „Deuterium" als Moderator von Kernspaltungsprozessen liegt im Wesentlichen in seiner Masse begründet. Wir sehen also, dass eine Vielzahl von Bewegungsphänomenen mit dieser Interpretation verstanden werden können.

Eine andere Klasse von Stößen nennen wir total inelastisch. Diese Stöße stellen wie der elastische Stoß einen Grenzfall dar. Wieder umgehen wir das Problem der Beschreibung der inneren Zustände. Hier durch die Beobachtung, dass bei einer großen Klasse von Stößen, wie Autounfällen, Abbremsungen in den Stillstand, Stößen mit teigigen Medien, die Geschwindigkeiten der Stoßpartner nach dem Stoß identisch ist.

$$v_1' = v_2' = v' \tag{4.38}$$

Die gemeinsame Endgeschwindigkeit v' nach dem Stoß ist mit dem Impulssatz (Gl. 4.22) einfach zu bestimmen:

$$v' = \frac{m_1 \cdot v_1 + m_2 \cdot v_2}{m_1 + m_2} \ (= v_S) \tag{4.39}$$

Bei diesem Stoßtyp ändern sich die inneren Zustände und damit auch die inneren Energien der Stoßpartner. Man sagt, dass die inneren Zustände Energie absorbieren. Aus Gl. 4.23 kann diese absorbierte Energie E_{abs} ausgerechnet werden:

$$E_{abs} = U_1' + U_2' - (U_1 + U_2) \tag{4.40}$$
$$= \tfrac{1}{2} m_1 \cdot v_1^2 + \tfrac{1}{2} m_2 \cdot v_2^2 - \tfrac{1}{2}(m_1 + m_2) \cdot v'^2$$
$$= \frac{1}{2} \cdot \frac{m_1 \cdot m_2}{m_1 + m_2} \cdot (v_1 - v_2)^2$$

Stellen wir den Prozess des total inelastischen Stoßes im Phasenraum dar, so sehen wir, dass bei dem geschilderten Prozess, der maximale Anteil der kinetischen Energie der Stoßpartner, der mit dem Impulerhaltungssatz verträglich ist, in innere Energie umgewandelt – absorbiert – wird, daher das Adjektiv „total inelastisch".

Wir sehen auch hier das Relativitätsprinzip verdeutlicht, die absorbierte Energie hängt nur von der Relativgeschwindigkeit der Stoßpartner ab. Der Einfachheit halber wählen wir wieder ein Koordinatensystem, in dem der Stoßpartner 2 vor dem Stoß ruht, und fragen uns, welcher Anteil f der vor dem Stoß vorhandenen kinetischen Energie des Teilchens 1 absorbiert wird.

$$f = \frac{E_{abs}}{E_{kin}} = \frac{m_2}{m_1 + m_2} = \frac{1}{1 + \dfrac{m_1}{m_2}} \tag{4.41}$$

Die Bedeutung dieses Anteils kann an der Arbeit eines Denglers oder Schmiedes deutlich gemacht werden. Das Bearbeiten eines Bleches mit einem Hammer kann als Aneinanderreihung von inelastischen Stößen aufgefasst werden. Die kinetische Energie des Hammers vor dem Stoß entspricht der körperlichen Arbeit des Handwerkers. Die absorbierte Energie ist ein Maß für das erzielte Arbeitsergebnis. Die durch den inelastischen Stoß hervorgerufenen inneren Zustandsänderungen sind die gewünschten Verformungen. In diesem Beispiel ist f der Wirkungsgrad der Tätigkeit. Ist der Hammer nur neunmal so schwer wie das zu bearbeitende Blech, so läge nach Gl. 4.41 der Wirkungsgrad bei 10%. Nun lässt sich aber diese Gleichung auf das Handwerk nicht einfach anwenden, da der Handwerker ja nicht einen Stoß zwischen Blech und Hammer ausführt, sondern das Blech auf einen Amboss legt. In der Sprache von Gl. 4.41 bedeutet dies, dass er das Blech künstlich schwerer macht, so dass der Wirkungsgrad 100% beträgt. In Anbetracht der Schwere der Arbeit eine vernünftige Entscheidung. Dieses Beispiel soll wieder verdeutlichen, dass die Erfahrung des Handwerkers mit Hilfe des Energie- und Impulssatzes als ein Spezialfall einer viel allgemeineren Erfahrung formuliert werden kann. Diese allgemeinere Erfahrung erlaubt es uns auch jetzt, das Töten einer lästigen Fliege mit dem Schmieden zu vergleichen. Wohl jeder von uns weiß, dass es wenig erfolgreich ist, nach einer Fliege in der Luft zu schlagen. Wir benutzen als Amboss eine Wand oder Ähnliches.

Technisch gesehen müssen oft Systeme abgebremst (die Relativgeschwindigkeit zur Erde verringert) werden. Um die inneren Zustandsänderungen von den technischen Systemen fernzuhalten, baut man in diese Systeme Stoßdämpfer ein, welche die Energie kontrolliert absorbieren. Stoßdämpfer sind Absorber. Eine Bremse erfüllt gleichzeitig zwei Funktionen, Sie ist einerseits die Kopplung zwischen den „stoßenden" Systemen, durch die der Impuls

fließt, andererseits gleichzeitig auch Absorber. Die Zustandsänderung ist als Temperaturerhöhung direkt erfahrbar.

Der Zerfall von Körpern, das Explodieren von Körpern, das Beschleunigen von Fahrzeugen
etc. ist, wie schon sprachlich deutlich wird, ein vom Stoß unabhängiges Phänomen. In unserer abstrakten Beschreibung von Stoßvorgängen ist der Zerfall nur ein besonderer Stoß, der
sich dadurch auszeichnet, dass die „absorbierte Energie" negativ ist. Wir können auch sagen,
dass Zerfallsphänomene dadurch beschrieben werden können, dass wir alle Gleichungen des
inelastischen Stoßes umdrehen. Aus „vorher" wird „nachher" und umgekehrt.

Beschleunigt ein Fahrzeug aus dem Stand, wird Impuls von der Erde in das Fahrzeug ge-
pumpt. Dieses Pumpen ist mit einem energetischen Aufwand verbunden. Die inneren Zustände, die sich ändern, sind im Wesentlichen chemischer Natur (die Verbrennung des Treib-
stoffs).

Die Allgemeine Behandlung zentraler Stöße erfordert Kenntnisse über den Grad der Inelasti-
zität des Stoßes. Dieser Grad wird in der Praxis sowohl vom Material der Stoßpartner als
auch Ihrer Geometrie (z. B. die Gestallt der Knautschzone eines PKW) bestimmt. Bei homogenen Körpern kann der Einfluss des Materials durch einen sogenannten Stoßzahl-Ansatz berücksichtigt werden. Wir werden hier nicht weiter darauf eingehen und verweisen auf die
technische Mechanik.

4.3.4   Dreidimensionale Stöße

Die Übertragung der Ergebnisse der Behandlung eindimensionaler Stöße auf den zwei- oder
dreidimensionalen Fall ist nicht einfach möglich. Zwar haben wir in drei Dimensionen drei
Bilanzgleichungen für die drei Komponenten des Impulses, aber wir haben auch sechs unbe-
kannte Geschwindigkeitskomponenten der beiden stoßenden Körper, so dass wir, um das
Problem zu lösen, noch drei Bestimmungsgleichungen benötigen, also die Stoßprozesse genauer als im eindimensionalen Fall beschreiben müssen. Umgekehrt liegt der Reiz eines Bil-
lardspiels gerade in diesen zusätzlichen Freiheitsgraden, in deren Beherrschung sich der
Meister zeigt.

Jeder, der schon einmal Billard gespielt hat, weiss, dass ohne Effet gespielt die stoßende und
die gestoßene Kugel sich im rechten Winkel voneinander entfernen. Da diese Erfahrung unabhängig von Details des Stoßes ist, kann Sie auch aus dem Impuls- und Energiesatz abgeleitet werden: Es gilt beim Billard:

$$m_1 = m_2 = m \text{ und } \vec{v}_2 = 0 \qquad (4.42)$$

Damit nehmen der Impulssatz und der Satz von der Erhaltung der kinetischen Energie beim
elastischen Stoß die folgende einfache Gestalt an:

$$\vec{v}_1 = \vec{v}_1' + \vec{v}_2' \qquad (4.43)$$

und

$$\vec{v}_1^2 = \vec{v}_1'^2 + \vec{v}_2'^2 \tag{4.44}$$

Quadrieren wir Gl. 4.43 ($\vec{v}_1^2 = \vec{v}_1'^2 + \vec{v}_2'^2 + 2 \cdot \vec{v}_1' \cdot \vec{v}_2'$) und vergleichen mit Gl. 4.44, so muss gelten: $\vec{v}_1' \cdot \vec{v}_2' = 0 \Leftrightarrow \vec{v}_1' \perp \vec{v}_2'$. Auf diesem Wege haben wir wieder unsere beim Billard gewonnen Erfahrungen als Folge unserer viel allgemeineren Erfahrung des Energie- und Impulssatzes darstellen können.

Eine weitere allgemeine Erfahrung, die mit der obigen verwandt ist, ist das Reflexionsgesetz. Werfen wir einen Ball gegen eine Wand und definieren den Winkel, den die Bahnkurve vor dem Aufprall mit der Wandnormalen bildet, als den Einfallswinkel, und den Winkel, den die Bahnkurve nach dem Aufprall mit der Wandnormalen bildet, den Ausfallswinkel, so gilt in vielen Fällen: Einfallswinkel gleich Ausfallswinkel. Voraussetzung für dieses Gesetz sind Bedingungen an die Oberflächenbeschaffenheit der Stoßpartner, die wir z. B. durch die Rauhigkeit oder Rauhtiefe angeben können. Die Oberflächen der Stoßpartner müssen „glatt" im Vergleich zur Kontaktfläche sein, ansonsten kann nicht sinnvoll von den oben definierten Winkeln gesprochen werden.

Die zu Beginn des Kapitels gegebenen Definitionen der Bewegungsmenge und der Zustandsgleichung materieller Körper und ihre Anwendung auf die Bilanz von Stoßprozessen demonstrieren eindrucksvoll die Sinnhaftigkeit der vorgestellten Interpretation. Die dabei eingeführten Begriffe Impuls, Masse und kinetische Energie erhalten Ihre Messvorschriften durch Stöße mit einem definierten Normkörper in der Nähe des Gleichgewichtes, d. h. Stöße mit geringen Geschwindigkeitsunterschieden. Durch dieses notwendige operative Vorgehen ist deutlich, dass einem Schatten keine Zustandsgleichung zugeordnet werden kann. Da ein bewegter Körper immer auch Impuls mit sich führt, sprechen wir von einem Impulstransport. Ein solcher Impulstransport ist aber nicht auf die Bewegung materieller Körper beschränkt. Auch eine Schall- oder Lichtwelle transportiert Impuls, allerdings ohne einen Massentransport. Nichts desto trotz gilt auch für diesen Transport z. B. das Reflexionsgesetz (wobei die Bedingungen an die Kontaktfläche durch eine Bedingung an die Wellenlänge des Lichtes ersetzt werden).

Die Behandlung der Stoßgesetze zeigt auch, dass durch die Strukturierung der physikalischen Gesetze die Problembehandlung sinnvoll unterteilt werden kann. Wir haben bisher nur zwei Arten von Gesetzen – die Zustandsgleichungen und die Mengengesamtbilanz – genutzt, und dadurch schon viele Aussagen gewinnen können. Bei Mehrkörperproblemen oder einer detaillierten Analyse des eigentlichen Stoßprozesses kommen wir nicht umhin, Rechenschaft über die Impulsströme zwischen den Körpern abzulegen. Dies ist der Gegenstand des nächsten Kapitels.

4.4 Die Newtonschen Gesetze

Die obige Diskussion der Stoßgesetze geht in dieser Form auf Christian Huygens (1629–1695) zurück. Der Vorteil dieser Bilanzierung liegt auf der Hand. Man kommt mit wenig mathematischen Hilfsmitteln zurecht, insbesondere kann der eigentliche Stoßprozess aus der Betrachtung ausgeblendet werden. Zu einem tieferen Verständnis gelangt man, wenn man die Bilanzierung in jedem Augenblick des Prozesses durchführt. Fragen wir nach der Impulsänderung ΔP in einem Zeitintervall Δt, so ist diese proportional Δt (Δt hinreichend klein):

$$\Delta \vec{P} = \dot{\vec{P}} \cdot \Delta t \qquad\qquad (4.45)$$

$\dot{\vec{P}}$ ist die Rate der Impulsänderung des Systems. Bei einer Augenblicksbetrachtung des Impulsaustausches stehen zwangsläufig diese Raten im Mittelpunkt des Interesses. Setzen wir unsere Kenntnis des Impulserhaltungssatzes voraus, so kann diese Rate nur Folge eines Impulsstromes I_p aus der Umgebung in das System sein.

$$\dot{\vec{P}} = \vec{I}_P \qquad\qquad (4.46)$$

Wollen wir das Verhalten eines Systems in jedem Augenblick studieren, müssen wir die Impulsströme in das System angeben und aus Gl. 4.46 die Impulsänderung berechnen. Dieses Programm geht auf Isaac Newton zurück, dem wir diesen Zugang, die Quantifizierung der Ströme als Funktion der Kopplung und der Zustände der beteiligten Systeme, und die Entwicklung der mathematischen Methode der Differentialrechnung (zusammen mit Leibnitz) verdanken. Er hat dieses Programm der Mechanik, das prototypisch für alle Wissenschaft ist, in den drei berühmten Newtonschen Gesetzen formuliert. Im Zentrum dieser Gesetze steht der Impulsstrom, der Kraft genannt wird. Der Kraftbegriff ist heute in den meisten Physikbüchern der Ausgangspunkt, in die Welt des Natürlichen einzuführen. Ein Grund dafür ist sicherlich, dass die abstrakte Größe Kraft sich erstaunlich einfach messen und durch Parameter und Zustände der aufeinander wirkenden Systeme ausdrücken lässt.

Es erscheint ein wenig unmotiviert, einen Impulsstrom Kraft zu nennen, doch ist der Kraftbegriff älter als Newtons Gesetze und hat eine wechselvolle Geschichte. Die Kraft ist ein Begriff, der in der hier verwendeten Form aus der Architektur, heute würde man wohl besser dem Bauingenieurwesen sagen, stammt, und der die Belastung von Gerüsten etc. beschreibt. Die Statik von Bauwerken erweist sich als Grenzfall der Bewegung, bei der alle Relativgeschwindigkeiten identisch null sind. Dieses Gleichgewicht ist ein Fließgleichgewicht, bei dem Impuls durch das Bauwerk fließt, ohne sich anzusammeln und damit das Bauwerk zu einer Verformung (Einsturz) zu zwingen, wie ein Eimer, bei dem so viel Wasser ein- wie ausströmt, so dass der Wasserstand konstant bleibt.

4.4.1   Das erste Newtonsche Gesetz

Das erste Newtonsche Gesetz ist kein Gesetz in unserem Sinne der Erfahrungsbeschreibung, sondern ein Axiom, durch das festgelegt wird, was der Bewegungszustand ist und wie dieser zu messen ist. Diese Problematik haben wir im Kap. 4.1 erörtert: Ein kräftefreier Körper bewegt sich in einem Inertialsystem mit konstanter Geschwindigkeit. Da wir den Begriff der Kraft noch nicht zur Verfügung hatten, haben wir „kräftefrei" durch isoliert ersetzt.

4.4.2   Das zweite Newtonsche Gesetz

Das zweite Newtonsche Gesetz ist ebenfalls kein Gesetz im Sinne einer Erfahrung, sondern eine Definition des Impulsstromes bzw. der Zustandsgleichung. Mit der differentiellen Zustandsgleichung $d\vec{P} = m \cdot d\vec{v}$ können wir Gl. 4.46 durch das zweite Newtonsche Gesetz ersetzen.

$$m \cdot \vec{a} = \left(\dot{\vec{P}} = \vec{I}_P \right) = \vec{F} \qquad (4.47)$$

Diese Bilanz zwischen dem System und der Kräfte ausübenden Umgebung ist mathematisch eine Differentialgleichung für die Geschwindigkeit eines Systems, deren Lösung bei bekannter Kraft einen Anfangswert v_0 benötigt. In unserer Sprache des v-t-Diagramms gibt sie uns von einem Anfangswert beginnend die Steigung (Beschleunigung) an, mit der wir die Geschwindigkeit zu einem Zeitpunkt $t+dt$ bestimmen können. Nehmen wir die so bestimmte Geschwindigkeit als neuen Startwert, bestimmen wir aus dem Newtonschen Gesetz die Beschleunigung zum Zeipunkt $t+dt$ und damit die Geschwindigkeit zum Zeitpunkt $t+2dt$ und so fort. Die Lösung einer Differentialgleichung ist nichts anderes, als diese Tätigkeit analytisch zu beschreiben.

4.4.3   Das dritte Newtonsche Gesetz

Das dritte Newtonsche Gesetz ist eine andere Formulierung des Gesetzes der Impulserhaltung. Da der Impuls eine erhaltene Größe ist, kann der Impuls sich nur ändern, wenn ein anderes System diesen Impuls abgibt bzw. aufnimmt. Mit der Kraft auf ein System ist also immer auch eine Kraft auf ein anderes System verbunden. Dies ist im Lichte der Beschreibung einer Kraft als Impulsstrom eine Selbstverständlichkeit. Besteht die untersuchte Anordnung nur aus zwei Systemen i und j, gilt: F_{ij}, die Kraft auf das System i, die von dem System j ausgeübt wird, ist gleich dem Entgegengesetzten der Kraft F_{ji}, die das System j auf das System i ausübt. Mathematisch formuliert:

mit

$$\dot{\vec{P}}_i = \vec{F}_{ij} \text{ und } \dot{\vec{P}}_j = \vec{F}_{ji} \qquad (4.48)$$

gilt die Impulserhaltung:

$$\dot{\vec{P}}_{ges} = 0 = \dot{\vec{P}}_i + \dot{\vec{P}}_j = \vec{F}_{ij} + \vec{F}_{ji} \qquad (4.49)$$

Newton formulierte kurz: actio gleich reactio

Jede Kraft erfordert die Existenz einer gleich großen entgegengesetzten Gegenkraft.

4.4.4   Das „vierte Newtonsche" Gesetz

Obwohl von Newton nicht explizit als Gesetze im Stellenwert der ersten drei Gesetze formuliert, können wir noch ein weiteres Gesetz über die Additivität der Kräfte formulieren: Wirken mehrere Systeme $k=1,2,3,...$ auf ein System i ein und sind die Kraftwirkungen zwischen jeweils zwei Systemen bekannt, so ist die gesamte (resultierende) Kraft auf das System die Summe der einzelnen Kräfte. In unserer Vorstellung von Mengenströmen ein nulltes Axiom:

$$\vec{F}_i = \sum_k \vec{F}_{ik} \tag{4.50}$$

Dieses Gesetz ist schon von Simon Stevin (1548/49–1620) formuliert worden.

4.4.5   Kraft, Impulsstrom, Impulsfluss

Die Kraft ist der Impulsstrom in ein System. Ein Strom ist das Ergebnis eines Flusses. Wir müssen an dieser Stelle die Begriffe Strom und Fluss genauer definieren, da wir diese im Weiteren immer wieder verwenden werden. Dies gelingt durch den anschaulichen Fall eines Wasserflusses, der in der Hydrodynamik beschrieben wird. Stehen wir an einem Bach, so können wir uns ein Volumenelement der Größe V in Gedanken herausgreifen und beobachten. Dieses Volumenelement soll so klein sein, dass wir alle Größen innerhalb des Volumenelementes als unabhängig von Orten innerhalb des Volumenelementes annehmen dürfen (Homogenität). Innerhalb des Volumenelementes befindet sich Wasser der Masse m. Durch Masse und Volumen ist die (Massen-) Dichte der Flüssigkeit in diesem Volumen bestimmt.

$$\rho = \frac{m}{V} \tag{4.51}$$

Homogen bedeutet hier, dass bei einer gedachten Volumenverkleinerung – wenn wir also irgendein Subvolumen des ursprünglichen Volumens ins Auge fassen – die Dichte unverändert bleibt.

Obwohl die Masse des Volumenelementes konstant ist, werden die Masse bestimmenden Wassermoleküle permanent ausgetauscht. Das Volumenelement wird durchflossen (der Wasserstrom in das Volumenelement ist aber identisch null). Dabei ist sowohl eine Fließrichtung als auch eine Fließgeschwindigkeit definiert, die wir im Weiteren in dem Vektor $\vec{c}$ zusammenfassen. Diese Fließgeschwindigkeit ist natürlich für verschiedene Volumenelemente verschieden. Im Unterschied zu unseren bisher beobachteten Geschwindigkeiten ist $\vec{c}$ nicht direkt an ein materielles System gebunden, sondern gibt immer die Geschwindigkeit der sich im Volumenelement V aufhaltenden Masse an. Eine mengenartige Größe, die dieses Fließverhalten beschreibt ist, die (Massen-) Flussdichte $\vec{j}$.

$$\vec{j} = \rho \cdot \vec{c} \tag{4.52}$$

Die Massenflussdichte liefert uns Auskunft über die Fließgeschwindigkeit, die Flussrichtung und die fließende Menge. Wollen wir wissen, welche Menge pro Zeiteinheit durch eine Fläche fließt, so ist dies, im Falle, dass die Fläche senkrecht zur Fließgeschwindigkeit liegt, einfach anzugeben. Diese gesuchte Größe nennen wir I_A, den Massenstrom durch die Fläche A:

$$I_A = A \cdot \rho \cdot c \qquad (4.53)$$

Dies gilt natürlich nur, wenn die Flussdichte über den gesamten Querschnitt der Fläche konstant ist, ansonsten müssen wir die Fläche in kleinere Flächen zerlegen und die Massenströme durch diese Teilflächen addieren. Als Unterscheidung zwischen Strom und Fluss fällt ins Auge, dass der Fluss eine gerichtete Größe, der Strom eine skalare Größe ist. Der Fluss ist eine reine Eigenschaft des fließenden Mediums, der Strom bezieht sich auf eine Fläche, die willkürlich gewählt wird. Diese Willkür können wir noch verallgemeinern, wenn wir nach dem Strom durch eine beliebig orientierte Fläche fragen. Die Orientierung der Fläche im Raum wollen wir durch einen Vektor, der senkrecht auf dieser steht und die Länge „1" hat, charakterisieren. Einen solchen Vektor nennt man den Flächennormalenvektor $\vec{e}_N$. Diese Definition ist nicht eindeutig, da auch $-\vec{e}_N$ ein Flächennormalenvektor ist. Diese Freiheit werden wir gleich noch ausnutzen. Der Strom durch eine beliebig zur Fließrichtung orientierten Fläche, ist gleich dem Strom durch die Fläche, die sich ergibt, wenn die beliebig gewählte Fläche auf eine Ebene senkrecht zur Fließrichtung projiziert wird. Mit Hilfe des Skalarproduktes kann dies einfach ausgedrückt werden:

$$I_A = \left| \rho \cdot A \cdot \left(\vec{e}_N \cdot \vec{c} \right) \right| \qquad (4.54)$$

Wir haben hier den Betrag des Skalarproduktes gewählt, da durch die Nichteindeutigkeit von $\vec{e}_N$ I_A sowohl ein positives als auch negatives Vorzeichen haben kann. Verzichten wir auf den Betrag, so können wir das Vorzeichen benutzen, um einen Strom von rechts nach links bezüglich der Fläche A zu definieren. Betrachten wir jetzt den Strom in das Volumen V durch die Oberfläche A von V, so denken wir uns die Oberfläche A in viele kleine Oberflächenelemente A_i zerlegt, die alle eben sein sollen. Die Orientierung dieser Oberflächenelemente wird durch die zugehörigen Normalenvektoren $\vec{e}_{N,i}$ bestimmt. Für diese Normalenvektoren legen wir fest, dass sie immer nach außen zeigen sollen. Ein solches Flächenelement charakterisieren wir durch den Vektor $\vec{A}_i = A_i \cdot \vec{e}_{N,i}$. Mit den so definierten Flächenelementen eines Volumens können wir den Strom in ein Volumen durch ein Oberflächenelement A_i ohne Beträge definieren.

$$I_{A_i} = \vec{j} \cdot \vec{A}_i \qquad (4.55)$$

I_{Ai} ist der Mengenstrom durch die Oberfläche A_i in das System. Ist dieser Mengenstrom positiv, erhält das System Menge durch diese Fläche, ist der Mengenstrom negativ, verliert das System Menge durch diese Fläche. Der gesamte Zustrom an Menge ergibt sich nun einfach durch Addition aller Teilmengenströme durch die Oberflächenelemente.

$$I_S = \sum_i I_{A_i} = \sum_i \vec{J}_{amOrtvonA_i} \cdot \vec{A}_i \qquad (4.56)$$

Hängt die Flussdichte nicht vom Ort ab, so ist – wie man sich leicht graphisch verdeutlichen kann – die Summe identisch null. Es strömt also (netto) keine Menge in das System, obwohl es durchflossen wird.[28] Diese Definitionen lassen sich auf einfache Weise auf differentiell kleine Oberflächenelemente ausweiten.

$$I_s = \oint_A \vec{J}\left(\vec{r}_{Rand}\right) \cdot \mathrm{d}\vec{A} \qquad (4.57)$$

Werten wir jetzt das Integral Gl. 4.57 für Kugelflächen mit Radius r ($\mathrm{d}\vec{A} \approx \vec{r}$) um den Ursprung aus, so gilt:

$$\Phi = 4 \cdot \pi \cdot r^2 \cdot j(r) \qquad (4.58)$$

Der Kringel an dem Integralzeichen deutet an, dass über eine geschlossene Oberfläche integriert wird. Die analytische Auswertung eines solchen Integrals fordert schon einige Fertigkeit an Integrationstechniken, wir wollen es daher nur als symbolischen Ausdruck verstehen, dessen Inhalt wir veranschaulichen können und der mathematisch wohldefiniert ist.

Dazu betrachten wir das einfache Beispiel einer Glühbirne, die in alle Raumrichtungen Licht gleicher Intensität aussendet. Die gesamte ausgesandte Lichtmenge Φ, die pro Zeiteinheit ausgesendet wird (der Lichtstrom durch eine die Glühbirne einschließende Fläche), wird in Lumen gemessen.[29] Auf den Rand der kugelförmig mit dem Radius R angenommenen Glühbirne haben wir dann eine Lichtflussdichte.

$$\vec{j} = \frac{\Phi}{4 \cdot \pi \cdot R^2} \cdot \vec{e}_r \qquad (4.59)$$

Aufgrund der Symmetrie der Anordnung durften wir annehmen, dass die Lichtflussdichte im gesamten Raum die folgende Struktur besitzt:

$$\vec{j}(\vec{r}) = j(r) \cdot \frac{\vec{r}}{r} = j(r) \cdot \vec{e}_r \qquad (4.60)$$

---

[28]   Diese Definitionen wirken etwas künstlich, aber Techniker sprechen so oft lax von Kraft, Kraftfluss, Kräfte einleiten und Kraftwirkung.

[29]   Eine handelsübliche Glühbirne mit einer Energieaufnahme pro Zeiteinheit von 60 W emittiert pro Zeiteinheit eine Lichtmenge von ca. 730 lm (Lumen).

Dabei haben wir das Koordinatensystem, das den Raum beschreibt, so gewählt, dass die Lampe im Ursprung des Koordinatensystems positioniert ist (siehe Abb. 4.9). Die Größe j wird umgangssprachlich als die Intensität des Lichtes bezeichnet.

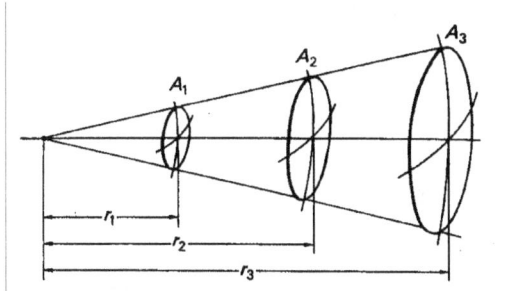

Abb. 4.9. *Geometrische Verhältnisse des punktförmigen Strahlers*

Dies bedeutet, da Φ konstant ist, dass die Intensität des Lichtes umgekehrt proportinal zum Quadrat des Abstandes von der Lichtquelle abnimmt, was experimentell bestätigt wird. Dieses Resultat ist natürlich viel allgemeingültiger. Die Abnahme der Intensität mit größerem Abstand hängt nur von der Vorstellung des Mengenflusses ab und gilt genauso für punktförmige Schallquellen oder Heizquellen. Um diese Abhängigkeiten zu vermeiden, benötigt man z. B. in einem Kino eine große Leinwand und viele verteilte Lautsprecher oder eine Fußbodenheizung. Uns interessiert hier natürlich eher, dass wir en passant ein wichtiges Indiz gefunden haben, das uns hoffen lässt, die Phänomene des Lichtes, der Akustik und der Wärmelehre durch unser Denkschema zu erfassen.

Formal interessiert uns an der beschriebenen Problemstellung die Umkehrung, die Flussdichte in der Umgebung eines Systems aus dem Strom durch die Oberflächen des Systems zu ermitteln. Im Bild des Wasserflusses ist man an den Quellen interessiert. Aus einer Quelle strömt Wasser. Als Folge dieses Stroms aus der Quelle entsteht ein Fluss. Da der Zusammenhang zwischen Strom und Fluss ein integraler ist, ist die Umkehrung nicht einfach anzugeben. Wir schreiben zunächst formal:

$$\operatorname{div}\vec{j}\left(\vec{r}\right) = \frac{I_s\left(r\right)}{\Delta V} = \frac{\displaystyle\oint_{A(\Delta V)} \vec{j}\cdot\mathrm{d}\vec{A}}{\Delta V} \tag{4.61}$$

Die Linke Seite nennen wir die Quelle oder Divergenz der Flussdichte. Diese Quelle ist gleich dem Strom aus einem gedachten kleinen Volumen am Ort $\vec{r}$.

Übertragen wir diese Gedanken auf die Impulsmenge, so haben wir es mit drei Mengen P_x, P_y und P_z bzw. drei Impulsdichten π_x, π_y und π_z zu tun, die in jeweils drei Raumrichtungen fließen können. Die Impulsflussdichte ist daher ein Tensor $\underset{=}{j}$, wobei die Tensorkomponente j_{xy} den Fluss der Impulsdichte π_x in y-Richtung angibt. Die Divergenz der Impulsflussdichte am Ort eines (homogenen) Körpers multipliziert mit seinem Volumen ist die Kraft auf den Körper:

$$\operatorname{div} \underline{j} \cdot \Delta V = \vec{F} \tag{4.62}$$

Auf beliebige Körper angewandt wird dieser einfache Zusammenhang zwischen Flussdichte und Strom in integraler Form formuliert:

$$\vec{F} = \oint_A \underline{j} \cdot d\vec{A} = \int_V \operatorname{div} \underline{j} \cdot dV \tag{4.63}$$

Der Gaußsche Integralsatz erfüllt den Begriff der Divergenz mit mathematischer Substanz: Es lässt sich zeigen, dass die Größe der Divergenz einer Flussdichte in kartesischen Koordinaten durch Gl. 4.64 berechnet werden kann.

$$\operatorname{div} \underline{j} = \begin{pmatrix} \dfrac{d}{dx} j_{xx} + \dfrac{d}{dy} j_{yx} + \dfrac{d}{dz} j_{zx} \\ \dfrac{d}{dx} j_{xy} + \dfrac{d}{dy} j_{yy} + \dfrac{d}{dz} j_{zy} \\ \dfrac{d}{dx} j_{xz} + \dfrac{d}{dy} j_{yz} + \dfrac{d}{dz} j_{zz} \end{pmatrix} \tag{4.64}$$

Von diesen Operationen werden wir nur im einfachsten Fall, wie im nächsten Abschnitt, Gebrauch machen. Die Bilanzen der Feldtheorie werden jedoch von den Anwendungen des Gaußschen Integralsatzes beherrscht.

4.5   Die Feder

4.5.1   Einleitung

Zum Verständnis der Begriffsbildung der Newtonschen Gesetze wollen wir uns zunächst einem einfachen Beispiel zuwenden. Insbesondere wollen wir deutlich machen, dass die relativ komplizierte Größe Impulsflussdichte einfach messbar ist und wir damit bei der Verwirklichung des Newtonschen Programms ein gutes Stück weiter kommen. Darüber hinaus definieren wir weitere Größen am Beispiel der Feder, die wir später verallgemeinern werden.

Wir betrachten dazu eine einfache Anordnung, die aus den Systemen Wand (Masse „unendlich")[30], Feder (Masse „null") und einem Körper der Masse m besteht. Weiterhin betrachten

---

[30]   Diese Näherung soll nur die Anschauung verbessern. In den im Weiteren angeschriebenen Formeln wird von dieser Annahme kein Gebrauch gemacht.

wir nur eindimensionale Prozesse. Von der Gravitation sehen wir ab. Die Anordnung denken wir uns irgendwo im Weltall realisiert.[31] Diese drei die Anordnung konstituierenden Systeme können wir koppeln, indem wir die Massen an das linke bzw. rechte Ende der Feder ankleben, -schweißen o.Ä.

Die vorgestellten experimentellen Befunde entspringen sogenannten Gedankenexperimenten. Es gibt offenbar keine masselose Feder. Wir denken uns mit Federn verschiedener Masse gemachte Experimente z. B. Federn aus Stahl, Aluminium oder GFK und extrapolieren diese Ergebnisse zu dem Grenzfall masselose Feder. Eine solche Feder hat zum Beispiel die Eigenschaft der unendlichen Schallgeschwindigkeit; sie ist nicht in der Lage, Impuls aufzunehmen.

Zunächst betrachten wir die Feder alleine. Diese Feder hat dann entweder eine definierte Länge l_0 oder sie verformt sich periodisch. Die periodische Verformung der Feder nimmt mit der Zeit ab, so dass nach hinreichend langer Zeit die Feder ihre Ruhelänge l_0 einnimmt. Diese Abnahme der periodischen Verformung hängt mit noch anderen Systemzuständen ab, von denen wir hier absehen wollen.

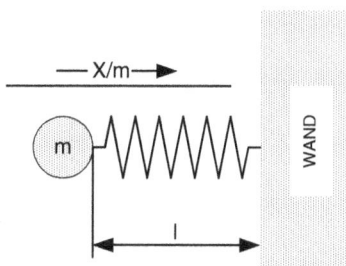

Abb. 4.10. *Anordnung mit Feder*

Das Verhalten der Anordnungen wird durch die Newtonschen Bewegungsgleichungen beschrieben. Indizieren wir den Körper mit 1 und die Wand mit 2, so können wir die Newtonschen Gleichungen für die x-Komponente formal anschreiben:

$$\frac{dP_1}{dt} = \Gamma_{1,Feder} = j \cdot A_{1,Feder}, \quad \frac{dP_2}{dt} = F_{2,Feder} = j \cdot A_{2,Feder} \tag{4.65}$$

Der Einfachheit halber wählen wir eine Feder mit überall konstantem Querschnitt. Mit unserer Richtungskonvention gilt dann für die Kontaktfläche: $A_{1,Feder} = -A_{2,Feder} \equiv -A$ (Die Vorzeichen ergeben sich aus der Orientierung der Koordinatenachse). Die Impulsflussdichte j ist die Impulsflussdichte, die durch die Feder fließt. Wir nehmen weiterhin der Einfachheit halber an, dass j über den Querschnitt der Feder konstant ist (homogene Feder). Da die Feder

---

[31] Das ist für uns mit unseren Erfahrungen der Raumfahrt sicher einfacher als für Newton und seine Zeitgenossen, umso mehr müssen wir Respekt vor den Leistungen dieser Generation haben.

selbst keinen Impuls aufnehmen kann, muss unter diesen Voraussetzungen j an beiden Enden der Feder identisch sein. Schon aus der Geometrie der Feder wird deutlich, dass diese Annahme stark idealisierend ist, da der Impulsfluss der Wicklung der Feder folgen muss. Diese Idealisierung könnte man realisieren, wenn man anstelle der Feder eine homogene Stange aus Federstahl in diese Anordnung einbauen würde. In diesem Fall wäre die Bewegung jedoch auf so einem kleinen Raumbereich eingeschränkt, dass wir sie kaum beobachten könnten. Der Vergleich der Beobachtung mit den Newtonschen Gleichungen führt uns zu folgenden Erkenntnissen:

1. Die Beschreibung der Bewegung erfordert die Kenntnis des Impulsflusses, der mit dem Zustand der Feder verknüpft ist.

2. Durch die Feder fließt Impuls, obwohl keine materielle Bewegung ($m_{Feder}=0$) feststellbar ist.

3. Der Impulsfluss durch die Feder hängt von der Verformung des Federdrahtes ab, der seinerseits durch die Längenänderung der Feder beschreibbar ist.

4. Es gibt einen Federzustand, bei dem kein Impuls fließt. In diesem Zustand hat die Feder die (Ruhe-) Länge l_0.

Diese Erkenntnisse zeigen uns, dass der Schlüssel zur Beschreibung der Bewegung in dem Verständnis des Systems Feder liegt. Der Einstieg in dieses Verständnis liefert uns die Verformung der Feder, die offensichtlich ein Maß für die Zustandsänderung der Feder ist. Wir definieren:

$$\varepsilon = \ln \frac{\ell}{\ell_0} \cong \frac{\ell - \ell_0}{\ell_0} + \dots \qquad (4.66)$$

ε nennt man die relative Verformung. Für kleine Auslenkungen aus der Ruhelage ändert sie sich linear mit der Längenänderung. Darüber hinaus ist die Definition so gewählt, dass eine Änderung der Verformung unabhängig von der Kenntnis der Ruhelage ist, was praktische Vorteile insbesondere in ihrer Erweiterung auf die Verformung dreidimensionaler Körper, die wir in der „Elastizitätstheorie" einführend behandeln, hat:

$$d\varepsilon = \frac{d\ell}{\ell} \qquad (4.67)$$

4.5.2   Die ideale Feder

Der Zustand der Feder wird Federspannung genannt und mit dem Formelzeichen σ (oder τ) abgekürzt. Dieser Zustand ist an die Verformung der Feder gekoppelt. Dazu betrachten wir eine Anordnung, bei der unsere Feder mit einem Federnormal gekoppelt ist. Dieses Federnormal hat den definierten Zusammenhang zwischen Spannung und Verformung: $\sigma_N = \sigma_N(\varepsilon_N)$. Den Drahtquerschnitt dieses Federnormals können wir durch Spalten der Feder beliebig verändern, ohne dass die Zustandsgleichung des Normals sich ändert. Um den

Spannungszustand der Feder zu bestimmen, wählen wir ein Normal mit demselben Draht-querschnitt wie dem der zu untersuchenden Feder.

Abbildung 4.11 zeigt eine Anordnung, bei der im Gleichgewicht definitionsgemäß $\sigma = \sigma_N$ ist. Durch das Handrad kann die Länge der Anordnung geändert werden. Für eine solche Längenänderung gilt:

$$d\ell_{Anord.} = \ell \cdot d\varepsilon + \ell_N \cdot d\varepsilon_N \tag{4.68}$$

Mit Hilfe einer solchen Anordnung können wir den Zusammenhang $\sigma(\varepsilon)$ einer Feder bestimmen. Ähnlich dem Bewegungszustand, den wir in einem Inertialsystem durch „$\dfrac{d\vec{r}}{dt}$" visualisieren konnten, können wir im Falle der Feder den Spannungszustand durch die Ver-formung visualisieren, die in einem Koordinatensystem durch die Verschiebung der die Fe-der konstituierenden Teile gegeneinander beschrieben werden kann. Eine genauere Analyse zeigt, dass man bei einer solchen Messung auch alle anderen inneren Zustände in der Ver-suchsanordnung mit beschreiben muss. Im Allgemeinen ist die Spannung z. B. auch von der Temperatur abhängig, so dass der Zusammenhang zwischen Verformung und Spannung für verschiedene Temperaturen verschieden ist. Wir wollen diese Verkomplizierung hier unter-drücken, die aber technisch sehr wichtig ist, da z. B. bei schnellen Verformungen eines Kör-pers die lokale Temperatur im Körper durchaus verschieden von der Umgebungstemperatur ist. Eine Feder, deren Spannungszustand eineindeutig mit ihrer Verformung zusammenhängt, nennt man elastisch.

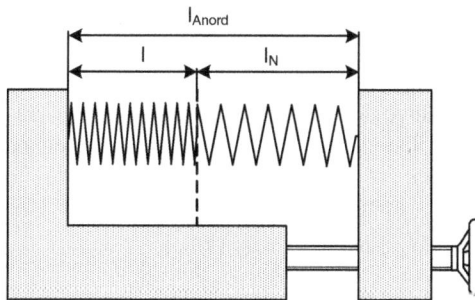

Abb. 4.11. Federgleichgewicht einer „sequenziellen Anordnung" mit Federnormal

Es ist offensichtlich, dass das Gleichgewicht dieser Anordnung ein Fließgleichgewicht ist, bei der die Menge, die fließt, als Impuls interpretierbar ist. Entfernen wir eine Feder aus der Anordnung, ändert die verbleibende Feder sofort ihren Zustand, sie schwingt. Durch die An-passung des Querschnittes des Federnormals an den der untersuchten Feder ist die Impuls flussdichte von Feder und Federnormal identisch. Wir können deshalb über die Einheit der Spannung dergestalt verfügen, dass wir definieren:

$$\sigma = -j \qquad (4.69)$$

Um aber die Bewegungsgleichungen zu lösen, bedarf es noch einer Gleichung, die uns die zeitliche Änderung von σ beschreibt. Bevor wir dazu kommen wollen wir die Feder aber noch in unser Denkschema pressen und uns über die zugehörige „Federmenge" Gedanken machen. Dazu stellen wir fest, dass die Feder Ihren Zustand ändern kann, ohne dass von außen eine „Menge" zugeführt werden muss (Eine isolierte aus der Anordnung entfernte Feder schwingt, ändert also ihren Spannungszustand). Auch kann der Federzustand sowohl positive als auch negative Werte annehmen. Ein absoluter Federzustand ist – wie bei der Geschwindigkeit – nicht feststellbar.

Um die oben genannten Sachverhalte in unser Denkschema zu integrieren, greifen wir zu einem sehr tragfähigen Trick. Wir stellen uns vor, dass der Zustand der Feder durch zwei Spannungszustände, die unsere Vorstellung eines Zustandes erfüllen, beschrieben wird. Diese Zustände nennt man die Eigenspannungen. Dieser Trick gibt dem System Feder eine innere Struktur. Die Trägfähigkeit dieser Interpretation wird durch Prozesse deutlich, die weit über die betrachteten hinausgehen. In der Technik beschreibt man diese Prozesse durch Begriffe wie Dengeln, Weichglühen, Härten, bei denen Eigenspannungen gelöst oder erzeugt werden, also diese hier zunächst hypothetische innere Struktur manipuliert wird.

In unserem einfachen Fall der Feder werde diese durch die Zustände Druckspannung σ_D und Zugspannung σ_Z beschrieben. Die gemessene Spannung der Feder sei die Differenz aus Zug- und Druckspannung:

$$\sigma \equiv \sigma_Z - \sigma_D \qquad (4.70)$$

In diesem Bild ist die Ruhelänge der Feder l_0 dadurch bestimmt, dass Druck- und Zugspannung im Gleichgewicht sind. Die genannten Spannungen erfüllen Zustandsgleichungen, wie wir es von Zuständen erwarten:

$$\sigma_Z = \sigma_Z(M_Z) \text{ und } \sigma_D = \sigma_D(M_D); \qquad (4.71)$$

Die Aufwände, diese Zustände zu ändern, werden durch Energieformen beschrieben:

$$dE_Z = \sigma_Z \cdot dM_Z \text{ und } dE_D = \sigma_D \cdot dM_D \qquad (4.72)$$

Definitionsgemäß ist die Einheit von M die eines Volumens ($[M_Z] = [M_D] = \text{m}^3$). Die Energieform der Feder setzt sich aus den oben genannten Energieformen zusammen:

$$dE_F = dE_Z + dE_D \qquad (4.73)$$

Die eingangs geschilderten Prozesse der Anordnung zeichnen sich in diesem Bild dadurch aus, dass keine Federmenge zu- oder abgeführt wird. Die Zustandsänderung der Feder kann also nur dadurch erfolgen, dass die Systeme „Zug" und „Druck" ihre Mengen austauschen.[32]

$$\mathrm{d}M_Z = -\mathrm{d}M_D \equiv \mathrm{d}\Delta M \qquad (4.74)$$

ΔM ist das Symbol für den Mengenüberschuss im System „Zug". Für diese Prozesse erhalten wir als Energieform der Feder:

$$\mathrm{d}E_F = (\sigma_Z - \sigma_D) \cdot \mathrm{d}M_Z = \sigma(M_{ges}, \Delta M) \cdot \mathrm{d}\Delta M \qquad (4.75)$$

Mit der Zustandsgleichung für den Spannungszustand:

$$\sigma = \sigma(\Delta M) \qquad (4.76)$$

Das Argument M_{ges} haben wir dabei unterdrückt, weil bei den betrachteten Prozessen M_{ges} konstant ist. Durch unseren Trick haben wir den Spannungszustand formal wieder in unser Denkschema integrieren können. Da ΔM aber eine intern ausgetauschte Menge ist, ist eine Bestimmung dieser Zustandsgleichung durch ein Mengennormal nicht möglich. Da wir jedoch $\sigma(\varepsilon)$ kennen, gelingt uns die Bestimmung eines Zusammenhangs $\Delta M = \Delta M(\varepsilon)$ über die Energieform. Dazu bilanzieren wir alle Mengen innerhalb der Anordnung und nutzen den Energieerhaltungssatz.

Zu den Gleichungen für die Impulse müssen wir noch die Gleichung für die ausgetauschte Federmenge formulieren. In den Impulsgleichungen können wir schon den Zusammenhang zwischen Impulsstrom und Federspannung einsetzen und erhalten:

$$\frac{\mathrm{d}P_1}{\mathrm{d}t} = A \cdot \sigma \quad \text{bzw.} \quad \frac{\mathrm{d}P_2}{\mathrm{d}t} = -A \cdot \sigma \qquad (4.77)$$

und

$$\frac{\mathrm{d}\Delta M}{\mathrm{d}t} = \frac{\mathrm{d}\Delta M}{\mathrm{d}\varepsilon} \cdot \frac{\mathrm{d}\varepsilon}{\mathrm{d}t} \qquad (4.78)$$

Die Kopplung der Verformung an die Bewegungszustände der Massen lässt sich einfach formulieren:

$$\frac{\mathrm{d}\varepsilon}{\mathrm{d}t} = \frac{1}{\ell} \cdot \frac{\mathrm{d}\ell}{\mathrm{d}t} = -\frac{A}{\ell \cdot |A|} \cdot (v_1 - v_2) \qquad (4.79)$$

---

[32]   Im Allgemeinen müsste man den Fall betrachten, dass die gesamte im System Feder enthaltene Menge bei diesem Austausch zunehmen kann, dies ist jedoch bei einer idealen Feder nicht der Fall, da eine isolierte ideale Feder periodisch mit gleicher Amplitude schwingt.

Den verbleibenden unbekannten Zusammenhang $\Delta M = \Delta M(\varepsilon)$ ermitteln wir über den Energiesatz:

$$\frac{dE}{dt} = v_1 \cdot \frac{dP_1}{dt} + v_2 \cdot \frac{dP_2}{dt} + \sigma(\varepsilon) \cdot \frac{d\Delta M}{d\varepsilon} \cdot \left(\frac{d\varepsilon}{dt}\right) = 0 \qquad (4.80)$$

Einsetzen der Bilanzgleichungen liefert durch Vergleich:

$$\frac{d\Delta M}{d\varepsilon} = |A| \cdot \ell \qquad (4.81)$$

Damit ist das Problem der Beschreibung der Bewegung unserer Anordnung gelöst, wie wir in Kap. 4.7 explizit sehen werden.

Haben wir als Feder ein wirklich homogenes System (also keine Feder mit Wicklungen), so ist die Größe $A\,l$ gerade das Systemvolumen der Eisenstange, so dass die Energieform die in der Elastizitätstheorie homogener Körper übliche Struktur besitzt: $dE = V \cdot \sigma \cdot d\varepsilon$, wobei das Volumen immer das aktuelle Volumen ist und nicht das Volumen des entspannten Körpers.

Mit der Feder haben wir ein Impulsflussmessgerät in die Hand bekommen, mit dem wir alle möglichen Kraftwirkungen auf einen Körper messen können, indem wir zwischen die aufeinander wirkenden Systeme eine Feder spannen und den Impulsfluss zwischen den Systemen ausmessen.

Viele Federn weisen einen einfachen linearen Zusammenhang zwischen Verformung und Spannungszustand auf, der Hookesche Gesetz genannt wird und die Zustandsgleichung der Feder „ersetzt":

$$\sigma = E \cdot \varepsilon \qquad (4.82)$$

Die Größe E, die die Zustandsgleichung der Feder parametrisiert, heißt Elastizitätsmodul. Bei einer homogenen Feder – dem o.g. Stab – ist der Elastizitätsmodul eine Materialeigenschaft, die in Handbüchern tabelliert ist.

4.5.3   Der Begriff der Arbeit

Mit Hilfe des Kraftmessers „Feder" sind wir auch in der Lage, den Begriff der Arbeit im physikalischen Sinne zu definieren. Bisher haben wir immer von Aufwendungen gesprochen, die notwendig sind, Zustandsänderungen an Systemen hervorzurufen. Eine spezielle Art der Aufwendung ist die Arbeit. Eine andere Art der Aufwendung ist Wärme. Es zeigt sich, dass es qualitativ nur diese beiden Arten von Aufwendungen gibt.

Am Beispiel des Bewegungs- oder Spannungszustandes wird deutlich, dass die jeweilige Zustandsänderung durch einen Impulsfluss hervorgerufen wird. Beim Bewegungszustand ist dies unmittelbar evident. Beim Spannungszustand machen wir uns klar, dass zur Änderung des Spannungszustandes einer Feder die Enden der Feder verschoben werden müssen. Dazu muss während des Prozesses des Verschiebens Impuls zu- und abgeführt werden. Im Bilde des Impulsflusses durch die Feder mache man sich deutlich, das die Änderung des Impulsflusses eine Impulszu- und -abfuhr erfordert. Es liegt nun nahe, die durch diesen Impulsfluss induzierte Energieänderung mit diesem zu verknüpfen. Anders gesagt: Der Energieaustausch zwischen zwei Systemen geschieht durch einen Energiefluss. Da die Energie jedoch keine eigentliche Menge ist, sondern nur den Wert eines Systems darstellt, muss der Energiefluss an den Mengenfluss gekoppelt sein. Die mit dem Impulsfluss übertragene Energie nennen wir Arbeit. Zur Definition der Arbeit kommen wir wieder auf die Feder als Kraftmesser zurück. In einem Koordinatensystem können wir die Energieänderung der Feder wie folgt beschreiben.

$$\mathrm{d}E_F = \vec{F}_{1,F} \cdot \delta\vec{x}_1 + \vec{F}_{2,F} \cdot \delta\vec{x}_2 \qquad (4.83)$$

Aufgrund des Charakters der Spannung, einen Fluss zu beschreiben, gelingt es, die Energieänderung der Feder auf Größen umzuschreiben, die nicht federspezifisch sind. Sowohl die Kräfte als auch die Verschiebungen δx sind Messgrößen der Umgebung der Feder. Das griechische δ soll dies explizit deutlich machen. Die Änderung des Endes „1" der Feder sagt für sich nichts über die Zustandsänderung der Feder aus. Die Größe $\vec{F}_{1,F} \cdot \delta\vec{x}_1$ können wir als die Energie interpretieren, die das System „1" der Feder bei einer Verschiebung um $\delta\vec{x}_1$ zuführt. Bewegt sich die Feder bei dieser Verschiebung als Ganzes, ist also $\delta\vec{x}_1 = \delta\vec{x}_2$, so verrichtet das System „2" ebenfalls Arbeit an der Feder:

$$\delta A_{2,F} = \vec{F}_{2,F} \cdot \delta\vec{x}_2 = -\vec{F}_{1,F} \cdot \delta\vec{x}_2 = -\vec{F}_{1,F} \cdot \delta\vec{x}_1 = -\delta A_{1,F} \qquad (4.84)$$

Die Energie der Feder ändert sich nicht. Die negative an der Feder verrichtete Arbeit wird sprachlich so ausgedrückt, dass die Feder an der Umgebung eine (positive) Arbeit verrichtet. Wie so oft wird durch Einführung von negativen Größen die Sprache vereinfacht.

Arbeit ist der Aufwand, ein System durch eine Kraft zu verschieben. Sie beschreibt nicht die Zustands- oder Energieänderung des Systems, an dem Arbeit verrichtet wurde, sondern gibt die Energie an, die das Arbeit verrichtende System bei dem betrachteten Prozess über den Impulsstrom in das System, an dem Arbeit verrichtet wurde, abgibt. Was dieses System mit der an ihm verrichteten Arbeit macht, kann an der Arbeit nicht abgelesen werden. Insbesondere ist Energie nicht gespeicherte Arbeit. Arbeit und Energie sind zwei verschiedene Begriffe. Die gesamte während eines Prozesses von einem System an einem anderen System verrichtete Arbeit erhält man durch Summation der einzelnen Arbeiten.

$$A = \int\limits_{Weg} \vec{F} \cdot \delta\vec{x} \qquad (4.85)$$

Dieses Integral ist ein Wegintegral – der Wert dieses Integrals hängt von dem Weg ab, auf dem das System verschoben wird.

Während wir bei der Bilanz „vorher/nachher" Zustands- und Energiemengen bilanziert haben, fragen wir bei dem Newtonschen Programm direkt nach der Realisierung dieser Bilanz durch Kräfte. In diesem Sinn ist die Arbeit das Pendant zur Energieänderung, die die Realisierung dieser Energieänderung durch die Arbeit von den das System umgebenden Systeme beschreibt. Dieser Unterschied in der Betrachtungsweise ist typisch für unsere Denkstruktur. Vergleiche dazu die Begriffspaare: Prozess / Prozessrealisierung; Lastenheft / Pflichtenheft, Arbeiter / Angestellter. Wenn wir die Aufwendung der Wärme kennen gelernt haben, werden wir auf diese wichtigen Unterschiede zurückkommen.

Eng gekoppelt mit dem Begriff der Arbeit ist die Arbeitsleistung (Formelzeichen P, $[P]$ = W (Watt)): Leistung ist die Arbeit, die pro Zeiteinheit verrichtet wird.

$$P = \frac{\delta A}{dt} = \vec{F} \cdot \frac{\delta \vec{x}}{dt} = \vec{F} \cdot \vec{v} \tag{4.86}$$

Für die formale und inhaltliche Entwicklung der Physik ist der Grenzfall von Systemen, deren Zustand nur durch Verrichtung von Arbeit geändert werden kann, von besonderer Bedeutung. In diesem Fall ist die Zustandsänderung des betrachten Systems „S" eindeutig durch die Angabe aller $\{\delta \vec{x}_i\}$, die in der betrachteten Anordnung an dem System geändert werden können, definiert.

$$dE_S = \sum \vec{F}_{i,S} \cdot \delta \vec{x}_i = \sum \vec{F}_{i,S} \cdot d\vec{x}_i \tag{4.87}$$

mit

$$\vec{F}_{i,S} = -\frac{dE_S}{d\vec{x}_i}\bigg|_{\vec{x}_j \ fest} \tag{4.88}$$

Das heißt, die Lage der Körper ist ein Maß für den Zustand der Anordnung. Solche Anordnungen heißen konservativ. Daraus resultiert, dass die Kräfte sich durch Ableitungen der Energiefunktion bestimmen lassen. In diesem Fall spricht man auch von der Energieform der Verschiebung, da ein Unterschied zwischen der gesamten Arbeit und der Energie nicht mehr existent ist. Wir erhalten in diesem Spezialfall das Resultat, dass in einer Anordnung aus Körpern und konservativen Systemen der Zustand der Anordnung vollständig durch die Lage und die Impulse der einzelnen Körper bestimmt ist. Dies ist Ausgangspunkt für andersartige Formulierungen der physikalischen Gesetze, auf die wir zum Abschluss des Kapitels Punktmechanik noch zurückkommen. Die Newtonschen Bewegungsgleichungen gehen dann über in die sogenannten Hamiltonschen Bewegungsgleichungen, die eine eigene Symmetrie haben, die dann genutzt werden wird.

$$\frac{d\vec{P}_i}{dt} = -\frac{dE}{d\vec{x}_i} \qquad\qquad \frac{d\vec{x}_i}{dt} = \vec{v} = \frac{dE}{d\vec{P}_i} \tag{4.89}$$

4.6 Kraftgesetze

Die Newtonschen Gesetze geben uns ein Schema vor, bei dem die zentrale Aufgabe die Bestimmung der Kräfte ist. Wir müssen uns fragen, was Impulsströme treibt beziehungsweise unter welchen Umständen (Zuständen, Spannungen) Impuls strömt. Diese Fragen können wir an sehr einfachen Anordnungen studieren und dann auf kompliziertere Fälle durch Addition übertragen. Wir erkennen in diesem Schema die Grundstruktur des ingenieurmäßigen Arbeitens der Konstruktion: Aus einfachen Maschinenelementen wird eine Maschine zusammengesetzt. Viele Kräfte wirken über die Oberfläche eines Systems, d. h., der Impuls fließt durch die Kontaktfläche in das System. Diese Fälle sind vor allem technisch sehr wichtig, da die meisten Maschinenelemente durch ihre Wirkflächen definiert sind und die ganze Disziplin der Oberflächenbehandlung und -veredelung in diesem Kontext die Zielsetzung hat, Kraftflüsse zu optimieren bzw. die mit diesen Kraftflüssen verbundenen Zustandsänderungen (z. B. den Verschleiß der Wirkflächen) besser zu beherrschen. Zu diesen Kräften gesellen sich die sogenannten elementaren Kräfte, die unabhängig von der Oberfläche sind. Hier handelt es sich um Impulsflüsse, die über andere „Tore" in ein System gelangen. Diese Tore oder physikalischer Kopplungen sind die schwere Masse bei Gravitationskräften und die Ladungen bei elektromagnetischen Kräften. Die Behandlung dieser weniger anschaulichen Kräfte stellen wir hintenan. Lediglich die Erdanziehungskraft in der Nähe der Erdoberfläche behandeln wir gleich, weil diese uns ein sehr gutes Kräftenormal liefert und unsere Alltagserfahrungen beherrscht.

4.6.1 Die Erdanziehungskraft

Die augenfälligste Kraft unseres Alltags ist die Schwerkraft. Lassen wir einen hochgehobenen Körper los, so fällt dieser auf dem kürzesten Weg auf die Erdoberfläche. Diese Beobachtung ist im Lichte des vorher Gesagten insofern merkwürdig, als offensichtlich kein Körper Kontakt mit dem fallenden Körper hat, und somit zunächst unklar ist, von welchem System die Kraftwirkung ausgeht. Im Rückgriff auf unser Schulwissen, wollen wir von der umgebenden Luft, von der nur eine geringfügige Kraftwirkung ausgeht, abstrahieren. Andererseits wissen wir aus der Raumfahrt, dass wir als Kraft ausübendes System die Erde ansehen müssen; fern der Erde behält ein losgelassener Körper seinen Bewegungszustand bei, auf dem Mond ist die Kraftwirkung reduziert.

Zunächst wollen wir uns vergewissern, dass die oben beschriebene Erfahrung in einem Inertialsystem formuliert ist. Es ist ganz selbstverständlich, dass wir die Kanten der Mauern unseres „Labors" als Koordinatensystem definieren. Im Grunde halten wir die Erde immer noch für den Mittelpunkt der Welt, um den sich alles dreht. Die Erde dreht sich aber in 24 h einmal um die Erdachse, die durch die Pole definiert ist und dreht sich als Ganzes in 365 Tagen um die Sonne, so dass es eher unwahrscheinlich ist, dass unser Laborsystem ein Inertialsystem ist. Die beschriebenen Drehbewegungen sind aber so langsam und die Radien so groß, dass unser Laborsystem für Bewegungen im Labormaßstab in guter Näherung als Inertialsystem angesehen werden kann. Wir definieren ein Inertialsystem, indem wir eine senkrecht auf der Erdoberfläche stehende gedachte Linie als z-Achse definieren, und die x- und y-Achse parallel zur Erdoberfläche orientieren. In diesem Inertialsystem müssen wir den Fall eines Körpers als Folge einer Kraft interpretieren. Diese Kraft bestimmen wir, indem wir einen beliebigen Körper an eine Feder hängen und im Gleichgewicht die Kraft auf die Feder bestimmen. Mit dieser Messung ergibt sich im Rahmen der Messgenauigkeit überall auf der Welt (innerhalb der von uns genutzten Atmosphäre: 10 km unterhalb der Erdoberfläche, 30 km oberhalb der Erdoberfläche) folgendes einfache Kraftgesetz:

$$\vec{F}_{Schwerkraft} \equiv \vec{G} = m \cdot \vec{g} = -m \cdot g \cdot \vec{e}_z \text{ mit } g = 9{,}81 \frac{m}{s^2} \qquad (4.90)$$

Um dieses Kraftgesetz zu verstehen, nehmen wir an, dass der Impulsfluss von der Erde durch den Raum fließt. Befindet sich in diesem von Impuls durchflossenem Raum ein materielles System, so kann ein Teil dieses Flusses von dem System aufgenommen und wie in unserem Fall an die Feder weitergeleitet werden. Überraschenderweise ist diese Aufnahme des Impulsflusses nicht von dem Querschnitt des Körpers abhängig, sondern nur von seiner Masse m. Die wie beschrieben bestimmte Masse, die auch schwere Masse genannt wird, ist identisch mit der aus der Bewegung bestimmten trägen Masse. Die Größe g heißt Erdbeschleunigung. Diese Interpretation des Kraftgesetzes hat eine enorme Bedeutung für die gesamte Entwicklung der Physik. Sie öffnet unsern Geist, den Begriff des Systems viel weiter zu fassen – den Raum als System mit Zuständen zu begreifen – und ermöglicht uns auch in Konsequenz von dem sehr künstlichen „Koordinatensystem" wieder abzurücken. Wir werden darauf im Kapitel „Gravitation" zurückkommen. An dieser Stelle nehmen wir das Kraftgesetz als Erfahrung an und werden als Anwendung die Flugbahn eines geworfenen Körpers berechnen. Die Impulserhaltung erfordert, dass zu dieser von der Erde ausgehenden Kraft auch eine gleich große Gegenkraft auf die Erde wirkt, was eine Bewegung der Erde in einem Inertialsystem zur Folge hat. Da die Masse der Erde aber im Verhältnis zu jeder auf der Erde bewegten Masse unvorstellbar groß ist, kann der Bewegungszustand der Erde als unbeeinflusst von dem geworfenen Körper angenommen werden, so dass die Erde in den ausgewählten Inertialsystemen als ruhend betrachtet werden kann.

Ein geworfener Körper gehorcht in der Zeit, in der er nur der Schwerkraft ausgesetzt ist, den Bewegungsgleichungen:

$$\frac{d\vec{P}}{dt} = \vec{G} = m \cdot \vec{g} \qquad (4.91)$$

Aufgrund des Kraftgesetzes spielt die Masse des Körpers für die Wurfbahn überhaupt keine Rolle. Wir können auch gleich die Gleichungen für den Bewegungszustand anschreiben:

$$\frac{d\vec{v}}{dt} = \vec{a} = \vec{g} \qquad (4.92)$$

In unserem Koordinatensystem gilt Komponentenweise:

$$a_x = a_y = 0 \text{ und } a_z = -g = -9{,}81\,\frac{\text{m}}{\text{s}^2} \qquad (4.93)$$

Geben wir dazu den Anfangszustand zu einem Zeitpunkt $t = t_0$: v_{0x}, v_{0y}, v_{0z} an, können wir die Zustandsänderungen in drei v-t-Diagrammen einzeichnen und alle relevante Information mit unseren elementaren Methoden aus diesen Diagrammen ermitteln. Der Einfachheit halber legen wir unser Koordinatensystem so, dass $v_{0y} = 0$. Damit ist auch $v_y(t) = 0$, so dass wir de facto ein zweidimensionales Problem handhaben müssen. Mit diesen Vorgehen können wir leicht die Form der Bahnkurve, die sogenannte Wurfparabel, bestimmen (z_0, x_0 gibt dabei die Lage des Körpers zum Zeitpunkt t_0 an):

$$z(x) = z_0 + \frac{v_{0z}}{v_{0x}} \cdot (x - x_0) - \frac{1}{2} \cdot \frac{g}{v_{0x}^2} \cdot (x - x_0)^2 \qquad (4.94)$$

Ein sich im Schwerefeld bewegender Körper ändert seine kinetische Energie. Diese Änderung erfolgt ohne Änderung seiner inneren Zustände, so dass man im unseren Denkschema zwangsläufig nach den Zustandsänderungen und damit verbundenen Energieänderungen des Systems „Raum" fragt. Das System Raum wirkt ähnlich einer Feder, durch die Impuls fließt und deren Zustand durch eine Spannung beschrieben wird. Eine solche Beschreibung des Raumes ist aber äußerst abstrakt und wird an dieser Stelle vermieden. Stattdessen starten wir mit der Beobachtung, dass die Schwerkraft eine konservative Kraft ist. Wir können schreiben:

$$\vec{G} = \frac{\mathrm{d}\left(\vec{G} \cdot \vec{r}\right)}{\mathrm{d}\vec{r}} = -\frac{\mathrm{d}E_G}{\mathrm{d}\vec{r}} \qquad (4.95)$$

mit

$$E_G = E_G^0 + m \cdot g \cdot z = E_G^0 + m \cdot g \cdot h \qquad (4.96)$$

Wir sind also in der Lage, die Änderung der Energie des Schwerefeldes oder Raumes als Funktion der Höhe h einer Masse m über der Erdoberfläche anzugeben. Diese Energie nennt man auch potenzielle Energie der Masse, wobei sich das Wörtchen potenziell darauf bezieht, dass durch die Kopplung der Masse an den Raum diese Energie aus dem Schwerefeld abgerufen wird. Welche Zustände sich im Schwerefeld beim Abrufen dieser Energie ändern, bleibt dabei völlig offen.

4.6.2 Die Auftriebskraft

Es ist offensichtlich, dass die uns umgebende Luft der Schwerkraft partiell widerstehen kann. Einerseits ist unsere Atmosphäre – der Schwerkraft sei Dank – an die Erdoberfläche gebunden, andererseits nimmt die uns umgebende Luft nicht den kleinst möglichen Raum ein. Es ist uns ja ohne weiteres möglich, Luft mit Hilfe einer Luftpumpe zu komprimieren. Das System Atmosphäre verfügt über einen Spannungszustand, der es ihr ermöglicht, den aufge-

nommenen Impulsstrom aus dem Raum wieder an die Erde abzuführen. Diesen Spannungszustand nennt man den Druck p.

Im Sinne der oben definierten Federspannung ist der Spannungszustand immer negativ. Ein
kräftefreies Gas dehnt sich immer aus. Der Druck ist aber positiv definiert, so dass das negative Vorzeichen in den folgenden Gleichungen erklärt ist. Die Tendenz eines Gases, den ihm
zur Verfügung stehenden Raum auszufüllen, ist eine eigenständige Erfahrung, die dazu führt,
dass bei einer Messung der Kräfte, die von einem in einem Gefäß eingeschlossenen Gas auf
die Wandungen dieses Gefäßes im Gleichgewicht ausgeübt werden, diese immer senkrecht
zur Gefäßoberfläche gerichtet und proportional zum Druck sind:

$$\vec{F}_{Gas,Wand} = p \cdot \vec{A}_{Gas} \qquad (4.97)$$

Für die Darstellung der Impulsflussdichte in einem kartesischen Koordinatensystem heißt
dies:

$$\underline{\underline{j}} = -p \cdot \underline{\underline{1}} \qquad (4.98)$$

Im Gleichgewicht fließt der Impuls in alle Raumrichtung mit derselben Impulsflussdichte p.
Die mit diesem Spannungszustand zusammenhängende Verformung ist die relative Volumenänderung:

$$d\varepsilon = \frac{dV}{V} \qquad (4.99)$$

Daraus ergibt sich für ein homogenes System die Energieform der Kompression:

$$dE = V \cdot (-p) \cdot d\varepsilon = -p \cdot dV \qquad (4.100)$$

Im Allgemeinen ist diese Energieform nicht integrabel, da der Druck auch von dem Zustand
der Temperatur abhängt. Wir sind also ohne weitere Kenntnisse über die Temperaturabhä-
gigkeit einer Volumenänderung nicht in der Lage, eine Kompressionsenergie $E_{komp}(V)$ anzugeben. Nach diesen Vorbemerkungen, die wir in der Elastizitätstheorie und der Wärmelehre noch vertiefen werden, sind wir in der Lage, die Druckänderung als Funktion der Höhe
näherungsweise anzugeben.

Dazu stellen wir uns die Atmosphäre als im Gleichgewicht befindlich vor, d. h. beispielsweise es wehe kein Wind. Wir unterteilen die Atmosphäre in Schichten der Dicke dh. Innerhalb
dieser Schicht muss der Druck mit steigender Höhe abnehmen, weil die Gewichtskraft, die
von den Luftschichten, oberhalb der gedachten Schicht ausgeübt wird, aufgrund der immer
kleiner werdenden Masse abnimmt. Innerhalb einer dünnen Schicht kann man annehmen,
dass die Dichte der Luft konstant ist, so dass gilt:

$$dp = -\rho \cdot g \cdot dh \qquad (4.101)$$

Bewegt sich ein Körper durch die Atmosphäre, wird der Impulsfluss durch die Atmosphäre von diesem über die Oberfläche aufgenommen und führt zu einer zusätzlichen Kraft auf diesen. Wenn die Bewegung des Körpers vernachlässigbar ist, können wir annehmen, dass der Impulsfluss durch die Atmosphäre von dem Körper nicht gestört wird. Die Abweichungen von dieser Annahme, die natürlich außer im Gleichgewicht immer auftreten, werden wir durch Reibungskräfte später gesondert berücksichtigen. Darüber hinaus wird der Körper sich durch den zusätzlichen Impulsfluss verformen. Wir wollen daher nur feste Körper betrachten, deren Verformung hier vernachlässigbar ist. Daraus ergibt sich für den Körper die Bewegungsgleichung:

$$\frac{d\vec{P}}{dt} = \vec{G} - \oint_{K\ddot{o}rper} p \cdot d\vec{A}_{K\ddot{o}rper} \qquad (4.102)$$

Die zusätzlich zur Gewichtskraft auftretende Kraft wird Auftriebskraft genannt und kann vereinfacht dargestellt werden.

$$\vec{F}_{auf} = - \oint_{K\ddot{o}rper} p \cdot d\vec{A}_{K\ddot{o}rper} = \rho_{Atm.} \cdot g \cdot V_{K\ddot{o}rper} \cdot \vec{e}_z \qquad (4.103)$$

Dabei haben wir angenommen, dass die Dichte der Atmosphäre in der Umgebung des Körpers konstant ist, eine Annahme, die bei allen technischen Körpern sicherlich gut erfüllt ist. Um das Ergebnis der Integration inhaltlich nachzuvollziehen, denken wir uns den betrachteten Körper in Scheiben parallel zur Erdoberfläche geschnitten. Da der Druck der Atmosphäre innerhalb der Scheibe konstant ist, kann sich der Impulsfluss nur in z-Richtung ändern. Sind die geschnittenen Scheiben sehr dünn, brauchen wir bei der Integration nur die obere und untere Scheibenfläche, gleicher Fläche A, in Betracht ziehen. Ist ΔV das Volumen der Scheibe, so ist die Auftriebskraft auf diese Scheibe:

$$\Delta F_{auf} = -p(h) \cdot A \cdot (-\vec{e}_z) - p(h + \Delta h) \cdot A \cdot \vec{e}_z \qquad (4.104)$$

$$= -\frac{dp}{dh} \cdot \Delta h \cdot A \cdot \vec{e}_z = \rho_{Atm.} \cdot g \cdot \Delta V \cdot \vec{e}_z$$

Gleichung (4.103) ergibt sich dann durch Addition der Kräfte auf alle Schichten.

Da ein Gas und eine Flüssigkeit sich in Bezug auf die hier verwendeten Eigenschaften nur durch die Dichte unterscheiden, kann das Kraftgesetz mit den entsprechenden Einsetzungen direkt übernommen werden. Ist ein Körper nur partiell in eine Flüssigkeit eingetaucht, muss das Körpervolumen natürlich durch den Anteil des in die Flussigkeit eingetauchten Volumens ersetzt werden. Dieses Volumen nennt man das verdrängte Volumen.

4.6.3   Zwangskräfte

Eine große in der Technik Anwendung findende Klasse von Kräften sind Zwangskräfte (Abk.: $\vec{Z}$). Schienen, Führungen, Hemmungen, Wandungen etc. werden genutzt, um Körpern eine Bahnkurve aufzuzwingen bzw. deren Bewegungsmöglichkeiten einzuschränken. Diese Einschränkung kann kinematisch durch eine Zwangsbedingung beschrieben werden. Zwangsbedingungen schränken die Anzahl der Freiheitsgrade der Bewegung eines Körpers ein. Diese Zwänge werden von Systemen ausgeübt und müssen durch Kräfte, die Zwangskräfte, beschrieben werden können.

Ein einfaches Beispiel ist die schiefe Ebene, auf der ein Körper reibungsfrei gleiten kann. Diese Anordnung kann durch einen Tisch realisiert werden, der gegenüber der Erdoberfläche um einen Winkel α geneigt ist. Die Tischplatte schränkt die Bewegungsmöglichkeiten des Körpers dahingehend ein, dass dieser sich nur auf der Tischplatte bewegen kann. Ohne Tisch kann der Körper sich in allen drei Raumdimensionen bewegen (Anzahl der Freiheitsgrade: drei). In einer Anordnung mit Tisch kann der Körper sich nur in einer Ebene, die durch die Tischplatte definiert ist, (Anzahl der Freiheitsgrade: zwei) bewegen.[33] In einem Koordinatensystem wird diese Ebene durch den Normalenvektor der Ebene $\vec{f}$ und einen Aufpunkt der Ebene $\vec{x}_0$ beschrieben. Die Oberfläche des Tisches hat die analytische Darstellung (Hessesche Normalform)

$$\Phi(\vec{x}) = \vec{f} \cdot \vec{x} - \vec{f} \cdot \vec{x}_0 = 0 \tag{4.105}$$

Alle Spitzen der Ortsvektoren $\vec{x}$, die Gl. 4.105 erfüllen, liegen in der Ebene (auf der Tischplatte).

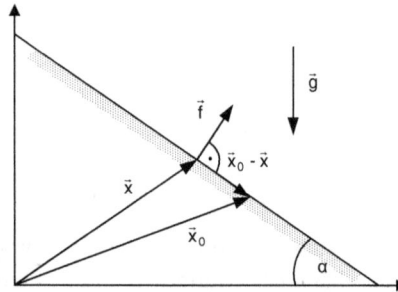

Abb. 4.12. *Anordnung mit Tisch*

---

[33]   Ein Werfen des Balles auf den Tisch wollen wir hier nicht betrachten. Die Anfangsbedingungen seien so gewählt, dass der Körper auf dem Tisch liegt und in der Ebene des Tisches angeschubst wird.

Ist $\vec{r}(t)$ der Ortsvektor des sich bewegenden Körpers, kann folgende Zwangsbedingung formuliert werden: Die möglichen Positionen des Körpers $\vec{r}$ sind dahingehend eingeschränkt,
dass sie nur auf der Tischoberfläche erfolgen können, oder kurz:

$$\Phi(\vec{r}(t)) = 0 \qquad\qquad (4.106)$$

Das eigentümliche an dieser Zwangsbedingung ist, dass Sie unabhängig vom Bewegungszustand, oder den von anderen Systemen ausgeübten Kräften formuliert werden kann. D. h. es
gibt keine Rückwirkung des Körpers auf den Tisch. Die Tischplatte ist starr. Im Lichte der
Newtonschen Bewegungsgleichung muss diese Einschränkung in der Bewegung auf eine
Kraft $\vec{Z}$ rückführbar sein.

$$\frac{\mathrm{d}\vec{P}}{\mathrm{d}t} = \vec{F} + \vec{Z} \qquad\qquad (4.107)$$

Die Bewegungsgleichung ohne Tisch lautet:

$$\frac{\mathrm{d}\vec{P}}{\mathrm{d}t} = \vec{F} \qquad\qquad (4.108)$$

Die Angabe dieser Zwangskraft durch die Zustände des Tisches ist aber de facto unmöglich,
da der Tisch sich unabhängig von den wirkenden Kräften nur unmerklich verformt. Es ist ja
das Wesen einer Hemmung, einen Körper unabhängig von dessen Geschwindigkeit zu führen, also selbst keine Zustandsänderung zu zeigen.

Das Problem besteht nun im Wesentlichen darin, aus der Zwangsbedingung auf die Zwangskraft zu schließen, oder Gl. 4.107 mit Hilfe von Gl. 4.106 derart umzuformen, dass die Bewegung ohne Kenntnis der Zwangskraft bestimmt werden kann. Dieses Problem wird noch
etwas verschärft durch die Tatsache, dass nicht alle Zwangsbedingungen in der Form von Gl.
4.106 dargestellt werden können.

Diese Probleme können oft sehr elegant gelöst werden, wenn die Newtonschen Gesetze in
Extremalprinzipien formuliert werden können. Da diese Extremalprinzipien nicht nur ma-
thematisch-technisch sehr hilfreich sind, sondern auch einen aus einer anderen Perspektive
sehr lehrreichen Blick auf die Newtonschen Gesetze ermöglichen, werden wir hier solche
Prinzipien, wie das an dieser Stelle in der Literatur oft eingeführte d'Alambertsche Prinzip,
nicht nutzen, sondern in einem gesonderten Kapitel diskutieren. Zunächst werden wir die
verschiedenen Arten von Zwangsbedingungen klassifizieren. Die Zwangbedingung kann z.
B. explizit zeitabhängig sein. In unserem Beispiel können wir uns vorstellen, dass der Tisch
während der Bewegung des Körpers selbst mit einem aufgeprägten Zeitprogramm bewegt
wird. Zeitunabhängige Zwangsbedingungen heißen skleronom, zeitabhängige rheonom. Des
Weiteren werden Zwangsbedingungen nach ihrer Darstellbarkeit unterschieden.

Eine Zwangsbedingung, die in der Form 4.109 formuliert werden kann, heißt holonom.

$$\Phi(\vec{r},t)=0 \tag{4.109}$$

Der ruhende Tisch ist also ein Beispiel für eine skleronome, holonome Zwangsbedingung.

Betrachten wir einen Schlittschuh, so schränkt die Kufe die Bewegung erheblich ein. Augenfällig sind die Krümmungen der möglichen Bahnkurven in Abhängigkeit von der Geschwindigkeit des Schlittschuhläufers eingeschränkt. Die Zwangsbedingung hängt von dem Bewegungszustand selbst ab.

$$\Phi(\vec{r},\vec{v},t)=0 \tag{4.110}$$

Eine solche Zwangsbedingung heißt anholonom und ist, wie wir an dem einfachen Beispiel des Schlittschuhs sehen, nicht einfach geschlossen zu formulieren. Gerade für diese Fälle sind die oben erwähnten Extremalprinzipien besonders hilfreich.[34]

Die Lösung des Problems der Bestimmung einer Zwangskraft aus einer Zwangsbedingung gelingt durch eine Erfahrung über die Richtung der Zwangskräfte.

$$\vec{Z} = -\lambda \cdot \frac{\mathrm{d}\Phi}{\mathrm{d}\vec{x}}\bigg|_{\vec{v},t\ fest} \equiv -\lambda \cdot \nabla\Phi_{\vec{v},t\ fest} \tag{4.111}$$

Wobei λ ein noch zu bestimmender Parameter der abhängig von Ort, Gechwindigkeit und Zeit ist, und der Lagrangeparameter genannt wird. Die Ableitungen der Funktion Φ nach den Ortskoordinaten sind so durchzuführen, dass die Geschwindigkeitskoordinaten und die Zeit als Konstanten aufgefasst werden. Diese sehr abstrakte Formulierung unserer Erfahrung bedarf natürlich der Interpretation und muss quasi auch umgangssprachlich formulierbar sein, da wir ja alle täglich von Hemmungen umgeben sind, die wir im Sinne dieser Erfahrung nutzen. Um diese Erfahrung plausibel zu machen, benötigen wir den Begriff der Verrückung oder Verschiebung.

Die Position eines Körpers wird durch die Angabe seiner Ortskoordinaten $\vec{r}$ zu jedem Zeitpunkt t angegeben. In einem Zeitintervall $\mathrm{d}t$ ändert ein Körper seine Position um $\mathrm{d}\vec{r}$. Wir betrachten jetzt zu einem beliebigen Zeitpunkt t die Position des Körpers und fragen unabhängig von seiner Geschwindigkeit, welche Positionen der Körper in der unmittelbaren Umgebung des Körpers noch einnehmen könnte. Alle möglichen Positionen $\vec{r}+\delta\vec{r}$ werden durch die Verrückung $\delta\vec{r}$ charakterisiert. Diese Verrückungen sind gedankliche Größen, die nicht realisiert werden können. Eine gedachte Realisierung würde bedeuten, dass wir den Körper durch einen Stoß „unendlich schnell" auf die Position $\vec{r}+\delta\vec{r}$ bringen, und den dazu notwendigen Impuls an dieser Position wieder abführen. Also dass der Körper zur selben Zeit mit derselben Geschwindigkeit am Ort $\vec{r}+\delta\vec{r}$ ist. Bei skleronom holonomen Zwangsbedingungen können wir uns einfach vorstellen, den Körper durch einen ruhenden Körper zu

---

[34] Für den mathematisch schon versierteren Leser geben wir hier die Zwangsbedingungen für den Schlittschuh explizit an: $\Phi = (\vec{v} \times \vec{r}) \cdot \vec{e}_z - s(t)$, wobei $\vec{e}_z$ die Oberflächennormale der Eisfläche ist.

ersetzen, auf den außer den Zwangskräften keine weiteren Kräfte wirken, und diesen Körper dann verschieben oder verrücken. Durch die Zwangsbedingung ist dieser gedachte Prozess eingeschränkt. Es sind nur Verrückungen möglich, die mit den Zwangsbedingungen kompatibel sind:

$$\Phi(\vec{r}) = \Phi(\vec{r} + \delta\vec{r}) = \Phi(\vec{r}) + \nabla\Phi \cdot \delta\vec{r} + \ldots = 0 \text{ bzw. } \nabla\Phi \cdot \delta\vec{r} = 0 \qquad (4.112)$$

In unserer Vorstellung des „Prozesses des Verrückens" erfolgt diese Einschränkung durch Zwangskräfte, die ein Verrücken entgegen der Zwangskraft unmöglich machen. Dies bedeutet, dass nur Verrückungen senkrecht zur Zwangskraft möglich sind:

$$\delta\vec{r} \cdot \vec{Z} = 0 \qquad (4.113)$$

Durch Vergleich folgt daraus Gl. 4.111. Für diese Argumentation ist es sehr wichtig, zwischen der Verrückung $\delta\vec{r}$ zum Zeitpunkt t und der de facto realisierten Positionsänderung $d\vec{r}$ im Zeitintervall dt zu unterscheiden. Dieser Unterschied wird besonders deutlich, wenn wir das totale Differential der Zwangsbedingung betrachten und mit Gl. 4.112 vergleichen.

$$d\Phi = \nabla\Phi \cdot d\vec{r} + \nabla_{\vec{v}}\Phi \cdot d\vec{v} + \frac{\partial\Phi}{\partial t} \cdot dt = 0 \text{ }^{35} \qquad (4.114)$$

Im allgemeinen Fall muss die tatsächlich realisierte Lageänderung des Körpers noch nicht einmal ein Element aus der Menge der möglichen Verrückungen sein.

Um die Zwangskraft zu bestimmen, bleibt noch die Angabe des Lagrangeparameters. Dazu multiplizieren wir die Newtonsche Bewegungsgleichung 4.107 mit $\nabla\Phi$ oder $\nabla_v\Phi$ und erhalten:

$$\lambda = \frac{\nabla\Phi \cdot \vec{F} - m \cdot \nabla\Phi \cdot \dot{\vec{v}}}{|\nabla\Phi|^2} = \frac{\nabla_v\Phi \cdot \vec{F} - m \cdot \nabla_v\Phi \cdot \dot{\vec{v}}}{(\nabla\Phi \cdot \nabla_v\Phi)} \qquad (4.115)$$

Beide Formulierungen sind nützlich, da wir durch die Zwangsbedingung die Terme $\nabla\Phi \cdot \vec{v}$, $\nabla_v\Phi \cdot \dot{\vec{v}}$ als Funktion von Ort, Geschwindigkeit und Zeit ausdrücken können. Dazu dividieren wir Gl. 4.114 durch dt und erhalten:

---

35 Die Symbole $\nabla_{\vec{v}}$ und $\frac{\partial\phi}{\partial t}$ haben wir aus schreibtechnischen Gründen eingeführt. Sie bedeuten:

$$\nabla_{\vec{v}} = \left(\frac{d}{dv_x}_{v_y,v_z,\vec{r},t \text{ } fest}, \frac{d}{dv_y}_{v_x,v_z,\vec{r},t \text{ } fest}, \frac{d}{dv_z}_{v_x,v_y,\vec{r},t \text{ } fest}\right) \text{ und } \frac{\partial\phi}{\partial t} = \frac{d\phi(\vec{r},\vec{v},t)}{dt}.$$

Beide Notationen sind üblich und von praktischem Nutzen. Wir versuchen jedoch, diese weitestgehend zu vermeiden und durch Nennung der Argumente der Funktion deutlich zu machen, wie die Differentiation durchzuführen ist.

$$\nabla \Phi \cdot \vec{v} + \nabla_{\vec{v}} \Phi \cdot \dot{\vec{v}} + \frac{\partial \Phi}{\partial t} = 0 \qquad (4.116)$$

und damit z. B.:

$$\lambda(\vec{r}, \vec{v}, t) = \frac{\nabla_v \Phi \cdot F + m \cdot \left(\nabla \Phi \cdot \vec{v} + \dfrac{\partial \Phi}{\partial t} \right)}{\left(\nabla \Phi \cdot \nabla_v \Phi \right)} \qquad (4.117)$$

Im Falle von holonomen Zwangsbedingungen müssen wir die Zwangsbedingung zweimal nach der Zeit differenzieren (Division durch null!):

$$\frac{d^2 \Phi}{dt^2} = \nabla \Phi \cdot \dot{\vec{v}} + 2 \cdot \left(\nabla \cdot \frac{\partial \Phi}{\partial t} \right) \cdot \vec{v} + \vec{v} \cdot (\nabla \circ \nabla \Phi) \cdot \vec{v} + \frac{\partial^2 \Phi}{\partial t^2} = 0 \qquad (4.118)$$

mit $\vec{v} \cdot (\nabla \circ \nabla \Phi) \cdot \vec{v} = \displaystyle\sum_{k,l} v_k \cdot \dfrac{d^2 \Phi}{dx_k dx_l} \cdot v_l$. Wir erhalten dadurch wieder einen Ausdruck für

den Lagrangeparameter:

$$\lambda(\vec{r}, \vec{v}, t) = \frac{\nabla \Phi \cdot F + m \cdot \left(2 \cdot \nabla \dfrac{\partial \Phi}{\partial t} \cdot \vec{v} + \vec{v} \cdot (\nabla \circ \nabla \Phi) \cdot \vec{v} + \dfrac{\partial^2 \Phi}{\partial t^2} \right)}{\left| \nabla \Phi \right|^2} \qquad (4.119)$$

Je nach Anwendungsfall können wir Gl. 4.117 bzw. Gl. 4.119 in Gl. 4.111 einsetzen und haben damit unser Problem im Prinzip gelöst und mit Hilfe der Zwangsbedingung die Zwangskraft quantitativ angegeben. Dieser Ausdruck für die Zwangskraft, so kompliziert er auch scheint, erlaubt die mathematische Behandlung der Bewegungsgleichung. Dieser Zug der Darstellung der Zwangskräfte hinterlässt einen bitteren Beigeschmack, da wir Ausdrücke erzeugt haben, mit denen die wenigsten von uns im handwerklichen Sinne etwas anfangen können. Die Ursache für die Sperrigkeit der Darstellung liegt darin begründet, dass wir mit dem Inertialsystem, in dem wir die Newtonschen Bewegungsgleichungen und die Zwangsbedingungen formuliert haben, überhaupt keine Rücksicht auf die Zwangsbedingung genommen haben. Diese Rücksichtnahme kann z. B. durch Auswahl eines bestimmten Inertialsystems erfolgen. Implizit haben wir in unserem Beispiel der schiefen Ebene schon davon Gebrauch gemacht und ein Inertialsystem gewählt, in dem die Ebene ruht. Eine andere Möglichkeit besteht darin, die Koordinaten (x, y, z) geeignet zu parametrisieren. Wir schreiben kurz:

$$\vec{r} = \vec{r}(\vec{q}) \qquad (4.120)$$

Diese Parametrisierung sollte im Idealfall z. B. bei holonom skleronomen Zwangsbedingungen zur Konsequenz haben, dass gilt:

$$\Phi(\vec{r}(\vec{q})) = \Phi'(\vec{q}) = 0 \Leftrightarrow \delta q_1 = 0 \tag{4.121}$$

Also dass die Zwangsbedingung in den Koordinatenparametern $\vec{q}$, die wir verallgemeinerte Koordinaten nennen, eine besonders einfache Gestalt haben.

Wir werden diesen Weg an dem Beispiel der schiefen Ebene und des Fadenpendels verdeutlichen. Die schon Eingangs erwähnten Extremalprinzipien der Mechanik zielen im Wesentlichen darauf ab, den physikalischen Inhalt der Newtonschen Bewegungsgleichungen in beliebigen verallgemeinerten Koordinaten darzustellen. Wir weisen aber ausdrücklich darauf hin, dass alle diese Formulierungen in Inertialsystemen erfolgen und trotz gewisser Ähnlichkeiten von einer vielleicht schon bekannten Formulierung der Newtonschen Bewegungsgleichung in Nicht-Inertialsystemen mit der Einführung von Zentrifugal- und Corioliskräften zu unterscheiden ist.

Die verwendeten Beispiele sind der Einfachheit halber in einer 2-dimensionalen Welt formuliert, da es uns hier nicht auf das Beispiel ankommt, sondern auf die Methode. Für eine so einfache Situation, wie die eines Körpers, auf den neben der Zwangskraft des Tisches nur die Gewichtskraft wirkt, erhalten wir für die Zwangskraft der Ebene auf den Körper den einfachen Ausdruck:

$$\vec{Z} = m \cdot g \cdot \cos\alpha \cdot \frac{\vec{f}}{f} \tag{4.122}$$

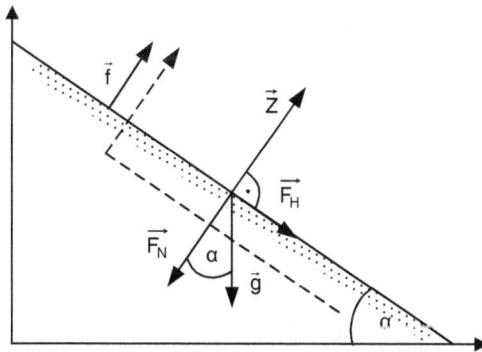

Abb. 4.13. *Kräfte und Koordinaten der Anordnung „Tisch"*

Wählen wir ein Koordinatensystem (Abb. 4.13), bei dem der Vektor $\vec{f}$ in Richtung der z-Achse und die x-Achse in der Tischebene liegt, so hat die Gewichtskraft die Darstellung:

$$\vec{G} = -m \cdot g \cdot \cos\alpha \cdot \vec{e}_z + m \cdot g \cdot \sin\alpha \cdot \vec{e}_x \equiv \vec{F}_N + \vec{F}_H \tag{4.123}$$

Aufgrund der großen Bedeutung haben die Projektionen der Gewichtskraft auf die Oberfläche der Ebene und dem dazu senkrecht stehenden Einheitsvektor eigene Namen. Die Kraft $\vec{F}_H$, die hangabwärts wirkt, heißt Hangabtriebskraft und die Kraft $\vec{F}_N$, die den Körper auf die Unterlage drückt, heißt Normalkraft.

In diesem speziellen Koordinatensystem hat die Zwangsbedingung die einfache Gestalt:

$$z = 0 \qquad\qquad (4.124)$$

Die Newtonsche Bewegungsgleichung kann in diesem Koordinatensystem einfach angeschrieben werden. Für die z-Koordinate gilt:

$$m \cdot a_z = \left|\vec{Z}\right| - \left|\vec{F}_N\right| = 0 \qquad\qquad (4.125)$$

Mit der Lösung v_z = konst. Aufgrund der Zwangsbedingung Gl. 4.124 kann die Geschwindigkeit in z-Richtung nur null sein. Die Zwangskraft kompensiert die Normalkraft, bzw. der Impulsfluss senkrecht zur Oberfläche in den Körper wird an den Tisch wieder abgeführt. Der Tisch „erdet" in gewisser Weise den Körper.

In x-Richtung enthält die Newtonsche Gleichung die Zwangskraft nicht mehr und wir erhalten:

$$m \cdot a_x = \left|\vec{F}_H\right| = m \cdot g \cdot \sin\alpha \qquad\qquad (4.126)$$

In x-Richtung wird der Körper konstant beschleunigt. Im Unterschied zum freien Fall wird die Bewegungsrichtung durch den Tisch geändert und die Beschleunigung in Richtung der Bewegung um den Sinus des Neigungswinkels der Ebene reduziert.

Berechnen wir die Arbeit, einen Körper langsam auf einer schiefen Ebene hoch zu schieben, so erhalten wir:

$$A = \int \vec{F} \cdot d\vec{x} = F_H \cdot s = F_H \cdot \frac{h}{\sin\alpha} = m \cdot g \cdot h \qquad\qquad (4.127)$$

Wir erkennen in Abwesenheit weiterer Kräfte, dass die zu verrichtende Arbeit nur von der Höhe abhängt, die der Körper angehoben werden soll. D. h. die Arbeit wird gänzlich zur Energieerhöhung des Schwerefeldes benötigt. Die schiefe Ebene nimmt am Energieaustausch nicht teil. Da die Kräfte, die ein Mensch oder eine Maschine wirken lassen kann, nur begrenzt sind, können Höhenänderung oft mit Rampen oder auf Serpentinen leichter überwunden werden. Auch dies ist eine Erfahrung, die vermutlich zu den ältesten der Menschheit gehört und die aus den übergeordneten Gesetzen der Mechanik ableitbar ist. Man kann leicht zeigen, dass Systeme, die holonom skleronome Zwangsbedingungen ausüben, nicht am Energieaustausch der Anordnung teilnehmen.

Etwas verzwickter als bei der schiefen Ebene ist die Situation beim Fadenpendel.

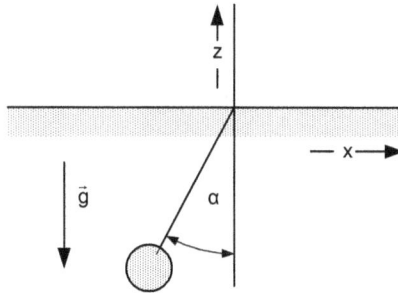

Abb. 4.14. *Anordnung „Fadenpendel"*

Wählen wir ein Koordinatensystem wie in Abb. 4.14 dargestellt, so lautet die Zwangsbedingung:

$$x^2 + z^2 - \ell^2 = 0 \tag{4.128}$$

Durch keine Wahl eines kartesischen Koordinatensystems ist es möglich, diese Zwangsbedingung auf eine Zwangsbedingung für nur eine Koordinate zurückzuführen.

Wenden wir unseren Formalismus auf dieses Problem an, so erhalten wir mit $\nabla \Phi = 2 \cdot \vec{r}$ und

$\lambda = \dfrac{1}{2} \dfrac{m \cdot g \cdot z + m \cdot v^2}{\ell^2}$ die gekoppelten Bewegungsgleichungen:

$$m \cdot a_x = \frac{m \cdot g \cdot z - m \cdot v^2}{\ell^2} \cdot x \tag{4.129}$$

$$m \cdot a_z = -m \cdot g + \frac{m \cdot g \cdot z - m \cdot v^2}{\ell^2} \cdot z \tag{4.130}$$

Um dieser komplizierten Darstellung Herr zu werden, bietet es sich jedoch an, den Ortsvektor geeignet zu parametrisieren. Offensichtlich ist jeder Ortsvektor durch die Angabe seiner Länge $r = |\vec{r}|$ und des Winkels α, den er mit der z-Achse bildet, eindeutig definiert. Analytisch ist dies darstellbar durch:

$$x = -r \cdot \sin\alpha \quad \text{und} \quad z = -r \cdot \cos\alpha \tag{4.131}$$

Wählen wir als verallgemeinerte Koordinaten r und α, so lautet die Zwangsbedingung 4.128:

$$r - \ell = 0 \tag{4.132}$$

Für die Koordinaten, Geschwindigkeiten und Beschleunigungen des Körpers finden wir unter Berücksichtigung der Zwangsbedingung die Darstellungen:

$$x = -\ell \cdot \sin\alpha \quad \text{und} \quad z = -\ell \cdot \cos\alpha \qquad (4.133)$$

$$\dot{x} = -\ell \cdot \cos\alpha \cdot \dot{\alpha} \quad \text{und} \quad \dot{z} = \ell \cdot \sin\alpha \cdot \dot{\alpha} \qquad (4.134)$$

$$v^2 = \dot{x}^2 + \dot{z}^2 = \ell^2 \cdot \dot{\alpha}^2 \qquad (4.135)$$

$$a_x = \ddot{x} = \ell \cdot \sin\alpha \cdot \dot{\alpha}^2 - \ell \cdot \cos\alpha \cdot \ddot{\alpha} \qquad (4.136)$$

und

$$a_z = \ddot{z} = -\ell \cdot \cos\alpha \cdot \dot{\alpha}^2 + \ell \cdot \sin\alpha \cdot \ddot{\alpha}$$

Setzen wir diese Gleichungen in die Bewegungsgleichung ein. So gehen die Gln. 4.129 und 4.130 über in:

$$m \cdot \ell \cdot \cos\alpha \cdot \ddot{\alpha} = \frac{m \cdot g}{\ell} \cdot \cos\alpha \cdot \sin\alpha \qquad (4.137)$$

und

$$m \cdot \ell \cdot \sin\alpha \cdot \ddot{\alpha} = \frac{m \cdot g}{\ell} \cdot \sin\alpha^2 \qquad (4.138)$$

Dies sind, wie zu erwarten, zwei abhängige Gleichungen mit demselben physikalischen Inhalt, so dass wir als neue Bewegungsgleichung für den Winkel α formulieren können:

$$m \cdot \ell^2 \cdot \ddot{\alpha} = m \cdot g \cdot \sin\alpha \qquad (4.139)$$

Diese Gleichung ist mathematisch viel kompakter zu bearbeiten. Insbesondere gilt für kleine Winkel α: $\sin\alpha \cong \alpha$, so dass wir die Bewegung des Fadenpendels für kleine Ausschläge auf das eines Körpers, der an eine Feder gekoppelt ist zurückführen können.

Gleichung 4.139 ist formal mit der Newtonschen Bewegungsgleichung verwandt. In völliger Analogie benennt man $\dot{\alpha} = \omega$ die Winkelgeschwindigkeit und $\ddot{\alpha} = \dot{\omega}$ die Winkelbeschleunigung. Die Größe $P_\alpha = m \cdot \ell^2 \cdot \omega$ ist der zur verallgemeinerten Koordinate α zugehörige (kanonische) verallgemeinerte Impuls. Mit diesen Begriffen können wir die Energieform der Anordnung unter Berücksichtigung der Zwangsbedingung einfach anschreiben:

$$dE_{Fadenpendel} = \omega \cdot dP_\alpha + m \cdot g \cdot \ell \cdot \sin\alpha \cdot d\alpha \qquad (4.140)$$

Das Anschreiben der Energieform bzw. der Variablenwechsel in der Energieform der Anordnung gelingt wesentlich einfacher und unser Lösungsweg kann über die Energieform noch eleganter durchgeführt werden.

4.6.4 Reibungskräfte

Das Phänomen der Reibung ist in unserer sinnlich erfassbaren Welt allgegenwärtig. Die Bewegungen innerhalb einer geschlossenen Anordnung kommen nach hinreichend langer Zeit zur Ruhe. Dies ist eine ganz eigene Erfahrung, die sich jedoch auf unsere unmittelbare Welt beschränkt und die wir noch ausführlich diskutieren werden (2. Hauptsatz). Im Rahmen des Newtonschen Programms bedeutet dies, dass auf die Körper einer Anordnung Kräfte wirken. Diese Reibungskräfte wirken der Bewegung entgegen. Das äußert sich auch darin, dass ein Körper, der verschoben werden soll, sich der Verschiebung (auch wenn dies ganz langsam (quasistatisch) geschieht) widersetzt. Der Körper haftet auf seiner Unterlage; die entsprechenden Kräfte nennen wir Haftreibungskräfte.

Die Reibungskräfte lassen sich relativ einfach beschreiben. Es zeigt sich jedoch, dass mit Reibungsphänomenen immer auch Zustandsänderung der Anordnung einhergehen, die nicht durch Koordinaten parametrisiert werden können und die wir innere Zustände nennen wollen. Innere Zustände sind Temperaturen oder chemische Potenziale. Die Reibungskräfte verbinden Bewegungsphänomene mit den Phänomenen der „Wärme", was einerseits in Bezug auf die Energie als universellem Wertmaßstab notwendig ist, andererseits die vollständige Beschreibung der Anordnung erheblich erschwert. Insbesondere kann der Energiesatz nur noch eingeschränkt genutzt werden – eine Situation, die unser Vorgehen bei der Behandlung von elastischen und inelastischen Stößen widerspiegelt. In der Welt der Atome lösen sich diese Unterscheidungen auf. Erfahrungen wie die der „Brownschen Bewegung" und neue Denkmodelle wie das der „Statistischen Physik" erlauben es, Reibungskräfte als Grenzfall von „Federkräften" aufzufassen. Für den Ingenieur und unser quantitatives Verständnis von der uns umgebenden Welt sind diese Beschreibungen aber nicht sehr hilfreich.

Damit Reibungskräfte wirksam werden, müssen die Körper, zwischen denen Impuls aufgrund der Reibung fließt, Kontakt haben. Zwei betrachtete Körper haften aneinander oder gleiten aneinander ab. Die dabei auftretenden Reibungskräfte heißen Haft- bzw. Gleitreibungskräfte. Der Impuls fließt in beiden Fällen durch die Kontaktfläche A_K von einem Körper zum anderen. Da jeder Körper eine Oberflächenbeschaffenheit aufweist, die durch die Rauhtiefe oder ähnliche Begriffe beschrieben werden kann, dürfen wir diese Kontaktfläche nicht mit der makroskopischen Kontaktfläche A verwechseln. Bei harten oder starren Körpern zeigt sich sogar, dass diese beiden Flächen überhaupt nicht voneinander abhängen. Dies können wir leicht einsehen, wenn wir uns als Modell für eine rauhe Oberfläche einen Tisch mit vielen unterschiedlich langen Beinen vorstellen. Ein solcher Tisch wird unabhängig von seiner Größe immer nur mit wenigen Beinen Kontakt zum Boden haben. Bei weichen Materialien – die Tischbeine sind Teleskope – wird die Anzahl der Tischbeine mit Kontakt mit der Größe des Tisches zunehmen. Dieses Phänomen können wir bei Radiergummis unterschiedlicher Größe beobachten und wird bei der Dimensionierung von Autoreifen genutzt. Da dieser Zusammenhang oft vertrackt ist, wird bei der Behandlung von Reibungsphänomenen die Beschreibung des Zusammenhangs zwischen den Kräften und dem Impulsfluss unterdrückt. Der Einfachheit halber betrachten wir hier zwei starre Körper, die aneinander haften oder abgleiten. Ferner soll ein Körper – die Unterlage – groß gegen den andern Körper sein. Die Bewegung erfolgt parallel zur Oberfläche bzw. senkrecht zur Oberflächennormalen $\vec{A}$ mit den Geschwindigkeiten $\vec{v}_1$ und $\vec{v}_2$.

$$\vec{A} \perp \vec{v}_1, \vec{v}_2 \qquad\qquad (4.141)$$

Der Körper „1" gleitet mit der Relativgeschwindigkeit $\vec{v}_r = \vec{v}_1 - \vec{v}_2$ an dem Körper „2" ab. Ist $\vec{v}_r = 0$, so haften die Körper aneinander. (In Abb 4.15 gleitet der Körper „1" bezogen auf Körper „2" nach links ab.)

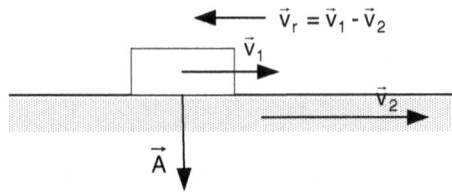

Abb. 4.15. *Anordnung zweier abgleitender Körper*

Die Dynamik der skizzierten Anordnung, kann wie folgt beschrieben werden. Beide Körper sind gekoppelt, so dass bei einer anliegenden „Geschwindigkeitsspannung" Impuls dergestalt fließt, dass sich dieser Geschwindigkeitsunterschied verringert. Mit dem Impulsübertrag dP_1 in einem Zeitintervall dt verliert die Bewegung der Anordnung an Wert:

$$dE_{kin} = \vec{v}_r \cdot d\vec{P}_1 \leq 0 \qquad\qquad (4.142)$$

Dieser Wertverlust wird durch die Änderung der inneren Zustände kompensiert. Im Lichte eines solchen Prozesses empfindet man die Erfahrung des Energieerhaltungssatzes als überraschend, bzw. erhalten wir eine Motivation Wärme als spezielle Form der Bewegung aufzufassen. Die Reibungskräfte beschreiben im Wesentlichen, wie viel Impuls pro Zeiteinheit durch die skizzierte Kopplung fließen kann.

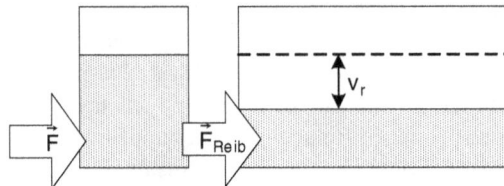

Abb. 4.16. *Dynamik zweier abgleitende Körper*

Die Haftreibung – das Entgegenwirken einer von außen aufgeprägte Kraft – kann in diesem Bild auch leicht verstanden werden. Wirkt eine äußere Kraft auf Körper „1", so wird in den „Eimer 1" Bewegungsmenge eingefüllt. Diese Bewegungsmenge fließt aber sofort an Körper „2" ab. Erst wenn die äußere Kraft einen Schwellwert überschritten hat, der dadurch definiert ist, dass oberhalb dieser Schwelle mehr Impuls von außen zugeführt wird als an das System „2" abgeführt werden kann, entsteht eine „Geschwindigkeitsspannung" – die Körper gleiten aneinander ab.

Definierende Eigenschaft der Reibungskräfte ist, „der Bewegung entgegenzuwirken". Diese Formulierung lässt sich analytisch einfach darstellen, wenn wir die Reibungskräfte in ihren Betrag und ihre Richtung zerlegen:

$$\vec{F}_{Reib} = F_{Reib} \cdot \vec{e}_{Reib} \tag{4.143}$$

mit

$$\left| \vec{F}_{Reib} \right| = F_{Reib} \text{ bzw. } \left| \vec{e}_{Reib} \right| = 1 \tag{4.144}$$

Die Richtung der Reibkräfte ist im Falle des Abgleitens der Relativgeschwindigkeit entgegengesetzt. Für die Reibungskraft, die auf Körper „1" wirkt, gilt:

$$\vec{F}_{Reib}^{1,2} = F_{Reib} \cdot \vec{e}_{Reib}^{1,2} \text{ mit } \vec{e}_{Reib}^{1,2} = -\frac{\vec{v}_r}{v_r} \tag{4.145}$$

Im Falle des Haftens ist die Haftreibungskraft der äußeren Kraft $\vec{F}$ entgegengesetzt. Das gilt natürlich nur, wenn die äußere Kraft parallel zur Oberfläche wirkt, ansonsten müssen wir die entsprechende Komponenete berücksichtigen:

$$\vec{e}_{Reib} = -\frac{\vec{F}}{F} \tag{4.146}$$

In unserer Vorstellung des Impulsflusses haben wir hier also ein Beispiel, bei dem die x-Komponente des Impulses in z-Richtung fließt. Die Spannungen in den Körpern, die mit diesem Impulsfluss verknüpft sind, heißen Scherspannungen. Nimmt man einen Schwamm und schiebt diesen über einen Tisch, so kann die mit diesen Scherpannungen zusammenhängende Verformung – die Scherung – des Schwamms einfach beobachtet werden.

Nach der Betrachtung zur Richtung der Reibkräfte bleibt der Betrag der Reibkräfte zu bestimmen. Dabei zeigt sich, dass die Reibkräfte immer proportional zu den (Beträgen der) Normalkräfte F_N sind, die die betrachteten Körper aneinanderdrücken und den Kontakt erst herstellen. Mit dieser Beobachtung erhalten wir das sogenannte Coulombsche Reibungsgesetz:

$$F_{Reib} = \mu \cdot F_N \tag{4.147}$$

In diesem Gesetz werden alle körperspezifischen Größen und die Kopplung in einem dimensionslosen Koeffizienten – dem Reibungskoeffizienten μ – subsummiert. Für harte Körper mit „normalen" Oberflächen, werden diese Koeffizienten als von der Materialpaarung abhängig angegeben.

Tabelle 4.1. Reibungskoeffizienten

Materialpaarung	Haftreibungkoeffizient	Gleitreibungskoeffizient
Stahl / Stahl	0,15	0,12
Stahl / Holz	0,5 – 0,6	0,2 – 0,5
Holz / Holz	0,65	0,2 – 0,4
Holz / Leder	0,5	0,3
Gummi / Asphalt	0,9	0,85
Gummi / Beton	0,65	0,5
Gummi / Eis	0,2	0,15

Im Lichte unserer Vorbemerkungen hängen diese natürlich auch von der Oberflächenbeschaffenheit ab. Unsere dynamische Interpretation lässt naiv erwarten, dass der Reibungskoeffizient unabhängig davon ist, ob die Körper aneinanderhaften oder abgleiten. Die Erfahrung lehrt jedoch, dass der Haftreibungskoeffizient in der Regel größer ist als der Gleitreibungskoeffizient. Dies kann man dadurch interpretieren, dass beim Gleiten die Kontaktfläche A_K, die ja nur noch im zeitlichen Mittel definiert ist, kleiner wird. Eine Ausnahme von der Regel, dass der Haftreibungskoeffizient größer als der Gleitreibungskoeffizient ist, ist Teflon. Dieser Sachverhalt kann nicht einfach „geometrisch" erklärt werden, sondern man muss sich in die Chemie des Teflons vertiefen, was wir uns hier verkneifen wollen. Die Gleitreibunskoeffizienten sind beispielhaft in Tab 4.1 aufgelistet.

Bewegt sich ein Körper in einer Flüssigkeit (oder einem Gas), so wird seine Bewegung von der Flüssigkeit oder dem Gas zusätzlich zur Auftriebskraft gehemmt. Diese Hemmung ist aber nicht unmittelbar auf eine Reibung zwischen Flüssigkeit und Körper zurückzuführen, da die Flüssigkeit, die den Körper umströmen muss, von diesem in Bewegung versetzt wird. Bei einer genauen Betrachtung haftet die Flüssigkeit sogar an der Oberfläche des Körpers. Die Reibung tritt im Inneren der Strömung auf, wenn Flüssigkeitselemente aneinander abgleiten.

Betrachten wir ein mit einer Flüssigkeit gefülltes Rohr, in dem sich ein Körper frei (abgesehen von den Kräften, die die Flüssigkeit ausübt) bewegt, so verringert sich die Relativgeschwindigkeit zwischen Rohr und Flüssigkeit, wie wir es bei einem Reibungsphänomen erwarten. Ein beliebig geformter Körper kann in einer solchen Anordnung auch die Richtung der Geschwindigkeit ändern. Dieses Phänomen des Auf- oder Abtriebs, das wir ja durch Spoiler und Flügel technisch zu nutzen suchen, ist sinnvoll nicht als Reibung zu erklären. Um zu einem sinnvollen Ausdruck für die Reibungskraft einer Flüssigkeit auf einen umströmten Körper zu kommen, muss man Kenntnisse über die Strömung besitzen. Eine wichtige Erfahrung mit umströmten Körpern ist, dass außerhalb einer Grenzschicht der Einfluss des Körpers auf das Strömungsverhalten der Flüssigkeit vernachlässigbar ist. Betrachten wir eine ruhende Strömung, so wird der bewegte Körper die Flüssigkeit nur innerhalb eines begrenzten Volumens zur Bewegung veranlassen. Diese Anordnung erlaubt uns eine Relativgeschwindigkeit zwischen Körper und der Flüssigkeit ausserhalb dieses Volumens zu definieren. Ruht die Flüssigkeit, ist diese Relativgeschwindigkeit die Geschwindigkeit des Körpers. Die Reibungskraft ist nun die Kraft, die dieser Geschwindigkeit entgegenwirkt:

$$\vec{F}_{Reib} = -F_{Reib} \cdot \frac{\vec{v}}{v} \qquad (4.148)$$

Der Betrag der Reibungskraft ist hier eine geschwindigkeitsabhängige Größe, da das Strömungsbild in der Nähe des betrachteten Körpers stark von seiner Geschwindigkeit abhängt. Wir unterscheiden diese Strömungsbilder durch Begriffe wie laminar oder turbulent. Für kleine Geschwindigkeiten ist die Strömung laminar und die Reibungskraft direkt proportinal zur Geschwindigkeit:

$$F_{Reib} = \beta \cdot v \qquad (4.149)$$

β ist ein Koeffizient, der sowohl von der Geometrie des Körpers als auch von den Eigenschaften der Flüssigkeit (hier der Zähigkeit η) beschrieben wird. Für den Fall einer Kugel mit dem Radius r hat Stokes im Rahmen der Hydrodynamik diesen Koeffizienten ausgerechnet und mit der Geometrie des Korpers und der Zähigkeit (Viskosität) η der Flüssigkeit in Verbindung gebracht:

$$\beta = 6 \cdot \pi \cdot r \cdot \eta \qquad (4.150)$$

Für große Geschwindigkeiten ist die Strömung turbulent und man kann im Rahmen der Hydrodynamik zeigen, dass die Reibungskraft für große Geschwindigkeiten die folgende Struktur besitzt:

$$F_{Reib} = \frac{1}{2} \cdot A \cdot c_W \cdot \rho_L \cdot v^2 \qquad (4.151)$$

In dieser Formel ist A die Stirnfläche des Körpers, c_W der von der Geometrie des Körpers abhängige Widerstandsbeiwert und ρ_L die Dichte der Flüssigkeit. Handelt es sich bei der „Flüssigkeit" um Luft, so ist c_W der Luftwiderstandsbeiwert, den wir aus der Automobilwerbung kennen. Wir weisen noch einmal darauf hin, dass die Reibungskraft von der Strömungsform abhängt, d. h. im Lichte des Widerstandsbeiwertes, dass dieser für einen Körper, der sich in der Nähe einer Oberfläche bewegt, anders ist als für einen Körper, dessen Grenzschicht nirgendwo „anstößt". In der technischen Realisierung sieht man das daran, dass die Rümpfe von Flugzeugen im Vergleich zu Automobilen unterschiedlich geformt sind. Wir wollen auch noch bemerken, dass von dem c_W-Wert eines Körpers nicht gesprochen werden kann, weil dieser ja nur für hohe Geschwindigkeiten konstant ist. Für eine ausführliche Diskussion und

Definition der verwendeten Begriffe verweisen wir auf die Hydrodynamik, einem Themengebiet der Feldtheorie.

Damit haben wir die wesentlichen Kraftgesetze, die durch einen Impulsfluss durch die Oberfläche eines Körpers entstehen, diskutiert und können uns jetzt der eigentlichen Aufgabe – der Vorhersage von v-t-Diagrammen aus der Newtonschen Bewegungsgleichung – zuwenden.

4.7   In der Nähe des Gleichgewichtes

4.7.1   Einführung

Mit den Newtonschen Bewegungsgleichungen und den Kraftgesetzen, von denen wir die am häufigst benötigten angegeben haben, sieht es so aus, als könnten wir das Newtonsche Programm vollenden und die Bewegung von Körpern aus der Angabe eines Anfangszustandes vorhersagen. Bevor wir dazu kommen, müssen wir jedoch noch eine Annahme machen, die meist implizit gemacht wird. Um diese Annahme zu verstehen, müssen wir uns verdeutlichen, dass wir bisher jede Anordnung durch drei Arten von Zuständen beschreiben konnten:

1.   Bewegungszustände, wie die Geschwindigkeit $\vec{v} = \dfrac{d\vec{r}}{dt}$. Diese Bewegungszustände können in einem Inertialsystem durch die zeitliche Änderung der Koordinaten der Oberfläche des Körpers ausgedrückt werden.

2.   Spannungszustände, wie die Federspannung, deren „Zustandsmengenänderung" durch die Koordinaten des Körpers ausgedrückt werden können.

3.   Innere Zustände, wie die Temperatur, die nicht (einfach) mit Koordinaten in Verbindung gebracht werden können.

In die Kraftgesetze gehen Kopplungen wie die Fläche oder der Reibungskoeffizient ein. Diese und auch die Zustandsgleichung eines Körpers, die die Spannung mit der Verzerrung verknüpft, hängt in der Regel von der Temperatur des Körpers ab. Eine vollständige Lösung der Newtonschen Gleichungen erfordert i. A. auch die Lösung der entsprechenden Gleichungen für die Spannungen und der inneren Zustände. Die mit dem geschilderten Sachverhalt eingehende Problematik, lässt sich im Alltag leicht deutlich machen. Wir stellen uns vor, dass wir Butter aus dem Kühlschrank nehmen und eine schiefe Ebene heruntergleiten lassen. Wenn die Ebene lang genug ist, wird die Butter an der Grenzfläche schmelzen, und dann durch den entstehenden Flüssigkeitsfilm weniger gebremst. Offensichtlich wird die Kopplung der Butter zur Unterlage nicht durch einen konstanten Haftreibungskoeffizienten beschrieben. Die Abhängigkeit der Zustandsgleichung von der Temperatur verdeutlicht man sich leicht, wenn man einen gespannten Gummi über eine Kerze hält.

Also streng genommen sind wir nur einen – wenn auch großen – Schritt bei der Beschreibung der Prozesse einer Anordnung vorangekommen. Andererseits lehrt uns die Erfahrung, dass, wenn wir Stahlklötze eine Ebene herunterrutschen lassen oder Stahlfedern betrachten, die oben beschriebenen Implikationen nicht auftreten. Es gibt also Fälle, bei denen die Parameter in den Kraftgesetzen nahezu als unabhängig von der zeitlichen Entwicklung der inneren Zustände aufgefasst werden kann. Die Prozesse der Bewegungs- und Spannungszustände beeinflussen zwar die inneren Zustände, die Rückwirkung der Prozesse der inneren Zustände auf die Bewegungs- und Spannungszustände ist jedoch vernachlässigbar. In diesen Fällen können die Prozesse, welche die Bewegungs- und Spannungszustände einer Anordnung durchlaufen, durch die Newtonschen Bewegungsgleichungen vollständig beschrieben werden. Diese Näherung wird umso besser, je näher sich die Anordnung an einem Gleichgewichtszustand befindet. Betrachten wir Anordnungen, die diese Annahme erfüllen, so können in den Bewegungsgleichungen die inneren Zustände unterdrückt werden und alle Zustandsänderungen in einem Inertialsystem durch Koordinaten oder Koordinatenänderungen ausgedrückt werden. Wir erhalten ein geschlossenes Gleichungssystem, zu dem wir noch die Anfangsbedingungen hinzufügen müssen:

$$\dot{\vec{P}}_i = m \cdot \dot{\vec{v}}_i = \sum_k \vec{F}_{ik}\left(\vec{x}_i - \vec{x}_k, \vec{v}_i - \vec{v}_k\right) \qquad (4.152)$$

$$\dot{\vec{x}}_i = \vec{v}_i$$

$i = 1$, Anzahl der Systeme

Dies ist ein geschlossenes System von Differentialgleichung, über das es in der Mathematik sehr viele Sätze gibt. Insbesondere existiert eine eindeutige Lösung bei gegebenen Anfangsbedingungen, die wir mit dem zeitlichen Verhalten der entsprechenden Zustände der betrachteten Anordnung vergleichen können.

Das Gleichgewicht einer Anordnung in Bezug auf die Koordinaten und Geschwindigkeiten ist durch Nullsetzen der linken Seiten von Gleichung Gl. 4.152 definiert. Ein solches Gleichgewicht, das sich nur auf die Bewegungs- und Spannungszustände bezieht, heißt mechanisches Gleichgewicht. Im Gleichgewicht gilt, das die Summe aller Kräfte auf die Oberflächen der betrachteten als homogen annehmbaren Körper verschwindet, was offenbar nichts anderes bedeutet, als dass der Impulsfluss durch den Körper ohne eine Bewegung erfolgt. Diese Gleichung wollen wir jetzt exemplarisch an einem einfachen Beispiel untersuchen. Dazu betrachten wir einen Körper der Masse m, der einerseits durch eine Feder mit einer Wand sehr viel größerer Masse verbunden ist und andererseits durch ein masseloses Paddel mit einer viskosen Flüssigkeit, welche sich in einem Gefäß befindet, das mit der Wand fest verbunden ist.

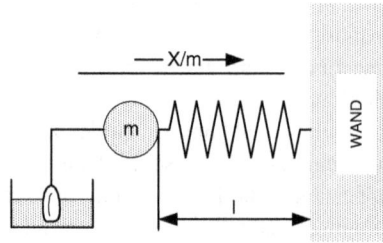

Abb. 4.17. *Eine beispielhafte Anordnung*

In dieser Anordnung können wir (näherungsweise) ein Inertialsystem finden, in dem sowohl die Wand als auch die Flüssigkeit als Ganzes ruht. In einem solchen Inertialsystem ist der Zustand der Anordnung durch die Geschwindigkeit und die Lage des Körpers beschrieben. Der Einfachheit halber soll der Körper sich nur in einer Dimension bewegen können, was durch Zwangsbedingungen realisiert werden kann, die aber keinen Einfluss auf die Bewegungsgleichungen in x-Richtung haben. Die Bewegungsgleichungen dieser Anordnung lauten:

$$m \cdot \dot{v} = -k \cdot (x - x_0) - \beta \cdot v \text{ und } \dot{x} = v \qquad (4.153)$$

Die Feder erfülle die Hookesche Zustandsgleichung, und für die Reibungskraft nehmen wir den bei nicht zu großen Geschwindigkeiten bekannten Ausdruck. Die Größe k nennt man Federkonstante und lässt sich durch die im Kapitel „Die Feder" eingeführten Größen ausdrücken:

$$k = \frac{E \cdot A}{\ell_0} \qquad (4.154)$$

Mathematisch sind dies sehr einfache Gleichungen, deren Lösung sofort angeschrieben werden kann. Wir wollen aber diese Einfachheit nicht nutzen und entscheiden uns eher für einen physikalischen Zugang zur Lösung dieser Problemstellung. Dazu nutzen wir die Zerlegbarkeit des Systems und entfernen zunächst das Paddel.

4.7.2   Der harmonische Oszillator

In einer Anordnung ohne Paddel lautet die Bewegungsgleichung

$$m \cdot \dot{v} = -k \cdot (x - x_0) \text{ und } \dot{x} = v \qquad (4.155)$$

Eine Anordnung, die durch eine solche Bewegungsgleichung beschrieben wird, heißt harmonischer Oszillator. Das Adjektiv harmonisch bezieht sich auf das in x lineare Kraftgesetz. Federn, deren Zustandsgleichung auch höhere Potenzen der Verzerrung enthält, was zu nichtlinearen Kraftgesetzen führt, heißen dementsprechend anharmonische Oszillatoren. Ein Fadenpendel ist ein Beispiel für einen anharmonischen Oszillator; für kleine Winkelausschläge – in der Nähe seiner Gleichgewichtslage – verhält sich ein Fadenpendel wie ein harmonischer Oszillator.

Um die Gleichungen weiter zu vereinfachen, legen wir unser Inertialsystem so, dass $x_0 = 0$, d. h. bei einer entspannte Feder ($l = l_0$) liegt die betrachtete Masse im Koordinatenursprung. In diesem Koordinatensystem gilt:

$$m \cdot \frac{d^2 x}{dt} = -k \cdot x \qquad (4.156)$$

Durch Einsetzen der zweiten Gleichung in die erste haben wir zwei Differentialgleichungen der 1. Ordnung in eine der 2. Ordnung überführt. Dividieren wir diese Gleichung durch m und führen die Größe $\omega_0 = \sqrt{\dfrac{k}{m}}$ ein, so vereinfacht sich die Darstellung des Problems weiter:

$$\ddot{x} + \omega_0^2 \cdot x = 0 \qquad (4.157)$$

ω_0 besitzt die Einheit s^{-1}. Das heißt, mit ω_0 sind wir in der Lage, eine Zeitskala zu definieren. Vereinbaren wir, die Zeit in Einheiten von ω_0^{-1} zu messen und nennen t' den Zahlenwert dieser Zeit, so ist dieser Zahlenwert mit der von außen an das System herangetragenen Zeit t über $t' = t \cdot \omega_0$ verknüpft ($[t'] = 1$). Mit dieser Variablen vereinfacht sich die Gestalt der Bewegungsgleichung nochmals:

$$\frac{d^2 x}{dt'^2} + x = 0 \quad \text{oder kurz} \quad \ddot{x} + x = 0 \qquad (4.158)$$

In diese Darstellung des Oszillators gehen keine systemspezifischen Größen ein. In Konsequenz unterscheiden sich verschiedene harmonische Oszillatoren nur durch die Qualität der Zustände (Koordinaten, Winkel etc.) und die Zeitskala. Wenn wir das aktuelle Problem gelöst haben, können wir uns für die Zukunft auf die Bestimmung der Zeitskala konzentrieren.

Zum Beispiel wird für ein Fadenpendel die Zeitskala durch $\omega_0 = \sqrt{\dfrac{g}{\ell}}$ festgelegt.

Durch Multiplikation von Gl. 4.158 mit $\dot{x}$ und durch Anwendung der Kettenregel

$$\dot{x} \cdot \frac{dx \cdot}{dt'} = \frac{1}{2} \cdot \frac{d\dot{x}^2}{dt'} \quad \text{bzw.} \quad x \cdot \frac{dx}{dt'} = \frac{1}{2} \cdot \frac{dx^2}{dt'} \qquad (4.159)$$

erhalten wir den „Energiesatz" in den für diese Anordnung charakteristischen Einheiten:

$$\frac{d}{dt'}\left(\frac{1}{2}\dot{x}^2 + \frac{1}{2}x^2 \right) = 0 \qquad (4.160)$$

bzw.

$$\frac{1}{2}\dot{x}^2 + \frac{1}{2}x^2 = E' \equiv \frac{E}{m \cdot \omega_0^2} = \frac{E}{k} \qquad (4.161)$$

In dem Phasenraum; der durch die Zustände $\dot{x}$ und x definiert wird (und der durch die Dimensionierung der physikalischen Größen die Metrik eines kartesischen Koordinatensystems besitzt), sind alle Lösungen der Bewegungsgleichung dadurch gekennzeichnet, das Sie auf einem Kreis mit dem Radius $\sqrt{2 \cdot E'}$ liegen, wobei E' durch die Anfangsbedingungen bestimmt ist.

$$E' = \frac{1}{2} \cdot \frac{v_0^2}{\omega_0^2} + \frac{1}{2} \cdot x_0^2 \qquad (4.162)$$

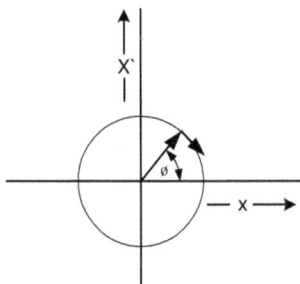

Abb. 4.18. *Phasenraum des harmonischen Oszillators*

Führen wir wie in Abb. 4.18 dargestellt die Phase ϕ (den Winkel in einem Koordinatensystem) zur Parametrisierung der Zustandsänderung ein, so erhalten wir:

$$\dot{x}(t') = \sqrt{2 \cdot E'} \cdot \sin\phi(t') \text{ und } x(t') = \sqrt{2 \cdot E'} \cdot \cos\phi(t') \qquad (4.163)$$

Wir haben unser ursprüngliches Problem zurückgespielt auf die Bestimmung von $\phi(t)$. Die Lösung dieses Problems kann aber mit elementaren Geometriekenntnissen erlangt werden. Dazu betrachten wir im Phasenraum die benachbarten Zustandsvektoren

$$\begin{pmatrix} x \\ \dot{x} \end{pmatrix} \text{ und } \begin{pmatrix} x + dx \\ \dot{x} + d\dot{x} \end{pmatrix} = \begin{pmatrix} x \\ \dot{x} \end{pmatrix} + \begin{pmatrix} \dot{x} \\ \ddot{x} \end{pmatrix} \cdot dt' = \begin{pmatrix} x \\ x \cdot \end{pmatrix} + \begin{pmatrix} \dot{x} \\ -x \end{pmatrix} \cdot dt' \qquad (4.164)$$

In der Zeit dt' hat die Phase sich um $d\phi$ geändert. Da die beiden betrachteten Vektoren auf einem Kreis liegen, gilt:

$$\sin \mathrm{d}\phi \cong \mathrm{d}\phi = \frac{\sqrt{(\mathrm{d}x)^2 + (\mathrm{d}x')^2}}{\sqrt{2 \cdot E'}} = \frac{\sqrt{(x')^2 + (x)^2}}{\sqrt{2 \cdot E'}} \cdot \mathrm{d}t' = \mathrm{d}t' \tag{4.165}$$

bzw. ϕ erfüllt die einfache Differentialgleichung:

$$\frac{\mathrm{d}\phi}{\mathrm{d}t'} = 1 \text{ mit der Lösung } \phi(t') = \phi_0 + (t' - t'_0) \tag{4.166}$$

Die Bewegung ist im Phasenraum durch eine Rotation des Zustandsvektors mit konstanter „Winkelgeschwindigkeit" beschreibbar.

Diese mit elementaren Mitteln abgeleiteten Ergebnisse lassen sich sofort in den Ortsraum übertragen und wir erhalten als Lösung der Newtonschen Gleichung:

$$x(t) = x_0^{max} \cdot \cos(\omega_0 \cdot (t - t_0) + \phi_0) \tag{4.167}$$

Der Körper schwingt (oszilliert) um die Ruhelage $x = 0$, mit der maximalen Auslenkung aus der Ruhelage (Amplitude) x_0^{max}. Nach der Zeit $T = \dfrac{2\pi}{\omega_0}$ sind Körper und Feder wieder in ihrem Ausgangszustand; das Gleichgewicht wird nicht erreicht, das System verbleibt aber immer in der Nähe des Gleichgewichtes. Der Bewegungszustand ergibt sich einfach durch Differenzieren nach der Zeit.

$$v(t) = \dot{x} = \omega_0 \cdot x_0^{max} \cdot \sin(\omega_0 \cdot (t - t_0) + \phi_0) \tag{4.168}$$

Die Parameter der Bewegung Amplitude und Nullphase ϕ_0 werden durch die Anfangsbedingungen festgelegt:

$$x_0 = x_0^{max} \cdot \cos\phi_0 \text{ und } v_0 = \omega_0 \cdot x_0^{max} \cdot \sin\phi_0 \tag{4.169}$$

Die kinetische Energie des Körpers und die Energie der Feder lassen sich mit diesen Lösungen sofort anschreiben:

$$E_{kin} = \frac{1}{2} \cdot m \cdot \omega_0^2 \cdot x_0^{max^2} \cdot (\sin(\omega_0 \cdot (t - t_0) + \phi_0))^2 \tag{4.170}$$

$$E_{Feder} = \frac{1}{2} \cdot k \cdot x_0^{max^2} \cdot (\cos(\omega_0 \cdot (t - t_0) + \phi_0))^2 \tag{4.171}$$

Die Energie des Oszillators E_{Osz} ist damit nur durch die Amplitude bestimmt:

$$E_{Osz} = E_{kin} + E_{Feder} = m \cdot \omega_0^2 \cdot x_0^{max^2} = k \cdot x_0^{max^2} \tag{4.172}$$

Von weiterem Interesse ist es, die Energieverteilung auf Feder und Körper im zeitlichen Mittel zu betrachten. In vielen Fällen, in denen eine zeitlich veränderliche Größe $f(t)$ vorliegt, interessiert uns das zeitliche Verhalten innerhalb von Zeiträumen der Dauer T gar nicht. Wir sind nur an gröberen zeitlichen Entwicklungen interessiert. Wenn wir eine Landkarte eines Küstenstriches zeichnen wollen, dann wird sich zeitaufgelöst die Küstenlinie durch die Gezeiten ändern. In der Landkarte tragen wir natürlich nur die zeitlich gemittelte Küstenlinie ein. Dieser alltägliche Vorgang wird mathematisch wie folgt formalisiert. Die über die Zeit T gemittelte Größe $\overline{f}^T$ ist definiert durch:

$$\overline{f}^T(t) = \frac{1}{T} \int_{t-\frac{T}{2}}^{t+\frac{T}{2}} f(t') \cdot dt' \tag{4.173}$$

Aufgrund der großen Bedeutung dieses Mittelungsprozesses in unserem Alltag empfiehlt es sich, mit Gl. 4.173 anhand von Beispielen vertraut zu werden. In unserem Fall wollen wir die Energien über eine Periodendauer T mitteln und erhalten

$$\frac{1}{2 \cdot \pi} \int_0^{2 \cdot \pi} \cos^2 \alpha \cdot d\alpha = \frac{1}{2 \cdot \pi} \int_0^{2 \cdot \pi} \sin^2 \alpha \cdot d\alpha = \frac{1}{2} \tag{4.174}$$

und damit

$$\overline{E}_{kin}^T = \overline{E}_{Feder}^T = \frac{1}{2} \cdot E_{Osz} \tag{4.175}$$

Im zeitlichen Mittel verteilt sich die Energie der Anordnung zu gleichen Anteilen auf den Körper und die Feder. Dieses Resultat, das wir hier für einen speziellen Fall abgeleitet haben, werden wir in der statistischen Physik in verallgemeinerter Form als Gleichverteilungs- oder Virialsatz noch einmal wiederfinden.

4.7.3   Der Dämpfer

Wenden wir uns wieder der ursprünglichen Anordnung zu und entfernen jetzt die Feder aus der Anordnung. Die Bewegung der Restanordnung „Körper und Paddel" wird dann durch folgende Gleichung beschrieben:

$$m \cdot \dot{v} = -\beta \cdot v \tag{4.176}$$

Auch in dieser Anordnung wird das Verhalten der Anordnung durch eine Zeitskala festgelegt. Aus Gründen, die gleich deutlich werden, definiert man:

$$\delta = 2 \cdot \frac{\beta}{m} \qquad \text{mit } [\delta] = s^{-1} \qquad (4.177)$$

Mit dem Wissen, dass gilt:

$$\frac{dx}{x} = d\ln|x| \qquad (4.178)$$

formen wir Gl. 4.176 um und erhalten:

$$\frac{dv}{v} = d\ln|v| = -\frac{\delta}{2} \cdot dt \qquad (4.179)$$

mit der Lösung

$$\ln \frac{v(t)}{v_0} = -\frac{\delta}{2} \cdot (t - t_0) \qquad (4.180)$$

bzw.

$$v(t) = v_0 \cdot e^{-\frac{\delta}{2} \cdot (t - t_0)} \qquad (4.181)$$

Die Geschwindigkeit des Körpers verlangsamt sich exponentiell schnell bis zur Ruhe. Den Energiesatz können wir aus der Bewegungsgleichung nicht erhalten, da wir über die Zustände der Flüssigkeit und deren „energetische" Bewertung nichts wissen. Multiplizieren wir die Bewegungsgleichung mit v, so erhalten wir:

$$v \cdot m \cdot \dot{v} = \frac{d}{dt}\left(\frac{1}{2} \cdot m \cdot v^2\right) = \frac{dE_{kin}}{dt} = -\beta \cdot v^2 \leq 0 \qquad (4.182)$$

Der Körper, der nur die Energieform der Bewegung hat, gibt während des Prozesses Energie an die Flüssigkeit ab. Die Flüssigkeit dämpft die Bewegung, indem sie Energie absorbiert. Der Impuls des Körpers fließt bei diesem Prozess über das Becken in die Wand, die sich auf Grund ihrer großen Masse vernachlässigbar (nicht) bewegt. Der Energieverlust des Körpers kann natürlich durch Einsetzen von $v(t)$ direkt angegeben werden. Wir können ihn aber auch direkt in Form einer Differentialgleichung unabhängig von den Anfangsbedingungen formulieren, was dann auch den Faktor 2 bei der Wahl der Zeitskala erklärt.

$$\frac{dE_{kin}}{dt} = -\delta \cdot E_{kin} \qquad (4.183)$$

Die Bewegung des Körpers im Ortsraum kann durch Integration der Geschwindigkeit ermittelt werden. Ist x_0 die Position des Körpers zum Zeitpunkt t_0, so gilt:

$$x(t) = x_0 + \int\limits_{t_0}^{t} v_0 \cdot e^{-\frac{\delta}{2}\cdot(t'-t_0)} \cdot dt' = x_0 - \frac{2 \cdot v_0}{\delta} \cdot e^{-\frac{\delta}{2}\cdot(t'-t_0)} \Bigg|_{t_0}^{t}$$

$$= x_0 - \frac{2 \cdot v_0}{\delta} \cdot \left(e^{-\frac{\delta}{2}\cdot(t-t_0)} - 1 \right)$$

(4.184)

Die Endlage des Körpers x_∞ finden wir durch:

$$x_\infty = \lim_{t \to \infty} x(t) = x_0 + \frac{2 \cdot v_0}{\delta}$$

(4.185)

4.7.4   Der gedämpfte Oszillator

Die Betrachtungen der reduzierten Anordnungen liefern uns die Begriffe, in denen wir die vollständige Anordnung, die durch Gl. 4.153 beschrieben wird, diskutieren können. Dividieren wir die Gleichung durch die Masse des Körpers, so erhalten wir die Differentialgleichung:

$$\ddot{x} + \frac{\delta}{2} \cdot \dot{x} + \omega_0^2 \cdot x = 0$$

(4.186)

Auch hier handelt es sich um ein mathematisches Problem, das noch mit elementaren Mitteln lösbar ist, doch werden wir hier zunächst wieder „physikalisch" vorgehen.

Im Unterschied zu den Beschreibungen der reduzierten Anordnungen treten in der vollständigen Anordnung zwei Zeitskalen auf. Die Bedeutung des Vorhandenseins von zwei oder mehreren Skalen in einer Anordnung soll an einer kleinen Geschichte illustriert werden.

Betrachten wir einen Boxkampf, so schätzen wir das Ergebnis des Kampfes anhand von Skalen ab. Eine typische Skala ist der Oberarmumfang der Kontrahenten. Ist ein Oberarmumfang viel größer als der andere, ist das Ergebnis einfach vorhergesagt. Schwierig wird es, wenn die Oberarmumfänge in derselben Größenordnung liegen. In diesem Fall können wir einen spannenden Kampf erwarten, wobei spannend bedeutet, dass das Ergebnis des Kampfes nicht einfach vorhersagbar ist.

Genau dieselbe Situation liegt auch hier vor. Sind die Zeitskalen unterschiedlich, wird die Anordnung sich entweder im Wesentlichen wie ein Oszillator oder wie ein Dämpfer verhalten. Schwierig – für den Physiker „spannend" – wird es, wenn die Zeitskalen in derselben Größenordnung liegen. Eine Vorhersage des Verhaltens der Anordnung ist nicht einfach möglich. Wir werden also eine Fallunterscheidung in drei Fällen durchführen:

Der schwach gedämpfte Oszillator: $\omega_0 > \delta$

Der aperiodische Grenzfall: $\omega_0 = \delta$

Der überdämpfte Oszillator: $\qquad\qquad\qquad\qquad\qquad \omega_0 < \delta$

Die mathematische Bedeutung dieser Fallunterscheidungen sehen wir z. B. in der Behandlung des schwach gedämpften Oszillators. Führen wir in diesem Fall wieder die Dimensionslose Zeit $t` = t \cdot \omega_0$ ein, so erhalten wir:

$$\frac{d^2 x}{dt'^2} + x = -\frac{1}{2} \cdot \frac{\delta}{\omega_0} \cdot \frac{dx}{dt'} \qquad\qquad (4.187)$$

Je schwächer die Dämpfung bzw. je größer der Zeitskalenunterschied, desto eher können wir die linke Seite der Gleichung gleich null setzen. Das Verhältnis der Zeitskalen δ/ω_0 ist ein Kleinheitsparameter, der eine kleine Störung des Oszillatorverhaltens beschreibt. Aus dieser Überlegung entwickelt man eine Störungstheorie, bei der man die Lösung der Differentialgleichung in eine Potenzreihe nach diesem Kleinheitsparameter entwickelt.

Je mehr wir uns dem aperiodischen Grenzfall nähern, desto unhaltbarer wird diese Argumentation, denn im aperiodischen Grenzfall ist dieser Parameter 1 und Gl. 4.187 geht über in:

$$\frac{d^2 x}{dt'^2} + x = -\frac{1}{2} \cdot \frac{dx}{dt'} \qquad\qquad (4.188)$$

In dieser Gleichung sind alle Größen gleichberechtigt. So wichtig diese Störungstheorie ist und so sehr sie unserem intuitiven Alltagsdenken entspricht, werden wir hier nicht weiter darauf eingehen, da dies den Rahmen sprengen würde.

Wie in den reduzierten Anordnungen betrachten wir auch hier den Energiesatz. Durch Multiplikation von Gl. 4.186 mit v erhalten wir:

$$\frac{dE_{kin}}{dt} + \frac{dE_{Feder}}{dt} = \frac{dE_{Osz.}}{dt} = -\beta \cdot v^2 \leq 0 \qquad\qquad (4.189)$$

Der Oszillator gibt im Laufe der Zeit Energie an die Flüssigkeit ab. Die Bewegung kommt zur Ruhe, wenn der Oszillator keine Energie mehr hat. Diese Ruhelage ist aber unabhängig von den Fallunterscheidungen immer durch $x = 0$ beschrieben.

In Abb. 4.19 ist der Phasenraum der Anordnung (genauer der Unterraum) der Variablen p und x dargestellt. Dadurch, dass wir hier die physikalischen Variablen benutzen, sind die Linien konstanter Oszillatorenergien Ellipsen. Der Prozess, den die Anordnung durchläuft, ist dadurch geprägt, dass der Zustand (p, x) einerseits auf einer Linie konstanter Energie rotiert, andererseits durch die Dämpfung die Energie des Oszillators immer kleiner wird. Nach hinreichend langer Zeit wird dann der Gleichgewichtswert im Zentrum des Phasenraums erreicht. Die Abbildung zeigt den Grenzfall des schwach gedämpften Oszillators, der wie bei dem Boxkampf quasi geraten werden kann.

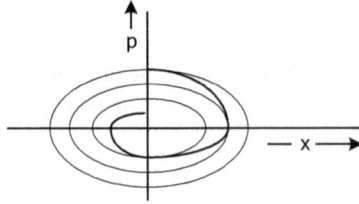

Abb. 4.19. *Phasenraum des gedämpften Oszillators*

Da wir wie im Falle des ungedämpften Oszillators den Energiesatz nicht mehr zum Auffinden der Lösungen nutzen können, schlagen wir jetzt einfach in einem Mathematikbuch nach und suchen die allgemeine Lösung.

Wir finden für den Fall schwacher Dämpfung:

$$x(t) = x_0 \cdot e^{-\delta \cdot t} \cdot \cos(\omega \cdot t + \varphi_0) \tag{4.190}$$

An dieser Gleichung erkennen wir den Einfluss der Dämpfung in einer mit der Zeit kleiner werdenden Schwingungsamplitude und einer Verringerung der Phasengeschwindigkeit

$$\omega = \sqrt{\omega_0^2 - \delta^2} \tag{4.191}$$

Wir finden für den überdämpften Fall

$$x(t) = x_{0,1} \cdot e^{-\left(\delta - \sqrt{\delta^2 - \omega_0^2}\right) \cdot t} + x_{0,2} \cdot e^{-\left(\delta + \sqrt{\delta^2 - \omega_0^2}\right) \cdot t} \tag{4.192}$$

Hier erkennen wir den Einfluss der Feder auf die gedämpfte Bewegung wieder durch eine Änderung der Zeitskala der Dämpfung.

Der aperiodische Grenzfall wird durch eine Gleichung beschrieben, der man ansieht, dass sie nicht leicht als Lösung zu erraten ist.

$$x(t) = (x_0 + x_0' \cdot t) \cdot e^{-\delta \cdot t} \tag{4.193}$$

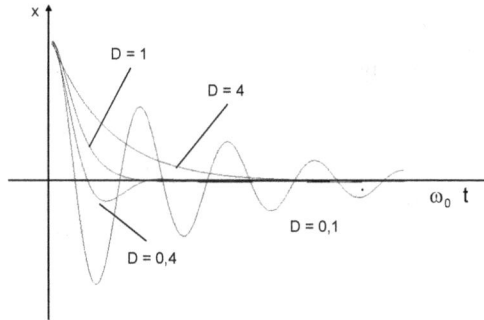

Abb. 4.20. *Bewegungsformen eines gedämpften Oszillators mit gleichen Anfangsbedingungen, aber verschiedenen Dämpfungen (D = δ / ω₀).*

In Abb. 4.20 sind Lösungen mit gleichen Anfangsbedingungen für die verschieden Fälle eingetragen. Der aperiodische Grenzfall zeichnet sich dadurch aus, dass die Annäherung an das Gleichgewicht am schnellsten erfolgt. Dies macht diesen Fall technisch bei der Dimensionierung von Stoßdämpfern oder der Dämpfung von Messgeräten interessant.

Nur im schwach gedämpften Fall können wir noch davon sprechen, dass es zu Oszillationen kommt. In diesem Fall denken wir uns über die jeweiligen Perioden die Oszillatorenergie gemittelt. Da die Amplitude sich nur unwesentlich während der Mittelung ändert, können wir den Gleichverteilungssatz anwenden und erhalten unter Verwendung von Gl. 4.189:

$$\frac{\mathrm{d}\overline{E}_{kin}^{T}}{\mathrm{d}t} = -\frac{\delta}{2} \cdot \overline{E}_{kin}^{T} \tag{4.194}$$

Diese Überlegung setzt man oft an den Anfang einer „physikalischen" Lösung des Problems und sie führt, wie man durch Einsetzen leicht zeigen kann, auch zu der richtigen Zeitabhängigkeit der Amplitude.

Wir haben in der betrachteten Anordnung zwei Bewegungstypen kennengelernt: die Schwingung um einen Gleichgewichtszustand mit der Phasengeschwindigkeit ω_0 und die exponentiell schnelle Annäherung an den Gleichgewichtszustand. Eine kompliziertere Anordnung in der Nähe des Gleichgewichtes wird auch fast immer durch lineare Bewegungsgleichungen beschrieben, so dass unsere obige Analyse übertragen werden kann. Eine solch komplizierte Anordnung besitzt dann nur mehr Phasengeschwindigkeiten (auch Eigenfrequenzen genannt) und Zeitskalen der Dämpfung. Die Bewegung lässt sich dann immer als Überlagerung von mehreren gedämpften Schwingungen beschreiben. Im zweidimensionalen ungedämpften Fall bildet die Bahnkurve z. B. eine sogenannte Lissajous-Figur.

4.7.5   Der erregte gedämpfte Oszillator

Von großer technischer Bedeutung sind Resonanzphänomene. Wir alle haben als Kinder schon einmal in der Badewanne die Oberfläche des Badewassers in Schwingung versetzt und beobachtet, wie durch eine geeignete Anregung – durch Hin- und Herrutschen in der Badewanne – die Amplitude der Schwingung so weit vergrößert werden konnte, dass das Badewasser aus der Wanne schwappt. Dasselbe Phänomen können wir am Armaturenbrett unseres Autos beobachten. Das Armaturenbrett ist ein gedämpftes schwingungsfähiges System, dessen Karikatur wir oben behandelt haben, das durch äußere periodische Kräfte, die im weitesten Sinne durch den Motor verursacht werden, zu Schwingungen angeregt werden. Bei bestimmten Drehzahlen, meist im Leerlauf, kann die Schwingungsamplitude so groß werden, dass unangenehme Schallwellen ausgesandt werden. Man sagt, die Anordnung ist in einem solchen Fall resonant zur anregenden Kraft. Bei einer Erhöhung der Drehzahl verschwindet das Geräusch dann wieder. Solche erzwungenen Schwingungsamplituden können so groß werden, dass das „Armaturenbrett" zerstört wird. Eine derartige Anordnung können wir auch als einen Filter auffassen, der aus Eingangssignalen bestimmte Frequenzen herausfiltert. Diese Phänomene wollen wir an unserer einfachen Anordnung untersuchen.

Zur Untersuchung von Resonanzphänomenen müssen wir unsere Anordnung um ein System erweitern, dass die äußere Kraft aufprägt. Dazu denken wir uns das linke Ende der Feder gelöst. An der Wand denken wir uns einen Motor befestigt, der eine Kurbelwelle rotieren lassen kann. An diese Kurbelwelle montieren wir eine Pleuelstange, an deren Ende wir die Feder befestigen. Die Pleuelstange sei so lang, dass wir die Bewegung weiterhin als eindimensional betrachten können. einen solchen Anordnungstyp nennt man angeregten Resonator.

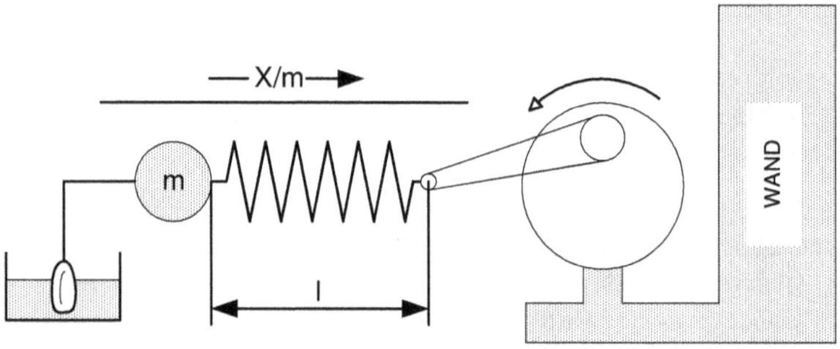

Abb. 4.21. *Anordnung „Resonator"*

Indizieren wir die Koordinaten des rechten Federendes mit „1", so lautet die Bewegungsgleichung des Körpers:

$$m \cdot \ddot{x} = -k \cdot \left(\ell_0 - x + x_1(t) \right) - \beta \cdot \dot{x} \qquad (4.195)$$

Die Kraft, die die Feder auf den Körper ausübt, wird also nicht mehr nur durch die Position des Körpers bestimmt. Führen wir die Abkürzung $y = x_1 - \ell_0$ ein, so erhalten wir nach Division durch m die Differentialgleichung:

$$\ddot{x} + \frac{\delta}{2} \cdot \dot{x} + \omega_0^2 \cdot x = \omega_0^2 \cdot y(t) \tag{4.196}$$

Eine solche Differentialgleichung heißt inhomogen. Aufgrund der Linearität der Gleichung können wir einige hilfreiche allgemeine Eigenschaften benennen.

Die Lösung der Differentialgleichung wird durch Angabe der Anfangsbedingungen x_0 und v_0 zum Zeitpunkt t_0 erst eindeutig. Das heißt aber physikalisch nicht, dass das Verhalten der Anordnung bei einer Beobachtung ab dem Zeitpunkt t_0 eindeutig durch die Anfangsbedingungen bestimmt ist. Dies liegt daran, dass die Lösung $x(t)$ auch von den $y(t')$, $t'<t$ abhängt. Um zu einer sinnvollen Interpretation zu gelangen, müssen wir vereinbaren, dass wir den Motor frühestens zu dem Zeitpunkt t_0 einschalten, an dem wir unsere Beobachtung beginnen. Nur in einem solchen Fall haben wir die vollständige Kontrolle über unsere Anordnung. Für alle Zeiten $t < t_0$ sei $y(t) = 0$.

Sei $x_{qs}(t)$ irgendeine Lösung der Differentialgleichung 4.196 und $x_h(t)$ die allgemeine Lösung der dazugehörigen homogenen Differentialgleichung 4.186, dann ist auch wie man durch Einsetzen leicht nachvollzieht $x_{qs}(t)+x_h(t)$ Lösung von Gl. 4.196. Dies bedeutet, dass wir nur eine spezielle Lösung (die partikuläre Lösung) kennen müssen, um die allgemeine Lösung angeben zu können, da wir die Anfangsbedingung über die homogene Lösung in die Lösung einbauen können. Die Lösung der homogenen Gleichung haben wir aber schon bei der Behandlung des gedämpften Oszillators erarbeitet. Diese Lösung hat die Eigenschaft, nach einer hinreichend langen Zeit zu verschwinden:

$$x_h(t) \cong 0 \qquad \text{für} \qquad t \cdot \delta \gg 1 \tag{4.197}$$

Das heißt, nach einer Einschwingphase, die beendet ist, wenn die homogene Lösung verschwunden ist, bleibt überhaupt nur eine Lösung übrig, die eindeutig durch $y(t)$ bestimmt ist. Diese Lösung wird in der Physik und Technik als quasistationäre Lösung bezeichnet. Wir erhalten also das wichtige Resultat, dass das Verhalten eines Resonators, welcher in der Nähe des Gleichgewichtes angeregt wird, nach einer Einschwingzeit eindeutig durch die erregende Kraft bestimmt ist. Flapsig ausgedrückt, das nervende Geräusch unseres Armaturenbrettes wird unabhängig von der Vorgeschichte des Motors und des Armaturenbrettes immer wieder bei derselben Motorfrequenz auftreten. Nur wenn wir den Motor den Drehzahlbereich schnell durchlaufen lassen, kann durch Einschwingvorgänge das Geräusch evtl. vermieden werden. In der Technik und auch hier sind wir an dieser quasistationären Lösung interessiert, die uns unabhängig von Anfangsbedingungen generelle Züge der Anordnung offenbaren wird. Ganz konkret nutzen wir unsern eingeschränkten Informationsbedarf; indem wir den Beginn unserer Beobachtung „unendlich weit" in die Vergangenheit schieben. Jetzt können zwar Anfangsbedingungen nicht mehr sinnvoll definiert werden, aber zu jedem endlichen Zeitpunkt t ist die homogene Lösung schon abgeklungen und für y sind jetzt alle Funktionen mit $t \in \Re$ zugelassen, die im „Unendlichen" verschwinden. Diese Annahme ermöglicht uns, das Verfahren der Spektralzerlegung anzuwenden.

Diese Spektralzerlegung wollen wir anwenden, weil wir ja nicht an dem Verhalten des Resonators für ein spezielles Zeitprogramm interessiert sind, sondern weil wir den Resonator für einen möglichst allgemeinen Fall studieren wollen. Die Idee hinter der Spektralzerlegung ist, jede beliebige physikalisch sinnvolle Funktion durch die Summe eine Klasse von speziellen Funktionen $\Psi_i(t)$ (ähnlich der Darstellung eines Vektors durch Einheitsvektoren eines Koordinatensystems) auszudrücken.

$$y(t) = \sum_i \hat{y}_i \cdot \Psi_i(t) \tag{4.198}$$

Idealerweise sollten die Funktionen durch Variation eines (oder mehrerer) Parameters α auseinander hervorgehen. Dann gilt:

$$y(t) = \sum_i \hat{y}(\alpha_i) \cdot \Psi(\alpha_i, t) \tag{4.199}$$

In einem solchen Fall bräuchten wir Gl. 4.196 nur noch für die Funktion Ψ (mit α als konstantem Parameter) zu lösen. Denn auf Grund der Linearität der Bewegungsgleichung gilt, wie man durch Einsetzen leicht nachvollziehen kann:

Seien $y_1(t)$ und $y_2(t)$ zwei verschiedene Zeitprogramme, die der Motor der Anordnung aufprägt, und $x_1(t)$ und $x_2(t)$ (den Index qs für quasi stationär unterdrücken wir) die Lösungen der Differentialgleichungen zu den jeweiligen Zeitprogrammen, dann löst $a \cdot x_1(t) + b \cdot x_2(t)$ Gl. 4.196 mit dem Zeitprogramm

$$a \cdot y_1(t) + b \cdot y_2(t)^{36} \tag{4.200}$$

Mithilfe der Lösung $x(\alpha_i, t)$ für das Zeitprogramm $\Psi(\alpha_i, t)$ kann die Lösung eines beliebigen Zeitprogrammes dann zusammengesetzt werden.

$$x(t) = \sum_i \hat{y}(\alpha_i) \cdot x(\alpha_i, t)) \tag{4.201}$$

Solche Funktionensysteme existieren. Das bekannteste wird durch das sogenannte Fouriertheorem beschrieben. Die Idee der Spektralzerlegung eines zeitlichen Vorganges $F(t)$ spielt in der Physik eine große Rolle. Mathematisch lässt sich die Spektralzerlegung wie folgt darstellen:[37]

---

[36]   Dies ist die definierende Eigenschaft einer linearen Differentialgleichung.

[37]   Die hier gewählte Darstellung mit komplexen Zahlen ist die allgemeinste und eleganteste Darstellung. Die Darstellung in reellen Größen wird gleich nachgeholt.

$$F(t) = \frac{1}{2\pi} \int\limits_{-\infty}^{\infty} \hat{F}(\omega) \cdot e^{-i\cdot\omega t} \cdot d\omega \qquad (4.202)$$

Wir nennen $\hat{F}(\omega)$ die Spektralfunktion zu $F(t)$. Der eigentliche „Vorgang" der spektralen Zerlegung wird durch das Fourier-Theorem beschrieben:

$$\hat{F}(\omega) = \int\limits_{-\infty}^{\infty} F(t) \cdot e^{i\cdot\omega t} \cdot dt \qquad (4.203)$$

Wir wollen das Fourier-Theorem nicht beweisen, verzichten auch auf mathematische Strenge insbesondere bei der Vertauschung von Grenzprozessen und Integrationen und führen lediglich einige Betrachtungen durch, die das Verständnis dieses Theorems fördern sollen. Wir beginnen mit einer Bemerkung zur komplexen Schreibweise. Im allgemeinen Fall sind die Funktionswerte der Spektralfunktion komplexe Zahlen. Demgemäß könne wir die Spektralfunktion durch zwei reelle Funktionen – den Real- und Imaginärteil von $\hat{F}(\omega)$ – ausdrücken:

$$\hat{F}(\omega) = \mathrm{Re}\hat{F}(\omega) + i \cdot \mathrm{Im}\hat{F}(\omega) \qquad (4.204)$$

Physikalische Vorgänge werden immer durch reelle Zeitfunktionen $F(t)$ dargestellt. Dies bedeutet für die konjugiert komplexe Spektralfunktion:

$$\hat{F}*(\omega) = \mathrm{Re}\hat{F}(\omega) - i \cdot \mathrm{Im}\hat{F}(\omega) = \int\limits_{-\infty}^{\infty} F(t) \cdot e^{-i\cdot\omega t} \cdot dt = \hat{F}(-\omega) \qquad (4.205)$$

Führen wir die Abkürzungen

$$A(\omega) = \sqrt{\left(\mathrm{Re}\hat{F}(\omega)\right)^2 + \left(\mathrm{Im}\hat{F}(\omega)\right)^2} \geq 0 \qquad (4.206)$$

und

$$\psi(\omega) = arctan\left(\frac{\mathrm{Im}\hat{F}(\omega)}{\mathrm{Re}\hat{F}(\omega)}\right)$$

ein, die wir Amplitude und Phase der Spektralzerlegung nennen, so kann jede reelle Funktion $F(t)$ auch wie folgt dargestellt werden:

$$F(t) = \frac{1}{\pi} \int\limits_{0}^{\infty} A(\omega) \cdot \cos(\omega \cdot t - \psi(\omega)) \cdot d\omega \qquad (4.207)$$

Wir erkennen daraus, dass die komplexe Darstellung viel handlicher als die reelle Schreib-weise ist und werden diese daher auch beibehalten. Die explizite Ausführung der Integratio-nen erfordert einiges an mathematisch-handwerklichem Geschick, kann aber heute durch Computerprogramme durchgeführt werden. Es empfiehlt sich, ein solches Computerpro-gramm auf einige bekannte Funktionen anzuwenden, damit die mathematische Symbolik ih-ren Schrecken verliert.

Ist das vorliegende Zeitprogramm periodisch mit der Periodendauer T, d. h. es gilt:

$$F(t+T) = F(t) \qquad (4.208)$$

so gilt für die Spektralzerlegung:

$$\hat{F}(\omega) = \int_{-\infty}^{\infty} F(t) \cdot e^{i \cdot \omega \cdot t} \cdot dt = \int_{-\infty}^{\infty} F(t) \cdot e^{i \cdot \omega \cdot (t+T)} \cdot dt \qquad (4.209)$$

Diese Gleichung kann nur erfüllt werden, wenn:

$$\omega_n \cdot T = \pm n \cdot 2 \cdot \pi \qquad (4.210)$$

Das heißt, die Spektralfunktion ist nur für $\omega = \omega_n$ von Null verschieden. Damit zerfällt das Integral der Spektralzerlegung in eine Summe:

$$F(t) = \frac{1}{\pi} \sum_{n=0}^{\infty} A_n \cdot \cos(\omega_n \cdot t + \psi_n) \qquad (4.211)$$

Spiegeln wir unsere musikalischen Erfahrungen an dieser Gleichung, so ist ein Ton durch die Grundschwingung $\omega_1 = 2\pi/T$ definiert. Der Klang verschiedener Instrumente, die denselben Ton spielen, ergibt sich durch die Verteilung der Amplituden A_n der Obertöne $\omega_n, n > 1$. Ei-ne Note definiert also ein Signal mit einer definierten Periodenlänge T. Unser Gehör nimmt also in gewisser Weise eine Spektralzerlegung vor. Umgekehrt konstruiert ein Synthesizer aus der Amplitudenverteilung der ersten Obertöne, die charakteristisch für ein Instrument ist, den Klang dieses Instrumentes. Je mehr Obertöne berücksichtigt werden, desto besser wird das Instrument imitiert.

Als zweites Beispiel wollen wir eine zeitlich begrenzte Anregung betrachten. Bei dem ge-dämpften Oszillator entspricht dies einer Anregung durch einen Stoß. Dieser sei durch eine Gauß-Funktion dargestellt:

$$F(t) = \frac{1}{\sqrt{2 \cdot \pi \cdot \sigma}} e^{-\frac{t^2}{2 \cdot \sigma^2}} \qquad (4.212)$$

Diese Anregung hat die Stärke $\int\limits_{-\infty}^{\infty} F(t) \cdot dt = 1$ und die Anregungsdauer σ. Die Spekralfunktion dieser Anregung lautet

$$\hat{F}(\omega) = \int\limits_{-\infty}^{\infty} \frac{1}{\sqrt{2 \cdot \pi} \cdot \sigma} e^{-\left(\frac{t^2}{2 \cdot \sigma^2} - i \cdot \omega \cdot t\right)} \cdot dt \tag{4.213}$$

Dieses Integral ist noch mit elementaren Mitteln berechenbar. Dazu führen wir die neue Integrationsvariable $t' = t - i \cdot \sigma^2 \cdot \omega$ ein und erhalten:

$$\hat{F}(\omega) = e^{-\frac{\omega^2 \cdot \sigma^2}{2}} \tag{4.214}$$

Die Fouriertransformierte einer Gaußverteilung ist ebenfalls wieder eine Gaußverteilung, deren „Breite" σ_ω umgekehrt proportional zur Breite der Ausgangsverteilung – der Anregungsdauer – ist:

$$\sigma_\omega = \frac{1}{\sigma} \tag{4.215}$$

Je kleiner die Stoßdauer, desto mehr Oberschwingungen benötigt man zur Darstellung des Stoßes. Dieses Ergebnis kann auch dahingehend gelesen werden, dass, wenn wir uns ein beliebiges Signal als Überlagerung solcher Impulse vorstellen, eine immer feinere zeitliche Auflösung des Signals mit einer Vergrößerung des notwendigen Frequenzbereichs einher geht. Da wir nur in einem endlichen Frequenzbereich hören (< 20.000Hz), können wir akustische Signale mit Strukturen auf einer Zeitskala T < 0,1 ms (Ultraschall) nicht mehr hören bzw. auflösen. Solche Überlegungen sind wichtig bei dem Übergang von der Analog- zur Digitaltechnologie und werden in der Literatur unter dem Stichwort „Abtast-Theorem" diskutiert.

Eine weitere wichtige Eigenschaft der Spektralfunktion einer Funktion ist der Zusammenhang mit der Spektralfunktion der Ableitung der Funktion.

$$\frac{dF(t)}{dt} = \frac{1}{2\pi} \int\limits_{-\infty}^{\infty} -i \cdot \omega \cdot \hat{F}(\omega) \cdot e^{-i \cdot \omega \cdot t} \cdot d\omega \tag{4.216}$$

Die Spektralfunktion der Ableitung einer Funktion erhalten wir also einfach durch Multiplikation der zugehörigen Spektralfunktion $-i\,\omega$.

Zum Abschluss unserer Bemerkungen über die Spektralzerlegung wollen wir noch zwei Beziehungen über zeitlich gemittelte Größen angeben.

Wenn $\hat{F}(\omega)$ die Spektralfunktion zu $F(t)$ ist, dann ist die Spektralfunktion $\hat{F}^\tau(\omega)$ zur gemittelten Zeitfunktion $\overline{F}^\tau$ gegeben durch:

$$\widehat{F}^{\tau}(\omega) = \widehat{F}(\omega) \cdot \frac{\sin\left(\dfrac{\omega \cdot \tau}{2}\right)}{\dfrac{\omega \cdot \tau}{2}} \tag{4.217}$$

Des Weiteren gilt die Parsivalsche Gleichung, auf die wir bei energetischen Betrachtungen noch zurückkommen:

$$\int_{-\infty}^{\infty} F^2(t) \cdot dt = \int_{-\infty}^{\infty} |F(\omega)|^2 \cdot d\omega \tag{4.218}$$

Nach diesem mathematischen Exkurs können wir uns wieder unserer Ausgangsanordnung zuwenden und deren Verhalten für eine Anregung der Art

$$y(t) = \widehat{y}(\omega) \cdot e^{-i \cdot \omega t} \tag{4.219}$$

untersuchen. Physikalisch interessiert natürlich nur der Realteil dieser Anregung, bzw. aufgrund der Linearität der Differentialgleichung der Realteil der quasistationären Lösung. Wir erhalten:

$$\ddot{x} + \frac{\delta}{2} \cdot \dot{x} + \omega_0^2 \cdot x = \omega_0^2 \cdot \widehat{y}(\omega) \cdot e^{-i \cdot \omega t} \tag{4.220}$$

Wie man durch Einsetzen sofort verifizieren kann, wird diese Gleichung gelöst durch:

$$x(\omega, t) = \widehat{x}(\omega) \cdot e^{-i \cdot \omega t} \tag{4.221}$$

Durch Vergleich erhalten wir:

$$\widehat{x}(\omega) = \frac{\omega_0^2 \cdot \widehat{y}(\omega)}{\omega_0^2 - \omega^2 - i \cdot 2 \cdot \omega \cdot \delta} \tag{4.222}$$

Bevor wir diese Gleichung diskutieren, fassen wir noch einmal zusammen: Regen wir unsere Anordnung mit einem Zeitprogramm y(t) an, dessen Spektralfunktion $\widehat{y}$ ist, dann hat die zugehörige quasi stationäre Lösung die Spektralfunktion $\widehat{x}$. Betrachten wir nur den Realteil der Anregung Gl.4.219

$$y(t) = |\widehat{y}(\omega)| \cdot \cos(\omega \cdot t + \psi_0), \tag{4.223}$$

so lautet die Lösung:

$$x(\omega, t) = |\widehat{x}(\omega)| \cdot \cos(\omega \cdot t + \psi_0 + \psi(\omega)) \tag{4.224}$$

mit der Amplitude

$$|\hat{x}(\omega)| = \frac{\omega_0^2 \cdot |\hat{y}(\omega)|}{\sqrt{\left(\omega_0^2 - \omega^2\right)^2 + 4 \cdot \delta^2 \cdot \omega^2}}$$

(4.225)

und der Phasenverschiebung

$$\psi(\omega) = arctan\left(\frac{4 \cdot \delta \cdot \omega}{\omega_0^2 - \omega^2}\right)$$

(4.226)

Charakteristisch für die Reaktion des Systems auf die Erregung ist die Abhängigkeit von der Anregungsfrequenz. Der funktionale Zusammenhang ist in Abb. 4.22 graphisch dargestellt. Die Phasenverschiebung gibt die zeitliche Verschiebung der Schwingung des Resonators zur anregenden Kraft an. Die Amplitude, ein Maß für die Größe der Ausschläge des Oszillators, hat eine besonders markante Abhängigkeit von der Frequenz der Erregung. Stark vereinfacht kann man sagen, dass nur Anregungsfrequenzen, die in der Nähe der Eigen- oder Resonatorfrequenz ω_0 liegen, zu einer Reaktion des Resonators in Form einer quasistationären Amplitude führen.

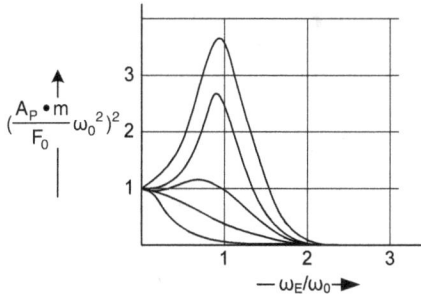

Abb. 4.22. *Die Resonanzkurve*

Wir erkennen hier qualitativ das Verhalten unseres Armaturenbrettes wieder und finden zugleich Lösungsmöglichkeiten für dieses Problem. Wenn die Anregungsfrequenz durch den Motor gegeben ist, können wir das Knarren beseitigen, indem wir die Resonanzfrequenz verschieben. Dies können wir auf zwei Wegen machen: Wir erhöhen die Massen (legen Zigarettenschachteln, Schlüsselbunde etc. auf das Amaturenbrett) oder wir erhöhen die Federkonstante, in dem wir die Verschraubung des Armaturenbrettes anziehen. Eine andere Möglichkeit besteht darin, die Dämpfung zu erhöhen, dies erfordert aber die Verwendung anderer weicherer oder härterer Kunststoffe und scheidet somit in der Regel für den Heimwerker aus.

Wir können das Ergebnis unserer Analyse auch so formulieren, dass der Resonator wie ein Filter arbeitet, der aus einem breiten Anregungsspektrum Frequenzen in der Nähe seiner Eigenfrequenz herausfiltert. Das Verfahren der Spektralanalyse erlaubt eine ganz neue Sicht-weise auf Anordnungen. Betrachten wir die Anregung als Frage an die Anordnung, so ist das Verhalten der Anordnung als Antwort interpretierbar. Mit einem bestimmten Satz von Fra-gen, hier die verschiedenen periodischen Anregungen, erhalten wir durch die Antworten des Systems die vollständige Information über das System (alle Systemparameter sind aus der Resonanzkurve herauslesbar). Der Ausbau dieser Sichtweise wird in der Literatur als „Linea-re-Antwort-Theorie" beschrieben und ist auch in der Technik weit verbreitet.

Zur Diskussion der energetischen Verhältnisse der Anordnung spalten wir diese auf in den Oszillator, den Dämpfer und das erregende System. Die Energie des Oszillators ist gegeben durch

$$E_{Res} = \frac{m}{2}\left(\dot{x}^2 + \omega_0^2 \cdot x^2\right) \tag{4.227}$$

Die Änderung der Energie des Oszillators in der Zeit wird durch zwei Energieströme be-stimmt:

$$\frac{dE_{Res}}{dt} = -2 \cdot m \cdot \delta \cdot \dot{x}(t)^2 + m \cdot \omega_0^2 \cdot y(t) \cdot x(t) \tag{4.228}$$

Der erste Summand, der immer negativ ist, ist die Arbeitsleistung des Oszillators am Dämp-fer. Der zweite Summand ist die Arbeitsleistung, die der Erreger am Oszillator verrichtet. Diese Arbeiten werden periodisch, aber phasenverschoben verrichtet, die jeweilige Differenz wird im Oszillator zwischengespeichert. Für viele Fragestellung interessieren diese kompli-ziert zu beschreibenden Speicherprozesse überhaupt nicht, sondern man ist wieder nur an den Energieströmen bzw. Energien im zeitlichen Mittel (über eine Periode der Anregung) inte-ressiert. Die mittlere gespeicherte Energie des Oszillators können wir mit Hilfe der Spektral-funktion im quasistationären Fall sofort anschreiben:

$$\overline{E}_{Res}^T = \frac{m}{2}\left(\omega_0^2 + \omega^2\right) \cdot |\hat{x}(\omega)|^2 = \frac{m}{2} \frac{\left(\omega_0^2 + \omega^2\right) \cdot \omega_0^2}{\left(\omega_0^2 - \omega^2\right)^2 + 4 \cdot \delta^2 \cdot \omega^2} \cdot |\hat{y}(\omega)|^2 \tag{4.229}$$

Diese Gleichung erklärt im Nachhinein den Begriff der Resonanzfrequenz, da bei dieser Fre-quenz die mittlere Energie des Oszillators zu gleichen Teilen auf Feder und Teilchen aufge-teilt ist. Die Energie, die in dem Oszillator (im Mittel) enthalten ist, hängt nicht nur von der Stärke der Anregung, sondern auch von der Anregungsfrequenz ab. Im Falle schwacher Dämpfung kann diese Energie sehr groß werden, so groß, dass die Näherungen, unter denen wir unsere Anordnung betrachtet haben, nicht mehr gelten und weitere Zustände angeregt werden, oder die Anordnung zerfällt (die Feder reißt, o.Ä.). Diesen Fall nennt man die Reso-nanzkatastrophe. Spektakuläres Beispiel für eine solche Katastrophe ist der Einsturz der Ta-coma Narrow Bridge in den vereinigten Staaten. Um solche Katastrophen zu vermeiden, dür-fen Soldaten nicht im Gleichschritt über Brücken marschieren. Für die Energieströme gilt im zeitlichen Mittel:

$$\frac{\mathrm{d}\overline{E}_{Res}^{T}}{\mathrm{d}t} = 0 = \overline{P}_{D\ddot{a}mpfer} + \overline{P}_{Erreger} \qquad\qquad (4.230)$$

Im zeitlichen Mittel wird im quasistationären Fall die komplette vom Erreger am Oszillator verrichtete Arbeit von dem Oszillator an den Dämpfer abgeführt. Umgekehrt können wir es geradezu als Bedingung für den quasistationären Zustand formulieren, dass dieser Zustand sich so einstellen muss, dass das System (im Mittel) von Energie durchflossen wird.

Schon die Lösungen der Newtonschen Gleichungen in der Nähe des Gleichgewichtes zeigen uns eindrucksvoll die Stärken des „Newtonschen Programms". Im nächsten Kapitel behandeln wir ein Thema, das für unsere Belange des Alltags nicht von so großem Interesse ist, das aber aus wissenschaftlicher und philosophischer Sicht von großer Bedeutung war und dessen erfolgreiche Beschreibung mit Hilfe des Newtonschen Konzeptes dieses zum Dreh- und Angelpunkt aller weiteren wissenschaftlichen Entwicklung gemacht hat. Um diese Bedeutung zu verstehen, lässt es sich nicht vermeiden, mathematische Hilfsmittel, die über die Schulkenntnisse hinausgehen, in Anspruch zu nehmen. Davon lasse man sich jedoch nicht abschrecken und überspringe gegebenfalls die Details.

4.8   Gravitation

Die Behandlung des freien Falls hat uns im Sinne unseres Interpretationsschemas vor Augen geführt, dass der Raum nicht etwa ein leerer Raum ist, sondern als ein von Impuls durchflossenes System denkbar ist. Die Beschäftigung mit Gravitationsphänomenen geht aber weit über diese faszinierende Interpretation hinaus. Sie ist von großer kulturgeschichtlicher Bedeutung und unverzichtbarer Teil unserer Allgemeinbildung. Allen Hochkulturen ist eine „Zerlegung" der Welt in einen irdischen und einen himmlischen Anteil gemein. Wobei der Sitz der Götter selbstverständlich über uns – im oder jenseits des Sternenhimmels – anzusiedeln war. So verwundert es nicht, dass der Beobachtung des Sternenhimmels in jeder Kultur große Bedeutung zukam. Selbst in unserer aufgeklärten Kultur benutzen wir das Wort Himmel immer in der doppelten Bedeutung als Ort, in dem natürliche Prozesse ablaufen, und als Sitz Gottes. Umgekehrt wird an dieser Doppelbedeutung deutlich, dass es für unsere Kultur und die sich mit Planetenbewegung befassten Physiker ein sehr schmerzhafter Prozess war, den Himmel als natürlich zu entzaubern. Dieser Prozess ist aber erheblich mitverantwortlich für unsere heutige Gesellschaft, in der Kirche und Staat soweit als möglich getrennt sind. Unser Verständnis von der Bewegung der Planeten ist mit großen Namen verknüpft, die wir kurz zu Ihrem Recht kommen lassen wollen.

Claudius Ptolemäus (2. Jahrhundert n. Chr.) und seine Astronomie steht stellvertretend für das hellenistische Weltbildes – das geozentrische Welbild, das die Erde bzw. den Menschen in den Mittelpunkt des Universums stellt. In diesem Weltbild werden die Planetenbahnen sehr kompliziert durch Epizyklen dargestellt. Die Begründung dieses Weltbildes basiert im Grunde auf dem Vorurteil, dass außer dem Menschen nichts anderes als Mittelpunkt vorstellbar sei. Dieses Weltbild hatte über 14 Jahrhunderte bestand. Ein tieferes Verständnis der

Planetenbahnen war auf Grund der komplizierten Planetenbahnen in diesem Weltbild nicht möglich. Um den griechischen Philosophen gerecht zu werden, muss aber erwähnt werden, dass die griechische Astronomie auch Beobachtungen berücksichtigte. Aristarch von Samos (310–230 v. Chr.) nahm in seinen Arbeiten die ganzen kopernikanischen Hypothesen vorweg, dass nämlich alle Planeten sich um die Sonne kreisen und die Erde sich in 24 Stunden einmal um sich selbst dreht. Doch letzendlich war eine radikal auf Beobachtungen basierte Physik noch nicht ausgeprägt, so dass diese Ideen noch über 1500 Jahre reifen mussten. Erst Nikolaus Kopernikus (1473–1543) wagte es wieder, die Sonne in den Mittelpunkt des Geschehens zu rücken. In diesem heliozentrischen Weltbild haben die Planetenbahnen eine viel einfachere Gestalt, so dass sie analytischen Methoden, die seinerzeit noch entwickelt werden mussten, leichter zugänglich sind. Kulturell war dieses Weltbild ein unerhörter Schritt, die die Position der Erde und damit des Menschen erheblich relativiert. Besonders erwähnt werden muss Tycho Brahe (1546–1601) als herausragender „Experimentalphysiker", der als letzter ohne Fernrohr Planetenbahnen in einer ungeheuren Fülle und Exaktheit vermessen hat, und auf dessen Daten alle weiteren Analysen und Interpretationen aufbauen. Johannes Kepler (1571–1630) gab den Messdaten Brahes eine einfache analytische Gestalt, die in den drei Keplerschen Gesetzen formuliert sind. Die ganze Komplexität der von der Erde aus beobachteten Bewegung der Planeten gehorcht einfachen Gesetzen. Nirgendwo drückt sich die Entzauberung des Himmels deutlicher aus als in diesen Gesetzen. Isaac Newton (1643–1727) gelingt es im Rahmen des Denkschemas der Dynamik die Keplerschen Gesetze auf *ein* Kraftgesetz zwischen Planeten zurückzuführen. Die Bedeutung dieses Kraftgesetzes liegt nicht nur in der Reduzierung der Planetenbahnen bzw. der drei Keplerschen Gesetze auf ein Kraftgesetz, sondern war auch umgekehrt ein wichtiger Prüfstein für die Dynamik. Es verknüpft die himmlischen Phänomene mit den irdischen: Der Wurf eines Balles auf der Erde, Ebbe und Flut, etc. haben Ihre Ursache in demselben Kraftgesetz, das den Mond um die Erde und die Erde um die Sonne kreisen lässt. Diese Banalisierung des Himmels als Sitz der Götter kommt besonders schön in der Anekdote zum Ausdruck, in der Newton erkennt, dass der Fall eines Apfels vom Baum nur eine besondere Form der Planetenbewegung des Planeten „Apfel" ist. Das eigentümliche dieses Kraftgesetzes ist, dass der Raum, durch den der Impulsfluss fließt, nicht explizit in das Kraftgesetz eingeht, so dass manchmal auch von einer Fernwirkungstheorie gesprochen wird. Eine solche Theorie macht natürlich das gesamte Interpretationsschema hinfällig. Albert Einstein (1879–1955) leitet das Newtonsche Kraftgesetz als Folge von Impuls- und Energieflüssen durch den Raum her und verhilft damit dem Raum als System zu seinem Recht. Er postuliert, dass der Impuls mit Lichtgeschwindigkeit durch den Raum fließt; Licht nichts anderes als eine lokale Störung der Gleichgewichtes des Raumes ist, die mit dem Impulsfluss mit gerissen wird; als Folge dessen Licht in der Nähe von Planeten auf gekrümmten Bahnen verläuft. Diese Interpretationen erlauben eine Formulierung von physikalischen Gesetzen ohne unsere transzendenten Vorstellungen von Raum und Zeit. Alle physikalischen Gesetzmäßigkeiten können relativ zu dem physikalischen Raum und der physikalischen Zeit, die durch Impulsflüsse durch den Raum und die Lichtgeschwindigkeit messbar sind, beschrieben werden (Allgemeine Relativitätstheorie). Die Konsequenzen dieser Theorie sind bis heute nicht vollständig verstanden bzw. verifiziert – die vorhergesagte Existenz von Gravitationswellen ist z. B. noch nicht nachgewiesen. Der nächste Name, den wir hier nennen möchten, ist noch nicht bestimmt. Die Physik der kleinsten Teilchen gibt uns eine überraschende Antwort auf die Frage, was eigentlich eine Masse ist, bzw. wie kleinste Massen Energie und Impuls mit dem Raum austauschen. Obwohl diese Frage im Rahmen der Quantentheorie geklärt ist, ist noch offen wie die allgemeine Relativitätstheorie und die Quantentheorie vereinheitlicht werden können. Hier Bedarf es vermutlich eines Newton oder Einstein, um diesen Schritt, der unsern Denkraum erweitern wird, zu gehen.

4.8.1   Die Keplerschen Gesetze

Die Analyse der Planetenbahnen führte Johannes Kepler auf die Formulierung von drei Gesetzmäßigkeiten:

1. Die Planeten bewegen sich auf Ellipsen, in deren gemeinsamen Brennpunkt die Sonne steht.

2. Der von der Sonne zum Planeten gezogene Radiusvektor $\vec{r}$ überstreicht in gleichen Zeitintervallen Δt gleiche Flächen ΔA – die Flächengeschwindigkeit $\dfrac{dA}{dt}$ ist konstant.

3. Die Quadrate der Umlaufzeiten T_1, T_2 zweier Planeten verhalten sich wie Kuben der großen Halbachsen a_1 und a_2: $\left(\dfrac{T_1}{T_2}\right)^2 = \left(\dfrac{a_1}{a_2}\right)^3$

4.8.2   Die Gravitationskraft

Die drei Keplerschen Gesetze, deren Bedeutung in Abb. 4.23 veranschaulicht ist, müssen in unserem Denkschema als Folge von Kräften beschreibbar sein. Wir wollen hier nicht versuchen, aus den Keplerschen Gesetzen das Kraftgesetz abzuleiten, sondern stellen das von Newton angegebene Kraftgesetz zwischen zwei Planeten bzw. Massen in den Mittelpunkt, lösen die daraus resultierenden Bewegungsgleichungen und vergleichen diese Lösungen mit den drei Keplerschen Gesetzen. Dies ist im mathematisch-handwerklichen Sinne eine durchaus anspruchsvolle Aufgabe. Der an diesen „handwerklichen Details" nicht so Interessierte kann diesen Teil überspringen oder einen Rechner nutzen, um die Ergebnisse an Beispielen zu verifizieren.

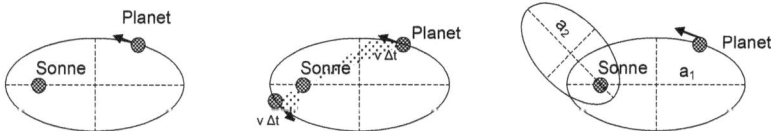

Abb. 4.23. Die Keplerschen Gesetze graphisch veranschaulicht

Wir betrachten zwei Massen m_1 und m_2, deren Ortsvektoren in einem Inertialsystem durch die Ortsvektoren $\vec{r}_1$ und $\vec{r}_2$ dargestellt seien. Die Newtonschen Bewegungsgleichungen haben dann die Struktur:

$$\frac{d\vec{P}_1}{dt} = \vec{F}_{12} \tag{4.231}$$

und

$$\frac{d\vec{P}_2}{dt} = \vec{F}_{21} \tag{4.232}$$

Da wir mit Newton annehmen, dass der „leere" Raum, wie unsere idealisierte Feder, keinen Impuls „sammeln" kann, folgt aus der Erfahrung der Impulserhaltung – hier der Periodizität der Bewegung:

$$\vec{F}_{12} + \vec{F}_{21} = 0 \tag{4.233}$$

Für die zwischen den Massen wirkende Kraft gibt Newton das folgende Kraftgesetz an:

$$\vec{F}_{12} = -\gamma_0 \frac{m_1 \cdot m_2}{\left|\vec{r}_1 - \vec{r}_2\right|^2} \cdot \frac{\vec{r}_1 - \vec{r}_2}{\left|\vec{r}_1 - \vec{r}_2\right|} \tag{4.234}$$

γ_0 ist eine Proportionalitätskonstante, die sogenannte Gravitationskonstante, mit dem Wert:

$$\gamma_0 = (6{,}673 \pm 0{,}003) \cdot 10^{-11} \frac{m^3}{kg \cdot s^2} \tag{4.235}$$

Die Gravitationskonstante ist eine in menschlichen Maßen gemessen (Einheiten) ungeheuer kleine Größe, so dass verständlich ist, dass wir zwischen den uns umgebenden Körpern eine Kraftwirkung aufgrund ihrer Masse nicht verspüren. Die Messung dieser Kraft zwischen zwei solchen Körpern erfordert hohes experimentelles Geschick und gelingt mit der Cavendish-Waage.

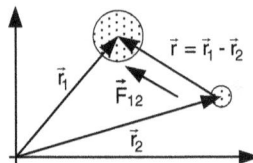

Abb. 4.24. *Zur Gravitationskraft*

Wir definieren einen Abstandsvektor $\vec{r}$, der von der Masse m_2 zur Masse m_1 zeigt, (siehe Abb. 4.24) mit:

$$\vec{r} = \vec{r}_1 - \vec{r}_2 \qquad (4.236)$$

Der Betrag von $\vec{r}$, $|\vec{r}| = r$, ist der Abstand zwischen den beiden Massen. Mit dieser Abkürzung hat dann das Kraftgesetz die einfache Gestalt:

$$\vec{F}_{12} = -\gamma_0 \frac{m_1 \cdot m_2}{r^2} \cdot \frac{\vec{r}}{r} \qquad (4.237)$$

Die Gravitationskraft ist proportional zu den Massen der beiden Körper, was sehr ungewöhnlich ist, da der Begriff der Masse und Ihre Definition eine ganz andere Herkunft haben. Man unterscheidet daher oft zwischen schwerer und träger Masse, deren Gleichheit aber durch aufwendige Messungen nachgewiesen ist. Die Gravitationskraft ist umgekehrt proportional zum Quadrat des Abstandes. Der Vergleich mit der Intensitätcharakteristik eines punktförmigen stationären Strahlers ist augenfällig, was ein Indiz für einen Mengenfluss durch den Raum ist und Newton vermutlich bei der Erstellung des Kraftgesetzes geleitet hat. Wir müssen aber darauf hinweisen, dass die Mechanismen der Kraftübertragung durch den Raum sich als viel komplizierter erweisen. Die Gravitationskraft ist eine anziehende sogenannte Zentralkraft. Der einer Masse zugeführte Impuls zeigt in seiner Richtung immer auf die Impuls aussendende Masse. Das heißt nicht, dass die Massen sich immer aufeinander zu bewegen, aber zwei ruhende losgelassene Körper bewegen sich auf der kürzesten Verbindungslinie aufeinander zu.

Durch Vergleich mit der Definition der Erdanziehungskraft erhalten wir für diese einen Ausdruck als Funktion der Erdparameter:

$$\vec{G} = m \cdot \vec{g}(\vec{r}) = m \cdot \frac{-\gamma_0 \cdot m_{Erde}}{r^2} \cdot \frac{\vec{r}}{r} \qquad (4.238)$$

Die Erdbeschleunigung $\vec{g}$ wird durch die Masse der Erde bestimmt und hängt allgemein vom Abstand zwischen dem Erdmittelpunkt und der betrachteten Masse ab. Allgemein nennt man die Größe $\vec{g}$ auch Feldstärke des Gravitationsfeldes oder Gravitationsfeldstärke. Bei einer Bewegung einer Masse in der Nähe der Erdoberfläche ($h < 30$ km) kann dieser Abstand durch den Erdradius R_{Erde} und die Höhe des Körpers ausgedrückt werden:

$$r = R_{Erde} + h \qquad (4.239)$$

Da der Erdradius ungefähr 6000 km beträgt, können wir auch schreiben:

$$r = R_{Erde} \cdot \left(1 + \frac{h}{R_{Erde}}\right) \cong R_{Erde} \qquad (4.240)$$

Im Rahmen der Genauigkeit unserer Angabe der Erdbeschleunigung gilt:

$$g = 9{,}81\,\frac{\mathrm{m}}{\mathrm{s}^2} = \frac{\gamma_0 \cdot m_{Erde}}{R_{Erde}^2} \qquad\qquad (4.241)$$

Der Radius der Erde ist aus geometrischen Überlegungen ermittelbar und war schon den Ägyptern bekannt. Durch eine Präzisionsmessung gelang es Henry Cavendish (1731–1810) mit Hilfe seiner Cavendish-Waage die Kraftwirkung zwischen zwei Probekörpern auf der Erde zu messen und damit die Gravitationkonstante zu bestimmen. Durch Anwendung von Gl. 4.241 konnte er mit Fug und Recht behaupten, dass er das Gewicht der Erde gewogen (die Masse bestimmt) habe.

4.8.3   Die Planetenbahnen

Die Keplerschen Gesetze machen nur Aussagen über die Bewegung eines Planeten relativ zur Sonne und so liegt es nahe, die Bewegung der Massen in eine Bewegung der Anordnung als Ganzes und eine innerhalb der Anordnung – der Relativbewegung – zu unterscheiden. Die Bewegung der Anordnung beschreiben wir durch ihren Schwerpunkt.

$$\vec{r}_S = \frac{m_1 \cdot \vec{r}_1 + m_2 \cdot \vec{r}_2}{m_1 + m_2} \qquad\qquad (4.242)$$

Der Gesamtimpuls der Anordnung ist dann, mit unserer Bemerkung über das Unvermögen des Raumes, Impuls zu speichern, gegeben durch:

$$\vec{P}_{ges} = (m_1 + m_2) \cdot \frac{dr_s}{dt} \qquad\qquad (4.243)$$

Die Impulserhaltung kann mit der Definition jetzt explizit angeschrieben werden:

$$\frac{d\vec{P}_{ges}}{dt} = 0 \qquad\qquad (4.244)$$

Die Koordinaten der Massen können mit Hilfe des Schwerpunktes und des Abstandsvektors ausgedrückt werden:

$$\vec{r}_1 = \vec{r}_S + \frac{m_2}{m_1 + m_2} \cdot \vec{r} \qquad\qquad (4.245)$$

und

$$\vec{r}_2 = \vec{r}_S - \frac{m_1}{m_1 + m_2} \cdot \vec{r} \qquad\qquad (4.246)$$

Setzen wir die Gln. 4.245 und 4.246 in die Bewegungsgleichungen 4.231 und 4.232 ein, so erhalten wir eine „Bewegungsgleichung" für den Abstandsvektor:

$$\mu \cdot \frac{\mathrm{d}^2 \vec{r}}{\mathrm{d}t^2} = -\gamma_0 \cdot \frac{\mu \cdot (m_2 + m_1)}{r^2} \cdot \frac{\vec{r}}{r} \tag{4.247}$$

Dabei haben wir als Abkürzung die sogenannte reduzierte Masse µ eingeführt:

$$\mu = \frac{m_1 \cdot m_2}{m_1 + m_2} \tag{4.248}$$

Gl. 4.247 ist zwar formal eine Bewegungsgleichung, aber im Newtonschen Sinne keine Bilanzgleichung eines Systems. Der Abstandsvektor ist weder ein Ortsvektor eines Systems, noch ist die „Kraft" ein Impulsfluss in dieses „System". Formal können wir aber die Gleichung als Bewegungsgleichung eines Systems mit reduzierter Masse im Abstand r von einem System mit der Masse $m_2 + m_1$, die viel größer als die reduzierte Masse ist, lesen. In diesem Fall ist die Bewegung der Masse $m_2 + m_1$ vernachlässigbar, so dass wir ein Koordinatensystem wählen können, in dem diese Masse ruht und im Koordinatenursprung plaziert ist. In diesem Fall können wir den Abstandsvektor als Ortsvektor definieren. Da in unserem Planetensystem die Masse der Sonne viel größer ist als die aller Planeten des Sonnensystems, liegt dieser Fall vor. Die reduzierte Masse ist im Wesentlichen die Masse des betrachteten Planeten.

Mit Gl. 4.247 und den dazugehörigen Anfangsbedingungen liegt uns ein wohldefiniertes mathematisches Problem vor, aus dem die Keplerschen Gesetze ableitbar sind (sein müssen). Eine Zeit- oder Längenskala, aus der man Umlaufzeit oder Halbachse abschätzen kann, enthält die Bewegungsgleichung nicht offensichtlich. Wir werden hier versuchen, die mathematische Problemstellung durch physikalische Argumente weitestgehend zu vereinfachen. Dazu veranschaulichen wir uns, dass eine Ellipse eine zweidimensionale oder ebene Figur ist und zeigen, dass die Bewegungsgleichung nur Bewegungen in einer Ebene zulässt.

Sind die Anfangsbedingungen zu einem Zeitpunkt $t_0 = 0$ durch $\vec{r}_0$ und $\vec{v}_0 = \dot{\vec{r}}_0$ (Relativgeschwindigkeit zum Zeitpunkt t_0) beschrieben, dann liegt der Abstandsvektor $\vec{r}(t)$ immer in der durch $\vec{r}_0$ und $\vec{v}_0$ aufgespannten Ebene. Dies gründet in der Eigenschaft der Kraft, eine Zentralkraft zu sein, die die Beschleunigung immer in Richtung des Abstandsvektors liegen lässt.

$$\vec{r}(t) = \alpha(t) \cdot \vec{r}_0 + \beta(t) \cdot \vec{v}_0 \tag{4.249}$$

Setzen wir Gl. 4.249 in die Bewegungsgleichung ein, so sehen wir, dass dieser Ansatz die Bewegungsgleichung erfüllt, also Lösung ist.

Durch Multiplikation der Bewegungsgleichung mit $\dot{\vec{r}}$, der Relativgeschwindigkeit zum Zeitpunkt t, erhalten wir den Energiesatz. Dazu benutzen wir die einfach auf vektorielle Größen erweiterbaren Identitäten 4.159 und können anschreiben:

$$\frac{\mathrm{d}}{\mathrm{d}t}\left[\frac{1}{2}\cdot\mu\cdot v_r^2+\left(-\gamma_0\cdot\frac{\mu\cdot(m_1+m_2)}{r}\right)\right]=0 \qquad (4.250)$$

Der erste Summand in der eckigen Klammer ist die kinetische Energie der Relativbewegung, der zweite, immer negative Summand ist keiner Energieform der beiden Massen zuzuordnen und beschreibt den Anteil der Energie des Raumes, der durch die Existenz der Massen im ansonsten leeren Raum im Abstand r hervorgerufen wird. Da Körper und Raum immer gekoppelt sind – ein Körper ohne Raum ist nicht denkbar –, nennt man diese Energie auch potenzielle Energie. Der Raum stellt für die Massen ein Energiepotenzial dar, welches durch Verschiebung der Massen abgerufen wird. Wir schließen uns dieser Bezeichnung nicht an; da der Abstand zweier Massen zueinander keine einem System zuschreibbare Eigenschaft ist, sondern dem Zwischenraum zugeordnet werden muss, bezeichnen wir diesen Energieanteil mit „Energie des Gravitationsfeldes". Das Gravitationsfeld ist auch ein Beispiel für ein konservatives System.

Die Bewegung ist dadurch eingeschränkt, dass jede Geschwindigkeits- oder Abstandsänderung dergestalt realisiert wird, dass der gesamte energetische Wert der Anordnung (den Energieanteil der Bewegung des Schwerpunktes der Anordnung können wir im Weiteren ignorieren) konstant bleibt.

$$\frac{1}{2}\cdot\mu\cdot v_r^2+\left(-\gamma_0\cdot\frac{\mu\cdot(m_1+m_2)}{r}\right)=E\in\Re \qquad (4.251)$$

Es mag vielleicht überraschen, dass die Energie der Anordnung negativ sein kann. Dies liegt aber in der Definition der Energie. Wollen wir die Anordnung entkoppeln, so gelingt dies nur, wenn wir die Massen unendlich weit voneinander trennen. Dazu müssen wir aber von außen Energie aufbringen. Umgekehrt, wenn wir die Anordnung aus isolierten Systemen kreieren, gewinnen wir Energie, so dass die gesamte Energie bestehend aus der Energie der Anordnung und der Energie der Umgebung immer größer oder gleich null ist. Daraus können wir schließen, dass bei negativer Energie der Anordnung die Bewegung bezogen auf den Schwerpunkt immer in einem endlichen Raumvolumen abläuft.

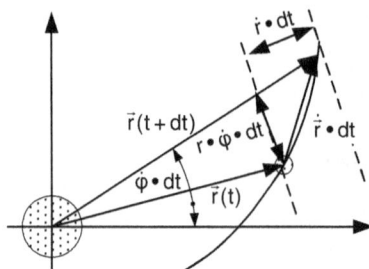

Abb. 4.25. Radial- und Winkelgeschwindigkeit

Wir werden später sehen, dass die Dimensionalität der Bahnkurve und die Konstanz der Flächengeschwindigkeit eine andere Formulierung der Erfahrung der Drehimpulserhaltung ist. An dieser Stelle wollen wir diesen allgemeinen Satz direkt für den speziellen Fall ableiten. Dazu führen wir neben dem Abstand und der Relativgeschwindigkeit noch wie in Abb 4.25 dargestellt die Zustandsgrößen Winkelgeschwindigkeit und Radialgeschwindigkeit $\dot{r}$ ein

Beachte, dass die Radialgeschwindigkeit ungleich der Relativgeschwindigkeit ist, bzw.

$$v_r = \left| \frac{\mathrm{d}\vec{r}}{\mathrm{d}t} \right| \neq \frac{\mathrm{d}|\vec{r}|}{\mathrm{d}t} = \dot{r} \tag{4.252}$$

Die Winkelgeschwindigkeit $\dot{\phi}$ ist die Änderung des Winkels ϕ, der durch die Abstandsvektoren zum Zeitpunkt t_0 $\vec{r}_0$ und zum Zeitpunkt t $\vec{r}(t)$ gebildet wird. Anhand von Abb. 4.25 verdeutlichen wir uns, dass gilt:

$$r^2 \cdot \dot{\phi}^2 + \dot{r}^2 = v_r^2 \tag{4.253}$$

Wir bestimmen die Fläche $\mathrm{d}A$, die der Abstandsvektor im Zeitintervall $\mathrm{d}t$ überstreicht, durch die Summe der in Abb 4.23 eingezeichneten Dreiecke und erhalten:

$$\mathrm{d}A = \frac{1}{2} \cdot r^2 \cdot \dot{\phi} \cdot \mathrm{d}t + \frac{1}{2} \cdot r \cdot \dot{r} \cdot \dot{\phi} \cdot (\mathrm{d}t)^2 \tag{4.254}$$

Der zweite Summand ist im Grenzfall $\mathrm{d}t$ gegen null vernachlässigbar, so dass wir mit Gl. 4.253 für die Flächengeschwindigkeit $\dot{A}$ erhalten:

$$\dot{A} = \frac{1}{2} \cdot r \cdot \sqrt{v_r^2 - \dot{r}^2} \tag{4.255}$$

Wir werden jetzt zunächst zeigen, dass gilt:

$$\frac{\mathrm{d}}{\mathrm{d}t} \left(r^2 \cdot \left(v_r^2 - \dot{r}^2 \right) \right) = 0 \tag{4.256}$$

Gleichung 4.256 ist offensichtlich eine äquivalente Formulierung des zweiten Keplerschen Gesetzes. Um diese aus der Bewegungsgleichung abzuleiten, multiplizieren wir zunächst Gl. 4.247 mit dem Abstandsvektor und erhalten Gl. 4.258:

$$\vec{r} \cdot \ddot{\vec{r}} = \frac{\mathrm{d}}{\mathrm{d}t} r \cdot \dot{r} - v_r^2 \tag{4.257}$$

$$\mu \cdot \frac{\mathrm{d}}{\mathrm{d}t} r \cdot \dot{r} - \mu \cdot v_r^2 + \frac{\gamma_0 \cdot \mu \cdot (m_1 + m_2)}{r} = 0 \tag{4.258}$$

Multiplizieren wir die letzte Gleichung mit $r \cdot \dot{r} = \dfrac{\mathrm{d}}{\mathrm{d}t} \dfrac{r^2}{2}$, so erhalten wir:

$$\mu \cdot (r \cdot \dot{r}) \cdot \frac{\mathrm{d}}{\mathrm{d}t}(r \cdot \dot{r}) - \mu \cdot \left(\frac{\mathrm{d}}{\mathrm{d}t} \frac{r^2}{2} \right) v_r^2 + \gamma_0 \cdot \mu \cdot (m_1 + m_2) \cdot \dot{r} = 0 \qquad (4.259)$$

Durch Anwendung der Kettenregel formen wir den Ausdruck in eine direkt auswertbare Form um:

$$\frac{\mathrm{d}}{\mathrm{d}t} \left[\mu \cdot r^2 \cdot \left(\dot{r}^2 - v_r^2 \right) \right] + r^2 \cdot \frac{\mathrm{d}}{\mathrm{d}t} \left[\frac{1}{2} \cdot \mu \cdot v_r^2 - \frac{\gamma_0 \cdot \mu \cdot (m_1 + m_2)}{r} \right] = 0 \qquad (4.260)$$

Die eckige Klammer des zweiten Summanden ist die (konstante) Energie der Anordnung, so dass beide Summanden identisch null sind und damit die Konstanz der Flächengeschwindigkeit aus dem Kraftgesetz abgeleitet ist. Wir können also festhalten, dass die Lösung der Bewegungsgleichung dadurch eingeschränkt ist, dass die Größe L, die wir Drehimpuls nennen und die durch die eckige Klammer des ersten Summanden in Gl. 4.260 definiert ist und deren Wert durch die Anfangsbedingungen bestimmt ist, im Verlaufe der Bewegung konstant ist.

$$L^2 = \mu^2 \cdot r^2 \cdot \left(v_r^2 - \dot{r}^2 \right) = \mu^2 \cdot r^4 \cdot \dot{\phi}^2 = \text{konst.} \qquad (4.261)$$

Nachdem wir uns auf einem guten Weg wissen, werden wir uns der Berechnung der Bahnkurven, die Ellipsen sein sollen, zuwenden. Eine geschlossene Bahnkurve wird durch die Funktion $r = r(\phi)$ beschrieben. Wir suchen die Differentialgleichung für $r' = \dfrac{\mathrm{d}r}{\mathrm{d}\phi}$, d. h. in unseren Variablen:

$$\dot{r} = r' \cdot \dot{\phi} \qquad (4.262)$$

Mit Gl. 4.262 werden wir motiviert, den Energiesatz mit Hilfe des Drehimpulssatzes umzuschreiben:

$$\frac{1}{2} \cdot \mu \cdot \dot{r}^2 + \frac{1}{2} \cdot \frac{L^2}{\mu \cdot r^2} + \left(-\gamma_0 \cdot \frac{\mu \cdot (m_1 + m_2)}{r} \right) = E \qquad (4.263)$$

bzw.

$$\frac{1}{2} \cdot \frac{L^2}{\mu} \cdot \left(\frac{r'}{r^2} \right)^2 + \frac{1}{2} \cdot \frac{L^2}{\mu \cdot r^2} + \left(-\gamma_0 \cdot \frac{\mu \cdot (m_1 + m_2)}{r} \right) = E \qquad (4.264)$$

Dies ist die gesuchte Differentialgleichung, die alle möglichen Planetenbahnen erfüllen müssen. Betrachten wir den Fall negativer Energie, so ist die Bewegung auf ein endliches Raumvolumen eingeschränkt und wir können mit Hilfe dieser Gleichung die Frage nach dem maximalen Abstand der Massen voneinander beantworten. Dazu setzen wir $r' = 0$ und lösen die entstehende quadratische Gleichung. Die Lösung gibt uns auch gleichzeitig einen minimalen Abstand an.

$$r_{max} = \frac{\gamma_0 \cdot m_1 \cdot m_2}{2 \cdot (-E)} + \sqrt{\left(\frac{\gamma_0 \cdot m_1 \cdot m_2}{2 \cdot (-E)}\right)^2 + \frac{L^2}{2 \cdot \mu \cdot E}} \tag{4.265}$$

$$r_{min} = \frac{\gamma_0 \cdot m_1 \cdot m_2}{2 \cdot (-E)} - \sqrt{\left(\frac{\gamma_0 \cdot m_1 \cdot m_2}{2 \cdot (-E)}\right)^2 + \frac{L^2}{2 \cdot \mu \cdot E}} \tag{4.266}$$

Mit diesen Größen definieren wir eine Längenskala a, die so definiert ist, dass im Falle einer Ellipse diese die große Halbachse ist:

$$a = \frac{r_{max} + r_{min}}{2} \tag{4.267}$$

Wir führen noch die Abkürzung ε ein, die im Falle einer Ellipse die Exzentrität – die Abweichung der Gestalt der Ellipse von der Gestalt des Kreises – beschreibt:

$$\varepsilon = \frac{r_{max} - r_{min}}{2 \cdot a} \tag{4.268}$$

Mit dieser Abkürzung und der neuen dimensionslosen Variablen $z = r/a$, deren Wert den Abstand der Massen in Einheiten der „großen Halbachse" angibt, erhält Gl. 4.264 die folgende Gestalt:

$$\left(\frac{z'}{z^2}\right)^2 + \frac{1}{z^2} - \frac{2}{1-\varepsilon^2} \cdot \frac{1}{z} + \frac{1}{1-\varepsilon^2} = 0 \tag{4.269}$$

Auf die Lösung dieses mathematischen Problems werden wir durch die Identität $\left(\frac{1}{z}\right)' = -\frac{z'}{z^2}$ geführt. Mit der neuen Variablen $x = \frac{1}{z}$ erhalten wir:

$$x'^2 + x^2 - \frac{2}{1-\varepsilon^2} \cdot x + \frac{1}{1-\varepsilon^2} = 0 \tag{4.270}$$

Das Hinzufügen einer Konstanten zu x ändert die Ableitung nicht, so dass wir diese Differentialgleichung durch eine quadratische Ergänzung weiter vereinfachen können:

$$x'^2 + x^2 - \frac{2}{1-\varepsilon^2} \cdot x + \frac{1}{1-\varepsilon^2}$$

$$= \left(x - \frac{1}{1-\varepsilon^2}\right)'^2 + \left(x - \frac{1}{1-\varepsilon^2}\right)^2 - \left(\frac{\varepsilon}{1-\varepsilon^2}\right)^2 = 0$$

(4.271)

Die Lösung dieser Differentialgleichung können wir erraten, wenn wir uns an die schon verwendeten Zusammenhänge $\sin\phi^2 + \cos\phi^2 = 1$ und $\dfrac{\mathrm{d}\cos\phi}{\mathrm{d}\phi} = -\sin\phi$ erinnern. Wir erhalten für die Bahnkurve die Darstellung einer Ellipse:

$$r(\phi) = \frac{a \cdot \left(1 - \varepsilon^2\right)}{1 + \varepsilon \cdot \cos\phi}$$

(4.272)

Hierbei zählen wir den Winkel ϕ so, dass $\phi = 0$ dem Wert $r(0) = r_{min}$ entspricht.

Das dritte Keplersche Gesetz macht eine Aussage über die Zeit, in der die Bahnkurve durchlaufen wird, in unseren Begriffen die Zeit, in der der Winkel 2π vom Abstandsvektor überstrichen wird. Ausgangspunkt unserer weiteren Überlegungen ist daher Gl. 4.261, die uns bei bekannter Bahnkurve die Winkelgeschwindigkeit als Funktion des Winkels angibt. Da uns der Drehsinn der Bahnkurve nicht interessiert und die Winkelgeschwindigkeit nicht null werden kann, können wir die Wurzel ziehen und erhalten:

$$\dot\phi = \frac{L}{\mu \cdot r(\phi)^2}$$

(4.273)

Diese Gleichung definiert mit der Längenskala a eine typische Zeitskala ω_0 der Bewegung. Wir schreiben:

$$\dot\phi = \omega_0 \cdot \left(\frac{a}{r}\right)^2$$

(4.274)

mit

$$\omega_0^2 = \frac{\gamma_0 \cdot (m_1 + m_2) \cdot \left(1 - \varepsilon^2\right)}{a^3}$$

(4.275)

Wir erkennen hier schon den vom dritten Keplerschen Gesetz geforderten Zusammenhang, dass das Quadrat der Zeitskala mit der dritten Potenz der Längenskala verknüpft ist.

Die Umlaufzeit T des Planeten bestimmt sich aus dem Integral:

$$T = \int_0^{2\pi} \frac{1}{\dot{\phi}} \cdot d\phi = \frac{1}{\omega_0} \int_0^{2\pi} \frac{\left(1-\varepsilon^2\right)^2}{\left(1+\varepsilon \cdot \cos\phi\right)^2} \cdot d\phi = \frac{2\pi}{\omega_0} \cdot \sqrt{1-\varepsilon^2} \qquad (4.276)$$

Wir erhalten für das Quadrat der Umlaufzeit im Verhältnis zur dritten Potenz der Halbachse:

$$\frac{T^2}{a^3} = \frac{(2\pi)^2}{\gamma_0 \cdot (m_1 + m_2)} \qquad (4.277)$$

Ein Ergebnis, das leider nicht mit dem dritten Keplerschen Gesetz übereinstimmt, da in diesem Verhältnis die Masse des jeweiligen Planeten (hier m_1) eingeht. Da in unserem Sonnensystem die Masse der Sonne (hier m_2) viel größer ist, können wir in Gl. 4.277 die Planetenmasse in guter Näherung vernachlässigen und erhalten:

$$\frac{T^2}{a^3} \cong \frac{(2\pi)^2}{\gamma_0 \cdot m_{Sonne}} \qquad (4.278)$$

Im Rahmen dieser Näherung, deren Fehler viel kleiner ist als die Messgenauigkeit der von Kepler benutzten Daten, können wir nicht nur das dritte Kepplersche Gesetz aus dem Kraftgesetz ableiten, sondern auch noch die Konstante bestimmen, bzw. umgekehrt die Masse der Sonne bestimmen.

Wir haben die Keplerschen Gesetze abgeleitet, indem wir den Spezialfall untersucht haben, dass unser Sonnensystem ein Planetensystem ist, dessen Zentralgestirn – die Sonne – viel schwerer ist als alle anderen Planeten und dass die Kräfte der Planeten untereinander vernachlässigbar sind. Diese Näherung können wir leicht überprüfen und verifizieren, indem wir aus den Umlaufzeiten und den Halbachsen der Umlaufbahnen die Massen der Planeten bestimmen und die Kräfte zwischen den Planeten bei maximaler Annäherung mit der Kraftwirkung der Sonne vergleichen. Umgekehrt erlaubt uns die Anwendung der Kraftgesetze, diese zusätzlichen Kraftwirkungen als Störungen der Kraftwirkungen der Sonne aufzufassen und Abweichungen von der Ellipsenbahn eines Planeten, die mit Präzisionsmessung beobachtet werden, vorherzusagen. Der schönste Erfolg dieser Methode war es, die Existenz des Planeten Pluto aus angenommenen Störkräften vorherzusagen. Je nach Sichtweise „Gott sei Dank" oder „leider" konnten nicht alle Planetenbewegung so „einfach" erklärt werden, so dass der Newtonsche Genius uns nur einen riesigen Schritt in die richtige Richtung des Verständnisses des Kosmos befördert hat.

Im Rahmen dieser klassischen Betrachtungsweise stellt sich die Frage, warum es uns die Natur so einfach gemacht hat; sind nicht auch Planetensysteme, die aus Planeten ähnlicher Masse bestehen und kein Zentralgestirn besitzen, denkbar? Vermutlich ja, jedoch wären die Planetenbahnen so kompliziert (neudeutsch: chaotisch), dass aus der Sicht des Menschen mehr oder weniger stationäre Lebensbedingungen nicht möglich wären und eine biologische Evolution schwer vorstellbar ist. Und damit ist auch wieder eine Brücke geschlagen zu der Vorstellungswelt der Griechen, die eine gewisse Harmonie der Planetenbahnen postulierten, die vielleicht Voraussetzung für die Existenz von Leben ist.

Die Lösungen der Differentialgleichung mit positiver Energie haben auch eine physikalische Bedeutung und beschreiben die Bahn von Himmelskörpern, die sich aus dem Unendlichen unserem Sonnensystem nähern, mit diesem Impuls austauschen und wieder im Unendlichen verschwinden. Die Newtonsche Beschreibung erlaubt auf einfache Weise, eine Fülle von Phänomenen auf ein einfaches Kraftgesetz zurückzuführen. Ebbe und Flut, Sturm- und Nippfluten lassen sich z. B. ebenfalls einfach erklären. Die Würdigung dieses genialen Konzeptes ist für den, der beginnt sich mit diesem Denkschema auseinanderzusetzen, oft erschwert, da, wie wir am Voranstehenden gesehen haben, ein gewisses mathematisches Geschick von Nöten ist, die Konsequenzen der Newtonschen Bewegungsgleichungen zu erfassen.

4.8.4   Der Zustand des Raumes

Der überwältigende Erfolg des Newtonschen Konzeptes wirft auch beunruhigende Fragen auf. Sonne und Planeten tauschen Bewegungsmenge aus. Das Konzept dieser substantiellen Größe, die physikalische Phänomene von bloßen Erscheinungen trennt, erfordert zwingend, dass diese Menge auf irgendeine Weise zwischen den Massen fließt. Eine Menge, die an einem Ort verschwinden kann und an einem anderen Ort wieder auftaucht, ist als substantielle Größe nicht denkbar. Eine solche Erscheinung benennt man mit dem Wort Fernwirkung und muss verworfen werden, oder das Newtonsche Konzept wäre unter falschen Voraussetzungen ersonnen worden und liefert eher zufällig die richtigen Resultate. Andererseits lassen sich mit Hilfe der Newtonschen Gleichungen alle bekannten Erfahrungen interpretieren, so dass die folgenden Betrachtungen über den Impulsfluss durch den Raum in diesem Stadium der Erfahrung Spekulation sind und erst weitere Beobachtungen und Berechnungen diese Betrachtungen stützen müssen. Die vollständige Beschreibung des Systems „Raum" ist noch nicht abgeschlossen. Einen wichtigen Meilenstein dazu liefert jedoch die allgemeine Relativitätstheorie Albert Einsteins. Wir wollen an dieser Stelle aber ein bisschen spekulieren, um diese anspruchsvolle Theorie ansatzweise zu verstehen.

Die erste Konsequenz, die wir aus unserer Vorstellung eines Impulsflusses durch den Raum ziehen müssen, ist, dass der gedachte „leere" oder transzendente Raum nicht existiert. Der Raum ist ein System, durch das Impuls fließen kann. Der Impulsfluss ist dabei nicht an Materie gebunden. Lax gesprochen können wir unseren Eimer auskippen und die gedachte Bewegungsmenge bewegt sich mehr oder weniger selbständig.

Der Impulsfluss durch eine Feder ist durch den Spannungzustand der Feder bestimmt. Dementsprechend definieren wir einen Zustand des Raumes, der den Impulsfluss charakterisiert. Hierbei können wir den Raum sicher nicht als homogen auffassen, der Zustand des Raumes wird von Raumpunkt zu Raumpunkt variieren, so dass wir es mit einem Zustandsfeld zu tun haben. Die Behandlung solcher Zustandsfelder ist Gegenstand der Feldtheorie, und es empfiehlt sich, die Struktur einer Feldtheorie zunächst an anschaulicheren Feldern, wie Temperaturfeldern oder Geschwindigkeitsfeldern zu studieren, so dass die hier angestellten Betrachtungen nur einen einführenden Charakter haben. Insbesondere zeigt sich, dass formal eine große Ähnlichkeit zur Elastizitätstheorie besteht, was auch die früher gebräuchliche Bezeichnung Äther für den physikalischen Raum begründet. An diese Anschauung appellierend stellen wir uns zunächst den leeren Raum als ein Gitternetz aus elastischen Bändern geknüpft vor. Ein solches Gitternetz ist die physikalische Realisierung eines Koordinatensystems. Der Zustand des Raumes – der Spannungszustand der Gummibänder – ist homogen. Denken wir uns eine Masse in dem leeren Raum, so ist der Zustand des Raumes nicht mehr homogen.[38] Übertragen auf unser Gitternetz, greifen wir in das Netz und ziehen die Knotenpunkte, die wir greifen können, auf einen Punkt zusammen. Das Gitternetz verformt sich und es entsteht ein inhomogener Spannungszustand. Der Griff in das Gitternetz soll so ausgeführt werden, dass die Verformung rotationssymmetrisch ist. Eine Masse bewegt sich im Raum kräftefrei. Dementsprechend bewegen wir den Punkt, auf den wir die Knotenpunkte zusammengezogen haben, dergestalt, dass wir wie eine Spinne diesen Punkt verschieben. Setzen wir eine zweite Masse in den Raum, so üben die beiden Massen Kräfte aufeinander aus. Diese Kräfte lassen sich in dem Gitternetz anschaulich interpretieren. Greifen wir an einem zweiten Punkt in das Gitternetz, so müssen wir das schon von dem ersten Griff verformte Gitternetz verformen. Dies führt dazu, dass die beiden Punkte angezogen werden, bzw. eine Kraft zwischen diesen Punkten wirkt, obwohl der zweite Griff auch rotationssymmetrisch ist. Qualitativ können wir das an einem Fangnetz, wie es zum Sichern von Gegenständen im Kofferraum eines Autos benutzt wird, nachvollziehen. In der Sprache der Allgemeinen Relativitätstheorie erzeugen die Massen erst den Raum.

Bei einem dreidimensionalen Netz ist diese Kraftwirkung sogar umgekehrt proportional zum Quadrat des Abstandes, wie im Newtonschen Gravitationsgesetz. Die Rolle der schweren Masse übernimmt in dieser Analogie die Anzahl der gegriffenen Knotenpunkte. Diese Übertragung des physikalischen Raumes auf das Gitternetz zeigt vor allem einen Mechanismus auf, der anschaulich verstehen lässt, dass die Gravitationskraft unabhängig von der geometrischen Ausdehnung der betrachteten Massen ist. Die zweite Masse verformt ihrerseits den durch die erste Masse schon verformten physikalischen Raum und misst damit den Verformungszustand des Raumes und umgekehrt. Das heißt durch die Kraft auf eine Probemasse können wir zwar nicht direkt den Spannungszustand messen, sondern eine Größe, die den Spannungszustand des Raumes mit der Verformung durch die Probemasse wichtet. Diese Größe ist bei wohldefinierter Verformung durch die Probemasse auch als Zustand des Raumes auffassbar. Man nennt sie Feldstärke. Übertragen auf das Gitternetz heißt dies, dass, wenn wir genau vorschreiben wie die Knoten gegriffen werden – wir haben das weiter oben mit dem Begriff „rotationssymmetrisch" beschrieben –, wir aus der Kraftwirkung auf den Spannungszustand schließen können. Wir wollen das an dieser Stelle nicht tun, und den Raum durch den Zustand der Feldstärke beschreiben.

Eine gegebene Massenverteilung ist die Ursache für einen Zustand $\vec{g}(\vec{r})$ des ansonsten „leeren" Raumes. Diesen Zustand nennt man Gravitationsfeldstärke. Er kann am Ort $\vec{r}$ durch die Kraft auf eine Probemasse m an diesem Ort gemessen werden:

$$\vec{g}(\vec{r}) = \lim_{m \to 0} \frac{\vec{F}_m}{m} \qquad (4.279)$$

---

[38] Wir fragen hier nicht danach, wie die Masse in den Raum gesetzt wird. Wir führen ein Gedankenexperiment aus.

Die Grenzwertbildung erfolgt, um eventuelle Rückwirkungen der Probemasse auf die die
Feldstärke verursachenden Massen zu unterdrücken. Die Einheit der Gravitationsfeldstärke
ist die einer Beschleunigung. Die von der Erde verursachte Gravitationsfeldstärke in der Nähe der Erdoberfläche ist also 9,81 m/s^2. Die aufgrund unserer oben beschriebenen Erfahrung
gemachte Überinterpretation liegt darin, dass wir dem Raum unabhängig von dem tatsächlichen Vorhandensein einer Masse am Ort $\vec{r}$ einen Zustand zuschreiben. Mit Hilfe des Newtonschen Kraftgesetzes können wir die Gravitationsfeldstärke einer beliebigen Massenverteilung angeben. Seien m_i Massen an den Orten $\vec{r}_i$ ($i = 1,...,n$), so ist die Gravitationsfeldstärke
des Raumes – der Zustand des Raumes – wie folgt beschrieben:

$$\vec{g}(\vec{r}) = \sum_i \vec{g}_i(\vec{r}) \tag{4.280}$$

mit

$$\vec{g}_i(\vec{r}) = -\gamma_0 \frac{m_i}{\left|\vec{r} - \vec{r}_i\right|^2} \cdot \frac{\vec{r} - \vec{r}_i}{\left|\vec{r} - \vec{r}_i\right|} \qquad \text{für} \qquad \vec{r} \neq \vec{r}_i \tag{4.281}$$

und

$$\vec{g}_i(\vec{r}_i) = 0 \tag{4.282}$$

Gleichung 4.282 stellt definitorisch sicher, dass bei der Messung der Gravitationsfeldstärke
nur der Zustand des Raumes gemessen wird. Physikalisch bedeutet es, dass das System
„Raum" am Ort der Masse leer oder entspannt ist. Gleichung 4.280 drückt die Erfahrung aus,
dass sich die Wirkungen der Massen auf den Zustand des Raumes überlagern. Man nennt
diese Erfahrung Superpositionsprinzip. Die Wirkung einer Masse auf den Zustand des Raumes wird durch Gl. 4.281 beschrieben.

Ist $\vec{g}(\vec{r})$ der Zustand des Raumes am Ort $\vec{r}$, so muss nach unserem Schema dieser Zustand
die Folge einer Menge $\vec{H}$ sein, die sich in einem Volumen V um den Punkt $\vec{r}$ befindet. Führen wir die Zustandsmengendichte $\vec{h}(\vec{r})$ ein, mit

$$\vec{h}(\vec{r}) = \lim_{v \to o} \frac{\vec{H}}{V} \tag{4.283}$$

so können wir die Zustandsgleichung der Feldstärke formal anschreiben:

$$\vec{g}(\vec{r}) = \vec{g}\left(\vec{h}(\vec{r})\right) \tag{4.284}$$

Die Einheit der Zustandsmengendichte ergibt sich aus der Energieform des Raumes. Definieren wir analog zu Gl. 4.283 die Dichte der Energie ε, so gilt:

$$dE = \int\limits_V d\varepsilon(\vec{r}) \cdot dV \qquad (4.285)$$

mit

$$d\varepsilon = \vec{g} \cdot d\vec{h} \qquad (4.286)$$

Der Raum hat formal unendlich viele Energieformen (das Integrationsvolumen ist der als unendlich gedachte Raum), d. h. an jedem Raumpunkt kann die Dichte unabhängig von der Dichte an anderen Raumpunkten geändert gedacht werden. Die Einheit der Zustandsmengendichte ist:

$$[h] = \frac{\text{kg}}{\text{m}^2} \qquad (4.287)$$

Im Lichte unserer Erfahrungen kann die Zustandsmengendichte nicht unabhängig variiert werden, sondern liegt eindeutig durch die Massenverteilung fest. Diese Erfahrung entspricht der Vorstellung, dass sich der Impulsstrom im Raum unendlich schnell ausbreitet und damit das Gravitationfeld jederzeit im Gleichgewicht mit der Massenverteilung ist. Eine „vernünftige" Überinterpretation besteht darin, die Zustandsgleichung wie folgt zu definieren:

$$\vec{g} = 4 \cdot \pi \cdot \gamma_0 \cdot \vec{h} \qquad (4.288)$$

Mit dieser Definition, kann der Zusammenhang zwischen Massendichte und Zustandsmengendichte einfach angeschrieben werden:

$$div\,\vec{h} = \rho \qquad (4.289)$$

Dieser Zusammenhang kann durch weitere Bedingungen an $\vec{h}(\vec{r})$ eindeutig gemacht werden, so dass alle Interpretationen in sich konsistent sind. Wir wollen diesen Weg hier nicht weiterverfolgen, sondern nur festhalten, dass unser Denkmodell auf Felder erweitert werden kann und in seinem Bestand erhalten bleibt, ja im Grunde das einzige ist, das Bestand hat, da alle kinematischen Vorstellungen von Raum und Zeit bei genauerer Betrachtung korrigiert werden müssen.

Abschließend wollen wir noch den gebräuchlichen Begriff des Gravitationspotenzials einführen. Wir tun das ausgehend von der Vorstellung, dass Raum und Materie sich in einem Gleichgewicht befinden, also die Zustandsmengendichte eindeutig durch die Massendichte bestimmt ist. In diesem Fall muss die Energieform des Raumes darstellbar sein als:

$$dE = \int\limits_V -\left[\Phi(\vec{r}) \cdot d\rho(\vec{r})\right] \cdot dV = \sum_i -\Phi(\vec{r}_i) \cdot dm_i \qquad (4.290)$$

Die Größe Φ nennt man das Potenzial des Gravitationsfeldes. Diese Größe gibt an, wie sich die Energiedichte des Raumes an einem Ort ändert, wenn sich die Massendichte ändert. Die Bezeichnung erfolgt in Anlehnung an das später noch zu definierende chemische Potenzial, das die Energieänderung eines Systems beschreibt, dessen Systemmenge geändert wird. Da vor unserem Erfahrungshorizont die Masse eines Körpers nicht geändert, sondern nur gegenüber dem Raum verschoben werden kann, gilt:

$$dE = \sum_i -\left(\Phi(\vec{r}_i + \delta\vec{r}_i) \cdot m_i - \Phi(\vec{r}_i) \cdot m_i\right) \tag{4.291}$$

$$= \sum_i \left(-\nabla\Phi_{\vec{r}=\vec{r}_i}\right) \cdot m_i \cdot \delta\vec{r}_i$$

Der rechte Ausdruck ist die Arbeit, die notwendig ist, um Massen m_i von den Orten $\vec{r}_i$ nach $\vec{r}_i + \delta\vec{r}_i$ quasistatisch zu verschieben. Das heißt, die Gravitationsfeldstärke ist durch ein Potenzial darstellbar:

$$\vec{g}(\vec{r}) = -\nabla\Phi(\vec{r}) \tag{4.292}$$

Formal hätten wir diesen Sachverhalt auch aus Gl. 4.281 direkt ablesen können:

$$\Phi(\vec{r}) = \sum_i \frac{\gamma_0 \cdot m_i}{|\vec{r} - \vec{r}_i|} \tag{4.293}$$

Zum Abschluss sei noch einmal betont, dass es sich bei der Interpretation des Raumes um eine Überinterpretation handelt, deren Tragfähigkeit sich erst in aufwendigen Experimenten, die weit über unsere Alltagserfahrung hinausgehen, deutlich wird. Die Einführung des Raumes als System führt zunächst auch zu einer Vorstellung des absoluten Raumes, gegenüber dem sich Körper bewegen. Naiv würde man meinen, dass mit der Möglichkeit, die Geschwindigkeit des Impulsflusses durch den Raum zu messen, dieser auch fixiert werden kann. Die Erfahrung lehrt jedoch, dass ein Inertialsystem, in dem das System Raum ruht, nicht bestimmt werden kann. Dies wurde in dem berühmten Versuch von Michelson und Morley (1905) eindrucksvoll nachgewiesen, so dass unsere Überinterpretation noch erheblicher Modifikationen bedarf.

Dass diese Überinterpretation nicht völlig aus der Luft gegriffen ist, erkennen wir daran, dass das System Raum noch viel komplizierter ist. Wir kennen auch elektromagnetische Kräfte, die ebenso über den Raum übertragen werden und die im Labormaßstab in einer Stärke hergestellt werden können, dass all die bei der Gravitation schlecht erfahrbaren Phänomene unmittelbar experimentell zugänglich sind.

4.9 Elektromagnetische Kräfte

Unabhängig von Gravitationskräften stellen wir fest, dass es weitere Kräfte gibt, die sich durch den Raum vermitteln. Dazu erinnern wir uns z. B. an unsere Schulzeit, in der wir mit unserem Füllfederhalter an unserem Pullover gerieben und anschließend mit diesem ein Stück Löschpapier aufgehoben haben. In völliger Analogie zur Gravitation definieren wir die Kraft auf einen Körper als Folge einer Feldstärke. Die Ankopplung an das Feld erfolgt aber hier nicht durch die schwere Masse, sondern durch eine Menge, die wir Ladung nennen. Diese Menge wiederum erzeugt das Feld. Auffälliger Unterschied zur schweren Masse ist, dass die Ladung sowohl positiv als auch negativ sein kann, d. h. es gibt sowohl anziehende als auch abstoßende Kräfte. Im Allgemeinen sind Körper ungeladen bzw. zeichnen sich durch eine Ladungsverteilung aus. Ein anderes schon sehr lange bekanntes Phänomen ist der Magnetismus, der hier nicht weiter beschrieben werden muss. Hans Christian Oerstedt (1777–1851) verdanken wir die Einsicht, dass die Phänomene des Magnetismus durch sich bewegende Ladungen beschrieben werden können, so dass man heute allgemein von elektromagnetischen Kräften spricht. Die Beschreibung der Phänomene durch Felder, so wie wir es schon bei der Gravitation versucht haben, geht auf Michael Faraday (1791–1867) zurück, der durch eine Vielzahl von geistreichen Anordnungen diese Beschreibung etabliert hat. Die formale Ausgestaltung der Theorie ist durch James Clerk Maxwell (1831–1879) durchgeführt worden, der auch als Erster den Zusammenhang der Erscheinungen des Lichtes mit den Zuständen des elektromagnetischen Feldes in Verbindung gebracht hat, die Heinrich Hertz (1857–1894) eindrucksvoll nachgewiesen hat.

Die uns umgebenden elektromagnetischen Apparate legen ein Zeugnis von der Wichtigkeit der Kenntnisse elektromagnetischer Phänomene ab. Wir wollen im Kontext der Kraftgesetze nur einen Ausschnitt aus dieser Theorie behandeln. Dazu setzen wir voraus, dass das Vorgehen der Beschreibung der Phänomene ähnlich der der Gravitationsphänomene möglich ist: Das heißt: erstens die Bestimmung der Zustandsgleichungen des Systems „Raum", zweitens die Kopplung des Zustandes des elektromagnetischen Feldes an die geladene Materie und drittens die (Kraft-) Wirkung der Felder auf die (geladene) Materie. Hier untersuchen wir nur die Wirkung der Felder auf die Materie. Die detailliertere Beschreibung elektromagnetischer Phänomene ist Gegenstand der Feldtheorie.

Lädt man zwei Körper auf, indem man z. B. den Füllfederhalter an dem Pullover reibt, so zeigt sich in hinreichend großer Entfernung (im Gleichgewicht) ein Kraftgesetz der gleichen Struktur wie jener der Gravitationskräfte.

$$\vec{F}_{Coul} = \frac{1}{4\pi\varepsilon_0} \cdot \frac{Q_1 \cdot Q_2}{r_{12}{}^2} \cdot \vec{r}_{12} \qquad (4.294)$$

Dieses Kraftgesetz heißt nach seinem Entdecker Charles de Coulomb (1736–1806) das Coulombsche Gesetz. Die Einschränkung „hinreichend große Entfernung" lässt sich dahingehend verstehen, dass die aufgeladenen Körper, so weit entfernt sein sollen, dass ihre räumliche Ausdehnung vernachlässigt werden kann. Die Bemerkung „im Gleichgewicht" zielt darauf ab, dass zwischen sich bewegenden Ladungen noch weitere Kräfte wirken. Definieren wir eine Normaufladung Q_{Norm} mit $[Q_{Norm}] = 1$ C (Coulomb), so kann die sogenannte Dielektrizitäts- oder Influenzkonstante bestimmt werden.

$$\varepsilon_0 = 8{,}854 \cdot 10^{-12} \cdot \frac{C^2}{N \cdot m^2} \qquad (4.295)$$

Die Dielektrizitätskonstante ist eine Größe, die wie die Gravitationskonstante den Raum charakterisiert.

Die Ladung ist eine eigentümliche Größe, die einerseits die Kopplung eines Körpers an das elektromagnetische Feld beschreibt, andererseits nicht an den Körper gebunden ist, sondern von einem Körper zum anderen fließen kann, also selbst den Charakter einer Zustandsmenge hat. Aus diesem Grund fassen wir an dieser Stelle einige Erfahrung über die Ladungsmenge in Gesetzen zusammen:

1. Ladung kann sowohl positiv als auch negativ sein. Gleichartig geladene Körper stoßen sich ab, ungleichartig geladene Körper ziehen sich an.

2. Die Ladungsmenge ist eine erhaltene Menge. Ladung kann nur ausgetauscht werden oder in einer abgeschlossenen Anordnung ist die Summe aller Ladungen konstant (negative Ladungen werden dabei natürlich negativ gezählt).

3. Die Ladung ist quantisiert. Es gibt eine kleinste elektrische Ladungsmenge, die Elementarladung e, mit $e = 1{,}6021 \ 10^{-19}$ C (Robert Millikan (1868–1953)). Diese Elementarladung ist so klein in Bezug auf Phänomene unseres Alltags, dass Ladungsverteilungen als kontinuierlich betrachtet werden dürfen.

4. Ladung ist an Materie gebunden. Träger der Elementarladung sind Elementarteilchen, deren bekanntester Vertreter das Elektron mit der Ladung –e ist. Die Interpretation der Ladungsmenge als Zustandsmenge beruht auf der Behandlung eines makroskopischen Körpers als homogenes System, obwohl wir ihn heute als aus verschiedenen Elementarteilchen aufgebaut denken. In diesem Sinne bedeutet einen Körper aufladen, aus zwei verschiedenen Systemen ein neues zu kreieren.

5. Aus der Erhaltung der Ladungsmenge folgt, dass ein Körper nur aufgeladen werden kann, wenn ein Ladungsstrom durch seine Oberfläche in diesen hineinströmt. Dieser Ladungsstrom hat die Einheit Ampere (Symbol A) – nach dem Physiker Andre Ampere (1775–1836) – und ist eine – aus messtechnischen Gründen[39] – Basiseinheit. Der Zusammenhang zwischen Ampere und Coulomb ist definitionsgemäß: 1 As = 1C. Da technisch im Allgemeinen der Fluss der Elektronen den Strom verursacht, ist die Definition der Flussrichtung entgegengesetzt der tatsächlichen Elektronenbewegung.

Der Zustand des Raumes, der durch das elektrische Feld $\vec{E}(\vec{x})$ beschrieben wird, hat einen vektoriellen Charakter und ist an jedem Ort $\vec{x}$ des Raumes definiert. Bestimmt wird die

---

[39]   Wie bei der Messung von Impuls und Impulsstrom ist auch der Ladungsstrom viel einfacher zu messen als die zugehörige Ladungsmenge.

Feldstärke am Ort $\vec{r}$ analog zur Gravitationsfeldstärke durch eine Probeladung an diesem Ort:

$$\vec{F}_{el.} = \lim_{Q \to 0} Q \cdot \vec{E}(\vec{r}) \qquad (4.296)$$

Zu der elektrischen Feldstärke gehört wieder eine Zustandsmengendichte $\vec{D}(\vec{x})$, die dielektrische Verschiebung genannt wird; eine Bezeichnung, die sich aus Analogien zur Elastizitätstheorie erschließt. Die Kraft auf einen geladenen Körper der Ladung Q im Sinne des Newtonschen Programms lautet mit diesen Größen:

$$\vec{F}_{el.} = Q \cdot \vec{E}(\vec{r}) \qquad (4.297)$$

Die elektrischen Felder von Anordnung wie Kondensatoren etc. sind im Rahmen der Theorie des Elektromagnetismus (Feldtheorie) berechenbar bzw. in einschlägigigen Werken nachschlagbar. Die Anwendung dieses Kraftgesetzes ist jedoch nur mit Einschränkungen möglich, da die Ladung selbst auch eine Rückwirkung auf die das Feld erzeugende Anordnung hat (Influenz), so dass Gl. 4.297 strenggenommen nur für Probeladungen gilt.

Neben den elektrischen Phänomenen treten aber auch Kräfte auf, die geschwindigkeitsabhängig sind und die Phänomene des Magnetismus beschreiben. Bewegt sich eine Ladung, kann die Bahnkurve der Ladung nur beschrieben werden, wenn man elektrischen Kräften eine weitere geschwindigkeitsabhängige Kraft, die Lorentzkraft, hinzufügt, die wir als Folge eines weiteren Raumzustandes – der magnetischen Feldstärke $\vec{H}(\vec{x})$ – interpretieren. Die Abhängigkeit der Kraft von der Geschwindigkeit lässt sich schemenhaft wie folgt interpretieren: Die Elektrische Feldstärke ist wie die Gravitationsfeldstärke ein Maß für den Impulsfluss durch den Raum. Bei den Gravitationskräften haben wir angenommen, dass der Raum keinen Impuls aufnehmen kann, sondern diesen unendlich schnell transportiert. Andererseits wissen wir durch Maxwell, dass die Transportgeschwindigkeit die Lichtgeschwindigkeit ist, so dass im Raum auch eine Impulsdichte vorhanden sein sollte. Da die im Labor auf Grund von Ladungen herstellbaren Impulsflüsse viel größer sind als im Falle Gravitation, kann dieser Effekt nicht mehr vernachlässigt werden. Das heißt, ein sich bewegender Körper muss sich durch ein Meer von fließendem Impuls hindurchbewegen. Ist der Körper ungeladen, findet keine Wechselwirkung mit diesem Meer statt – „er gleitet darüber hinweg". Ist der Körper geladen, „taucht er in dieses Meer ein". Dieses Bild führt uns zu der Eigentümlichkeit, dass am Ort des Körpers ein zweites System „Raum" existiert. Da jede Messung aber immer an einem Ort erfolgt und die beiden Systeme prinzipiell nicht voneinander trennbar sind, ist es unmöglich, die gemessene Größe dem einen oder anderen System zuzuordnen. Aufgrund der Untrennbarkeit kann man dieses Problem jedoch auf definitorischem Wege lösen, indem man annimmt, dass die beiden Systeme im Gleichgewicht sind. Die gedachte Existenz zweier Systeme an einem Ort bedeutet auch, dass eine auf einen Körper wirkende Kraft durch einen Impulsfluss durch die Oberfläche des Körpers nicht nur zu einer Änderung des Impulses des Körpers führt, sondern gleichzeitig auch zu einer Änderung des Impulses des zum Körpervolumen gehörenden Raumes:

$$\frac{\mathrm{d}\vec{P}_{K\ddot{o}rper}}{\mathrm{d}t} = \vec{F} - \frac{\mathrm{d}\vec{P}_{Raum}}{\mathrm{d}t} \tag{4.298}$$

Die Ankoppelung des Körpers an den Raum wirkt formal wie eine Kraft auf den Körper. Diese „Kraft" nennt man Lorentz-Kraft nach Hendrik Lorentz (1853–1928). Diese Kraft muss eine besondere Struktur besitzen, da der Impuls sich von einem mit Lichtgeschwindigkeit c fließenden Impulsfluss in ein mit der Geschwindigkeit v bewegten Körper strömt. Dies ist einfach energetisch nur möglich, wenn gilt:

$$(\vec{c} - \vec{v}) \cdot \frac{\mathrm{d}\vec{P}_{Raum}}{\mathrm{d}t} = 0 \tag{4.299}$$

Das heißt, die Lorentz-Kraft steht senkrecht auf der Relativgeschwindigkeit zwischen Körper und Impulsfluss. Formal kann die Struktur der Lorentzkraft mit Hilfe des Kreuzproduktes ausgedrückt werden.

$$\frac{\mathrm{d}\vec{P}_{Raum}}{\mathrm{d}t} = Q \cdot (\vec{c} - \vec{v}) \times \vec{B} \tag{4.300}$$

Dies führt uns zu einer neuen, das elektromagnetische Feld beschreibenden Feldgröße, die magnetische Induktion. Die Bezeichnung ist nicht magnetische Feldstärke, da diese Größe ihrem Wesen nach eher die Dichte einer Zustandsmenge ist. Der erste Summand ist strukturell und messtechnisch nicht von einer elektrischen Feldstärke zu unterscheiden und wird dieser zugeschlagen, die eigentliche in der Literatur definierte Lorentzkraft lautet dann:

$$\vec{F}_L = Q \cdot \vec{v} \times \vec{B} \tag{4.301}$$

Die Struktur der Geschwindigkeitsabhängigkeit dieser Kraft wird experimentell bestätigt. Die mathematische Operation des Kreuzproduktes zweier Vektoren wird uns anschaulich bei den Drehbewegungen starrer Körper begegnen, so dass wir eine weitere Analyse der Lorentzkraft unterdrücken. Die hier schemenhaft geführte der Diskussion der elektromagnetischen Kräfte wird in der Elektrodynamk vertieft und führt zu weiteren Beziehungen zwischen elektrischen und magnetischen Feldgrößen.

Die magnetische Induktion ist ihrem Wesen nach eine Zustandsmengendichte. Da wir im Falle der Lorentz-Kraft mit unserem Interpretationsschema begonnen haben, um die Existenz und Struktur dieser Kraft plausibel zu machen, stellt sich natürlich die Frage, welcher Raumzustand mit dieser Mengendichte verbunden ist. Es lässt sich im Rahmen der Theorie des Elektromagnetismus zeigen, dass diese Zustandsmengendichte als Ursache der magnetischen Feldstärke $\vec{H}$ interpretierbar ist. Es gilt für den leeren Raum die einfache Zustandsgleichung:

$$\vec{H} = \vec{H}(\vec{B}) = \frac{\vec{B}}{\mu_0} \qquad (4.302)$$

Wobei μ_0 die Permeabilität des Vakuums ist und den folgenden Zahlenwert besitzt:

$$\mu_0 = 4\pi \cdot 10^{-7} \frac{\mathrm{N} \cdot \mathrm{s}^2}{\mathrm{C}^2} \qquad (4.303)$$

Wie schon Maxwell festgestellt hat, besitzt das Produkt aus Permeabilität und Dielektrizitätskonstante die Einheit des Inversen eines Quadrates einer Geschwindigkeit und den Zahlenwert der Lichtgeschwindigkeit:

$$c = \sqrt{\frac{1}{\varepsilon_0 \cdot \mu_0}} = 3 \cdot 10^8 \frac{\mathrm{m}}{\mathrm{s}} \qquad (4.304)$$

Dieser Sachverhalt überrascht uns nicht so sehr, da wir ja schon implizit bei der Begründung der Kraftgesetze von Impusflüssen durch den Raum, die mit Lichtgeschwindigkeit fließen, Gebrauch gemacht haben.

Wir wollen es mit diesem kurzen Schlaglicht auf die elektromagnetischen Kräfte bewenden lassen. Zu einem vertiefenden Verständnis dieser Kräfte gelangt man nur, wenn man sich intensiv mit der Theorie des Elektromagnetismus beschäftigt. Da dieser Teil des Elektromagnetismus aber inhaltlich zu den Kraftgesetzen gehört, haben wir ihn hier vorgestellt, um ihn der Anwendung auf die Bewegung von Körpern zugänglich zu machen.

4.10 Anmerkungen und Ausblick

Mit der Angabe der Kraftgesetze ist das Newtonsche Programm im Prinzip vollständig. Die Rückwirkung der Bewegung von Körpern auf die Kraftgesetze durch die Änderung der im weitesten Sinne inneren Zustände erfordert die Behandlung dieser Gesetzmäßigkeiten und der damit verknüpften Phänomene, denen wir uns in den nächsten Kapiteln widmen wollen. Das prinzipielle Interpretationsschema bleibt dabei erhalten. Bevor wir dazu kommen, wollen wir jedoch noch einige Bemerkungen zur Punktmechanik machen, um zu verdeutlichen, dass ein Abschluss einer solchen Theorie vermutlich nie gegeben sein wird und dass man sich auch mit anderen sehr fruchtbaren Konzepten der Problemstellung der Bewegung zuwenden kann.

4.10.1 Extremalprinzipien

Das Newtonsche Programm ist in seinem Aufbau und seiner inneren Logik der Prototyp aller Wissenschaften. Wir hatten bei der Behandlung der Zwangskräfte jedoch angedeutet, dass die Newtonschen Bewegungsgleichung als Folge anderer Prinzipien – z. B. des D'Alambertschen Prinzips – erscheint und rein handwerklich die Lösung der Newtonschen Bewegungsgleichung vereinfacht. Wir können diese handwerklichen Vereinfachungen nur andeuten, da wir ja verzwicktere Fragestellungen, wie sie bei Anordnungen, die aus mehreren Körpern, die z. B. durch nichtlineare Kraftgesetze gekoppelt sind, bestehen, nicht behandelt haben. In diesem Kapitel kommt es uns mehr darauf an, aus Umformulierungen des Newtonschen Programms neue Blickwinkel auf die Beschreibung der Bewegung zu erhalten. Dies ist vor allem in Hinblick auf die Erweiterung der Newtonschen Mechanik hilfreich. Ohne auf Details eingehen zu können, weisen wir darauf hin, dass eine genaue Analyse der Bewegungsphänomene zeigt, dass die Bestimmung des Bewegungszustandes eines Körpers über dessen Lageänderung in einem Zeitintervall nicht unproblematisch ist. Wir bestimmen den Bewegungszustand v in der klassischen Mechanik letztendlich durch Hinsehen, wobei wir stillschweigend angenommen haben, dass dieses Hinsehen ein Prozess ist, der die Bewegung selbst nicht beeinflusst. Das Sehen ist aber ein komplizierter physikalischer Prozess mit eigenen Gesetzmäßigkeiten, der mit einem Mengenaustausch zwischen betrachtetem Körper und dem System „Raum" verbunden ist. Die ausgetauschten Mengen sind bei bewegten Körpern unseres Alltags so klein, dass sie vernachlässigt werden können. Bei kleinen Systemen, wie Elektronen, sind diese Mengen jedoch in derselben Größenordnung, wie die in dem eigentlichen Bewegungsprozess ausgetauschten Bewegungsmengen, so dass eine Neuformulierung der Newtonschen Mechanik notwendig wird. Hinzu kommt, dass Licht als „reine Bewegungsmenge" sich mit Lichtgeschwindigkeit bewegt, was die Vermutung nahelegt, dass die in einem Körper „gefangene" Bewegungsmenge sich in diesem ebenfalls mit Lichtgeschwindigkeit bewegt. Um diese Implikationen zu beschreiben erweisen sich die Umformulierungen der Newtonschen Bewegungsgleichung als äußerst hilfreiche Wegmarken.

Wir starten unsere Diskussion mit der stark vereinfachten Problemstellung, dass nur konservative Kräfte angenommen werden. Aus schreibtechnischen Gründen beschränken wir uns auf eine Anordnung, in der sich nur ein Körper bewegt. Die Lage des Körpers sei durch die Koordinate x beschrieben, seine Geschwindigkeit durch v. In einem Inertialsystem können wir den Zusammenhang zwischen dem Bewegungszustand und der Lage des Körpers herstellen:

$$\dot{x} = v \qquad\qquad (4.305)$$

Kennen wir das Geschwindigkeits-Zeit-Programm $v(t)$ des Körpers, so können wir, wenn die Lage des Körpers zu einem Zeitpunkt t_0 bekannt ist, die Lage des Körpers zu jedem Zeitpunkt bestimmen. Das Geschwindigkeits-Zeit-Programm können wir aus den Newtonschen Bewegungsgleichungen bei bekannten Kräften bestimmen:

$$m \cdot \dot{v} = F \qquad\qquad (4.306)$$

Dazu benötigen wir natürlich wieder die Geschwindigkeit des Körpers zu irgendeinem Zeitpunkt, den wir zu t_0 definieren. Mit den Anfangsbedingungen $x_0 = x(t_0)$ und $v_0 = v(t_0)$ liefern die Gln. 4.305 und 4.306 die vollständige Lösung der Bewegung. Im Falle konservativer

Kräfte, d. h. die Stärke des Impulsstromes in den Körper hängt nur von seiner Lage ab, vereinfachen sich die Gleichungen noch weiter. Es gilt gemäß Gl. 4.88:

$$F = -\frac{dV(x)}{dx} \tag{4.307}$$

(Die Anwesenheit von Zwängen, die zu Zwangskräften führen, wollen wir nicht berücksichtigen.) Die Funktion V ist der Energieanteil eines Kraftfeldes. Führen wir jetzt noch die Hamiltonfunktion $H(P,x)$ ein, die die Energie der Anordnung als Funktion des Impulses und der Lage des Körpers angibt, so erhalten die Newtonschen Bewegungsgleichungen eine Struktur, die man die Hamiltonschen Bewegungsgleichungen nennt:

$$\dot{x} = \frac{dH(P,x)}{dP} \tag{4.308}$$

$$\dot{P} = -\frac{dH(P,x)}{dx} \tag{4.309}$$

mit

$$H(P,x) = \frac{P^2}{2 \cdot m} + V(x) = E \tag{4.310}$$

Das Eigentümliche an den Hamiltonschen Bewegungsgleichungen ist ihre Symmetrie, welche die Lage und Geschwindigkeit des Körpers (bis auf ein Vorzeichen) völlig gleich behandelt, sowie die offene zur Schaustellung, dass die Dynamik der Bewegung einzig durch die Hamiltonfunktion bestimmt wird, die ja lediglich den energetischen Wert der Systemzustände beschreibt. Das bedeutet, dass jede Bewegung in konservativen Kraftfeldern nur durch die Hamiltonfunktion der Anordnung beschrieben wird und die Bewegung einem Prinzip gehorcht, das durch die Hamiltonschen Gleichungen beschrieben wird. Der Energieerhaltungssatz ist in dieser Darstellung nur eine Folge der Hamiltonschen Gleichungen:

$$\frac{dE}{dt} = \frac{dH}{dP} \cdot \dot{P} + \frac{dH}{dx} \cdot \dot{x} = \frac{dH}{dP} \cdot \left(-\frac{dH}{dx}\right) + \frac{dH}{dx} \cdot \frac{dH}{dP} = 0 \tag{4.311}$$

Zu einer anderen Beschreibung der Bewegung kommt man durch Einführung der sogenannten Lagrangefunktion $L(\vec{P}, \dot{\vec{x}}, \vec{x})$. Hierbei betrachten wir zunächst Impuls und Geschwindigkeit als unabhängige Variable und definieren:

$$L(P, \dot{x}, x) = P \cdot \dot{x} - H(P, x) \tag{4.312}$$

Drücken wir die Hamiltonschen Gleichungen durch die Lagrangefunktion aus, so erhalten wir:

$$\frac{\mathrm{d}}{\mathrm{d}\,t}\left(\frac{\mathrm{d}L}{\mathrm{d}\dot{x}}\right)+\frac{\mathrm{d}L}{\mathrm{d}x}=0 \ \text{ und } \ \frac{\mathrm{d}L}{\mathrm{d}P}=0 \tag{4.313}$$

Die erste Gleichung ist die sogenannte Lagrangesche Gleichung zweiter Art (die Lagrangesche Gleichung erster Art berücksichtigt auch Zwangskräfte, die wir hier nicht betrachten). Die zweite Gleichung liefert die Hamiltonsche Gl. 4.308. Setzen wir diese Gleichung als bekannt voraus, so liefert die Lagrangesche Gleichung (mit $L(\dot{\vec{x}},\vec{x})=L(\vec{P}(\dot{\vec{x}}),\dot{\vec{x}},\vec{x})$ eine einfache Methode, die Bewegungsgleichung von beliebig parametrisierten Inertialsystemen aufzustellen.

Die Lagrangesche Gleichung ist aber auch Lösung einer Extremalaufgabe. Dies führt uns zu einem Gedankenschema, das wir auch im Alltag gebrauchen, wenn wir die von einer Person gewählte Handlungsoption als die „des Weges des geringsten Widerstandes" charakterisieren. So können wir fragen, ob die Lösungen der Bewegungsgleichung, die ja nur eine unter vielen denkbaren, aber von der Natur nicht realisierten ist, dadurch ausgezeichnet ist, dass sie einen „geringsten Widerstand" besitzt. Das, was wir im Alltag Widerstand nennen, heißt in der Mechanik Wirkung.

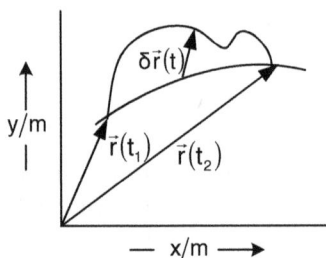

Abb. 4.26. *Zur Variation der Bahnkurve*

Wir gehen von der wahren realisierten Bahnkurve $x_w(t)$ aus, die das System zwischen zwei Orten x_0 und $x_1 = x(t_1)$ durchläuft. Ohne Kenntnis der Bewegungsgleichung können wir uns auch vorstellen, dass $x(t) = x_w(t) + \delta x(t)$ eine Bahnkurve beschreibt, die zum Zeitpunkt t_0 am Ort x_0 beginnt und zum Zeitpunkt t_1 am Ort x_1 endet. Jetzt ordnen wir jeder Bahnkurve zwischen diesen beiden Punkten, die in der Zeit $\Delta t = t_1 - t_0$ durchlaufen wird, eine Wirkung $W = W(\{x\}, x_0, x_1, \Delta t)$ zu. Die geschweiften Klammern sollen andeuten, dass W keine Funktion ist, die einem Argument x einen Funktionswert zuordnet, sondern ein Funktional, das einer Funktion $x(t)$ einen Wert zuordnet. Einfachste Beispiele für Funktionale sind Integrale. Als ein solches können wir auch die Wirkung darstellen:

$$W(\{x\}, x_0, x_1, \Delta t) = \int\limits_{t_0}^{t_1} f(\dot{x}, x) \cdot dt \qquad (4.314)$$

Die Funktion f ist eine Funktion, die nur von dem Ort und der Geschwindigkeit des Körpers abhängt. Vorausgesetzt, es existiert eine so definierte Wirkung, so können wir fragen, wie sich die Wirkung der wahren Bahn von einer benachbarten Bahn unterscheidet.

$$\delta W = \int\limits_{t_0}^{t_1} \left(\frac{df}{d\dot{x}} \cdot \delta \dot{x} + \frac{df}{d\bar{x}} \cdot \delta x \right) \cdot dt \qquad (4.315)$$

Die Ableitungen der Funktion f sind an der Stelle $x_w(t)$ zu nehmen. Das Integral schreiben wir jetzt auf die folgende Weise um. Wir nutzen, dass die Abweichung der Geschwindigkeit aus der zeitlichen Änderung der Verrückung berechnet werden kann,

$$\delta \dot{x} = \frac{d\delta x}{dt} \qquad (4.316)$$

und wenden die Produktregel der Differentiation an:

$$\frac{df}{d\dot{x}} \frac{d}{dt} \delta x = \frac{d}{dt} \left(\frac{df}{d\dot{x}} \cdot \delta x \right) - \left(\frac{d}{dt} \frac{df}{d\dot{x}} \right) \cdot \delta x \qquad (4.317)$$

Mit diesen Änderungen können wir die Änderung der Wirkung wie folgt formulieren:

$$\delta W = \frac{df}{d\dot{x}} \cdot \delta x_{t=t_1} - \frac{df}{d\dot{x}} \cdot \delta x_{t=t_0} - \int\limits_{t_0}^{t_1} \left(\frac{d}{dt} \frac{df}{d\dot{x}} - \frac{df}{dx} \right) \cdot \delta x \cdot dt \qquad (4.318)$$

Die ersten beiden Summanden sind identisch null, da die betrachteten Bahnen an den Endpunkten übereinstimmen sollen. Im Integranden des dritten Summanden erkennen wir unschwer die Struktur der Lagrangeschen Gleichung wieder. Eine Bahn wird extrem genannt, wenn die Wirkung dieser Bahn verglichen mit einer benachbarten Bahn besonders groß oder klein (oder ein Sattelpunkt) ist. In diesen Fällen muss der Integrand verschwinden. Dies führt uns zum Hamiltonschen Prinzip der Mechanik. Jeder Bahn, die zwei verschiedene Orte in einer Zeit Δt verbindet, kann eine Wirkung, die wie folgt definiert ist, zugeordnet werden.

$$W(\{x\}, x_0, x_1, \Delta t) = \int\limits_{t_0}^{t_1} L(\dot{x}, x) \cdot dt \qquad (4.319)$$

Die wahre (realisierte) Bahn ist dadurch bestimmt, dass die Wirkung der wahren Bahn extremal ist.

Somit ist es gelungen, das der Einfachheit der Hamiltonschen Gleichungen zugrundeliegende Prinzip in einer völlig anderen Art und Weise auszudrücken. Diese Formulierung macht besonders deutlich, dass ein spezielles Inertialsystem, wie das kartesische, zur Formulierung dieses Prinzips nicht nötig ist. Die Wirkung einer Anordnung ist eine völlig neue physikalische Größe, sie ist mengenartig und trägt die Einheit Joule x Sekunde. Die Interpretation dieser Größe ist schwierig, da sie messtechnisch nicht direkt zugänglich ist.

Betrachten wir nur Bahnen, die den Lagrangeschen Gleichungen gehorchen und die zu einem Zeitpunkt t_0 am Ort x_0 ihren Ausgang nehmen, so kann je nach Anfangsbedingung für die Geschwindigkeit die Anordnung zur Zeit t verschiedene Lagen $x(t)$ einnehmen. Die Wirkung der wahren Bahn, die zum Zeitpunkt t zu einer Lage x führt, bezeichnen wir mit $S(x, x_0, \Delta t)$.

$$S(x, x_0, \Delta t) = W(\{x_w(t)\}, x, x_0, \Delta t) \tag{4.320}$$

Die Wirkung der wahren Bahn lässt sich explizit durch wenige Parameter darstellen:

$$\begin{aligned} S(x, x_0, \Delta t) &= \int_{t_0}^{t_1} (P \cdot \dot{x} - E) \cdot dt \\ &= P(t) \cdot x - P_0 \cdot x_0 - E \\ &= P(t) \cdot x - P_0 \cdot x_0 - H(P_0, x_0) \end{aligned} \tag{4.321}$$

Wir erkennen unschwer die Anfangswerte der Hamiltonschen Gleichungen, die notwendig sind, damit die Anordnung in der Zeit Δt überhaupt die Lage x einnehmen kann. Neben diesen Anfangswerten wird die Wirkung der Bahn nur durch den Impuls $P(t)$ bestimmt, den die Anordnung besitzt, wenn diese zum Zeitpunkt t die Lage x einnimmt. Umgekehrt kann aus Kenntnis der Wirkungen für alle Endlagen x der Impuls berechnet werden:

$$P(t) = \frac{dS}{dx}\bigg|_{P_0, x_0, \Delta t \text{ fest}} = P(x(t)) \tag{4.322}$$

Das heißt, liegen die Anfangsbedingungen fest, so ist der Impuls zum Zeitpunkt t eindeutig durch die Lage der Anordnung zu diesem Zeitpunkt bestimmt. Die Bahnkurve selbst ergibt sich dann aus Kenntnis des Impulses.

$$\frac{dS}{dx}\bigg|_{P_0, x_0, \Delta t \text{ fest}} = P(x(t)) = m \cdot \frac{dx}{dt} \tag{4.323}$$

Die Kenntnis der Wirkung einer Anordnung erlaubt es zunächst, unabhängig von der Verknüpfung zwischen Bewegungszustand und Geschwindigkeit den Impulsaustausch als Funktion der Lage zu beschreiben, und ist damit verallgemeinerbarer auf den Impustransport in Wellen, der nicht an einen Körper gebunden ist. Auf diese Weise gelang es Hamilton zu zeigen, dass das optische Gesetz „des küzesten Lichtweges" demselben Extremalprinzip gehorcht. Die obige Betrachtung basiert natürlich auf der Kenntnis der Wirkung, die in der Tat direkt, d. h. unabhängig von Gl. 4.321 berechnet werden kann. Wie man durch Einsetzen verifizieren kann, gehorcht die Wirkung der sogenannten Hamilton-Jakobischen Differentialgleichung:

$$\dot{S} + H\left(\frac{dS}{dx}, x\right) = 0 \tag{4.324}$$

mit den Anfangsbedingungen:

$$S(x_0, x_0, 0) = 0 \text{ und } \frac{dS}{dx}(x_0, x_0, 0) = P_0 \tag{4.325}$$

Die Hamilton-Jakobische Gleichung ist eine nichtlineare Gleichung. Das heißt, es gibt keine allgemeine Vorschrift zur Gewinnung einer Lösung, dennoch bietet der Weg über die Hamilton-Jakobische Gleichung bei der Beschreibung von speziellen Problemen der Himmelsmechanik auch praktische Vorteile. Es gibt noch weitere mechanische Prinzipien, die aber alle mehr unter praktischen Gesichtspunkten diskutiert werden können.

4.10.2 Bemerkungen zur Relativitätstheorie

Die Relativitätstheorie gehört ohne Zweifel zu den faszinierendsten Theorien im Sinne von Vorstellungen von unserer Welt. Zur Zeit ihrer Entstehung war sie in aller Munde und wurde in den Tages- und Wochenzeitungen diskutiert und ihr Urheber Albert Einstein gilt seitdem als der Wissenschaftsstar schlechthin. Der Keim dieser Theorie liegt in einer Unvereinbarkeit unserer Vorstellungen von materiellen Systeme und des Systems Raum, die durch eine genaue Analyse unseres Zeitbegriffs offenkundig wurde. Ursache dieser Unstimmigkeiten ist die Unmöglichkeit, Signale mit unendlicher Geschwindigkeit zu übertragen. Bei der Beschreibung des Systems Raum haben wir immer wieder vom Impulsfluss durch den Raum gesprochen und die Geschwindigkeit, mit der dieser Impuls fließt, die Lichtgeschwindigkeit c genannt. Diese Geschwindigkeit ist in ihrem Wesen im Sinne der Elektrodynamik eine dynamische Geschwindigkeit, deren Größe durch die Qualitäten des Raumes ε_0 und μ_0 bestimmt ist (Gl. 4.304). Diese Geschwindigkeit ist auch die obere Grenze, mit der Signale übertragen werden können, und damit muss die Diskussion der Synchronität von Uhren geführt werden.

Die spezielle Relativitätstheorie ist im Grunde eine einfache Theorie, die sich im Wesentlichen auf zwei Erfahrungen – die Konstanz der Lichtgeschwindigkeit in verschiedenen Inertialsystemen und das Relativitätsprinzip – stützt, deren Konsequenzen sehr weitreichend sind. Um diese Konsequenzen zu verstehen, ist es jedoch unbedingt notwendig, die einzelnen Schritte des Gedankengangs möglichst gewissenhaft nachzuvollziehen. Dem mit Bleistift und Papier Lesenden mögen diese „Ausschweifungen" helfen.

Mit der Existenz einer dynamischen Geschwindigkeit muss unsere ganze Vorstellung über den absoluten Raum und der Unmöglichkeit seiner Fixierung überdacht werden. Geschwindigkeiten materieller Systeme sind nur kinematisch bestimmbar. Das erste Newtonsche Gesetz erlaubte es uns, diesen in Inertialsystemen bestimmten Geschwindigkeiten, die sich nur durch eine Konstante von der postulierten absoluten Geschwindigkeit unterschieden, eine Zustandsgleichung zuzuordnen. Mit dem Vorhandensein einer dynamischen Lichtgeschwindigkeit sollte es nun vordergründig möglich sein, den absoluten Raum zu fixieren, denn nur einem Inertialsystem (und den durch Drehungen aus diesem Inertialsystem hervorgehenden Koordinatensystemen) sollte die gemessene kinematische Lichtgeschwindigkeit mit der dynamischen zusammenfallen. Umgekehrt sollten in verschiedenen Inertialsystemen, die sich mit einer Geschwindigkeit gegeneinander bewegen, unterschiedliche kinematische Lichtgeschwindigkeiten gemessen werden. Erstaunlicherweise konnte diese Erfahrung nicht gewonnen werden. Vielmehr ist es so, dass in allen Inertialsystemen die kinematische Lichtgeschwindigkeit gleich der dynamischen Geschwindigkeit ist. Dies ist eine sehr erstaunliche Erfahrung: Eine Messung der Lichtgeschwindigkeit c des Lichtes einer Taschenlampe in einem mit der Geschwindigkeit v fahrenden Zuges liefert denselben Wert wie die Messung der Lichtgeschwindigkeit c' des Lichtes einer Taschenlampe die auf der Erde ruht und nicht etwa $c = c' + v$. Das heißt, dass das Relativitätsprinzip weit über die Mechanik hinausgeht und auch in der Elektrodynamik gültig ist: In allen Koordinatensystemen, in denen isolierte Körper sich mit konstanter Geschwindigkeit bewegen, hat die Lichtgeschwindigkeit einen identischen Wert oder allgeimeiner, es gelten dieselben physikalischen Gesetze.

Die Konsequenzen, die sich aus dem Relativitätsprinzip ergeben, lassen sich am besten an der Diskussion der Koordinaten und Uhren zweier Inertialsysteme Σ und Σ' mit den Koordinaten x,y,z bzw. x',y',z' und den Inertialzeiten t und t', die sich mit der Geschwindigkeit v zueinander bewegen, diskutieren. Wir wollen vereinbaren, dass in allen Inertialsystemen Koordinaten und Zeiten mit denselben Längenmaßstäben und Uhren bestimmt werden.

Bewegt sich ein Lichtstrahl entlang der x-Achse im Koordinatensystem Σ und ist X die Koordinate der „Spitze" des Lichtstrahles, so wird die sogenannte Signalgeschwindigkeit wie folgt bestimmt:

$$\frac{dX}{dt} = c \qquad\qquad (4.326)$$

Besitzt die x-Achse des Koordinatensystems Σ' dieselbe Orientierung und ist X' die Koordinate der „Spitze" des Lichtstrahls in Σ', so gilt ebenfalls:

$$\frac{dX'}{dt'} = c \qquad\qquad (4.327)$$

Diese Erfahrung bedingt eine spezielle Beziehung zwischen den Koordinaten und Zeiten der verschiedenen Koordinatensysteme. Diese Beziehung heißt Lorentz-Transformation. In der Newtonschen Mechanik $("c = \infty")$ wird diese Beziehung Galilei-Transformation genannt.

Verallgemeinern wir die Koordinaten eines Inertialsystems Σ, so dass wir die Zeit einbeziehen, so können wir die Lage eines Punktes (Körpers) zu einem Zeitpunkt t durch einen sogenannten Vierervektor $\vec{\xi} = (t, x, y, z)$ darstellen. In einem Inertalsystem Σ' mit der Inertialzeit t' wird der Punkt durch $\vec{\xi}' = (t', x', y', z')$ dargestellt. Wählen wir der Einfachheit halber den zeitlichen Nullpunkt der beiden Inertialsysteme so, dass zum Zeitpunkt $t = t' = 0$ die Koordinatenursprünge der beiden Inertialsysteme zusammenfallen ($\vec{\xi} = 0 = \vec{\xi}'$), so gilt in der Newtonschen Mechanik:

$$\vec{\xi}' = \underset{=}{T}_G(v) \cdot \vec{\xi} \tag{4.328}$$

Beschränken wir uns auf Inertialsysteme, für die gilt

$$y = y' \quad \text{und} \quad z = z', \tag{4.329}$$

so können wir die Transformation koordinatenweise einfach anschreiben:

$$\underset{=}{T}_G(v) = \begin{pmatrix} 1 & 0 \\ -v & 1 \end{pmatrix} \tag{4.330}$$

bzw.

$$t' = t \quad \text{und} \quad x' = x - v \cdot t \tag{4.331}$$

Dieses Transformationsverhalten führt dazu, dass für die obige Messung der Lichtgeschwindigkeit der Taschenlampe das falsche Ergebnis herauskäme.

$$\frac{dX'}{dt} = c' = \frac{dX}{dt} - v = c - v \tag{4.332}$$

Darüber hinaus stellt die Galilei-Transformation sicher, dass ein Zeitintervall und ein Abstand in allen Inertialsystemen einen identischen Wert haben.

$$\Delta t' = \Delta t \quad \text{und} \quad \Delta \vec{x}'^2 = \Delta \vec{x}^2 \tag{4.333}$$

Man sagt, Zeitintervalle und Längen sind Invarianten unter der Galilei-Transformation.

Diese Invarianzeigenschaften dürfen wir bei der Lorentz-Transformation nicht erwarten, da umgekehrt die Invarianten der Transformation diese festlegen. Eine Invariante der Lorentz-Transformation ist die Lichtgeschwindigkeit c selbst. Die zweite Invariante, welche die Lorentz-Transformation festlegt, ist eine Kombination aus Zeitintervall und Länge. Wir werden zunächst zeigen, dass die quadratische Form Q eine Invariante der Lorentztransformation ist.

$$Q(\vec{\xi}) = c^2 \cdot t^2 - \vec{x}^2 = Q(\vec{\xi}') = c^2 \cdot t'^2 - \vec{x}'^2 \tag{4.334}$$

Die Lorentz-Transformation ist formal dadurch definiert, dass gilt:

$$\vec{\xi}' = \underline{\underline{T}}_L(v) \cdot \vec{\xi} \qquad\qquad (4.335)$$

Wie bei der Galilei-Transformation kann die Transformation selbst nicht von den verallgemeinerten Koordinaten abhängen, da der Ablauf eines physikalischen Experimentes nicht davon abhängt, an welchem Ort und zu welcher Zeit es ausgeführt wird. Bevor wir die Lorentz-Transformation aus den Invarianten bestimmen, müssen wir aber noch vereinbaren, wie die Zeit unter Berücksichtigung der Endlichkeit der Lichtgeschwindigkeit bestimmt wird.

Die besondere Bedeutung der Einsteinschen Theorie besteht in einer genauen Analyse der Zeitmessung. In der Newtonschen Mechanik wird in keinem Moment daran gezweifelt, dass baugleiche Uhren in verschieden Inertialsystemen gleiche Zeiten anzeigen, so wie es sich in Gl. 4.333 ausdrückt. Eine Inertialzeit definieren wir operativ wie folgt. In einem Inertialsystem synchronisieren wir an einem Ort, z. B. dem Koordinatenursprung, einen Satz von Uhren. Am einfachsten können wir uns diesen Vorgang als einen Satz baugleicher Uhren mit identischer Zeigerstellung denken, die wir so lange justieren, bis sie alle dieselbe Zeit anzeigen, so wie das auch in der Uhrenherstellung getan wird. (Für den Ausbau der Theorie sei noch angemerkt, dass die Periodizität des Prozesses, welcher der Uhr zu Grunde liegt, nicht auf Gravitationseffekten beruhen darf.) Laufen die Uhren an diesem einen Ort synchron (alle Uhren haben immer dieselbe Zeigerstellung), so transportieren wir diese zu den einzelnen Ortsmarken unseres Koordinatensystems. Um überhaupt von einer Inertialzeit zu sprechen, müssen wir prüfen, ob die Uhren nach dem Transport noch synchron laufen.

Dies lässt sich auf folgende Weise feststellen: Wir betrachten zwei Uhren an den Ortsmarken A und B, die also in einem Abstand $\overline{AB}$ voneinander aufgestellt sind. Die Uhr an A zeige die Zeit t_A an, wenn dort ein Lichtsignal abgegeben wird. Dieses Signal wird am Ort B von der dortigen Uhr zum Zeitpunkt t_B registriert und reflektiert. Das reflektierte Signal wird am Ort A zum Zeitpunkt $t_A{}'$ registriert. Im Allgemeinen müssen wir davon ausgehen, dass die Signalgeschwindigkeit c_+ auf dem Hinweg von der Signalgeschwindigkeit c_- auf dem Rückweg zu unterscheiden ist. Wäre er zufällig gleich, dann würde dasselbe Verfahren in einem dazu bewegten Inertialsystem in der Newtonschen Mechanik sicherlich unterschiedliche Signalgeschwindigkeiten erwarten lassen. Denken wir uns diese Signallaufgeschwindigkeiten als bekannt, dann liefen die Uhren synchron, wenn gälte:

$$t_B = \frac{c_+ \cdot t_A + c_- \cdot t'_A}{c_+ + c_-} \qquad\qquad (4.336)$$

Diese Analyse zeigt, dass wir zur Bestimmung der Synchronität der Uhren die Signalgeschwindigkeit vermessen müssen. Dies erfordert aber – aufgrund des kinematischen Charakters der Geschwindigkeit – die Synchronität der Uhren. Das heißt, in der Newtonschen Mechanik ist die Definition einer Inertialzeit nur möglich, indem man das Vorurteil postuliert, dass alle Uhren definitionsgemäß synchron laufen, oder, wie wir im Kapitel Kinematik getan haben, unendlich schnelle Signalgeschwindigkeiten voraussetzt. Einstein erkannte, dass im

Lichte der Experimente dieses Postulat nicht mehr haltbar ist und durch das folgende Postulat abgelöst werden muss:

In jedem Inertialsystem hat die Vakuumlichtgeschwindigkeit unabhängig von der Raumrichtung den gleichen Wert c.

Im Rahmen dieses Postulates laufen die Uhren an den Orten A und B synchron, wenn gilt:

$$t_B = \frac{1}{2}\left(t_A + t'_A\right) \tag{4.337}$$

Diese Gleichung liefert die operative Möglichkeit, die verschobenen Uhren zueinander zu synchronisieren. Aufgrund der Einsteinschen Analyse erscheint es geradezu als ein Geschenk der Natur, über eine dynamische Definition der Lichtgeschwindigkeit zu verfügen, mit der eine Inertialzeit überhaupt erst definiert werden kann. Die so synchronisierten Uhren erlauben die Messung einer Geschwindigkeit. Insbesondere gilt für Lichtgeschwindigkeit:

$$c = \frac{2 \cdot \overline{AB}}{t'_A - t_A} \tag{4.338}$$

Wir vereinbaren, dass wir bei der Messung einer Bewegung die Zeit immer an der Uhr ablesen, die sich an der Ortsmarke befindet, die dem bewegten Körper zugeordnet werden kann. Dies ist praktisch umständlich, da der Beobachter an einem Ort immer die Signallaufzeit berücksichtigen muss, aber für das Verständnis einfacher.

Zur Bestimmung der Lorentz-Transformation mit den wie oben synchronisierten Uhren beschränken wir uns wieder auf den Fall: $y = y'$ und $z = z'$. Diese Einschränkung definiert eine spezielle Lorentz-Transformation. Ohne Beweis erwähnen wir, dass die allgemeinste Lorentz-Transformation beim Übergang von einem zum anderen Inertialsystem sich aus dieser speziellen Lorentz-Transformation und einer Drehung zusammensetzt. Für die Zeit und die x-Koordinaten der betrachteten Inertialsysteme Σ und Σ' gilt komponentenweise der Zusammenhang:

$$t' = T_{11} \cdot t + T_{12} \cdot x \quad \text{und} \quad x' = T_{21} \cdot t + T_{22} \cdot x \tag{4.339}$$

wobei die T_{ij} nur von der Geschwindigkeit v abhängen können. Zunächst betrachten wir die quadratische Form:

$$Q\left(\vec{\xi}'\right) = c^2 \cdot t'^2 - x'^2 \tag{4.340}$$

Setzen wir die Transformation ein, so erhalten wir:

$$\begin{aligned} Q\left(\vec{\xi}'\right) = {} & \left(c^2 \cdot T_{11}^2 - T_{21}^2\right) \cdot t^2 - \left(T_{22}^2 - c^2 \cdot T_{12}^2\right) \cdot x^2 \\ & + 2 \cdot \left(c^2 \cdot T_{11} \cdot T_{12} - T_{22} \cdot T_{21}\right) \cdot t \cdot x \end{aligned} \tag{4.341}$$

Um die Invarianz dieser quadratischen Form zu zeigen, nutzen wir die Invarianz der Lichtgeschwindigkeit. Erzeugen wir ein Lichtsignal zum Zeitpunkt $t=t'=0$ im Ursprung $x=x'=0$ der beiden Inertialsysteme, so erreicht dieses Signal im Inertialsystem Σ die Orte $\pm x$ zum Zeitpunkt

$$t = \frac{1}{c} \cdot |x| \, . \tag{4.342}$$

Für einen Beobachter im Inertialsystem Σ' breitet sich das Lichtsignal ebenfalls mit Lichtgeschwindigkeit aus und die Orte $\pm x'$ werden zum Zeitpunkt

$$t' = \frac{1}{c} \cdot |x'| \tag{4.343}$$

erreicht. In beiden Inertialsystemen werden die erreichten Orte durch die Konstanz der quadratischen Form beschrieben:

$$Q\!\left(\vec{\xi}_{Licht}\right) = 0 = Q\!\left(\vec{\xi}'_{Licht}\right) \tag{4.344}$$

Setzen wir für diesen speziellen Fall die Lorentz-Transformation ein, so erhalten wir:

$$Q\!\left(\vec{\xi}_{Licht}\right) = 0 = \tag{4.345}$$
$$\left[\left(T_{11}^2 - \frac{T_{21}^2}{c^2} - T_{22}^2 + c^2 \cdot T_{12}^2\right) \pm \frac{2}{c} \cdot \left(c^2 \cdot T_{11} \cdot T_{12} - T_{22} \cdot T_{21}\right)\right] \cdot x^2$$

Diese Gleichung kann nur erfüllt werden, wenn die geklammerten Summanden identisch verschwinden. Dies bedeutet für den allgemeinen Fall, dass die quadratischen Formen sich nur durch einen Faktor, den wir mit dem Buchstaben K abkürzen wollen, unterscheiden können:

$$Q\!\left(\vec{\xi}'\right) = \left(T_{11}^2 - \frac{T_{21}^2}{c^2}\right) \cdot Q\!\left(\vec{\xi}\right) \equiv K(v) \cdot Q\!\left(\vec{\xi}\right) \tag{4.346}$$

Betrachten wir eine Hin- und Rücktransformation, so erhalten wir:

$$K(v) \cdot K(-v) = 1 \tag{4.347}$$

Beim Anschreiben dieses Zusammenhangs haben wir implizit vom Relativitätsprinzip Gebrauch gemacht, indem wir benutzt haben, dass die Geschwindigkeit des Inertialsystems Σ beobachtet vom Inertialsystem Σ' dem Betrage nach der Geschwindigkeit des Inertialsystems Σ' beobachtet vom Inertialsystem Σ entspricht. Wäre dem nicht so, so könnten wir eine Rangfolge zwischen den Inertialsystemen festlegen, was der Definition eines Inertialsystems widerspräche. Mit demselben Argument müssen wir fordern, dass gilt:

$$K(v) = K(-v) = \pm 1 \qquad\qquad (4.348)$$

Das Minuszeichen können wir ausschließen, wenn wir den Ursprung $x = 0$ des Inertiasystems Σ betrachten, der sich im Inertialsystem Σ' mit der Geschwindigkeit $-v$ bewegt.

$$Q(t,0) = c^2 \cdot t^2 = \pm(c^2 - v^2) \cdot t'^2 \qquad\qquad (4.349)$$

Da die linke Seite immer größer als null ist, muss für den Fall, dass die betrachteten Relativgeschwindigkeiten der Inertialsysteme dem Betrag nach kleiner als die Lichtgeschwindigkeit sind, das positive Vorzeichen gelten.

Durch diese Überlegungen erhalten wir das wichtige Ergebnis, dass die Zeit- und Raumkoordinaten aller Ereignisse in verschiedenen Inertialsystemen durch Gl. 4.334 verknüpft sind.

Im hier diskutierten speziellen Fall wird die Invarianz von

$$c^2 \cdot t^2 - x^2 = c^2 \cdot t'^2 - x'^2 \qquad\qquad (4.350)$$

durch die Transformation

$$T_{11} = T_{22} = \cosh\varphi \qquad \text{und} \qquad T_{12} \cdot c = \frac{T_{21}}{c} = -\sinh\varphi \qquad (4.351)$$

erfüllt, wobei φ ein noch zu bestimmender Parameter ist. Dazu betrachten wir den Koordinatenursprung des Inertialsystems Σ' $x' = 0$, der sich von Σ aus gesehen mit $x = v\,t$ bewegt. Aus der Gleichung

$$x' = -c \cdot t \cdot \sinh\varphi + x \cdot \cosh\varphi = 0 \qquad\qquad (4.352)$$

folgt durch Vergleich

$$\frac{\sinh\varphi}{\cosh\varphi} = \tanh\varphi = \frac{v}{c} \qquad\qquad (4.353)$$

Damit haben wir die spezielle Lorentz-Transformation, die abgesehen von Drehungen alle wesentlichen Aussagen zwischen den Raum- und Zeitkoordinaten verschiedener Inertialsysteme beschreibt, erhalten:

$$\underline{\underline{T}}_L = \frac{1}{\sqrt{1 - \dfrac{v^2}{c^2}}} \cdot \begin{pmatrix} 1 & -\dfrac{v}{c^2} \\ -v & 1 \end{pmatrix} \qquad\qquad (4.354)$$

bzw. in Komponenten

$$t' = \frac{t - \dfrac{v}{c^2} \cdot x}{\sqrt{1 - \dfrac{v^2}{c^2}}} \quad \text{und} \quad x' = \frac{x - v \cdot t}{\sqrt{1 - \dfrac{v^2}{c^2}}} \tag{4.355}$$

Mit der Umkehrung

$$t = \frac{t' + \dfrac{v}{c^2} \cdot x'}{\sqrt{1 - \dfrac{v^2}{c^2}}} \quad \text{und} \quad x = \frac{x' + v \cdot t'}{\sqrt{1 - \dfrac{v^2}{c^2}}} \tag{4.356}$$

Für Geschwindigkeiten, die klein gegen die Lichtgeschwindigkeit sind, geht die Lorentz-Transformation wieder in die Galilei-Transformation über, so dass wir die Besonderheiten der Lorentz-Transformation in unserem Alltag nicht wahrnehmen.

Die unerwartete Erfahrung, dass die Lichtgeschwindigkeit in allen Inertialsystemen gleich ist, findet in der Lorentz-Transformation ihre unerwartete Konsequenz. Zeitdauern und Längen werden von zueinander bewegten Beobachtern verschieden wahrgenommen. Um das besser zu verstehen, betrachten wir eine im Inertialsystem Σ' ruhende Uhr. Vergleichen wir ein Zeitintervall $\tau_0 = t'_2 - t'_1$ dieser ruhenden Uhr mit einer bewegten Uhr, die in Σ ruht, so erhalten wir:

$$\tau = \frac{\tau_0}{\sqrt{1 - \dfrac{v^2}{c^2}}} \tag{4.357}$$

Für den Beobachter in Σ geht die bewegte Uhr langsamer als seine eigene baugleiche ruhende Uhr. Den Index „0" haben wir angefügt, da es sich um das Eigenzeitintervall der Uhr handelt. Verfolgen wir umgekehrt den Gang der Uhr in Σ mit demselben Eigenzeitintervall aus Σ', so erhalten wir:

$$\tau' = \frac{\tau_0}{\sqrt{1 - \dfrac{v^2}{c^2}}} \tag{4.358}$$

Im Lichte des Relativitätsprinzips ist dies selbstverständlich, dennoch scheint dies ungewöhnlich und wird oft zur Erzeugung scheinbarer Paradoxien genutzt.

Wir können festhalten, dass bewegte Uhren langsamer gehen. Dieses Phänomen nennt man Zeitdilatation. In der Physik der kleinsten Teilchen gibt es dafür einen eindrucksvollen Beweis. Es gibt Elementarteilchen (z. B. Myonen), die nach Ihrer Erzeugung „im Labor" eine beschränkte Lebensdauer[40] τ_0 haben und in andere Teilchen zerfallen. Diese Lebensdauer können wir als Zeitnormal benutzen. Diese Elementarteilchen werden aber auch in Prozessen, die in der Sonne stattfinden, erzeugt und finden mit großer Geschwindigkeit v den Weg s zur Erde. In der Newtonschen Physik wäre es unmöglich, dass die Myonen in der Zeit τ_0 die große Distanz zwischen Sonne und Erde überbrücken. Verständlich wird dies nur, wenn wir die Zeitdilatation berücksichtigen.

$$\tau_0 < \tau' = \frac{s}{v} \leq \frac{\tau_0}{\sqrt{1 - \dfrac{v^2}{c^2}}} \tag{4.359}$$

Als Nächstes betrachten wir einen in Σ' ruhenden Längenmaßstab. Die Koordinatenzahlen der Maßstabsenden seien x_1', y', z' und x_2', y', z'. Die Ruhelänge l_0 des Maßstabes ergibt sich dann zu:

$$l_0 = \sqrt{(x_2 - x_1)^2} \tag{4.360}$$

Setzen wir die Lorentz-Transformation ein, so erkennen wir, dass ein bewegter Beobachter einen verkürzten Längenmaßstab wahrnimmt.

$$l = \sqrt{1 - \frac{v^2}{c^2}} \cdot l_0 \tag{4.361}$$

Dieses Phänomen nennt man Längenkontraktion. Es stellt sich die Frage, ob man diese Längenkontraktion „sehen" kann, wenn z. B. zwei Maßstäbe mit identischer Ruhelänge aneinander vorbeifliegen. Wenn wir unter „sehen" eine photographische Aufnahme meinen, ist die Antwort „nein". Der Grund für die Längenkontraktion liegt in der von uns gewählten Messvorschrift für die Koordinatenzahlen im System Σ. Das Ablesen der Koordinatenzahlen soll nämlich gleichzeitig erfolgen. Registrieren wir diesen in Σ gleichzeitigen Ablesevorgang auf Uhren in Σ', die an den Maßstabsenden aufgestellt sind, so finden wir hierfür wegen $\Delta t = 0$ eine Zeitdifferenz $\Delta t' = -\dfrac{v}{c^2} \cdot l_0$. Für einen Beobachter in Σ' erfolgt eben dieser Ablesevorgang nicht mehr gleichzeitig. Ohne weiter darauf einzugehen, findet man bei der Auswertung einer Photographie, dass der bewegte Längenmaßstab auf der Photographie die Länge l_0 hat.

Die Konstanz der Lichtgeschwindigkeit in verschiedenen Inertialsystemen hat viele unerwartete Konsequenzen. Wenn wir uns im nächsten Kapitel der Drehbewegung starrer Körper zuwenden, so können wir jetzt schon sagen, dass aufgrund der Konstanz der Lichtgeschwindigkeit der starre Körper eine Fiktion ist, da verschiedene Beobachter demselben Körper eine

---

[40] Dass die Lebensdauer eines solchen Elementarteilchens nur im statistischen Mittel definiert ist, hat auf die weiteren Überlegungen keinen Einfluss.

unterschiedliche Gestalt zusprechen. Dies liegt daran, dass wir die Impulsflüsse, die die Zwangskräfte beschreiben, die dem Körper seine strarre Gestalt geben, als unendlich schnell fließend annehmen. Im Rahmen der Punktmechanik und des Konzepts dieses Buches interessieren uns aber in erster Linie die Auswirkungen auf den Bewegungszustand Geschwindigkeit und die dahinter liegende Dynamik.

Wir betrachten die Bewegung eines Körpers (der Einfachheit halber nur eindimensional) wieder in zwei Inertialsystemen, die sich mit der Relativgeschwindigkeit w zueinander bewegen. (Die Symbole v und v' sind jetzt für die Geschwindigkeit des Körpers in den jeweiligen Inertialsystemen reserviert.) Im Inertialsystem Σ bzw. Σ' wird die Geschwindigkeit gemäß

$$v = \frac{dx}{dt} \quad \text{bzw.} \quad v' = \frac{dx'}{dt'} \tag{4.362}$$

gemessen. Die Transformation der Geschwindigkeiten erhalten wir mit Hilfe der Lorentz-Transformation:

$$v = \frac{dx}{dt} = \frac{dx}{dt'} \cdot \left(\frac{dt}{dt'} \right)^{-1} \tag{4.363}$$

Da wegen der Lorentz-Transformation gilt

$$\frac{dx}{dt'} = \frac{v'+w}{\sqrt{1-\frac{w^2}{c^2}}} \quad \text{und} \quad \frac{dt}{dt'} = \frac{1+\frac{v'\cdot w}{c^2}}{\sqrt{1-\frac{w^2}{c^2}}} \tag{4.364}$$

erhalten wir

$$v = \frac{v'+w}{1+\frac{v'\cdot w}{c^2}} \tag{4.365}$$

und die Umkehrtransformation

$$v' = \frac{v-w}{1-\frac{v\cdot w}{c^2}} \tag{4.366}$$

Diese Transformationen nennt man das Additionstheorem der Geschwindigkeiten. Wir erkennen wieder, dass die Invarianz der Lichtgeschwindigkeit gewahrt ist. Ist $v = c$, dann ist auch $v' = c$. Führen wir die folgende Abkürzung ein

$$\gamma_v = \frac{1}{\sqrt{1 - \dfrac{v^2}{c^2}}}, \tag{4.367}$$

so können wir auch schreiben:

$$\gamma_v \cdot v = \gamma_{v'} \cdot \gamma_w \cdot (v' + w) \tag{4.368}$$

bzw.

$$\gamma_{v'} \cdot v' = \gamma_v \cdot \gamma_w \cdot (v - w) \tag{4.369}$$

Betrachten wir eine Geschwindigkeitsänderung dv bzw. dv', so finden wir das Transformationsverhalten:

$$\mathrm{d}v = \frac{\mathrm{d}v'}{1 + \dfrac{v' \cdot w}{c^2}} - \frac{(v' + w)}{\left(1 + \dfrac{v' \cdot w}{c^2}\right)^2} \cdot \frac{w}{c^2} \cdot \mathrm{d}v' = \frac{1 - \dfrac{w^2}{c^2}}{\left(1 + \dfrac{v' \cdot w}{c^2}\right)^2} \cdot \mathrm{d}v' \tag{4.370}$$

Diese Gleichung können wir wieder umschreiben in die Form:

$$\gamma_v^2 \cdot \mathrm{d}v = \gamma_{v'}^2 \cdot \mathrm{d}v' \tag{4.371}$$

Das Bemerkenswerte an dieser Gleichung ist, dass die Relativgeschwindigkeit der Inertialsysteme explizit nicht mehr vorkommt, so dass wir behaupten können, dass die Größe $\gamma_v^2 \cdot \mathrm{d}v$ in allen Inertialsystemen denselben Wert hat. Diese Größe ist offensichtlich geeignet, die Funktion der Geschwindigkeitsänderung dv in der Newtonschen Dynamik zu übernehmen. Wir definieren:

$$\gamma_v^2 \cdot \mathrm{d}v = \frac{\mathrm{d}P}{m} \tag{4.372}$$

Wir müssen betonen, dass es sich um eine Definition handelt, deren Sinnhaftigkeit sich erst erweisen muss. Im Fall der Newtonschen Mechanik ergab sich aus der Impulsbilanz eine konstante Masse. Wir werden gleich sehen, dass die Erfahrung der Impulerhaltung nur aufrecht erhalten werden kann, wenn wir eine geschwindigkeitsabhängige Masse einführen, so dass die obige Definition in verschiedenen Inertialsystemen zu unterschiedlichen Impulsüberträgen führt. Wir hatten schon in der Newtonschen Mechanik gesehen, dass die definierte Impulsmenge sich in verschiedenen Inertialsystemen um eine additive Konstante unterscheidet. Dieser Sachverhalt wird hier dahingehend verkompliziert, dass auch die übertragene Impulsmenge von Inertialsystem zu Inertialsystem verschieden wahrgenommen wird. Es muss jedoch gelten:

$$\gamma_v^2 \cdot dv = \frac{dP}{m} = \frac{dP'}{m'} = \gamma_{v'}^2 \cdot dv' \tag{4.373}$$

Als nächstem Schritt wenden wir uns der Bestimmung der Masse zu. Ausgangspunkt zur Bestimmung der Masse ist wie in der Newtonschen Mechanik ein Zerfall eines Normsystems der Masse m^N und eines Körpers unbekannter Masse. Der Zerfall soll in der Nähe des Gleichgewichtes $v^N = v$ stattfinden und zu kleinen Geschwindigkeitsänderungen dv^N und dv führen. Dadurch ist sichergestellt, dass der Prozess impulserhaltend ist. Über die Geschwindigkeitsänderungen kann dann die Masse des Körpers als Vielfaches der Normmasse bestimmt werden.

$$m = -m^N \cdot \frac{\gamma_v \cdot dv^N}{\gamma_v \cdot dv} = -m^N \cdot \frac{dv^N}{dv} \tag{4.374}$$

Beobachten wir diesen Zerfall in einem anderen Inertialsystem, so gilt:

$$m' = -m'^N \cdot \frac{\gamma_{v'} \cdot dv'^N}{\gamma_{v'} \cdot dv'} = -m'^N \cdot \frac{dv^N}{dv} \tag{4.375}$$

Das heißt, die mögliche Geschwindigkeitsabhängigkeit der Normmasse ist universell und gilt für alle Körper. Wir können die mögliche Geschwindigkeitsabhängigkeit einer Masse in der folgenden Form anschreiben, wobei $\widehat{\gamma}_v$ eine universelle Funktion der Geschwindigkeit ist:

$$m = m_0 \cdot \widehat{\gamma}_v \tag{4.376}$$

Den Parameter m_0 nennt man die Ruhemasse eines Körpers. Wenn wir noch fordern, dass gilt:

$$\widehat{\gamma}_0 = 1, \tag{4.377}$$

so entspricht die Ruhemasse der in der Newtonschen Mechanik bestimmten Masse. Wir werden jetzt zeigen, dass die Erfahrung der Impuls- und Energieerhaltung in Zusammenhang mit dem Relativitätsprinzip dazu führt, dass die Funktion $\widehat{\gamma}_v$ wie folgt bestimmt werden kann:

$$\widehat{\gamma}_v = \gamma_v \tag{4.378}$$

Dazu betrachten wir den Stoß zweier Körper (durch die Indizes 1 und 2 unterschieden). Bei einem Stoß sind die möglichen Prozessrealisierungen dadurch eingeschränkt, dass bei geeigneter Definition gilt:

$$dP_1 + d\,P_2 = 0 \quad \text{und} \quad dE_1 + dE_2 = 0 \tag{4.379}$$

Wird dieselbe Prozessrealisierung von einem Inertialsystem Σ', das sich gegenüber dem Inertialsystem Σ mit der Geschwindigkeit w bewegt, beobachtet, so gilt auf Grund des Relativitätsprinzips:

$$dP'_1+dP'_2 = 0 \quad \text{und} \quad dE'_1+dE'_2 = 0 \qquad (4.380)$$

Dies kann für beliebige Stöße nur gelten, wenn eine lineare Transformation existiert, die die Impuls- und Energieänderungen in verschiedenen Inertialsystemen verknüpft. In Analogie zu den verallgemeinerten Koordinaten $\vec{\xi}$ führen wir die verallgemeinerten Mengenüberträge $\Delta\vec{\Xi}$ ein.

$$\Delta\vec{\Xi} = \left(dE, d\vec{P}\right) \qquad (4.381)$$

Es muss zwischen $\Delta\vec{\Xi}$ und $\Delta\vec{\Xi}'$ ein linearer Zusammenhang existieren:

$$\Delta\vec{\Xi}' = \underline{\underline{T}}(w)\cdot\Delta\vec{\Xi} \qquad (4.382)$$

oder in Komponenten

$$dE' = T_{11}\cdot dE + T_{12}\cdot dP \quad \text{und} \quad dP' = T_{21}\cdot dE + T_{22}\cdot dP \qquad (4.383)$$

Für kleine Geschwindigkeiten ist diese Transformation gerade die Galilei-Transformation. Allgemein wird sich zeigen, dass die Linearität der Transformation nur erfüllt werden kann, wenn die Transformation der Lorentz-Transformation entspricht und $\hat{\gamma}_v = \gamma_v$ gilt. Dazu betrachten wir die Impuls- und Energieänderung aufgrund einer Geschwindigkeitsänderung. Wieder untersuchen wir der Einfachheit halber nur den eindimensionalen Fall.

$$dP = m_0 \cdot \hat{\gamma}_v \cdot \gamma_v^2 \cdot dv \qquad (4.384)$$

bzw.

$$dP' = m_0 \cdot \hat{\gamma}_{v'} \cdot \gamma_{v'}^2 \cdot dv' = m_0 \cdot \hat{\gamma}_{v'} \cdot \gamma_v^2 \cdot dv$$

und

$$dE = v \cdot dP = m_0 \cdot \hat{\gamma}_v \cdot \gamma_v^2 \cdot v \cdot dv \qquad (4.385)$$

bzw.

$$dE' = v' \cdot dP' = m_0 \cdot \widehat{\gamma}_{v'} \cdot \gamma_{v'}^2 \cdot v' \cdot dv'$$

$$= \frac{\widehat{\gamma}_{v'}}{\gamma_{v'}} \cdot \frac{\gamma_v}{\widehat{\gamma}_v} \cdot m_0 \cdot \widehat{\gamma}_v \cdot \gamma_v^2 \cdot (v - w) \cdot dv$$

Setzen wir diese Beziehungen in die Transformationsgleichungen ein, so erhalten wir:

$$\widehat{\gamma}_{v'} = T_{22} \cdot \widehat{\gamma}_v + T_{21} \cdot \widehat{\gamma}_v \cdot v \qquad (4.386)$$

und

$$\frac{\widehat{\gamma}_{v'}}{\gamma_{v'}} \cdot \frac{\gamma_v}{\widehat{\gamma}_v} \cdot \gamma_w \cdot (v - w) = T_{12} + T_{11} \cdot v \qquad (4.387)$$

Das Problem der Bestimmung von $\widehat{\gamma}$ trennen wir zunächst ab, indem wir die erste Gleichung in die zweite einsetzen.

$$\frac{\gamma_v}{\gamma_{v'}} \gamma_w \cdot (v - w) \cdot (T_{22} + v \cdot T_{21}) = \frac{v - w}{1 - \dfrac{v \cdot w}{c^2}} \cdot (T_{22} + v \cdot T_{21}) \qquad (4.388)$$

$$= T_{12} + T_{11} \cdot v$$

Sortieren wir diesen Ausdruck nach Potenzen von v, so erhalten wir:

$$\left(T_{21} + T_{11} \cdot \frac{w^2}{c^2} \right) \cdot v^2 \qquad (4.389)$$

$$- \left(T_{11} + T_{22} + T_{21} \cdot w - T_{12} \cdot \frac{w^2}{c^2} \right) \cdot v$$

$$- (T_{12} + T_{22} \cdot w) = 0$$

Diese Gleichung kann nur erfüllt sein, wenn die Klammerterme identisch verschwinden. Dies liefert uns drei Gleichungen für die vier Komponenten der gesuchten Transformation.

$$T_{22} = T_{11} \;,\; T_{12} = -w \cdot T_{11} \text{ und } T_{21} = -\frac{w}{c^2} \cdot T_{11} \qquad (4.390)$$

Zur Bestimmung von T_{11} und $\widehat{\gamma}$ setzen wir dieses Ergebnis in Gl. 4.387 ein und erhalten:

$$\frac{\widehat{\gamma}_{v'}}{\widehat{\gamma}_v} = \frac{T_{11}}{\gamma_w} \qquad (4.391)$$

Für kleine Geschwindigkeiten müssen die Quotienten mit dem nichtrelativistischen Resultat übereinstimmen. Da der rechte Quotient aber gar nicht von der Geschwindigkeit v abhängt, muss dieser Wert auch für alle Geschwindigkeiten gültig sein. Das heißt, wir haben die oben angekündigten Beziehungen bestätigt:

$$T_{11} = \gamma_w \qquad \text{und} \qquad \hat{\gamma}_v = \gamma_v \qquad (4.392)$$

Dadurch, dass die Zustandsmengen in verschiedenen Inertialsystemen über die Lorentz-Transformation verknüpft sind, ist sichergestellt, dass die im vorigen Kapitel erwähnten Extremalprinzipien auch in der relativistischen Mechanik ihre Gütigkeit beibehalten. In der theoretischen Physik stellt man oft die abstrakte Erfahrung dieser Gültigkeit an den Anfang, wodurch manche Rechnerei vereinfacht wird. Im Umkehrschluss erhalten die Extremalprinzipien eine Bedeutung, die weit über die Newtonsche Mechanik hinausreicht.

Mit diesen Resultaten können wir die Zustandsgleichung eines sich schnell bewegenden Körpers durch Integration direkt anschreiben.

$$P(v) = m_0 \cdot \gamma_v \cdot v \qquad \text{bzw.} \qquad (4.393)$$
$$P'(v') = m_0 \cdot \gamma_{v'} \cdot v' = \gamma_w \cdot (m_0 \cdot \gamma_v \cdot (v - w))$$

Die so in verschiedenen Inertialsystemen definierten Bewegungsmengen führen bei einer Bilanz eines Stoßprozesses zu der Erfahrung der Impulserhaltung. Es bleiben aber Fragen offen, deren Antworten zu einem vertieften Verständnis der Physik führen. Zunächst ist überraschend, dass eine Menge, die wir ja als substantiell ansehen, in verschiedenen Inertialsystemen so verschieden wahrgenommen wird. Während wir die Längenkontraktion und die damit einhergehende Volumenänderung kinematisch noch „verstehen" können, lässt die damit zusammenhängende Mengenänderungen auf einen tiefliegenden Zusammenhang zwischen dem Raum, in dem sich der Körper befindet, und der Menge, die den Körper beschreibt, schließen – ein Zusammenhang, den wir bisher nicht hergestellt haben und den wir hier auch noch nicht herstellen können. Benutzen wir die geschwindigkeitsabhängige Masse m, so erhalten wir die einfache bekannte Struktur:

$$P = m(v) \cdot v \qquad (4.394)$$

Mit diesem Massenbegriff erkennen wir, dass mit zunehmender Geschwindigkeit die Masse des Körpers zunimmt.[41] Dem schließt sich die Frage an, ob ein bewegter Körper auch schwerer ist. Diese Frage ist aus unserem unmittelbaren Erfahrungsschatz nicht zu beantworten, da eine solche Gewichtszunahme auf der Erde auf Grund des großen Wertes der Lichtgeschwindigkeit nicht messbar ist. Beobachtungen im kosmologischen Maßstab bestätigen aber diese Vermutung. Dies ist in unserem anschaulichen Eimermodell einfach übertragbar: Ein mit einer Menge gefüllter Eimer ist ja auch schwerer als ein leerer. Wenn aber eine Zustandsmenge Gewicht besitzt, so stellt sich sofort die Frage nach dem „Gewicht" der anderen Zustandsmengen. Hat eine Stoffmenge warmen Wassers eine größere Masse als die identi-

---

[41] Sie nimmt sogar so weit zu, dass ein materieller Körper immer eine Geschwindigkeit hat, die kleiner als die Lichtgeschwindigkeit ist. Davon haben wir bereits bei der Betrachtung der invarianten quadratischen Form unter Lorentztransformationen Gebrauch gemacht.

sche Stoffmenge kalten Wassers? Die Antwort hierauf ist wieder ja, doch ist dieser Massen-unterschied in irdischem Maßstab nicht aufzulösen. Betrachten wir aber Prozessrealisierun-gen, bei denen riesige Zustandsmengen erzeugt werden, so ist dieser Massenunterschied messbar. Beispiel dafür sind Kernreaktionen, bei denen riesige Mengen Entropie, eine Men-ge, die wir in der Wärmelehre kennenlernen werden, erzeugt und an die Umgebungen abge-geben wird. Man spricht von einem Massendefekt, da die Masse der an der Kernreaktion be-teiligten Elemente nach der Reaktion durch die Entropieabgabe geringer ist. Dies ist auch der Grund dafür, dass wir uns bei der Herleitung des Transformationsverhaltens des verallge-meinerten Mengenübertrages auf den Mengenübertrag, der durch die Geschwindigkeitsände-rung hervorgerufen wird, beschränkt haben. Bei einer allgemeinen Analyse z. B. von ine-lastischen Stößen, muss die Massenänderung der Stoßpartner durch den Stoßprozess berücksichtigt werden. Diese Erfahrungen führen uns zu der Erkenntnis, dass die Masse ei-nes Systems ein Maßstab ist, mit dem verschiedenste Zustandsmengen verglichen werden können. Einen solchen Maßstab haben wir jedoch mit der Energie durch die ganz andere Er-fahrung der Existenz der stabilen Gleichgewichte ableiten können. Es muss also einen Zu-sammenhang zwischen diesen Währungen geben. Dazu integrieren wir die Energieform der kinetischen Energie.

$$dE_{kin} = v \cdot dP = v \cdot \frac{dP}{dv}\bigg|_{m_0=konst.} \cdot dv + v \cdot \frac{dP}{dm_0}\bigg|_{v=konst.} \cdot dm_0 \qquad (4.395)$$

Wir sehen an der Energieform, dass diese Integration nicht einfach auszuführen ist, da wir eine Aussage über die Änderung der Ruhemasse machen müssen. Der Impuls des Körpers kann sich bei konstanter Geschwindigkeit z. B. auch durch Erhitzen ändern. Das heißt, von einem Energieanteil der kinetischen Energie, der sich additiv zu der inneren Energie eines Körpers gesellt, kann nicht mehr gesprochen werden. Dies ist eine Situation, die hier neu ist, aber mit der wir in der Wärmelehre bei der Beschreibung von Erfahrungen, die uns unmittel-barer zugänglich sind, anschaulich konfrontiert werden.

Nehmen wir an, dass die Gesamtenergie eine Funktion von m_0 und v ist, dann gilt:

$$\frac{dE(m_0,v)}{dv} = v \cdot \frac{dP}{dv}\bigg|_{m_0=konst} \qquad (4.396)$$

Diese Gleichung wird gelöst durch:

$$E(m_0,v) = m_0 \cdot \gamma_v \cdot c^2 + f(m_0) \qquad (4.397)$$

f ist zunächst noch eine willkürliche Funktion, die wir aufgrund des Transformationsverhal-tens der Energie und des Impulses in verschiedenen Inertialsystemen bestimmen können. Es ist unmittelbar einsichtig, dass ein in einem Inertialsystem geschwindigkeitsunabhängiger Anteil der Energie in einem dazu bewegten Inertialsystem geschwindigkeitsabhängig wird, so dass aufgrund des Relativitätsprinzips ein Widerspruch entsteht, der nur dadurch gelöst werden kann, dass f identisch null ist, so dass wir das bekannte und wohl berühmteste Ergeb-nis der Physik erhalten:

$$E = m_0 \cdot \gamma_v \cdot c^2 = \frac{m_0 \cdot c^2}{\sqrt{1 - \dfrac{v^2}{c^2}}} \tag{4.398}$$

Oder kurz:

$$E = m \cdot c^2 \tag{4.399}$$

Masse (als geschwindigkeitsabhängige Masse verstanden) ist ein anderes Wort für Energie. Das verunsichert zutiefst, da wir tief in uns eine kaum aussprechbare Vorstellung von Materie haben, die mit dieser Formel erschüttert wird. Also ist der Eimer, den wir befüllen, nur eine Zustandsmenge, die aus Gründen, die wir noch nicht verstehen, stark lokalisiert ist. Können Eimer auseinanderfließen? Wenn wir heute wie selbstverständlich von Zerfall und Erzeugung von Materie sprechen, so ist dies nur der Ausdruck dessen, dass unser Unbehagen längst der Gewissheit gewichen ist, dass wir unsere Vorstellungen von Materie ändern müssen. Das ist natürlich schwierig, zumal in der uns umgebenden Welt diese Effekte nicht direkt erfahrbar sind und wir deshalb z. B. in den Ingenieurwissenschaften immer noch mit der Masse als Stoffmenge arbeiten, aber es macht auch zum großen Teil die Faszination aus, sich mit Physik zu beschäftigen. Wir wollen auf diesem Weg noch ein wenig weiter gehen.

Zunächst entwickeln wir die Energiefunktion für kleine Geschwindigkeiten, damit wir erkennen, dass unsere Überlegungen für kleine Geschwindigkeiten mit den Ergebnissen der Newtonschen Mechanik übereinstimmen.

$$E = \frac{m_0 \cdot c^2}{\sqrt{1 - \dfrac{v^2}{c^2}}} \cong m_0 \cdot c^2 + \frac{1}{2} \cdot m_0 \cdot v^2 + \ldots \tag{4.400}$$

Schreiben wir die Energiefunktion auf die natürliche Variable Impuls um, so erkennen wir die nochmals die oben genannte Problematik, dass ein kinetischer Energieanteil nicht mehr definierbar ist.

$$E(m_0, P) = \sqrt{\left(m_0 \cdot c^2\right)^? + \left(c \cdot p\right)^2} \tag{4.401}$$

Diese Beziehung lässt sich auch dahingehend interpretieren, dass ein Energie- und Impulstransport ohne die Existenz einer Ruhemasse möglich ist. Wenn wir lax gesprochen unseren mit Impuls gefüllten Eimer auskippen könnten, dann hat der „befreite" Impuls eine Energie, die durch den folgenden Zusammenhang gegeben ist.

$$E(0, P) = \sqrt{\left(c \cdot p\right)^2} \tag{4.402}$$

Diese Beziehung interpretieren wir dahingehend, dass der „befreite" Impuls sich mit Lichtgeschwindigkeit in durch die Impulsmenge vorgegebener Richtung bewegt.

$$\frac{dE(0,P)}{dP} = \frac{c \cdot p}{|c \cdot p|} \cdot c \equiv v_{Licht} \qquad (4.403)$$

Licht ist als purer Impuls interpretierbar, der energetisch bewertet werden kann und damit auch eine Masse besitzt. Wenn wir weiter oben davon sprachen, dass es schwierig ist, auf der Erde das Gewicht einer bewegten Masse zu bestimmen, so gehört der Nachweis der Ablenkung des Lichts von der gradlinigen Ausbreitung in Gravitationsfeldern zu den eindrucksvollsten Experimenten. Diese Erfahrungen führen ihrerseits wieder zu ganz neuen Vorstellungen vom Raum, der uns umgibt. Die Vorstellung vom Raum als ein kartesisches Gitternetz, in dem Körper sich bewegen, wird zu einem Vorurteil, das im Labormaßstab brauchbar ist, sich aber prinzipiell nicht bestätigt. Dieser ganze Fragenkomplex wird in der allgemeinen Relativitätstheorie, die ebenfalls von Einstein aufgestellt wurde, bearbeitet. Darauf können wir hier nicht eingehen. Die Relativitätstheorie ist keine mechanische Theorie, sondern sie verbindet die verschiedensten Gebiete der Physik, insbesondere die Mechanik und die Elektrodynamik, so dass wir erst einmal in der klassischen Physik weiter voranschreiten müssen, um diese Implikationen zu erkennen. Für die praktische Anwendung ist es wichtig, darauf hinzuweisen, dass die berühmte Einsteinsche Formel unser Verständnis von Materie auf den Kopf gestellt hat und dass unsere Weltsicht mit Hilfe der Quantentheorie ein neues Fundament erhält.

4.10.3   Das Grundproblem des Maschinenbaus

Wir wollen das Kapitel Punktmechanik mit einer Bemerkung über die Anwendung im Maschinenbau schließen. Physikalisch oder in unserem Denkschema ist eine Maschine eine realisierbare Anordnung und es drängt uns die Frage, welche Zustandsänderungen in der Umgebung diese Anordnungen herbeiführen sollen? Mit den entwickelten Begriffen ist diese Frage einfach zu beantworten: Alle Maschinen haben die Aufgabe, Energie und Impuls zu transportieren. Motoren sind nichts anderes als Impulspumpen. In Konsequenz kann jede Maschine in einem Impulsflussdiagramm schematisch dargestellt werden. Ein Hammerwerk überträgt im Verhältnis zum Impulsübertrag relativ wenig Energie. Ein Laser im Gegensatz überträgt fast nur Energie und eine vernachlässigbare Menge Impuls. Stellen wir die Aufgabe einer Maschine in einem Impulsflussdiagramm dar, so ist das Vorgehen des Ingenieurs, durch Auswahl von geeigneten Subsystemen und Kraftgesetzen die gewünschte Realisierung zu erzielen. Dieses Vorgehen ist in dieser Form aber oft nicht praktikabel. Schon die Zustandsgleichung einer einfachen Schraube ist sehr kompliziert, so dass die Ingenieure ganz eigene Methoden der Beschreibung von Maschinenelementen oder der Konstruktion von Maschinen entwickelt haben, die die Ingenieurwissenschaften als eigene Disziplin rechtfertigen. Dennoch erkennt man in den Ingenierwissenschaften immer das prinzipielle Grundschema des Vorgehens.

5 Mechanik starrer Körper

5.1 Einführung

In der Punktmechanik haben wir die Bewegung von Körpern zu der von Punkten (den Schwerpunkten der Körper) abstrahiert. Diese Abstraktion stößt an ihre Grenzen, wenn Phänomene untersucht werden sollen, bei denen Prozesse wichtig werden, die im Inneren des Körpers ablaufen. Solche Phänomene werden durch diese Abstraktion selbstverständlich nicht erfasst, da der Zustand des Punktes zunächst nur durch seine Geschwindigkeit definiert ist. Bei der Behandlung des inelastischen Stoßes und der Reibungsphänomene haben wir einfache innere Zustandsänderungen schon pauschal – energetisch – berücksichtigt. Eine eigene Klasse von Phänomenen bilden die intrinsischen Bewegungen – Verformungen und Drehungen – eines Körpers. Aus der Sicht des Massepunktes sind die mit diesen Bewegungen zusammenhängenden Zustände innere Zustände, die wir uns an den Massepunkt „angeheftet" denken und deren Beschreibung zunächst unabhängig von der Bewegung des Massepunktes – der Translation – erfolgen kann. Erst in speziellen Anordnungen finden dann Prozesse statt, bei denen die Translationsbewegung durch innere Zustände getrieben wird bzw. die inneren Zustände durch die Translation eine Änderung erfahren. Die bisher betrachteten einfachen inneren Zustandsänderungen zeichneten sich dadurch aus, dass sie immer in eine Richtung (Reibung) erfolgten. Der Flug eines Bumerangs zeigt jedoch deutlich, dass auch kompliziertere Anordnungen und Kopplungen denkbar sind, realisiert werden und der vollständigen Behandlung der inneren Zustände (hier der Drehung des Bumerangs um seinen Schwerpunkt) bedürfen.

In der Praxis der Lehrbücher startet man nicht auf diesem Abstraktionsniveau, sondern man geht von der Vorstellung eines Körpers als eine Anhäufung von Massepunkten (Punktwolke) aus, die selbst wieder den Newtonschen Gesetzen gehorchen. In diesem Sinne ist eine intrinsische Bewegung des Körpers natürlich kein innerer Freiheitsgrad, sondern nur eine spezielle Bewegung innerhalb einer Anordnung aus gekoppelten Massenpunkten, die den Körper konstituieren. Man verändert nur die Bilanzgrenzen, der Körper ist selbst eine Anordnung von Systemen. Dieses Vorgehen, von dem wir auch Gebrauch machen werden, bezeichnen wir im Weiteren ohne Wertung als „naiv". Trotz der Intuitivität dieses Zugangs zum Verständnis der Drehbewegung ist dieser in der praktischen Handhabung wenig nützlich und in der Anwendung auf abstraktere Systeme und kompliziertere physikalische Phänomene wie z. B. der Spin des Elektrons, die Beschreibung von flüssigen Kristallen oder der Polarisation von Wellen weniger verallgemeinerungsfähig. Nichts desto trotz gehört es zu den großen Leistungen der Menschheit, die Beschreibung der intrinsischen Bewegung auf die Beschreibung von Massepunkten zu reduzieren. Aber wie so oft ist ein solcher Reduktionismus in umgekehrter Richtung viel schwieriger zu beherrschen.

Die Phänomene, deren Beschreibung und Interpretation wir in diesem Kapitel versuchen wollen, sind Drehbewegungen von Körpern, die ihre innere Struktur nicht ändern. Solche Körper nennen wir starre Körper, die wir zunächst „naiv" und später mit Hilfe der Zustandsgleichung definieren. Dabei beschränken wir uns zunächst auf reine Drehbewegungen und sehen von einer Bewegung des Körpers als Ganzes ab. Technische Beispiele sind Wellen, Getriebe u.Ä. Die Erfahrung zeigt, dass solche Drehbewegungen komplexer sind als translatorische Bewegungen. Unwuchten von Rädern sind dafür augenscheinliches Beispiel. Dies ist nicht weiter verwunderlich, da sich im Unterschied zur Punktmechanik verschiedene Systeme nicht nur durch die Masse unterscheiden, sondern die geometrische Gestalt und die Verteilung der Massen innerhalb des Körpers in die Zustandsgleichung Eingang findet. Im Kap. 5.3 wird auf die enge Beziehung der rotatorischen zur translatorischen Bewegung Bezug genommen. Dieser Bezug erleichtert das Verständnis der Kopplung von Dreh- und Bahnbewegung, die zu den Selbstverständlichkeiten unseres Alltags zählt. Motoren erzeugen in der Regel eine Drehbewegung, die durch Kopplung in Vortrieb umgesetzt wird. Auch das problematische Verhalten von Fahrzeugen beim sogenannten Elchtest ist auf eine schlecht beherrschte Kopplung der Drehbewegungen eines Fahrzeuges um seine Hoch- und Längsachse und der Bahnbewegung des Fahrzeugs zurückzuführen.

Die Vorgehensweise in diesem Kapitel folgt im Wesentlichen dem Gedankengang des Kapitels Punktmechanik. Zunächst definieren wir die Größe Winkelgeschwindigkeit, mit der eine Drehbewegung beschrieben wird. Die große Schwierigkeit in der Beschreibung des Drehzustandes liegt in der Darstellung des Drehzustandes durch die Winkelgeschwindigkeit. Wir erinnern uns dazu an das erste Newtonsche Gesetz, mit dessen Hilfe wir den Bewegungszustand identifizieren konnten. In völliger Analogie müssen wir zunächst feststellen, dass eine Drehung eines Körpers um eine Achse zunächst eine relative Größe ist, d. h. für den Beobachter eines drehenden Körpers ist a priori nicht eindeutig festzustellen, ob der Körper sich dreht oder der Beobachter sich um den „ruhenden" Körper dreht. Wir müssen also wieder ausgezeichnete Koordinatensysteme (in der Punktmechanik die Inertialsysteme) finden. Haben wir den absoluten Drehzustand identifiziert, so wenden wir uns der Zustandsgleichung des starren Körpers zu, die etwas komplizierter ist als die eines Massenpunktes. In Analogie zu den Stoßgesetzen bilanzieren wir die zugehörige Zustandsmenge in Anordnungen und kommen auch hier zu einem Erhaltungssatz. Dieser Erfahrung schließt sich dann eine Betrachtung des Drehimpulsstroms – dem Drehmoment – an, die uns zur sogenannten Eulerschen Gleichung führt, die in ihrem Wesen dem zweiten Newtonschen Gesetz entspricht. Auf eine Beschreibung der Drehmomentgesetze, wie wir es im Fall der Kraftgesetze durchgeführt haben, verzichten wir, sondern reinterpretieren die Drehbewegung im Sinne der naiv genannten Interpretation als Impulswirbel und führen die Drehmomentgesetze auf die uns bekannten Kraftgesetze zurück. Diese Reinterpretation erlaubt dann auch ein einfaches Verständnis der Kopplung von Rotations- und Translationsbewegung, mit der wir das Thema der Drehbewegung abschließen werden.

Aus systemischer oder thermodynamischer Sicht wird ein Körper durch seine Zustandsgleichung der Struktur $\omega = \omega(s)$ (ω: Drehzustand, Winkelgeschwindigkeit; s: Drehbewegungsmenge, Drall, intrinsischer Drehimpuls oder Spin) definiert, wobei die Funktion $\omega(s)$ durch Prozesse in der Nähe des Gleichgewichtes für verschiedenste Körper ausgemessen werden kann. Wir nennen einen Körper starr, wenn die Funktion $\omega(s)$ linear bezüglich s ist.[42] Wir kommen auf diese Definition im Kapitel Dynamik zurück. Wir haben diese Definition vorangestellt, um die extreme Abstraktion der Definition von Zustandsgleichungen und der Schwierigkeit, diese in unsere Umgangssprache zu übersetzen, zu verdeutlichen. Zum Verständnis der Physik ist es unabdingbar, diesen Abstraktionsgrad zu erreichen. Im Grunde ist die Definition der Zustandsgleichung eines Massepunktes $\vec{v} = \vec{P}/m$ ebenso abstrakt, nur glauben wir, ein intuitives Verständnis vom Begriff der (trägen) Masse zu haben, dabei verwechseln wir jedoch die Begriffe Gewicht und (träge) Masse.

Die naive Definition des starren Körpers erfordert wie unsere umgangssprachliche Definition eine gedachte Zerlegung des Körpers. Ein Körper heißt umgangssprachlich starr, wenn alle materiellen Teile des Körpers in ihrer Lage zueinander unveränderlich sind. Sind sie veränderlich, aber die Veränderung bleibt klein, spricht man einem (festen) Körper; sind die Veränderungen beliebig, so liegt ein Gas oder eine Flüssigkeit vor.

Um die Starrheit eines Körpers analytisch zu definieren, denken wir uns einen beliebigen Körper in viele kleine Subvolumina des Volumens ΔV_i unterteilt. Jedes dieser Subvolumina besitzt die Masse Δm_i. Die gesamte Masse des Körpers ist die Summe der Einzelmassen.[43] Der materielle Körper wird in Bezug auf seine Gestalt und Masse vollständig durch die Lage der einzelnen Masseelemente zueinander beschrieben. Die Beschreibung des Körpers wird umso genauer, je kleiner die Volumenelemente gewählt werden.

Die Lage der einzelnen Massen beschreiben wir mit Hilfe eines Koordinatensystems, das wir uns fest mit dem Körper verbunden denken. In einem Koordinatensystem, wird die relative Lage zweier Volumenelemente i und j an den Orten $\vec{r}_i$ bzw. $\vec{r}_j$ durch den Vektor $\Delta \vec{r}_{ij} = \vec{r}_i - \vec{r}_j$ beschrieben. In dem genannten körperfesten Koordinatensystem haben die Vektoren $\Delta \vec{r}_{ij}$ eine Darstellung, die sich bei einem starren Körper im Verlaufe der Bewegung nicht ändert. Die relative Lage der Volumenelemente zueinander ist fix. Beachte, dass in einem beliebigen Koordinatensystem die Vektoren $\Delta \vec{r}_{ij}$ Darstellungen haben, die i. A. von der Zeit abhängen.

Für das weitere Vorgehen ist es sinnvoll wieder das Differentialkalkül zu verwenden und den Grenzübergang zu einem unendlich kleinen Volumenelement zu vollziehen.

---

[42]   Unser Eimer ist ein Zylinder, d. h. für jeden Füllstand hat er dieselbe Ausdehnung. Übertragen heißt dies: Unabhängig von der Menge Drehimpuls, die dem System zugeführt wird, bleibt die geometrische Gestalt des Systems konstant.

[43]   Dies ist ein Erfahrungssatz unserer unmittelbaren Lebenswelt, der sich als nicht allgemeingültig herausgestellt hat (Massendefekt).

$$\lim_{\Delta V_i \to 0} \frac{\Delta m_i}{\Delta V_i} = \rho(r_i) \qquad (5.1)$$

Den derart definierten Grenzwert nennt man die Massendichte oder einfach Dichte des Körpers am Ort $\vec{r}_i$. Mit Hilfe der Dichte können wir jetzt konkretisieren, wie die Abstraktion des Massepunktes durchzuführen ist. Den Schwerpunkt – der Punkt, an dem wir uns die Masse des Körpers vereinigt denken – konstruieren wir wie folgt:

$$\vec{r}_S = \frac{\int\limits_V \rho(\vec{r}) \cdot \vec{r} \cdot dV}{m} \cong \frac{\sum\limits_i \Delta m_i \cdot \vec{r}_i}{m} \qquad (5.2)$$

5.2   Kinematik

Wesentliche Aufgabe dieses Kapitels ist in völliger Analogie zur Kinematik der Translation die Beschreibung des Zustandes der Rotation. Die Beschränkung auf starre Körper ist dabei äquivalent zur Beschränkung auf homogene Systeme. Dass heißt, die Zustandsgröße muss an jedem Ort des Körpers denselben Wert haben. Die Größe, die diese Eigenschaft erfüllt, ist der Vektor der Winkelgeschwindigkeit $\vec{\omega}$, die durch die Drehachse und die „Drehzahl" um diese Achse definiert werden wird. Die Winkelgeschwindigkeit ist aber wie die Geschwindigkeit zunächst eine relative Größe, die relativ zu einem Bezugssystem, das wir wieder durch ein Koordinatensystem abstrahieren, definiert wird. Um den (absoluten) Drehzustand zu definieren, müssen wir feststellen können, ob der Körper sich bezüglich eines ruhenden Koordinatensystems dreht oder sich das Koordinatensystem um den Körper dreht (vgl. dazu das 1. Newtonsche Gesetz der Punktmechanik). Im Unterschied zur Punktmechanik sind mit Hilfe des starren Körpers selbst Koordinatensysteme definierbar. Bei einem Quader z. B. bilden drei aufeinander senkrecht stehende Kanten Koordinatenachsen. Diese haben bei der Betrachtung des Drehzustandes des Körpers eine herausgehobene Stellung, da die Darstellung des Drehzustandes in einem körperfesten Koordinatensystem den engsten Bezug zwischen dem Körper und seinem Zustand erwarten lässt.[44] Die anderen o. g. Koordinatensysteme nennen wir dagegen raumfeste Koordinatensysteme. Um den Wechsel zwischen den Koordinatensystemen deutlich zu machen, vereinbaren wir, die Koordinaten eines Vektors a im körperfesten System durch $\vec{a}$ und in einem raumfesten Koordinatensystem durch $\vec{a}'$ zu kennzeichnen. Beide Koordinatensätze sind verschiedene Darstellungen desselben Vektors a. Bei dem Betrag eines Vektors oder dem Winkel zwischen zwei Vektoren brauchen wir diese

---

[44]   In einem körperfesten Koordinatensystem ist selbstverständlich kinematisch keine Drehbewegung feststellbar, da der Körper in einem solchem Koordinatensystem ruht. Dennoch hat ein Vektor wie die Winkelgeschwindigkeit, die in einem körperfesten Koordinatensystem dargestellt wird, in einem raumfesten Koordinatensystem eine Darstellung.

Unterscheidung nicht, da diese Größen nur durch die Metrik definiert werden, die in allen betrachteten Koordinatensystemen gleich sein soll.

5.2.1   Die Winkelgeschwindigkeit

Die Drehung eines Körpers wird durch eine Drehachse und die Drehfrequenz ν' – die Anzahl der Drehungen des Körpers um diese Achse pro Zeiteinheit – bzw. die Winkelgeschwindigkeit ω' beschrieben ($\omega'=2\,\pi\,\nu'$). Kompakt lässt sich der Zustand der Drehung durch den Vektor der Winkelgeschwindigkeit $\vec{\omega}'$ beschrieben. Der Betrag von $\vec{\omega}'$ ist die Winkelgeschwindigkeit ($|\vec{\omega}'|=\omega'$). Die Orientierung von $\vec{\omega}'$ ist parallel zur Drehachse. Wir vereinbaren, dass die Richtung von $\vec{\omega}'$ durch die sogenannte Rechtsschraubenregel (siehe Abb. 5.1) definiert ist.

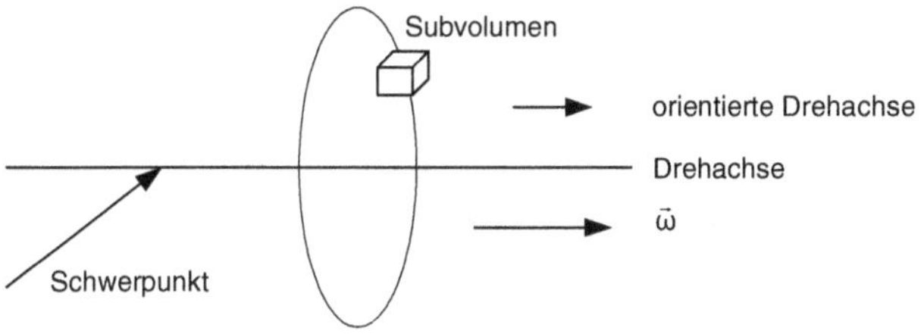

Abb. 5.1. *Zur Definition der Winkelgeschwindigkeit*

Wichtig für die weiteren Betrachtungen ist die Tatsache, dass der Vektor $\vec{\omega}'$ auch eine Darstellung $\vec{\omega}$ in einem körperfesten Koordinatensystem besitzt, obwohl sich der Körper bezüglich eines körperfesten Koordinatensystems überhaupt nicht dreht. Beim Wechsel der Darstellungen eines Vektors von einem raumfesten in ein körperfestes Koordinatensystem (und umgekehrt) müssen wir bei der Interpretation der Darstellung des Vektors also immer Vorsicht walten lassen.

Entgegen der vielleicht vorschnell gefassten Meinung ist die Winkelgeschwindigkeit unabhängig von einem Drehpunkt. Man kann einen beliebigen Punkt des Körpers herausnehmen und sich die Drehachse durch diesen Punkt gehend vorstellen. Der Körper dreht sich dann um jeden derart gedachten Punkt mit derselben Winkelgeschwindigkeit, was natürlich der Vorstellung eines homogenen Systems entspricht. In einem Inertialsystem ist der Schwerpunkt ein herausgehobener Punkt, weil bei einem isolierten System dieser Punkt ruht bzw. sich mit konstanter Geschwindigkeit bewegt, und bei der Beschreibung der Drehung in einem Inertialsystem werden wir meistens diesen Punkt als Bezugspunkt auswählen und nur körperfeste Koordinatensysteme betrachten, deren Ursprung mit dem Schwerpunkt zusammenfällt. Die Freiheit, den Drehpunkt wählen zu können, führt andererseits dazu, dass die Definition der „Drehbewegungsmenge" von der Wahl dieses Drehpunktes abhängen wird.

Die Bestimmung der Winkelgeschwindigkeit erscheint einfach, da wir meistens ein Bild eines Körpers vor Augen haben, bei dem die Drehachse festliegt, wie z. B. bei einem Rad oder einer Antriebswelle. Im Allgemeinen bewegt sich die Achse jedoch selbst im Koordinatensystem. „Umgangssprachlich" zerlegen wir die Drehbewegung z. B. eines Rades in eine Drehung um die Achse an der ein Rad befestigt ist und eine Drehung der Achse. Diese Zerlegung findet ihren Ausdruck in der Einführung der sogenannten Figurenachsen. Diese Figurenachsen sind willkürlich von außen an das System heran getragene Achsen, die meist durch geometrische Symmetrien des Körpers bestimmt werden. Um die Drehung eines hochgeworfenen Kartons zu beschreiben, wählt man z. B. als Figurenachsen die Achsen, die die Mittelpunkte der gegenüberliegenden Flächen durchstoßen. Die Willkür dieser Wahl erkennen wir darin, dass, wenn wir in eine Ecke des Kartons ein Gewicht kleben, die Drehung um diese Achsen sehr unübersichtlich wird und diese Achsen in keiner Weise herausgehoben sind. Wenn wir vereinbaren, dass die Figurenachsen senkrecht aufeinander stehen, so können wir diese durch Einheitsvektoren $\vec{e}_i$ (i=1,2,3) mit $|\vec{e}_i| = 1$ darstellen, die z. B. ein körperfestes Koordinatensystem aufspannen, welches sich gegen ein raumfestes Koordinatensystem dreht. Im raumfesten Koordinatensystem hängen die Koordinaten dieser Einheitsvektoren von der Zeit ab:

$$\vec{e}_i' = \vec{e}_i'(t) \tag{5.3}$$

Der Vektor der Winkelgeschwindigkeit kann durch die Winkelgeschwindigkeiten ω'_i der Drehungen um die Figurenachsen $\vec{e}_i$ dargestellt werden:

$$\vec{\omega}' = \sum_i \omega'_i \cdot \vec{e}_i' \tag{5.4}$$

bzw. im körperfesten Koordinatensystem

$$\vec{\omega} = \sum_i \omega'_i \cdot \vec{e}_i \tag{5.5}$$

Der Betrag der Winkelgeschwindigkeit ω' und die Drehachse $\vec{a}'$ setzen sich wie folgt aus den Winkelgeschwindigkeiten um die Figurenachsen zusammen:

$$\omega' = \sqrt{\sum_i \omega_i'^2} \tag{5.6}$$

$$\vec{a}' = \sum_i \frac{\omega'_i}{\omega'} \cdot \vec{e}_i' \tag{5.7}$$

bzw. im körperfesten Koordinatensystem

$$\vec{a} = \sum_i \frac{\omega'_i}{\omega'} \cdot \vec{e}_i \tag{5.8}$$

Aus diesen „komplizierten" Gleichungen erkennen wir, dass es gar nicht so einfach ist, durch Anschauung eines sich drehenden Körpers die Winkelgeschwindigkeit direkt zu bestimmen.

Die Verwechselung der Winkelgeschwindigkeit des Körpers mit der Winkelgeschwindigkeit um eine Figurenachse, insbesondere wenn diese sehr groß im Verhältnis zu den Winkelgeschwindigkeiten der anderen Figurenachsen ist, führt immer wieder zu Missverständnissen.

In Anlehnung an die Kinematik der Bewegung eines Massepunktes ist die zeitliche Änderung der Winkelgeschwindigkeit, die Winkelbeschleunigung $\vec{\alpha}$, die zentrale uns interessierende Größe:

$$\frac{\mathrm{d}\vec{\omega}'}{\mathrm{d}t} = \vec{\alpha}' \qquad\qquad (5.9)$$

Diese Größe setzt sich im raumfesten Koordinatensystem in der Übertragung auf die Drehungen um die Figurenachsen aus zwei Anteilen zusammen:

$$\vec{\alpha}' = \sum_i \left[\left(\frac{\mathrm{d}\omega'_i}{\mathrm{d}t} \right) \cdot \vec{e}'_i + \omega'_i \cdot \left(\frac{\mathrm{d}\vec{e}'_i}{\mathrm{d}t} \right) \right] \qquad\qquad (5.10)$$

Der erste Summand beschreibt die Änderung der Winkelgeschwindigkeiten um die Figurenachsen. Diesen Summanden kürzt man durch das Symbol $\dot{\vec{\omega}}'$ ab. Der zweite Summand beschreibt die Änderung der Figurenachsen im Raum durch die Winkelgeschwindigkeit. Diesen Summanden können wir, wie wir gleich sehen werden, als Funktion von $\dot{\vec{\omega}}'$ explizit anschreiben, da dieser Ausdruck die Drehung der Figurenachsen beschreibt (die Translationsbewegung der $\vec{e}'_i$ haben wir ja durch die Beschränkung auf Koordinatensysteme, in denen der Schwerpunkt ruht, ausgeschlossen). Betrachten wir die Änderung der Winkelgeschwindigkeit im körperfesten System, so kommt dieser Beitrag gar nicht vor, da die Figurenachsen im Körperfestensystem konstant sind:

$$\frac{\mathrm{d}\vec{\omega}}{\mathrm{d}t} = \sum_i \left(\frac{\mathrm{d}\omega'_i}{\mathrm{d}t} \right) \cdot \vec{e}_i = \dot{\vec{\omega}} \qquad\qquad (5.11)$$

Wir müssen bei der Betrachtung von zeitlichen Ableitungen große Sorgfalt walten lassen. Aus dynamischer Sicht wird uns eher $\dot{\vec{\omega}}$ interessieren, die sogenannte partielle Ableitung, die zeitliche Änderung der Winkelgeschwindigkeit aus „Sicht" des Systems. Kinematisch sind wir eher an der totalen zeitlichen Änderung Gl. 5.10 interessiert. Um diesen Unterschied herauszuarbeiten, wenden wir uns der Beschreibung der Bewegung eines körperfesten Punktes, der durch einen Vektor $\vec{r}$ der vom Schwerpunkt zu diesem körperfesten Punkt hinzeigt, zu.

Wie in Abb. 5.1 verdeutlicht, ändern sich in dem Zeitintervall dt im raumfesten Koordinatensystem die Koordinaten um d$\vec{r}'$ bei einer Drehung des Körpers mit der Winkelgeschwindigkeit $\vec{\omega}'$. Aus der Abbildung entnehmen wir, dass gilt:

$$\mathrm{d}r' = r' \cdot \sin\beta \cdot \mathrm{d}\phi' \qquad\qquad (5.12)$$

und

$$d\vec{r}' \perp \vec{a}' \perp \vec{r}' \tag{5.13}$$

Hierbei ist β der Winkel zwischen dem Ortsvektor und der Drehachse und $|r \sin \beta|$ der kürzeste Abstand der Spitze des Ortsvektors zur Drehachse. Bis auf das Vorzeichen, das den Drehsinn, den wir durch die Rechtsschraubenregel festgelegt haben, beschreibt, ist $d\vec{r}'$ damit eindeutig bestimmt. Diese Information können wir kompakt durch das sogenannte Kreuzprodukt zweier Vektoren zusammenfassen. Wir schreiben kurz:

$$d\vec{r}' = d\phi' \cdot \vec{a}' \times \vec{r}' \tag{5.14}$$

bzw.

$$\frac{d\vec{r}'}{dt} = \vec{v}' = \vec{\omega}' \times \vec{r}' \tag{5.15}$$

Bevor wir diese kompakte Schreibweise weiter nutzen, um in der Beschreibung der Drehbewegung fortzufahren, machen wir einen kleinen Einschub, um mit dem Kreuzprodukt vertraut zu werden.

5.2.2   Das Kreuzprodukt

Das Kreuzprodukt zweier Vektoren $\vec{a}$ und $\vec{b}$ ist selbst wieder ein Vektor, der senkrecht auf $\vec{a}$ und auf $\vec{b}$ steht. Die Richtung von $\vec{a} \times \vec{b}$ ist durch die Rechte-Hand- oder Rechtsschraubenregel festgelegt: Der Zeigefinger der gespreizten rechten Hand zeigt in die Richtung von $\vec{a}$, der Mittelfinger derselben Hand in die Richtung von $\vec{b}$, dann zeigt das Kreuzprodukt in die Richtung des Daumens, wenn wir diesen senkrecht zu $\vec{a}$ und $\vec{b}$ positionieren. Aus dieser Definition folgt, dass das Kreuzprodukt nicht kommutativ, sondern anti-kommutativ ist. Es zeigt sich eine enge Verwandtschaft mit dem Produkt zweier Tensoren.

$$\vec{a} \times \vec{b} = -\vec{b} \times \vec{a} \tag{5.16}$$

Ist α der Winkel zwischen den Vektoren $\vec{a}$ und $\vec{b}$, so ist die Länge des Vektors $\vec{a} \times \vec{b}$:

$$\left| \vec{a} \times \vec{b} \right| = a \cdot b \cdot \sin \alpha \tag{5.17}$$

Der Betrag des Kreuzproduktes ist die Fläche des Parallelogramms, das durch $\vec{a}$ und $\vec{b}$ gebildet wird.

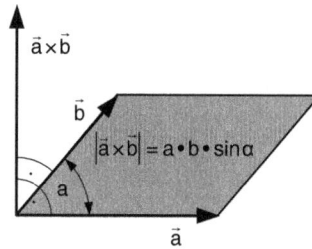

Abb. 5.2. *Das Kreuzprodukt*

Das Kreuzprodukt hat in den Komponenten von $\vec{a}$ und $\vec{b}$ die Darstellung:

$$\vec{a} \times \vec{b} = \begin{pmatrix} a_2 \cdot b_3 - a_3 \cdot b_2 \\ a_3 \cdot b_1 - a_1 \cdot b_3 \\ a_1 \cdot b_2 - a_2 \cdot b_1 \end{pmatrix} \tag{5.18}$$

Um nicht auf die komplizierte Komponentendarstellung zurückgreifen zu müssen, geben wir noch einige Rechenregeln für das Kreuzprodukt an, die komponentenweise nachgerechnet werden können:

$$\vec{a} \cdot \left(\vec{a} \times \vec{b} \right) = \vec{b} \cdot \left(\vec{a} \times \vec{b} \right) = 0 \tag{5.19}$$

und

$$\vec{c} \cdot \left(\vec{a} \times \vec{b} \right) = \vec{a} \cdot \left(\vec{b} \times \vec{c} \right) = \vec{b} \cdot \left(\vec{c} \times \vec{a} \right) \tag{5.20}$$
$$\vec{a} \times \left(\vec{b} \times \vec{c} \right) = \vec{b} \cdot (\vec{a} \cdot \vec{c}) - \vec{c} \cdot (\vec{a} \cdot \vec{b})$$
$$\left(\vec{a} \times \vec{b} \right) \cdot \left(\vec{c} \times \vec{d} \right) = (\vec{a} \cdot \vec{c}) \cdot \left(\vec{b} \cdot \vec{d} \right) - \left(\vec{a} \cdot \vec{d} \right) \cdot \left(\vec{b} \cdot \vec{c} \right)$$

5.2.3 Die Winkelbeschleunigung

Mit Hilfe des Kreuzproduktes sind wir in der Lage, zeitliche Veränderungen von raumfesten in körperfeste Koordinatensysteme einfach zu übertragen. Betrachten wir einen Vektor $\vec{b}'$ im raumfesten Koordinatensystem und projizieren diesen auf die Figurenachsen oder ein körperfestes Koordinatensystem, so hat dieser die Darstellung:

$$\vec{b}' = \sum_i b_i \cdot \vec{e}_i' \tag{5.21}$$

Die zeitliche Änderung zerfällt in dieser Darstellung wieder in zwei Summanden:

$$\frac{\mathrm{d}\vec{b}'}{\mathrm{d}t} = \dot{\vec{b}}' + \vec{\omega}' \times \vec{b}' \tag{5.22}$$

mit

$$\dot{\vec{b}}' = \sum_i \left(\frac{\mathrm{d}b_i}{\mathrm{d}t} \right) \cdot \vec{e}_i' \tag{5.23}$$

Im körperfesten Koordinatensystem hat dieser Vektor die Darstellung:

$$\left(\frac{\mathrm{d}\vec{b}'}{\mathrm{d}t} \right)_k = \dot{\vec{b}} + \vec{\omega} \times \vec{b} \tag{5.24}$$

wobei $\dot{\vec{b}}$ die Ableitung der Koordinaten des Vektors $\vec{b}$ im körperfesten Koordinatensystem ist. Wir müssen also bei den zeitlichen Ableitungen festlegen, in welchem System wir diese vornehmen. Daher vereinbaren wir, alle Ableitungen im körperfesten System durch den Punkt zu kennzeichnen und die Ableitungen im raumfesten System durch $\mathrm{d}/\mathrm{d}t$ zu kennzeichnen, also:

$$\left(\frac{\mathrm{d}\vec{b}'}{\mathrm{d}t} \right)_k \equiv \frac{\mathrm{d}\vec{b}}{\mathrm{d}t} \tag{5.25}$$

und

$$\dot{\vec{b}} = \sum_i \frac{\mathrm{d}b_i}{\mathrm{d}t} \cdot \vec{e}_i \neq \frac{\mathrm{d}\vec{b}}{\mathrm{d}t} \tag{5.26}$$

Übertragen wir Gl. 5.22 auf die Winkelbeschleunigung, so erhalten wir:

$$\frac{\mathrm{d}\vec{\omega}'}{\mathrm{d}t} = \dot{\vec{\omega}}' + \vec{\omega}' \times \vec{\omega}' = \dot{\vec{\omega}}' \tag{5.27}$$

Das heißt, die Winkelbeschleunigung ist ein ganz spezieller Vektor, bei dem diese Unterschiede nicht ins Gewicht fallen.

5.2.4   Der Drehzustand

Denken wir uns die Winkelgeschwindigkeit eines Körpers in verschiedenen raumfesten Koordinatensystemen bestimmt, so schwierig dies auch ist, so müssen wir ähnlich dem ersten Newtonschen Gesetz versuchen, von der Drehung relativ zu einem Koordinatensystem auf den absoluten Drehzustand des Körpers zu schließen, d. h. wir müssen von allen möglichen

Koordiatensystemen solche auswählen, in denen die Winkelgeschwindigkeit die absolute ist. Die erste Idee, die man haben könnte, wäre, die Koordinatensysteme hervorzuheben, in denen jeder isolierte[45] Körper mit einer konstanten Winkelgeschwindigkeit rotiert. Diese Forderung ist gemäß Gl. 5.27 gleichbedeutend mit der Forderung, dass die Darstellung der Winkelgeschwindigkeit in einem körperfesten System konstant ist. Ein solches Koordinatensystem existiert aber nicht. Um dies einzusehen, betrachten wir einen in jeder Beziehung vollkommen symmetrischen Körper, wie er zum Beispiel durch eine Vollkugel (Geometrie einer Kugel und homogene Massenverteilung) realisiert ist. Bei einem solchen Körper dürfen wir annehmen, dass dieser, einmal angedreht, und dann vom Rest der Welt isoliert seinen Drehzustand beibehält. Wenn wir dies fordern, so machen wir die Beobachtung, dass dies nur in Inertialsystemen und Koordinatensystemen, die sich gegen die Inertialsysteme mit einer konstanten Winkelgeschwindigkeit drehen, der Fall ist. Wählen wir diese Koordinatensysteme aus und beobachten in diesen Koordinatensystemen einen beliebigen isolierten Körper, so wird dieser i. A. eine komplizierte Drehbewegung mit $\dot{\vec{\omega}}' \neq 0$ ausführen. Diese Drehbewegung ist dadurch gekennzeichnet, dass sich die (Spitze der) Winkelgeschwindigkeit in einer Ebene periodisch bewegt. Dies ändert sich auch nicht, wenn man die oben angesprochene Klasse von Koordinatensystemen weiter einschränkt.

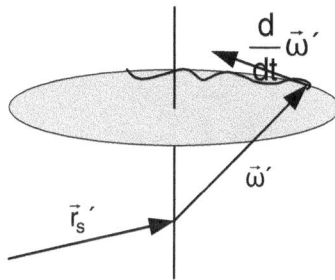

Abb. 5.3. *Zur Präzession eines isolierten Körpers*

Dies ist zunächst eine herbe Enttäuschung, da wir es als selbstverständlich angesehen haben, dass ein isolierter Körper einen konstanten Zustand besitzt. Dynamisch gesprochen soll ein isolierter Körper ja auch durch eine konstante Drehbewegungsmenge und Energie beschrieben werden, was durch einen nicht konstanten Drehbewegungszustand problematisch erscheint. Aus diesem Dilemma gibt es zwei Auswege. Eine genaue Analyse der Winkelgeschwindigkeit $\vec{\omega}'_{is}(t)$ eines isolierten sich drehenden Körpers ergibt, dass sich diese spezielle Bewegung im raumfesten Koordinatensystem wie folgt beschreiben lässt:

$$\vec{S}' \cdot \dot{\vec{\omega}}'(t) - 0 \ \text{ mit } \ \vec{S}' - \text{konst.} \tag{5.28}$$

---

[45] Zum Abgleich mit unseren unmittelbaren Erfahrungen sei darauf hingewiesen, dass ein geworfener Körper in guter Näherung in seiner Drehbewegung um den Schwerpunkt als isoliert angenommen werden kann.

Es ist möglich $\vec{S}'$ als die konstante Bewegungsmenge aufzufassen. Durch Symmetrieüberlegungen wäre mit dieser Interpretation auch die Energie eines solchen isolierten Systems konstant, so dass wir in der Interpretation der Drehbewegung, wieder auf unser Schema zurückgreifen können. In dem körperfesten System bedeutet dies, dass die Drehbewegungsmenge in dem Körper eine Bewegung ausführt. Im Bild des Eimers, der aus drei Kammern für jede Figurenachse besteht, kann die Drehbewegungsmenge zwischen diesen Kammern hin und her fließen, allerdings dadurch eingeschränkt, dass die Energie und die „Länge" des Vektors der Drehbewegungsmenge konstant ist. Mit dieser Erweiterung unserer Anschauung werden wir auch im Weiteren unser Programm durchführen und uns auch motivieren, bei neuen Phänomenen unseren Anschauungshorizont auszuweiten.

Ein anderer Ausweg besteht darin, eine die Drehbewegung beschreibende Größe zu suchen, die die gewünschte Eigenschaft besitzt, bei einem isolierten Körper konstant zu sein. Diese Größe ist z. B. die Winkelgeschwindigkeit der Eulerschen Winkel. Die Eulerschen Winkel sind anschaulich leicht zu verstehen, wenn man einen kardanisch gelagerten Körper betrachtet. Der Körper wird dabei so in der Aufhängung Abb. 5.4 positioniert, dass jede Lage des ruhenden Körpers in Ruhe verbleibt. Diese Art der Aufhängung nennt man im Schwerpunkt unterstützt und ist letztlich die operativ definierende Eigenschaft des Schwerpunktes.

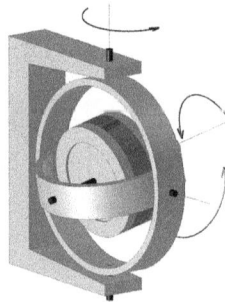

Abb. 5 4. *Ein kardanisch aufgehängter Körper*

Die kardanische Aufhängung zeichnet sich dadurch aus, dass der Körper um jede beliebige Achse drehbar ist. Der Drehzustand kann durch die Winkelgeschwindigkeiten um die drei physischen Achsen abgelesen werden. Die zu diesen Achsen gehörenden Drehwinkel nennt man die Eulerschen Winkel. Man sieht unmittelbar, dass nur jeweils zwei dieser Achsen senkrecht aufeinander stehen – die Achsen also kein kartesisches Koordinatensystem bilden. Wir haben es hier mit dem noch komplizierteren Fall der Darstellung eines Vektors zu tun. Diese Darstellung hat aber den Vorteil, dass bei einem isoliertem Körper die Winkelgeschwindigkeiten um die Achsen der kardanischen Aufhängung konstant sind. Die Tatsache, dass kein Inertialsystem existiert, in dem ein beliebiger, isolierte Körper mit konstanter Winkelgeschwindigkeit rotiert, umgeht man bei der kardanischen Aufhängung, indem man ein Achsensystem wählt, das sich gegeneinander bewegt – technisch eine einfache Lösung, insbesondere wenn ein Körper in der Bewegung durch Hemmungen eingeschränkt ist (Kardangelenk); in der dynamischen Interpretation aber schwieriger, so dass wir diesen Weg hier nicht weiter verfolgen wollen.

Nach diesem Vorgriff wollen wir vereinbaren, dass wir mit Hilfe der Vollkugel die Koordinatensysteme auswählen, in denen der absolute Drehzustand eines Körpers bestimmbar ist. Dabei sind wir in der gleichen Situation wie in der Punktmechanik: Der Drehzustand kann nur bis auf eine Konstante bestimmt werden, da ja auch jedes mit konstanter Winkelgeschwindigkeit bezüglich eines Inertialsystems rotierende Koordinatensystem gleichberechtigt ist. Dies scheint zunächst überraschend, da wir aus unseren Erfahrungen mit Zugfahrten etc. zwar wissen, dass wir eine absolute Geschwindigkeit nicht spüren können, wir aber sowohl einen Unterschied zwischen dem Zustand der Ruhe bezüglich eines Inertialsystems, wie es die Erde in guter Näherung darstellt, und der Rotation um z. B. unsere Längsachse empfinden. Im letzen Fall wird man z. B. schwindelig. Da „schwindelig sein" kein Zustand eines starren Körpers beschreibt, kann die weitere Einschränkung zur Beschreibung des absoluten Drehzustandes des starren Körpers nur durch experimentelle Erfahrungen von „außen" an die Drehbewegung herangetragen werden. Newton hat dies durch sein berühmtes Gedankenexperiment für uns getan. Man denke sich dazu einen mit einer Flüssigkeit gefüllten Eimer im Weltall[46], dessen Schwerpunkt in einem Inertialsystem ruht. Rotiert dieser, wird die Oberfläche ein charakteristisches Profil (ein Rotationsparaboloid bei einer Rotation um seine Längsachse) aufweisen. Rotiert der Eimer nicht, wird die Flüssigkeitsoberfläche plan sein. Dieses Gedankenexperiment zeigt deutlich, dass die Drehung des Eimers nicht an ein Koordinatensystem gebunden ist, sondern absolut auch für einen sich mit dem Eimer drehenden Beobachter feststellbar ist. Der starre Körper ist ein Grenzfall, wobei der Grenzübergang so geführt wird, dass diese absolute Bestimmung der Drehung beibehalten wird. Als Ergebnis dieses Gedankenexperimentes halten wir fest, dass eine Drehung relativ zu einem Inertialsystem den absoluten Drehzustand des Körpers beschreibt.

Damit haben wir den Drehzustand eines Körpers definiert. Im Unterschied zur Punktmechanik hat ein isolierter Körper jedoch keinen konstanten Drehzustand, sondern ist durch ein spezielles Zeitprogramm $\vec{\omega}'_{is}(t)$ mit $\vec{\omega}_{is}(t) \neq 0$ definiert. In der Dynamik werden wir diesem speziellen Zeitprogramm eine konstante Drehimpulsmenge zuordnen. Bevor wir dazu kommen, wollen wir aber noch den Zusammenhang zur naiven Definition des starren Körpers herstellen.

5.2.5   Die Drehung in der naiven Definition

In der naiven Definition fassen wir den starren Körper als Punktwolke von Massenpunkten auf. Die Lage eines jeden dieser Massepunkte zum Schwerpunkt wird durch den Ortsvektor $\vec{r}$ bzw. $\vec{r}'(t)$ beschrieben. Ein Massepunkt am Ort $\vec{r}'(t)$ hat relativ zum Schwerpunkt eine Geschwindigkeit $\vec{v}'$. Diese Geschwindigkeit ist beim starren Körper natürlich eng mit der Winkelgeschwindigkeit verknüpft (Gl. 5.15). Umgekehrt können wir diese Gleichung auch als Messvorschrift für die Winkelgeschwindigkeit auffassen. Kennzeichnet $\vec{r}$ z. B. alle Punkte auf der Oberfläche eines Körpers, so können wir durch Messung der Geschwindigkeiten mit Hilfe von Gl. 5.15 die Winkelgeschwindigkeit bestimmen. Am einfachsten ginge

---

[46]   Die notwendige Schwerkraft denken wir uns durch ein (großes) Gewicht im Eimerboden erzeugt.

das, wenn wir die Umkehrfunktion von $\vec{v}(\vec{\omega})$ angeben könnten. Diese „Umkehrfunktion", die im mathematischen Sinne keine ist, nennt man die Rotation des Geschwindigkeitsfeldes (kurz: rot $\vec{v}$)

$$\vec{\omega} = \text{rot } \vec{v}(\vec{r}, t) \tag{5.29}$$

Diese Umkehrfunktion ist keine Funktion in dem Sinne, dass durch Angabe einer Geschwindigkeit dieser eine Winkelgeschwindigkeit zugeordnet werden kann, sondern für diese Zuordnung benötigt man immer die Geschwindigkeiten mehrerer Punkte des Körpers. Da die Winkelgeschwindigkeit eine lokale Größe ist, können wir zwei beliebige unmittelbar benachbarte Punkte des Körpers betrachten und erhalten für den Geschwindigkeitsunterschied zwischen diesen Körperteilen

$$\frac{d\Delta \vec{r}'}{dt} = \Delta \vec{v}' = \vec{\omega}' \times \Delta \vec{r}' \tag{5.30}$$

Im Grenzübergang zu unmittelbar benachbarten Punkten kann die Winkelgeschwindigkeit durch Beobachtung der Geschwindigkeiten verschiedener Massepunkte bestimmt werden.

$$\vec{\omega}' = \begin{pmatrix} \dfrac{dv_3'}{dx_2'} - \dfrac{dv_2'}{dx_3'} \\[2mm] \dfrac{dv_3'}{dx_1'} - \dfrac{d v_1'}{dx_3'} \\[2mm] \dfrac{dv_2'}{dx_1'} - \dfrac{dv_1'}{dx_2'} \end{pmatrix} = \text{rot } \vec{v} \tag{5.31}$$

Die Differentiation, die auch durch das Kreuzprodukt dargestellt werden kann, ist die Vorschrift zur Bildung der Rotation eines Vektorfeldes (hier: die Geschwindigkeiten der einzelnen Massepunkte des Körpers.) Die Bildung der Rotation bildet also den Vorgang nach, den wir bei der Beobachtung eines Körpers vollziehen – das Schließen von den Geschwindigkeiten von Teilen des Körpers auf seine Drehachse. Die Bildung der Rotation eines Vektorfeldes – sei es das Geschwindigkeitsfeld einer strömenden Flüssigkeit oder das des elektrischen Feldes – kommt in der Feldtheorie sehr häufig vor und beschreibt immer eine Art Wirbel, dem ein Drehimpuls zugeordnet werden kann.

Wir haben in dem Kapitel Kinematik den harten Weg zur Beschreibung der Drehbewegung gewählt. In der üblichen Einführung wählt man zunächst solche Drehungen aus, deren Drehachse im Raum konstant ist, so dass die beschriebene Problematik erst zu einem späteren Zeitpunkt auftaucht, aber im Grunde kommt man um die o. g. Erweiterung der Anschauung nicht herum und kann auf dem direkten Weg eben als Erweiterung des Denkschemas wie es

uns das 1. Newtonsche Gesetz vorgibt vielleicht besser verstanden werden.[47] Die Schwierigkeiten bei der Begehung des direkten Weges drücken sich auch technisch dahingehend aus,
dass der Ingenieur, wenn immer es geht, nur solche drehenden Systeme (Wellen, Achsen,
Räder, etc.) verbaut, die ausgewuchtet sind, d. h. deren Drehachsen sich im isolierten Fall
sich nicht bewegen.

5.3 Dynamik

Zur Interpretation der Drehbewegung ist es sinnvoll, diese im körperfesten System durchzuführen. Alle auftretenden Beziehungen gelten automatisch durch Anfügen des Index „ ' "
auch im raumfesten Inertialsystem. Den Zustand der Drehung $\vec{\omega}$ (bezogen auf den Schwerpunkt – eine willkürliche Einschränkung, s.o.) fassen wir als Folge einer Drehbewegungsmenge $\vec{S}$ auf. Diese Drehbewegungsmenge (umgangssprachlich: Drall) nennen wir intrinsischen Drehimpuls, Eigendrehimpuls oder wenn keine Verwechslungsgefahr mit dem später
noch eingeführten Bahndrehimpuls besteht einfach Drehimpuls. Da die Winkelgeschwindigkeit drei unabhängige Komponenten hat, benötigen wir zur Interpretation auch drei unabhängige Drehbewegungsmengen. $\vec{S}$ hat also auch eine drei-komponentige Darstellung. Die Einheit von $\vec{S}$ wird wieder durch die Einheit der Energie bestimmt.

$$[S_i] = \text{J s} \tag{5.32}$$

5.3.1 Die Zustandsgleichung

Zur Bestimmung der Zustandsgleichung denken wir uns eine Apparatur wie in Abb. 5.5
skizziert. Der zu untersuchende Körper sei in seinem Schwerpunkt unterstützt kardanisch
aufgehängt. Über die Kopplung kann das System in Gleichgewichtsprozessen mit einem
Normsystem beliebige Mengen intrinsischen Drehimpuls austauschen. Der Normkörper (z.
B. eine ausgewuchtete Welle oder eine homogene Vollkugel) hat definitionsgemäß nur intrinsischen Drehimpuls, der in Richtung der Welle zeigt. Stellen wir uns vor, dass der Normkörper mit geringer Geschwindigkeit rotiert und der zu untersuchende Körper in Ruhe ist, so
wird nach dem Koppeln der Systeme Drehimpuls in den Körper fließen und sich so verteilen,
dass alle Teile des Körpers dieselbe Winkelgeschwindigkeit haben. Haben wir diese bestimmt, so können wir auf diesem Wege die Zustandsgleichung bestimmen. Dass die zugeführte Menge Drehimpuls nicht seine Richtung ändert, also in irgendeiner Weise mit der
Drehung mitgerissen wird, erkennen wir daran, dass, wenn wir die Drehbewegungsmenge
mit derselben Anordnung wieder aus dem Körper entfernen, der Normkörper sich immer nur

---

[47] Wie in der Einleitung beschrieben diskutieren wir hier nur eine spezielle Sicht auf natürliche Phänomene. Es
sollte selbstverständlich sein, dass jeder Interessierte auch Darstellungen aus anderen Büchern für sein eigenes
Verständnis zu Rate zieht.

in Richtung der ursprünglichen Achse dreht, völlig unabhängig davon, welchen augenblicklichen Wert die Winkelgeschwindigkeit des kardanisch aufgehängten Körpers hat.

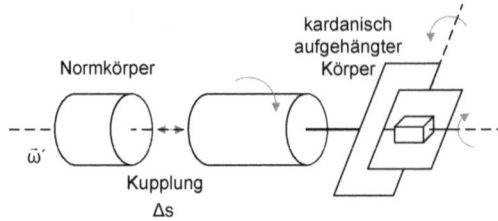

Abb. 5.5. *Drehimpulsaustausch mit einem Normkörper*

Daraus schließen wir, dass die Winkelgeschwindigkeit $\vec{\omega}'_{is}(t)$ eines isolierten Körpers durch eine im Inertialsystem ruhende Drehbewegungsmenge beschrieben werden kann. Es muss also mit Gl. 5.24 gelten:

$$\frac{d\vec{S}}{dt} = \dot{\vec{S}} + \vec{\omega} \times \vec{S} = 0 \tag{5.33}$$

Aufgrund der Starrheit des Körpers und der Nicht-Parallelität von Winkelgeschwindigkeit und Drehimpuls hat die Zustandsgleichung die Struktur:

$$\vec{S} = \underline{\underline{\Theta}} \cdot \vec{\omega} \tag{5.34}$$

Den Tensor $\underline{\underline{\Theta}}$, der strukturell das Pendant zur trägen Masse ist, und dessen Darstellung mit einer Matrix Θ_{ij} (i, j=1,2,3), die neun Einträge hat, nennt man den Trägheitstensor des starren Körpers. Die Darstellung des Trägheitstensors hängt von der Wahl des Koordinatensystems ab:

$$\Theta_{ij} = \left(\vec{e}_i \cdot \underline{\underline{\Theta}} \cdot \vec{e}_j \right) \tag{5.35}$$

Das heißt unter anderem, dass in einem raumfesten Inertialsystem, wenn wir also zu gestrichenen Größen übergehen, diese Darstellung zeitabhängig ist. Für die Bewegung eines isolierten Körpers, dargestellt mit der Winkelgeschwindigkeit $\vec{\omega}'(t)$ in einem raumfesten Inertialsystem, gilt in völliger Übereinstimmung mit dem Experiment:

$$\frac{d\vec{S}'}{dt} = \vec{\omega}' \times \underline{\underline{\Theta}}' \cdot \vec{\omega}' + \underline{\underline{\Theta}}' \cdot \frac{d'\vec{\omega}'}{dt} = 0 \tag{5.36}$$

Multiplizieren wir diese Gleichung mit $\vec{\omega}'(t)$ und nutzen Gl. 5.19, so erhalten wir die Struktur der energetischen Konstanz eines isolierten Systems:

$$\frac{dE}{dt} = \vec{\omega} \cdot \frac{d\vec{S}}{dt} = \vec{\omega}' \cdot \frac{d\vec{S}'}{dt} = \vec{\omega}' \cdot \underline{\underline{\Theta}}' \cdot \dot{\vec{\omega}}' = 0 \qquad (5.37)$$

Im körperfesten Koordinatensystem lautet die Energieform der Rotation eines starren Körpers:

$$dE_{rot} = \vec{\omega} \cdot d\vec{S} = \vec{\omega} \cdot \underline{\underline{\Theta}} \cdot d\vec{\omega} \qquad (5.38)$$

Aufgrund der Existenz von stabilen Gleichgewichtszuständen, die wir nachfolgend noch ansprechen, ist der Trägheitstensor symmetrisch.

$$\underline{\underline{\Theta}} = \underline{\underline{\Theta}}^{tr} \qquad (5.39)$$

Mit dieser Information können wir Gl. 5.37 wie folgt lesen:

$$\vec{\omega}' \cdot \underline{\underline{\Theta}}' \cdot \dot{\vec{\omega}}' = \left(\underline{\underline{\Theta}}' \cdot \vec{\omega}' \right) \cdot \dot{\vec{\omega}}' = \vec{S}' \cdot \dot{\vec{\omega}}' = 0 \qquad (5.40)$$

Damit erhalten wir die zentrale Eigenschaft der Bewegung eines isolierten Körpers zurück. Der Energieanteil der Rotation eines ruhenden Körpers lässt sich aufgrund der Einfachheit der Zustandsgleichung und der Symmetrie des Trägheitstensors auch sofort anschreiben:

$$E_{rot} = \frac{1}{2} \vec{\omega} \cdot \underline{\underline{\Theta}} \cdot \vec{\omega} = \frac{1}{2} \vec{\omega}' \cdot \underline{\underline{\Theta}}' \cdot \vec{\omega}' \qquad (5.41)$$

5.3.2   Der Trägheitstensor

Der Trägheitstensor ist die Größe, mit der verschiedene starre Körper physikalisch unterschieden werden. Es ist erstaunlich, dass alle starren Körper durch nur so wenige Zahlenangaben unterschieden werden können, doch muss man sich klar machen, dass diese Unterscheidung ja nur in Bezug auf die Drehbewegung getroffen wird, und bei dieser spielen z. B. die vielen geometrischen Ausformungen eines Körpers nur eine eingeschränkte Rolle. Die Elemente der Darstellung des Trägheitstensors unterscheidet man in die Diagonalelemente – die Trägheitsmomente – und die Nebendiagonalelemente – die Deviationsmomente.

Die Diagonalelemente Θ_{ii} geben an, welcher Anteil der Drehbewegungsmenge S_i auf eine Drehung um die Achse $\vec{e}_i$ fällt ($S_i = \vec{S} \cdot \vec{e}_i = \Theta_{ii} \cdot \omega_i$). Die Größe Θ_{ii} heißt das Trägheitsmoment des Körpers bezogen auf die Drehachse $\vec{e}_i$. Das Trägheitsmoment hat ein eigenes Symbol:

$$\Theta_{ii} = J_{\vec{e}_i} \qquad (5.42)$$

Mit dem Index wird die Achse, auf die das Trägheitsmoment bezogen ist, benannt. Die Zustandsgleichung in Richtung der momentanen Drehachse lautet also:

$$s_a = J_a \cdot \omega_a \tag{5.43}$$

Die Nebendiagonalelemente des Trägheitstensors Θ_{ij} geben an, welcher Anteil der zugeführten Drehbewegungsmenge S_i auf eine Drehung der Achse $\vec{e}_j$ fällt, also zu einer Drehbewegung senkrecht zur Achse $\vec{e}_i$ führt. Dieser Anteil ist verantwortlich für das Phänomen, das wir umgangssprachlich als Unwucht bezeichnen. Er gibt an, wie stark die Lageänderung der Achse im Raum ist, und wird technisch durch das Deviationsmoment $D_{\vec{e}_i \vec{e}_j}$ gekennzeichnet.

$$D_{\vec{e}_i \vec{e}_j} = \Theta_{ij} \tag{5.44}$$

Die Deviationsmomente bzw. der Trägheitstensor sind bzw. ist symmetrisch. Dies ist eine Folge der Stabilität des Gleichgewichtes zweier drehender Systeme, die koaxial gekoppelt sind – eine allgemeine Folge der nullten Hauptsätze. Zwar können wir zwei drehende Systeme auch paraxial koppeln. In diesem Fall sind die Winkelgeschwindigkeiten jedoch nicht gleich und wie man beobachten kann, ist dieses Gleichgewicht auch nicht stabil.

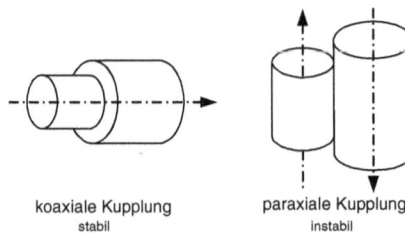

koaxiale Kupplung
stabil

paraxiale Kupplung
instabil

Abb. 5.6. *Gleichgewichte rotierender Körper*

Die Zustandsgleichung kann sehr anschaulich mit Hilfe des Trägheitsellipsoiden dargestellt werden. Dazu betrachten wir die Funktion (quadratische Form)

$$F(\vec{x}) = \vec{x} \cdot \underline{\underline{\theta}} \cdot \vec{x} \tag{5.45}$$

und suchen alle Argumente $\vec{x}$, für die F den Wert 1 hat. Diese Funktionswerte sind einfach graphisch zu ermitteln, denn sie liegen auf der Oberfläche eines Ellipsoides (einer dreidimensionalen Ellipse).

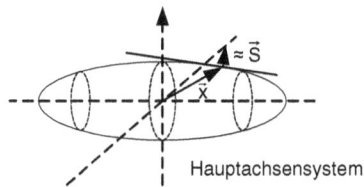

Abb. 5.7. Darstellung des Trägheitellipsoiden

Gemäß der Definition des Trägheitsmomentes einer Achse, die parallel zu $\vec{x}$ ist, gilt:

$$|\vec{x}|^2 = \frac{1}{J_{\vec{x}}} \qquad (5.46)$$

Die Oberflächennormale der Tangentialebene des Trägheitellipsoiden am Ort $\vec{x}$ ist parallel zum Drehimpuls. Mit diesen Informationen lassen sich auch die Deviationsmomente bezogen auf zwei senkrecht zum Drehimpuls stehende Achsen, die in der Tangentialebene liegen, geometrisch deuten.

Wir sehen an dieser graphischen Darstellung, dass die physikalischen Eigenschaften des Trägheitstensors, wie er durch den Ellipsoiden zum Ausdruck kommt, in verschiedenen körperfesten Koordinatensystemen verschiedene Darstellungen hat und ein Koordinatensystem – das Hauptachsensystem – ausgezeichnet ist. Der Abbildung des Trägheitselloiden entnehmen wir, dass es (mindestens) drei verschiedene Achsen $\vec{a}_i^H$ gibt, die kein Deviationsmoment besitzen. Diese Achsen heißen Hauptachsen eines Körpers und sie haben die Eigenschaft, dass sich ein isolierter Körper, der um eine dieser Achsen angedreht wird, diese Achse im Raum beibehält. Es gilt:

$$\underline{\underline{\Theta}} \cdot \vec{a}_i^H = J_i \cdot \vec{a}_i^H \qquad (5.47)$$

und damit für ein isoliertes System:

$$\frac{d}{dt} \vec{a}_i^{H'} = 0 \qquad (5.48)$$

Bei Körpern mit einer homogenen Dichteverteilung entsprechen diese Hauptträgheitsachsen den Symmetrieachsen des Körpers, die wir auch bei der Beobachtung eines Körpers als Figurenachsen wählten. Umgekehrt fußt der Begriff der Unwucht eben auf dem Unterschied zwischen der augenfälligen Symmetrieachse des Körpers und der Hauptträgheitsachse. Durch Wuchten eines Körpers werden diese beiden Achsen zur Deckung gebracht.[48] In einem durch

---

[48] Dass beim Auswuchten eines Autorades nur zwei Ausgleichsgewichte angebracht werden, erklärt sich aus der Tatsache, dass bezüglich einer Achse nur zwei Deviationsmomente manipuliert werden müssen.

die Hauptträgheitsachsen definierten Koordinatensystem wird ein Körper also durch die Angabe von drei Hauptträgheitsmomenten J_1, J_2, J_3 und die Lage der Hauptträgheitsachsen definiert.

Im Koordinatensystem, das durch diese Achsen definiert wird, hat der Energieanteil der Rotation um eine Hauptträgheitsachse die einfache Gestalt.

$$E_{rot} = \tfrac{1}{2}\,\vec{\omega}\cdot\underline{\underline{\theta}}\cdot\vec{\omega} = \tfrac{1}{2}J_{\vec{a}}\cdot\omega_{\vec{a}}^2 \qquad\qquad (5.49)$$

Da man i. A. die Trägheitsmomente bezüglich aller Achsen eines Körpers nicht kennt, empfiehlt es sich, die Winkelgeschwindigkeit auf die Hauptträgheitsachsen zu beziehen.

$$\vec{\omega} = \sum_i \omega_i^H \cdot \vec{a}_i^H \qquad\qquad (5.50)$$

Der Energieanteil einer Drehung um eine beliebige Achse kann somit den Drehungen um die
entsprechenden Hauptachsen zugeordnet werden.

$$E_{rot} = \sum_i \tfrac{1}{2}J_i \cdot \omega_i^{H\,2} \qquad\qquad (5.51)$$

Gemäß der Struktur der Hauptträgheitsmomente klassifiziert man starre Körper. Ein starrer
Körper mit drei verschiedenen Hauptträgheitsmomenten nennt man unsymmetrischen Kreisel. Ein unsymmetrischer Kreisel stellt den allgemeinsten Fall eines starren Körpers dar.

Ein starrer Körper, bei dem zwei Hauptträgheitsmomente identisch sind, nennt man symmetrischen Kreisel. Dieser wird z. B. durch einen rotationssymmetrischen Vollkörper realisiert,
der unserem umgangssprachlichen Begriff des Kreisels entspricht.

Ein symmetrischer Kreisel, bei dem das alleinstehende Trägheitsmoment identisch null ist,
nennt man einen Rotator. Ein solcher Körper ist durch eine Hantel realisiert, die eine verschwindende Ausdehnung um ihre Längsachse hat. Das Trägheitsmoment um diese Längsachse ist identisch null.

Ein Körper, der drei identische Hauptträgheitsmomente hat, heißt kugelsymmetrischer Kreisel und wird durch z.B. durch eine Vollkugel realisiert.

5.3.3   Zusammenhang zwischen Zustandsgleichung und naiver Definition des starren Körpers

Die Rotationsenergie als skalare Größe ist der Einfachheit halber besonders geeignet, den
Zusammenhang zwischen den verschiedenen Definitionen eines starren Körpers aufzuzeigen.
Dazu denken wir uns den starren Körper wieder in viele Masseelemente Δm_i zerlegt, die
selbst keinen Drehzustand besitzen. Jedes dieser Masseelemente ist also einzig durch die Zustandsgleichung der Punktmechanik definiert.

$$\vec{P}_i^{\,\prime} = \Delta m_i \cdot \vec{v}_i^{\,\prime} \tag{5.52}$$

Da jedes Masseelement eine komplizierte Bahnkurve durchläuft, wirken schwierig darzustellende Kräfte auf das Masseelement. Diese Kräfte sind bei einem isolierten Körper Zwangskräfte, welche dafür sorgen, dass die Lagen der Masseelemente untereinander unverändert bleiben. Bei der Bewegung des starren Körpers hat jedes Masseelement die Geschwindigkeit:

$$\vec{v}_i^{\,\prime} = \vec{\omega}^{\prime} \times \vec{r}_i^{\,\prime} \tag{5.53}$$

Die Zwangskräfte, die die Ursache der Geschwindigkeitsänderungen sind, liefern aber keinen Beitrag zur Energie der Masseelemente. Die Gesamtenergie des starren Körpers ist also die Summe der kinetischen Energien der einzelnen Masseelemente. Der einfachste Weg, einen Zusammenhang zwischen dem Trägheitsmoment eines Körpers und seiner Massendichteverteilung herzustellen, ist daher ein Vergleich der Energieanteile.

$$E_{rot} = \sum_i \tfrac{1}{2} \Delta m_i \cdot \left(\vec{\omega}^{\prime} \times \vec{r}_i^{\,\prime} \right)^2 \tag{5.54}$$

Ersetzen wir die auftretenden Größen durch körperfeste Darstellungen, was aufgrund der Invarianz des Skalarproduktes einfach durch Weglassung der Striche erfolgt, so erhalten wir einen Ausdruck, den wir mit Gl. 5.49 vergleichen können.

$$E_{rot} = \tfrac{1}{2} \left(\sum_i \Delta m_i \cdot r_i^{\,2} \cdot (\sin \alpha_i)^2 \right) \cdot \omega_{\vec{a}}^2 = \tfrac{1}{2} J_{\vec{a}} \cdot \omega_{\vec{a}}^2 \tag{5.55}$$

Der Ausdruck $r_i^{\,2} \cdot (\sin \alpha_i)^2$ ist das Quadrat des Abstandes des Masseelementes i von der Drehachse. Wir erhalten also für das Trägheitsmoment um eine Achse den Zusammenhang, dass das Trägheitsmoment durch die Addition der Masseelemente gewichtet mit dem Quadrat ihres Abstandes von der Drehachse bestimmt ist. Ein Zusammenhang, der sich unmittelbar mit unserer Alltagserfahrung deckt. Dieser Zusammenhang ist für die Ingenieurwissenschaft von großer praktischer Bedeutung. Da der Ingenieur Körper konstruiert, also die Massenverteilung kennt, kann das Trägheitsmoment direkt berechnet werden.

Der o.g. Zusammenhang wird sehr schön durch eine Bewegung auf dem sogenannten Pohlschen Drehstuhl, der drehbar gelagert ist, verdeutlicht. Auf diesen Stuhl setzen wir eine Person, der wir zwei Gewichte in die Hand geben, die diese an den ausgestreckten Armen festhalten muss. Nach dem wir die Person angedreht haben, bitten wir diese, die Arme anzuziehen. Wir sehen, dass die Drehzahl des Stuhles sich erhöht bzw. erniedrigt, wenn die Person die Arme wieder ausstreckt. Die Erklärung dieses Phänomens, das sich auch Schlittschuhfahrer bei einer Pirouette zunutze machen, ist einfach zu verstehen. Der Drehstuhl ist durch die Lagerung der Drehachse, die wir als Hauptachse annehmen, von dem Boden isoliert, so dass der Drehimpuls während des betrachteten Prozesses konstant ist. Durch das Heranziehen der Hanteln an den Körper verkleinert die Testperson ihr Trägheitsmoment, so dass die Winkelgeschwindigkeit zunimmt. Dieser Zusammenhang ist aus zweierlei Hinsicht bemerkenswert.

Einerseits wird deutlich, wie verschiedenste Phänomene mit völlig unabhängigen Begriffen beschrieben und interpretiert werden können. Eine Zustandsgleichung wird durch viele Zustandsgleichungen ersetzt. Dieses Mehr an Freiheitsgraden wird durch Wechselwirkungen (hier die Zwangskräfte) zwischen den Subsystemen wieder eingeschränkt. Die direkte Lösung der Bewegungsgleichungen aller Masseelemente wird dadurch zwar de facto unlösbar, aber bestimmte Aspekte wie das Trägheitsmoment können einfach uminterpretiert werden. Beide Interpretationen sind dabei unter dem Aspekt der Nützlichkeit völlig gleichwertig. Für unser Verständnis von der Welt ist entscheidend, dass Translations- und Rotationsphänomene zusammen mit einer reduzierten Anzahl von Begriffen beschrieben werden können. Sie bilden quasi den prototypischen Fall für die Welt als Ganzes. Als Beispiel sei hier nur die aktuelle Diskussion um die Gentechnik genannt, wo man stark verkürzt ausgedrückt von den „Zustandsgleichungen" der Gene auf die „Zustandsgleichung" des Menschen schließen möchte. Die Art dieses Denkens nennt man Reduktionismus.

Die zweite mehr konkrete Einsicht ist die Interpretation des Eigendrehimpulses als Impulswirbel um die momentane Drehachse. Wie bei einer Flüssigkeitsströmung können wir die Translationsbewegung mit der Bewegung des Schwerpunktes eines Körpers durch die Strömung der Flüssigkeit, die Rotationsbewegung als Drehung durch Wirbel in der Flüssigkeit verstehen.

Tabelle 5.1. *Trägheitsmomente verschiedener Körper um die Symmetrieachse bezogen auf den Schwerpunkt*

Körper der Masse m	Trägheitsmoment
dünner Kreisring mit Radius r	$m\,r^2$
dünner Stab der Länge l	$1/12\ m\,l^2$
Kreisscheibe mit Radius r	$1/2\ m\,r^2$
Vollkugel mit Radius r	$2/5\ m\,r^2$
Hohlkugel mit Radius r	$2/3\ m\,r^2$

5.3.4   Die Bewegung eines isolierten Körpers

Mit den eingeführten Begriffen wollen wir einige Eigentümlichkeiten der Bewegung isolierter Körper beschreiben. Obwohl wir die Bewegung eines isolierten Körpers für die Definition des Drehimpulses herangezogen haben, haben wir aus gutem Grund auf eine anschauliche Beschreibung der Bewegung verzichtet. Dieser gute Grund liegt darin, dass die Bewegung der Drehachse oder die einer Figurenachse, die durch Gln. 5.33 oder 5.36 beschrieben wird, nicht einfach beschreibbar ist, d. h. es existiert i. A. keine Funktion, die als Funktion der Anfangsbedingungen oder der Systemparameter die Bewegung beschreibt. Die Differentialgleichung, deren Lösung bei gegebenen Anfangsbedingungen eine Funktion $\vec{\omega}(t)$ liefert, ist nichtlinear und entzieht sich damit einem standardisierten Zugang. Aus diesem Grund verwendet man andere anschauliche Darstellungsmöglichkeiten, die Bewegung eines starren Körpers zu beschreiben. Die bekanntesten sind das oben schon genutzte Verfahren der Beschreibung durch ein Vergleich mit einem Körper, der auf Kegelmänteln abrollt und die später noch eingeführte „Tendenz vom gleichsinnigen Parallelismus". Als Ausgangspunkt der Diskussion der Bewegung eines isolierten Körpers wählen wir die Eulersche Gleichung im körperfesten Hauptachsensystem angeschrieben:

$$J_1 \cdot \dot{\omega}_1 - (J_2 - J_3) \cdot \omega_2 \cdot \omega_3 = 0 \qquad (5.56)$$
$$J_2 \cdot \dot{\omega}_2 - (J_3 - J_1) \cdot \omega_3 \cdot \omega_1 = 0$$
$$J_3 \cdot \dot{\omega}_3 - (J_1 - J_2) \cdot \omega_1 \cdot \omega_2 = 0$$

Um diese Gleichung im Ansatz zu verstehen, vereinfachen wir uns die Aufgabe, indem wir nur den Fall des symmetrischen Kreisels betrachten:

$$J_1 = J_2 = J \qquad (5.57)$$

Mit dieser Vereinfachung können wir die dritte Differentialgleichung sofort lösen:

$$\dot{\omega}_3 = 0 \Leftrightarrow \omega_3(t) = \omega_{30} \qquad (5.58)$$

Die Drehung um die Hauptträgheitsachse $\vec{a}_3^H$ erfolgt mit konstanter Winkelgeschwindigkeit. Führen wir die Abkürzung α ein, so erkennen wir, dass die verbleibenden beiden Differentialgleichungen linear sind:

$$\dot{\omega}_1 + \alpha \cdot \omega_2 = 0 \qquad (5.59)$$
$$\dot{\omega}_2 - \alpha \cdot \omega_1 = 0$$

mit

$$\alpha = \frac{J_3 - J}{J} \cdot \omega_{30} \qquad (5.60)$$

Durch nochmaliges Differenzieren nach der Zeit und Einsetzen der Gln. 5.59 ineinander, erhalten wir zwei schon bekannte Differentialgleichungstypen:

$$\ddot{\omega}_1 + \alpha^2 \cdot \omega_1 = 0 \qquad (5.61)$$
$$\ddot{\omega}_2 + \alpha^2 \cdot \omega_2 = 0$$

Deren Lösungen haben wir uns bei der Betrachtung der Bewegung in der Nähe des Gleichgewichtes erarbeitet.

$$\omega_1(t) = \omega_{10} \cdot \cos(\alpha \cdot t + \phi_{10})$$
$$\omega_2(t) = \omega_{20} \cdot \cos(\alpha \cdot t + \phi_{20})$$

(5.62)

Durch die zusätzliche Differentiation haben wir ein Teil der ursprünglichen Information Gl. 5.59 verloren. Man sieht dies sofort daran, dass in Gl. 5.62 die Winkelgeschwindigkeiten als unabhängig betrachtet werden, während in der ursprünglichen „Bewegungsgleichung" 5.59 diese noch gekoppelt sind. Dies drückt sich an der Lösung Gl. 5.62 darin aus, dass wir über vier Anfangsbedingungen verfügen können. Setzen wir die Lösung in Gl. 5.59 ein, so sehen wir, dass Gl. 5.62 nur Lösung ist, wenn gilt:

$$\omega_1(t) = \omega_0 \cdot \cos(\alpha \cdot t + \phi_0)$$
$$\omega_2(t) = \omega_0 \cdot \sin(\alpha \cdot t + \phi_0)$$

(5.63)

Dies bedeutet, dass die Projektion von $\vec{\omega}$ auf die 1,2-Ebene des Hauptachsensystems einen Kreis vom Radius ω_0 mit konstanter Winkelgeschwindigkeit α beschreibt. Ferner folgt aus den Gln. 5.58 und 5.62, dass der Betrag der Winkelgeschwindigkeit $\vec{\omega}$ konstant ist, die Winkelgeschwindigkeit also bei einem isolierten symmetrischen Kreisel nur ihre Richtung ändert. Zusammengefasst wird im körperfesten System die Bewegung dadurch beschrieben, dass die momentane Drehachse des Körpers um die „3"-Achse gleichförmig einen Kreiskegel beschreibt. Der halbe Öffnungswinkel β des Kegels ist gegeben durch:

$$\tan\beta = \frac{\omega_0}{\omega_{30}}$$

(5.64)

Diese Bewegung nennt man i. A. „reguläre Präzession". Im speziellen Anwendungsfall spricht man von einer „Nutation"[49].

---

[49] Die Beschreibung im körperfesten System ist gerade auch in Bezug auf die Erde, als abgeplattete Kugel gedacht, angemessen. Die Rotationsachse fällt auch bei der Erde nicht mit der Achse durch Nord- und Südpol gehend zusammen. Diese Pole nennt man deswegen auch geometrische Pole, während man die Durchstoßpunkte der Drehachse kinematische Pole nennt. Tatsächlich beschreibt der geometrische Pol eine Kreisbewegung um den entsprechenden kinematischen Pol, wie es unsere Lösung vorhersagt. Eine Abschätzung der Trägheitsmomente der Erde liefert eine Periodendauer für einen Umlauf von 300 Tagen (Eulersche Periode). Die gemessene Umlaufdauer beträgt jedoch 433 Tage (Chandlersche Periode). Die Abweichung kann auf elastische Deformationen der Erde zurückgeführt werden.

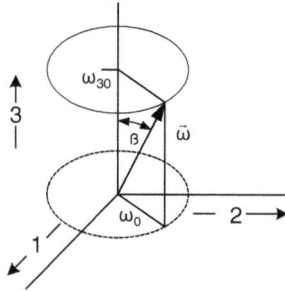

Abb. 5.8. *Nutation eines symmetrischen Kreisels im körperfesten Koordinatensystem*

Definieren wir $\vec{e}_3 = (0,0,1)$ zur Figurenachse, deren Bewegung wir beschreiben wollen, so präzediert diese um die Achse der Winkelgeschwindigkeit. Das sagt uns aber noch nichts über die Bewegung der Figurenachse im Raum, deren Bewegung wir beobachten. Dazu müssen wir in ein raumfestes Koordinatensystem überwechseln. Um diesen Übergang zu vereinfachen, schreiben wir zunächst einige Beziehungen im körperfesten System an, die sich durch einen Wechsel der Koordinatensysteme nicht ändern. Diese Invarianten sind zum Beispiel Größen wie das Skalarprodukt zweier Vektoren, die sich auf die Metrik beziehen und unabhängig vom Koordinatensystem sind. Die erste ist die konstante Energie des isolierten Systems

$$E = \frac{1}{2}\vec{S}\cdot\vec{\omega} = \text{konst.} \tag{5.65}$$

Aufgrund der Starrheit des Körpers folgt mit

$$\vec{\omega}\cdot\dot{\vec{S}} = 0 \tag{5.66}$$

$$\vec{S}\cdot\dot{\vec{\omega}} = 0 \tag{5.67}$$

Da wir hier nur einen symmetrischen Kreisel betrachten, für den der Betrag der Winkelgeschwindigkeit konstant ist, könne wir auch Gl. 5.65 umschreiben:

$$E = \frac{1}{2}\left|\vec{S}\right|\cdot\left|\vec{\omega}\right|\cdot\cos\gamma \tag{5.68}$$

aus dieser Schreibweise folgt, dass der Winkel zwischen Drehimpuls und Winkelgeschwindigkeit konstant ist

$$\cos\gamma = \frac{J_3 \cdot \omega_{30}^2 + J \cdot \omega_0^2}{\sqrt{J_3^2 \cdot \omega_{30}^2 + J^2 \cdot \omega_0^2} \cdot \sqrt{\omega_{30}^2 + \omega_0^2}} \tag{5.69}$$

Als Nächstes zeigen wir, dass die Vektoren $\vec{S}, \vec{\omega}, \vec{e}_3$ immer in einer Ebene liegen. Um dies einzusehen, schreiben wir $\vec{S}$ wie folgt um:

$$\begin{aligned}\vec{S} &= J \cdot \omega_1(t) \cdot \vec{e}_1 + J \cdot \omega_2(t) \cdot \vec{e}_2 + J_3 \cdot \omega_{30} \cdot \vec{e}_3 \\ &= J \cdot \vec{\omega} + (J_3 - J) \cdot \omega_{30} \cdot \vec{e}_3\end{aligned} \tag{5.70}$$

$\vec{e}_i$ (i=1, 2, 3) sind Einheitsvektoren des Koordinatensystems, das durch das Hauptachsensystem gebildet wird (siehe Abb. 5.8). Hierbei haben wir wieder die Symmetrie des Kreisels genutzt. Definieren wir noch mit ϑ_0 den Winkel zwischen der Figurenachse und der Drehimpulsachse, so gilt zwischen den eingeführten Winkeln die folgende Beziehung:

$$\gamma = \pm(\beta - \vartheta_0) \tag{5.71}$$

Die Vorzeichen berücksichtigen die Fälle $J > J_3$ bzw. $J < J_3$. Mit diesen Beziehungen, deren Bereitstellung im Wesentlichen durch die Symmetrie des Kreisels möglich ist, sind wir in der Lage, die Bewegung in einem raumfesten System zu beschreiben. Im raumfesten Koordinatensystem ist der Drehimpuls konstant. Da die Figurenachse eine Nutation um den Vektor der Winkelgeschwindigkeit ausführt, dieser aber immer in einer Ebene mit der Drehimpulsachse und der Figurenachse liegt, muss die Figurenachse im Raum eine Nutation um den Drehimpulsvektor mit der Winkelgeschwindigkeit $\omega_0 / \sin\vartheta_0$ ausführen. Diese Bewegung, die mit unserer Erfahrung übereinstimmt, lässt sich sehr schön durch das Abrollen von Kegeln beschreiben, wie es in Abb. 5.9 dargestellt ist.

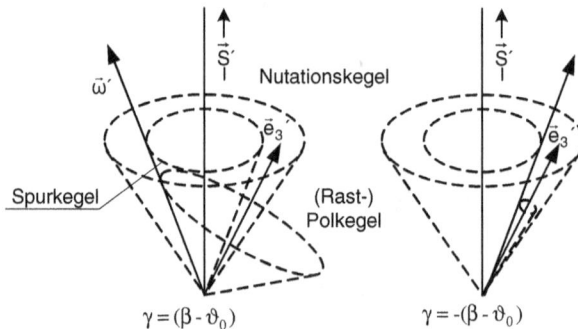

Abb. 5.9. *Nutation eines symmetrischen Kreisels im raumfesten Koordinatensystem*

Eine weitere Erfahrung, die wir einfach durch Hochwerfen eines Holzklotzes mit drei verschiedenen Hauptträgheitsmomenten gewinnen können, ist die über die Stabilität von Drehungen um Hauptachsen. Bewegt sich ein Körper so, dass die Drehachse nur geringfügig von einer der Hauptachsen abweicht, so stellen wir fest, dass im Falle der Hauptachsen mit dem kleinsten bzw. größten Trägheitsmoment die Drehachse stabil bleibt, also die Abweichung der Drehachse von der Hauptträgheitsachse klein bleibt. Im Falle des mittleren Trägheitsmomentes wird diese Abweichung groß, der Körper scheint bestrebt, die Drehachse wechselweise in Richtung der anderen Hauptträgheitsachsen auszurichten. Ein weiteres Beispiel, das etwas hinkt, ist ein hängendes Lasso, das angedreht eine stabile Schlaufe bildet. Die Drehbewegung der Schlaufe ist jedoch instabil, das Lasso knickt ein, so dass die Schlaufe sich um die Achse mit dem größten Trägheitsmoment dreht. Um die Stabilität zu untersuchen, gehen wir von Gl. 5.56 aus und definieren zu irgendeinem Zeitpunkt den Zustand:

$$\vec{\omega} = \left(\omega_1, \delta\omega_2, \delta\omega_3 \right) \qquad (5.72)$$

Die Winkelgeschwindigkeiten um die Achsen „2" und „3" sollen so klein sein, dass wir Produkte dieser Größen bedenkenlos mit null gleichsetzen können.

$$\delta\omega_2 \cdot \delta\omega_3 \cong \delta\omega_2{}^2 \cong \delta\omega_3{}^2 \cong 0 \qquad (5.73)$$

Diesem Fall wird die zeitliche Entwicklung des Drehzustandes wieder besonders einfach, da Gl. 5.56 in dieser Näherung linear mit konstanten Koeffizienten ist.

$$J_1 \cdot \dot{\omega}_1 = 0 \qquad (5.74)$$
$$J_2 \cdot \delta\dot{\omega}_2 - \left(J_3 - J_1 \right) \cdot \delta\omega_3 \cdot \omega_1 = 0$$
$$J_3 \cdot \delta\dot{\omega}_3 - \left(J_1 - J_2 \right) \cdot \omega_1 \cdot \delta\omega_2 = 0$$

Die Konstanz der Koeffizienten folgt aus der ersten Gleichung, die eine konstante Winkelgeschwindigkeit um die „1"-Achse beschreibt. Die zweite und die dritte Gleichung sind uns strukturell schon aus dem vorhergehenden Beispiel bekannt. Differenzieren wir diese beiden Gleichungen noch einmal nach der Zeit, so erhalten wir wieder Schwingungsgleichungen für die Winkelgeschwindigkeiten.

$$\delta\dot{\omega}_2 + \left[\frac{\left(J_1 - J_3 \right) \cdot \left(J_1 - J_2 \right)}{J_2 \cdot J_3} \cdot \omega_1^2 \right] \cdot \delta\omega_2 = 0 \qquad (5.75)$$
$$\delta\dot{\omega}_3 + \left[\frac{\left(J_1 - J_3 \right) \cdot \left(J_1 - J_2 \right)}{J_2 \cdot J_3} \cdot \omega_1^2 \right] \cdot \delta\omega_3 = 0$$

Hierbei handelt es sich aber nur um Schwingungen – im übertragenen Sinne Schwingungen des Vektors der Winkelgeschwindigkeit um die „1"-Achse mit kleiner Auslenkung, wenn der Ausdruck in der eckigen Klammer positiv ist. Das heißt, die „1"-Achse muss eine Achse mit größtem oder kleinstem Hauptträgheitsmoment sein. Ist die „1"-Achse die Achse mit dem mittleren Hauptträgheitsmoment, also die Klammer negativ, so entfernt sich die Drehachse von der Hauptträgheitsachse in Übereinstimmung mit unserer Erfahrung. Das bedeutet die Differentialgleichungen 5.75 sind nicht mehr anwendbar, da die Näherung Gl. 5.74 den momentanen Drehzustand nicht mehr adäquat beschreibt.

Wir sehen, dass die Beschreibung der Drehbewegung einiges mathematisch-handwerkliches Geschick erfordert. Es ist uns kaum möglich, die allgemeine Drehbewegung eines isolierten Körpers mit Worten zu beschreiben. Deswegen haben wir uns schnell auf die Bewegungsgleichungen zurückgezogen, die wir an einfachen Beispielen zu lesen gelernt haben. Um dieses Verständnisproblem zu umgehen, werden wir uns auch im Folgenden quantitativ auf ausgewuchtete Körper und im allgemeinen Fall auf qualitative Betrachtungen beschränken. Auf längere Sicht ist es jedoch lohnend, die Sprache der Mathematik zu erlernen, da die Phänomene der modernen Physik noch viel schwieriger mit Worten zu beschreiben sind. Uns interessieren hier jedoch mehr die Interpretationen.

Besonders hervorzuheben ist bei vielen technischen Anwendungen die Ausnutzung der Konstanz des Drehimpulses im Raum. Durch einen Drall werden Geschosse stabilisiert, so dass sie mit der Spitze ins Ziel treffen. Die Stabilität eines Fahrrades oder Motorrades basiert auf dem Drehimpuls der Laufräder. Die Rollbewegung um die Längsachse von Schiffen wird durch motorisch angetriebene Kreisel gedämpft. Kreiselkompanden oder künstliche Horizonte von Flugzeugen nutzen ebenfalls die Konstanz des Drehimpulses. Oft geschieht dies auf komplizierte Weise, deren zugrundeliegende Effekte einer ausführlichen Erklärung bedürfen, die wir hier aber nicht geben wollen.

5.3.5   Intrinsische Drehimpulserhaltung

Nach diesen Überlegungen, die uns zwar einerseits zeigen, dass Drehbewegungen viel schwieriger zu verstehen sind als Translationsbewegungen, aber auch andererseits einen Weg aufweisen, diese Schwierigkeiten zu bewältigen, wollen wir diese Problematik als gelöst betrachten und das weitere Gedankengebäude an einfacheren Beispielen entwickeln. In Analogie zur Punktmechanik müssen wir uns Klarheit darüber verschaffen, ob die Drehbewegungsmenge eine erhaltene Menge ist. Dazu betrachten wir „verallgemeinerte Stöße". Dabei gehen wir so vor, dass wir zwei oder mehrere Körper langsam koppeln. Dieses „langsam" bezieht sich auf die Bewegung des Schwerpunktes. Die Kopplung zwischen Translation und Rotation soll noch vernachlässigt werden. Wir betrachten z.B. zwei sich drehende Walzen, die wir koaxial oder paraxial koppeln.[50] Warten wir lange genug, stellt sich bei beiden Walzen eine neue Winkelgeschwindigkeit ein, die sich im Weiteren nicht mehr ändert. Diese Anordnung entspricht im Wesentlichen einem total inelastischen Stoß. Wenn wir fragen, wodurch die entstehende Winkelgeschwindigkeit gekennzeichnet ist, so können wir auf die Erfahrung zurückgreifen, dass unabhängig von der speziellen Anordnungen alle genannten Prozesse dadurch gekennzeichnet sind, dass der Drehimpuls zwischen den Körpern nur ausgetauscht wird, der Drehimpuls eine Erhaltungsgröße ist. Wir wollen die Nutzung dieser Erfahrung an einem einfachen Beispiel deutlich machen:

Dazu betrachten wir zwei ausgewuchtete Achsen die koaxial gelagert und durch eine Kupplung getrennt sind. Die Achsen haben die Trägheitsmomente J_1 und J_2 und rotieren mit den

---

[50]   Bei der paraxialen Kopplung, die instabil ist, denken wir uns den gekoppelten Zustand durch Hemmungen stabilisiert.

Winkelgeschwindigkeiten ω_1 und ω_2. Schnappt die Kupplung ein, kommt es nach kurzer Zeit zu einer Verbindung, bei der beide Achsen mit der gleichen Winkelgeschwindigkeit rotieren.

$$\omega_1' = \omega_2' = \omega' \qquad (5.76)$$

Diese gemeinsame Winkelgeschwindigkeit kann durch einen Austausch von Drehimpuls beschrieben werden.

$$S_1 + S_2 = S_1' + S_2' \qquad (5.77)$$

Ersetzen wir die Begriffe Trägheitsmoment durch Masse und Winkelgeschwindigkeit durch Geschwindigkeit, so erkennen wir, dass wir es strukturell mit einem total inelastischen Stoß zu tun haben, dessen Analyse wir schon durchgeführt haben. Die gemeinsame Winkelgeschwindigkeit kann also vorhergesagt werden:

$$\omega' = \frac{J_1 \cdot \omega_1 + J_2 \cdot \omega_2}{J_1 + J_2} \qquad (5.78)$$

Während des Prozesses des Einkuppelns absorbiert die Kupplung Energie, was wir ja auch u.a. daran erkennen, dass die Kupplung unseres Autos ein Verschleißteil ist.

$$E_{abs} = \frac{1}{2} \cdot \frac{J_1 \cdot J_2}{J_1 + J_2} \cdot (\omega_1 - \omega_2)^2 \qquad (5.79)$$

Ein „elastisch gestoßen" rotierender Körper ist in der Regel nur mit gleichzeitiger Translationsbewegung der Körper möglich und ist z.B. beim Billardspiel beobachtbar, wenn die Kugel mit Effet gespielt wird.

5.3.6 Die Euler-Gleichung

Die Beschreibung der Drehimpulsbilanz einer Anordnung von gekoppelten Körpern folgt derselben Logik, die uns zur Aufstellung des 2. Newtonschen Gesetzes geführt hat. Die Änderung der Drehbewegungsmenge des Körpers aufgrund der Kopplung nennen wir Drehmoment und kürzen dieses mit dem Formelzeichen M ab. Die resultierende Gleichung nennt man die Euler-Gleichung.

$$\frac{d'\vec{S}'}{dt} = \vec{\omega}' \times \underline{\underline{\Theta}}' \cdot \vec{\omega}' + \underline{\underline{\Theta}}' \cdot \frac{d'\vec{\omega}'}{dt} = \vec{M}' \qquad (5.80)$$

Im körperfesten System gilt die entsprechende Gleichung ohne Strich. Da die Kopplung einer Anordnung meist raumfest einfacher zu beschreiben ist, empfiehlt sich die raumfeste Betrachtung. Bei der Lösung dieses Gleichungssystems (das Drehmoment sei bekannt) nutzt man meist beide Koordinatensysteme oder arbeitet mit den Eulerschen Winkeln. Der physikalische Inhalt ist jedoch selbstverständlich identisch. Da der intrinsische Drehimpuls in Anordnungen, bei denen die Schwerpunkte der Anordnung sich nicht bewegen, eine Erhaltungsgröße ist, ist das Drehmoment ein Drehimpulsstrom, der durch die Kopplung in den betrachteten Körper fließt und der sich additiv aus den Einzelströmen zusammensetzt.

Damit ist ein Weg des weiteren Vorgehens markiert, der völlig parallel zum Kapitel Punktmechanik verläuft, bei dem wir Drehimpulsflüsse und Kopplungen untersuchen und die wichtigsten Drehmomentgesetze auflisten. Der erste Schritt in diese Richtung ist, die Analogie zur Feder ein Drehimpulsstrommessgerät zu definieren. Dies ist leicht möglich, wenn wir eine Torsionsfeder als Kopplung zwischen zwei starren Körpern betrachten.

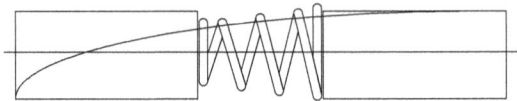

Abb.5. 10. *Anordnung mit Torsionsfeder*

Die Verformung einer solchen Feder wird nicht durch Ihre Längenänderung beschrieben, sondern durch den Grad ihrer Verdrillung oder ihrer Torsion $\Delta\gamma$. Auch für das System Torsionsfeder gelten alle Betrachtungen des Kapitels „Feder" entsprechend, so dass wir mit Hilfe einer tordierten Feder den Drehimpulsfluss durch diese messen können. Wir wollen diesen Weg hier nicht gehen, sondern über die Betrachtung von ganz einfachen Anordnungen einen anderen Zugang finden. Auf die Lösung der Differentialgleichungen mit bekannten Drehmomentgesetzen, die in den meisten Fällen aufgrund des nichtlinearen Charakters der Euler-Gleichung nur näherungsweise möglich ist, wollen wir hier sowieso verzichten, da dies den Rahmen dieses Buches sprengen würde.

Zunächst betrachten wir eine ausgewuchtete Welle, die in ihrer Hauptachse gelagert ist. Einer solchen Wellen kann an ihren Enden durch eine Kupplung Drehimpuls zu- bzw. abgeführt werden. Solche Wellen befinden sich in einem jedem Auto zwischen dem Motor und den Antriebsrädern. Der Motor führt der Welle Drehimpuls zu. Dieser Drehimpuls fließt durch die Welle und wird an die Räder abgegeben. Der Drehimpulsfluss durch die Welle macht sich durch eine Torsion der Welle bemerkbar. Solche Wellen sind aber so dimensioniert, dass wir diese Torsion mit dem bloßen Auge nicht feststellen. In der Sprache des „Eimers" sind Wellen also „Schläuche", durch die der Drehimpuls fließt. Aus diesem Grund unterscheidet der Ingenieur auch die Bauelemente Achse und Welle. Achsen sind gelagerte Körper, die wie Wellen aussehen, aber durch die kein Drehimpuls fließt. Die Welle ist eher vergleichbar mit einer Wasserwelle, bei der das Wasser auch augenscheinlich rotiert, sich aber als Ganzes nicht bewegt. Mit dieser Wasserwellenbewegung wird aber Drehimpuls übertragen.

Ein Getriebe ist ein Bauelement, das durch eine ein- und eine auslaufende Welle gekennzeichnet ist, deren Drehzahlen in einem festen Verhältnis gekoppelt werden können. Da ein ideales Getriebe seinen Zustand im Betrieb nicht ändert (z.B. Erwärmung), folgt aus dem Energiesatz:

$$\omega_1 \cdot M_1 + \omega_2 \cdot M_2 = 0 \qquad (5.81)$$

wobei M_1 der Drehimpulsstrom durch die Welle „1" in das Getriebe und M_2 der Drehimpuls-strom durch Welle „2" aus dem Getriebe kennzeichnet. Ein Getriebe ändert den Drehimpuls-fluss, es ist ein Drehmomentwandler. Aus dem Drehimpulserhaltungssatz folgt aber, dass die Differenz der Drehimpulsflüsse irgendwo hin fließen muss. Die wird durch die einfache Er-fahrung deutlich, dass ein Getriebe an der Fahrzeugkarosserie festgeschraubt werden muss, so dass die verbleibende Drehimpulsmenge an das Fahrzeug abfließen kann. Würde man dies nicht tun, sammelte sich die Drehimpulsmenge in dem Getriebe und es würde selbst anfan-gen sich zu drehen.

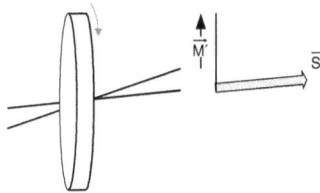

Abb. 5.11. *Ein sich drehendes Rad*

Die nächste Anordnung, die wir betrachten wollen, ist ein symmetrischer Kreisel, der sich schnell um seine Symmetrieachse dreht. Realisieren können wir dies durch ein angedrehtes Rad, das wir aus einem Fahrrad ausgebaut haben und an der Achse festhalten. Versuchen wir dieses Rad senkrecht zur Radachse zu drehen, so weicht das Rad dieser Drehung in eine Richtung senkrecht zur Radachse und senkrecht zur eingeleiteten Drehung aus.

Um die Radachse zu drehen, muss auf dieses ein Drehmoment wirken. Aus Gründen der Symmetrie ist das Drehmoment parallel zu der gewünschten Drehachse. Wir können leicht die Erfahrung gewinnen, dass die Radachse sich in Richtung des wirkenden Drehmomentes einzustellen sucht, bzw. die sich aufgrund des Drehmomentes einstellende Drehachse senk-recht auf dem Drehimpuls des Rades und dem wirkenden Drehmoment steht. Diese Erfah-rung können wir der Eulerschen Gleichung als Näherung entnehmen. Da die Bewegung der Radachse langsam erfolgen soll, ist der intrinsische Drehimpuls im Wesentlichen durch den Drehimpulsanteil der Bewegung um die Radachse gegeben und wir können den ersten Sum-manden der Eulerschen Gleichung vernachlässigen. Bezeichnen wir mit $\delta\vec{\omega}$ die Winkelge-schwindigkeit um die Achse senkrecht zur Radachse, so liefert die Eulersche Gleichung:

$$\delta\vec{\omega}' \times \vec{S}' = \vec{M}' \qquad (5.82)$$

Den oben beschriebenen Inhalt dieser Gleichung nennt man die Tendenz zum gleichsinnigen Parallelismus. Diese einfachen Beispiele sollten uns mit den Begriffen vertraut machen. Das nächste Beispiel ist ebenso alltäglich, hat aber eine schwierigere Interpretation.

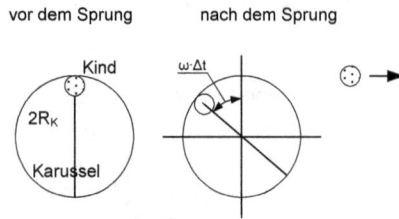

Abb. 5.12. *Der Sprung vom Karussell*

Wir begeben uns in Gedanken auf einen Spielplatz und beobachten ein Kind, das auf dem Rand eines ruhenden Karussells steht und von diesem (tangential) abspringt. Nach dem Absprung fängt das Karussell an, sich zu drehen, und das Kind hat bis zur Bodenberührung eine konstante Geschwindigkeit. Die Bewegung des Kindes ist einfach zu verstehen. Da das Karussell über seine Lagerachse mit der Erde verbunden ist, pumpen die Muskeln des Kindes den Impuls von der Erde in das Kind. Die Drehbewegung des Karussells überrascht dagegen ein wenig, da sich in der Umgebung als Folge dieses Prozesses kein anderer Körper dreht. Auch von der Erde kann der Drehimpuls nicht gekommen sein, da wir von einer reibungsfreien Lagerung des Karussells ausgehen und diese Lagerung das Karussell in Bezug auf die Drehbewegung isoliert. Einmal angedreht dreht sich dieses Karussell ja mit konstanter Drehzahl. Das Besondere an dieser Anordnung ist, dass sich bei dem betrachteten Prozess der Schwerpunkt des Kindes bewegt bzw. beschleunigt wird. Solche Prozesse haben wir bisher ausgeschlossen. Das Verhalten der Anordnung können wir in zweierlei Hinsicht kommentieren:

1. In Anordnungen gegeneinander beschleunigter Körper gilt der Erhaltungssatz des intrinsischen Drehimpulses offensichtlich nicht.

2. Eine Kraftwirkung auf einen Körper, wie sie durch das Kind und die Lagerachse auf das Karussell ausgeübt werden, ist mit einem Drehmoment vergleichbar, was uns durch die Interpretation des Drehimpulses als Impulswirbel nicht überrascht.

Diese Kommentare und die Einfachheit des Beispieles sollen uns für das nächste Kapitel motivieren.[51]

5.3.7   Der Bahndrehimpuls

Ein quantitatives Verständnis des o.g. Prozesses wird uns ermöglicht, wenn wir die Translationsbewegung eines Körpers als Drehbewegung auffassen (wenn wir den umgekehrten Weg der „naiven" Interpretation gehen.).

---

[51] Der Autor gesteht, dass sich ihm diese Fragestellung beim Beobachten seiner Kinder auf dem Spielplatz aufgedrängt hat, die Lösung sich ihm aber erst durch Nachdenken am Schreibtisch erschlossen hat.

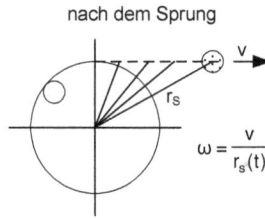

Abb. 5.13. *Die Translationsbewegung als Drehung*

Aus Abb. 5.13 wird deutlich, dass eine gradlinig gleichförmige Bewegung als Drehbewegung mit sich ändernder Winkelgeschwindigkeit aufgefasst werden kann. Im Unterschied zum starren Körper ist der Drehpunkt durch nichts ausgezeichnet und der Abstand des Massepunktes von der gedachten Drehachse ändert sich; nichts desto trotz können wir der Anordnung formal ein Trägheitsmoment zuschreiben.

$$J_{\vec{a}}^{Bahn} = m \cdot r_s^{\,2} \tag{5.83}$$

Den zu dieser Bahnbewegung gehörenden Drehimpuls nennen wir Bahndrehimpuls $\vec{L}'_{Bahn}$. Der Bahndrehimpuls lässt sich mit Hilfe des Kreuzproduktes einfach darstellen:

$$\vec{L}'_{Bahn} = \vec{r}'_s \times \vec{P}' \tag{5.84}$$

Der Bahndrehimpuls hat nun die merkwürdige Eigenschaft, von der Definition des Drehpunktes – der Wahl des Inertialsystems – abzuhängen. In jedem Inertialsystem hat ein freies Teilchen jedoch einen konstanten Impuls, der parallel zu seiner Geschwindigkeit ist, so dass für ein freies Teilchen der oben definierte Bahndrehimpuls zeitlich konstant ist.

$$\frac{d\vec{P}'}{dt} = 0 \Rightarrow \frac{d\vec{L}'_{Bahn}}{dt} = \vec{v}' \times \vec{P}' + \vec{r}'_s \times \frac{d\vec{P}'}{dt} = 0 \tag{5.85}$$

Man kann sagen, dass der Bahndrehimpuls genau wie der Impuls absolut nicht bestimmbar ist, wir aber eine Größe finden können, die alle für uns relevanten Eigenschaften des Bahndrehimpulses widerspiegelt.

Die geometrische Bedeutung dieser Gleichung für ein freies Teilchen lässt sich mit der Definition des Kreuzproduktes leicht verstehen: Der Ortsvektor eines freien Teilchens überstreicht in gleichen Zeiten gleiche Flächen, und diese überstrichenen Flächen liegen in einer Ebene. Diese Interpretation führt uns gleich zu der Bedeutung dieser Größe, wenn wir sie auf das Newtonsche Gravitationsgesetz anwenden. Betrachten wir zwei Planeten, so gilt für den Bahndrehimpuls der gesamten Anordnung:

$$\frac{\mathrm{d}\vec{L}'}{\mathrm{d}t} = \vec{r}_1' \times \vec{F}_{12}' + \vec{r}_2' \times \vec{F}_{21}' = \vec{r}_1' - \vec{r}_2' \times \vec{F}_{12}' \approx \vec{r}_1' - \vec{r}_2' \times \vec{r}_1' - \vec{r}_2' = 0 \tag{5.86}$$

Die Konstanz des gesamten Bahndrehimpulses einer isolierten Anordnung ist offensichtlich eine andere Formulierung des zweiten Keplerschen Gesetzes.

Als Nächstes fragen wir nach dem gesamten Bahndrehimpuls eines starren Körpers. Es gilt:

$$\vec{L}' = \sum_i m_i \cdot \tilde{\vec{r}}_i' \times \tilde{\vec{v}}_i' \tag{5.87}$$

Den Ortsvektor zum Masseelement m_i und dessen Geschwindigkeit, den wir noch durch eine Tilde hervorgehoben haben, zerlegen wir in einen Ortsvektor zum Schwerpunkt und einen Vektor vom Schwerpunkt zum Masseelement und erhalten:

$$\tilde{\vec{r}}_i' = \vec{r}_S' + \vec{r}_i' \quad \text{und} \quad \tilde{\vec{v}}_i' = \vec{v}_S + \vec{v}_i' = \vec{v}_S + \vec{\omega}' \times \vec{r}_i' \tag{5.88}$$

Mit diesen Vereinbarungen erhalten wir für den Bahndrehimpuls:

$$\vec{L}' = \vec{r}_S' \times \vec{P}' + \sum_i m_i \cdot \left[\vec{r}_i' \times (\vec{\omega}' \times \vec{r}_i') \right] \tag{5.89}$$

Mithilfe der Rechenregeln für das Kreuzprodukt kann gezeigt werden, dass der zweite Summand unserem intrinsischen Impuls entspricht. Das bedeutet, dass die Begriffe intrinsischer Drehimpuls und Bahndrehimpuls im dynamischen Sinne keine verschiedenen Mengen sind, sondern die Unterscheidung nur in ihrer Wirkung auf den Körper erfolgt. Es gibt nur einen Drehimpuls. Dies wollen wir uns am Beispiel des Karussells deutlich machen. Analysieren wir den Sprung des Kindes quantitativ, so stellen wir fest, dass wir den Gesamtimpuls bilanzieren können. Vor dem Absprung ist dieser null und nach dem Absprung gilt:

$$\left| J_K \cdot \omega_K \right| = \left| m_{Kind} \cdot R_K \cdot v_K \right| \tag{5.90}$$

Dies bedeutet mit dem gegenseitigen Drehsinn der Bewegungen, dass der Gesamtdrehimpuls der Anordnung erhalten bleibt.

Das zweite Beispiel ist eine exzentrisch gelagerte Achse. Eine solche Anordnung, deren Lagerblock so schwer sein soll, dass er in einem Inertialsystem ruht, rotiert einmal angedreht mit konstanter Winkelgeschwindigkeit um die Lagerachse. Eine solche Achse ist sicher nicht isoliert; auf die Lager können erhebliche Kräfte wirken. Die Anordnung ist aber dadurch gekennzeichnet, dass kein Drehimpuls in Richtung der Lagerachse zu- oder abfließen kann. Die Bewegung, die die Achse ausführt, kann wieder sinnvoll in eine Rotation des Schwerpunktes um die Lagerachse mit der Winkelgeschwindigkeit ω, die durch Zwangskräfte verursacht wird, und eine Rotation des Körpers um eine Achse parallel zur Lagerachse durch seinen Schwerpunkt gehend ebenfalls mit der Winkelgeschwindigkeit ω gedacht werden. Andererseits können wir diese Rotation auch als eine Rotation des Körpers um die Lagerachse auffassen, der wir einen intrinsischen Drehimpuls S' zuordnen.

$$S' = m \cdot \Delta_{AS}^{\,2} \cdot \omega + J \cdot \omega = J' \cdot \omega \qquad (5.91)$$

Die Größe Δ_{As} gibt den (kürzesten) Abstand des Schwerpunktes von der Drehachse an. In dieser Sicht, die auch auf komplizierte Bewegungen eines Körpers erweiterbar ist, ändert sich das Trägheitsmoment je nach Wahl des Punktes in dem Körper, durch den die Achse läuft. Diese Abhängigkeit des Trägheitsmomentes von der Wahl des Aufpunktes wird in der Literatur durch den „Steinerschen Satz" beschrieben. Wir wollen weiterhin vereinbaren, den „intrinsischen" Drehimpuls immer auf den Schwerpunkt zu beziehen.

Als Konsequenz dieser verallgemeinerbaren Beispiele ziehen wir den Schluss, dass Bahndrehimpuls und intrinsischer Drehimpuls dieselbe Qualität haben und ihre Unterscheidung zwar pragmatisch, aber willkürlich ist. Diese Situation ist vergleichbar mit den Begriffen Benzingeld und Taschengeld, die zwar eine Bedeutung haben, aber bei genauerer Betrachtung nicht zu unterscheiden sind. Geld ist Geld, und schon der Volksmund sagt „Geld stinkt nicht".

Im Weiteren wollen wir nur noch vom Drehimpuls eines Körpers sprechen. Dieser Drehimpuls lässt sich in seiner Wirkung aufspalten in einen Anteil, den wir Bahndrehimpuls nennen, und einen, den wir intrinsischen Drehimpuls nennen.

$$\vec{L}' = \vec{S}' + \vec{L}'_{Bahn} = \underline{\underline{\Theta}}' \cdot \vec{\omega}' + \vec{r}'_s \times m \cdot \vec{v}' \qquad (5.92)$$

Mit der Einführung des Gesamtdrehimpulses eines Körpers lässt sich leicht eine Aussage über die in der Natur realisierten Prozesse in Anordnungen aus drehenden und sich bewegenden starren Körpern formulieren. Bilanzieren wir den Drehimpuls der Systeme einer isolierten Anordnung, so stellen wir fest: In einer Isolierten Anordnung ist die Summe alle Drehimpulse erhalten. Drehimpuls kann nur ausgetauscht werden – eine Formulierung in völliger Analogie zum Impulserhaltungssatz.

Wir können diese Erfahrung noch ergänzen durch: Ein isolierter Körper kann Eigendrehimpuls und Bahndrehimpuls nicht austauschen. Für einen solchen Austausch ist immer eine Öffnung der Isolation notwendig.[52] Dies ist aber keine wirklich neue Erfahrung, sondern folgt unmittelbar aus dem Impulserhaltungssatz.

Dieses Ergebnis wollen wir noch unter dem Blickwinkel einer anderen Beobachtung diskutieren. Dazu beziehen wir den Flächensatz auf die Bewegung des Mondes um die Erde. Wie wir wissen, dreht der Mond sich nicht mehr um seine eigene Achse – er hat eine dunkle von der Erde abgewandte Seite. Nun wäre es äußerst unwahrscheinlich, wenn dies einem Zufall entspräche. Wir gehen davon aus, dass der Mond zu Urzeiten einen Eigendrehimpuls beses-

---

[52]   Ein Bumerang bewegt sich im Weltall gleichförmig und gradlinig. Der Austausch von Eigendrehimpuls und Bahndrehimpuls erfolgt über die den Bumerang umgebende Luft.

sen hat. Da die Systeme Erde, Mond und Gravitationsfeld in guter Näherung als abgeschlossen betrachtet werden können, kann dieser Austausch nur mit der Erde oder über die Erde mit dem Bahndrehimpuls erfolgt sein. In der Tat beobachten wir heute, dass die Erde ihren Eigendrehimpuls mit dem heute nur noch vorhandenen Bahndrehimpuls des Mondes austauscht. Wir sind sogar in der Lage, durch Gezeitenkraftwerke den mit diesem Austausch verbundenen Energiestrom für uns zu nutzen. In ferner Zukunft wird auch die Erde aufhören sich zu drehen. Der gesamte Drehimpuls wird in Bahndrehimpuls des Mondes umgewandelt werden, d. h. der Mond wird seine Bahnkurve verändern. Diese Zukunft ist aber so fern, dass wir und nachfolgende Generationen uns getrost anderen dringenderen Problemen zuwenden können. Für uns ist lediglich interessant, dass auch die Newtonsche Theorie der Gravitation im Lichte dieser Beobachtung eine Näherung darstellt. Diese Näherung ist in der Struktur des Kraftgesetzes begründet. Bezieht man die Drehbewegung in die Beschreibung der Anordnung ein, so kann es zu Inkonsistenzen kommen, wenn man den Impulsfluss in einen Körper auf den Schwerpunkt reduziert. Für solche erweiterten Fragestellungen ist es unabdingbar, den lokalen Impulsfluss in den Körper zu berücksichtigen.

5.3.8   Das Drehmoment

Das Drehmoment, das den Drehimpulsstrom in einem Körper beschreibt, ist offenbar die Größe, die Information darüber enthält, an welcher Stelle im Körper der Impuls einfließt. Um dies einzusehen, gehen wir wieder zurück auf den Zusammenhang zwischen den Bahndrehimpulsen der Masseelemente und dem intrinsischen Drehimpuls eines starren Körpers.

Beginnen wir mit der Bewegungsgleichung eines starren Körpers, dessen Lage durch seinen Schwerpunkt beschrieben wird:

$$\frac{\mathrm{d}\vec{P}'}{\mathrm{d}t} = \vec{F}' = \sum_i \vec{F}'_i \qquad (5.93)$$

Die Kraft ist ihrem Wesen nach ein Impulsstrom, der in das System strömt. Zerlegen wir das System in Subsysteme – unsere Masseelemente –, so können wir diesen Gesamtstrom auch in Teilströme $\vec{F}'_i$ zerlegen, die den Anteil des Impulsstromes in die Masseelemente beschreiben. Beim Beispiel des Kindes, das vom Karussell abspringt, wirkt keine Gesamtkraft auf das Karussell, aber eine Zwangskraft, die von der Lagerstange ausgeübt wird, und eine gleich große entgegengesetzte Kraft, die von dem Kind ausgeübt wird. Die obige Summe enthält in diesem Fall nur zwei Summanden. Diese Kräfte $\vec{F}'_i$ wollen wir äußere Kräfte nennen. Die Bewegungsgleichung eines Masseelementes i des betrachteten Körpers (Karussells) muss noch weitere Kräfte (auch intrinsische Kräfte genannt) enthalten, die dafür sorgen, dass die Masseelemente ihre relative Lage untereinander nicht ändern. Diese Kräfte sind ihrem Wesen nach Zwangskräfte. Die Zwangskraft, die das Masseelement j auf das Masseelement i ausübt, bezeichnen wir mit $\vec{Z}'_{ij}$. Die Richtung dieser Kräfte ist immer parallel der Verbindungslinie der beiden Masseelemente.

$$\vec{Z}'_{ij} \parallel \left(\vec{r}'_i - \vec{r}'_j \right) \tag{5.94}$$

Die Bewegungsgleichung eines Masseelementes lautet mit diesen Vorbemerkungen:

$$\frac{\mathrm{d}\Delta \vec{P}'_i}{\mathrm{d}t} = \vec{F}'_i + \sum_j \vec{Z}'_{ij} \tag{5.95}$$

Drücken wir die Bilanz des intrinsischen Drehimpulses durch die Bahndrehimpulse der Masseelemente aus, die wir auf den Schwerpunkt beziehen, so erhalten wir:

$$\frac{\mathrm{d}\vec{S}'}{\mathrm{d}t} = \sum_i \vec{r}'_i \times \frac{\mathrm{d}\Delta \vec{P}'_i}{\mathrm{d}t} = \vec{M}' \tag{5.96}$$

Setzen wir Gl. 5.95 ein, so erhalten wir den gewünschten Zusammenhang zwischen Drehmoment und Kraft:

$$\vec{M}' = \sum_i \vec{r}'_i \times \vec{F}'_i + \sum_{ij} \vec{r}'_i \times \vec{Z}'_{ij} \tag{5.97}$$

Dieser komplizierte Ausdruck vereinfacht sich dadurch, dass der zweite Summend verschwindet, denn offensichtlich ist das Drehmoment eines Körpers frei von äußeren Kräften null. Dieses physikalische Argument lässt sich mit Hilfe von Gl. 5.94 auch sofort beweisen. Dazu verdoppeln wir die Summe, indem wir die Summe noch einmal mit vertauschten Indizes summieren:

$$\sum_{ij} \vec{r}'_i \times \vec{Z}'_{ij} = \frac{1}{2} \left(\sum_{ij} \vec{r}'_i \times \vec{Z}'_{ij} + \sum_{ij} \vec{r}'_j \times \vec{Z}'_{ji} \right) \tag{5.98}$$

$$= \frac{1}{2} \left(\sum_{ij} \vec{r}'_i \times \vec{Z}'_{ij} - \sum_{ij} \vec{r}'_j \times \vec{Z}'_{ij} \right)$$

$$= \frac{1}{2} \left(\sum_{ij} \vec{r}'_i - \vec{r}'_j \times \vec{Z}'_{ij} \right) = 0$$

Das auf einen Körper wirkende Drehmoment wird nur durch die Verteilung – das Moment – der äußeren Kräfte auf den Körper bestimmt.

$$\vec{M}' = \sum_i \vec{r}'_i \times \vec{F}'_i \tag{5.99}$$

Mit diesem Zusammenhang erübrigt sich eine Auflistung der „Drehmomentgesetze", da diese alle auf die Kraftgesetze zurückgeführt werden können. Gl. 5.99 vereinfacht sich in vielen praktischen Fällen erheblich, da die Kräfte meist nur auf wenige Masseelemente wirken, z.B einzelne auf der Oberfläche des Körpers befindliche. Ein anderer wichtiger Fall ist das Drehmoment, das die Gravitationskräfte auf einen Körper ausüben.

$$\vec{M}' = \sum_i \vec{r}_i' \times (m_i \cdot \vec{g}') \qquad (5.100)$$

Da die Erdbeschleunigung für jedes Masseelement identisch ist, können wir diese aus der Summe herausziehen und erhalten in der Summe die Definition des Schwerpunktes, der in dem gewählten Koordinatensystem im Ursprung des Koordinatensystems liegt.

$$\vec{M}' = \left(\sum_i m_i \cdot \vec{r}_i' \right) \times \vec{g}' = m \cdot \vec{r}_s' \times \vec{g}' = 0 \qquad (5.101)$$

Auf diesen Zusammenhang bezog sich unsere Bemerkung in der Fußnote 45, dass ein in Erdnähe geworfener Körper sich in Bezug auf seine Rotation wie ein isolierter Körper verhält.

Die allgemeine Bewegung eines starren Körpers wird nach Kenntnis der auf ihn wirkenden Kräfte durch die beiden Bewegungsgleichungen 5.93 und 5.99 beschrieben. Als einfache Anwendung betrachten wir die Bewegung einer Walze auf einer Ebene.

Die betrachtete Walze sei vollkommen symmetrisch und die Drehachse liege senkrecht zur Ebenennormalen und kann sich nur in eine Richtung bewegen (s. Abb. 5.14).

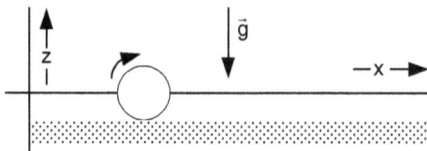

Abb. 5.14. *Walze auf Ebene*

Auf den Körper wirken die Gravitationskraft, die Zwangskraft und die Reibungskraft zwischen Ebene und Körper. Die Bewegungsgleichung des Körpers als Ganzes in der Ebene können wir in einem geeigneten Koordinatensystem sofort anschreiben.

$$m \cdot a = F_R \qquad (5.102)$$

Zur Bestimmung des Drehmomentes müssen wir nur die Reibungskraft berücksichtigen. Da die Drehachse sich selbst nicht drehen kann, müssen wir auch nur die skalare Gleichung der Drehung um diese Achse in Betracht ziehen:

$$J \cdot \dot{\omega} = -R \cdot F_R \qquad (5.103)$$

Eine besondere Überlegung erfordert die Reibungskraft, da wir offenbar mehrere Fälle unterscheiden müssen. Dies tun wir mit Hilfe der Geschwindigkeit v_R der Masseelemente, die sich auf der Oberfläche der Walze befinden.

$$v_R = \omega \cdot R \qquad (5.104)$$

Ist diese Oberflächengeschwindigkeit verschieden von der (Schwerpunkt-) Geschwindigkeit der Walze, so gleitet die Oberfläche der Walze an der Ebene ab und wir müssen für die Reibungskraft das Kraftgesetz der Gleitreibung berücksichtigen. Die Richtung, in der die Reibungskraft wirkt, hängt davon ab, ob die Oberflächengeschwindigkeit größer oder kleiner als die Geschwindigkeit der Walze ist. Bei der Wahl der Orientierung unserer Drehung gilt:

$$F_R = -\mu_g \cdot m \cdot g \cdot \frac{v - v_R}{|v - v_R|} \qquad (5.105)$$

Betrachten wir zunächst den einfachen Fall, das die rotierende Walze die Bewegung bremst. Wir wählen z. B. die Anfangsbedingung $v_0 > 0$ und $\omega = 0$. Die Bewegung der Walze als Ganzes wird durch eine konstante Verzögerung beschrieben, die im v-t-Diagramm Abb. 5.15 dargestellt ist. Die Rotation der Walze kann ebenfalls einfach beschrieben werden, da die Winkelbeschleunigung konstant ist. Wir wollen dies aber nicht in einem ω-t-Diagramm tun, sondern anstelle der Winkelgeschwindigkeit die Oberflächengeschwindigkeit als Variable einführen und das Resultat ebenfalls im obigen Diagramm abtragen. Überraschend an dieser Bewegung mag sein, dass die Beschleunigung der Walze unabhängig von der Rotation der Walze ist. Wir werden aber an einem anderen Beispiel noch sehen, dass sich dieser Sachverhalt mit unserer Alltagserfahrung deckt.

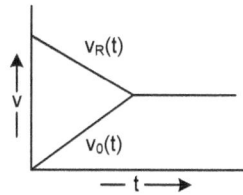

Abb. 5.15. v-t Diagramm einer sich in einer Ebene bewegenden Walze

Vergleichen wir dieses Resultat mit unserer Alltagserfahrung, einen Ball über einen nassen Rasen zu schießen, so sehen wir ebenfalls die Zunahme der Winkelgeschwindigkeit des Balles. Jedoch nimmt die Winkelgeschwindigkeit nur bis zu einem gewissen Grad zu, dann fängt der Ball an zu rollen, was in unserer Sprache heißt, dass die Schwerpunktgeschwindigkeit gleich der Oberflächengeschwindigkeit ist. Dieser Zeitpunkt ist im v-t-Diagramm der Schnittpunkt der beiden Kurven. An diesem Punkt verliert die Bewegungsgleichungen ihre Gültigkeit, da Walze und Ebene nicht mehr abgleiten sondern aneinander haften. Ignorieren wir den Moment des Haftens, so nimmt die Oberflächengeschwindigkeit weiter zu und die Geschwindigkeit weiter ab und augenblicklich gleitet die Walze wieder. Gleichzeitig kehrt sich aber auch die Richtung der Reibungskraft um, so dass sich die Geschwindigkeiten wieder angleichen. Dieses komplizierte Wechselspiel stabilisiert diesen Zustand. Die Walze bewegt sich mit konstanter Geschwindigkeit. Das Resultat dieses Wechselspiels ist durch die Rollbedingung beschrieben.

$$v = v_R = \omega \cdot R \tag{5.106}$$

Eine derartige Verbindung zweier Körper nennt man kraftschlüssig. Es ist offensichtlich, dass eine Kupplung oder die Räder unseres Autos auf der Straße kraftschlüssige Verbindungen darstellen.

Als letztes Beispiel für ein Drehmomentgesetz, wollen wir einen elektrischen Dipol betrachten. Als Dipol können wir uns eine Hantel vorstellen deren beiden Masseelemente derart elektrisch aufgeladen sind, dass die Gesamtladung null ist, der Dipol also nach außen elektrisch neutral erscheint. Befindet sich so ein Objekt in einem elektrischen Feld, so wirkt das Drehmoment:

$$\vec{M} = q \cdot (\vec{r}_1 - \vec{r}_2) \times \vec{E} = \vec{p} \times \vec{E} \tag{5.107}$$

Hierbei haben wir angenommen, dass das elektrische Feld sich auf der Skala der Ausdehnung des Dipols nicht ändert. Die Ausdehnung des Dipols wird durch $\vec{r}_1 - \vec{r}_2$ beschrieben, was ja dem Abstandsvektor der beiden Hantelmassen entspricht. Diesen Abstandsvektor multipliziert mit der Ladung nennt man das Dipolmoment p. Das Dipolmoment ist eine wichtige Größe zur Charakterisierung von Molekülen.

5.3.9   Arbeit, Energie und Leistung

Die Energieform des starren sich bewegenden Körpers setzt sich additiv aus der Energieform der Translation und der Energieform der Rotation (um den Schwerpunkt) zusammen.

$$dE = \vec{\omega} \cdot d\vec{S} + \vec{v} \cdot d\vec{P} \tag{5.108}$$

Wählen wir andere Zustandsmengen, ändert sich entsprechend die Energieform. In dem speziellen Fall der exzentrisch gelagerten Welle ergibt sich die Energieform:

$$dE = \vec{\omega} \cdot d\vec{L} = (\vec{\omega} \times \vec{r}_s) \cdot d\vec{P} + \vec{\omega} \cdot d\vec{S} \tag{5.109}$$

Die Energieform der Translation kommt explizit nicht mehr vor. Erlauben wir der Lagerachse jedoch selbst, sich im Inertialsystem zu bewegen, so müssen wir die Energieformen um diese Translation erweitern. Es leuchtet ein, dass dies zu erheblichen Komplikationen führt, da wir ja einen Teil der Impulsänderung des Schwerpunktes schon in der Energieform der Rotation um die Lagerachse gesteckt haben, d. h. sowohl die Energieform der Rotation als auch der Translation hängen jeweils von beiden Zuständen v und ω ab. In diesen Fällen führt man oft andere Zustandsmengen ein. Wir werden von einer solchen Beschreibung außer in den genannten speziellen Fällen keinen Gebrauch machen. Die obige Wahl der Zustands-

mengen hat aus diesem Grund auch den Vorteil, dass beide Energieformen unabhängig voneinander integriert werden können, sich also die Energie des starren Körpers in zwei unabhängige Energieanteile – die kinetische Energie und die Rotationsenergie – aufspalten lässt.

$$E = \frac{1}{2}mv^2 + \sum_i \frac{1}{2} J_i \omega_i^{H\,2} \qquad\qquad (5.110)$$

Da wir uns schon Klarheit darüber verschafft haben, dass das Drehmoment eine Qualität des
Impulsflusses in einen Körper ist, brauchen wir uns keine weiteren Gedanken machen, wie
wir die Prozessrealisierung des Drehens beschreiben wollen. Einen Körper anzudrehen oder
zu tordieren gelingt, indem wir Arbeit verrichten. Diese Arbeit ist die Energie, die mit dem
Drehimpulsfluss, der ja eine besondere Qualität des Impulsflusses ist, in das System getragen
wird. Der Begriff der Arbeitsleistung überträgt sich damit auch automatisch. Wir wollen diese Begriffe noch ein wenig in der Anwendung auf ein Automobil einüben.

Durch die Verbrennung des Benzins im Verbrennungsraum entsteht über die Pleuelstange
eine Kraftwirkung auf die Kurbelwelle. Aus der Sicht der Welle wirkt ein Drehmoment. Gehen wir davon aus, dass der Verbrennungsablauf unabhängig von der Drehzahl ist, so ist das
(maximale) Drehmoment, das auf die Kurbelwelle wirkt, unabhängig von der Drehzahl
(Winkelgeschwindigkeit). Für kleine Drehzahlen stimmt diese Annahme nicht, denn ein Ottomotor benötigt einen Anlasser, um auf eine Mindestdrehzahl zu kommen. Bei hohen Drehzahlen stimmt die Annahme auch nicht, da der Verbrennungsvorgang eine gewisse Zeit benötigt. Der Motor hat also eine Höchstdrehzahl. Diese kann in der Praxis auch durch
mechanische Randbedingungen gegeben sein. Da wir aber wissen, dass moderne Direktein-
spritzer-Dieselmotoren relativ niedrige Höchstdrehzahlen haben und die Direkteinspritzung
die Aufgabe hat, einen komplizierten Verbrennungsablauf zu initiieren, kann dieses Argument nicht so falsch sein. Damit können wir qualitativ ein Drehmomentdiagramm eines Motors verstehen.

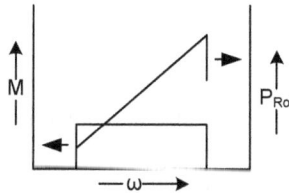

Abb. 5.16. Schematisches Leistungs- und Drehmomentdiagramm eines Verbrennungsmotors

Die angegebene Leistung eines Automobils ist die maximale Leistung, die der Motor über
einer Welle abgeben kann. Die abgegebene Leistung ist proportional zum Drehmoment.

$$P_{rot} = \omega \cdot M \qquad\qquad (5.111)$$

Das Ergebnis ist ebenfalls in Abb. 5.16 eingetragen. Wir erkennen die charakteristische Form dieser Kurve aus Autotests. Das Drehmoment, der Drehimpulsstrom, wird von der Kurbelwelle an das Getriebe weitergeleitet und dort gewandelt.

Den Drehimpulsfluss stellen wir mit dem Getriebe ein, so dass ein Antriebsrad das Drehmoment $M*$ abgibt. Die Bewegungsgleichung des Antriebsrades entspricht dem der Walze, um das vom Motor aufgebrachte Drehmoment erweitert.

$$J_{Rad} \cdot \dot{\omega}_{Rad} = M* - R_{Rad} \cdot F_R \tag{5.112}$$

Die Bewegung des Wagens entspricht vollständig dem der Walze, wenn wir einen einfachen Wagen mit nur einem angetriebenen Rad betrachten.

$$m \cdot a = F_R - F_F \tag{5.113}$$

Wir müssen die Reibungskräfte auf den Wagen lediglich zerlegen in die Reibungskräfte, die von dem Antriebsrad ausgeübt werden, und den Anteil F_F, der durch den Luft- und Rollwiderstand beschrieben wird. An dieser Gleichung sieht man sehr schön, was passiert, wenn wir mit durchdrehenden Reifen starten. Bei geringen Geschwindigkeiten auf einem verschneiten Parkplatz kann der Luft- und Rollwiderstand vernachlässigt werden und die Beschleunigung des Fahrzeuges wird einzig und allein durch den Gleitreibungskoeffizienten bestimmt. Das heißt, wenn die Reifen einmal durchdrehen, ändert sich die Beschleunigung des Fahrzeugs nicht. Wenn wir „Gas geben", lassen wir das Antriebsrad nur schneller rotieren.

Diesen Fall wollen wir aber jetzt nicht weiter betrachten, sondern den Wagen so bewegen, dass eine kraftschlüssige Verbindung zwischen Rad und Straße vorhanden ist. Gleichzeitig nehmen wir an, dass das Trägheitsmoment des Rades verschwindend klein ist, so dass wir für die Beschleunigung des Wagens den folgenden Ausdruck erhalten:

$$m \cdot a = \frac{M*}{R_{Rad}} - F_F \tag{5.114}$$

Die Beschleunigung des Fahrzeuges wird also durch das abgegebene Drehmoment bestimmt. Man erkennt daran sofort die Logik eines Getriebes, bei einer gegebenen maximalen Leistung das optimale Drehmoment zur Verfügung zu stellen. Ein Motor mit einer hohen Drehmomentabgabe kann sehr „schaltfaul" gefahren werden; oder ein Traktor, der nur eine geringe Motorleistung hat, aber ein hohes Drehmoment abgeben kann, ist in der Lage, enorme Lasten ziehen bzw. Fahrtwiderstände zu überwinden.

Analysieren wir die Bewegung des Automobils energetisch durch Multiplizieren von Gl. 5.114 mit v und Anwenden der Rollbedingung, so erhalten wir:

$$\frac{dE_{kin}}{dt} = P_{rot} - F_F \cdot v \tag{5.115}$$

Da die Fahrtwiderstände geschwindigkeitsabhängig sind, wird mit zunehmender Geschwindigkeit die vom Motor abgegebene Leistung nicht mehr zur Erhöhung der kinetischen Energie des Fahrzeugs verwandt, sondern fließt über die Reibungskräfte ab. Die Höchstgeschwindigkeit wird erreicht, wenn die maximal vom Motor abgegebene Leistung auf diesem Weg abfließt.

$$P_{max} = F_F(v_{max}) \cdot v_{max} \qquad (5.116)$$

Bei den Geschwindigkeiten, die ein Fahrzeug heute erreicht, können wir den wesentlichen Anteil des Fahrtwiderstandes durch den Luftwiderstand annehmen und erhalten:

$$P_{max} = \frac{1}{2} A \cdot \rho_{Luft} \cdot c_W \cdot v_{max}^3 \qquad (5.117)$$

Die Höchstgeschwindigkeit eines Autos wird also in dieser einfachen Betrachtung gleichberechtigt durch die Parameter Motorleistung, Querschnittfläche und Luftwiderstandsbeiwert bestimmt. Lässt man die Entwicklungsgeschichte des Automobils vor seinem geistigen Auge Revue passieren, so erkennt man unschwer diesen Zusammenhang. Beachtlich ist auch der Zusammenhang der dritten Potenz der Höchstgeschwindigkeit mit der Motorleistung. Das bedeutet, dass man zur Verdoppelung der Höchstgeschwindigkeit die Motorleistung verachtfachen muss. Ein PKW mit 50 kW Leistung fährt ca. 150 km/h. Ein Höchstleistungssportwagen benötigt nach unserer Formel dann ca. 400 kW, um eine Höchstgeschwindigkeit von 300 km/h zu erreichen, was ungefähr mit den Zahlenangaben der Hersteller solcher Fahrzeuge übereinstimmt.

Mit diesem Abgleich unserer Alltagserfahrung an die doch sehr abstrakte Formulierung der Sprache der Physik, wollen wir die Betrachtung der Bewegung starrer Körper beenden. Bevor wir uns jedoch den Verformungen ausgedehnter Körper zuwenden, wollen wir mit den gewonnenen Begriffen und mathematischen Symbolen noch einige Aspekte der Punktmechanik beleuchten.

5.4 Weitere Bemerkungen zur Punktmechanik

Die Begriffswelt der Punktmechanik hängt sehr stark an dem Begriff des Inertialsystems, das wir meistens durch ein kartesisches Koordinatensystem dargestellt haben. Mithilfe des d'Alambertschen Prinzips, konnten wir die mechanischen Gesetze auch in verallgemeinerten Koordinaten beschreiben. Hier wollen wir uns nun der Frage zuwenden, wie eine Beschreibung der mechanischen Gesetze in Nicht-Inertialsystemen aussieht. Dies ist keine akademische Frage, denn oft sind wir als Beobachter z.B. in einem fahrenden Auto, an ein Nicht-Inertialsystem gebunden. Beschreiben wir als ein solcher Beobachter die um uns ablaufenden Prozesse, müssen wir zunächst unsere Beobachtungen in ein Inertialsystem umrechnen, um dann in diesem die entsprechenden Beobachtungen dynamisch zu formulieren. Diesen Zweischritt wollen wir umgehen. Im Lichte der Behandlung von Zwangskräften ist die Beschreibung in Nicht-Inertialsystemen auch als Versuch zu verstehen, die explizite Behandlung der Zwangskräfte durch eine zeitliche Anpassung des Koordinatensystems zu umgehen.

Ausgangspunkt ist die Newtonsche Bewegungsgleichung, deren Inhalt wir in einem recht-winkligen Koordinatensystem beschreiben wollen, dessen Ursprung in dem Inertialsystem eine beschleunigte Bewegung durchführt und dessen Koordinatenachsen sich gegen die Ko-ordinatenachsen des Inertialsystems drehen. Es ist anschaulich, dass bei dieser Problematik Größen auftauchen, die wir bei der Transformation vom raumfesten ins körperfeste Koordi-natensystem schon untersucht haben. Wir vereinbaren dabei, alle Größen des Inertialsystems mit einem ` zu indizieren. Des Weiteren denken wir uns die Kräfte in einem Nicht-Inertialsystem mit einer Feder gemessen, so dass bei der Beschreibung der Newtonschen Gleichung in einem solchen System nur das Transformationsverhalten der Beschleunigung interessiert. Dieses können wir aber mithilfe unserer Betrachtungen über das Transformati-onsverhalten von Vektoren in körperfeste Systeme einfach verallgemeinern. Ohne dies expli-zit durchzuführen, geben wir die Darstellung der in einem Inertialsystem gemessenen Be-schleunigung eines Massepunktes mit der in einem beliebigen Koordinatensystem gemessenen Beschleunigung an:

$$\vec{a} = \left(\vec{a}'\right)_{KS} + \vec{a}_U - 2 \cdot \vec{\omega} \times \vec{v} - \vec{\omega} \times \left(\vec{\omega} \times \vec{r}\right) \qquad (5.118)$$
$$= \left(\vec{a}'\right)_{KS} + \vec{a}_U - 2 \cdot \vec{\omega} \times \vec{v} + \omega^2 \cdot \vec{r}$$

Die Beschleunigung $\vec{a}$, die in dem Nicht-Inertialsystem gemessen wird, hat wie zu erwarten nur eingeschränkt mit der Beschleunigung eines Körpers in einem Inertialsystem zu tun. Der Unterschied liegt in einer Beschleunigung des Ursprungs des Koordinatensystems gegenüber dem Inertialsystem $\vec{a}_U$ und in zwei Summanden, die mit der Drehung des Koordinatensys-tems in Verbindung gebracht werden können. Multiplizieren wir Gl. 5.118 mit der trägen Masse des Körpers und nutzen die Newtonsche Bewegungsgleichung, so erhalten wir formal eine Bewegungsgleichung in einem Nichtinertialsystem, die der Newtonschen Gleichung verwandt ist.

$$m \cdot \vec{a} = \sum_i F_i + m \cdot \vec{a}_U - 2 \cdot m \cdot \vec{\omega} \times \vec{v} + m \cdot \omega^2 \cdot \vec{r} \qquad (5.119)$$

Dementsprechend nennt man die drei zusätzlichen Summanden auch Kräfte. Diese Kräfte sind jedoch Trägheits- oder Scheinkräfte. Diese formale Gleichstellung ist mit äußerster Vor-sicht anzuwenden. Der Begriff Scheinkräfte veranschaulicht am ehesten, dass die Interpreta-tion einer Kraft als Impulsstrom nicht möglich ist. Demgemäß ist auch die linke Seite nicht als Rate der Impulsänderung interpretierbar. Darüber hinaus sieht man auch, dass das Relati-vitätsprinzip nicht anwendbar ist. Trotz dieser Interpretationsschwierigkeit ist es in der An-wendung oft sehr sinnvoll, ein Koordinatensystem zu wählen, bei dem die Scheinkräfte z.B. die Zwangskräfte kompensieren. Wir werden dies an drei einfachen spezifischen Beispielen verdeutlichen.

5.4.1 Die Trägheitskraft

Ignorieren wir zunächst die Effekte der Drehung und beschränken uns auf eine eindimensionale Problemstellung. Dazu betrachten wir eine Kiste auf der Ladefläche eines LKW, der abgebremst wird. Die Kiste fängt an zu rutschen und bewegt sich auf die Fahrerkabine zu. In einem Inertialsystem, welches wir uns fest mit der Straße verbunden denken und dessen Richtung der Fahrtrichtung des LKW entspricht, verzögert die Kiste. Die Bewegungsgleichung lautet:

$$m \cdot a' = F' = -\mu \cdot m \cdot g \qquad (5.120)$$

Die einzige Kraft in Fahrtrichtung, die auf die Kiste ausgeübt wird, ist die von der Ladefläche ausgehende Reibungskraft, die entgegen der Fahrtrichtung zeigt. Die Änderung des Bewegungszustandes der Kiste können wir problemlos in einem v-t-Diagramm (Abb. 5.17) darstellen. Dazu haben wir die als konstant angenommene Verzögerung des LKW aufgetragen. Die Fläche zwischen den beiden Kurven ist die zurückgelegte Strecke auf der Ladefläche

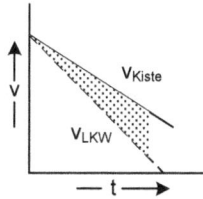

Abb. 5.17. *v-t-Diagramm „Inertialsystem"*

Beschreiben wir die Bewegung in einem Koordinatensystem, das fest mit dem LKW verbunden und in Fahrtrichtung orientiert ist, so müssen wir die Trägheitskraft berücksichtigen. Diese ergibt sich jedoch einfach durch die Beschleunigung des LKW.

$$a_U = -a'_{LKW} \qquad (5.121)$$

Das Inertialsystem bewegt sich beschleunigt auf das System „LKW" zu. Damit lautet die Bewegungsgleichung in diesem Nicht-Inertialsystem:

$$m \cdot a = -\mu \cdot m \cdot g - m \cdot a_{LKW} \qquad (5.122)$$

Die Lösung dieser Gleichung können wir auch wieder in einem v-t-Diagramm darstellen. Jetzt wird die Kiste jedoch beschleunigt und die zurückgelegte Strecke auf der Ladefläche ist direkt aus der Fläche unter der Kurve abzulesen.

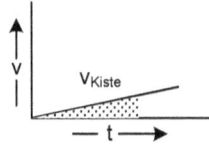

Abb. 5.18. v-t-Diagramm Abb 5.17 in einem Nicht-Inertialsystem

Der Begriff der Trägheitskraft erschließt sich direkt, wenn wir uns in die Lage der Kiste versetzen. Fahren wir im Auto, so stellt die Karosse unser „natürliches" Koordinatensystem dar. Wird scharf gebremst, so scheint es, als ob eine Kraft uns nach vorne reißt. Diese Kraft ist aber Folge unserer Trägheit – „unseres Bestrebens" sich in einem Inertialsystem mit konstanter Geschwindigkeit weiterzubewegen. Diese Trägheitskraft wird im angesprochenen Beispiel von den Zwangskräften des Sicherheitsgurtes kompensiert.

5.4.2   Die Zentrifugalkraft

Wir betrachten im Weiteren nur solche Koordinatensysteme, deren Ursprung sich mit konstanter Geschwindigkeit gegen ein Inertialsystem bewegt. Damit kommt der oben erwähnte Typ der Trägheitskraft nicht mehr vor. Wir betrachten jetzt zunächst den Fall eines Körpers, der sich auf einer Kreisbahn bewegt, z.B. eine Kugel, die an einem Seil mit konstanter Bahngeschwindigkeit herumgeschleudert wird. Die Geschwindigkeit der Kugel in einem Inertialsystem, dessen Ursprung im Mittelpunkt der Bahnkurve liegt, können wir mit unseren Kenntnissen der Drehbewegung direkt anschreiben:

$$\vec{v}' = \vec{\omega}' \times \vec{r}' \qquad\qquad (5.123)$$

Diese Bewegung kommt auf Grund von Zwangskräften. die das Seil auf die Kugel ausübt, zustande. Die Bewegungsgleichung lautet:

$$m \cdot \vec{a}' = \vec{Z}' \qquad\qquad (5.124)$$

Berechnen wir die Beschleunigung aus Gl. 5.123

$$\vec{a}' = \vec{\omega}' \times (\vec{\omega}' \times \vec{r}') = -\omega^2 \cdot \vec{r}' , \qquad\qquad (5.125)$$

so erhalten wir für die notwendige Zwangskraft, die Zentripetalkraft genannt wird:

$$\vec{Z}' = -m \cdot \omega^2 \cdot \vec{r}' \qquad\qquad (5.126)$$

Lassen wir das Seil los, so bewegt sich die Kugel kräftefrei, gleichförmig und tangential zu der ursprünglichen Bahnkurve.

Als Beschreibungsalternative wählen wir ein rotierendes Koordinatensystem, in dem das Seil ruht, also die Winkelgeschwindigkeit ω_{KS} betragsmäßig ω entspricht.

$$\vec{\omega}_{KS} = -\vec{\omega} \qquad (5.127)$$

Die Bewegungsgleichung in diesem Koordinatensystem lautet:

$$m \cdot \vec{a} = \vec{Z} + 2 \cdot m \cdot \vec{\omega} \times \vec{v} + m \cdot \omega^2 \cdot \vec{r} \qquad (5.128)$$

Solange das Seil festgehalten wird, ist der zweite Summand identisch null. Es wirkt nur eine Scheinkraft, die Zentrifugalkraft genannt wird.

$$\vec{F}_Z = m \cdot \omega^2 \cdot \vec{r} \qquad (5.129)$$

Diese Zentrifugalkraft ist in dem vorliegenden Fall betragsmäßig gleich der Zwangskraft, aber entgegengesetzt gerichtet. Sie ist bestrebt, die Kugel nach außen zu ziehen. In dem Nicht-Inertialsystem ruht die Kugel.

Lassen wir das Seil los, wird in dem Nicht-Inertialsystem die Zentrifugalkraft nicht mehr durch die Zentripetalkraft kompensiert und die Kugel nach außen beschleunigt. Diese Beschleunigung wird noch überlagert von einer Richtungsabweichung, entgegengesetzt der Drehrichtung, für die der zweite jetzt nicht mehr verschwindende Summand verantwortlich ist. Die Kugel führt in dem Nicht-Inertialsystem eine komplizierte beschleunigte Bewegung aus.

5.4.3   Die Corioliskraft

Den zweiten Summanden – die sogenannte Corioliskraft – beschreibt in dem obigen Beispiel die Richtungsabweichung. Sie tritt nur auf, wenn sich in dem Nicht-Inertialsystem Körper bewegen. Diese Scheinkraft wirkt immer senkrecht zur Geschwindigkeit. Um die Verhältnisse zu verdeutlichen, haben wir in Abb. 5.19 einen sich im Inertialsystem konstanter Geschwindigkeit bewegenden Körper dargestellt. Die Bahnkurve des Körpers im Inertialsystem ist gestrichelt dargestellt. In dem sich drehenden Koordinatensystem bewegt der Körper sich entlang der x-Achse (die Projektion der Bewegung auf die x-Achse) mit einer langsameren (auch nicht konstanten) Geschwindigkeit. Diese Bewegung wird durch die Zentrifugalkraft beschrieben. Wie man sofort sieht, führt der Körper auch eine beschleunigte Bewegung in Richtung der y-Achse aus. Diese Beschleunigung wird durch die Corioliskraft beschrieben.

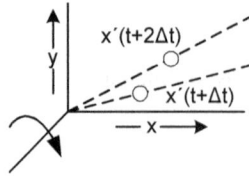

Abb. 5.19. *Die Corioliskraft*

Diesen geometrischen Effekt sieht man z.B. beim Betrachten der Wetterkarte, bei der die Wolkenbewegung ja relativ zu dem Nicht-Inertialsystem Erde angegeben wird. Die von Norden strömenden Wolkenmassen haben scheinbar das Bestreben, nach Westen zu ziehen.

Um wieder auf den starren Körper zurückzukommen, betrachten wir die Bewegung der Masseelemente eines starren Körpers in dem körperfesten Koordinatensystem. In diesem Koordinatensysten kann mit großem Aufwand der zweite Summand der Eulergleichung $\bar{\omega} \times \underline{\underline{\Theta}} \cdot \bar{\omega}$

als Drehmoment der Trägheitskräfte interpretiert werden.

5.4.4   Abschließende Bemerkung

Wir haben in diesem Kapitel die Phänomene der Drehbewegungen nur gestreift. Der Zielsetzung des Buches entsprechend, ist deutlich geworden, dass auch diese Phänomene unserem Denkschema folgen, das wir am Anfang etwas modifizieren mussten. Neu hinzugekommen ist die an sich triviale Einsicht, dass mehrere Interpretationen der Drehbewegung möglich sind. Es konnte mit Abstrichen, die nicht in der Natur der Sache liegen, gezeigt werden, dass beide Interpretationen äquivalent sind. Die Interpretation, die wir als naiven Zugang bezeichnet haben, ist sicher die pädagogischere. Der direkte Zugang über die Drehbewegungsmenge zeichnet sich in der Praxis aber durch eine einfachere Handhabung aus und ist unter strukturellen Gesichtspunkten besser mit dem Vorgehen der Punktmechanik vergleichbar. Keine der beiden Interpretationen ist in irgendeiner Weise „wahrer" oder „richtiger". Der direkte Zugang ist vor allem auf Vorstellungen von der Welt, die mit punktförmigen Teilchen operieren, denen man zwar einen intrinsischen Drehimpuls zuordnen kann, der aber nicht mehr als Summe von Bahndrehimpulsen darstellbar ist, erweiterbar.

6   Der deformierbare Körper

Zur Beschreibung der Drehbewegung haben wir Körper als starr idealisiert. Diese Idealisierung ist für viele feste Körper bei erster Inaugenscheinnahme einer Problemstellung sicher vernünftig. Eine genauere Analyse zeigt jedoch, dass die Verformbarkeit von Körpern in der Regel berücksichtigt werden muss. Als Beispiel sei die Dynamik einer Maschine angeführt, die zu Vibrationen führt, die oft dramatische Auswirkungen haben können. Ein weiteres Beispiel ist die Ausbreitung von Schallwellen in Körpern. Die Beschreibung dieser Phänomene in voller Allgemeinheit ist äußerst kompliziert, insbesondere wenn die Verformungen sehr groß werden oder die betrachteten Körper anisotrop sind, also der Aufwand einer Verformung in verschiedene Raumrichtungen verschieden ist. Solche Körper sind z. B. Kristalle. Darüber hinaus sind Verformungen auch bei einfachen Belastungen des Körpers i. A. inhomogen. Diese Schwierigkeiten, deren Behandlung in den Bereich der Elastizitätstheorie fallen, können wir im Folgenden nur ansprechen, um uns sofort wieder auf Spezialfälle zurückzuziehen, die uns jedoch erlauben werden, den wesentlichen Begriffsapparat der Elastizitätstheorie kennenzulernen.

Wesentliche Größen der Elastizitätstheorie, wie den Spannungszustand und die Verzerrung oder die Verformung und deren Zusammenhang zu „Federmengen", haben wir schon kennen gelernt. Darauf wollen wir im Weiteren aufbauen. Da der Unterschied zur Feder in der höheren Dimensionalität eines Körpers zu finden ist, beschränken wir uns bei allen graphischen Darstellungen auf „zweidimensionale Körper".

Wir beginnen mit einem mathematischen Einschub zur analytischen Geometrie, da wir von dieser wesentlich Gebrauch machen und ihre Begriffe nutzen wollen. Dieses Kapitel dient auch, das Verständnis der schon eingeführten Vektoren, Tensoren etc. in dem anschaulichen dreidimensionalen geometrischen Raum zu vertiefen. Über die Beschreibung der Verzerrung eines Körpers und ihren Zusammenhang mit den auf dem Körper wirkenden Kräften und Drehmomenten kommen wir dann zur eigentlichen Kinematik des deformierbaren Körpers, der Beschreibung des Spannungszustandes. Nach dem analog zur Feder hergestellten Zusammenhang zwischen „Federmengen" und Verzerrung diskutieren wir die Zustandsgleichung und schließen dieses Kapitel mit einem einfachen Beispiel.

6.1   Anmerkungen zur analytischen Geometrie

Ein Punkt im Raum wird durch einen Ortsvektor beschrieben. Ein solcher Ortsvektor ist ohne ein Koordinatensystem nicht denkbar. Der Ortsvektor enthält alle Information über die

Lage des Punktes relativ zu den Koordinatenachsen und wird durch die Angabe dreier Zahlen, den Koordinaten des Vektors, beschrieben. Zwei Punkte im Raum werden in ihrer relativen Lage zueinander auch durch einen Vektor beschrieben. Dieser Vektor enthält die Information über den Abstand der Punkte voneinander und die relative Lage der Verbindungslinie, die die beiden Punkte verbindet. Die Richtung der beiden Punkte ist dabei durch den Sprachgebrauch „Entfernung von ... nach..." gewählt. Dieser Vektor enthält keine Information über den Abstand der Punkte vom Ursprung des Koordinatensystems.

Auch wenn die Mathematiker die Hände über dem Kopf zusammenschlagen, denken wir uns einen solchen Vektor für einen Moment materialisiert z. B. durch einen Eisenstab. Die Richtung können wir durch einen Pfeil auf dem Stab kenntlich machen. Dieser Stab sei quasi die physikalische Substanz des Vektors, die auch ohne ein Koordinatensystem existiert. Dieses Gebilde wollen wir symbolisch durch einen fettgedruckten Buchstaben $\mathbf{r}$ ausdrücken. Diese physikalische Substanz drückt sich in Eigenschaften dieses Gebildes aus, die unabhängig von einem Koordinatensystem existieren. Die Länge dieses Eisenstabes r oder der Winkel α zwischen zwei solchen Gebilden (allgemein die Metrik des Raumes) ist z. B. unabhängig von einem Koordinatensystem. Die dazugehörigen Operationen beschreiben wir symbolisch durch:

$$\|\mathbf{r}\| = r \quad \text{und} \quad (\mathbf{r}_1, \mathbf{r}_2) = r_1 \cdot r_2 \cdot \cos\alpha \qquad (6.1)$$

Wir erkennen unschwer, dass die Operation der Bestimmung des Zwischenwinkels die Operation der Abstandsmessung voraussetzt. Wir können beide Operationen auch zusammenfassen durch:

$$\|\mathbf{r}\| = \sqrt{(\mathbf{r}, \mathbf{r})} \qquad (6.2)$$

Diese Operation nennt man das Skalarprodukt zweier Vektoren. Das Skalarprodukt ist unabhängig von einem speziellen Koordinatensystem. Genauso können wir das Kreuzprodukt zweier Vektoren unabhängig von einem speziellen Koordinatensystem definieren:

Wir stellen uns ein Koordinatensystem ebenfalls durch drei solcher Gebilde $\mathbf{e}_1$, $\mathbf{e}_2$, und $\mathbf{e}_3$, die parallel zu den Koordinatenachsen liegen und die die „Länge" 1 besitzen, dargestellt. Es soll gelten:

$$(\mathbf{e}_i, \mathbf{e}_j) = \delta_{ij} \qquad (6.3)$$

mit $\delta_{ii} = 1$ und $\delta_{ij} = 0$, wenn $i \neq j$.

$$(\mathbf{e}_1, (\mathbf{e}_2 \times \mathbf{e}_3)) = 1 \qquad (6.4)$$

Die Vektoren bilden ein rechtshändiges Koordinatensystem.

Wir fügen dem Koordinatensystem dieselbe Metrik zu und erhalten die Koordinatenzahlen über das Skalarprodukt:

$$\left(\mathbf{e}_i, \mathbf{r}\right) = x_i \tag{6.5}$$

So können wir eine Darstellung des Gebildes $\mathbf{r}$ in (bezüglich) diesem Koordinatensystem angeben, indem wir auf die obengenannten Größen zurückgreifen. Diese spezielle von den Vektoren $\mathbf{e}_1$, $\mathbf{e}_2$, und $\mathbf{e}_3$ abhängige Darstellung liefert uns wieder die Koordinaten des Vektors in dem durch $\mathbf{e}_1$, $\mathbf{e}_2$, und $\mathbf{e}_3$ aufgespannten Koordinatensystems, den wir mit $\vec{r}$ kennzeichnen:

$$\vec{r} = \sum_i \left(\mathbf{r}; \mathbf{e}_i\right) \cdot \mathbf{e}_i = \begin{pmatrix} x_1 \\ x_2 \\ x_3 \end{pmatrix} \quad \left(= \begin{pmatrix} x \\ y \\ z \end{pmatrix} \right) \tag{6.6}$$

Diese Darstellung $\vec{r}$ des Vektors $\mathbf{r}$ enthält sicherlich alle Informationen, die wir mit der Substanz in Verbindung bringen. Darüber hinaus enthält diese Darstellung aber noch mehr, nämlich die Lage des Vektors $\mathbf{r}$ zu dem ausgewählten Koordinatensystem. Dieses Mehr an Information ist aber sehr hilfreich, da wir durch die Darstellung aller möglichen „substantiellen" Vektoren in einem Koordinatensystem die Positionierung dieser Vektoren untereinander durch unser Referenzsystem „Koordinatensystem" einfach ausdrücken können. Beispielsweise gilt für das Skalarprodukt:

$$\left(\mathbf{a}, \mathbf{b}\right) = \vec{a} \cdot \vec{b} = \sum_i a_i \cdot b_i \tag{6.7}$$

Alle bekannten Rechenoperationen mit Vektoren lassen sich einfach auf die Rechenregeln mit (Koordinaten-)Zahlen zurückführen.

Alle Rechenoperationen, wie das Skalarprodukt zweier Vektoren, müssen daher auch unabhängig von einem Koordinatensystem sein. Dies ist von der operativen Bildung des Skalarproduktes unmittelbar einsichtig, da ja nur Beziehungen der Vektoren untereinander Eingang finden. Bei der Berechnung des Skalarproduktes mit Koordinatenzahlen, die ja koordinatensystemspezifisch sind, ist dies jedoch einigermaßen überraschend.

Zum Beweis, der exemplarisch für die Struktur der Beweisführung vorgestellt wird, gehen wir auf die Definition der Koordinatenzahlen zurück:

$$\mathbf{a} = \sum_i a_i \cdot \mathbf{e_i} = \sum_i a_i' \cdot \mathbf{e_i'} \quad \text{und} \quad \mathbf{b} = \sum_i b_i' \cdot \mathbf{e_i} = \sum_i b_i' \cdot \mathbf{e_i'} \tag{6.8}$$

Durch den Index ' sollen zwei beliebige Koordinatensysteme unterstrichen werden.

Bilden wir das Skalarprodukt, so erhalten wir:

$$(\mathbf{a},\mathbf{b}) = \sum_{ij} a_i \cdot b_j \cdot (\mathbf{e_i},\mathbf{e_j}) = \sum_{ij} a_i' \cdot b_j' \cdot (\mathbf{e_i'},\mathbf{e_j'}) \qquad (6.9)$$

$$= \sum_{ij} a_i \cdot b_j \cdot \delta_{ij} = \sum_{ij} a_i' \cdot b_j' \cdot \delta_{ij}$$

$$= \sum_{i} a_i \cdot b_i = \sum_{i} a_i' \cdot b_i'$$

Wir können mit den Koordinatenzahlen beliebiger Koordinatensysteme rechnen und erhalten immer denselben Wert für das Skalarprodukt. Rechenoperationen mit Koordinatenzahlen, die unabhängig von der speziellen Wahl des Koordinatensystems sind, nennt man Invarianten. Invarianten liefern uns in der umgekehrten Betrachtungsweise Informationen über die „Substanz" der betrachteten Vektoren. Diese Betrachtungsweise ist dem Mathematiker eigen, da er auf diese Weise eine substantielle Eisenstange gar nicht benötigt. In der Physik oder den Ingenieurwissenschaften unterscheidet man in der Symbolik nicht zwischen den Vektoren und ihrer Darstellung. Der Wechsel eines Koordinatensystems wird in der Regel durch einen Index deutlich gemacht.

Im Verlaufe eines gedachten Prozesses werden an unseren Eisenstangen Operationen ausgeführt. Sie können z. B. gedreht oder gestaucht werden. Dabei ändern die Vektoren ihre „Substanz" und werden durch neue Vektoren beschrieben. Symbolisch können wir schreiben:

$$\mathbf{r'} = \underline{\underline{\mathbf{A}}} \cdot \mathbf{r} \qquad (6.10)$$

(Durch Anwendung einer Operation $\underline{\underline{\mathbf{A}}}$ auf den Vektor $\mathbf{r}$ wird dieser in einen Vektor $\mathbf{r'}$ überführt.)

Wir betrachten im Weiteren nur homogene lineare Operationen. D. h. die Auswirkung der Operation ist unabhängig von der absoluten Position des Vektors. Das heißt, dass an zwei gleich langen, parallelen Eisenstangen, die irgendwo im Raum liegen, dieselbe Operation durchgeführt wird. Dies bedeutet auch, dass ein Vektor, den wir uns als Summe zweier Vektoren gebildet denken, auch nach der Operation wieder durch zwei Vektoren gebildet denken können, die durch Anwendung derselben Operation auf die beiden ursprünglichen Vektoren hervorgehen.

$$\mathbf{r'} = \underline{\underline{\mathbf{A}}} \cdot \mathbf{r} = \underline{\underline{\mathbf{A}}} \cdot (\mathbf{r_1} + \mathbf{r_2}) = \underline{\underline{\mathbf{A}}} \cdot \mathbf{r_1} + \underline{\underline{\mathbf{A}}} \cdot \mathbf{r_2} = \mathbf{r_1'} + \mathbf{r_2'} \qquad (6.11)$$

Die Auswirkungen einer solchen Operation auf die Koordinaten der Vektors in einem solchen Koordinatensystem lassen sich durch neun Konstanten a_{ij} ($i, j = 1, 2, 3$) beschreiben:

$$x_i' = a_{i1} \cdot x_1 + a_{i2} \cdot x_2 + a_{i3} \cdot x_3 = \sum_{j} a_{ij} \cdot x_j \qquad (6.12)$$

Die a_{ij} nennt man die Darstellung des Operators in einem Koordinatensystem und fasst sie in einer Matrix zusammen:

$$\underline{\underline{A}} = \begin{pmatrix} a_{11} & a_{12} & a_{13} \\ a_{21} & a_{22} & a_{23} \\ a_{31} & a_{32} & a_{33} \end{pmatrix} \qquad (6.13)$$

Matrizen sind relativ komplizierte mathematische Gebilde, deren Rechenregeln wir schon kennen.[53] Insbesondere gilt i. A.:

$$\underline{\underline{A}} \cdot \underline{\underline{B}} \neq \underline{\underline{B}} \cdot \underline{\underline{A}} \qquad (6.14)$$

Diese Nicht-Vertauschbarkeit der Faktoren eines Matrixproduktes zeigt sich in Operationen dadurch, dass das Ergebnis mehrerer Operationen von ihrer Reihenfolge abhängt.

$$\underline{\underline{A}} \cdot \underline{\underline{B}} \cdot \mathbf{r} \neq \underline{\underline{B}} \cdot \underline{\underline{A}} \cdot \mathbf{r} \qquad (6.15)$$

Um dies einzusehen, stellen wir eine Streichholzschachtel hochkant mit der flachen Seite vor uns hin und drehen diese um 90° nach links und kippen diese dann nach hinten um. Jetzt vertauschen wir die Operationen und kippen die Streichholzschachtel zunächst nach hinten und drehen die liegende Schachtel um 90° nach links. Ein Vergleich der beiden Operationen führt zu einer unterschiedlichen Endposition der Streichholzschachteln.

Es gibt aber auch noch weitere Merkwürdigkeiten beim Rechnen mit Matrizen. Nicht jede Operation lässt sich rückgängig machen. Eine Operation, welche die vorangegangene Operation $\underline{\underline{A}}$ rückgängig macht, kennzeichnen wir symbolisch durch $\underline{\underline{A}}^{-1}$. Symbolisch können wir schreiben:

$$\underline{\underline{A}}^{-1} \cdot \underline{\underline{A}} \cdot \mathbf{r} = \mathbf{r} \qquad (6.16)$$

Für solche Operationen gilt, dass ein wiederholtes Rückgängigmachen wieder die Operation ergibt:

$$\left(\underline{\underline{A}}^{-1} \right)^{-1} = \underline{\underline{A}} \qquad (6.17)$$

oder anders ausgedrückt:

$$\underline{\underline{A}}^{-1} \cdot \underline{\underline{A}} = \underline{\underline{A}} \cdot \underline{\underline{A}}^{-1} \qquad (6.18)$$

Betrachten wir die Operation der Projektion $\underline{\underline{P}}$, z. B. durch eine Lampe, die paralleles Licht aussendet und einen Schatten $\mathbf{r'}$ eines Vektors $\mathbf{r}$ auf eine Wand projeziert. Der Einfachheit

---

[53] Objekte, die sich derart verhalten, nennt man Tensoren. Nicht jeder Operator ist ein Tensor und nicht jeder Tensor ist ein Operator (vgl. Trägheitstensor). Solange keine Widersprüche entstehen, benutzt man alle Ausdrücke synonym und nimmt die daraus resultierenden Ungenauigkeiten in Kauf.

halber betrachten wir einen Lichtstrahl, der parallel zur 3-Achse eines Koordinatensystems verläuft, und eine Wand, die in der durch $\mathbf{e}_1$ und $\mathbf{e}_2$ aufgespannten Ebene liegt.

In dieser Anordnung, gehen durch die Projektion die Koordinaten (x_1, x_2, x_3) des Vektors $\mathbf{r}$ in dem betrachteten Koordinatensystem über in die Koordinaten $(x_1, x_2, 0)$ des Schattenvektors $\mathbf{r}' = \underline{\underline{P}} \cdot \mathbf{r}$. Der Projektor $\underline{\underline{P}}$ hat in dem Koordinatensystem die einfache Darstellung:

$$\underline{\underline{P}} = \begin{pmatrix} 1 & 0 & 0 \\ 0 & 1 & 0 \\ 0 & 0 & 0 \end{pmatrix} \tag{6.19}$$

Es ist offensichtlich, dass durch keine Transformation dieses neuen Vektors r' der Informationsverlust wieder wettgemacht werden kann. Eine Operation $\underline{\underline{P}}^{-1}$ existiert nicht.

Solche Projektoren spielen in der Physik eine große Rolle. Wir benötigen sie hier, um in Analogie zur Darstellung der Vektoren in Koordinatensystemen die Darstellung von Operatoren zu definieren. Dazu führen wir ein weiteres Produkt von Vektoren ein, das sogenannte dyadische Produkt $(\mathbf{a} \circ \mathbf{b})$, mit dessen Hilfe wir Projektionen beschreiben können. Das dyadische Produkt ist ein Operator, definiert durch seine Wirkung auf einen beliebigen Vektor $\mathbf{c}$:

$$(\mathbf{a} \circ \mathbf{b}) \cdot \mathbf{c} = (\mathbf{b}, \mathbf{c}) \cdot \mathbf{a} \tag{6.20}$$

Die Darstellung eines dyadischen Produktes lässt sich einfach auf die Darstellungen der Vektoren $\mathbf{a}$ und $\mathbf{b}$ zurückführen.

$$(\mathbf{a} \circ \mathbf{b})_{i\,j} = a_i \cdot b_j \tag{6.21}$$

Der oben eingeführte Projektor lässt sich unabhängig von einem speziellen Koordinatensystem mit Hilfe von dyadischen Produkten darstellen:

$$\underline{\underline{P}} = (\mathbf{e}_1 \circ \mathbf{e}_1) + (\mathbf{e}_2 \circ \mathbf{e}_2) = \underline{\underline{1}} - \mathbf{e}_3 \circ \mathbf{e}_3 \tag{6.22}$$

Allgemein lässt sich ein Tensor mit Hilfe der Projektoren

$$\underline{\underline{P}}_{ij} = (\mathbf{e}_i \circ \mathbf{e}_j) \tag{6.23}$$

wie folgt darstellen:

$$\underline{\underline{A}} = \sum_{ij} a_{ij} \cdot \underline{\underline{P}}_{ij} \tag{6.24}$$

Eine weitere Eigenschaft von Operatoren ist ihre innere Symmetrie, deren Bedeutung wir schon eingehend anhand der Stabilität von Gleichgewichten diskutiert haben. Wir definieren den zu einem Operator $\underline{\underline{A}}$ transponierten Operator $\underline{\underline{A}}^{tr}$ über das Skalarprodukt:

$$\left(\mathbf{r_1}, \underline{\underline{A}} \cdot \mathbf{r_2}\right) = \sum_{ij} x_{1i} \cdot a_{ij} \cdot x_{2j} = \sum_{ij} a_{ij} \cdot x_{1i} \cdot x_{2j} = \left(\underline{\underline{A}}^{tr} \cdot \mathbf{r_1}, \mathbf{r_2}\right) \qquad (6.25)$$

Die Darstellung des transponierten Operators unterscheidet sich vom ursprünglichen Operator durch eine Spiegelung der Nebendiagonalelemente an der Diagonalen. Einen Operator nennt man symmetrisch bzw. antisymmetrisch, wenn gilt:

$$\underline{\underline{A}} = \underline{\underline{A}}^{tr} \quad \text{bzw.} \quad \underline{\underline{A}} = -\underline{\underline{A}}^{tr} \qquad (6.26)$$

Jeder Operator lässt sich additiv in einen symmetrischen und einen antisymmetrischen Anteil zerlegen:

$$\underline{\underline{A}} = \frac{1}{2}\left(\underline{\underline{A}} + \underline{\underline{A}}^{tr}\right) + \frac{1}{2}\left(\underline{\underline{A}} - \underline{\underline{A}}^{tr}\right) = \underline{\underline{A}}^{s} + \underline{\underline{A}}^{as} \qquad (6.27)$$

Aus dem Skalarprodukt lässt sich eine einfache Regel für das Transponieren von nacheinander geschalteten Operatoren ableiten.

$$\left(\underline{\underline{A}} \cdot \underline{\underline{B}}\right)^{tr} = \underline{\underline{B}}^{tr} \cdot \underline{\underline{A}}^{tr} \qquad (6.28)$$

Genauso wie bei Vektoren interessieren uns auch bei Operatoren Invarianten, die das von einem Koordinatensystem unabhängige Wesen der Operatoren beschreiben. Die bekanntesten Invarianten sind die Determinante $\det(\underline{\underline{A}})$ und die Spur $\text{Sp}(\underline{\underline{A}})$ eines Operators. Zur Definition dieser Invarianten verwenden wir wieder das Skalarprodukt.

$$\det(\underline{\underline{A}}) = \left(\underline{\underline{A}} \cdot \mathbf{e_1}, \left(\underline{\underline{A}} \cdot \mathbf{e_2} \times \underline{\underline{A}} \cdot \mathbf{e_3}\right)\right) \qquad (6.29)$$

Eine etwas sperrige Definition, deren Unabhängigkeit von einem speziellen Koordinatensystem man durch Einsetzen der Beziehung Gl. 6.24 zeigen kann. Die Bedeutung dieser Invarianten werden wir im Weiteren noch sehen. Die Determinante eines Projektors ist z. B. identisch null, wodurch im „Vergleich zu den reellen Zahlen" seine Zwischenstellung der Null und jeder anderen Zahl beschrieben wird. Für die Determinante eines Operators lassen sich noch einige Rechenregeln, die nicht unmittelbar einsichtig sind, ableiten. Wir verschieben dies einen Moment, bis wir über das Werkzeug der Hauptachsentransformation verfügen.

Die Spur eines Operators ist einfach die Summe seiner Hauptdiagonalelemente

$$\text{Sp}(\underline{\underline{A}}) = \sum_{i} \left(\mathbf{e_i}, \underline{\underline{A}} \cdot \mathbf{e_i}\right) \qquad (6.30)$$

Die Hauptachsendarstellung eines Operators beschreibt den Operator in einem Koordinatensystem, in dem er eine besonders einfache Gestalt hat. Die Koordinatenachsen dieses Haupt-
achsensystems bezeichnen wir mit $\mathbf{e}_{H1}$, $\mathbf{e}_{H2}$ und $\mathbf{e}_{H3}$. Für diese Achsen (speziellen Vektoren)
soll die sogenannte Eigenwertgleichung gelten:

$$\underline{\underline{A}} \cdot \mathbf{e}_{Hi} = \lambda_i \cdot \mathbf{e}_{Hi} \qquad (6.31)$$

Das heißt, der Operator ändert an diesem speziellen Vektor lediglich die Länge, nicht aber
die Richtung. Im Falle von symmetrischen Operatoren wie dem Trägheitstensor haben wir
uns die Existenz einer solchen Beziehung schon verdeutlicht. Allgemein ist so eine Gleichung nur erfüllbar, wenn man für die Eigenwerte λ_i auch komplexe Zahlen zulässt. Diese
Eigenwerte haben natürlich denselben Stellenwert wie die Invarianten, da sie uns Auskunft
über das Wesen der Operatoren geben. Sie werden auch zur Klassifizierung von Operatoren
(positiv-, negativ definit etc.) genutzt. Die Determinante eines Operators ist das Produkt seiner Eigenwerte, die Spur eines Operators ist die Summe seiner Eigenwerte. Neben den praktischen Vorteilen der Möglichkeit, ein Koordinatensystem zu wählen, in dem die Wirkung
eines Operators besonders einfach beschrieben werden kann, kann die Eigenwertgleichung
auch benutzt werden, um Rechenregeln mit den Invarianten abzuleiten. Beispielsweise gilt:

$$\det\left(\underline{\underline{B}} \cdot \underline{\underline{A}}\right) = \left(\underline{\underline{B}} \cdot \underline{\underline{A}} \cdot \mathbf{e}_1 ; \left(\underline{\underline{B}} \cdot \underline{\underline{A}} \cdot \mathbf{e}_2 \times \underline{\underline{B}} \cdot \underline{\underline{A}} \cdot \mathbf{e}_3\right)\right) \qquad (6.32)$$
$$= \left(\underline{\underline{B}} \cdot \lambda_1^A \cdot \mathbf{e}^A_{H1} ; \left(\underline{\underline{B}} \cdot \lambda_2^A \cdot \mathbf{e}^A_{H2} \times \underline{\underline{B}} \cdot \lambda_3^A \cdot \mathbf{e}^A_{H3}\right)\right)$$
$$= \lambda_1^A \cdot \lambda_2^A \cdot \lambda_3^A \cdot \left(\underline{\underline{B}} \cdot \mathbf{e}^A_{H1} ; \left(\underline{\underline{B}} \cdot \mathbf{e}^A_{H2} \times \underline{\underline{B}} \cdot \mathbf{e}^A_{H3}\right)\right)$$
$$= det\left(\underline{\underline{A}}\right) \cdot det\left(\underline{\underline{B}}\right)$$

Weitere Beziehungen lassen sich nach demselben Schema ableiten.

Für unsere weiteren Betrachtungen interessiert uns insbesondere der Operator der Drehung
$\underline{\underline{D}}$ und der Operator der Verformung $\underline{\underline{S}}$.

Der Drehoperator ändert den substantiellen Gehalt einer Anordnung aus Vektoren nicht.

$$\left(\underline{\underline{D}} \cdot \mathbf{a} ; \underline{\underline{D}} \cdot \mathbf{b}\right) = \left(\mathbf{a} ; \underline{\underline{D}}^{tr} \cdot \underline{\underline{D}} \cdot \mathbf{b}\right) = \left(\mathbf{a} ; \mathbf{b}\right) \qquad (6.33)$$

Das bedeutet für die Determinante der Drehoperation:

$$\det\left(\underline{\underline{D}}\right) = \det\left(\underline{\underline{D}}^{tr}\right) = 1 \qquad (6.34)$$

Von den Eigenwerten eines Drehoperators ist nur einer reell, anschaulich der Eigenwert, dessen zugehöriger Eigenvektor die Drehachse beschreibt. Drehoperatoren sind nützlich, um
zwischen verschiedenen Darstellungen von Operatoren zu vermitteln. Seien $\underline{A}$ und $\underline{A}'$ die
Darstellungen eines Operators in verschiedenen Koordinatensystemen, die durch eine Dre-
hung $\underline{\underline{D}}$ ineinander überführt werden können, so gilt:

$$\underline{\underline{A}}' = \underline{\underline{D}}^{tr} \cdot \underline{\underline{A}} \cdot \underline{\underline{D}} \qquad (6.35)$$

Diese Beziehung mache man sich leicht mit Hilfe des Skalarproduktes klar. Uns interessiert hier noch die Operation einer infinitesimalen Drehung. Gar keine Drehung wird durch den Einheitsoperator $\underline{\underline{1}}$ beschrieben. Eine kleine Drehung können wir dann schreiben als:

$$\underline{\underline{D}} = \underline{\underline{1}} + \mathrm{d}\underline{\underline{T}} \qquad (6.36)$$

Der Operator $\mathrm{d}\underline{\underline{T}}$ hat in jeder Darstellung nur infinitesimal kleine Komponenten. Bei einer Drehung um die z-Achse eines Koordinatensystems ist die Darstellung in diesem Koordinatensystem:

$$\mathrm{d}\underline{\underline{T}} = \begin{pmatrix} 0 & -\mathrm{d}\phi & 0 \\ \mathrm{d}\phi & 0 & 0 \\ 0 & 0 & 0 \end{pmatrix} \qquad (6.37)$$

Für den Fall infinetesimaler Drehungen gilt die Vertauschbarkeit zweier Drehoperationen.

$$\underline{\underline{D}}_1 \cdot \underline{\underline{D}}_2 = \underline{\underline{1}} + \mathrm{d}\underline{\underline{T}}_1 + \mathrm{d}\underline{\underline{T}}_2 = \underline{\underline{1}} + \mathrm{d}\underline{\underline{T}}_2 + \mathrm{d}\underline{\underline{T}}_1 = \underline{\underline{D}}_2 \cdot \underline{\underline{D}}_1 \qquad (6.38)$$

Der Operator $\mathrm{d}\underline{\underline{T}}$, der die Änderung $\mathrm{d}\mathbf{a}$ eines Vektors $\mathbf{a}$ aufgrund dieser infinitesimalen Drehung beschreibt, ist immer antisymmetrisch: Mit

$$\mathbf{a}' = \mathbf{a} + \mathrm{d}\mathbf{a} = \underline{\underline{D}} \cdot \mathbf{a} = \mathbf{a} + \mathrm{d}\underline{\underline{T}} \cdot \mathbf{a} \qquad (6.39)$$

und

$$(\mathbf{a}, \mathbf{a}) = (\mathbf{a}', \mathbf{a}') = (\mathbf{a}, \mathbf{a}) + \left(\mathbf{a}, \left(\mathrm{d}\underline{\underline{T}}^{tr} + \mathrm{d}\underline{\underline{T}} \right) \cdot \mathbf{a} \right) \qquad (6.40)$$

ist dies unmittelbar einsichtig. In jedem beliebigen Koordinatensystem hat die Darstellung dieses Operators also nur drei unabhängige Einträge, die wir bei der Beschreibung der Drehbewegung zu einem Vektor bestehend aus Drehwinkel und Orientierung der Drehachse zusammengefasst haben:

$$\mathrm{d}\underline{\underline{T}} \cdot \mathbf{a} = \mathrm{d}\phi \cdot \mathbf{e}_{Achse} \times \mathbf{a} \qquad (6.41)$$

Der Operator der Verformung, der uns im Weiteren bei der Beschreibung von deformierbaren Körpern interessiert, ist hingegen immer symmetrisch.

$$\underline{\underline{S}} = \underline{\underline{S}}^{tr} \qquad (6.42)$$

Nach diesem kleinen Exkurs in die Begriffswelt der analytischen Geometrie, die wir weiterhin benötigen, wenden wir uns der Beschreibung von Verformungen von Körpern zu. Dabei unterscheiden wir symbolisch nicht mehr zwischen dem Operator und seiner Darstellung.

6.2   Die Verzerrung

Die Starrheit eines Körpers haben wir mit Hilfe eines Koordinatensystems beschrieben. In einem Koordinatensystem, wurde die relative Lage zweier Volumenelemente i und j an den Orten $\vec{r}_i$ bzw. $\vec{r}_j$ durch den Vektor $\Delta \vec{r}_{ij} = \vec{r}_i - \vec{r}_j$ beschrieben, dessen Länge unabhängig vom Bewegungszustand konstant blieb.

Zur Beschreibung der Verformung eines festen Körpers führen wir wiederum ein Koordinatensystem als Referenzsystem ein. Dabei unterscheiden wir wieder zwei Typen von Koordinatensystemen: das körperfeste und das raumfeste.

Das raumfeste kartesische Koordinatensystem, in das der betrachtete Körper eingebettet ist, unterteilt den Körper in jedem beliebigen Verformungszustand in kleine im Grenzfall infinitesimale Quader. Ein körperfestes Koordinatensystem, dessen Koordinatenachsen wir uns materiell mit dem Körper verbunden denken und das in irgendeinem Verzerrungszustand ein kartesisches Koordinatensystem sein soll, verformt sich bei einer Verzerrung gegenüber diesem Ausgangszustand, so dass wir es mit nichtkartesischen Koordinatensystemen zu tun haben, was insbesonere bei großen Verformungen einen erheblichen mathematischen Beschreibungsaufwand erfordert. Ein solches körperfestes Koordinatensystem ist aber geeignet, den Begriff der homogenen Verformung und damit den des homogenen Spannungszustandes zu erläutern. Wir nennen eine Verformung homogen, wenn die Koordinatenachsen des körperfesten Systems bei der Verformung Geraden bleiben oder mit andern Worten „die durch das Koordinatensystem im Ausgangszustand definierten quaderförmigen Subvolumina nach der Verformung alle gleich aussehen".

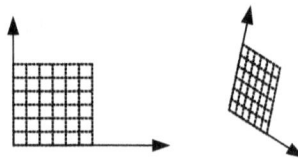

Abb. 6.1. Homogene Verformung

Wir erkennen in unserer unmittelbaren Erfahrungswelt, dass solche homogenen Verformungszustände äußerst schwierig herzustellen sind. Schon ein homogener, quaderförmiger Körper, den wir in einen Schraubstock einspannen, nimmt eine ballige Form an und ist damit inhomogen verformt, aber zumindest im Inneren dieses Körpers können wir von homogenen

Verformungen reden. Schon einfachste Belastungszustände erfordern das Instrument der Feldtheorie, das wir noch nicht beherrschen.

Die Beschreibung der Verformung erfolgt nach diesen Vorbemerkungen am einfachsten in einem raumfesten Koordinatensystem. Wir denken uns jeden materiellen Punkt eines Körpers durch einen Vektor $\vec{r}$ beschrieben. Bei einer Verformung wird dieser Punkt an den Ort $\vec{r} + \vec{S}$ verschoben. Der Vektor $\vec{S}$ heißt die Verschiebung von $\vec{r}$, kurz $\vec{S}(\vec{r})$. Die Verschiebung ist i. A. für jeden materiellen Punkt verschieden, bzw. nur für jeden materiellen Punkt gleich, wenn der Körper ohne Drehung oder Verformung als Ganzes verschoben wird.

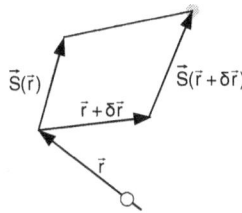

Abb. 6.2. *Die Änderung des Abstandes zweier benachbarter Punkte durch das Verschiebungsfeld*

Betrachten wir zwei beliebige eng benachbarte Punkte mit den Koordinaten $\vec{r}$ und $\vec{r} + \delta\vec{r}$, so ändert sich die Lage dieser Punkte nach der Verschiebung gemäß:

$$\vec{r} + \vec{S}(\vec{r}) \text{ und } \vec{r} + \delta\vec{r} + \vec{S}(\vec{r} + \delta\vec{r}) = \vec{r} + \delta\vec{r} + \vec{S}(\vec{r}) + \frac{d\vec{S}}{d\vec{r}} \cdot \delta\vec{r} \tag{6.43}$$

$\vec{S}(\vec{r})$ definiert ein Verschiebungsfeld. Der Vektor $\delta\vec{r}$, der die relative Lage zweier materieller Punkte zueinander beschreibt, geht nach der Verformung über in $\delta\vec{r}'$.

$$\delta\vec{r}' = \delta\vec{r} + \frac{d\vec{S}}{d\vec{r}} \cdot \delta\vec{r} = \left(\underline{\underline{1}} + \underline{\underline{\beta}}\right) \cdot \delta\vec{r} \tag{6.44}$$

Den eingeführte Tensor $\underline{\underline{\beta}}$, der durch die Ableitung der Komponenten des Verschiebungsfeldes nach den Koordinaten definiert ist, nennt man das Distorsionsfeld oder kurz die Distorsion (auch die Benennung als Verschiebungsgradient ist gebräuchlich). Im Falle der reinen Verschiebung ist die Distorsion offensichtlich null. Umgekehrt enthält die Distorsion alle Information über die Drehung und die Verzerrung des Körpers. Mathematisch bedeutet dies, dass die Transformation folgende Darstellung besitzt:

$$1 + \underline{\underline{\beta}} = \underline{\underline{D}} \cdot \underline{\underline{S}} \tag{6.45}$$

Über das Skalarprodukt der Differenzen dreier beliebiger benachbarter Vektoren erhalten wir eine Größe, die die Drehung nicht mehr enthält:

$$\left(\delta\vec{r}_1',\delta\vec{r}_2'\right)=\left(\left(\underline{1}+\underline{\underline{\beta}}\right)\cdot\delta\vec{r}_1,\left(\underline{1}+\underline{\underline{\beta}}\right)\cdot\delta\vec{r}_2\right) \tag{6.46}$$

$$=\left(\delta\vec{r}_1,\left(\underline{1}+\underline{\underline{\beta}}^{tr}\right)\cdot\left(\underline{1}+\underline{\underline{\beta}}\right)\cdot\delta\vec{r}_2\right)$$

$$=\left(\delta\vec{r}_1,\left(\underline{1}+\underline{\underline{\beta}}+\underline{\underline{\beta}}^{tr}+\underline{\underline{\beta}}^{tr}\cdot\underline{\underline{\beta}}\right)\cdot\delta\vec{r}_2\right)=\left(\delta\vec{r}_1,\left(\underline{\underline{S}}\cdot\underline{\underline{S}}\right)\cdot\delta\vec{r}_2\right)$$

Wir definieren aus der Distorsion den symmetrischen Tensor $\underline{\underline{\varepsilon}}$ der Verzerrung:

$$\underline{\underline{\varepsilon}}=\frac{1}{2}\left(\underline{\underline{\beta}}+\underline{\underline{\beta}}^{tr}+\underline{\underline{\beta}}^{tr}\cdot\underline{\underline{\beta}}\right) \tag{6.47}$$

Diese Definition mag etwas überraschen, aber im Gegensatz zur Verformung $\underline{\underline{S}}$ ist der Tensor der Verzerrung einfacher messtechnisch zu ermitteln. Insbesondere gilt für kleine Distorsionen[54], die in der „einfachen" linearen Elastizitätstheorie betrachtet werden:

$$\underline{\underline{\varepsilon}}=\frac{1}{2}\left(\underline{\underline{\beta}}+\underline{\underline{\beta}}^{tr}\right) \tag{6.48}$$

Diese Vereinfachung hilft auch bei einem anderen Problem – dem Wechsel vom raumfesten in das körperfeste Koordinatensystem. Wir müssen uns vergegenwärtigen, dass durch die Angabe der Verzerrung an einem Ort der Ort gemeint ist, an dem das Masseelement vor der Verzerrung positioniert war. Klebt man aber auf einen Körper Dehnmessstreifen zur Bestimmung der Verzerrung auf, so bestimmt man die Verzerrung nicht am Ort $\vec{x}$, sondern am aktuellen Ort des materiellen Volumenelementes $\vec{X}=\vec{x}+\vec{S}(\vec{x})$. Die auf dieses Volumenelement bezogene Verschiebung $\vec{S}'(\vec{X})$ hängt auf einfache Weise mit der von uns betrachteten Verschiebung zusammen.

$$\vec{S}'(\vec{X})=\vec{S}(\vec{x}) \tag{6.49}$$

Für die auf das materielle Volumenelement bezogene Distorsion $\underline{\underline{\beta}}'=\dfrac{d\vec{S}'}{d\vec{X}}$ erhalten wir aber eine nichtlineare Beziehung zu der auf den Ort im Raum bezogenen Distorsion $\underline{\underline{\beta}}$.

$$\underline{\underline{\beta}}=\frac{d\vec{S}}{d\vec{x}}=\frac{d\vec{S}'}{d\vec{x}}=\frac{d\vec{S}'}{d\vec{X}}\cdot\frac{d\vec{X}}{d\vec{x}}=\underline{\underline{\beta}}'\cdot\left(\underline{1}+\underline{\underline{\beta}}\right) \tag{6.50}$$

oder

---

[54] Die Gültigkeit dieser Näherung setzt voraus, dass auch die Drehung des Körpers sehr klein ist.

$$\underline{\underline{\beta}}' = \underline{\underline{\beta}} \cdot \left(1 + \underline{\underline{\beta}}\right)^{-1} \tag{6.51}$$

Der zweite Faktor berücksichtigt, dass in der materiellen Betrachtung das Referenzkoordinatensystem selbst verzerrt ist. Wir werden auf diese Unterschiede, die die nichtlineare Elastizitätstheorie in der Behandlung sehr sperrig macht, nicht weiter eingehen und uns auf kleine Distorsionen beschränken, so dass der Unterschied zwischen den Betrachtungsweisen nicht ins Gewicht fällt.

$$\underline{\underline{\beta}}' \cong \underline{\underline{\beta}} \tag{6.52}$$

Wir wollen uns lieber der physikalischen Bedeutung der Komponenten des Verzerrungstensors zuwenden. Dies ist am einfachsten einzusehen, wenn wir auf die Operationen der Drehung und Verformung zurückgehen. Mit

$$\underline{\underline{\beta}} = \underline{\underline{D}} \cdot \underline{\underline{S}} - \underline{\underline{1}} \tag{6.53}$$

erhalten wir

$$\underline{\underline{\varepsilon}} = \frac{1}{2} \cdot \underline{\underline{D}} \cdot \left(\underline{\underline{S}}^2 - \underline{\underline{1}}\right) \cdot \underline{\underline{D}}^{tr} \tag{6.54}$$

Dies können wir dahingehend interpretieren, dass $\frac{1}{2}\left(\underline{\underline{S}}^2 - \underline{\underline{1}}\right)$ die Verzerrung der „substantiellen" Vektoren beschreibt, die nach dieser Verzerrung gedreht werden. Transfomieren wir unseren Körper in ein Koordinatensystem, das die Drehung des Körpers kompensiert, so erhalten wir in diesem neuen System die Darstellung $\underline{\underline{\varepsilon}}'$. Diese Darstellung geht aus der alten Darstellung durch die folgende Transformation hervor:

$$\underline{\underline{\varepsilon}}' = \underline{\underline{D}}^{tr} \cdot \underline{\underline{\varepsilon}} \cdot \underline{\underline{D}} = \frac{1}{2} \cdot \left(\underline{\underline{S}}^2 - 1\right) \tag{6.55}$$

Die Bedeutung der Elemente des Verzerrungstensors machen wir uns durch die Betrachtung zweier Punkte der Festkörper $\vec{r}_1 = r_1 \cdot \vec{e}_1$ und $\vec{r}_2 = r_2 \cdot \vec{e}_2$, die auf den Koordinatenachsen liegen, klar. Nach den oben beschriebenen Operationen gehen diese Vektoren über in:

$$\vec{r}_i' - r_i \cdot \left(1 + \underline{\underline{\beta}}\right) \cdot \vec{e}_i, \quad i=1,2 \tag{6.56}$$

Zunächst fragen wir nach der relativen Längenänderung:

$$\frac{\Delta \ell_i}{\ell_i} = \frac{r_i' - r_i}{r_i} = \frac{\sqrt{1 + 2 \cdot \varepsilon_{ii}} - 1}{1} \overset{\varepsilon \ll 1}{\cong} \varepsilon_{ii} \qquad (6.57)$$

Für kleine Verzerrungen, die wir nur explizit betrachten wollen, schließt die Definition an die bei der Behandlung der Feder eingeführten Größen an. Die Bedeutung der Nebendiagonalelemente des Verzerrungstensors erhalten wir durch Betrachtung der Winkeländerung zwischen den Koordinatenachsen:

$$\vec{r}_1 \cdot \vec{r}_2 = 0 \Leftrightarrow \vec{r}_1' \cdot \vec{r}_2' = 0 + r_1 \cdot r_2 \cdot 2 \cdot \varepsilon_{12} \qquad (6.58)$$

und bei der Anwendung eines Additionstheorems für die Cosinusfunktion erhalten wir:

$$\frac{\varepsilon_{12}}{\sqrt{1 + 2 \cdot \varepsilon_{11}} \cdot \sqrt{1 + 2 \cdot \varepsilon_{22}}} \cong \varepsilon_{12} = \qquad (6.59)$$

$$\frac{1}{2} \cdot \cos\left(\frac{\pi}{2} - (\alpha + \beta)\right) = \frac{1}{2} \cdot \sin(\alpha + \beta) \cong \frac{1}{2} \cdot (\alpha + \beta)$$

Die Symmetrie des Verzerrungstensors wird in der Näherung kleiner Verzerrungen in den Winkeln deutlich. Der Winkel $\frac{1}{2} \cdot (\alpha - \beta)$ ist der Winkel der Drehung.

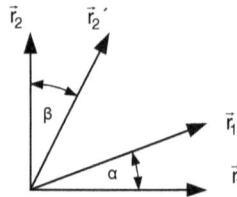

Abb. 6.3. Verzerrung der Koordinatenachsen

Zum Abschluss betrachten wir noch eine wichtige Invariante der Verzerrung – die relative Volumenänderung. Es ist unmittelbar einsichtig, dass das Volumen eines Körpers oder dessen Volumenänderung eine Eigenschaft des Körpers ist, die nicht von der Wahl eines Koordinatensystems abhängt. Durch Einsetzen in die Definition der Determinante kann gezeigt werden, dass das Volumen eines Parallelepipeds mit Kanten, die durch die Vektoren $\vec{a}, \vec{b}, \vec{c}$ beschrieben werden, durch $\left| \vec{a} \cdot (\vec{b} \times \vec{c}) \right|$ berechnet werden kann. Für die Berechnung der relativen Volumenänderung reicht es, ein solches Gebilde innerhalb des Körpers zu betrachten, und deren Änderung durch die Verzerrung zu berechnen. Wir erhalten für das Quadrat des Verhältnisses der Volumina vor und nach der Verformung:

$$\det\!\left(\underline{1} + 2 \cdot \underline{\underline{\varepsilon}}\right) = \left(1 + \frac{\Delta V}{V}\right)^{2} \qquad (6.60)$$

Wenn wir wieder nur den Fall kleiner Verzerrungen bzw. kleiner Volumenänderung betrachten, können wir Gl. 6.60 in linearisierter Form verwenden:

$$\det\!\left(\underline{1} + 2 \cdot \underline{\underline{\varepsilon}}\right) \cong 1 + 2 \cdot \mathrm{Sp}\!\left(\underline{\underline{\varepsilon}}\right) = 1 + 2 \cdot \frac{\Delta V}{V} \qquad (6.61)$$

$$\Leftrightarrow$$

$$\mathrm{Sp}\!\left(\underline{\underline{\varepsilon}}\right) = \frac{\Delta V}{V}$$

Von dieser Beziehung werden wir noch Gebrauch machen.

Zur Bestimmung des zur Verformung gehörenden Spannungszustandes, dessen Einstellung im Gleichgewicht wie die Feder ein Fließgleichgewicht erfordert, betrachten wir wieder den Impulsfluss durch den Körper.

6.3 Der Spannungszustand

6.3.1 Die Impulsflussdichte

Zur Verformung eines Körpers benötigen wir Kräfte oder Drehmomente. Ausgehend von einen kräftefreiem Körper, dessen Verschiebungsfeld wir zu null (absolute Verschiebung) definieren, denken wir uns Kräfte, die an der Oberfläche des Körpers angreifen und diesen homogen verformen. Ruht der Körper und dreht sich nicht – verschwindet also die Summe der angreifenden Kräfte und Drehmomente –, so durchfließt den Körper dennoch Impuls. Die Impulsflussdichte wird durch einen Tensor $\underline{\underline{j}}(\vec{r})$ beschrieben, denn wir kennen drei Arten von Impuls P_x, P_y und P_z, die jeweils in drei verschiedene Raumrichtungen fließen können. Die Komponente j_{xy} multipliziert mit einem kleinen Subvolumen ΔV beschreibt den Impuls ΔP_x am Ort des Subvolumens, der in y-Richtung fließt. Betrachten wir die Kraftwirkung eines benachbarten Volumenelementes auf dieses Volumenelement, das durch dessen Oberfläche $\vec{A}$ verbunden ist, so gilt, da die Kraft ein Impulsstrom ist:

$$\vec{F}_i = -\underline{\underline{j}} \cdot \vec{A}_i \qquad (6.62)$$

mit

$$\sum_i \vec{F}_i = 0 \qquad\qquad (6.63)$$

Da auch die angreifenden Drehmomente in Summe verschwinden, der Körper also nicht rotiert, gilt weiterhin:

$$\sum_i \vec{r}_i \times \vec{F}_i = -\sum_i \vec{r}_i \times \underline{\underline{j}} \cdot \vec{A}_i = 0 \qquad\qquad (6.64)$$

Diese Einschränkung drückt sich in der Impulsflussdichte dahingehend aus, dass der Tensor der Impulsflussdichte symmetrisch sein muss.

$$\underline{\underline{j}} = \underline{\underline{j}}^{tr} \qquad\qquad (6.65)$$

Der symmetrische Anteil der Impulsflussdichte beschreibt den für die Verzerrung nötigen Anteil der antisymmetrische den für die Rotation notwendigen Anteil. Wir setzen im Weiteren voraus, dass zwischen dem Impulsfluss durch den Körper und der Verzerrung ein eindeutiger Zusammenhang existiert. Einen solchen Körper nennt man elastisch.

6.3.2   Die (minimale) Arbeit, einen Körper zu verzerren

Die Einführung des Verschiebungsfeldes erlaubt es uns, einen einfachen Zusammenhang zwischen dem Aufwand, einen elastischen Körper zu verzerren, und der dazu notwendigen Arbeit herzustellen. Da die Verschiebungen an der Oberfläche eines Körpers, die notwendig sind, diesen zu verzerren, durch Anwendung von Kräften oder Drehmomenten erfolgt, gilt für die dazu nötige Arbeit:

$$\delta A = \sum_{\substack{\text{alle} \\ \text{Oberflächenelemente} \\ i}} F_i \cdot d\vec{s}_i \qquad\qquad (6.66)$$

Die Realisierung der Verschiebung soll nun dergestalt erfolgen, dass sie unendlich langsam (quasistatisch) ausgeführt wird, so dass die auf den Körper wirkenden Kräfte immer im Gleichgewicht mit den Kräften des Körpers auf die Umgebung sind:[55]

$$\vec{F}_i = -\underline{\underline{j}} \cdot \vec{A}_i \qquad\qquad (6.67)$$

In dieser speziellen Prozessrealisierung kann die Arbeit gänzlich durch Eigenschaften des Körpers ausgedrückt werden:

---

[55]   Insbesondere muss bei einer quasistatischen Verrückung kein Impuls zu- und abgeführt werden.

$$\delta^{qs} A = -\sum \left(\underline{j} \cdot \vec{A}_i, d\vec{s}_i \right) \tag{6.68}$$

Beziehen wir jeden Punkt des Körpers auf den Schwerpunkt,

$$\vec{r} = \vec{r}_S + \Delta \vec{r} \tag{6.69}$$

so können wir die Arbeit zur Verschiebung des Schwerpunktes abspalten und erhalten:

$$\delta^{qs} A = -\left(\sum_i \underline{j} \cdot \vec{A}_i \right) \cdot \delta \vec{r}_S - \sum_i \left(\underline{j} \cdot \vec{A}_i, \delta \underline{\beta} \cdot \Delta \vec{r}_i \right) \tag{6.70}$$

Den zweiten Summanden zerlegen wir, indem wir die Tensoren in ihre symmetrischen und antisymmetrischen Anteile aufspalten.

$$\underline{j} = \underline{j}^s + \underline{j}^{as} \tag{6.71}$$

und

$$\delta \underline{\beta} = \delta \underline{\varepsilon} + \delta \underline{T} \tag{6.72}$$

Mit unseren Regeln für das Skalarprodukt gilt:

$$\delta^{qs} A = -\left(\sum_i \underline{j} \cdot \vec{A}_i \right) \cdot \delta \vec{r}_S - \sum_i \left(\underline{j}^{as} \cdot \vec{A}_i, \delta \underline{T} \cdot \Delta \vec{r}_i \right) - \sum_i \left(\underline{j}^s \cdot \vec{A}_i, \delta \underline{\varepsilon} \cdot \Delta \vec{r}_i \right) \tag{6.73}$$

Der zweite Summand beschreibt die Arbeit, einen Körper gegen ein wirkendes Gesamtdrehmoment zu verdrehen.

$$\sum_i \left(\underline{j}^{as} \cdot \vec{A}_i, \delta \underline{T} \cdot \Delta \vec{r}_i \right) = \sum_i \left(\underline{j}^{as} \cdot \vec{A}_i, \delta \vec{\phi} \times \Delta \vec{r}_i \right)$$

$$= \sum_i \left(\Delta \vec{r}_i \times \underline{j}^{as} \cdot \vec{A}_i, \delta \vec{\phi} \right) = -\vec{M} \cdot \delta \vec{\phi} \tag{6.74}$$

Der letzte Summand ist bis auf ein Vorzeichen die (minimale) Arbeit, den Körper zu verzerren, und kann, da ein eindeutiger Zusammenhang zwischen dem symmetrischen Anteil der Impulsflussdichte und der Verzerrung existiert, der Energieänderung des Körpers durch die Verzerrung gleichgesetzt werden:

$$dE_\varepsilon = -\sum_i \left(\underline{j}^s \cdot \vec{A}_i, d\underline{\varepsilon} \cdot \Delta \vec{r}_i \right) = -\sum_i \left(\vec{A}_i, \underline{j}^s \cdot d\underline{\varepsilon} \cdot \Delta \vec{r}_i \right) \tag{6.75}$$

Diesen Ausdruck wollen wir noch umformen und kompakt formulieren. Da dieser Zusammenhang unabhängig von der Wahl eines speziellen Koordinatensystems ist, gilt er auch in einem gegenüber dem ursprünglichen gedrehten Koordinatensystem.

$$dE_\varepsilon = -\sum_i \left(\underline{\underline{D}} \cdot \vec{A}_i, \underline{\underline{D}} \cdot \underline{\underline{j}}^s \cdot d\underline{\underline{\varepsilon}} \cdot \underline{\underline{D}}^{tr} \cdot \underline{\underline{D}} \cdot \Delta\vec{r}_i \right) \qquad (6.76)$$

Wir wählen ein Koordinatensystem, in dem das Tensorprodukt $\underline{\underline{D}} \cdot \underline{\underline{j}}^s \cdot d\underline{\underline{\varepsilon}} \cdot \underline{\underline{D}}^{tr}$ eine einfache

Struktur besitzt (Hauptachsentransformation)

$$\underline{\underline{D}} \cdot \underline{\underline{j}}^s \cdot d\underline{\underline{\varepsilon}} \cdot \underline{\underline{D}}^{tr} = \begin{pmatrix} d\lambda_1 & 0 & 0 \\ 0 & d\lambda_2 & 0 \\ 0 & 0 & d\lambda_3 \end{pmatrix} = \sum_j d\lambda_j \cdot \left(\underline{\underline{D}} \cdot \vec{e}_j \circ \underline{\underline{D}} \cdot \vec{e}_j \right) \qquad (6.77)$$

Da wir nur homogene Verzerrungen betrachten, können wir schreiben:

$$dE_\varepsilon = -\sum_j d\lambda_j \cdot \left(\sum_i A_{ij} \cdot \Delta r_{ij} \right) \qquad (6.78)$$

Der Klammerausdruck liefert unabhängig vom Index j immer das Systemvolumen V, wie man sich am besten graphisch verdeutlicht.

$$dE_\varepsilon = -V \cdot (d\lambda_1 + d\lambda_2 + d\lambda_3) \qquad (6.79)$$

Die Summe der Eigenwerte können wir auch vom Koordinatensystem unabhängig als Spur des Tensorproduktes schreiben, so dass wir eine Darstellung der Energieform der Verformung erhalten, die unabhängig von der speziellen Wahl eines Koordinatensystems ist. Eine solche Formulierung eines physikalischen Zusammenhangs unabhängig von einem speziellen Koordinatensystem nennt man kovariant.

$$dE_\varepsilon = -V \cdot Sp\left(\underline{\underline{j}}^s \cdot d\underline{\underline{\varepsilon}} \right) \qquad (6.80)$$

Diesen Ausdruck müssen wir nicht noch dergestalt umschreiben, dass er die gewohnte Struktur Zustand mal differentieller Zustandsmengenänderung erhält, da wir schon bei der Feder auf die Besonderheit des Spannungszustandes hingewiesen haben.

6.3.3   Der Spannungszustand

Dieser Impulsfluss ist wie bei der Feder mit dem Spannungszustand des Körpers verbunden. Wir definieren:

$$\underset{=}{\sigma} = -\underset{=}{j}^{s} \tag{6.81}$$

Der Spannungszustand wird also durch einen symmetrischen Spannungstensor beschrieben. Die Diagonalelemente nennt man je nach Vorzeichen Zug- oder Druckspannungen. Die Nebendiagonalelemente nennt man Scherspannungen, die oft auch mit dem Formelzeichen τ_{ij} bezeichnet werden. Definitionsgemäß ist der Spannungstensor symmetrisch.

Ein homogener Spannungszustand ist dadurch charakterisiert, dass der Spannungszustand innerhalb des Körpers überall gleich ist. Bei einem homogenen Körper, also keine Schichtmaterialien o.Ä., ist in diesem Fall auch der Verzerrungszustand homogen.

6.4 Die Zustandsgleichung

6.4.1 Das Modell der Feder

Die Interpretation der Spannung in mengenartigen Größen führen wir auf unsere schon geführte Diskussion der Feder zurück. Dazu wollen wir zunächst die einfache Feder und Ihren Spannungszustand als Spannungstensor im raumfesten Koordinatensystem darstellen. Die Lage der Feder im Raum sei durch den Einheitsvektor $\vec{e}_F$ dargestellt. Der Spannungstensor der Feder lässt sich mit diesem Vektor durch ein dyadisches Produkt darstellen:

$$\underset{=F}{\sigma} = \sigma_F \left(\vec{e}_F \circ \vec{e}_F \right) \tag{6.82}$$

Die Federspannung σ_F ist gemäß unserer Betrachtung in Kapitel 4.5 eindeutig mit der Länge der Feder verbunden:

$$\sigma_F = E \cdot \varepsilon \quad \text{mit} \quad \varepsilon = \frac{\Delta \ell}{\ell_0} \tag{6.83}$$

Die so eingeführte Verzerrung ε, die sich auf die Ruhelänge l_0 der isolierten Feder bezieht, wollen wir die absolute Verzerrung nennen. Dem steht die relative Verzerrung ε_r zur Seite, die die Längenänderung bezüglich eines beliebigen vorgespannten Zustandes der Feder beschreibt.

$$\sigma_F = \sigma_F^0 + \Delta \sigma_F = \sigma_F^0 + E \cdot \left(1 + \varepsilon_0 \right) \cdot \varepsilon_r \tag{6.84}$$

mit

$$\sigma_F^0 = E \cdot \varepsilon_0, \ \varepsilon_0 = \frac{\Delta \ell_0}{\ell_0} \quad \text{und} \quad \varepsilon_r = \frac{\Delta \ell_r}{\ell_0 + \Delta \ell_0} \tag{6.85}$$

Den Inhalt der Darstellung Gl. 6.82 verdeutlichen wir uns durch eine Betrachtung des Gleichgewichtes. Im Gleichgewicht müssen an den Enden der Feder zwei gleich große, aber entgegengesetzt gerichtete Kräfte $\vec{F}_1$ und $\vec{F}_2 = -\vec{F}_1$ angreifen. Damit die Feder als Ganzes ruht, muss die Richtung der Kräfte mit der „Längsachse" $\vec{e}_F$ übereinstimmen. Das heißt:

$$\vec{F}_i = \pm F \cdot \vec{e}_F \tag{6.86}$$

Im Gleichgewicht lassen sich die Kräfte $\vec{F}_i$, die an den Endflächen $\vec{A}_i$ (i=1,2) angreifen, einfach mit der Federspannung in Zusammenhang bringen:

$$\vec{F}_i = \underset{=}{\sigma}_F \cdot \vec{A}_i = \sigma_F \cdot \left(\vec{e}_F, \vec{A}_i\right) \cdot \vec{e}_F \tag{6.87}$$

Dieses Ergebnis stimmt vollkommen mit unseren bisherigen Betrachtungen zur Feder überein:

$$F = \sigma_F \cdot \left|\left(\vec{e}_F, \vec{A}\right)\right| = \sigma_F \cdot A \tag{6.88}$$

Die Fläche A ist die Projektion der Kontaktfläche auf die Längsachse der Feder.

In Abb. 6.4 ist eine solche Feder in einen Rahmen eingespannt, welcher homogen verformt und gedreht werden kann. Der Rahmen kann als Materialisierung eines körperfesten Koordinatensystems angesehen werden.

Zustand „1"   Zustand „2"

Abb. 6.4. *Feder in Rahmen*

Der Zustand „1" des Rahmens kann durch die Operation $\underset{=}{D} \cdot \underset{=}{S}$ in den Zustand „2" überführt werden. Durch diese Operation ändert sich der Spannungstensor durch zwei Mechanismen: Erstens ändert sich die Länge der Feder und damit die Federspannung und zweitens ändert sich die Orientierung der Feder im Raum:

$$\vec{e}_F \rightarrow \frac{1}{\sqrt{\left(\underset{=}{D} \cdot \underset{=}{S} \vec{e}_F, \underset{=}{D} \cdot \underset{=}{S} \vec{e}_F\right)}} \cdot \underset{=}{D} \cdot \underset{=}{S} \vec{e}_F \tag{6.89}$$

Wird der Spannungszustand der Feder im Rahmen im Zustand „1" durch Gl. 6.82 beschrieben, so ist der Spannungszustand der Feder im Rahmen in Zustand „2":

$$\underset{=F}{\sigma} + \underset{=F}{\Delta\sigma} \tag{6.90}$$

$$= (\sigma_F + \Delta\sigma_F) \cdot \left(\frac{\underset{=}{D} \cdot \underset{=}{S} \, \vec{e}_F}{\sqrt{\left(\underset{=}{D} \cdot \underset{=}{S} \, \vec{e}_F, \underset{=}{D} \cdot \underset{=}{S} \, \vec{e}_F \right)}} \circ \frac{\underset{=}{D} \cdot \underset{=}{S} \, \vec{e}_F}{\sqrt{\left(\underset{=}{D} \cdot \underset{=}{S} \, \vec{e}_F, \underset{=}{D} \cdot \underset{=}{S} \, \vec{e}_F \right)}} \right)$$

$$= \underset{=}{D} \cdot \left\{ (\sigma_F + \Delta\sigma_F) \cdot \frac{\underset{=}{S} \cdot (\vec{e}_F \circ \vec{e}_F) \cdot \underset{=}{S}}{\left(\vec{e}_F, \underset{=}{S} \cdot \underset{=}{S} \cdot \vec{e}_F \right)} \right\} \cdot \underset{=}{D}^{tr}$$

Mit diesem Zustand wollen wir uns jetzt für eine kleine Verzerrung $\underset{=}{\varepsilon}$ vertraut machen. Für eine kleine Verzerrung gilt näherungsweise:

$$\underset{=}{S} = \underset{=}{1} + \underset{=}{\varepsilon} \quad \text{und} \quad \varepsilon_r = \left(\vec{e}_F, \underset{=}{\varepsilon} \cdot \vec{e}_F \right) \tag{6.91}$$

Mit diesen Näherungen können wir schreiben:

$$\underset{=F}{\sigma} + \underset{=F}{\Delta\sigma} \tag{6.92}$$

$$= \sigma_0 \cdot \underset{=}{D} \cdot \vec{e}_F \circ \vec{e}_F \cdot \underset{=}{D}^{tr} + \left(E \cdot (1 + \varepsilon_0) \cdot \left(\vec{e}_F, \underset{=}{\varepsilon} \cdot \vec{e}_F \right) \right) \cdot \underset{=}{D} \cdot \vec{e}_F \circ \vec{e}_F \cdot \underset{=}{D}^{tr}$$

$$+ \underset{=}{D} \cdot \left\{ E \cdot \varepsilon_0 \cdot \left(\underset{=}{\varepsilon} \cdot \vec{e}_F \circ \vec{e}_F + \vec{e}_F \circ \vec{e}_F \cdot \underset{=}{\varepsilon} - 2 \cdot \left(\vec{e}_F, \underset{=}{\varepsilon} \cdot \vec{e}_F \right) \cdot \vec{e}_F \circ \vec{e}_F \right) \right\} \cdot \underset{=}{D}^{tr}$$

Der erste Summand beschreibt die Drehung der Feder, ohne die Spannung der Feder zu ändern. Der zweite Summand beschreibt die Längung der gedrehten Feder und der dritte Summand beschreibt die Änderung der Orientierung der gelängten Feder aufgrund der Scherung (Scherwinkel) des Rahmens. An diesem Beispiel sieht man deutlich, dass ein kleiner Verzerrungstensor nicht zwingend einen kleinen Distorsionstensor erfordert, da die Größe der Drehung keiner Einschränkung unterliegt. D. h. die oft verwandte Näherung Gl. 6.48 des Zusammenhangs zwischen Distorsion und Verzerrung ist hinreichend, aber nicht notwendig. Diese Näherung impliziert:

$$\underset{=}{D} = \underset{=}{1} + d\underset{=}{T} \tag{6.93}$$

Da uns im Weiteren nur der Zusammenhang zwischen Verzerrungs- und Spannungstensor interessiert, beschränken wir uns auf reine Verzerrungen und setzen:

$$\underset{=}{D} = \underset{=}{1} \tag{6.94}$$

6.4.2   Die allgemeine lineare Zustandsgleichung

Der Zusammenhang zwischen Spannung und Verzerrung ist i. A. sehr kompliziert, auch wenn wir uns auf kleine Verzerrungen beschränken. In diesem Fall dürfen wir einen linearen Zusammenhang annehmen und erhalten als allgemeinste lineare Beziehung zwischen einem Element des Verzerrungstensors und den Elementen des Spannungstensors:

$$\varepsilon_{ij} = \sum_{k,l} S_{kl}^{ij} \cdot \sigma_{kl} \; ; \; i,j,k,l=1,2,3 \qquad (6.95)$$

Die S_{kl}^{ij} heißen die Elastizitätszahlen eines Körpers, deren Werte von dem jeweiligen Koordinatensystem abhängen, so dass man von den Elastizitätszahlen des Körpers eigentlich nur sprechen kann, wenn man diese auf die „Kristallachsen" des Körpers bezieht. Allgemein gibt es in drei Dimensionen 81 $(= 3 \cdot 3 \cdot 3 \cdot 3)$ verschiedene Elastizitätszahlen. Da aber sowohl der Verzerrungstensor als auch der Spannungstensor symmetrisch ist, muss gelten:

$$S_{kl}^{ij} = S_{lk}^{ij} = S_{kl}^{ji} = S_{kl}^{ji} \qquad (6.96)$$

Da wir auch über die Erfahrung der Existenz eines stabilen Gleichgewichts verfügen, in dessen Folge die Ableitungen der Zustandsgleichung symmetrisch sein müssen, gilt noch die zusätzliche Einschränkung an die Elastizitätszahlen:

$$S_{kl}^{ij} = S_{ij}^{kl} \qquad (6.97)$$

Die angeführten Symmetrien verringern die Anzahl der unabhängigen Elastizitätszahlen auf 21. Wir werden nur den einfachsten Fall eines elastischen Körpers – den isotropen Körper – betrachten.

6.4.3   Der isotrope elastische Körper

Der isotrope elastische Körper, der durch viele technischen Materialien realisiert ist, ist dadurch gekennzeichnet, dass keine ausgezeichneten Kristallachsen existieren, so dass seine Zustandsgleichung nicht von dem verwendeten Koordinatensystem abhängen kann. Mit dem schon eingeführten Begriff der Kovarianz können wir auch sagen: „eine kovariante Formulierung der Zustandsgleichung ist möglich".

Um diese Vereinfachung auszunutzen, denken wir uns die Zustandsgleichung in einem Koordinatensystem bestimmt:

$$\underline{\underline{\sigma}} = \underline{\underline{\sigma}}\left(\underline{\underline{\varepsilon}}\right) \qquad (6.98)$$

In einem zu diesem Koordinatensystem verdrehten Koordinatensystem muss dann gelten:

$$\underline{\underline{\sigma}}' = \underline{\underline{\sigma}}\left(\underline{\underline{D}} \cdot \underline{\underline{\varepsilon}} \cdot \underline{\underline{D}}^{tr}\right) = \underline{\underline{D}} \cdot \underline{\underline{\sigma}}\left(\underline{\underline{\varepsilon}}\right) \cdot \underline{\underline{D}}^{tr} \qquad (6.99)$$

Dies ist nur möglich, wenn die lineare Zustandsgleichung die folgende Struktur besitzt:

$$\underline{\underline{\sigma}} = \alpha \cdot \underline{\underline{\varepsilon}} + \beta \cdot \left(\text{Invariante von } \underline{\underline{\varepsilon}}\right) \cdot \underline{\underline{1}} \qquad (6.100)$$

Der zweite Summand beschreibt die Abhängigkeit der Spannung von Invarianten unter Drehoperationen, wir der Spur oder der Determinante. Da wir nur eine Invariante kennen, die linear in den Elementen des Verzerrungstensors ist – die Spur –, lautet die kovariante Formulierung des Zusammenhangs zwischen Spannungs- und Verzerrungstensor eines isotropen Festkörpers in linearer Näherung:

$$\underline{\underline{\sigma}} = \alpha \cdot \underline{\underline{\varepsilon}} + \beta \cdot \mathrm{Sp}\big(\underline{\underline{\varepsilon}}\big) \cdot \underline{\underline{1}} \tag{6.101}$$

Die Umkehrung dieser Gleichung, die man für die Beantwortung von Fragestellungen der Art „Wie groß ist die Verzerrung, wenn ein Spannungszustand im Gleichgewicht durch angreifende Kräfte induziert ist?", benötigt, lässt sich durch Bildung der Spur leicht angeben:

Mit

$$\mathrm{Sp}\big(\underline{\underline{\sigma}}\big) = (\alpha + d \cdot \beta) \cdot \mathrm{Sp}\big(\underline{\underline{\varepsilon}}\big) \tag{6.102}$$

gilt

$$\begin{aligned} \underline{\underline{\varepsilon}} &= \frac{1}{\alpha} \cdot \Big(\underline{\underline{\sigma}} - \beta \cdot \mathrm{Sp}\big(\underline{\underline{\varepsilon}}\big)\Big) \\ &= \frac{1}{\alpha} \cdot \left(\underline{\underline{\sigma}} - \frac{\beta}{\alpha + d \cdot \beta} \cdot \mathrm{Sp}\big(\underline{\underline{\sigma}}\big)\right) \end{aligned} \tag{6.103}$$

Im Experiment zur Bestimmung der Elastizitätszahlen ist diese Formulierung, wie wir gleich noch sehen werden, nützlich. Bei der Formulierung dieses Zusammenhangs haben wir die Dimension durch „d" parametrisiert. Obwohl uns nur Körper in drei Dimensionen interessieren, ist es für das Verständnis oft hilfreich und einfacher, die vorgestellten Beziehungen in zwei Dimensionen explizit nachzurechnen, so dass wir im Weiteren mit der Dimension als Parameter arbeiten.[56]

Die Größen α und β besitzen keine eigenen Namen, da man der Zustandsgleichung gerne eine Gestalt gibt, die einfachen experimentellen Gegebenheiten angepasst ist und eine einfache Interpretation ermöglichen. Eine gebräuchliche Umformung ist die Zerlegung der Spannung in einen spurlosen und einen Spur behafteten Anteil.

$$\begin{aligned} \underline{\underline{\sigma}} &= \alpha \cdot \left(\underline{\underline{\varepsilon}} - \frac{\mathrm{Sp}\big(\underline{\underline{\varepsilon}}\big)}{d}\right) + \left(\beta + \frac{\alpha}{d}\right) \cdot \mathrm{Sp}\big(\underline{\underline{\varepsilon}}\big) \cdot \underline{\underline{1}} \\ &= \underline{\underline{\sigma}}_S - p \cdot \underline{\underline{1}} \end{aligned} \tag{6.104}$$

---

[56] Dies entspricht auch einer in der modernen Physik gebräuchlichen Denkfigur. Oft lassen sich Beziehungen in vier oder unendlichen Dimensionen leichter ausrechnen und man nähert sich der realen Welt auf dem Wege Näherungsrechnung an (z. B. „Meanfield"-Theorie in der Statistischen Physik oder „dimensionelle Regularisierung" in der Renormierungsgruppentheorie).

Der spurlose Anteil $\underline{\underline{\sigma}}_s$ beschreibt die Spannungsänderung durch eine reine Scherung, die durch eine Verzerrung definiert ist, bei der das Körpervolumen konstant bleibt (Beachte: $\mathrm{Sp}(\underline{\underline{\varepsilon}}) = \Delta V / V$). Dieser Spannungsanteil wird durch das Schubmodul G parametrisiert:

$$\underline{\underline{\sigma}}_s = 2 \cdot G \cdot \left(\underline{\underline{\varepsilon}} - \frac{\mathrm{Sp}(\underline{\underline{\varepsilon}})}{d} \right) \tag{6.105}$$

Bei einer reinen Scherung, bei der nur $\varepsilon_{12} = \varepsilon_{21}$ von null verschieden ist, gilt:

$$\sigma_{12} = 2 \cdot G \cdot \varepsilon_{12} \tag{6.106}$$

oder mit dem eingeführten Scherwinkel γ_{12}:

$$\sigma_{12} = G \cdot \gamma_{12} \tag{6.107}$$

Die strukturelle Ähnlichkeit mit dem Hookeschen Gesetz ist offensichtlich und motiviert den Begriff des Schubmoduls.

Den spurbehaftete Anteil des Spannungstensors nennt man Kompressionsspannung oder einfach den Druck des Körpers. Im Gleichgewicht eines Körpers mit seiner Atmosphäre wird der Spannungszustand des Körpers (Gravitationskräfte vernachlässigt) nur durch seinen Druck beschrieben, der dem Atmosphärendruck entspricht. Der Druck eines Körpers wird nur durch sein Volumen bestimmt:

$$p = -K \cdot \mathrm{Sp}(\underline{\underline{\varepsilon}}) = -K \cdot \frac{\Delta V}{V} \tag{6.108}$$

Die Größe K nennt man das Kompressionsmodul. Das Vorzeichen ist so gewählt, dass das Kompressionsmodul immer positiv ist. Ein negatives Kompressionsmodul würde einen instabilen Körper beschreiben. D. h. bei einer kleinen Druckschwankung der Atmosphäre würde er in sich zusammenfallen. Es ist offensichtlich, dass Körper mit solchen Zuständen in unserer Umgebung nicht existieren, sondern diese immer in einen stabilen Spannungszustand übergehen.

Da die meisten beobachteten Körper sich in unserer Atmosphäre, die einen Luftdruck von $p_{amb} = 10^5$ Pa (Pascal) $= 10^5$ N/m^2 = 1 bar hat, befinden, betrachtet man relative Drücke Δp, die man als Überdrücke bezeichnet.

$$\Delta p = p - p_{amb} \tag{6.109}$$

Obwohl wir in der Umgangssprache bei einem negativen Überdruck von einem Unterdruck sprechen, spricht der Wissenschaftler lieber von einem negativen Überdruck. Da wir nur linearisierte Beziehungen zwischen Spannung und Verzerrung betrachten, bleiben die Beziehung in ihrer Struktur und Begrifflichkeit gleich, obwohl die uns umgebenden Körper durch den Luftdruck vorgespannt sind.

$$\Delta p = -K \frac{\Delta V}{V_0} = -K \cdot \left(1 + \frac{\Delta V_0}{V_0}\right) \cdot \frac{\Delta V_r}{V} = -K(p) \cdot \frac{\Delta V_r}{V} \qquad (6.110)$$

Vergleicht man die Zahlenwerte des Kompressionsmoduls typischer Materialien, so fällt auf, dass im Rahmen der Genauigkeit die Unterschiede zwischen relativer und absoluter Verzerrung kaum ins Gewicht fallen und oft auch nicht gekennzeichnet werden. Da das Kompressionsmodul sehr groß ist, ist auch oft die sehr kleine Größe des Kehrwertes κ – der Kompressibilität – in Gebrauch.

$$\kappa = \frac{1}{K} \qquad (6.111)$$

Eine andere Darstellung der Zustandsgleichung verwendet die Größen Elastizitätsmodul E und Poisson-Zahl (oder Poissonsche Querkontraktionszahl) v.

$$\underset{=}{\sigma} = \frac{E}{1+v} \cdot \left(\underset{=}{\varepsilon} + \frac{v}{1-(d-1) \cdot v} \cdot \mathrm{Sp}\!\left(\underset{=}{\varepsilon}\right) \cdot \underset{=}{1}\right) \qquad (6.112)$$

Diese Darstellung wird durch die Spannungs-Dehnungs-Beziehung bei einem einachsigen Spannungszustand motiviert.

Lassen wir Kräfte, wie in Abb. 6.5 gezeigt, auf einen isotropen Körper in bzw. entgegengesetzt der 1-Richtung wirken, so erzeugen wir einen Spannungszustand, bei dem nur σ_{11} von null verschieden ist. Der durch diesen Spannungszustand erzeugte Verzerrungszustand ist einfach beschrieben:

$$\varepsilon_{11} = \frac{\Delta \ell}{\ell}, \ \varepsilon_{22} = \varepsilon_{33} = -\frac{\Delta b}{b} \qquad (6.113)$$

und

$$\varepsilon_{12} = \varepsilon_{13} = \varepsilon_{21} = 0$$

Die Vorzeichen sind so gewählt, dass $\Delta \ell$ und Δb dasselbe Vorzeichen haben, da ein Körper, der gestreckt wird, sich i. A. senkrecht zur Zugachse zusammenschnürt, wie wir uns leicht an einem Gummiband klarmachen können.

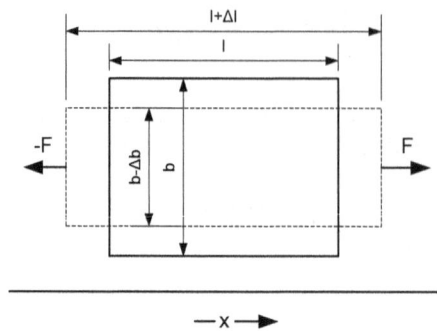

Abb. 6.5. *Der einachsige Spannungszustand*

Aus der Struktur der Zustandsgleichung folgt der Zusammenhang zur Spannung:

$$\varepsilon_{11} = \frac{1}{E} \cdot \sigma_{11} \text{ und } \varepsilon_{22} = \varepsilon_{33} = \frac{\nu}{E} \cdot \sigma_{11} \tag{6.114}$$

Der Elastizitätsmodul ist wiederum in unmittelbarer Anlehnung an das Hookesche Gesetz definiert, während die Poisson-Zahl als neue Größe ein Maß für die Querkontraktion ist. Unsere Erfahrung, dass sich bei einer Zugbelastung ein Körper senkrecht zur Zugachse einschnürt und dass der Kompressionsmodul immer größer als null ist, schränken die möglichen Werte von ν erheblich ein.

$$0 \leq \nu \leq \frac{1}{d-1} \overset{d=3}{=} \frac{1}{2} \tag{6.115}$$

Tabelle 6.1. *Typische Materialparameter elastischer Körper*

Werkstoff	E [GN/m²]	ν	K [GN/m²]	G [GN/m²]
Eis	9,9	0,33	10	3,7
Blei	17	0,44	44	5,5-7,5
Aluminium	72	0,34	75	27
Glas	76	0,17	38	33
Gold	81	0,42	180	28
V2A-Stahl	195	0,28	170	80

6.4.4 Das Federmodell

Im Sinne unseres Interpretationsschemas müssen wir noch „Federmengen" einführen und einen Zusammenhang des „Federmengenaustausches" mit den Federmengen herstellen. Wir wollen dies in einer Weise durchführen, die einen Zusammenhang des Federmodells mit dem isotropen Festkörper herstellt. Dazu stellen wir uns einen Festkörper als durch Federn aufgebaut vor. Wie dies im Einzelnen zu bewerkstelligen ist, soll hier nicht ausgeführt werden, da anzunehmen ist, dass diese Vorstellung aus der Schule vorhanden ist und naheliegt, wenn z. B. Phänomene der Schallausbreitung diskutiert werden. Um die Gedankengänge der weiteren Ausführungen nachzuvollziehen, kann das in der Abbildung dargestellte Modell verwendet werden, das alle wesentlichen Züge eines isotropen Körpers in sich birgt.

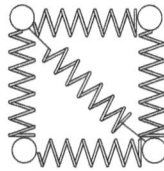

Abb. 6.6. Das Federmodell

Wir beschreiben den spannungslosen isotropen Körper durch m gleichartige Federn mit der Federkonstanten E (nicht zu verwechseln mit dem Elastizitätsmodul E des Körpers). Die Lage dieser Federn wird durch die Orientierungen $\vec{e}_{Fi}$ beschrieben, die in allen Raumrichtungen homogen verteilt sind. Es ist unmittelbar einsichtig, dass ein solches System isotrop ist. Verzerren wir jetzt diese Federn homogen, so erhalten wir für die Spannung dieses Systems:

$$\underline{\underline{\sigma}} = E \cdot \sum_{i=1}^{m} \left(\vec{e}_{Fi}, \underline{\underline{\varepsilon}} \cdot \vec{e}_{Fi} \right) \left(\vec{e}_{Fi} \circ \vec{e}_{Fi} \right) \tag{6.116}$$

Dieser Zusammenhang zwischen Spannung und Verzerrung soll in unserer Modellvorstellung der Zustandsgleichung eines isotropen Festkörpers entsprechen. Anschaulich gesprochen sollten wir, wenn wir uns ein Volumen aus einem gespannten Festkörper herausstanzen und unser Federsystem in dieses Volumen einsetzen, bei geeigneter Wahl der Parameter E und m bei keiner Verformung des Körpers feststellen können, das wir diesen wie oben beschrieben manipuliert haben. Ohne die weiteren Details der Auswertung der Summe vorwegzunehmen, scheint das nicht zu funktionieren, da wir erwarten, das im Limes m gegen unendlich das Modell den isotropen Festkörper besonders gut repräsentiert und wir in diesem Limes nur einen anpassbaren Parameter $E \cdot m$ erhalten (bei der Verwendung sehr vieler Federn müssen die gewählten Federkonstanten natürlich sehr klein sein). Das bedeutet, dass z. B. die Poisson-Zahl in diesem Modell einen festen universellen Wert besitzt. Trotz dieser berechtigten Skepsis werden wir die Summe zunächst auswerten, was nicht ganz einfach ist.

Dazu stellen wir zuerst den Zusammenhang mit einem Koordinatensystem, das durch die Einheitsvektoren $\vec{e}_k$ ($k=1,2,...,d$) beschrieben wird, her:

$$\vec{e}_{Fi} = \sum_{k=1}^{d} (\vec{e}_{Fi}, \vec{e}_k) \cdot \vec{e}_k \qquad (6.117)$$

und

$$\underline{\underline{\varepsilon}} = \sum_{k,l=1}^{d} \varepsilon_{kl} \cdot \vec{e}_k \circ \vec{e}_l \qquad (6.118)$$

Durch Einsetzen und Vertauschen der Summationen erhalten wir:

$$\underline{\underline{\sigma}} = E \cdot \left\{ \sum_{kl} \varepsilon_{kl} \cdot \left[\sum_{mn} \left(\sum_i (\vec{e}_{Fi}, \vec{e}_k) \cdot (\vec{e}_{Fi}, \vec{e}_l) \cdot (\vec{e}_{Fi}, \vec{e}_m) \cdot (\vec{e}_{Fi}, \vec{e}_n) \right) \cdot \vec{e}_m \circ \vec{e}_n \right] \right\} \qquad (6.119)$$

Von diesem Ausdruck werden wir zunächst die innere Klammer berechnen, die wir f_{klmn} nennen.

$$f_{klmn} = \sum_i (\vec{e}_{Fi}, \vec{e}_k) \cdot (\vec{e}_{Fi}, \vec{e}_l) \cdot (\vec{e}_{Fi}, \vec{e}_m) \cdot (\vec{e}_{Fi}, \vec{e}_n) \qquad (6.120)$$

Aufgrund der Isotropie liefert f_{klmn} bei einer beliebigen Vertauschung der Indizes immer den gleichen Wert.

$$f_{klmn} = f_{lkmn} = f_{mlkn} = f_{nlmk} = \ldots \ldots \qquad (6.121)$$

Des Weiteren ist f_{klmn} nur dann von null verschieden, wenn jeweils zwei Indizes gleich sind, da sonst zu jedem Summanden immer auch ein Summand existiert, der gleich groß ist, aber ein entgegengesetztes Vorzeichen besitzt. Das heißt, die f_{klmn} können nur zwei von null verschiedene Werte α und β[57] annehmen, die durch die folgenden Summen bestimmt sind:

$$\alpha = \sum_i (\vec{e}_{Fi}, \vec{e}_1)^2 \cdot (\vec{e}_{Fi}, \vec{e}_2)^2 \quad \text{und} \quad \beta = \sum_i (\vec{e}_{Fi}, \vec{e}_1)^4 \qquad (6.122)$$

Diese Vorüberlegungen verringern den Rechenaufwand erheblich, haben uns aber bei dem Problem, wie wir die Summen überhaupt berechnen wollen, nicht weitergebracht. Wir wollen dies auf implizite Weise tun, indem wir zwei Beziehungen zwischen α und β konstruieren. Dazu nutzen wir, dass gilt:

$$\sum_{k=1}^{d} (\vec{e}_{Fi}, \vec{e}_k)^2 = 1 \quad \text{und} \quad \sum_{i=1}^{m} (\vec{e}_{Fi}, \vec{e}_1)^2 = \frac{m}{d} \qquad (6.123)$$

---

[57] α und β sind Hilfsgrößen, die nur im Verlaufe der folgenden Rechnung verwendet werden.

Mit der ersten Beziehung schreiben wir β um und erhalten die erste gesuchte Beziehung zwischen α und β:

$$\beta = \sum_i (\vec{e}_{Fi}, \vec{e}_1)^2 \cdot \left(1 - \sum_{k=2}^{d} (\vec{e}_{Fi}, \vec{e}_k)^2\right) = \frac{m}{d} - (d-1) \cdot \alpha \qquad (6.124)$$

Die zweite Beziehung erhalten wir, indem wir β statt mit Hilfe des Einheitsvektors $\vec{e}_1$, der ja beliebig ist, mit dem neuen Einheitsvektor $\frac{1}{\sqrt{2}}(\vec{e}_1 + \vec{e}_2)$ berechnen:

$$\beta = \sum_i \frac{1}{4} \cdot \left((\vec{e}_{Fi}, \vec{e}_1)^2 + (\vec{e}_{Fi}, \vec{e}_2)^2 + 2 \cdot (\vec{e}_{Fi}, \vec{e}_1) \cdot (\vec{e}_{Fi}, \vec{e}_2)\right)^2 \qquad (6.125)$$

$$= \frac{1}{4} \cdot (2 \cdot \beta + 6 \cdot \alpha)$$

Daraus folgt die zweite gesuchte Beziehung:

$$\beta = 3 \cdot \alpha \qquad (6.126)$$

Diese Beziehungen können nur erfüllt werden, wenn (für $d > 1$) gilt:

$$\alpha = \frac{m}{d \cdot (d+2)} \quad \text{und} \quad \beta = \frac{3 \cdot m}{d \cdot (d+2)} \qquad (6.127)$$

Mit diesen Werten ergibt sich für die zweite innere Klammer von Gl. 6.119:

$$\sum_{m,n} f_{klmn} \cdot \vec{e}_k \circ \vec{e}_l \qquad (6.128)$$

$$= \begin{cases} \alpha \cdot (\vec{e}_k \circ \vec{e}_l + \vec{e}_l \circ \vec{e}_k) & \text{für } l \neq k \\ \beta \cdot \vec{e}_l \circ \vec{e}_l + \alpha \cdot \sum_{l' \neq l} \vec{e}_{l'} \circ \vec{e}_{l'} = 2 \cdot \alpha + \alpha \cdot \sum_{l'} \vec{e}_{l'} \circ \vec{e}_{l'} & l = k \end{cases}$$

Nutzen wir noch die Symmetrie des Verzerrungstensors, so können wir auch in unserem Modell die Spannungs-Dehnungs-Beziehung kovariant formulieren und erhalten die schon abgeleitete allgemeine Struktur.

$$\underline{\underline{\sigma}} = \frac{2 \cdot E \cdot m}{d \cdot (d+2)} \cdot \left(\underline{\underline{\varepsilon}} + \frac{1}{2} \cdot Sp(\underline{\underline{\varepsilon}}) \cdot \underline{\underline{1}}\right) \qquad (6.129)$$

Schon eingangs haben wir die Vermutung geäußert, dass in diesem Modell nur ein unabhängiger Parameter vorkommt. Dies bedeutet, dass wir z. B. die Poisson-Zahl im Rahmen des Modells ausrechnen können. Es ergibt sich:

$$0 \le \nu \le \frac{1}{d+1} \overset{d=3}{=} \frac{1}{4} \qquad (6.130)$$

Ein Wert, der genau in der Mitte der theoretisch möglichen Grenzen liegt, der aber von Metallen wie Stahl deutlich überschritten wird. Dieser Sachverhalt ist aus mehreren Gesichtspunkten heraus zu diskutieren.

Zunächst ist aus der inneren Befriedigung des Modellierenden heraus diese Diskrepanz sehr bedauerlich. Wir haben im Kleinen die Arbeit eines theoretischen Physikers nachvollzogen und hätten uns gewünscht, dass durch unsere Interpretation eine richtige Vorhersage der Realität mit einer geringeren Anzahl von anpassbaren Parametern gelingt, so dass die dem Modell zu Grunde liegende Interpretation ihre Nützlichkeit eindrücklich bewiesen hätte. Umgekehrt folgt aus dieser Diskrepanz, dass ein Zusammenhang zwischen „Federmenge" und Verzerrung nicht so einfach herzustellen ist wie erhofft. Zur Überwindung dieser Diskrepanz müssen wir unserem Modell noch einen Mechanismus hinzufügen, der an der Struktur der Zustandsgleichung nichts ändert, aber einen zusätzlichen anpassbaren Parameter in das Modell einführt. Diese Modellverfeinerung erfolgt über den Mechanismus der Vorspannung.

Wir betrachten unser Modell zuerst in einem vorgespannten Zustand. Eine Beschreibung, wie diese Vorspannung zustande kommen soll, verschieben wir. Da der Zusammenhang zwischen absoluter und relativer Verzerrung i. A. sehr kompliziert ist, ziehen wir uns auf unser Federmodell zurück, wobei wir uns die einzelnen Federn homogen vorgespannt denken, und setzen in die Summe 6.119 den Ausdruck 6.92 ein. Da abgesehen von den einfach auszuwertenden Summen

$$\sum_i \underline{\underline{\varepsilon}} \cdot \vec{e}_{Fi} \circ \vec{e}_{Fi} = \underline{\underline{\varepsilon}} \cdot \sum_i \vec{e}_{Fi} \circ \vec{e}_{Fi} \qquad (6.131)$$

und

$$\sum_i \vec{e}_{Fi} \circ \vec{e}_{Fi} \cdot \underline{\underline{\varepsilon}} = \left(\sum_i \vec{e}_{Fi} \circ \vec{e}_{Fi} \right) \cdot \underline{\underline{\varepsilon}}$$

keine neuen mathematischen Komplikationen auftreten, geben wir hier nur das Resultat der Rechnung an. Für die neue auftretende Summe in Gl. 6.131 gilt, da wir auf Grund der Isotropie zu jedem Einheitsvektor $d-1$ weitere Einheitsvektoren finden können, die in Summe den „1"-Operator bilden:

$$\sum_i \vec{e}_{Fi} \circ \vec{e}_{Fi} = \frac{m}{d} \cdot \underline{\underline{1}} \qquad (6.132)$$

Damit folgt für die Zustandsgleichung unseres homogen vorgespannten Systems:

$$\underset{=}{\sigma} = \frac{2 \cdot m \cdot E}{d \cdot (d+2)} \cdot \left(1 + (d+1) \cdot \varepsilon_0\right) \cdot \tag{6.133}$$

$$\left(\underset{=r}{\varepsilon} + \frac{1}{2} \cdot \frac{1-\varepsilon_0}{1+(d+1)\cdot \varepsilon_0} \cdot Sp\!\left(\underset{=r}{\varepsilon}\right) \cdot \underset{=}{1}\right)$$

Mit der Vorspannung haben wir den gewünschten zweiten anpassbaren Parameter, der die Variation der Poisson-Zahl zulässt.

$$\nu = \frac{1}{d+1} \cdot \frac{1-\varepsilon_0}{1 + \dfrac{d+3}{d+1} \cdot \varepsilon_0} \tag{6.134}$$

Wir wollen die Diskussion über die Größe der Vorspannung und ihren Mechanismus nicht vertiefen. Eine genauere Analyse zeigt aber, dass z. B. der Umgebungsdruck viel zu klein ist, um eine Vorspannung zu bewirken, die die Poisson-Zahl nennenswert verändert. Im Falle von Metallen, deren Poisson-Zahl i. A. größer als ¼ ist, müsste die Vorspannung sogar negativ sein. im Falle von Eisen ($\nu = 0{,}3$) müsste $\varepsilon_0 = -1/3$ oder das Volumen des vorgespannten Körpers ungefähr 2/3-mal so klein wie das des entspannten Körpers sein, was neben der Größe auch bedeutet, dass der Druck, mit dem die Federn vorgespannt werden, negativ ist. Dennoch scheint an den Überlegungen ein Fünkchen realistische Substanz enthalten zu sein, da beim Dengeln eines Bleches, das man werkstofftechnisch als Lösen von Eigenspannungen bezeichnet, das bearbeitete Metallvolumen in der Tat größer wird, so dass das bearbeitete Werkstück sich vom Bearbeiter weg krümmt. Die Vorspannung bei Metallen entsteht durch ein „Verkeilen" der Federn, wie man es sich beim Betrachten eines Schliffbildes anschaulich vorstellen kann.

Der Mechanismus der Vorspannung wird im i. A. durch den Druck des Raumes erzeugt. Bisher haben wir den Festkörper durch ein Federmodell dargestellt. Dieses Federmodell erfüllt aber einen physikalischen Raum, der elektrische und magnetische Zustände besitzt, die im einfachsten Fall durch den Festkörper selbst verursacht sind. Diese Felder hängen in irgendeiner Weise von der Dichte des Körpers und der Ankopplung der Materie an den Raum ab. Quantitativ können wir diese Abhängigkeit noch nicht beschreiben. Wir schreiben aber dem Raum, den ein homogener Festkörper mit einem Volumen V einnimmt, eine Energie E_R zu, der wir eine Energiedichte ε_R zuordnen.

$$E_R = V \cdot \varepsilon_R(\rho) \tag{6.135}$$

Von der Energiedichte dürfen wir annehmen, dass bei einer kleinen Verzerrung, durch die die Ankopplung der Materie an den Raum nicht geändert wird, diese von der Dichte abhängt.

Ändern wir nun das Volumen des Körpers, ändert sich auch die Energie des Raumes:

$$\frac{\mathrm{d}E_{Raum}}{\mathrm{d}V}\underset{\substack{\text{Ankopplung}\\\text{konstant}}}{} = \varepsilon_R - \left(\frac{\mathrm{d}\varepsilon_R}{\mathrm{d}\rho}\right)\cdot\rho = -p_R \tag{6.136}$$

Diese Ableitung wollen wir den Druck des Systems Raum nennen, der sich am selben Ort wie der Körper befindet. Diese Definition ist, wie wir gleich sehen werden, äquivalent zur Definition der Kompressionsspannung. Mit der Existenz eines Spannungszustandes des Raumes kann diesem auch ein Kompressionsmodul zugeschrieben werden:

$$K_R = -V\cdot\left(\frac{\mathrm{d}p_R}{\mathrm{d}V}\right) \tag{6.137}$$

Da materieller Körper und der physikalische Raum an einem Ort sind und messtechnisch gar nicht unterschieden werden können, ja sich philosophisch sogar die Frage stellt, ob ein Körper ohne Raum überhaupt denkbar ist, setzen wir in der Interpretation der Spannung als Impulsfluss den gemessen Spannungszustand als additiv aus Materie- und Raumspannung zusammengesetzt.

$$\underset{=}{\sigma} = \alpha_{Mat.}\cdot\underset{=}{\varepsilon} + \left(\beta + K_R\right)\cdot Sp\!\left(\underset{=}{\varepsilon}\right) \tag{6.138}$$

Somit erhalten wir ohne zusätzliche Mechanismen die allgemeine Struktur der Zustandsgleichung, die wir auf unser Federmodell zurückspielen können, der wir aber noch eine Spannung ganz anderer Ursache hinzu addieren müssen. Das Kompressionsmodul des Raumes entsteht nicht aus einem Austausch von Federmengen, sondern, wenn wir das Raumvolumen, das der Körper einnimmt, als Systemmenge des Raumes interpretieren, durch Änderung der Systemmenge. Es ändert sich der Zustand des Raumes in unserem Eimermodell, weil sich bei einer Volumenänderung der Eimerdurchmesser ändert, die Zustandsmenge aber konstant bleibt.[58]

Diese Interpretation reicht quantitativ zur Erklärung der großen Poisson-Zahlen von Metallen nicht aus. Um Sie trotzdem zu motivieren, greifen wir noch einmal auf die Wärmelehre vor. Wie allgemein bekannt, werden Festkörper bei hinreichend hoher Temperatur flüssig. Die Flüssigkeit ist dadurch gekennzeichnet, dass sie einen verschwindenden Schubmodul hat – sie kann einer Scherbelastung nicht standhalten. Darüber hinaus sind die Dichte und der Kompressionsmodul der Flüssigkeit i. A. kleiner als im festen Zustand. Dieses Verhalten kann man dahingehend interpretieren, dass in dem flüssigen Zustand die Federn entkoppelt sind, der Druck des Raumes das Volumen des Körpers vergrößert und der Spannungstensor nur durch das Kompressionsmodul des Raumes bestimmt ist.

---

[58]   Im Vorgriff auf die Wärmelehre können wir den Druck des Raumes als sein chemisches Potenzial interpretieren.

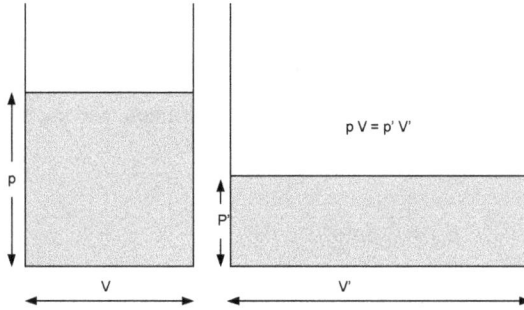

Abb. 6.7. Zum Druck des Raumes

Diese Interpretationen sind hier nur skizziert und sagen selbstverständlich nichts darüber aus, wie die Federn konstituiert sind. Es gehört aber wenig Phantasie dazu, in den Federn das zu erblicken, was wir im Chemieunterricht durch Striche gekennzeichnet und kovalente Bindung genannt haben, bzw. bei Metallen metallische Verbindung. Der Druck des Raumes wird i. A. durch van-der-Waals'sche Kräfte zwischen der Materie beschrieben. Diese Betrachtungen sollen uns genügen, die Spannung-Dehnungs-Beziehung mit Fug und Recht als Zustandsgleichung zu benennen.

6.4.5 Die Energieform der Verformung

Ist die Zustandsgleichung $\underline{\underline{\sigma}} = \underline{\underline{\sigma}}(\underline{\underline{\varepsilon}})$ bekannt, können wir die Energieform der Verzerrung aus unseren Überlegungen zur Arbeit, einen Körper zu verzerren, direkt angeben:

$$dE_\varepsilon = V \cdot \mathrm{Sp}\left(\underline{\underline{\sigma}} \cdot d\underline{\underline{\varepsilon}}\right) \qquad (6.139)$$

Wie der Spannungstensor kann auch die Energieform in einen Anteil der reinen Scherung und einen Anteil der Kompression aufgespalten werden (Beachte dazu, dass die Spur eines Produktes bestehend aus einen spurlosen und eines Spur behafteten Tensors immer null ist)

$$dE_\varepsilon = dE_{Sch.} + dE_{Komp.} \qquad (6.140)$$

mit

$$dE_{Sch} = V \cdot \mathrm{Sp}\left(\underline{\underline{\sigma}}_S \cdot d\left(\underline{\underline{\varepsilon}} - \frac{1}{d}\mathrm{Sp}(\underline{\underline{\varepsilon}})\right)\right) \qquad (6.141)$$

und

$$dE_{Komp} = V \cdot \mathrm{Sp}(\underline{\underline{\sigma}}) \cdot d(\mathrm{Sp}(\underline{\underline{\varepsilon}})) = -p \cdot dV \qquad (6.142)$$

Die Energieform der Kompression zeigt noch einmal die Definition des Druckes Gl. 6.136, die wir zur Bestimmung des Druckes des Raumes benutzt haben.

Bei einer linearen Spannungs-Dehnungs-Beziehung können wir auch den Energieanteil explizit angeben

$$E_{el} = \frac{1}{2} Sp(\underline{\underline{\sigma}} \cdot \underline{\underline{\varepsilon}}) \qquad (6.143)$$

der wiederum in zwei Energieanteile zerlegbar ist.

Wir haben im Wesentlichen die Begriffe der Elastizitätstheorie eingeführt und erläutert. Die Überprüfung der damit verbundenen Interpretationen auf ihre Tragfähigkeit ist i. A. sehr schwierig, da homogene Verformungen eher selten sind. Oft benutzt man aus praktischen Erwägungen auch inhomogene Verformungszustände, um einen Körper zu charakterisieren. Als Beispiel sei die Qualität der Härte eines Werkstoffes angeführt. In diesem Beispiel wird ein Probekörper in einen Körper eingedrückt, so dass in Abhängigkeit von der Geometrie des Probekörpers ein inhomogener Verformungszustand entsteht, der durch die Eindringtiefe charakterisiert wird. Der Zusammenhang zwischen wirkender Kraft und Eindringtiefe wird durch die Härte beschrieben. Da die Eindringtiefe – der inhomogene Verformungszustand – von der Geometrie und dem Material des Probekörpers abhängt, unterscheidet man verschiedene Härteprüfverfahren (Vickers-, Brinell- oder Rockwell-Verfahren).

Ein anderes Beispiel eines inhomogenen Verformungszustandes beobachten wir beim Grillen. Wollen wir z. B. unsere Erfahrung, dass Grillwürste immer in Längsrichtung platzen, mit den beschriebenen Vorstellungen vergleichen, so stellen wir fest, dass das Grillwürstchen einen inhomogenen Spannungszustand besitzt und wir in krummlinigen Koordinatensystemen rechnen müssen. Dennoch hilft uns die Anschauung der Spannung als (Impuls-)Flussdichte. Im Innern des Grillwürstchens herrscht ein höherer Druck als in der Umgebung. Dieser Druck spannt den Darm der Wurst. Vom Innern der Wurst fließt also senkrecht zur Darmoberfläche Impuls. Der Impulsfluss durch die Darmoberfläche zur Umgebung muss geringer sein, da der Umgebungsdruck kleiner ist (die äußere Oberfläche ist aber nur geringfügig größer). Man sagt in der Wandung wird Druck abgebaut. Dies kann – im Bilde des Flusses – nur dadurch geschehen, dass im Darm Scherspannungen entstehen, die zu einem Fluss um die Wurst herum führen. Hat der Darm an irgendeiner Stelle eine Schwächung, kann der Fluss nicht abgeführt werden und der Fluss reißt den Darm an dieser Schwachstelle mit, so dass die Wurst immer in Längsrichtung platzt. Voraussetzung für dieses Bild ist der vektorielle Charakter des Impulses. Es soll hier lediglich deutlich werden, dass unsere grob nicht quantitative Vorstellung uns zumindest erlaubt, von unseren Erfahrungen beim Grillen auf das Bersten eines Rohres unter einem hohen Innendruck zu schließen. Mit diesem nicht ganz ernst gemeinten Beispiel wollen wir das schwierige Thema „ausgedehnter Körper" verlassen und uns der Beschreibung eines weiteren inneren Zustandes, der Temperatur, zuwenden. Dabei beschränken wir uns der Einfachheit halber im Wesentlichen auf Kompressionsspannungen, so dass der tensorielle Charakter des Spannungszustandes vermieden werden kann.

7 Wärmelehre

7.1 Einführung

„Die ganze Wärmelehre wird vom Begriff der Temperatur beherrscht"[59] und behandelt im weitesten Sinne alle Phänomene, die vom Zustand der Temperatur beeinflusst werden. Die Temperatur ist ein quantitatives Maß unserer Sinnesempfindung heiß und kalt. In unserer Sprache ist die Temperatur ein Zustand, den jedes System besitzt, und alle Eigenschaften von Systemen, die wir durch Materialparameter beschrieben haben, hängen mehr oder weniger stark von der Temperatur ab. Bisher haben wir uns auf solche Systeme beschränkt, bei denen dieser Einfluss eher gering ist, so dass er vernachlässigt werden konnte. Die Wärmelehre hat sich aus der Beschreibung verschiedenster Phänomene eigenständig entwickelt und zu der Entwicklung unseres Denkschemas entscheidend beigetragen. Um einen Überblick über diese Phänomene zu bekommen, wollen wir diese im Weiteren kurz diskutieren.

Die auffälligste Eigenschaft der Temperatur ist es, sich anzugleichen. Zwei Körper in Kontakt mit unterschiedlichen Ausgangstemperaturen nehmen nach hinreichend langer Zeit dieselbe Temperatur an. Im Alltag denken wir dabei an feste Körper und Flüssigkeiten, deren Änderung des Temperaturzustandes als unabhängig von anderen Zuständen aufgefasst wird. Das Phänomen des Temperaturausgleichs nutzen wir, wenn wir warmes Wasser in unsere Badewanne nachlaufen lassen, um die Temperatur des Badewassers zu erhöhen, oder wenn wir mit Hilfe von Eiswürfeln unser Getränk kühlen. Diese Phänomene werden schon umgangssprachlich mit dem mengenartigen Begriff der Wärmemenge[60] und deren Transport mit der „Wärmeleitung" beschrieben. Beschränkt man die Wärmelehre auf diese einfachen Phänomene, so ist die Wärmelehre eine eigenständige Disziplin, die mit mechanischen Phänomenen nicht vergleichbar ist.

Beobachten wir unseren Alltag genauer, so gehen Temperaturänderungen von Systemen oft mit anderen Zustandsänderungen einher. Der Eiswürfel in unserem Getränk schmilzt. Erhitzen wir Nahrungsmittel, gerinnt Eiweiß etc. Diese Wechselwirkung der Zustandsänderung ist auf keine speziellen Zustände beschränkt. Putzrisse an Wänden entstehen auf Grund der Volumenausdehnung des in den Putz eingedrungenen Wassers, wenn dieses im Winter seine

---

[59] Der erste Satz des berühmten Lehrbuchs „Theorie der Wärme" von Richard Becker, Springer-Verlag.

[60] Wir unterscheiden die Begriffe Wärme und Wärmemenge, die umgangssprachlich synonym benutzt werden.

Temperatur verringert. Aus der Sicht des Physikers ist die ganze Chemie ein Teilgebiet der Wärmelehre. Noch auffälliger sind Reibungsphänomene, bei denen der Temperaturzustand eines Systems mit Hilfe von an dem System verrichteter Arbeit (ohne Wärmeleitung) geändert wird. Bei Reibungsphänomenen kann Wärmemenge erzeugt werden.

Das umgekehrte Phänomen müssen wir feststellen, wenn wir Motoren beschreiben. Auf einem abstrakten Niveau verrichten Motoren Arbeit an ihrer Umgebung und dabei vernichten sie Wärmemenge, die z.B. bei unserem Automotor durch Explosion des Benzin-Luft-Gemisches erzeugt wurde. Die Abgase unseres Motors haben eine erheblich geringere Temperatur als das verbrannte Benzin-Luft-Gemisch unmittelbar nach der Explosion.

Die Reichhaltigkeit der Phänomene, die die Wärmelehre als Disziplin definieren, wird in unserer Umgangssprache gar nicht wahrgenommen, so dass die Begriffsbildung, die meist für die Beschreibung von Teilphänomenen der Wärmelehre im Alltag verwendet wird, nicht präzise genug ist, alle Phänomene einheitlich zu beschreiben. Hieraus resultiert eine wesentliche Schwierigkeit des Verständnisses, die wir durch das Kapitel „Elementare Wärmelehre" zu überwinden hoffen. Daneben sind noch Ergänzungen an unserem Denkschema vorzunehmen.

In der Punktmechanik haben wir die wesentlichen Schritte des Interpretationsschemas der Thermodynamik kennen gelernt, welches wir auch in der Wärmelehre wieder verwenden wollen. In der Wärmelehre werden wir jedoch mit folgenden Besonderheiten konfrontiert werden:

1. Der Systemzustand „Temperatur" ist ein Zustand, der nicht sichtbar ist. Eine Zuordnung der Art $\frac{dx}{dt} = v(p)$ ist nicht möglich, so dass eine neue Zuordnung über einen definierten Prozess notwendig wird. Im Gegenzug erhalten wir dafür aber eine messbare absolute Temperatur.

2. Die interpretatorisch der absoluten Temperatur zugrunde liegende Menge – die Entropie[61] – erweist sich als nicht erhalten, was zu einer größeren Menge an Prozessrealisierungen als in der Punktmechanik durch das 3. Newtonsche Gesetz bzw. den Impulserhaltungssatz führt. Diese Vielfalt zwingt uns, die Bilanzierung von Prozessen ausführlicher zu untersuchen. Dies geschieht mit den Begriffen Energie, Arbeit und Wärme und stellt erhebliche Anforderungen an uns, da diese Begriffe in unserer Umgangssprache oft wenig scharf benutzt werden.

3. Die Temperatur ist kein „singulärer" Systemzustand, der wie die Geschwindigkeit weitgehend unabhängig von anderen Systemzuständen behandelt werden kann. Selbst im einfachsten Fall gehen Temperaturänderungen mit Spannungs- oder Volumenänderungen einher. Das heißt, dass immer mindestens zwei Systemzustände betrachtet werden müssen, was den Zustandsraum erheblich vergrößert und die Zustandsgleichungen verkompliziert.

---

[61] Die Entropie ist ein Ausdruck für das, was wir umgangssprachlich die Wärmemenge, die einem Körper innewohnt, nennen.

Die Überwindung dieser Schwierigkeiten belohnt uns aber auch mit tiefen Einblicken in die Phänomene der Wärmelehre. Gerade die letztgenannte Schwierigkeit führt uns in das neue Denkschema der „Statistischen Physik" ein, das uns einerseits den Zusammenhang zwischen mechanischen (Spannungs-) Zuständen und dem Zustand der Temperatur erlaubt und uns andererseits ermöglicht, elementare Erfahrungen, wie die Vergleichbarkeit verschiedenster Systemzustände, die ja letztlich zum Energiebegriff führen, besser zu verstehen. Als praktische Belohnung erhalten wir ein Verständnis in die Beschreibung von Wärmekraftmaschinen, die das Berufsbild des Ingenieurs wesentlich prägen und eine wichtige Grundlage unseres Wohlstandes ist.

Unser weiters Vorgehen im nächsten Kapitel ist der naiven Anwendung unseres bisherigen Denkschemas auf einfache oben angesprochene Phänomene gewidmet. Diese Anwendung soll für die begriffliche Problematik bei der Einführung der Entropiemenge im Kapitel „Reinterpretation" sensibilisieren. Die darauf folgenden Kapitel zeigen dann in Anlehnung an die 2. Newtonschen Bewegungsgleichungen die Struktur der Bilanzgleichungen für die Entropie auf. Der Einfachheit halber verwenden wir hier die Temperatur als singulären Zustand. Nachdem wir dieses Schema verstanden haben, werden wir in dem Kapitel „Zustandsgleichungen von Flüssigkeiten und Gasen" eine genauere Definition der Temperatur nachschieben und realistischere Systeme, die neben der Temperatur auch einen Spannungszustand besitzen, beschreiben. Im Kapitel „Prozess und Prozessrealisierung" werden wir die Schwierigkeit der Bilanzierung durch die Möglichkeit des Anwachsens der Entropie während einer Prozessrealisierung behandeln. Die Früchte dieses Kapitels können wir im folgenden Kapitel bei der Beschreibung von Motoren sofort ernten, indem wir eine wichtige Abschätzung von Wirkungsgraden von Motoren verstehen lernen. Als Anregung, die Chemie aus der Sicht der Wärmelehre zu betrachten, wenden wir uns im Anschluss den Phasenübergängen zu. Den vorläufigen Abschluss der Wärmelehre bildet eine Einführung in die Statistische Physik. Bisher konnten wir immer zwischen verschiedenen Interpretationen wählen. Den Drehimpuls konnten wir als Impulswirbel interpretieren, die Spannung als Impulsfluss. Die Statistische Physik folgt der gleichen Intention und interpretiert den Zustand der Temperatur als eine Eigenschaft des Bewegungszustandes. Dieses scheinbar unmögliche Ziel, eine wachsende Menge, die Entropie, durch eine erhaltene Menge – den Impuls – zu beschreiben, erreicht zu haben, gehört zu den geistigen Großtaten des 19. Jahrhunderts und hat unser heutiges Denken entscheidend geprägt.

Da die Prozesse der Wärmeleitung langsam sind und fast immer mit beobachtbaren inhomogenen Temperaturen von Systemen einhergehen, ist die Beschreibung der Wärmeleitung Gegenstand der Feldtheorie und sprengt den Rahmen dieses Buches über homogene Systeme.

7.2   Elementare Wärmelehre

7.2.1   Die Temperatur

Jeder Mensch hat eine Vorstellung von heiß und kalt und kann sinnlich den Zustand der Temperatur erfassen. In unserem Kulturraum denken wir uns diesen Temperaturbegriff mit Hilfe z.B. eines Quecksilberthermometers quantifiziert. Das Formelzeichen der Temperatur ist T. Die Grundlage dieses Messgerätes, an dem wir ja eigentlich eine Volumenänderung des Quecksilbers ablesen, schieben wir nach. Die Einheit eines solchen Thermometers ist Grad Celsius ($[T] = °C$). Unter normalen Umgebungsbedingungen entspricht die Temperatur $T = 0\ °C$ dem Gefrierpunkt von Wasser, die Temperatur $T = 100\ °C$, dem Siedepunkt von Wasser. Die Formulierung „unter normalen Bedingungen" weist auf die genannte Schwierigkeit hin, dass auch ein Spannungszustand – hier der Druck $p = 1$bar – definiert sein muss. Diese Komplikation wollen wir aber zunächst ignorieren. Eine dergestalt „definierte" Temperatur ist ein relativer Zustand. Da wir aber schon mit der absoluten Temperatur operieren wollen, nutzen wir die Erfahrung: Es ist unmöglich (es ist keine Prozessrealisierung bekannt), ein System in einen Zustand zu bringen, dessen Temperatur niedriger ist als $T_{min} = 273,15...°C$. Diese Temperatur nennt man den absoluten Nullpunkt. Diese Erfahrung stützt das Interpretationsschema eindrucksvoll, da ein Füllstand in einem leeren Eimer natürlich nicht mehr weiter sinken kann.

Wir definieren eine absolute Temperatur T_{abs} mit der Einheit K (Kelvin).

$$T_{abs}(T) = \left(\frac{T}{^0C} - 273,15 \right) \cdot K \qquad (7.1)$$

Wir sehen sofort, dass Temperaturdifferenzen in beiden Temperaturskalen identische Zahlenwerte liefern, also die Teilung der Skalen identisch ist. Aus schreibtechnischen Gründen unterdrücken wir im Weiteren den Index „abs" und vereinbaren, dass in allen Formeln das Formelzeichen T die absolute Temperatur repräsentiert.

Wie in der Mechanik wollen wir zunächst homogene Systeme beschreiben, bei allen Prozessen der Wärmelehre ist diese Näherung jedoch schon augenfällig nicht erfüllt. Ein Eiswürfel z.B. schmilzt von den Rändern ab, d.h. innerhalb des Systems Eiswürfel stellt sich während des Abschmelzens eine inhomogene Temperaturverteilung ein. Diese Inhomogenitäten wollen wir aus didaktischen Gründen ignorieren. Der strukturellen Richtigkeit der gewonnen Resultate tut dies keinen Abbruch und für die Praxis liefert diese Näherung für viele Fragestellungen brauchbare Ergebnisse.

Entgegen unserer eingangs gemachten Äußerungen wollen wir zunächst annehmen, dass die Temperatur ein singulärer Systemzustand ist, es also Systeme gibt, bei denen Temperaturänderungen unabhängig von allen anderen Zuständen sind. Solche Systeme sind in Grenzen feste Körper und Flüssigkeiten, die bei einer mechanischen Isolation ihre Temperatur ändern, ohne ihren mechanischen (Spannungs-) Zustand oder ihr Volumen zu ändern. Dies geschieht nur aus Gründen der Einfachheit. Eine Berücksichtigung dieser Abhängigkeiten ist unerlässlich, um die wesentlichen in der Einführung genannten Phänomene zu verstehen.

7.2.2   Der Temperaturausgleich

Nach diesen Vorbemerkungen und Vereinfachungen, welche die elementare Wärmelehre kennzeichnen, wollen wir uns dem einfachen Phänomen des Temperaturausgleichs zweier Körper widmen. Wir stellen uns dazu zwei metallene Blöcke mit den Volumen V_1 bzw. V_2 vor, die die Temperaturen T_1 bzw. T_2 haben und die im Weiteren die von uns untersuchte Anordnung bilden. Koppelt man die beiden Systeme dieser Anordnung durch einfachen Kontakt mit der gemeinsamen Kontaktfläche A, so ändern sich die Temperaturen mit der Rate $\dot{T}_1$ bzw. $\dot{T}_2$ (Vergleiche auch Kap. 3.1.5).

Haben die beiden Systeme die gleiche Temperatur, so sind die Raten identisch null, unabhängig davon, ob die Systeme in Kontakt sind oder nicht. Das Gleichgewicht dieser Anordnung ist also ein thermisches im Unterschied zum Fließgleichgewicht der Mechanik. Überlässt man die gekoppelte Anordnung mit beliebigen Anfangstemperaturen T_1 bzw. T_2 sich selbst, so wird nach hinreichend langer Zeit ein Gleichgewichtszustand erreicht.

$$\lim_{t \to \infty} T_{1,2} = T^{gl} \tag{7.2}$$

Vergleichen wir diesen Prozess mit den Stoßprozessen, so kann man sagen, dass „thermische Stöße" immer „inelastisch" sind. Man spricht von dem Prozess des Temperaturausgleichs.

Die Kinematik des Temperaturausgleichs kann in einem Temperatur-Zeit-Diagramm dargestellt werden.

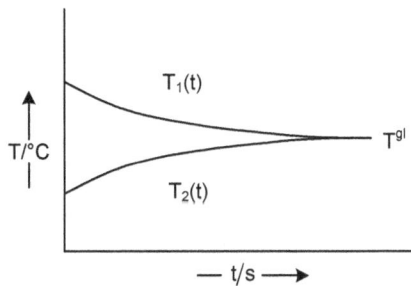

Abb. 7.1. Temperatur-Zeit-Diagramm des Temperaturausgleichs

Diese Kurven zu interpretieren, ist Aufgabe der Dynamik. Dazu gehört insbesondere, die Endtemperatur aus den Anfangstemperaturen vorherzusagen, so wie wir beim inelastischen Stoß durch die Impulsbilanz die gemeinsame Endgeschwindigkeit vorhersagen konnten. Der Charakter der Mengenartigkeit dieses Prozesses wird durch mehrere Indizien, die wir durch Manipulation der Anordnung erarbeiten können, deutlich:

1. Ändern wir die Größe der Kontaktfläche, indem wir die sich berührenden Körper ein wenig gegeneinander verschieben, so bleiben die Temperatur-Zeit-Diagramme qualitativ gleich, lediglich die Zeitdauer bis zum Erreichen der Gleichgewichtstemperatur ändert sich. Dies lässt sich dahingehend interpretieren, dass eine Menge, die von System 1 nach System 2 fließt, bei dem neuen Prozess eine kleinere/größere Fläche zum Durchströmen zur Verfügung steht und daher der im Prinzip gleiche Prozess langsamer/schneller abläuft.

2. Ändern wir die Systemmengen der beteiligten Systeme, was wir bei unseren homogenen Körpern einfach durch Änderung der Volumina erreichen können, bleibt das Diagramm wieder qualitativ gleich. Wird der Körper 1 so verkleinert, dass die Kontaktfläche gleich bleibt, läuft der Prozess ähnlich schnell ab. Die abgeführte Menge sorgt bei dem kleineren System jedoch für eine raschere Temperatursenkung, so dass sich die einstellende Gleichgewichtstemperatur in Richtung der Temperatur des größeren Systems verschiebt.

An dieser Stelle wollen wir experimentelle Befunde analytisch auswerten, um auch das Verständnis unserer abstrakten Betrachtungen in Kap. 3 zu vertiefen. Der Temperaturausgleich zweier Systeme lässt sich analytisch durch die folgenden Ratengleichungen darstellen:

$$\dot{T}_1 = -\kappa_{12} \cdot (T_1 - T_2) \tag{7.3}$$

$$\dot{T}_2 = -\kappa_{21} \cdot (T_2 - T_1) \tag{7.4}$$

Die (Temperatur-) Ratenkoeffizienten κ_{ij} sind i. A. Funktionen der zum jeweiligen Zeitpunkt vorliegenden Temperaturen.

$$\kappa_{ij} = \kappa_{ij}(T_i, T_j) \tag{7.5}$$

Unsere Erfahrungen mit den wie oben manipulierten Systemen ergibt die folgende Abhängigkeit von der geometrischen Struktur der Anordnung:

$$\kappa_{ij} \sim \frac{A}{V_i}, \tag{7.6}$$

wobei A die Kontaktfläche zwischen den Systemen i und j und V_i – das Systemvolumen – ein Maß für die Systemmenge[62] ist. In unserer unmittelbaren Erfahrungswelt liegen die in Betracht kommenden Temperaturen T_i in einem Bereich von –30 °C bis 200 °C. Schränken wir unsere Ausgangstemperaturen T_{0i} zum Zeitpunkt $t_0 = 0$ s auf diesen Bereich ein, so ist die Temperaturabhängigkeit der Ratenkoeffizienten meistens vernachlässigbar. In diesem Fall können wir das Differentialgleichungssystem Gln. 7.3 und 7.4 schnell lösen. Dazu subtrahie-

---

[62] Da in unserem Beispiel die Massendichte definitionsgemäß konstant ist, können wir auch die Masse der Systeme als Systemmenge einführen. Da die Masse, definiert als träge oder schwere Masse, aus der Wärmelehre zunächst fernen Disziplinen stammt, sehen wir davon ab.

ren wir die Gleichungen voneinander und erhalten für die Temperaturdifferenz $\Delta T = T_1 - T_2$ die Differentialgleichung:

$$\dot{\Delta T} = -(\kappa_{12} - \kappa_{21}) \cdot \Delta T \qquad (7.7)$$

Mit der Temperaturdifferenz ΔT_0 zum Zeitpunkt t_0, erhalten wir die schon aus der Mechanik bekannte Lösung:

$$\Delta T(t) = \Delta T_0 \cdot e^{-(\kappa_{12} - \kappa_{21}) \cdot t} \qquad (7.8)$$

Die Temperaturen gleichen sich exponentiell schnell aneinander an, wobei die Dauer des Temperaturausgleichs durch die Zeitskala τ definiert ist.

$$\tau = \frac{1}{\kappa_{12} - \kappa_{21}} \qquad (7.9)$$

Dividieren wir die Gln. 7.3 und 7.4 durch κ_{12} bzw. κ_{21} und addieren die so gewonnenen neuen Gleichungen, so erhalten wir:

$$\frac{\dot{T_1}}{\kappa_{12}} + \frac{\dot{T_2}}{\kappa_{21}} = 0 \qquad (7.10)$$

Mit der Lösung:

$$\frac{T_1}{\kappa_{12}} + \frac{T_2}{\kappa_{21}} = \frac{T_{01}}{\kappa_{12}} + \frac{T_{02}}{\kappa_{21}} \qquad (7.11)$$

Mit Gl. 7.11 erhalten wir insbesondere auch die sich einstellende Gleichgewichtstemperatur:

$$T^{gl} = (\kappa_{12} + \kappa_{21}) \cdot \left(\frac{T_{10}}{\kappa_{12}} + \frac{T_{20}}{\kappa_{21}} \right) \qquad (7.12)$$

Die Gleichungen 7.9 und 7.12 erlauben umgekehrt auch eine relativ einfache Bestimmung der Ratenkoeffizienten aus einem Temperatur-Zeit-Diagramm.

Die Abhängigkeiten der die Anordnung darstellenden Funktionen F_{ij} ist in dem einfachen untersuchten Fall augenfällig, da diese Funktionen nur von der Temperaturdifferenz abhängen.

$$F_{ij}(T_i, T_j) - -\kappa_{ij} \cdot (T_i - T_j) \qquad (7.13)$$

Im allgemeinen Fall lehrt die Erfahrung, dass in Anordnungen vom hier beschriebenen Typus die Funktionen F_{ij} linear abhängig sind. D.h.:

$$C_1(T_1) \cdot F_{12} + C_2(T_2) \cdot F_{21} = 0 \qquad (7.14)$$

bzw.

$$C_1(T_1) \cdot \kappa_{12} = C_2(T_2) \cdot \kappa_{21} \qquad (7.15)$$

Wobei die C_i durch den Temperaturausgleich mit einem Normsystem (früher: ein Liter Wasser) gewonnen werden können. Die systemspezifische Größe C_i nennt man die Wärmekapazität des Systems $i=1,2$. Auf Grund von Gl. 7.6 ist die Wärmekapazität eines Systems proportional zur Systemmenge. Die Wärmekapazität verfügt also über alle Eigenschaften, die wir benötigen, um eine Zustandsgleichung zu konstruieren. Bevor wir dazu kommen, wollen wir noch die spezifischen Wärmen definieren. Betrachten wir ein homogenes System, dann können wir durch Division des Volumens durch die Wärmekapazität eine materialspezifische Größe, die spezifische Wärme c^V definieren.

$$c^V = \frac{C}{V} \qquad (7.16)$$

Wählt man als Systemmenge die Masse des Systems, was aus messtechnischen Gründen oft sinnvoller ist, so definiert man die spezifische Wärme wie folgt:

$$c^m = \frac{C}{m} \text{ bzw. } c^V = \rho \cdot c^m \qquad (7.17)$$

Die Wärmekapazitäten bzw. spezifischen Wärmen sind i. A. temperaturabhängige Größen. In dem hier betrachteten Fall der temperaturunabhängigen Ratenkoeffizienten sind diese Größen jedoch ebenfalls temperaturunabhängig.

Ausgehend von der Wärmekapazität C eines Systems konstruieren wir die Zustandsgleichung $T = T(M)$ eines Systems, die uns den Zusammenhang zwischen der Temperatur des Systems und der Wärmemenge M[63] liefert.

$$C(T) = \frac{\mathrm{d}M}{\mathrm{d}T} \qquad (7.18)$$

bzw.

---

[63] Im Unterschied zu den eingangs des Kapitels gemachten Vorbemerkungen definieren wir hier nicht die Entropiemenge als die der Temperatur zugrundeliegende Menge, sondern die Wärmemenge M, eine Größe, die heute streng genommen in Naturwissenschaft und Technik nicht mehr gebräuchlich ist, aber unsere Umgangssprache noch dominiert. Die in diesem Kapitel eingeführte Zustandsgleichung ist daher auch nur vorläufig. Dieses Vorgehen scheint mir aber notwendig, da der physikalische Begriff der Wärme oft mit dem der Wärmemenge verwechselt wird.

$$M(T) = M_0 + \int_{T_0}^{T} C(T') \cdot dT' \tag{7.19}$$

In dem hier betrachteten Temperaturbereich kann die Wärmekapazität für viele Systeme als konstant angenommen werden, so dass wir die Zustandsgleichung bis auf eine additive Konstante, deren Unkenntnis uns im Moment nicht weiter stört, explizit bestimmen können.

In unserem Bild des Eimers können wir den Temperaturausgleich einfach interpretieren. Der Füllhöhe der Eimer entspricht die Temperatur, die Größe des Eimers ist durch die Wärmekapazität beschrieben und die Füllhöhe ist Folge einer Wärmemenge in dem betrachteten Eimer. Der Prozess des Temperaturausgleichs ist in diesem Bild als Austausch von Wärmemengen beschreibbar, der offensichtlich immer von dem System höherer Temperatur zu dem System niedriger Temperatur erfolgt.

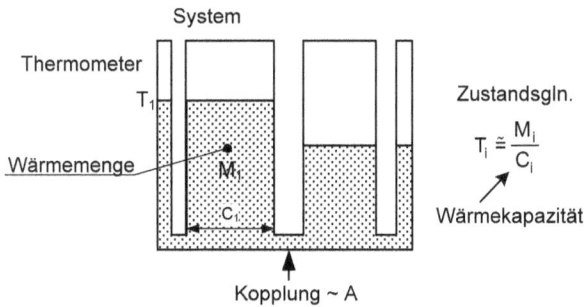

Abb. 7.2. Naive Interpretation des Temperaturausgleichs

Die Kopplung der Systeme – im Eimermodell durch den Schlauch angedeutet – ist proportional zur Kontaktfläche der Systeme. Für den einfachen Temperaturausgleich können wir also einen Wärmemengenerhaltungssatz formulieren:

$$M_1 + M_2 = M_1' + M_2' \tag{7.20}$$

$$\Leftrightarrow$$

$$C_1 \cdot T_1 + C_2 \cdot T_2 = C_1 \cdot T_1' + C_2 \cdot T_2' = (C_1 + C_2) \cdot T^{gl}$$

Mit Hilfe dieses Erfahrungssatzes können wir z. B. die Mischtemperatur (Gleichgewichtstemperatur) vorhersagen.

$$T^{gl} = \frac{C_1 \cdot T_{01} + C_2 \cdot T_{02}}{C_1 + C_2} \tag{7.21}$$

Für die Mischung gleichartiger Systeme (Systeme mit gleicher spezifischer Wärme), wie beim Abstimmen der Temperatur unseres Badewassers, erhalten wir eine Beziehung, die unsere unmittelbare Erfahrung widerspiegelt:

$$T^{gl} = \frac{V_1 \cdot T_{01} + V_2 \cdot T_{02}}{V_1 + V_2} \tag{7.22}$$

Die Erhaltung der gesamten Wärmemenge der Anordnung spiegelt sich analytisch in der linearen Abhängigkeit der F_{ij}. Die Raten der Wärmemengen sind daher analog zum 2. Newtonschen Gesetz durch Wärmeströme I beschreibbar.

$$\dot{M}_1 = I_M\left(T_1, T_2\right) \tag{7.23}$$

$$\dot{M}_2 = -I_M\left(T_1, T_2\right) \tag{7.24}$$

mit dem Wärmestrom:

$$\begin{aligned} I_M\left(T_1, T_2\right) &= -C_1(T_1) \cdot \kappa_{12}(T_1, T_2) \cdot (T_1 - T_2) \\ &= -C_2(T_2) \cdot \kappa_{21}(T_2, T_1) \cdot (T_2 - T_1) \\ &\equiv -A \cdot k(T_1, T_2) \cdot (T_1 - T_2) \end{aligned} \tag{7.25}$$

Die Größe k ist der Wärmedurchgangskoeffizent. Er ist eine Größe, die die Grenzschicht zwischen den beiden betrachteten Systemen beschreibt. Dieser Wärmedurchgangskoeffizient oder k-Wert ist uns aus dem Baumarkt zur Beschreibung von Isolationsmaterialien oder der Quantifizierung der Energieeffizienz von Häusern geläufig.

Betrachten wir ein Haus mit der Temperatur T, die kleiner sein soll als die Umgebungstemperatur T_{amb}, so passt sich die Temperatur des Hauses gemäß Gl. 7.3 der Umgebungstemperatur an (die Umgebung ist als unendlich groß angenommen.).

$$\dot{T} = -\frac{A}{V} \cdot \frac{k}{c} \cdot (T - T_{amb}) \tag{7.26}$$

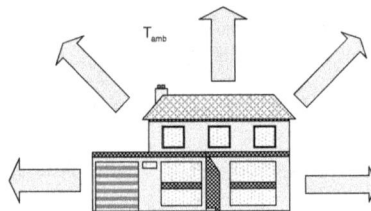

Abb. 7.3. *Haus in Umgebung*

Die Zeitskala τ, auf der diese Anpassung erfolgt, ist neben der Isolierung des Hauses, die durch k quantifiziert wird, durch die Geometrie des Hauses – sein Volumen V und seine Oberfläche A – definiert.

$$\tau = \frac{V}{A} \cdot \frac{c}{k} \qquad\qquad (7.27)$$

Wir erkennen unschwer in diesem Zusammenhang, dass große Häuser wie Kirchen viel langsamer auskühlen als kleine. Eine blecherne Lagerhalle ist an einem sommerlichen Mittag noch angenehm kühl, während das vor der Lagerhalle parkende Auto unerträglich aufgeheizt ist. Große Strukturen sind isolationstechnisch viel effizienter als kleine. Babys müssen eine Mütze tragen, da die spezifischen Wärmeverluste des kleinen Kopfes größer als bei Erwachsenen sind. Bei gleicher Biomasse ist ein großes Tier wie der Wal viel effizienter als die Verteilung dieser Biomasse auf viele kleine Tiere. Wenn wir beim Skifahren Erfrierungen erleiden, dann immer zunächst an den kleinen Strukturen Nase, Ohren, Finger oder Zehen. Die Liste der Beispiele, die durch die Interpretation des Wärmeflusses sinnvoll in Zusammenhang gebracht werden kann, ließe sich endlos fortsetzen.

Solange man nur Anordnungen dieser einfachen Art betrachtet, trägt die hier vorgestellte Interpretation. Nach der Energie oder dem Wert der Anordnung oder der diese Anordnung konstituierenden Systeme zu fragen, erübrigt sich, da bei den betrachteten Prozessen andere Systemzustände nicht vorkommen und sie sich damit einem Vergleich entziehen. Eine derart aufgefasste Wärmelehre ist ein von mechanischen Zustandsänderungen vollständig unabhängiges Gebiet. Es gehört aber unzweifelhaft zu unseren Erfahrungen, dass Temperaturänderungen eines Systems nicht zwingend einer Temperaturänderung in der Umgebung des Systems bedürfen. Durch Reiben zweier Systeme aneinander können wir die Temperatur dieser Systeme erhöhen. Dazu betrachten wir im nächsten Abschnitt ein Beispiel.

7.2.3 Reibungswärme

Beobachten wir eine Anordnung, bei der zwei Systeme aneinander abgleiten, so werden sich die Geschwindigkeiten der beiden Systeme auf Grund von Gleitreibungskräften annähern, bis sie relativ zueinander ruhen. Wir denken uns z.B. einen Puck, der auf eine Eisfläche geworfen wird. Zu dem Zeitpunkt $t_0 = 0$ s, der durch den Aufprall des Pucks definiert ist, hat der Puck in einem geeigneten Inertialsystem die Geschwindigkeit $v_{01} > 0$ m/s und die Eisfläche die Geschwindigkeit $v_{02} = 0$ m/s. Die Wechselwirkung zwischen den Systemen kann durch das Coulombsche Gesetz der Gleitreibung beschrieben werden.

$$F_{12}^{Gleit} = -\mu \cdot F_N \cdot \frac{v_1 - v_2}{|v_1 - v_2|} \qquad\qquad (7.28)$$

Die Lösung der daraus resultierenden Bewegungsgleichungen ergibt dann für den Puck eine konstante Verzögerung der Geschwindigkeit so lange bis $v_1 = v_2 \sim 0$ m/s ist. Auf Grund der großen Masse des Eisfeldes ($\sim$ Masse der Erde) ist die Geschwindigkeitszunahme des Eisfeldes vernachlässigbar. Mit diesem Prozess geht auch eine Abnahme der kinetischen Energien der Systeme einher:

$$\frac{dE_{kin}}{dt} = -\mu \cdot F_N \cdot |v_1 - v_2| \cong -\mu \cdot F_N \cdot |v_1| < 0 \qquad (7.29)$$

Analysiert man das Temperaturverhalten von Puck und Eisfläche, so stellt man eine Temperaturzunahme fest, die durch eine Erhöhung der gesamten Wärmemenge interpretiert werden muss und die direkt proportional zur Abnahme der kinetischen Energie ist.

$$\frac{dM_1}{dt} + \frac{dM_2}{dt} = C_1 \frac{dT_1}{dt} + C_2 \frac{dT_2}{dt} \qquad (7.30)$$
$$\sim \mu \cdot F_N \cdot |v_1 - v_2| \cong \mu \cdot F_N \cdot |v_1| > 0$$

Diese erzeugte Wärmemenge nennt man umgangssprachlich Reibungswärme (-menge). Dieser Sachverhalt führt uns in eine ganze Reihe von Interpretationsschwierigkeiten, die wir mit einer neuen Interpretation überwinden werden, die ohne den Begriff der Wärmemenge auskommt. Zunächst zeigt dieses Beispiel, dass der Zustand der Geschwindigkeit mit dem Zustand der Temperatur vergleichbar ist, weil wir einen Prozess herausgegriffen haben, bei dem die Zustandsänderungen dieser Größen gekoppelt sind. Das heißt, es ist sinnvoll, den energetischen Wert der Wärme zu betrachten. Definitionsgemäß hängt ist die Wertänderung eines Systems mit der Zustandsmengenänderung über

$$dE_M = T \cdot dM \qquad (7.31)$$

zusammen. Mit dieser Definition sehen wir unmittelbar, dass mit Gl. 7.30 ein Energieerhaltungssatz nicht erfüllt sein kann. Gl. 7.30 legt vielmehr nahe, dass die Wärmemenge ihrem Wesen nach die Energie einer noch zu definierenden Zustandsmenge ist. Der Wärmemengenerhaltungssatz ist in dieser Interpretation eine spezielle Anwendung des Energieerhaltungssatzes. Durch geeignete Normierung der Wärmekapazitäten (historisch der Übergang von der Einheit Kalorie zu Einheit Joule) können wir auf den Begriff der Wärmemenge oder der Reibungswärme verzichten und in Analogie zur kinetischen Energie von der inneren Energie sprechen. Unabhängig von dieser Betrachtung führt uns dieses Beispiel auch in die zu erwartenden Schwierigkeiten der Bilanzierung ein. Von einem allgemeingültigen Wärmemengenerhaltungssatz kann nicht mehr die Rede sein. Allgemein kann Wärmemenge auch durch Reibung erzeugt werden. Diese Problematik spitzt sich noch zu, wenn wir Motoren betrachten.

7.2.4   Motoren

Wir können an dieser Stelle die Funktionsweise eines Motors nur schematisch betrachten. Ein Motor als System ist immer dadurch charakterisiert, dass ihm Wärme zugeführt wird (beim Ottomotor wird diese Wärmemenge durch die chemische Reaktion der Verbrennung erzeugt), ein Teil dieser Wärme in Arbeit umgewandelt wird (i. A. wird diese Arbeit durch einen Drehimpulsstrom über eine Welle abgeführt). Da ein Motor ein periodisch arbeitendes System ist, muss auch Arbeit aufgewendet werdet und ein Teil der Wärmemenge, die zugeführt wurde, wieder abgeführt werden (jeder Motor verfügt über ein Kühlsystem).

Die Qualität eines Motors wird durch seinen Wirkungsgrad η beschrieben, der das Verhältnis von zugeführter Wärmemenge (in Joule)[64] zur netto verrichteten Arbeit beschreibt.

$$\eta \approx \frac{|A|}{M_+} \qquad (7.32)$$

Der Betrag der Arbeit ergibt sich durch die Konvention, dass die am System „Motor" verrichtete Arbeit positiv und die vom System verrichtete Arbeit negativ gezählt wird. Im Umgang mit solchen Motoren verfügen wir über die Erfahrung, dass der Wirkungsgrad eines Motors immer kleiner als ein Grenzwert ist. Dieser Grenzwert kann bei geeigneter Normierung gleich eins gewählt werden. Darüber hinaus können wir messen, dass die abgeführte Wärmemenge immer geringer ist als die zugeführte Wärmemenge.

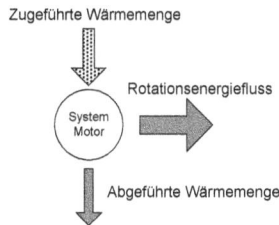

Abb. 7.4. Schema eines Motors

Wir können uns von einem Motor ein Bild machen als ein System, das von einer Wärmemenge durchströmt wird, von diesem Strom innerhalb des Motors ein Teil abgezweigt wird und in Arbeit umgewandelt wird. Bei einer wie oben gewählten geeigneten Normierung erhalten wir für die Bilanz von Arbeit und der Wärme folgendes Resultat:

$$0 = -|M_-| + M_+ - |A| \qquad (7.33)$$

Da der Motor, wenn er abgestellt wird, wieder in seinem Ausgangszustand ist ($\Delta E_{Motor}=0$), tritt der energetische Charakter der Wärmemenge wieder hervor.

Die erste Betrachtung verschiedener Phänomene der Wärmelehre führt zu folgenden Ergebnissen:

---

[64] Die Wärmemenge wird geschichtlich in Kalorien (Einheit: cal) gemessen. Die Erfahrung mit Reibungsphänomenen zeigen jedoch, dass die Wärmemenge auch in Einheiten der Energie sinnvoll angegeben werden kann (1cal = 4,2 J).

1. Die Phänomene haben einen mengenartigen Charakter

2. Die bei dem Temperaturausgleich eingeführte Wärmemenge führt zu keinen allgemeinen Bilanzierungsregeln. Sie kann je nach Prozess erhalten sein, wachsen oder schrumpfen. Sie ist in Konsequenz untauglich für die weitere allgemeine Verwendung.

3. Die eingeführte Wärmemenge ist ihrem Wesen nach eine energetische Größe.

Dieses Resümee führt uns zu einer Reinterpretation der betrachteten Phänomene, die sich eigentlich zwingend in unserem Denkschema ergibt und auch nicht allzu kompliziert ist. Da unser Bild von der Wärmelehre aber im Wesentlichen von den Phänomenen des Temperaturausgleichs und in geringerem Maße der Reibung bestimmt ist, ist diese Reinterpretation noch nicht in unseren allgemeinen Sprachgebrauch eingeflossen. Hier wird uns also im Weiteren eine gewisse Konzentration abverlangt

7.3   Die Reinterpretation der Phänomene

7.3.1   Die Entropie

Die Reinterpretation der o.g. Phänomene verlangt die Einführung einer neuen Zustandsmenge, die wir Entropie nennen und die das Formelzeichen S besitzt. Die Einheit der Entropie legen wir über die Energieform fest:

$$dE = T(S) \cdot dS \qquad (7.34)$$

Durch Skalieren der Wärmekapazität dergestalt, dass bei einem Vergleich mit der Arbeit bei Reibungsphänomenen gilt

$$dE = C \cdot dT \qquad (7.35)$$

erhalten wir durch Vergleich:

$$dE = T \cdot dS = T \cdot \frac{dS}{dT} \cdot dT = C \cdot dT \qquad (7.36)$$

Und damit die Zustandsgleichung für die neue Zustandsmenge in differentieller Form

$$\frac{dS}{dT} = \frac{C}{T} \qquad (7.37)$$

Da die Wärmekapazität eine einfach zu messende Größe ist, die bei vielen Systemen in weiten Temperaturbereichen als konstant angenommen werden kann, bleibt diese auch nach der Reinterpretation die charakterisierende Größe der Zustandsgleichung. Damit in der Nähe des absoluten Nullpunktes der Temperatur diese Zustandsgleichung sinnvoll ist, muss die Wärmekapazität für T gegen null selbst gegen null gehen. Dieser Sachverhalt ist durch die Erfahrung sehr gut bestätigt und wird in der Literatur durch das Nernstsche Wärmetheorem oder dem 3. Hauptsatz formuliert.

7.3.2 Die Reinterpretation des Temperaturausgleichs

Das Verhalten der betrachten Systeme wird nach der Reinterpretation auf Grund der Einfachheit der Anordnung vollständig durch die Energiebilanz beschrieben. Ersetzen wir in den Gln. 7.23 und 7.24 dM durch $T \cdot$ dS, so erhalten wir die Ratengleichungen der Entropien.

$$\dot{S}_1 = -\frac{A \cdot k}{T_1} \cdot (T_1 - T_2) \tag{7.38}$$

$$\dot{S}_2 = -\frac{A \cdot k}{T_2} \cdot (T_2 - T_1) \tag{7.39}$$

Man sieht sofort, dass die linken Seiten der Gleichungen keine Ströme darstellen. Dies ist auch nicht zu erwarten, da bei einem Prozess, bei dem nur eine Zustandsart dem Gleichgewicht zustrebt, unmöglich Energie- und Zustandsmenge erhalten bleiben können. Wir hatten ja schon bei der Interpretation des inelastischen Stoßes immer auch absorbierte Energien in Betracht gezogen, die die Wertänderung innerer Zustände beschrieb. Die Bilanzgleichung der Entropie hat also die Struktur:

$$\dot{S} = I + \dot{Q} \tag{7.40}$$

Die Menge Entropie ändert sich also auf Grund einer von bzw. nach außen zu- bzw. abströmenden Menge Entropie und einer Entropiequelle oder -senke. Wir verkomplizieren also die Interpretation des Temperaturausgleichs, was aber nicht weiter schlimm ist, da wir gesehen haben, dass wir bei dem Phänomen der Reibung ohnehin mit sich ändernden Mengen operieren mussten. Diese Verkomplizierung ist aber vermutlich ein Grund dafür, dass der Begriff der Wärmemenge oder des Wärmeinhaltes in unserer Umgangssprache weiter gebräuchlich ist.

Als Nächstes wollen wir den Entropiestrom und die Entropiequellen bzw. -senken der beiden beteiligten Systeme betrachten:

$$\dot{S}_{ges} = \dot{Q}_1 + \dot{Q}_2 = -A \cdot k \cdot (T_1 - T_2) \cdot \left(\frac{1}{T_1} - \frac{1}{T_2} \right) \tag{7.41}$$

$$= \frac{A \cdot k \cdot (T_1 - T_2)^2}{T_1 \cdot T_2} > 0$$

Bei dem Prozess des Temperaturausgleichs nimmt die gesamte Entropie der Anordnung zu. Wir sehen auch, dass die Gesamtentropiezunahme quadratisch von der Temperaturdifferenz ΔT abhängt, wodurch gewährleistet ist, dass in unmittelbarer Nähe des Gleichgewichtes der Temperaturausgleich nur noch durch Austausch der Entropie erfolgt, wie es für die Definition einer Zustandsgleichung mit einem Normsystem zwingend erforderlich ist (vgl. Gl. 7.44). Über den Energiesatz erhalten wir eine weitere Bestimmungsgleichung für den Strom und die Quellen bzw. Senken:

$$\frac{\mathrm{d}E}{\mathrm{d}t} = (T_1 - T_2) \cdot I_{12} + T_1 \cdot \dot{Q}_1 + T_2 \cdot \dot{Q}_2 = 0 \tag{7.42}$$

Mit den Gln. 7.41 und 7.42 stehen uns zwei Gleichungen zur Verfügung, die drei unbekannten Größen I_{12}, $\dot{Q}_1$ und $\dot{Q}_2$ zu bestimmen. Zur eindeutigen Bestimmung müssen wir noch eine dritte Beziehung zwischen diesen Größen ableiten. Da wir aber alle Größen aus nur zwei Gleichungen abgeleitet haben, ist dies aus nur einer Betrachtung des Temperaturausgleichs unmöglich. Wir müssen also von außen noch eine Erfahrung an die Interpretation herantragen oder das Phänomen des Temperaturausgleichs überinterpretieren.

Diese Überinterpretation beruht auf folgender von Thompson – dem späteren Lord Kelvin – formulierten Vorstellung, die durch Erfahrungen mit komplizierteren Systemen (Onsager, Meixner) bestätigt wird: Fließt ein Entropiestrom von System 1 nach System 2, so wird in der Grenzfläche zwischen den Systemen Entropie produziert (Die Systeme selbst sind ja nach Voraussetzung homogen, so dass im Inneren der Systeme keine Ursache für eine Entropieproduktion zu erwarten ist.) Ist der Strom nicht zu groß, so wird die produzierte Menge Entropie zu gleichen Teilen in die Systeme 1 und 2 abfließen. Dies liefert uns die dritte gesuchte Bedingung.

$$\dot{Q}_1 = \dot{Q}_2 \tag{7.43}$$

Wir kommen also zu dem Ergebnis, dass bei einem Temperaturausgleich Entropie vom System 1 ins System 2 durch die Kontaktfläche A fließt, die durch den Entropiestrom Gl. 7.44 beschrieben werden kann:

$$I_{12} = -I_{21} = -\frac{T_1 + T_2}{2} \cdot \frac{1}{T_1 \cdot T_2} \cdot A \cdot k \cdot (T_1 - T_2) \tag{7.44}$$

Mit dem Entropiestrom wird an der Grenzfläche Entropie mit der Rate Gl. 7.41 erzeugt und „verteilt" sich zu gleichen Teilen auf die die Grenzfläche bildenden Systeme:

$$\dot{Q}_1 = \dot{Q}_2 = -\frac{T_1 - T_2}{T_1 + T_2} \cdot I_{12} = \frac{A \cdot k}{2} \cdot \frac{(T_1 - T_2)^2}{T_1 \cdot T_2} \geq 0 \tag{7.45}$$

Der Prozess der Temperaturänderung eines Systems wird von der Umgebung des Systems durch einen Entropiestrom und eine Entropieproduktion realisiert werden.

Die Erfahrung des 1. Hauptsatzes lehrt, dass der energetische Gesamtwert der Anordnung erhalten bleibt. Es liegt also nahe, einen Energiestrom zu postulieren, der an den Entropiestrom gekoppelt ist:

$$\frac{\mathrm{d}E}{\mathrm{d}t} = P_Q \sim I_Q \qquad (7.46)$$

Diese Definition geschieht in völliger Analogie zu dem an den Impulsstrom – die Kraft – gekoppelten mechanischen Energiestrom, den wir die Arbeitsleistung nennen. Den an den Entropiefluss gekoppelten Energiefluss nennen wir die Wärmeleistung und die während einer Zeit Δt übertragene Energie Wärme mit dem Formelzeichen Q.

$$Q = \int_{t}^{t+\Delta t} P_Q \cdot \mathrm{d}t' \qquad (7.47)$$

Die so definierte Wärme ist eine Größe, die eine Prozessrealisierung beschreibt, und ist zu unterscheiden von der Wärmemenge und dem Wärmeinhalt. Der energetische Wert des Systems kann sich durch zu- oder abgeführte Wärme oder verrichtete Arbeit ändern, aber weder die Arbeit noch die Wärme ist als eigenständige Qualität in dem System enthalten. Die Energieänderung charakterisiert einen Prozess energetisch, die Begriffe Arbeit und Wärme beschreiben den Weg, auf dem dieser Prozess realisiert wird. Wir werden versuchen, diese Unterschiede am Beispiel der Reibung zu vertiefen. Um diese wichtige Unterscheidung deutlich zu machen, charakterisieren wir die bei einem differentiellen Prozess zugeführte Wärme wie bei der Arbeit auch mit einem griechischen δ:

$$\delta Q = P_Q \cdot \mathrm{d}t \qquad (7.48)$$

Für den Fall des Temperaturausgleichs können wir die Wärmeleistung explizit angeben:

$$P_Q = \frac{2 \cdot T_1 \cdot T_2}{T_1 + T_2} \cdot I_{12} \qquad (7.49)$$

Während der Prozessrealisierung wird in einem Zeitintervall $\mathrm{d}t$ die Entropiemenge

$$\delta S_{aus} = I_{12} \cdot \mathrm{d}t \qquad (7.50)$$

ausgetauscht. Mit dieser ausgetauschten Menge Entropie ist ein Energieaustausch verbunden:

$$\delta Q = \frac{2 \cdot T_1 \cdot T_2}{T_1 + T_2} \cdot \delta S_{aus} \qquad (7.51)$$

Im gleichen Zeitraum wird eine Menge Entropie erzeugt:

$$\delta S_{erz} = \dot{Q}_1 \cdot \mathrm{d}t = -\frac{T_1 - T_2}{T_1 + T_2} \cdot \delta S_{aus} \qquad (7.52)$$

Die Zustandsänderung eines Systems $\mathrm{d}S$ setzt sich additiv aus der ausgetauschten und der erzeugten Menge Entropie zusammen:

$$dS = \delta S_{aus} + \delta S_{erz} \qquad (7.53)$$

Gleichung 7.53 ist eine andere Art, zwischen Prozess und Prozessrealisierung zu unterscheiden. Die Zustandsänderung kann auf mannigfaltige Weise realisiert werden. Realisiert man z.B. die Zustandsänderung durch Gleichgewichtsprozesse – man verwendet zur Entropieänderung des betrachteten Körpers nur solche Körper, deren Temperatur nur geringfügig von der jeweiligen Temperatur des betrachteten Körpers abweicht –, so gilt: $dS = \delta S_{aus}$. Eine Beschreibung von Prozessrealisierungen durch ausgetauschte und erzeugte Entropiemengen wird oft gewählt und ist zum Verständnis von Prozessrealisierungen sehr hilfreich. Messtechnisch ergibt sich jedoch das Problem, einer Menge Entropie anzusehen, ob sie ausgetauscht oder erzeugt wurde, dies kann nur durch die Prozessrealisierung selbst entschieden werden.

Durch die Einführung der Entropie in die Interpretation des „einfachen" Temperaturausgleichs haben wir – wie bei allen Überinterpretation– viel Diskussionsstoff erhalten und Spekulationen angestellt, deren Tragfähigkeit am Beispiel der Reibungswärme verdeutlicht werden wird.

7.3.3   Reinterpretation der „Reibungswärme"

Während der Reinterpretation des Temperaturausgleichs das Zwingende fehlt, wird am Beispiel der „Reibungswärme" der Vorteil der Einführung der Entropiemenge besser motiviert. Eine Analyse des Temperatur- und Geschwindigkeitsverhaltens in dem o. g. Prozess des Abgleitens zweier Körper führt zu folgender Beschreibung in Bilanzgleichungen für die Impulse und Entropien der Systeme (Puck und Eisfläche, wobei zumindest das Letztere nicht als homogen anzunehmen ist, was wir aber ignorieren):

$$\dot{P}_1 = F_{12} = -\mu \cdot F_N \cdot \frac{v_1 - v_2}{|v_1 - v_2|} \qquad (7.54)$$

$$\dot{S}_1 = I_{12} + \dot{Q}_1^I + \dot{Q}_1^F$$

$$\dot{P}_2 = F_{21} = -F_{12}$$

$$\dot{S}_1 = I_{21} + \dot{Q}_2^I + \dot{Q}_2^F$$

mit

$$I_{12} = -I_{21} = -\frac{T_1 + T_2}{2 \cdot T_1 \cdot T_2} \cdot A \cdot k \cdot (T_1 - T_2) \qquad (7.55)$$

$$\dot{Q}_1^I = \dot{Q}_2^I = -\frac{T_1 - T_2}{T_1 + T_2} \cdot I_{12} \geq 0$$

$$\dot{Q}_1^F = \dot{Q}_2^F = -\frac{v_1 - v_2}{T_1 + T_2} \cdot F_{12} \geq 0$$

Die Entropiequellterme haben wir in Anteile aufgespalten, die jeweils von Entropie- und Impulsstrom abhängen. Bei einem gegebenen Anfangszustand fließt aufgrund der mechanischen Kopplung zwischen den Systemen, die durch den Gleitreibungskoeffizienten und die Normalkraft beschrieben wird, Impuls vom schnelleren zum langsameren System. Dieser Impulsstrom wird durch die Reibungskraft beschrieben. Durch den durch die Grenzfläche fließenden Impulsstrom wird in beiden Systemen Entropie mit gleicher Rate erzeugt. Diese Entropie führt je nach Zustandsgleichung zu unterschiedlichen Temperaturerhöhungen in den Systemen, die einen Entropiestrtom bedingen und zu einer zusätzlichen Entropieerzeugung führt.

Die Diskussion von Arbeits- und Wärmeleistung beziehen wir auf System „1":

$$\frac{dE_1}{dt} = v_1 \cdot \dot{P}_1 + T_1 \cdot \dot{S}_1 \tag{7.56}$$

$$= \frac{v_1 \cdot T_2 + v_2 \cdot T_1}{T_1 + T_2} \cdot F_{12} + \frac{2 \cdot T_2 \cdot T_1}{T_1 + T_2} \cdot I_{12}$$

$$= \quad P_A \quad + \quad P_Q$$

Wir sehen deutlich, dass eine direkte Zuordnung der Arbeits- und Wärmeleistung zu den Raten, mit denen sich die Energieformen ändern, nicht möglich ist. Die Arbeits- und Wärmeleistung hängt stark von den Umgebungsbedingungen – hier System „2" – ab. Dabei können wir uns v_2, T_2, F_{12} und I_{12} als unabhängig von System „1" und unabhängig voneinander variierbar denken.

Zum besseren Verständnis stellen wir uns die Aufgabe, den Zustand v_1, T_1 von System „1" in einem gegebenen Zeitintervall dt in den Zustand $v_1+\Delta v_1$, $T_1+\Delta T_1$ mit $\Delta v_1 > 0$ zu überführen. Wir wollen System „1" also beschleunigen. Unsere Alltagserfahrung sagt uns, dass wir dazu Arbeit verrichten müssen, und die verrichtete Arbeit bezogen auf die Prozesszeit nennen wir auch im Alltag Leistung. Von allen denkbaren Anordnungen, mit denen wir unser Ziel erreichen können, wählen wir die vorstehend beschriebene. Durch die Auswahl von System „2" legen wir v_1, T_1, μ und k fest.

Diese Auswahl ist eingeschränkt, da sie aufgrund des Impulserhaltungssatzes bzw. des dritten Newtonschen Gesetzes durch das Prozessziel F_{12} festliegt. Die Wahl der Anordnung und damit die mechanische Kopplung der Systeme durch das Coulombsche Reibungsgesetz erzwingt, dass $v_2 > v_1$ sein muss. Beschränken wir uns auf die Arbeitsleistung, die uns auch im Alltag am meisten interessiert, so können wir den ersten Summanden in Gl. 7.56 umschreiben:

$$P_A = v_1 \cdot F_{12} + T_1 \cdot \frac{v_1 - v_2}{T_1 + T_2} \cdot F_{12} \tag{7.57}$$

$$= v_1 \cdot F_{12} + T_1 \cdot \dot{Q}_1^F$$

$$\geq v_1 \cdot F_{12}$$

Dieser Gleichung entnehmen wir, dass die Arbeitsleistung verwandt wird, um erstens die kinetische Energie von System „1" mit der erforderlichen Rate zu ändern. Dieser Anteil ist zwingend notwendig, da eine Impulsänderung nur durch einen Impulsfluss möglich ist. Der zweite Anteil entspricht energetisch der durch die wirkende Kraft erzeugten Entropie in System „1". Dieser Anteil ist durch die Auswahl von System „2" steuerbar, aber immer positiv. Noch klarer wird die Diskussion, wenn man die zeitliche Komponente, die für uns zeitlich begrenzte Wesen zwar von enormer Wichtigkeit erscheint, außer Acht lässt und die Diskussion mit den Begriffen der Arbeit und der Wärme führt. Dazu führen wir die durch die Prozessrealisierung erzeugten Entropiemengen δS_{erz} ein, die wir uns aus Anteilen zusammengesetzt denken, die wir den jeweiligen Strömen zuordnen können, also:

$$\delta S_{erz,1} = \delta S_{erz,1}^{F} + \delta S_{erz,1}^{I} \qquad (7.58)$$

Für die von der Umgebung verrichtete Arbeit und übertragene Wärme ergibt sich damit:

$$\delta A = v_1 \cdot dP_1 + T_1 \cdot \delta S_{erz,1}^{F} \qquad (7.59)$$

und

$$\delta Q = T_1 \cdot \delta S_{aus} + T_1 \cdot \delta S_{erz,1}^{I} \qquad (7.60)$$
$$= T_1 \cdot dS_1 - T_1 \cdot \delta S_{erz,1}^{F}$$

In dieser Formulierung sind alle Einflüsse der Prozessrealisierung in den durch die Prozessrealisierung erzeugten Entropien subsummiert.[65] Man sieht noch einmal deutlich, dass die Größen Arbeit und Wärme nicht mit den Energieformen (des betrachteten Systems) korrespondieren, sondern die Realisierung der Energieänderung des Systems durch die Umgebung beschreiben.

7.3.4   Reinterpretationen Motoren

Eine detaillierte Diskussion der Motoren im Lichte der Entropie müssen wir auf das Kapitel „Kreisprozesse" verschieben. Aber mit den eingeführten Begriffen können wir den Motor in der Reinterpretation grob skizzieren. Dazu stellen wir uns vor, dass die dem Motor zugeführte Wärme diesem bei einer Temperatur T_+ zugeführt wird und die abgeführte Wärme auf einem Temperaturniveau $T_- < T_+$ abgeführt wird. Einen solchen Prozess nennt man Carnot-Prozess.

Aus der Sicht des Systems führt die zugeführte Wärme zu einer Entropieänderung $\Delta S > 0$ bei der Temperatur T_+ was wir energetisch durch die Energieänderung $\Delta E_+ = T_+ \Delta S$ beschreiben

---

[65] Das die durch den Entropiestrom erzeugte Entropie aus den Gleichungen eliminiert werden kann, liegt an der Einfachheit des gewählten Beispiels und sollte keinen Anlass geben weiter mit dem Begriff der Wärmemenge zu arbeiten.

können. Da der Motor seinem Wesen nach wieder in seinen Ausgangszustand zurückgelangt, muss diese Entropie auf dem unteren Temperaturniveau wieder abgeführt werden. Zusätzlich müssen wir berücksichtigen, dass innerhalb des Motors Entropie erzeugt werden kann, so dass diese erzeugte Entropiemenge auch noch abgeführt werden muss. Dies führt zu einem Energieverlust $\Delta E_- = -T_- \, (\Delta S + \Delta S_{erz})$. Die energetische Differenz dieser beiden Energiebeiträge kann der Motor nutzen, um Arbeit an seiner Umgebung zu verrichten.

$$-A = (T_+ - T_-) \cdot \Delta S - T_- \cdot \Delta S_{erz} \qquad (7.61)$$

Für den Wirkungsgrad bedeutet dies:

$$\eta = \frac{|A|}{Q_+} = 1 - \frac{T_-}{T_+} - \frac{T_-}{T_+} \cdot \frac{\Delta S_{erz}}{\Delta S} \qquad (7.62)$$

Der Wirkungsgrad dieses Motors für beliebige Temperaturniveaus ist nur dann immer kleiner als 1, wenn die erzeugte Entropiemenge positiv im Wortsinn ist. Gäbe es einen Prozess, bei dem Entropie vernichtet würde, könnten wir eine Maschine konstruieren, deren Wirkungsgrad größer als eins ist. Auch wenn die Argumentationslinie nicht ganz konsequent ist, soll deutlich werden, dass in einem Motor zwar Wärmemenge vernichtet wird, nach der Reinterpretation die Entropiemenge aber zunimmt, so dass alle drei behandelten Phänomene durch den Erfahrungssatz „Bei allen Phänomenen nimmt die Entropie der betrachteten Anordnung immer nur zu." beschrieben werden können. Eine Formulierung, die einen erheblichen Fortschritt gegenüber „Je nach betrachtetem Phänomen nimmt die Wärmemenge ab, zu oder bleibt gleich." bedeutet.

Die an den drei Beispielen diskutierte Reinterpretation und die daraus folgenden „Bilanzierungsregeln" erweisen sich als universell und sind in den beiden Hauptsätzen der Physik zusammengefasst, die wir im Weiteren diskutieren werden.

7.4 Die Hauptsätze

7.4.1 Der erste Hauptsatz

Der erste Hauptsatz ist der Energiesatz, der den energetischen Wert einer isolierten Anordnung zu verschiedenen Zeitpunkten eines Prozesses vergleicht und die Erfahrung formuliert, dass dieser energetische Wert immer konstant bleibt. Die Zustandsänderungen der Systeme der Anordnung erfolgen in einer Weise, die durch einen Energieaustausch beschrieben werden kann. Diese Formulierung des Energiesatzes bilanziert also den Wert der betrachten Systeme in einer zeitlichen Abfolge. Ähnlich der Newtonschen Art der Bilanz können wir aus der betrachteten Anordnung auch ein System herausgreifen, das durch einen Prozess seine Energie um dE ändert. Der erste Hauptsatz sagt uns dazu, dass dieser Energieänderung einer Energieänderung der Umgebung dE_{amb} entspricht. Für diese Energieänderungen gilt:

$$dE = -dE_{amb} \qquad\qquad (7.63)$$

Offensichtlich gibt es auf Grund der Möglichkeit, Entropie zu erzeugen, unendliche viele Wege, diese Energieänderung dE zu realisieren. Dazu müssen wir praktisch nur die Systeme der Umgebung austauschen. Diese unendlich vielen Wege können wir mit den Begriffen Arbeit und Wärme in verschiedene Kategorien einteilen. Wir kennen eigentlich nur zwei Kategorien von Zustandsänderungen. Wir können eine Kraft[66] auf das System wirken lassen, d.h. die Energie mit dem Impulsfluss in das System strömen lassen. Die auf diese Weise zugeführte Energie nennen wir Arbeit. Die zweite Möglichkeit ist, die Energie dem System mit einem Entropiestrom zuzuführen. Die auf diese Weise zugeführte Energie nennen wir Wärme. Mit dieser Beschränkung der Möglichkeiten, die scheinbar einen eigenen Erfahrungssatz darstellt, können wir den Energiesatz neu formulieren.

$$dE = \delta A + \delta Q \qquad\qquad (7.64)$$

Wir verwenden zur Bezeichnung der „kleinen" Arbeit bzw. Wärme wieder das griechische δ, um zu kennzeichnen, dass einer Zustandsänderung dE nicht eindeutig die dazugehörige Arbeit oder Wärme zugeordnet werden können. Um einen Körper zu erhitzen, können wir Arbeit verrichten, indem wir an ihm reiben. Wir können ihn aber auch in warmes Wasser werfen und warten, bis er die gewünschte Temperatur angenommen hat. Der erste Hauptsatz sagt in der Formulierung Gl. 7.64 lediglich, dass egal wie wir etwas machen, bei einer Bilanz unserer Tätigkeiten die Summe aus Arbeit und Wärme konstant ist.

Analysieren wir diese Formulierung genauer, so stellen wir fest, dass wir keine neue Erfahrung in die Formulierung eingebracht haben. Die Messung der Arbeit basiert wesentlich darauf, dass der Impuls eine Erhaltungsgröße ist. Da in einem Entropiestrom jedoch Entropie erzeugt werden kann, stellt sich die nicht beantwortbare Frage nach der Messung der Wärme, so dass die Gl. 7.64 im eigentlichen Sinne die Definitionsgleichung der Wärme ist. Für die weitere Diskussion spielt dies jedoch keine Rolle.

7.4.2   Der zweite Hauptsatz

Der erste Hauptsatz macht keinerlei Aussagen über die tatsächlich existierenden Möglichkeiten, Arbeit und Wärme zu substituieren. Das Phänomen, dass ein auf dem Boden liegender Stein in die Luft springt und die dazu notwendige kinetische Energie und die Energie des Schwerefeldes dadurch gewinnt, dass er abkühlt, ist durchaus mit dem Energiesatz verträglich, wird aber nicht beobachtet. Allgemeiner kann man sagen, dass kein Prozess existiert, bei dem man einem System Wärme zuführt und die gesamte zugeführte Wärme als Arbeit wieder abzieht und das System wieder in seinem ursprünglichen Zustand ist (die zugeführte Entropiemenge müsste dazu in einem nicht bekannten Prozess vernichtet werden). Diese Erfahrung formuliert man in dem zweiten Hauptsatz:

---

[66]   Ein Drehmoment können wir immer durch Kräfte ausdrücken.

Es ist unmöglich eine periodisch arbeitende Maschine zu konstruieren, bei welcher nach einem Umlauf die einzigen Änderungen der umgebenden Welt darin bestehen, dass Arbeit geleistet und nur ein Wärmereservoir abgekühlt wurde. Diesen Erfahrungssatz, über den jeder verfügt, kann in der Interpretation mit Hilfe der Entropie einfach ausgedrückt werden:

In einer isolierten Anordnung nimmt die gesamte Entropie der Anordnung immer nur zu. (kurz: $\Delta S_{ges} \geq 0$)

Der zweite Hauptsatz schränkt die durch den ersten Hauptsatz schon eingeschränkten Prozessrealisierungen weiter ein. Umgangssprachlich formuliert man diese Erfahrung durch Formulierungen wie „ein bisschen Schwund ist immer".

7.5 Die Zustandsgleichung von Flüssigkeiten und Gasen

7.5.1 Einführung

Bisher haben wir nur solche Systeme betrachtet, bei denen die Temperatur ein singulärer Zustand war, oder im Falle des Motors völlig offengelassen, auf welche Weise der Motor oder sein Arbeitsgas die Arbeit verrichtet. Dies wollen wir jetzt nachholen und die Zustandsgleichungen von Flüssigkeiten und Gasen genauer betrachten. Zunächst halten wir fest, dass kein System bekannt ist, das nur durch den Zustand der Temperatur beschrieben ist oder bei dem dieser nicht mit anderen Zuständen verwoben ist. Erhitzte Körper dehnen sich i. A. aus, fangen an zu leuchten, ändern ihren elektrischen Widerstand, rosten etc. Das bedeutet, dass die Zustandsgleichungen (der nicht-thermischen Zustände) eines Systems alle von der Entropie des Systems abhängen und die Zustandsgleichung der Temperatur von den anderen dem System innewohnenden Zustandsmengen abhängen. Dies ist ein qualitativer Unterschied zu den bisherigen einfachen Zustandsgleichungen vom Typ: $\vec{v} = \vec{P}/m$, die es uns erlaubten, das Phänomen der Bewegung weitestgehend unabhängig von den inneren Zuständen zu beschreiben. Im Falle des elastischen Körpers haben wir diese Schwierigkeit durch das Adjektiv elastisch unterdrückt, indem wir nur solche Verformungen zugelassen haben, bei denen z.B. die Temperatur konstant bleibt. Um diesen qualitativen Unterschied behandeln zu lernen, beschränken wir uns auf ruhende Flüssigkeiten und Gase, die neben der Temperatur nur durch den einfachen Spannungszustand des Drucks beschrieben werden. Bevor wir diese Zustandsgleichungen diskutieren, holen wir die Definition der Temperatur nach, die wesentlich von der Kopplung der Temperatur mit anderen Zuständen Gebrauch macht.

7.5.2   Das Thermometer

Nachdem wir die wichtigsten Begriffe der Wärmelehre geklärt haben, müssen wir noch mal zu dem grundlegenden, die Wärmelehre definierenden Zustand der Temperatur zurückkehren. Jeder Mensch hat eine Vorstellung von heiß (hohe Temperatur) und kalt (niedrige) Temperatur. Die Messung dieser Sinnesempfindung erfolgt mit dem Normal des eigenen Körpers. Berühren wir einen anderen Körper, so können wir seine Temperatur grob festlegen: Der Sinnesempfindung „heiß" entspricht $T > T_{Mensch}$, der Sinnesempfindung „kalt" entspricht $T < T_{Mensch}$.

Denken wir an unser obiges Beispiel des Temperaturausgleichs, so müssen wir zu dem Schluss kommen, dass unsere Empfindung nicht so sehr an die Temperatur des berührten Systems gebunden ist als an den Wärmestrom[67], was auch zwanglos die Materialabhängigkeit unseres Empfinden erklärt. Wasser und „Mensch" haben einen viel höheren Wärmeübergangskoeffizienten als Luft und „Mensch", weswegen wir 18 Grad kalte Luft als heißer empfinden als Wasser der gleichen Temperatur. An einem Tisch mit einer Marmorplatte stützt man die ungeschützten Arme weniger gerne auf als auf einem Tisch mit einer Holzplatte, auch wenn alle Umgebungsbedingungen sonst identisch sind. Unsere Sinnesempfindung beruht also auf der Voraussetzung, dass der Wärmestrom immer vom System höherer Temperatur zum System niedriger Temperatur fließt (Wärmeübergangskoeffizienten sind immer positiv).

Zu einem etwas anderen Temperaturbegriff kommt man durch die Betrachtungen von Gleichgewichten. Definieren wir, dass zwei Systeme im thermischen Gleichgewicht die gleiche Temperatur haben, so können wir im Idealfall für jede Temperatur ein Temperaturnormal definieren. Das bekannteste Beispiel ist der Gefrierpunkt von Wasser. Definitionsgemäß entspricht diesem gut sichtbaren Zustand eine Temperatur von null Grad Celsius (0 °C). Bei dieser Temperatur schwimmen Eiswürfel im Wasser, ohne zu schmelzen. Bringen wir ein solches System in Kontakt mit einem anderen System und die Eiswürfel schmelzen weder, noch bildet sich eine Eisschicht auf dem Wasser, so hat das untersuchte System definitionsgemäß eine Temperatur von 0 °C. Denken wir uns viele solche markanten Punkte, so können wir uns eine ganze Reihe von Temperaturnormalen definieren. Bei der Ordnung der so bestimmten Temperaturen, also welche Temperatur höher ist als die andere, müssen wir wieder darauf zurückgreifen, dass der Wärmestrom immer vom System höherer Temperatur zum System niedriger Temperatur fließt. Bringen wir nämlich irgendein Normsystem mit unseren 0 °C-Normal in Kontakt, und die Eiswürfel schmelzen, dann hat das Normsystem definitionsgemäß eine höhere Temperatur. Denken wir uns eine Temperaturskala derart definiert, müssen wir noch das Problem lösen, zwischen den einzelnen Temperaturnormalen zu interpolieren. Dies geschieht mit Hilfe des Effektes, dass Flüssigkeiten als Funktion der Temperatur ihr Volumen ändern.

Man wählt eine Flüssigkeit – meistens Quecksilber – und definiert für diese Flüssigkeit in einem Bereich zwischen zwei beieinander liegenden Temperaturnormalen die Volumenaus-

---

[67]   Besser: Änderung des Wärmestroms, denn da der Mensch in einer im Verhältnis zur Umgebung kühleren Umgebung lebt, fließt permanent ein Wärmestrom aus ihm heraus, dessen Änderungen er empfindet.

dehnung als linear. Im Falle des Quecksilberthermometers sind die Temperaturnormale gefrierendes (0 °C-Normal) bzw. verdampfendes (100 °C-Normal) Wasser. Daraus folgt für die Celsius-Temperaturskala T^C:

$$T^C = \left(\frac{V_{Hg}\left(T^C\right) - V_{Hg}\left(0\,°C\right)}{V_{Hg}\left(100\,°C\right) - V_{Hg}\left(0\,°C\right)} \right) \cdot 100\,°C \qquad (7.65)$$

In dem uns allen bekannten Haushalts-Quecksilber-Thermometer wird diese Volumenänderung in eine Höhenänderung umgesetzt, die leicht abgelesen werden kann. Bei der Benutzung eines solchen Thermometers macht man sich wieder zunutze, dass der Wärmestrom immer vom System höherer Temperatur zum System niedriger Temperatur fließt. Hält man ein solches Thermometer an oder in ein System mit einer unbekannten Temperatur, so müssen wir nur lange genug warten[68], bis auf Grund des fließenden Wärmestroms das Thermometer definitionsgemäß dieselbe Temperatur wie das zu vermessende System hat. Damit diese Temperatur nicht wesentlich von der Temperatur vor dem Kontakt abweicht, muss die Wärmekapazität des Thermometers viel kleiner als die Wärmekapazität des zu untersuchenden Systems sein.

Diese Bedingungen alle in einem praktikablen Messgerät zu vereinen, ist Gabriel Fahrenheit (1686–1736) gelungen. Mit einer für damalige Verhältnisse enormen Präzision ist es ihm gelungen, ein Thermometer, wie wir es heute kennen, herzustellen und damit einen quantitativen Zugang zu den Phänomenen der Wärmelehre zu ermöglichen. Deswegen wird in angelsächsischen Ländern, ihm zu Ehren, immer noch die Temperaturskala Fahrenheit verwendet. Diese Definition eines Temperaturnormals muss noch verfeinert werden. Die so entwickelte Temperaturskala muss natürlich für heute technisch-wissenschaftlich vorkommende Temperaturen weiterentwickelt werden.[69] Darüber hinaus ist heute Allgemeingut, dass der Siedepunkt von Wasser und auch das Quecksilbervolumen druckabhängig sind, so dass die Vorschriften zur Erstellung eines Normals genauer gefasst werden müssen. Bei Wasser gibt es z.B. einen Zustand, der nur bei einem bestimmten Druck auftritt – der Trippelpunkt. An diesem Punkt schwimmt Eis in verdampfendem Wasser stabil. Ein solcher Punkt ist überall auf der Welt einfach zu realisieren und damit ein ideales Temperaturnormal. Wir wollen hier nicht weiter darauf eingehen, da wir im Weiteren mit der absoluten Temperatur arbeiten werden.

Die absolute Temperatur wird auf einem ganz anderen Weg gewonnen. Dazu benutzt man die Erfahrung der Existenz des absoluten Nullpunkts. Diesem Punkt entspricht definitionsgemäß die Temperatur $T = 0$ Kelvin. Ferner benutzt man den Trippelpunkt des Wassers: $T_P = 273$ K. Alle anderen Temperaturen können dann mit Hilfe eines speziellen Prozesses, der reversibel geführt wird, bestimmt werden. Wir kommen darauf im Kapitel Kreisprozesse

---

[68] Eltern wissen beim Messen der Fiebertemperatur ihres Kindes meist sehr genau, was in diesem Fall „lange genug" heißt.

[69] Es ist unmittelbar einsichtig, dass die Temperatur einer Glasschmelze nicht mit einem Fahrenheitthermometer gemessen werden kann.

zurück. Eine andere Möglichkeit ist die Verwendung eines Gasthermometers. Hochverdünnte Gase derselben in Mol gemessenen Systemmenge zeigen ein universelles Verhalten als Funktion der Temperatur.

$$p \cdot V = n \cdot f\left(T^C\right) \tag{7.66}$$

Die universelle Funktion f wird in der folgenden Art zur Definition der absoluten Temperatur herangezogen:

$$R \cdot T = f\left(T^c\right) = R \cdot \left(273K + \frac{T^C \cdot K}{{}^0C}\right) \tag{7.67}$$

Die Konstante R ist die universelle Gaskonstante, deren Wert sich aus dem Druck und dem Volumen eines Mols eines hochverdünnten Gases am Trippelpunkt bestimmen lässt:

$$R = 8{,}314 \text{ J/molK} \tag{7.68}$$

Der lineare Zusammenhang zwischen der Kelvin- und der Celsius-Skala muss an dieser Stelle als Zufall hingenommen werden. Wir wollen dieses Kapitel mit zwei Bemerkungen beenden.

1. Hat man sich auf eine Temperaturskala geeinigt, kann man viele Temperaturabhängige Effekte wie z.B. den Farbumschlag, oder die Abhängigkeit des elektrischen Widerstandes von der Temperatur nach Kalibrierung nutzen, um ein Thermometer herzustellen. Für den Aufbau der Wärmelehre ist es jedoch unerlässlich, ein direktes Temperaturnormal zu haben.

2. Die Messung der Temperatur beruht i. A. auf der Tatsache, dass nach hinreichend langer Zeit zwei Systeme in Kontakt dieselben Temperaturen haben. Das bedeutet auch, dass das Weltall nach sicher hinreichend langem Kontakt mit den Planeten definitionsgemäß dieselbe Temperatur wie diese hat – zumindest auf den Schattenseiten. Obwohl es durchaus gebräuchlich ist, von der Temperatur des Weltalls zu sprechen ($T_{All} = 4$ K), ist es doch einigermaßen überraschend, einem nichtmateriellen System eine Temperatur zuzuordnen.

7.5.3   Die Struktur der Zustandsgleichung

Die Zustandsgleichungen von Flüssigkeiten und Gasen, deren Zustand nur durch die Temperatur und den Druck (Kompressionsspannung) beschrieben werden kann, hängen nur von zwei Mengen ab, der Entropie S und dem Systemvolumen V. Dazu müssen wir noch die Systemmenge fügen, die, da das Volumen veränderbar ist, neu definiert wird. Als Systemmenge wählen wir das Mol, das aus der Chemie bekannt ist. Treten keine chemischen Reaktionen auf, verwendet man aus praktischen Gründen die Masse des betrachteten Systems. Da aber wie schon erwähnt, die betrachteten Phänomene der Wärmelehre unabhängig von Gravitation und Bewegung sind, bietet das Mol, das aus der Wärmelehre selbst definiert werden kann, Vorteile.

Definitionsgemäß ist die Systemmenge von 0,012 kg Kohlenstoff (des Nuklids ^{12}C) ein Mol. Der Vergleich, der zur Bestimmung der Systemmenge anderer Systeme notwendig ist, erfolgt über chemische Reaktionen. Über das Daltonsche Gesetz der multiplen Proportionen kann die Systemmenge einer beliebigen Stoffmenge bestimmt werden. Wir werden in der Statistischen Physik noch eine anschauliche Interpretation dieser Größe kennenlernen. Das Formelzeichen dieser Systemmenge ist n und seine Einheit mol. Ein Mol eines Stoffes hat aber auch ein definiertes Gewicht, das so genannte Molgewicht m_n. Diese Gewichtsangabe finden wir in den meisten Periodensystemen oder Stofftabellen, so dass leicht auf die Systemmenge „Masse" umgerechnet werden kann.

$$m = m_n \cdot n \tag{7.69}$$

Mit dieser Systemmenge haben die Zustandsgleichungen folgende Struktur:

$$T = T\left(\frac{S}{n}, \frac{V}{n}\right) \tag{7.70}$$

und

$$p = p\left(\frac{S}{n}, \frac{V}{n}\right) \tag{7.71}$$

Dass nur Verhältnisse von mengenartigen Größen vorkommen können, liegt an dem intensiven Charakter der Zustände. Man sieht dies leicht ein, wenn wir uns ein Gas in einem Druckgasbehälter eingesperrt denken. Des Weiteren stellen wir uns vor, dass wir diesen Druckgasbehälter durch eine Trennwand in Subvolumina unterteilen können. Druck und Temperatur der beiden entstanden Subsysteme bleiben unverändert. Da wir die Homogenität der Systeme voraussetzen, haben sich auch die Entropie und Systemmenge im Verhältnis der Subvolumina auf die neu entstanden Systeme aufgeteilt, wie es die Struktur der Zustandsgleichungen fordert.

Mit den Zuständen sind auch Energieformen verbunden, die wir schon kennen:

Die thermische Energieform

$$dE_{th} = T\left(\frac{S}{n}, \frac{V}{n}\right) \cdot dS \tag{7.72}$$

und die Energieform der Kompression

$$dE_{komp} = -p\left(\frac{S}{n}, \frac{V}{n}\right) \cdot dV \tag{7.73}$$

Neu an den Energieformen ist, dass diese jeweils wechselseitig voneinander abhängen, so dass die Energie eines Systems nicht in Energieanteile zerlegt werden kann.

$$E(S,V) \neq E_{th}(S) + E_{komp}(V) \qquad (7.74)$$

Dass überhaupt eine Energiefunktion existiert, liegt an der Existenz von stabilen Gleichgewichten. Für unsere Zustandsgleichungen bedeutet dies eine erhebliche Einschränkung ihrer Struktur. Es muss gelten:

$$\left. \frac{dT}{dV} \right|_{S=konst} = -\left. \frac{dp}{dS} \right|_{V=konst.} \qquad (7.75)$$

Aus praktischen und historischen Gründen verwendet man die Zustandsgleichung nicht in genannten Darstellungen. Dies realisiert man dadurch, dass man sich Gl. 7.70 nach S aufgelöst denkt (die Zustandsgleichungen sind monoton in ihren Argumenten).

$$S = S(T,V,n) = n \cdot s\left(T, \frac{V}{n}\right) \qquad (7.76)$$

Denken wir uns diese Gleichung in Gl. 7.71 eingesetzt, so erhalten wir die so genannte thermische Zustandsgleichung:

$$p = p\left(s\left(T, \frac{V}{n}\right), \frac{V}{n}\right) \equiv p\left(T, \frac{V}{n}\right) \qquad (7.77)$$

Diese Zustandsgleichung haben wir bei der Betrachtung des elastischen Körpers implizit verwendet und uns die Verformungen bei konstanter Temperatur durchgeführt gedacht, so dass der geforderte eindeutige Zusammenhang zwischen Spannung und Verformung existiert. Verformungen bei mehr oder weniger konstanter Entropie spielen in der Technik aber auch eine große Rolle (Dauerschwingfestigkeit etc.). Für den mathematisch strengen Leser sei darauf hingewiesen, dass die in den Gln. 7.71 und 7.77 verwendeten Funktionen natürlich verschieden sind. Gemäß einer ungeschriebenen Konvention wird diese Verschiedenheit lediglich durch die unterschiedlichen Argumente S/n bzw. T gekennzeichnet.

Dieselbe Umformung nutzt man in der Energiefunktion und erhält die so genannte kalorische Zustandsgleichung.

$$E = E(T,V,n) = n \cdot \varepsilon\left(T, \frac{V}{n}\right) \qquad (7.78)$$

Es ist mittelbar einsichtig, dass in der thermischen und kalorischen Zustandsgleichung alle Systeminformationen erhalten sind. Sind diese Zustandsgleichungen bekannt, kann durch Umformung der Energieformen die Entropie als Funktion der Energie und des Volumens einfach berechnet werden.

$$dS = \frac{1}{T} \cdot dE + \frac{p}{T} \cdot dV \qquad (7.79)$$

$$\Rightarrow$$

$$S = S(E,V,n) = n \cdot s\left(\varepsilon, \frac{V}{n}\right)$$

Bei diesen sehr praktischen Umformungen ist aber zu beachten, dass die Zustände Druck und Temperatur sich nicht mehr einfach durch Ableiten der Energiefunktion ergeben.

$$\frac{dE}{dV}_{T=konst.} = T \cdot \frac{dS}{dV}_{T=konst.} - p \qquad (7.80)$$

$$\frac{dE}{dT}_{V=konst.} = T \cdot \frac{dS}{dT}_{V=konst} \qquad (7.81)$$

Da die Energiefunktion offensichtlich existiert, müssen die gemischten Ableitungen identisch sein.[70]

$$\frac{d^2E}{dTdV} = \frac{dS}{dV}_T + T \cdot \frac{d^2S}{dTdV} - \frac{dp}{dT}_V = \qquad (7.82)$$

$$\frac{d^2E}{dVdT} = T \cdot \frac{d^2S}{dVdT} = T \cdot \frac{d^2S}{dTdV}$$

Durch Vergleich und Einsetzen erhalten wir für Gl. 7.80:

$$\frac{dE}{dV}_T = T \cdot \frac{dp}{dT}_V - p \qquad (7.83)$$

Mit Hilfe dieser Umformungen wird es uns also gelingen, die Zustandsgleichung mit den vermeintlich einfacheren Begriffen Energie, Druck und Temperatur zu diskutieren. Die Einschränkung Gl. 7.75 an die Zustandsgleichung überträgt sich natürlich auch auf die thermische und kalorische Zustandsgleichung und lautet in den Parametern dieser Gleichungen:

$$T \cdot \frac{d^2p}{(dT)^2}_V = \frac{d}{dV}\left(T \cdot \frac{dS}{dT}_V\right)_T \qquad (7.84)$$

Eine Einschränkung, die wenig praktische Bedeutung hat, da sich herausstellt, dass bei den betrachteten Systemen diese Ableitungen näherungsweise null sind. Dies bedeutet, dass der

---

[70] Das Konstanthalten einer Variablen beim Differenzieren deuten wir aus schreibtechnischen Gründen nur noch durch Nennung der konstant zu haltenden Variablen an.

Druck bei festem Volumen linear von der Temperatur und die „Wärmekapazität" bei konstanter Temperatur nicht vom Systemvolumen abhängen.

Mit diesen Vorüberlegungen wollen wir uns mit den Zustandsgleichungen realer Systeme vertraut machen. Einerseits erwarten wir eine ungeheure Vielfalt von Zustandsgleichungen, die unserer umgangssprachlichen Klassifizierung der uns umgebenden Stoffe entspricht, andererseits wissen wir auch, dass die meisten Stoffe, die uns umgeben, sich qualitativ sehr ähnlich verhalten, so dass wir erwarten dürfen, die Zustandsgleichung durch einige wenige Parameter klassifizieren zu können.

7.5.4   Die thermische Zustandsgleichung

Wir haben bei der Definition der Temperatur schon darauf hingewiesen, dass ein System bei Änderung der Zustände verschiedene augenfällige Änderungen zeigt. Alle bekannten Systeme haben als Funktion Ihrer Zustände verschiedene Aggregatzustände. Die bekanntesten sind durch die selbsterklärenden Begriffe fest, flüssig und gasförmig beschrieben. Bei Systemen, die noch durch qualitativ andere Zustände beschrieben werden und auf die wir hier nicht eingehen, existieren zudem die Aggregatszustände paramagnetisch, ferromagnetisch, supraleitend, suprafluid etc. Diese Aggregatszustände nennt man auch Phasen, die in einem so genannten Phasendiagramm, dessen Achsen durch die Systemzustände definiert sind, beschrieben werden können.

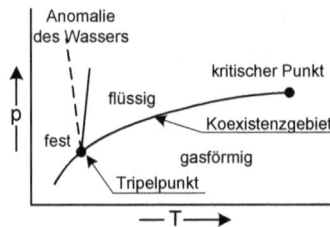

Abb. 7.5. *Phasendiagramm*

Die Phasendiagramme der meisten einfachen Stoffe sehen ähnlich aus und sind qualitativ in Abb. 7.5 dargestellt. Um dieses Diagramm zu lesen, gehen wir von der gestrichelten horizontalen Linie aus, die unserem Umgebungsdruck von etwa 1bar entsprechen soll. Entlang dieser Linie (diesem Unterraum) verfügen wir über unmittelbare Erfahrung mit Flüssigkeiten und Gasen. Fangen wir am linken Ende dieser Linie an, so sind bei tiefen Temperaturen alle Systeme (Ausnahme: Helium) fest. Gehen wir weiter nach rechts und überschreiten bei einer bestimmten Temperatur, der Schmelztemperatur, die aufsteigende Phasengrenze, wird das betrachtete System flüssig. Genau auf der Linie kommt das System in beiden Aggregatszuständen vor. Anteile des festen Körpers können in der Schmelze desselben Systems schwimmen[71] – die Aggregatszustände koexistieren. Erhöhen wir die Temperatur weiter, so erreichen wir die Siedetemperatur und die Flüssigkeit verdampft. Genau auf der Linie können Flüssigkeit und Gas koexistieren. Gehen wir auf einer senkrechten Linie bei einer „normalen" Temperatur durch das Diagramm, so ist bei niedrigeren Drücken jeder Stoff gasförmig. Komprimieren wir das System weiter, wird es irgendwann flüssig und fest, was unserer Vorstellung, dass die Dichte eines Gases kleiner als die Dichte einer Flüssigkeit und diese wiederum kleiner als die Dichte eines Festkörpers gleichen Materials ist, entspricht.

Die Flüssigkeit, aus der wir bestehen, die Voraussetzung alles Lebens ist und über die wir die meisten Erfahrungen gesammelt haben, weicht von diesem Verhalten ab. Ein Eiswürfel schwimmt auf seiner Schmelze, hat also eine geringere Dichte als Wasser. Komprimieren wir einen Eiswürfel, so schmilzt dieser. Die Ursachen dieser Anomalie sind schwer zu verstehen oder, positiv formuliert, das Verhalten von Eis, Schnee, Eisblumen etc. sind faszinierende Forschungsgebiete, die von großer wissenschaftlicher, technischer und wirtschaftlicher Bedeutung sind. Durch diese Anomalie werden z.B. unsere Gewässer im Winter durch die Eisschicht isoliert, die das Durchfrieren dieser Gewässer verhindert, was den Fischen den notwendigen Überlebensspielraum bietet.

Gehen wir in die Gebiete des Phasenraums, die wir nicht zu unserer unmittelbaren Erfahrungswelt zählen, so erleben wir einige Überraschungen. Zunächst hängen Schmelz- und Siedetemperatur vom Druck ab. Bei kleinerem Druck, also z.B. im Hochgebirge, sinkt die Schmelztemperatur von Wasser ab. Das kann soweit gehen, dass die Temperatur kochenden Wassers unterhalb der Gerinnungstemperatur von Eiweiß liegt, so dass es unmöglich ist, ein Ei zu „kochen". Senken wir den Druck noch weiter ab, verschwindet die flüssige Phase gänzlich und das System geht von der festen direkt in die gasförmige Phase über. Diesen Prozess nennt man Sublimation. Dieses Verhalten können wir im Winter in den Bergen beobachten, wenn in der Sonne der Schnee direkt „verdampft", ohne einen Flüssigkeitsfilm zu bilden. Bildet sich ein Flüssigkeitsfilm, friert dieser nachts wieder und bildet die für Wintersportler unangenehme Harschschicht. Von besonderem Interesse ist natürlich der Übergang – der Trippelpunkt – der zur Definition der Temperaturskala herangezogen wird. Einen anderen markanten Punkt finden wir in der entgegengesetzten Ecke des Diagramms – den kritischen Punkt. An diesem Punkt sind Flüssigkeit und Gas nicht mehr zu unterscheiden. Nähert man sich im Experiment auf der Koexistenzlinie diesem Punkt, erlebt man ein dramatisches Verhalten des Systems. Die beiden koexistierenden Systeme Flüssigkeit und Gas verlieren ihre „Identität". Spontan entstehen in der Flüssigkeit große Gasblasen und im Gas große Flüssigkeitstropfen. Das System fluktuiert in der unmittelbaren Umgebung des kritischen Punktes sehr stark. Auch dieses Verhalten wird in der Verfahrenstechnik wirtschaftlich genutzt. Für den Physiker ist ein Verständnis dieses Verhalten von großem Interesse und hat die von einigen Autoren ins Leben gerufene Disziplin der Synergetik wesentlich initiiert und ist auch heute Gegenstand der aktuellen Forschung. Wir beschränken uns im Weiteren auf den rechten Teil des Phasendiagramms.

---

[71] Aufgrund der Schwerkraft wird der i. A. dichtere Festkörper in seiner Schmelze absinken.

Die Funktion $p(T,V/n)$, der man i. A. keinen Funktionsnamen zuordnen kann, wird am einfachsten an ihrer graphischen Darstellung diskutiert. Um dies in einer zweidimensionalen Darstellung tun zu können, diskutiert man die Abhängigkeit des Drucks vom Systemvolumen bei jeweils fester Temperatur und stellt diese in einem p-V-Diagramm dar. Die in dieser Weise erzeugten Linien konstanter Temperatur nennt man Isothermen. Diese Darstellung kommt auch der experimentellen Realisierung entgegen.

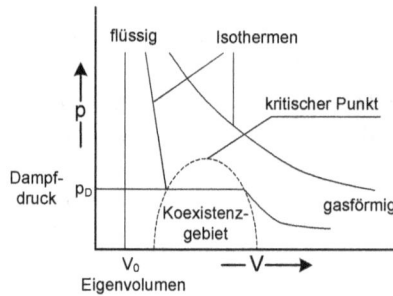

Abb. 7.6. *Das p-V-Diagramm*

Allen Systemen ist ein qualitativ ähnliches p-V-Diagramm gemein. Dieses Diagramm kann in vier Bereiche unterteilt werden, die schon im Phasendiagramm dargestellt wurden. Eine Trennung erfolgt durch die kritische Isotherme, die durch die kritische Temperatur definiert ist.

Unterhalb der kritischen Isotherme bei kleinen Volumen ist das System flüssig. Gemeinsame Eigenschaft von Flüssigkeiten ist die Aufwendung enormer Kräfte, um diese zusammenzudrücken, d.h. der Anstieg der Isothermen ist sehr steil. Dieses Charakteristikum beschreibt man durch das (in der Elastizitätstheorie schon eingeführte) Kompressionsmodul K oder dessen Kehrwert – die Kompressibilität κ:

$$K = \frac{1}{\kappa} = -V \cdot \frac{\mathrm{d}p}{\mathrm{d}V}_T \qquad (7.85)$$

Das Kompressionsmodul ist aus Gründen der Stabilität der Materie immer eine positive Größe. Die Multiplikation der (negativen) Steigung der Isothermen mit dem Systemvolumen macht das Kompressionsmodul zu einer stoffspezifischen Größe. Streng genommen ist das Kompressionsmodul eine Funktion von Temperatur und Druck, bei Flüssigkeiten ist diese Abhängigkeit so klein, dass man häufig von dem Kompressionsmodul einer Flüssigkeit oder eines Festkörpers spricht.

Tabelle 7.1. Kompressionsmodule und Ausdehnungskoeffizienten

Werkstoff	ρ [kg m^{-3}]	K [Pa]	γ [10^{-5}1/K]
trockene Luft (bei 20^{0}C)	1,2	0,14	340
Helium (bei 20^{0}C)	0,18	0,17	340
Wasser	998	2,2 10^3	20
Stahl	7700	2,0 10^5	4

Die Isothermen einer Flüssigkeit können grob durch einen stoffspezifischen Parameter beschrieben werden. Betrachten wir Prozesse, die bei konstantem (Umgebungs-) Druck ablaufen, so führt eine Temperaturänderung des Systems zu einer Änderung seines Volumens. Diesen Zusammenhang beschreibt man durch den Volumenausdehnungskoeffizienten $\gamma(T,p)$.

$$\gamma = \frac{1}{V} \cdot \frac{dV}{dT}\bigg|_p \tag{7.86}$$

Der Volumenausdehnungskoeffizient ist für Flüssigkeiten und Gase eine sehr kleine Größe und liegt in der Größenordnung 10^{-6} bis 10^{-5} K^{-1}. Auch diese Größe kann in guter Näherung als unabhängig vom Druck aufgefasst werden. Eine Ausnahme ist durch die Anomalie des Wassers gegeben, da in der Nähe des Gefrierpunktes der Volumenausdehnungskoeffizient negativ werden kann. Für eine Volumenausdehnung ΔV bei konstantem Druck können wir aber für die meisten Stoffe in guter Näherung anschreiben:

$$\Delta V = V \cdot \gamma \cdot \Delta T \tag{7.87}$$

Für die Temperaturabhängigkeit der Massendichte bedeutet dies:

$$\rho(T + \Delta T) = \rho(T) \cdot \frac{1}{1 + \gamma \cdot \Delta T} \cong \rho(T) \cdot (1 - \gamma \cdot \Delta T) \tag{7.88}$$

Bei festen Körpern ist es einfacher, die mit der Volumenänderung einhergehende Längenänderung zu messen, was zur Definition des Längenausdehnungskoeffizienten führt.

$$\Delta l = l_0 \cdot \alpha \cdot \Delta T \tag{7.89}$$

Für isotrope Festkörper gilt, wie man sich an der Volumenausdehnung eines Quaders mit der Kantenlänge l_0 klarmacht, näherungsweise:

$$\alpha = \frac{\gamma}{3} \tag{3.90}$$

Eine weitere Größe, die zur Charakterisierung von Flüssigkeiten herangezogen wird, ist deren Druckänderung bei Temperaturänderung und konstant gehaltenem Volumen.

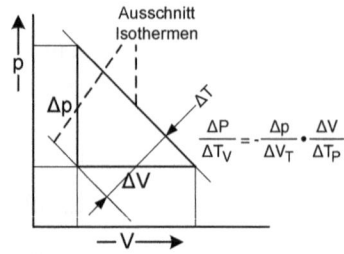

Abb. 7.7. *Ausschnitt p-V-Diagramm*

Abbildung 7.7 können wir entnehmen, dass diese Größe nicht unabhängig von Volumenausdehnungskoeffizient und Kompressionsmodul sein kann. Es gilt, wie man sich geometrisch oder mit Hilfe der differentiellen Zustandsgleichung klarmacht:

$$\frac{\mathrm{d}p}{\mathrm{d}T}_V = K \cdot \gamma \tag{7.91}$$

Aufgrund der Anomalie des Wassers kann beim Gefrieren des Wassers der Druckanstieg in Putzrissen, Löchern, Rohrleitungen etc. so groß werden, dass das Wasser das Volumen, in das es eingesperrt ist, aufsprengt.

Die Flüssigkeit kann durch wenige Parameter beschrieben werden. Gehen wir im *p-V*-Diagramm auf die rechte Seite, finden wir den besser kompressiblen gasförmigen Zustand. Auch hier findet man unterhalb der kritischen Temperatur oder für sehr große Volumina eine einfache Beschreibung.

$$K = p\left(T, \frac{V}{n}\right) \tag{7.92}$$

oder in integrierter Form das nach Robert Boyle (1627–1691) und Edme Mariotte (1620–1684) benannte Gesetz

$$p \cdot V = n \cdot f(T) \tag{7.93}$$

Es stellt sich heraus, dass hinreichend unterhalb der kritischen Temperatur oder für große Volumina die Funktion $f(T)$ eine universelle Funktion ist.

$$f(T) = R \cdot T \tag{7.94}$$

wobei R die schon eingeführte (Gl. 7.68) universelle Gaskonstante ist. Ein Gas, das sich exakt so verhält, wird ideales Gas genannt. Für Edelgase gilt diese Näherung besonders gut.

$$R = 8{,}314 \frac{\text{J}}{\text{mol} \cdot \text{K}} \tag{7.95}$$

Bemerkenswert an diesem universellen Verhalten ist dessen Einfachheit, die ein tiefes Geheimnis über die Wahl der Kelvin-Temperaturskala birgt, und dessen Universalität, die an die Verwendung der Systemmenge Mol geknüpft ist. Die Universalität der Zustandsgleichung wird in der Statistischen Physik begründet. Verwendet man die Masse als Systemmenge, erhalten wir mit der Massendichte den nichtuniversellen Zusammenhang mit der materialspezifischen Gaskonstanten R_m.

$$p = \rho \cdot R_m \cdot T \quad \text{mit} \quad R_m = \frac{R}{m_n} \tag{7.96}$$

m_n ist die Molmasse.

Der Volumenausdehnungskoeffizient eines idealen Gases ist aus der Zustandsgleichung einfach berechenbar.

$$\gamma_{id} = \frac{1}{T} \tag{7.97}$$

In dem Koexitenzgebiet – die Zustände, bei denen Flüssigkeit und Gas koexistieren können – ist das System nicht mehr homogen und die Struktur der Zustandsgleichung kann nicht mehr richtig sein. Man muss einen weiteren Parameter zur Systembeschreibung, den so genannten Ordnungsparameter einführen. Wir werden darauf im Kapitel Phasenübergänge zurückkommen. Die Isothermen in diesem Bereich sind besonders einfach und werden durch ihren Druck – den Dampfdruck p_D – gekennzeichnet. Beachte, dass der Dampfdruck eines Systems nur von der Temperatur abhängt, nicht aber vom Volumen; die Kompressibilität eines Systems im Koexistenzgebiet ist null. Die Temperaturabhängigkeit des Dampfdruckes, kann durch die Gleichung von Clausius-Clapeyron auf kalorische Größen zurückgeführt werden. Auch diese Diskussion verschieben wir auf das Kapitel Phasenübergänge.

Oberhalb der kritischen Temperatur ist die Charakterisierung eines Systems schwieriger. Gas und Flüssigkeit sind nicht mehr zu unterscheiden und das Systemverhalten trägt Züge von Gas und Flüssigkeit: Für kleine Volumen verhält es sich eher wie eine Flüssigkeit, für große Volumen eher wie ein Gas.

Eine weitere Größe, die manchmal Verwendung findet, ist das Eigenvolumen des Systems. Dazu stellt man sich das System aus Atomen oder Molekülen bestehend vor. Verkleinert man das Systemvolumen, bis dieses mit dem Volumen der Atome und Molelüle – dem Eigenvolumen – übereinstimmt, so sollte die Kompressibilität sprunghaft ansteigen, da man sich Atome, die im Worstsinn unteilbar sind, als sehr hart vorstellen kann. Messtechnisch ist diese Größe nur indirekt zu erfassen, für theoretische Überlegungen ist sie nützlich. Eine Beschreibung dieses Bereiches gelingt näherungsweise mit der sogenannten Van-der-Waals-Gleichung, die im Kapitel Phasenübergänge erläutert wird.

7.5.5   Die kalorische Zustandsgleichung

Die kalorische Zustandsgleichung wird nur durch eine neue Größe parametrisiert – die Wärmekapazität. Die Isothermen der Funktion $E(T,V)$ sind über Gl. 7.83 durch die thermische Zustandsgleichung beschrieben. Bei der Änderung der Energie durch eine Temperaturänderung, die durch die Wärmekapazitäten beschrieben wird, ist zu beachten, unter welchen Bedingungen diese Änderung durchgeführt wird. Aus theoretischer Sicht ist die Konstanz des Volumens die naheliegende Bedingung.

$$\frac{dE}{dT}_V = T \cdot \frac{dS}{dT}_V = C_V \qquad (7.98)$$

Diese Ableitung nennt man die Wärmekapazität bei konstantem Volumen. Bei Gasen ist die Messung einfach dadurch zu realisieren, indem das zu untersuchende Gas in einen Druckgasbehälter einsperrt wird. Bei Flüssigkeiten und Feststoffen, ist es nicht so einfach, die Volumenausdehnung zu kompensieren, und man misst die Energieänderung bei einer Temperaturänderung bei konstantem Druck.

$$\frac{dE}{dT}_p = T \cdot \frac{dS}{dT}_p - p \cdot \frac{dV}{dT}_p = C_p - p \cdot \frac{dV}{dT}_p \qquad (7.99)$$

Die so definierte Größe nennt man Wärmekapazität bei konstantem Druck. Der zweite Summand beschreibt die Arbeit des Systems an seiner Umgebung durch seine Volumenausdehnung bei einer Temperaturänderung bei konstantem Druck. Den Sinn dieser Definition werden wir bei der Betrachtung spezieller Prozesse und deren Realisierung verstehen. Nach demselben Schema lassen sich noch weitere Wärmekapazitäten definieren.

Mit Hilfe der Gln. 7.83 und 7.91 können wir durch Einsetzen eine wichtige Beziehung zwischen den Wärmekapazitäten ableiten:

$$\frac{dE}{dT}_p = C_V + T \cdot \frac{dp}{dT}_V \cdot \frac{dV}{dT}_p - p \cdot \frac{dV}{dT}_p \qquad (7.100)$$

bzw.

$$C_p - C_V = T \cdot V \cdot \gamma^2 \cdot K \geq 0 \qquad (7.101)$$

Für feste Körper und Flüssigkeiten ist der Unterschied zwischen den betrachteten Wärmekapazitäten vernachlässigbar klein, so dass man oft auch nur von der Wärmekapazität dieser Stoffe spricht. Dies vereinfacht die Behandlung dieser Systeme enorm, verhindert aber bei zu laxer Verwendung der Begriffe den Blick auf die Strukturen der Wärmelehre. Für ein ideales Gas erhalten wir die bemerkenswert einfache Formel:

$$C_p^{id} - C_V^{id} = n \cdot R \qquad\qquad (7.102)$$

Um zu systemspezifischen Größen zu gelangen, bezieht man die Wärmekapazitäten auf die Systemmenge und erhält die so genannten spezifischen Wärmen:

$$c_i^n = \frac{C_i}{n} = \frac{c_i^m}{\rho} = \frac{C_i}{m}, \, i = V, p \qquad\qquad (7.103)$$

Operiert man mit beiden Systemmengenmaßen, Mol und Masse, so verwendet man die Begriffe molare spezifische Wärme und spezifische Wärme pro Masseneinheit.

Der Begriff der Wärmekapazität und die daraus abgeleiteten Begriffe entstammen der Beschreibung des einfachen Temperaturausgleichs fester Körper und haben alle Erweiterungen der Wärmelehre und daraus resultierenden Reinterpretationen überlebt, da die Abhängigkeit dieser Größe von Temperatur und Volumen sehr einprägsam ist.

Die Volumenabhängigkeit der Wärmekapazität kann über Gl. 7.84 aus der thermischen Zustandsgleichung ermittelt werden. Für ideale Gase ist sie nicht vorhanden und für Flüssigkeiten und feste Körper ist sie praktisch vernachlässigbar, so dass die kalorische Zustandsgleichung im Wesentlichen durch die Temperaturabhängigkeit der spezifischen Wärme bestimmt wird.

Diese verläuft für Gase sehr charakteristisch. Von tiefen Temperaturen kommend steigt die spezifische Wärme bis auf einen Wert 3/2 R an (in der Nähe des absoluten Nullpunkts verschwindet die spezifische Wärme). Dann bleibt die spezifische Wärme konstant, um innerhalb von 100 K auf ein erneutes Plateau von 5/2 R anzusteigen. Bei 1000 K steigt dann die spezifische Wärme nochmals auf 7/2 R, kann aber kein Plateau mehr ausbilden, weil der Wasserstoff bei diesen Temperaturen dissoziiert. Die Werte der „Plateaus", die Vielfache von ½ R sind, findet man bei allen Gasen.

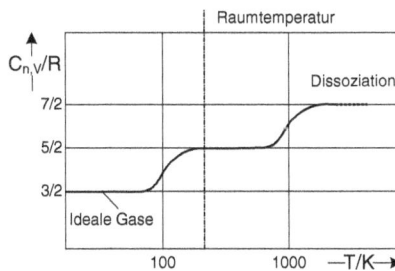

Abb. 7.8. Temperaturabhängigkeit der spezifischen Wärme von Wasserstoff

Tabelle 7.2 zeigt uns typische Werte der spezifischen Wärme von verschiedenen Gasen und bringt diese mit der geometrischen Struktur der Gase in Verbindung. Den Zusammenhang kann man erst im Zusammenhang mit den Ergebnissen der Statistischen Physik aufzeigen.

Die in der Abbildung ebenfalls eingeführte Größe κ ist hier nicht die Kompressibilität, sondern der dimensionslose Adiabatenkoeffizient, der das Verhältnis der spezifischen Wärme bei konstantem Druck zu der spezifischen Wärme bei konstantem Volumen angibt. Das sprunghafte Temperaturverhalten hat darüber hinaus den Vorteil, dass man bei moderaten Temperaturänderungen die spezifische Wärme als konstant annehmen kann.

Tabelle 7.2. *Die spezifischen Wärmen von Gasen bei Raumtemperatur*

Gas	$c_{n,V}/R$	$c_{n,p}/R$	κ	Struktur
He	1,5	2,5	1,67	Kugel
Ar	1,5	2,5	1,67	Kugel
H_2	2,46	3,46	1,41	Hantel
O_2	2,53	3,54	1,40	Hantel
N_2	2,50	3,50	1,40	Hantel
Luft	2,50	3,50	1,40	Hantel
Cl_2	3,10	4,17	1,35	schwingende Hantel
CO_2	3,42	4,45	1,3	geknickte Hantel
CH_4	3,15	4,16	1,32	Tetraeder

Bei festen Körpern kann man das merkwürdige Verhalten der Gase nur mit viel Phantasie wiedererkennen. Es scheint aber so, dass alle festen Stoffe einem Plateau, das einem Wert der spezifischen Wärme von 3 R entspricht, zustreben. Dieses Verhalten nennt man die Dulong–Petitsche Regel. Bemerkenswert in vielerlei Hinsicht ist der Diamant, der sich auch thermisch durch eine sehr kleine spezifische Wärme von anderen Festkörpern absetzt. Auch bei festen Körpern kann man über weite Bereiche die spezifische Wärme als Temperatur unabhängig annehmen.

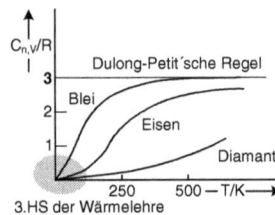

Abb. 7.9. *Die spezifische Wärme fester Körper*

7.5.6   Das ideale Gas

Die vorgestellten Eigenschaften der thermischen und kalorischen Zustandsgleichungen können nur einen kurzen Abriss der Reichhaltigkeit der uns umgebenden Systeme geben. Der
Einfluss von Verunreinigungen, z.B. das Absinken der Schmelztemperatur durch Verunreinigungen, wird hier nicht diskutiert. Die Beschreibung des technisch so wichtigen Systems
Wasser (und Wasserdampf) füllt ganze Bücher und Normen. Die kalorische Zustandsgleichung im Koexistenzgebiet haben wir ganz ausgespart, da wir dazu die Abhängigkeit der
Energie vom schon genannten Ordnungsparameter benötigen. Die Auswahl der vorgestellten
Eigenschaften ist unter dem Gesichtspunkt der vielen überraschenden Gemeinsamkeiten getroffen worden, die im Rahmen der Wärmelehre zunächst einmal hingenommen werden
müssen, die aber eine tiefer liegende Erklärung fordern, durch die die Statistische Physik wesentlich motiviert ist. Um mit der Problemstellung der „verschränkten" Zustände vertraut zu
werden, bietet es sich an, die weiteren Betrachtungen auf das ideale Gas zu beschränken.
Hier lässt sich eine signifikante Volumenausdehnung als Funktion der Temperatur beobachten. Dies ist eine Begründung für die Verwendung von Gasen als Arbeitssubstanz in Wärme
Kraft-Maschinen. Der zweite Grund, uns im Weiteren weitestgehend auf das ideale Gas zu
beschränken, ist die Existenz einer einfachen analytischen Darstellung der Zustandsgleichung. Für ein ideales Gas wird in guter Näherung (d.h. unter Vernachlässigung der Temperaturabhängigkeit der spezifischen Wärme) durch folgende Gleichungen beschrieben:

$$p \cdot V = n \cdot R \cdot T \tag{7.104}$$

und

$$E = C_V \cdot T \quad \text{mit} \quad C_V = n \cdot \frac{f}{2} \cdot R \,, \quad f = 3, 5, \ldots \tag{7.105}$$

Eine bemerkenswerte Abweichung von realen Systemen ist die völlige Unabhängigkeit der
Energie eines idealen Gases vom Volumen.

Mit diesen Zustandsgleichungen können wir auch leicht die Frage nach der Entropiefunktion
des idealen Gases beantworten.

$$dS = \frac{dE}{T} + \frac{p}{T} \cdot dV = n \cdot R \cdot \left(\frac{f}{2} \cdot \frac{dT}{T} + \frac{dV}{V} \right) \tag{7.106}$$

$$= n \cdot R \cdot d \left(ln \left(T^{\frac{f}{2}} \cdot V \right) \right)$$

Die Integration gelingt nur deshalb so einfach, weil bei dem idealen Gas die beiden Summanden unabhängig voneinander sind. Im Allgemeinen ist dies nicht der Fall. Aus Gl. 7.106
folgt:

$$S(T,V) = S_0 + n \cdot R \cdot \left(\frac{f}{2} \cdot ln\frac{T}{T_0} + ln\frac{V}{V_0} \right) \qquad (7.107)$$

bzw.

$$\frac{T}{T_0} = \left(\frac{V}{V_0} \right)^{1-\kappa} \cdot e^{\frac{S-S_0}{c_v}} \qquad (7.108)$$

mit dem Adiabatenkoeffizienten

$$\kappa = \frac{c_p}{c_V} = 1 + \frac{2}{f} \qquad (7.109)$$

Dass wir mit dieser Gleichung bei tiefen Temperaturen Schiffbruch erleiden, liegt an unserer Näherung, die dem Nernstschen Wärmetheorem widerspricht, so dass wir in der Anwendung diesen Bereich meiden werden. Dieses so definierte ideale Gas ist im Weiteren unser System, an dem wir Prozesse und deren Realisierung studieren werden.

7.6 Prozess und Prozessrealisierung

7.6.1 Einführung

Wir gehen in diesem Kapitel davon aus, dass wir ein System (hier ein ideales Gas) in einem Zylinder eingesperrt haben und wir dessen Zustand ändern wollen. Dazu definieren wir zunächst den Prozess und in einem zweiten Schritt wollen wir die Möglichkeiten der Realisierung dieses Prozesses durch die Umgebung des Systems diskutieren. Diese Logik entspricht einer typischen Alltagssituation bei der der Kunde ein Lastenheft (seine Anforderungen) definiert und das angesprochene Unternehmen eine Realisierung dieses Lastenheftes verspricht. Dazu wandelt das Unternehmen das Lastenheft in ein Pflichtenheft um. Diese Umwandlung ist nicht eindeutig und schlägt meist in den veranschlagten Kosten nieder. Der Volksmund sagt auch „Viele Wege führen nach Rom". In der Punktmechanik ist diese Situation relativ einfach, da die Möglichkeiten, eine Impulsänderung eines Systems herbeizuführen, beschränkt sind und die Impulsänderung nur durch Kräfte realisiert werden kann. Verschiedene Realisierungsmöglichkeiten unterscheiden sich also lediglich durch die sich in den Kraftgesetzen widerspiegelnde Umgebung. Ein Körper kann gebremst werden, indem ihm ein Stoßpartner angeboten wird. Dieselbe Wirkung kann auch durch Reibung realisiert werden. Übergeordnet kann eine Impulsänderung nur durch einen Impulsaustausch mit der Umgebung realisiert werden.

Abb. 7.10. *Gas in Zylinder*

In der Wärmelehre ist die Situation verzwickter. Zunächst einmal haben wir es immer mit zwei verschiedenen Zuständen zu tun, so dass wir den Prozess genauer spezifizieren müssen. Möchten wir die Temperatur eines Gases erhöhen, hängt die Realisierung sicher davon ab, ob das Gas in einem Volumen eingeschlossen ist oder der Zustand des Druckes des Gases konstant ist. Diese Klassifizierungen werden wir zunächst durchführen. Dabei werden wir sehen, dass die Einführung spezieller Energiefunktionen hilfreich ist. Damit sind wir in der Lage, unser „Lastenheft" zu formulieren, und können uns den Realisierungsmöglichkeiten von Prozessen zuwenden. Diese sind viel reichhaltiger, weil Entropie ja nicht nur ausgetauscht, sondern auch erzeugt werden kann. Bevor wir diese Problemstellung systematisch angehen, werden wir uns die gesamte Problematik an einem einfachen Beispiel vor Augen führen.

7.6.2 Die freie Expansion

Wir betrachten ein ideales Gas in einem Druckgasbehälter, welcher durch einen Schieber in zwei Teilvolumina getrennt sei. Der Ausgangszustand des Gases sei dadurch definiert, dass das Gas eine Temperatur T besitze und das Systemvolumen des Gases mit dem einen Teilvolumen V übereinstimmt. Über die thermische Zustandsgleichung hat das Gas einen definierten Druck p. Über die kalorische Zustandsgleichung können wir dem Gas auch einen energetischen Wert E zuordnen.

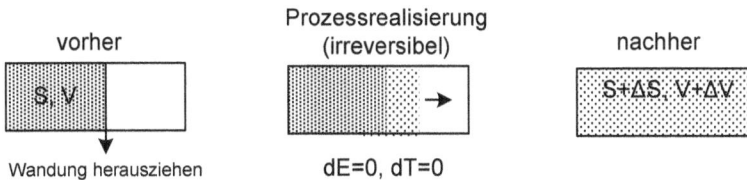

Abb. 7.11. *Die freie Expansion*

Jetzt beobachten wir das Verhalten des Gases bei folgender Prozessrealisierung. Wir schieben den Schieber aus dem Druckgasbehälter heraus und stellen dem Gas das gesamte Volumen $V + \Delta V$ zur Verfügung. Das Gas dehnt sich aus und nimmt das gesamte Volumen als Systemvolumen an. Während der Prozessrealisierung durchläuft das Gas inhomogene Zwischenzustände. Der Endzustand ist jedoch wieder homogen und durch $V + \Delta V$, $T + \Delta T$, $p + \Delta p$ und $E+\Delta E$ beschrieben. Anfangs- und Endzustand charakterisieren den Prozess. Die Prozessrealisierung ist dadurch gekennzeichnet, dass an dem System weder Arbeit verrichtet noch Wärme zugeführt wurde. Die Arbeit, den Schieber herauszuziehen, kann beliebig klein gehalten werden und wird hier zu null idealisiert. D. h., für die Energieänderung $\Delta E = 0$ – der Prozess ist isoenergetisch. Für ein ideales Gas ist dies gleichbedeutend damit, dass auch die Temperatur des Gases sich nicht ändert, d.h. $\Delta T = 0$. Der Prozess ist für ein ideales Gas auch isotherm. Um einen eindeutigen Zusammenhang zwischen Prozess und Prozessrealisierung herzustellen, müssen wir noch eine Aussage über die Änderung des Systemvolumens machen. Dies scheint einfach, da wir wissen, dass ein Gas immer den ihm zur Verfügung stehenden Raum einnimmt. Hierbei handelt es sich aber offenbar um einen zusätzlichen Erfahrungssatz, von dem wir bisher noch keinen Gebrauch gemacht haben. In unserem Schema ist dieser Erfahrungssatz nur ein Spezialfall des zweiten Hauptsatzes.[72] Um dies einzusehen, betrachten wir die Energieformen des Systems.

$$dE = T \cdot dS - p \cdot dV = 0 \qquad (7.110)$$

Für den betrachteten Prozess ($dE = 0$) folgt:

$$dS = \frac{p}{T} \cdot dV = n \cdot R \cdot \frac{dV}{V} \qquad (7.111)$$

bzw.

$$\Delta S = n \cdot R \cdot ln \frac{V + \Delta V}{V} > 0 \qquad (7.112)$$

Mit der Annahme des gesamten zur Verfügung stehenden Raumes nimmt das Gas den Zustand mit maximaler Entropie ein. In einer modernen Interpretation kann man das Bestreben des Gases, seine Entropie zu vermehren, als Ursache der Expansion ansehen. Mechanisch dehnt das Gas sich als Folge des beim Herausziehen des Schiebers entstehenden Druckunterschiedes aus. Dabei ist die Bewegung dadurch eingeschränkt, dass ein Zwischenzustand sich nur zu einem Zustand höherer Entropie hin entwickeln kann. Die Gesetze der Mechanik verursachen den Wechsel der Zwischenzustände so lange, bis das Maximum der Entropie und damit ein homogener Endzustand erreicht ist.

Bei der Prozessrealisierung der freien Expansion wird die gesamte Entropieänderung, die für den Prozess notwendig ist, erzeugt. Wir wollen jetzt den Prozess anders – durch einen Austausch von Entropie – realisieren. Beim idealen Gas müssen wir sicherstellen, dass die Temperatur des Gases während der Realisierung konstant bleibt. Dazu füllen wir das Gas in einen Zylinder, der durch einen verschiebbaren Kolben abgeschlossen ist und mit dessen Hilfe wir das Systemvolumen ändern können. Die Kraft auf dem Kolben sei zunächst so gewählt, dass der Kolben ruht. Dieses System betten wir in ein Wärmebad oder einen Thermostaten ein. Diese Umgebung zeichnet sich dadurch aus, dass Ihre Systemmenge viel größer ist als die Systemmenge des betrachteten Gases, so dass bei den betrachteten Entropieumsätzen die

---

[72] An dieser Betrachtung sieht man auch sehr schön, dass man mit dem Wechsel zu der thermischen und kalorischen Zustandsgleichung bei der Nutzung weniger abstrakt formulierter Erfahrungen bei einfachen Problemstellungen weitestgehend auf den Begriff der Entropie verzichten kann.

Temperatur des Wärmebades konstant ist. Die Temperatur des Wärmebades ist so gewählt, dass sie mit der Ausgangstemperatur des Gases T übereinstimmt.

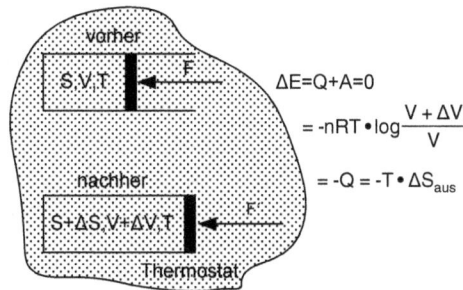

Abb. 7.12. *Die quasistatische Expansion*

Zur Realisierung des Prozesses verringern wir die Kraft ein wenig, so dass der Kolben sich langsam bewegt und das dem Gas zur Verfügung stehende Volumen vergrößert. Die Bewegung sei so langsam, dass wir sie als quasistatisch betrachten können, also fast „unendlich" langsam. Bei einer so langsamen Bewegung bleibt das System homogen und der Wärmeaustausch zwischen Umgebung und System hält die Systemtemperatur konstant. Diese quasistatische Prozessrealisierung führen wir so lange aus, bis das Zylinder- bzw. Systemvolumen $V + \Delta V$ ist. Der auf diese Weise realisierte Prozess ist identisch zu dem durch die freie Expansion realisierten Prozess. Der Unterschied liegt einzig und allein in der Realisierung. In der quasistatischen Realisierung wir der Kolben gegen eine Kraft verschoben. Dazu ist Arbeit von dem Gas zu verrichten.

$$A^{qs} = \int F \cdot ds = - \int_{V}^{V+\Delta V} p \cdot dV = -n \cdot R \cdot T \cdot ln \frac{V + \Delta V}{V} \qquad (7.113)$$

Die quasistatische Prozessrealisierung erlaubt es, die verrichtete Arbeit auf die Systemzustände zurückzuspielen. Das System verrichtet Arbeit an der Umgebung. Das bedeutet im quasistatischen Fall, dass das System über die Energieform der Kompression Energie verliert. Da die Energie des Systems während der gesamten Realisierung konstant bleibt, muss das Gas diese Energiemenge in Form von Wärme von dem Wärmebad erhalten. Diese Wärme bestimmen wir mit der Erfahrung des ersten Hauptsatzes.

$$Q = \Delta E - A^{qs} = -A^{qs} \qquad (7.114)$$

Da das Wärmebad dieselbe Temperatur wie das Gas hat, wird bei der Zufuhr der Entropie keine Entropie erzeugt.

$$Q = T \cdot \Delta S_{aus} \qquad (7.115)$$

Durch Vergleich erhalten wir:

$$\Delta S_{aus} = n \cdot R \cdot ln \frac{V + \Delta V}{V} > 0 \qquad (7.116)$$

Die beiden Prozessrealisierungen können also dadurch unterschieden werden, dass in dem einen Fall die Entropie erzeugt wird und in dem anderen Fall die Entropie durch Austausch geändert wird.

Dieses Beispiel sollte die Problematik, mit der wir es im Weiteren zu tun haben, deutlich machen. Hat man sich einmal an den Begriff der Entropie gewöhnt, ist dies gar nicht so schwierig. Unglücklicherweise ist aber der Begriff der Entropie auch 150 Jahre nach seiner Einführung immer noch nicht aktiver Bestandteil unseres Sprachschatzes, so dass meist die etwas weniger klare Variante, verschiedene Prozessrealisierungen mit den Begriffe Arbeit und Wärme zu unterscheiden, Anwendung findet. Das Beispiel zeigt aber auch eine Möglichkeit auf, Wärme in Arbeit zu verwandeln. Mit diesen Prozessrealisierungen ist jedoch noch kein Motor konstruierbar, da wir beim Zurückschieben des Kolbens immer mindestens genau die Arbeit wieder aufwenden müssen, die wir durch den Prozess gewonnen haben – eine Erfahrung, die dem zweiten Hauptsatz geschuldet ist, da das Gas eben immer den gesamten zur Verfügung stehenden Raum einnimmt. Würde das Gas sich spontan in ein Subvolumen zurückziehen und seine Entropiemenge damit vernichten, so könnten wir den Kolben, ohne Arbeit zu verrichten, zurückschieben.

7.6.3   Klassifizierung von Prozessen

Prozesse sind stetige Zustandsänderung eines Systems oder einer Anordnung. Diese können wir graphisch im Zustandsraum oder Phasenraum darstellen. Wir wählen hier eine Darstellung in einem T-V-Diagramm (Abb. 7.13). Alle eingezeichneten Linien sind Darstellungen von Prozessen. Diese Darstellungen können wir uns aus stückweise geraden Strecken zusammengesetzt denken, so dass wir im Weiteren nur noch solche kleinen (differentiellen) Prozesse betrachten. Die verschiedenen denkbaren Prozesse sind mit dieser Einschränkung durch ihre Steigung in dem Diagramm unterscheidbar.

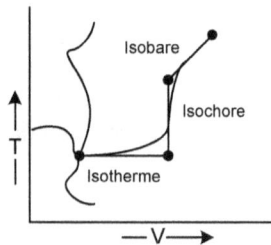

Abb. 7.13. *T-V-Diagramm*

Extremfall ist der Prozess, bei dem die Temperatur konstant ist und der deshalb isothermer Prozess heißt. Hier ist dT= 0. Beim isochoren Prozess ist das Volumen konstant (dV = 0).

Nun liegen zwischen diesen beiden Extremen unendlich viele Prozesse, die man untersuchen könnte. Wir beschränken uns darauf, nur ein paar wenige Prozesse herauszugreifen, die dann mehr oder weniger gut mit den Prozessen der Realität übereinstimmen und die einfach realisiert werden können. Mit den beiden genannten sind diese der:

1. isotherme Prozess $(dT = 0)$

    $$\Delta p = -\frac{n \cdot R \cdot T}{V^2} \cdot \Delta V \ , \ \Delta E = 0 \ , \ \Delta S = n \cdot R \cdot ln\left(1 + \frac{\Delta V}{V}\right)$$

2. isochore Prozess $(dV = 0)$

    $$\Delta p = \frac{n \cdot R}{V} \cdot \Delta T \ , \ \Delta E = n \cdot c_V \cdot \Delta T \ , \ \Delta S = n \cdot c_V \cdot ln\left(1 + \frac{\Delta T}{T}\right)$$

3. der isobare Prozess $(dp = 0)$

    $$\Delta V = \frac{n \cdot R}{p} \cdot \Delta T \ , \ \Delta E = n \cdot c_V \cdot \Delta T \ , \ \Delta S = n \cdot c_p \cdot ln\left(1 + \frac{\Delta T}{T}\right)$$

4. isentrope Prozess $(dS = 0)$

    $$T \cdot V^{\kappa-1} = \text{konst.}, \quad p \cdot V^{\kappa} = \text{konst.}, \quad \Delta E = n \cdot c_V \cdot \Delta T$$

5. isoenergetische Prozess $(dE = 0)$
    vgl. isothermer Prozess (ideales Gas)

6. isenthalper Prozess $(d(E + p\,V) = 0)$
    vgl. isothermer Prozess (ideales Gas)

Wir haben für praktische Anwendungen den Prozessen die Beziehungen zwischen den Zuständen und Zustandsmengen (für das ideale Gas) hinzugefügt. Diese lassen sich einfach aus den Zustandsgleichungen ableiten.

7.6.4 Spezielle Energiefunktionen

Die oben genanten Prozesse sind i. A. nur zu realisieren, wenn an dem betrachteten System mindestens ein weiteres angekoppelt ist, mit dem Zustandsmenge und Energie ausgetauscht wird. Das heißt, ein Anteil der an dem System verrichteten Arbeit oder der dem System zugeführten Wärme wird per Konstruktion an das angekoppelte System abgeführt. Dies führt dazu, dass man bei der energetischen Wertänderung eines Systems durch Arbeit oder Wärme diesen Anteil in der Bilanz berücksichtigen muss. So ist im Beispiel der quasistatischen Expansion für den Anfänger oft überraschend, dass die verrichtete Arbeit nicht zu Lasten des Gases, sondern des Wärmebades geht. Bei isobaren Prozessen kommt es z. B. zu einem Energieaustausch mit der uns umgebenden Atmosphäre, deren Existenz uns so selbstverständlich erscheint, dass wir sie oft vergessen zu berücksichtigen. Diese Selbstverständlichkeiten berücksichtigt man durch die Einführung spezieller Energiefunktionen.

Wir wollen uns diese Problematik an einem Beispiel des Alltags verdeutlichen. Wenn wir einmal von der falschen Vorstellung ausgehen, dass der Wert eines Menschen durch sein monatliches Einkommen bestimmt ist, so ist der Autor heute sicher „wertvoller" als vor 20 Jahren. Für einen Bankangestellten, der ihm einen Kredit gewähren soll, ist diese Wertvorstellung nicht praktikabel. Vor 20 Jahren war der Autor unverheiratet und hatte keine drei Kinder und ein Großteil seines Einkommens, das gesamte Einkommen abzüglich der Kosten für die Grundvorsorgung, konnten für die Rückzahlung eines Kredites verwendet werden. Diese frei verfügbaren Mittel sind für den Bankangestellten der Wertmaßstab für die Kredithöhe. An diesem Wertmaßstab gemessen ist der Autor heute sicher weniger „wertvoll". Die Ursachen sind trivial durch das an den Autor gekoppelte System „Familie" beschrieben, deren Grundversorgung erheblich am Einkommen zehrt. Genau denselben Gedanken eines angepassten energetischen Wertmaßstabes verfolgt man mit der Einführung der neuen Energiefunktion.

Implizit kennengelernt haben wir schon die Enthalpie H.

$$H = E + p \cdot V \tag{7.117}$$

Wir betrachten das vollständige Differential dieser Funktion

$$dH = dE + d(p \cdot V) = T \cdot dS + V \cdot dp \tag{7.118}$$

Bei isobaren Prozessen gibt die Enthalpie also die Wertänderung des Systems aufgrund der Entropieänderung an. Die Energieänderung aufgrund der Volumenausdehnung findet in dieser Funktion keine Berücksichtigung. Diese Funktion ist offensichtlich gut geeignet, Prozesse zu beschreiben, die bei konstantem Druck ablaufen. Es gilt z. B.:

$$\frac{dH}{dT}_p = C_p \tag{7.119}$$

Im Grunde enthält die Enthalpie alle Informationen, die auch die Energiefunktion enthält. Der Wertmaßstab der Energie ist jedoch aufgrund der Erhaltung der Energie herausgehoben, die Enthalpie ist keine erhaltene Größe. Ein isoliertes System strebt auf Grund des zweiten Hauptsatzes an, seine Enthalpie zu maximieren.

Zum Verständnis der Enthalpie schauen wir uns eine quasistatische Realisierung eines isenthalpen Prozesses an, den Joule-Thomson-Prozess. Die Versuchsanordnung ist in Abb. 7.14 skizziert. Die Anordnung sei thermisch isoliert, so dass keine Entropie mit der Umgebung ausgetauscht werden kann.

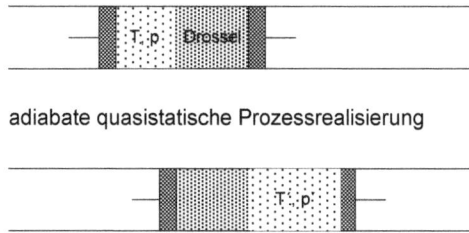

adiabate quasistatische Prozessrealisierung

Abb. 7.14. Der Joule-Thomson-Prozess

Zu Beginn sei das Gas in der linken Hälfte, die auf der rechten Seite durch eine Drossel begrenzt ist. Jetzt verrichten wir quasistatisch Arbeit an dem System, indem wir den linken Kolben eindrücken und den rechten herausziehen. Der Druck des Gases links der Drossel bleibt konstant. In der Drossel bewegt sich das Gas schneller, dort wird Entropie erzeugt. Der Druck des Gases auf der rechten Seite bleibt ebenfalls konstant. Zum Ende des Prozesses ist das Gas, das vorher das Systemvolumen V_1 eingenommen hat, auf die rechte Seite gewechselt und hat jetzt das Systemvolumen $V_2 > V_1$. Die gesamte an dem System verrichtete Arbeit ist:

$$A^{qs} = p_1 \cdot V_1 - p_2 \cdot V_2 = \Delta E = E_2 - E_1 \qquad (7.120)$$

Bei diesem Prozess ist also die Enthalpie konstant geblieben. Nutzen wir dieselben Umformungen, die für die Darstellung der Energiefunktion zu Gl. 7.83 geführt haben, so können wir schreiben:

$$dH = C_p \cdot dT - \left(T \cdot \frac{dV}{dT}_p - V \right) \cdot dp = 0 \qquad (7.121)$$

oder

$$\frac{dT}{dp}_H = \frac{1}{C_p} \cdot \left(T \cdot \frac{dV}{dT}_p - V \right) \qquad (7.122)$$

Für ein ideales Gas ändert sich die Temperatur in einem isenthalpen Prozess nicht. Bei einem realen Gas kann der Klammerausdruck jedoch sowohl positive als auch negative Werte annehmen. Ist die Klammer positiv, nimmt die Temperatur des Gases bei einem isenthalpen Prozess ab. Mit dem Joule-Thomson Prozess haben wir in diesem Fall ein Verfahren an der Hand, bei dem wir durch Verrichtung von Arbeit ein System abkühlen können. Jeder Kühlschrank basiert im Prinzip auf einem solchen Prozesselement.

Eine andere wichtige Energiefunktion ist die freie Energie F. Sie ist vor allem dann interessant, wenn das betrachtete System an ein Wärmebad gekoppelt ist, so dass die Anfangs- und Endtemperatur des Systems der des Wärmebades entspricht. Eine solche Situation haben wir bei der quasistatischen Expansion betrachtet, aber auch implizit in der Mechanik, wo wir, ohne es zu erwähnen, immer nur solche Anordnungen betrachtet haben, in denen die Systeme eine identische Temperatur T besitzen. Die freie Energie erhält man, wenn man die Energieverluste des Systems an das Wärmebad bei einem isothermen Prozess zum System zählt.

$$F = E - Q_{Bad}^T \qquad (7.123)$$

bei einem isothermen Prozess wird bei der Wärmeübergabe an das Bad aber keine Entropie erzeugt.

$$Q_{Bad}^T = T \cdot \Delta S_{aus} \qquad (7.124)$$

Somit können wir mit Gl. 7.124 die freie Energie als Energiefunktion des Systems definieren

$$dF = d(E - T \cdot S) = -p \cdot dV - S \cdot dT \qquad (7.125)$$

Die Bedeutung dieser Funktion können wir sehr schön an der quasistatischen Expansion diskutieren. Dazu betrachten wir den umgekehrten Prozess der isothermen Kompression. Um diesen Prozess zu realisieren, müssen wir (die Umgebung) Arbeit verrichten. Die freie Energie nimmt durch diese verrichtete Arbeit zu, die Energie überraschenderweise ja nicht, da mit dieser Realisierung auch Wärme an das Bad abgegeben wird. Lassen wir das Gas wieder quasistatisch expandieren, gewinnen wir die Arbeit wieder zurück. Die freie Energie ist meistens die Energie, die wir umgangssprachlich meinen, wenn wir von Energie sprechen und uns vorstellen, dass die verrichtete Arbeit in dem System gespeichert ist und wieder abgerufen werden kann. Die gilt auch für den Begriff des Energieverlustes. Verrichten wir Arbeit an dem System, in dem wir an der Wandung eines Systems reiben, wird die erzeugte Entropie an das Wärmebad abgeführt, die freie Energie bleibt konstant. Diese Arbeit ist aus der Sicht der freien Energie des Systems verloren gegangen. Der zweite Hauptsatz kann mit der freien Energie wie folgt formuliert werden. Bei geschlossenen Anordnungen ($E_{ges} =$ konst.), deren Temperatur konstant ist, nimmt die freie Energie immer ab. Im Gleichgewicht nimmt sie ihr Minimum an. Die Konstanz der Temperatur innerhalb der Anordnung setzt ein sehr großes Wärmebad voraus, so dass die erzeugte Entropie zu keiner Temperaturänderung führt.

Die Bedeutung der eingeführten Energiefunktionen geht weit über das beispielhaft Verdeutlichte hinaus. Abstrakt haben wir die Energiefunktion als erzeugende Funktion des Phasenraums eingeführt. In diesem Sinne sind die Zustandsmengen, die auf den Achsen des Phasenraums abgetragen werden, die natürlichen Variablen der Energiefunktion. Die anderen Energiefunktionen gehen durch eine Legendre-Transformation aus der Energiefunktion hervor. Berechnen wir den Abstand zweier Zustände in Räumen, deren Koordinatenachsen durch T und V oder S und p beschrieben werden, so sind F und H die erzeugenden Funktionen in diesen Räumen, so dass T und V die natürlichen Variablen der freien Energie und S und p die der Enthalpie sind.

7.6.5   Prozessrealisierungen

Nachdem wir Prozesse klassifiziert und neue Begriffe zur ihrer Beschreibung eingeführt haben, wenden wir uns dem wichtigen Thema der Realisierung dieser Prozesse zu.

Schematisch können wir uns die Fragestellung mit Hilfe von Abb. 7.15 verdeutlichen. Ein Prozess ist durch eine definierte Änderung der Systemmengen dS und dV beschrieben, die zu einer Energieänderung dE des Systems führt. Die Möglichkeiten der Realisierung sind auf Grund des mengenartigen Charakters dadurch eingeschränkt, dass durch die Systemgrenze des betrachteten Systems Entropie und Impuls fließen (eine Kraft wirken) muss, um eine Änderung der Zustandsmengen hervorzurufen. Im Allgemeinen wird mit den betrachteten Strömen, abhängig von der Stärke der Ströme, auch Entropie erzeugt. Eine Zuordnung der Änderung von dS und dV zu den wirkenden Kräften und Entropieströmen erfordert eine detaillierte Betrachtung dieser Ströme, die verschiedene Prozessrealisierungen kennzeichnet. Ohne auf operative Details der Prozessrealisierung und ihrer Messung einzugehen, können wir verschiedene Prozessrealisierung durch die Menge der erzeugten Entropie unterscheiden. In der Praxis ist es einfacher, mit Hilfe des ersten Hauptsatzes die verschiedenen Prozessrealisierungen durch die übertragene Wärme und die verrichtete Arbeit zu klassifizieren. Impuls- und Entropiestrom als Träger des Energiestroms erlauben es, einen Prozess energetisch durch Arbeit und Wärme zu realisieren. Diese Klassifizierung ist nicht so durchsichtig, da i. A. sowohl die Wärmezufuhr als auch die verrichtete Arbeit zur Entropieerzeugung beitragen. Diese Mehrdeutigkeit wird aber durch die Betrachtung von Gleichgewichtsprozessen ausgeräumt.

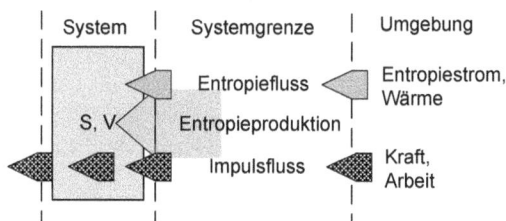

Abb. 7.15. *Prozess und Prozessrealisierung*

Die operativen Möglichkeiten, einen Prozess zu realisieren, sind vielfaltig und schematisch in Abb. 7.16 dargestellt. Das betrachtete System stellen wir uns dazu in einem Volumen eingesperrt vor.

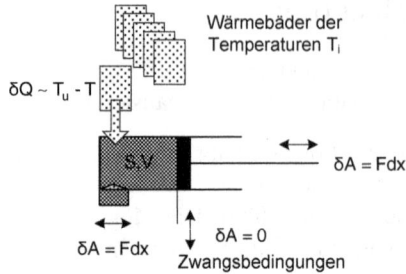

Abb. 7.16. *Systemmanipulationen*

Eine Volumenänderung können wir realisieren, in dem wir Hemmungen in Form von Zwischenwänden entfernen, oder die auf den Kolben wirkende Kraft verändern. Es besteht aber auch die Möglichkeit, durch Reibung an der Zylinderwandung die Temperatur des Systems zu erhöhen, so dass bei konstanter auf den Kolben wirkender Kraft das Systemvolumen zunimmt. Diese Temperaturerhöhung kann auch durch Ankoppelung von Wärmebädern verschiedenster Temperaturen erfolgen. Diese Realisierungen unterliegen Einschränkungen, deren Formulierung Gegenstand des ersten und zweiten Hauptsatzes sind. Solche Erfahrungen formulieren wir i. A. konkreter. Beispiele für solche Erfahrungen sind:

Durch Reibung an der Systemwandung (bei konstanten Systemvolumen) nimmt die Temperatur immer nur zu; eine Temperaturerhöhung durch ein Wärmebad (bei konstantem Systemvolumen oder konstantem Druck) erfordert immer ein Wärmebad höherer Temperatur; bei der Entfernung einer Hemmung nimmt das Gas immer das gesamte zur Verfügung stehende Volumen ein; usw.

Alle diese Systemmanipulationen lassen sich durch Arbeit und Wärme klassifizieren und können auf den ersten und zweiten Hauptsatz als übergeordnete Erfahrung zurückgeführt werden.

Eigentümlich an diesen Betrachtungen ist, dass die für uns so wichtige Zeit explizit keine Erwähnung findet. Wir befinden uns hier also verglichen mit der Mechanik auf dem Niveau der Huygens'schen Stoßbetrachtungen. Die explizite Behandlung des zeitlichen Ablaufes der Prozessrealisierung, die wir in Kapitel 7.3 grob skizziert haben, erfordert die detaillierte Behandlung von inhomogenen Zwischenzuständen des Systems und wird in der Feldtheorie behandelt. Implizit ist in dieser Betrachtung jedoch auch eine Zeitabhängigkeit enthalten, da zwei vergleichbare Realisierung eines Prozesses, sich durch ihre Prozesszeiten unterscheiden, unterschiedliche „Stromstärken" erfordern und sich dadurch in Ihrer Entropieerzeugung unterscheiden. Grob kann man festhalten: je schneller ein Prozess abläuft, desto mehr Entropie wird erzeugt.

Eine wichtige Klasse von Prozessrealisierungen bilden die Gleichgewichtsprozesse. Diese Prozesse sind dadurch ausgezeichnet, dass während der Prozessrealisierung keine Entropie erzeugt wird. Definitionsgemäß ist dies der Fall, wenn die Umgebung des Systems und das System selbst sich in unmittelbarer Nähe ihres Gleichgewichtszustandes befinden. Definitionsgemäß heißt, dass wir bei der Definition der Zustandsmengen und der Energie eines Systems es gerade so eingerichtet haben, dass bei einer solchen Prozessrealisierung nur Mengen ausgetauscht werden. Kinematisch sind Gleichgewichtsprozesse daran zu erkennen, dass Sie ohne eine Änderung in der Umgebung wieder rückgängig gemacht werden können. Die Prozessrealisierung ist reversibel.

Bei einer reversiblen Wärmezufuhr gilt:

$$\delta^{rev}Q = -T_{amb} \cdot dS_{amb} = T \cdot dS \tag{7.126}$$

Gleichung 7.126 gilt streng nur, wenn wir sicherstellen, dass bei einer am Prozess verrichteten Arbeit keine Entropie erzeugt wird. Dies ist aber durch die Nähe zum mechanischen Gleichgewicht gewährleistet. Die Verrichtung von Arbeit an dem System durch Reibung scheidet von vornherein aus, da bei diesen Realisierungen immer Entropie erzeugt wird. Verrichten wir Arbeit, indem wir den Kolben verschieben, erfordert die Bedingung, dass die auf den Kolben wirkende Kraft nahezu im Gleichgewicht mit dem Systemdruck p ist.

$$p \cong \frac{F}{A} \tag{7.127}$$

Das heißt, dass wir den Kolben nur ganz langsam – quasistatisch – bewegen dürfen, so dass gilt:

$$\delta^{qs}A = -p \cdot dV \tag{7.128}$$

Mit dem ersten Hauptsatz gilt:

$$dE = \delta^{rev}Q + \delta^{qs}A \, , \tag{7.129}$$

so dass bei einer quasistatisch verrichteten Arbeit keine Entropie erzeugt wird. Denselben Prozess können wir auch realisieren, wenn wir z.B. den Kolben schnell in den Zylinder stoßen. In diesem Fall wird die am System verrichtete Arbeit größer sein, da, um diese Geschwindigkeit zu erreichen, gilt:

$$F > p \cdot A \tag{7.130}$$

Dieses Mehr an Arbeit erzeugt in dem System Entropie; wie das geschieht, kann hier nicht diskutiert werden, denn es bilden sich inhomogene Zwischenzustände.

$$\delta'A = -p \cdot dV + T \cdot \delta'S_{erz} \tag{7.131}$$

Führen wir dem System noch reversibel Wärme zu, so dass derselbe Endzustand erreicht wird.

$$\delta^{\mathrm{rev}'} Q = T \cdot \left(\mathrm{d}S - \delta' S_{erz} \right) \qquad\qquad (7.132)$$

Wir können also bei Prozessrealisierungen den Prozess immer durch Arbeit realisieren. Das bedeutet, dass die reversibel zugeführte Wärme des vergleichbaren Gleichgewichtsprozesses durch Arbeit substituiert werden kann. Dies ist eine aus dem Alltag bekannte Erfahrung.

Gleichgewichtsprozesse stellen einen wichtigen Grenzfall dar. Die Betrachtung dieses Grenzfalles ist aber nur bei einfachen Prozessrealisierungen möglich, da man immer die Fallunterscheidung A, Q größer oder kleiner null, beachten muss. Allgemeine Betrachtungen verschieben wir auf die Behandlung von Kreisprozessen.

Den Gleichgewichtsprozessen stehen die irreversiblen Prozessrealisierungen gegenüber. Diese sind dadurch gekennzeichnet, dass bei diesen Prozessen Entropie erzeugt wird. Irreversible Prozesse liegen vor, wenn entweder die Wärme irreversibel übertragen wird, d.h., dass die angekoppelten Wärmebäder eine andere Temperatur als das System haben, oder die Arbeit schnell ausgeführt wird, also Gl. 7.130 gilt. Schnell bezieht sich auch auf die Reibung, da bei der Reibung immer ein Geschwindigkeitsunterschied zwischen Wandung und reibendem System vorliegen muss. Bei der Geschwindigkeit des Kolbens ist es natürlich wichtig, den Begriff schnell zu quantifizieren, also zu fragen: „schnell wogegen?". Eine typische Vergleichsgeschwindigkeit des Systems ist seine Schallgeschwindigkeit, die bei Luft z.B. bei $c = 330$ m/s liegt. Es zeigt sich, dass bei Kolbengeschwindigkeiten $v \ll c$ die an dem Kolben verrichtete Arbeit noch in guter Näherung als quasistatisch angenommen werden kann. Um eine Vorstellung von einer Kolbengeschwindigkeit zu bekommen, sei darauf hingewiesen, dass in einem PKW-Motor mittlere Kolbengeschwindigkeiten von bis zu 20 m/s erreicht werden. Die Irreversibilität von Arbeitsverrichtungen beruht hier im Wesentlichen auf Reibungsphänomenen.

Alle im vorigen Kapitel genannten Prozesse lassen sich also quasistatisch und reversibel realisieren. Ein besonderes Augenmerk wollen wir noch auf den isentropen Prozess werfen. Bei einem isentropen Prozess müssen wir die gesamte erzeugte Entropie in Form von Wärme wieder abführen. Dies gestaltet sich in der Praxis durchaus schwierig, da dazu die Zustandsgleichungen des Systems bekannt sein und die Entropieerzeugung aus den aktuellen Systemzuständen berechnet werden müssen. In einer Gleichgewichtsprozessrealisierung, bei der die Arbeit quasistatisch verrichtet wird, braucht keine Wärme abgeführt zu werden. Mit unseren Bemerkungen zu Kolbengeschwindigkeiten können wir, wenn wir unsern Zylinder als „Thermoskanne" aufbauen, diesen also thermisch isolieren und den Kolben herein schieben, einen isentropen Prozess realisieren. Eine solche Prozessrealisierung heißt adiabat. Beachte, dass adiabat und isentrop keine Synonyme sind. Bei einer adiabaten Prozessrealisierung kann durchaus durch Reibung Entropie erzeugt werden.

$$\delta Q = 0 \qquad\qquad (7.133)$$

$$\delta A = \mathrm{d}E = -p \cdot \mathrm{d}V + T \cdot \mathrm{d}S_{erz} \qquad\qquad (7.134)$$

Ein isentroper Prozess kann in einem kurzen Zeitraum auch bei einer unzureichenden Isolierung realisiert werden. Wenn wir mit einer Luftpumpe unser Fahrrad sehr schnell aufpumpen, wird diese merklich heißer. Dies liegt daran, dass der Prozess der Wärmeleitung relativ langsam ist und, wenn der Kolben schnell genug eingeführt wird, die Entropiemenge im Wesentlichen der ursprünglich im System vorhandenen Menge entspricht. Die Luftpumpe kühlt sich nach dem schnellen Pumpen erst wieder sehr langsam auf die Umgebungstemperatur ab. Die Temperaturerhöhung kann man durch die Isentropengleichung $T \cdot V^{\kappa-1} = konst.$ berechnen. Diese Gleichung heißt in vielen Büchern auch Adiabatengleichung und der Koeffizient Adiabatenkoeffizient.

Beim Dieselmotor ist das Verdichtungsverhältnis so groß, dass die Kompression des Diesel-Luft-Gemisches durch den Kolbens, die wir als isentrop annehmen, die Zündtemperatur erreicht wird. Umgekehrt können wir auch dass schnelle Entweichen eines Gases aus einer Sprayflasche als isentropen Prozess beschreiben und das Abkühlen erklären. Das Vereisen von Vergasern oder Tragflächen fällt ebenfalls in diese Prozesskategorie.

Alle Prozessrealisierungen sind durch den ersten und zweiten Hauptsatz eingeschränkt. Die Einschränkungen durch den zweiten Hauptsatz wollen wir durch die Betrachtung von zusammengesetzten Prozessen – den Kreisprozessen – und deren Realisierung genauer fassen. Wir hatten schon gesehen, dass bei Prozessen Wärmezufuhr durch Verrichtung von Arbeit substituiert werden kann. Andererseits können wir auch Wärme zuführen, um das System Arbeit verrichten zu lassen. Dennoch kann Wärme nicht uneingeschränkt in Arbeit verwandelt werden.

7.7 Kreisprozesse

7.7.1 Einführung

Kreisprozesse sind solche Prozesse, die aus mehreren Prozessschritten zusammengesetzt sind und deren Endzustände identisch mit den Anfangszuständen sind.

$$\Delta S = 0, \Delta V = 0, \Delta E = 0 \qquad (7.135)$$

Nennen wir die während des gesamten Prozesses zugeführte Wärme $Q_+ \geq 0$ und die abgeführte Wärme $Q_- \leq 0$, so ist nach dem ersten Hauptsatz, die von dem System verrichtete Arbeit $-A$. Das Vorzeichen ergibt sich durch die Konvention, dass die am System verrichtete Arbeit A abgekürzt wird.

$$-A = (Q_+ + Q_-) \qquad (7.136)$$

Als Beispiel für einen Kreisprozess betrachten wir die isotherme Expansion und die anschließende isotherme Kompression bei gleicher Temperatur. Eine Realisierung dieses

Kreisprozesses kann in einem ersten Schritt durch die freie Expansion erfolgen. In einem zweiten Schritt stecken wir unser System in ein Wärmebad und komprimieren es wieder in den Ausgangszustand. Das heißt: $-A = Q_- < 0$, oder in Worten: Bei diesem Kreisprozess ist Arbeit an dem System verrichtet worden ($A > 0$) und von diesem als Wärme abgegeben worden. Ändern wir die Realisierung dahingehend ab, dass wir auch die Expansion reversibel und quasistatisch in einem Wärmebad ausführen, so ändern sich die Arbeits- und Wärmebilanz: $A = 0$ und $Q_+ + Q_- = 0$. Das bedeutet, dass in dem System und seiner Umgebung alles beim Alten geblieben ist. Die Möglichkeit, mit einem isothermen Kreisprozess Arbeit zu gewinnen, existiert also nicht. Im Lichte des zweiten Hauptsatzes ist dies nicht überraschend, da die mit der Wärme zugeführte Entropie ja auch wieder abgeführt werden muss. Da während des Kreisprozesses Entropie nur entstehen kann, muss i. A. mehr Entropie ab- als zugeführt werden. Schreiben wir die obigen Wärmen auf die ausgetauschten Entropien um, so erhalten wir:

$$Q_+ = T_{amb} \cdot \Delta S_{amb}^+ > 0 \qquad (7.137)$$

und

$$Q_- = T_{amb} \cdot \Delta S_{amb}^- = -T_{amb} \cdot \left(\Delta S_{amb}^+ + \Delta S_{erz}^{ges} \right) \qquad (7.138)$$

und mit der Energiebilanz des Kreisprozesses

$$-A = -T_{amb} \cdot \Delta S_{erz}^{ges} \qquad (7.139)$$

Das heißt, dass bei dem obigen Prozess i. A. immer Arbeit am System verrichtet werden muss. Umgekehrt können wir auch sagen, dass, gäbe es eine Prozessrealisierung, bei der Entropie vernichtet würde, wir auch einen isothermen Kreisprozess realisieren könnten, bei dem dem System Wärme zugeführt wird und dieses diese Wärme in nutzbare Arbeit umwandelt. Dies wäre der Fall, wenn das Gas sich spontan in einen Raumbereich des Zylinders zurückziehen würde, so dass wir den Kolben, ohne Arbeit zu verrichten, wieder zurückschieben könnten. Unsere Erfahrung, dass Entropie immer nur anwachsen kann, lehrt aber, dass eine solche Realisierung nicht bekannt ist. Offensichtlich können wir den Satz vom Anwachsen der Entropie auch wie folgt formulieren: Es ist nicht möglich eine periodisch arbeitende Maschine zu konstruieren, bei welcher nach einem Umlauf die einzige Änderung der umgebenden Welt darin besteht, dass Arbeit verrichtet und nur ein Wärmereservoir abgekühlt wird.

Die Schlüsselwörter in dieser Definition des 2. Hauptsatzes sind „periodisch" (Kreisprozess) und „Wärmereservoir" (Temperaturniveau).

Wollen wir eine Maschine konstruieren, die der umgebenden Welt Wärme entzieht und Arbeit verrichtet, so müssen wir der Maschine die mit der zugeführten Wärme zugeführte Entropie und die während des Prozesses erzeugte Entropie auf einem zweiten niedrigeren Wärmereservoir entziehen.

$$Q_+ = (T_{amb} + \Delta T_{amb}) \cdot \Delta S^+_{amb} > 0, \ \Delta T_{amb} > 0 \qquad (7.140)$$

und

$$Q_- = T_{amb} \cdot \Delta S^-_{amb} = -T_{amb} \cdot \left(\Delta S^+_{amb} + \Delta S^{ges}_{erz}\right) \qquad (7.141)$$

und für die vom System verrichtete Arbeit

$$-A = \Delta T_{amb} \cdot \Delta S^+_{amb} - T_{amb} \cdot \Delta S^{amb}_{erz} \qquad (7.142)$$

Wählen wir den Temperaturunterschied der Wärmebäder groß genug, können wir, ohne den zweiten Hauptsatz zu verletzen, einen wie oben beschriebenen Motor konstruieren. Die erste anwendbare Realisierung eines solchen Motors ist die Dampfmaschine, die wir mit dem Namen James Watt verbinden, und deren Konstruktion die Welt verändert hat. Einen Kreisprozess, der der Einfachheit halber mit zwei Temperaturniveaus, auf denen Wärme ausgetauscht wird, auskommt, hat Sadi Carnot ersonnen. Diesen Kreisprozess behandeln wir im nächsten Kapitel, da er auch für die Theorie der Wärme-Kraft-Maschinen von herausgehobener Bedeutung ist.

7.7.2   Der Carnot-Prozess

Der Carnot-Prozess ist ein Kreisprozess, der aus vier Teilprozessen besteht, die wir hier jenen mit einer reversiblen quasistatischen Realisierung vorstellen (die Indizes rev und qs unterdrücken wir hier aus Bequemlichkeit). Für ein ideales Gas können die einzelnen Ausdrücke explizit als Funktion der Systemzustände angegeben werden.

1. Der erste Schritt, besteht darin, dass man ein Gas mit Systemvolumen V_0, das in einem durch einen verschiebbaren Kolben abgeschlossenen Zylinder eingesperrt ist und in einem Wärmebad der Temperatur $T + \Delta T$ liegt, sich quasistatisch auf ein Volumen V_1 expandieren lässt. Dabei wird dem System von dem Wärmebad die Wärme Q_+ zugeführt und das System verrichtet die Arbeit $-A_1 = Q_+ + \Delta E_1$ (für ein ideales Gas gilt: $\Delta E_1 = 0$.).

2. Im zweiten Schritt entkoppeln wir den Zylinder von dem Wärmebad und lassen Gas adiabat und quasistatisch expandieren. Dabei verrichtet das Gas die Arbeit $-A_2$ an der Umgebung und ändert seine Energie um $\Delta E_2 = A_2 < 0$. Bei einem erreichten Volumen V_2 stoppen wir den Prozess. Die Temperatur des Gases sei jetzt T und kann beim idealen Gas durch die adiabate Gleichung $T = (T + \Delta T) \cdot \left(\dfrac{V_1}{V_2}\right)^{\kappa - 1} < T + \Delta T$ bestimmt werden.

3. Im dritten Schritt tauchen wir das System wieder in ein Wärmebad diesmal der Temperatur T und komprimieren es quasistatisch bis zum Volumen V_3. Dieses Volumen ist so gewählt, dass mit der abgegebenen Wärme die gesamte zugeführte Entropie dem System

entzogen wird: $Q_- = -\dfrac{T}{T + \Delta T} \cdot Q_+$ (reversibel!). Bei diesem Prozess muss die Umgebung Arbeit an dem System verrichten $-A_3 < 0$ und das System ändert seine Energie erneut um ΔE_3 (bei einem idealen Gas ist $\Delta E_3 = 0$.).

4. Im letzten Schritt entkoppeln wir das System wieder von dem Wärmebad und komprimieren es adiabat und quasistatisch auf das Ausgangsvolumen V_0. Dazu muss die Umgebung wieder Arbeit $-A_4 < 0$ verrichten und das System ändert seine Energie um ΔE_4.

Zunächst einmal halten wir fest, dass keiner der Teilprozesse nicht realisierbar wäre, so dass auch der gesamte Carnot-Prozess mit relativ einfachen Mitteln experimentell zu verifizieren ist. Dass ein realer Motor auch andere konstruktive Randbedingungen zu erfüllen hat, steht hier nicht zur Debatte. Zunächst bilanzieren wir die Arbeit. In dem p-V-Diagramm entspricht die gesamte an der Umgebung verrichtete Arbeit der von dem Kreisprozess umrandeten Fläche.

$$-A = -A_1 - A_2 - A_3 - A_4 > 0 \tag{7.143}$$

Für das ideale Gas als Arbeitssubstanz unseres Motors gilt explizit:

$$-A = \Delta T \cdot n \cdot R \cdot ln\frac{V_1}{V_0} \tag{7.144}$$

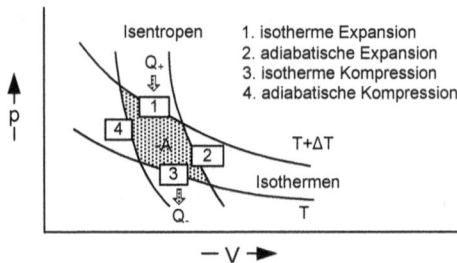

Abb. 7.17. *Der Carnot-Prozess im p-V-Diagramm*

Die Bilanz der Energie des Systems ist, da es sich um einen Kreisprozess handelt, besonders einfach.

$$\Delta E = \Delta E_1 + \Delta E_2 + \Delta E_3 + \Delta E_4 = 0 \tag{7.145}$$

Die Bilanz der Wärmen führen wir mit Hilfe des ersten Hauptsatzes aus.

$$Q_+ + Q_- = \left(1 - \frac{T}{T + \Delta T}\right) \cdot Q_+ = \frac{\Delta T}{T + \Delta T} \cdot Q_+ = -A \qquad (7.146)$$

Es ist leicht nachvollziehbar, dass ein nach diesem Schema konzipierter beliebiger Kreisprozess der Umgebung Wärme entzieht und Arbeit verrichtet. Das Schema basiert darauf, dass der Kreisprozess mindestens zwei verschiedene Wärmebäder benutzt und im p-V-Diagramm im Uhrzeigersinn orientiert ist. Ein Carnot-Prozess mit einer Orientierung entgegen dem Uhrzeigersinn entzieht dem Wärmebad niedriger Temperatur Wärme und führt diese dem Wärmebad höherer Temperatur zu. Dazu muss die Umgebung Arbeit verrichten. Ein solcher Motor ist eine „Kältepumpe", die „Wärmemenge" netto vom tieferen zum höheren Temperaturniveau „pumpt" und dessen Realisierung man in einem Kühlschrank wiederfindet. Durch den reversibel und quasistatisch geführten Carnotprozess haben wir also prototypisch die Existenz von Motoren interpretiert.

7.7.3 Der Wirkungsgrad

Verschiedene Realisierungen von Kreisprozessen, hier nur solche mit einer Orientierung im Uhrzeigersinn, können durch Ihren Wirkungsgrad η unterschieden werden. Der Wirkungsgrad gibt das Verhältnis von verrichteter Arbeit zu zugeführter Wärme an.

$$\eta = \frac{-A}{Q_+} = 1 + \frac{Q_-}{Q_+} \qquad (7.147)$$

Beachte, dass zum Vergleich verschiedener Prozesse und Realisierungen eine Definition eines Wirkungsgrades keine prozess- oder realisierungsspezifischen Größen enthalten darf. Den Wirkungsgrad wollen wir durch zwei Sätze von Indizes spezifizieren.

$$\eta = \eta_{Kreisprozess}^{Realisierung} \qquad (7.148)$$

Der untere soll den Kreisprozess benennen und der obere die Realisierung dieses Kreisprozesses. Für den reversibel und quasistatisch geführten Carnot-Prozess gilt:

$$\eta_{Carnot}^{rev,qs} = \frac{\Delta T}{T + \Delta T} < 1 \qquad (7.149)$$

Die Existenz eines Motors vorausgesetzt, lehrt uns der erste Hauptsatz, dass der Wirkungsgrad kleiner gleich eins ist. Die Güte dieser Abschätzung wird durch den quasistatisch und reversibel realisierten Carnot-Prozesses und die Erfahrung des zweiten Hauptsatzes erheblich verbessert. Der Carnot-Prozess hat eine herausgehobene Bedeutung, denn es gilt:

Der Wirkungsgrad η eines beliebigen Kreisprozesses, der mit Wärmebädern der Temperaturen $T_{min} = T < T_1 < .... < T_2 < T + \Delta T < T_{max}$ geführt wird, erfüllt die Ungleichung:

$$\eta \leq 1 - \frac{T_{min}}{T_{max}} = \eta_{Carnot}^{rev,qs} \tag{7.150}$$

Der Beweis dieser Ungleichung mit Hilfe des zweiten Hauptsatzes erfolgt in zwei Schritten. Erst beweisen wir, dass der Wirkungsgrad eines reversibel und quasistatisch realisierten Kreisprozesses von allen Realisierungen dieses Kreisprozesses den größten Wirkungsgrad besitzt.

Seien T_i die Temperaturen der Wärmebäder, von denen Wärme aufgenommen wird, und T_k die Temperaturen der Wärmebäder, von denen Wärme abgegeben wird. Der Wirkungsgrad eines Kreisprozesses, der durch diese Bäder realisiert wird, lautet.

$$\eta_X^{Realisierung} = 1 - \frac{\sum_k T_k \left(\Delta S_k + \Delta S_k^{erz} \right)}{\sum_i T_i (\Delta S_i)} \tag{7.151}$$

mit

$$\sum_k \left(\Delta S_k + \Delta S_k^{erz} \right) = \sum_i (\Delta S_i) \geq 0 \tag{7.152}$$

Im Vergleich dazu unterscheidet sich der Wirkungsgrad des reversibel und quasistatisch realisierten Kreisprozesses nur durch die während der Realisierung jeweils erzeugten Entropien, die ja zusätzlich auf den vorhandenen Temperaturniveaus T_k abgeführt werden müssen.

$$\eta_X^{rev,qs} = 1 - \frac{\sum_k T_k (\Delta S_k)}{\sum_i T_i (\Delta S_i)} \tag{7.153}$$

Da man leicht einsieht, dass gilt:

$$\sum_k T_k \cdot \Delta S_k^{erz} \geq T_{min} \cdot \Delta S_{erz} \geq 0 \tag{7.154}$$

folgt mit dem 2. Hauptsatz ($\Delta S_{erz} \geq 0$) die Behauptung:

$$\eta_X^{Realisierung} \leq \eta_x^{rev,qs} \tag{7.155}$$

Die Abschätzung zum Carnot-Prozess ist besonders einfach:

$$\eta_X^{rev,qs} = 1 - \frac{\sum\limits_k T_k (\Delta S_k)}{\sum\limits_i T_i (\Delta S_i)} \leq 1 - \frac{\sum\limits_k T_{min} (\Delta S_k)}{\sum\limits_i T_{max} (\Delta S_i)} = 1 - \frac{T_{min}}{T_{max}} = \eta_{Carnot}^{rev,qs} \qquad (7.156)$$

Der hier gewählte Beweis der Ungleichung 7.150 ist auch mit der Formulierung des zweiten Hauptsatzes von der Unmöglichkeit der Konstruktion eines Perptuum mobiles der 2. Art möglich, aber etwas schwieriger, da er nur mit operativ durchführbaren Beweisschritten arbeitet und die Größe erzeugte Entropie vermeidet. Die Ungleichung ist bemerkenswert, da sie eine erhebliche Verbesserung der Abschätzung des Wirkungsgrades erlaubt. Der Wirkungsgrad der Otto-Motoren in unseren KFZ liegt zwischen 30 und 40%. Naiv denkt man, dass durch die Steigerung des Wirkungsgrades noch ein erhebliches Benzinverbrauch-Einsparpotenzial existiert. Schätzen wir den theoretisch erreichbaren Wirkungsgrad ab, indem wir als obere Temperatur die Schmelztemperatur des Zylinderkopfes $T_{max} = 1500$ K und als untere Temperatur die Temperatur der Auspuffgase $T_{min} = 600$ K nehmen, so ergibt sich ein maximal möglicher Wirkungsgrad von 60%. Da der Prozess alles andere als reversibel ist, sieht man, dass die Motorenentwickler vermutlich nicht mehr so viel Spielraum, wie naiv gedacht, haben. Eine Entwicklungslinie der Motorenentwicklung wird sicher die Verwendung anderer Werkstoffe sein. Hier sind seit zwanzig Jahren keramische Werkstoffe in der Diskussion. Eine andere Entwicklungslinie ist durch die Minimierung der inneren Reibung im Motor bestimmt (synthetische Öle, Beschichtungen etc.). Wir sehen also, dass mit Hilfe dieser Abschätzung und einfachen Überlegungen komplizierte Sachverhalte grob strukturiert und verstanden werden können. Die Überlegungen zu Kältepumpen, die im p-V-Diagramm im entgegengesetzten Uhrzeigersinn geführt werden, verlaufen analog und werden hier nicht weiter behandelt.

Abschließend wollen wir noch auf die Wahl der Kelvin-Temperaturskala zurückkommen. Die Einfachheit des Carnotschen Wirkungsgrades hängt eng mit der Wahl der Temperaturskala zusammen und ist bei genauerer Betrachtung die definierende Eigenschaft der Temperaturskala, weil man ausgehend vom Wirkungsgrad eines reversibel und quasistatisch geführten Carnot-Prozesses sowie einer Starttemperatur T_p – dem Trippelpunkt des Wassers – jede andere Temperatur eines Wärmebades bestimmen kann, und damit beliebige Temperaturnormale unabhängig von markanten Zustandsänderungen definieren kann.

$$\Delta T = \frac{\eta_{Carnot}^{rev,qs}}{1 - \eta_{Carnot}^{rev,qs}} \cdot T_p \qquad (7.157)$$

Diese Definition einer absoluten Temperaturskala geht auf Lord Kelvin zurück. Die Nutzung von Kreisprozessen, die reversibel und quasistatisch realisiert sind, ist in der älteren Wärmelehre zu einer eigenen Methode der Kreisprozesse ausgebaut worden, die operativ sehr anschaulich ist. In der modernen Wärmelehre operiert man eher mit dem abstrakteren Entropiebegriff.

Kreisprozesse, die mit den Namen großer Physiker und Techniker wie Otto, Diesel, Rankine, Linde, etc. verbunden sind, haben eine große technische und wirtschaftliche Bedeutung. Wir werden hier diese Kreisprozesse nicht weiter diskutieren, da wir die wesentlichen Begriffe zum Verständnis dieser Prozesse eingeführt haben, und verweisen auf spezielle Literatur. Stattdessen wenden wir uns dem methodisch neuen Gebiet der Phasenübergänge zu.

7.8 Phasenübergänge

7.8.1 Einführung

Alle Betrachtungen in diesem Buch bezogen sich auf homogene Systeme. Im Koexistenzgebiet des p-V-Diagramms treten offensichtlich Inhomogenitäten auf, die wir hier interpretieren und beschreiben wollen. Eine tragfähige Interpretation, von der wir auch im Alltag Gebrauch machen, besteht darin, das System als aus zwei Systemen bestehend, die ihre Systemmenge ändern können, aufzufassen. Diese Systeme heißen Flüssigkeit und Gas oder spezieller Wasser und Dampf. Eine solche Interpretation wirft Fragen auf, die wir im Folgenden beantworten wollen.

1. Wie beschreiben wir die Änderung der Systemmenge?

2. Welches sind die Gesetzmäßigkeiten der Systemmengenänderung?

3. Können zwei Systeme am selben Ort sein und dasselbe Raumvolumen einnehmen?

Es ist anschaulich klar, dass man mit der Beantwortung dieser Fragen den Schlüssel zum physikalischen Verständnis der Chemie in der Hand hält, da chemische Reaktionen nichts anderes als Systemmengenänderungen sind. Betrachten wir zwei Mole des Systems Wasserstoff und ein Mol des Systems Sauerstoff und bringen diese in Kontakt, so verschwinden die beiden Systeme und es entsteht ein neues System Wasser der Systemmenge ein Mol.

Sprachlich müssen wir ein wenig aufpassen, da die atomistische Vorstellung der Welt, die wir noch gar nicht behandelt haben, schon weit in unsere Köpfe eingedrungen ist. Wir wissen heute, dass die Systeme Wasser und Dampf aus einer Molekülsorte aufgebaut sind und damit auf molekularer Ebene ein und dasselbe System sind. Solche Vorstellungen sind aber bei der Behandlung von Phasenübergängen kontraproduktiv, da einerseits die Begriffe flüssig oder gasförmig auf molekularer Ebene bedeutungslos sind und andererseits auch auf dieser Beschreibungsebene ein zweites System „Raum", das seine Systemmenge – das Volumen – ändern kann, berücksichtigt werden muss.

Im p-V-Diagramm konnten wir qualitativ verschiedene Bereiche identifizieren, die wir wie folgt mit unserer Interpretation in Verbindung bringen können.

1. $T > T_c$: Die Systeme Flüssigkeit und Gas koexistieren an einem Ort und bei Temperatur- oder Volumenänderungen werden die Systemmengen ausgetauscht.

2. $T < T_c$, $V < V_l$: Es liegt nur das System Flüssigkeit vor.

3. $T < T_c$, $V > V_g$: Es liegt nur das System Gas vor.

4. $T < T_c$, $V_l < V < V_g$: Die Systeme Flüssigkeit und Gas koexistieren in einer Weise, dass sie sich das vorhandene Raumvolumen teilen, ohne sich zu durchdringen. Es liegt ein mechanische Gleichgewicht vor: $p_l = p_g = p_D$.

Hierbei haben wir den Index l (=liquid) für die Flüssigkeit und den Index g (=gasförmig) für das Gas verwendet. Eine Indizierung, die wir im Weiteren beibehalten.

7.8.2   Das chemische Potenzial

Das erste Problem ist die Beschreibung der Systemmengenänderung. Die Lösung gestaltet sich relativ einfach, da wir die Systemmenge n, in mol gemessen, schon kennen. Wir definieren die Energieform:

$$dE = \mu(S,V,n) \cdot dn \qquad (7.158)$$

Diese Form beschreibt die Änderung der Energie eines Systems, wenn ein Teil des Systems dn entfernt wird, aber die ursprüngliche Entropiemenge und das Ausgangsvolumen konstant bleiben. Gerade der Nachsatz macht einige Schwierigkeit im Verständnis des „Systemmengenzustandes" μ, der das chemische Potenzial genannt wird.

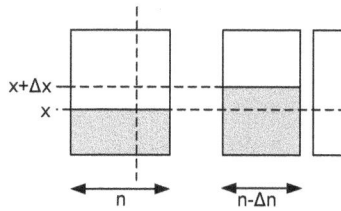

Abb. 7.18. *Die Entfernung einer Systemmenge schematisch*

Abbildung 7.18 veranschaulicht uns die Entfernung einer Systemmenge im Sinne des obigen Nachsatzes. Man sieht auch, dass das chemische Potenzial keine unabhängige Größe ist, sie lässt sich aus der Energiefunktion berechnen und ist negativ.

$$\mu = \frac{dE}{dn}_{S,V} \qquad (7.159)$$

Aus unseren Vorüberlegungen zur Struktur der Zustandsgleichungen, haben wir schon herausgefunden, dass die Energiefunktion nicht beliebig von S, V und n abhängen kann (Gl. 7.78). Das bedeutet für das chemische Potenzial:

$$\frac{dE}{dn}_{S,V} = \varepsilon + n \cdot \frac{d\varepsilon}{d\frac{V}{n}}_{\frac{S}{n}} \cdot \left(-\frac{V}{n^2}\right) + n \cdot \frac{d\varepsilon}{d\frac{S}{n}}_{\frac{V}{n}} \cdot \left(-\frac{S}{n^2}\right) \qquad (7.160)$$

$$= \varepsilon + p \cdot \frac{V}{n} - T \cdot \frac{S}{n} = \frac{E + p \cdot V - T \cdot S}{n} = \mu$$

Das chemische Potenzial lässt sich also auf einfache Weise aus der Energiefunktion berechnen. Definieren wir die so genannte Gibbs-Funktion $G(T,p)$ durch

$$G(T,p) = \mu \cdot n = E + p \cdot V - T \cdot S , \qquad (7.161)$$

so erkennen wir nach unserem Schema der speziellen Energiefunktionen, dass die Gibbs-Funktion die erzeugende Funktion eines energetischen Abstandes im Zustandsraum ist, die wir bis auf das Vorzeichen schon in Kapitel 3.3.3 eingeführt haben. Die natürlichen Variablen dieser Funktion und damit auch des chemischen Potenzials sind der Druck und die Temperatur. Durch Bildung des Differentials von G sehen wir die einfache funktionale Abhängigkeit.

$$d\mu(T,p) = \frac{V}{n} \cdot dp - \frac{S}{n} \cdot dT \qquad (7.162)$$

Das chemische Potenzial eines Gases können wir als Beispiel durch Verwendung der Zustandsgleichungen des idealen Gases (Gln. 7.104 und 7.107) berechnen.

$$\frac{V}{n} = v = \frac{R \cdot T}{p} \qquad (7.163)$$

und

$$\frac{S}{n} = s = s_0 + R \cdot \left[\frac{f}{2} \cdot \ln\frac{T}{T_0} + \ln\frac{V}{V_0}\right] \qquad (7.164)$$

$$= s_0 + R \cdot \left[\left(1 + \frac{f}{2}\right) \cdot \ln\frac{T}{T_0} - \ln\frac{p}{p_0}\right]$$

Die Druckabhängigkeit des chemischen Potenzials erhalten wir durch Integration.

$$\mu(T,p) = \mu(T,p_0) + \int_{p_0}^{p} \frac{R \cdot T}{p'} \cdot \mathrm{d}p' \qquad (7.165)$$

$$= \mu(T,p_0) + R \cdot T \cdot ln\frac{p}{p_0}$$

Differenzieren wir diesen Ausdruck nach T bei festgehaltenem p, so erhalten wir durch Vergleich.

$$\frac{\mathrm{d}\mu(T,p_0)}{\mathrm{d}T}\bigg|_p = -R \cdot \left(1+\frac{f}{2}\right) \cdot ln\frac{T}{T_0} \qquad (7.166)$$

Einen Ausdruck, den wir auch noch mit elementaren Mitteln integrieren können, was wir aber hier nicht tun, da uns nur interessiert, dass bei konstantem Druck das chemische Potenzial mit steigender Temperatur kleiner wird. Schematisch erhalten wir den in Abb. 7.19 dargestellten Verlauf. Für ganz hohe bzw. niedrige Drücke wird das Verhalten des idealisierten Gases unphysikalisch.

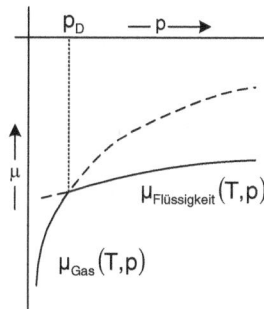

Abb. 7.19. *Das chemische Potenzial einer Flüssigkeit und eines Gases*

Das chemische Potenzial einer Flüssigkeit, ist durch das viel kleinere molare Volumen viel schwächer druckabhängig und auf Grund des großen Kompressionsmoduls in der Darstellung Abb. 7.19 nach unten gekrümmt. Bei einer Temperaturerhöhung nimmt die Steigung zu. Auch diese Abhängigkeiten sind in Abb. 7.19 schematisch dargestellt. Bemerkenswert ist, dass für tiefe Temperaturen $T < T_0$ (=T_c) die chemischen Potenziale von Flüssigkeit und Gas einen Schnittpunkt besitzen, den wir mit dem Dampfdruck in Verbindung bringen werden.

7.8.3   Die Gleichgewichtsbedingungen

Betrachten wir ein isoliertes System, das aus zwei Subsystemen, die Systemmenge austauschen können, besteht, so können wir die Energie des Systems sofort anschreiben:

$$E = E_1 + E_2 \tag{7.167}$$
$$= T_1 \cdot S_1 - p_1 \cdot V_1 + \mu_1 \cdot N_1$$
$$+ T_2 \cdot S_2 - p_2 \cdot V_2 + \mu_2 \cdot N_2$$

Diese Energiefunktion hängt aber von zu vielen Größen ab. An einem Ort messen wir ja immer nur eine Temperatur und einen Druck. Diese Freiheiten sind eine Konsequenz der Interpretation des Systems – als aus zwei Subsystemen bestehend – die wir durch weitere Bedingungen wieder einschränken müssen. Diese Bedingungen erhalten wir durch die Annahme, dass die beiden Systeme untereinander im Gleichgewicht sind. Dieses Gleichgewicht ist dadurch gekennzeichnet, dass die Entropie $S = S_1 + S_2$ einen maximalen Wert hat. Um diese Gleichgewichtsbedingung auszunutzen, denken wir uns die Gesamtenergie $E = E_1 + E_2$, das zur Verfügung stehende Volumen V und die gesamte Systemmenge n (hier: $n=n_1+n_2$) vorgegeben. Fragen wir nach der Entropieänderung, wenn die beiden Systeme Energie austauschen, so gilt unabhängig von den anderen Zustandsmengen:

$$\delta S = \left(\frac{1}{T_1} - \frac{1}{T_2} \right) \cdot \delta E_1 \tag{7.168}$$

Wenn $T_1 = T_2$, ist offensichtlich ein Maximalwert für die Entropie erreicht. Diese gemeinsame Temperatur ist die gemessene Temperatur T, die wir im Weiteren für T_1 und T_2 einsetzen.

Unabhängig von der Energie und dem Volumen können wir auch die Systemmenge austauschen. Dazu müssen wir die Bilanz der Systemmengen aufstellen. In dem vorliegenden Fall nehmen wir an, dass beide Systeme sich aus denselben Komponenten aufbauen (chemisch dieselbe Molekül- oder Atomsorte) und die Systemzustände nur verschiedene Phasen derselben Komponente sind. D. h, bei Änderung der Systemmengen müssen wir beachten:

$$n = n_1 + n_2 \qquad \text{bzw.} \qquad 0 = \delta n_1 + \delta n_2 \tag{7.169}$$

Die Entropie ändert sich bei einem Systemmengenaustausch mit konstanten Energien und Volumina wie folgt:

$$\delta S = -\frac{1}{T} \cdot (\mu_1 - \mu_2) \cdot \delta n_1 \tag{7.170}$$

Das heißt: bringen wir zwei Systeme mit z.B. $\mu_1 > \mu_2$ zusammen, dann wird das System „1" Systemmenge an das System „2" abgeben ($\delta n_1 < 0$). Dieser Prozess wird so lange fortschreiten, bis die Gesamtentropie des Systems maximal ist, d.h. die chemischen Potenziale identisch sind oder das System „1" verschwunden ist. Das Maximum der Entropie, bezogen auf die Systemmengenverteilung, liegt dann am Rand des Wertebereichs. In diesem Fall ist die Temperatur des Gesamtsystems die Temperatur des Systems „2".

Zur Bestimmung des Drucks können wir im Allgemeinen keine solche Bedingung für das Volumen bestimmen. Liegt das Maximum der Entropie am Rand des Wertebereichs der möglichen Volumina, durchdringen sich die Systeme „1" und „2" und nehmen jeweils das ganze zur Verfügung stehende Volumen ein.

$$V_1 = V_2 = V \qquad \text{und} \qquad p = p_1 + p_2 \qquad (7.171)$$

In diesem Fall setzt sich der gemessene Druck aus den Partialdrücken der einzelnen Systeme additiv zusammen. Das Verhältnis der Partialdrücke wird durch die Gleichgewichtsbedingung der chemischen Potenziale bestimmt. Im Fall $p_1 = p_2$ kann ein mechanisches Gleichgewicht existieren, d.h. die Systeme entmischen sich und das gesamte mögliche Volumen zerfällt in zwei Teilvolumina ($V_1 + V_2 = V$).

Zusammenfassend sind die Gleichgewichtsbedingungen und ihre Fallunterscheidungen eindeutig den vier ausgemachten Bereichen des p-V-Diagramms zuzuordnen.

1. $T > T_c$: $\mu_1 = \mu_2$; $p = p_1 + p_2$

2. $T < T_c$, $V < V_l$: $\mu_1 > \mu_2$, $p = p_2$

3. $T < T_c$, $V > V_g$: $\mu_1 < \mu_2$, $p = p_1$

4. $T < T_c$, $V_l < V < V_g$: $\mu_1 = \mu_2$, $p_D = p_1 = p_2$

Mit Hilfe des chemischen Potenzials ist es uns also gelungen, eine Interpretation zu finden, die die Existenz der einzelnen Bereiche erklärt. Offen ist noch die Frage nach den physikalischen Ursachen, die in den Zustandsgleichungen begründet sind und die die genannten Fälle als die mit der größten Gesamtentropie auszeichnen. Diese Frage nach der Stabilität der Zustände ist etwas schwieriger zu beantworten und wir werden einen anderen Weg gehen, der in der Literatur unter dem Stichwort „Maxwellkonstruktion" bezeichnet ist. Bevor wir dazu kommen, werden wir aber noch einige kalorische Aspekte beleuchten.

7.8.4   Die Verdampfungsenthalpie

Wir betrachten eine Flüssigkeit, deren Zustand am Rande des Koexistenzgebietes liegt. Ihre Temperatur sei T, ihr Druck $p = p_D(T)$ und ihr Volumen $V_l = N f(T)$ mit:

$$p_l(\frac{V_l}{N}, T) = p_l(f(T), T) = p_D(T) \qquad (7.172)$$

Wir denken z.B. an einen Wassertopf, den wir unter unserer Normalatmosphäre $p_{amb} = 1\,\text{bar}$ auf nahezu 100 °C erhitzt haben. Der Dampfdruck von 100 °C heißem Wasser ist offensichtlich 1 bar. Führen wir dem Wasser weiter Wärme zu, steigt die Wassertemperatur nicht mehr, sondern dass Wasser fängt an zu kochen, es verdampft. Wir wollen uns jetzt fragen, wie viel Wärme wir dem Wasser zufügen müssen, bis es vollständig verdampft ist. Dass diese Wärme nicht wenig ist, können wir erahnen aus dem Vergleich der Zeiten, die wir benötigen, eine Wassermenge zu erhitzen bzw. zu verdampfen. Diese Wärme nennt man umgangssprachlich Verdampfungswärme. Von einer Verdampfungswärme der Flüssigkeit kann man aber nur sprechen, wenn die Prozessrealisierung eindeutig festliegt. Bei dem Gebrauch des Begriffes der Verdampfungswärme meint man eine reversible Prozessrealisierung.

$$Q_V^{rev} = \Delta E - A^{qs} \tag{7.173}$$

Der Prozess ist dadurch definiert, dass bei konstanter Temperatur und konstantem Druck – dem Dampfdruck – die andere Seite des Koexistenzgebietes erreicht wird. Das vollständig verdampfte System nimmt jetzt ein Volumen V_g ein. Aufgrund der Prozessdefinition lässt sich die Energieänderung des Systems und die verrichtete Arbeit mit Gl. 7.83 einfach auswerten.

$$\Delta E = \left(T \cdot \frac{d\,p_D}{dT} - p_D \right) \cdot \left(V_g - V_l \right) \text{ und } A^{qs} = -p_D \cdot \left(V_g - V_l \right) \tag{7.174}$$

Durch Vergleich erhalten wir die berühmte Beziehung von Clausius-Clapeyron, die einen Zusammenhang zwischen der Temperaturabhängigkeit des Dampfdruckes und der Verdampfungswärme herstellt.

$$Q_V^{rev} = T \cdot \frac{dp_D}{dT} \cdot \left(V_g - V_l \right) \tag{7.175}$$

Der derart geführte Übergang ist augenscheinlich mit der Bildung von Dampfblasen im ganzen System verknüpft. Die Auftriebskraft lässt die Dampfblasen aufsteigen, so dass das System sich entmischt. Es ist eine spannende und wichtige Frage, wie und warum sich diese Dampfblasen bilden. Die Bildung der Dampfblasen wird durch Inhomogenitäten, so genannte Keime, induziert. Bei Abwesenheit solcher Keime kann die Flüssigkeit überhitzen, einen Nichtgleichgewichtszustand einnehmen, der dann mit großer Heftigkeit dem Gleichgewichtswert entgegenstrebt. Dieses Phänomen nennt man Siedeverzug, der durch Siedesteine, die ein Keimangebot darstellen, vermieden werden kann.

Von diesem Prozess zu unterscheiden ist das Verdunsten. In diesem Fall ist die Flüssigkeit weit vom Koexistenzgebiet entfernt, der zu der Flüssigkeitstemperatur gehörige Dampfdruck ist kleiner als der Umgebungsdruck. Lediglich die Randschicht der Flüssigkeit kann das zur Verfügung stehende Atmosphärenvolumen nutzen und sich verflüchtigen. Die Flüssigkeit behält ihren Zustand bei, lediglich Ihre Systemmenge verringert sich. Der Energiebedarf zur Verdampfung wird von der Umgebung gedeckt. Erfolgt die Verdunstung schnell, z.B. durch Winde, kann die Grenzschicht der Flüssigkeit merklich abkühlen (Verdunstungskälte). Dieses Phänomen kennen wir aus der Badeanstalt, wo man sich leicht verkühlt, wenn man mit der nassen Schwimmhose herumläuft. Das Phänomen der Verdunstungskälte macht man sich auch zur Kühlung von Getränken zu nutze, man denke nur an mit Filz oder Fell ummantelte Wasserflaschen, die man auch von außen wässert, damit, wenn dies verdunstet, die innere Flüssigkeit gekühlt wird.

Die oben definierte Verdampfungswärme einer Flüssigkeit ist definitionsgemäß eine Systemeigenschaft. Da sie in einem isobaren Prozess ermittelt wird, nennt man Sie vernünftigerweise Verdampfungsenthalpie.

$$Q_V^{rev} = \Delta H \tag{7.176}$$

Dieser Begriff ist unabhängig von einer speziellen Prozessrealisierung und macht nochmals auf die schon eingangs erwähnten sprachlichen Schwierigkeiten aufmerksam.

7.8.5 Die van-der-Waalssche Zustandsgleichung und Maxwellkonstruktion

Wir kommen jetzt zu einem anderen Zugang, die thermische Zustandsgleichung zu beschreiben. Wir stellen uns vor, dass wir außerhalb des Koexistenzgebietes die Zustandsgleichung ermittelt hätten. Des Weiteren denken wir uns mit Hilfe der chemischen Potenziale die Zustandsgleichung des homogenen Systems in das Koexistenzgebiet analytisch fortgeschrieben. Wir wissen, dass diese Fortschreibung zwar eine mögliche Realisierung unseres Problems ist, aber offensichtlich nicht die Realisierung mit der größten Gesamtentropie. Eine solche Zustandsgleichung, die einfach im Sinne der analytischen Darstellung ist und die experimentellen Daten im Wesentlichen richtig widerspiegelt, ist von Van der Waals angegeben worden.

$$p = \frac{n \cdot R \cdot T}{V - n \cdot b} - a \cdot \frac{n^2}{V^2} \qquad (7.177)$$

Die Erweiterungen zur Zustandsgleichung des idealen Gases bestehen in dem Hinzufügen des Eigenvolumens des Gases. b ist das Eigenvolumen eines Mols der entsprechenden Gassorte. Diese Hinzufügung sorgt für das große Kompressionsmodul bei kleinen, aber doch merklich von null verschiedenen Systemvolumen. Der zweite negative Summand ist als der Druck des Raumes zu identifizieren, der bei tiefen Temperaturen das Gas flüssig werden lässt. Diese Zustandsgleichung wollen wir jetzt verwenden. Die konstanten Parameter a und b seien durch Experimente ausserhalb des Koexistensgebietes ermittelt. Unterkühlen wir die Flüssigkeit oder überhitzen wir den Dampf durch eine keimfreie Anordnung, so werden auch diese Nichtgleichgewichtszustände durch die van-der-Waals'sche Zustandsgleichung beschrieben, so dass diese auch als analytische Fortsetzung im Koexistenzgebiet sinnvoll erscheint.

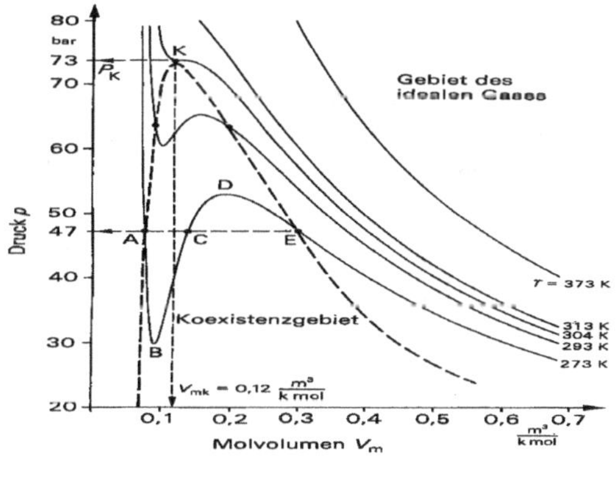

Abb. 7.20. Van-der-Waals'sche Zustandsgleichung im p-V-Diagramm für CO_2

Betrachten wir in Abb. 7.21 den Ast CDE der ausgezeichneten Isothermen, so erkennen wir, dass diese Zustandsgleichung für Systemvolumina zwischen C und E keine stabile Zustandsgleichung beschreiben kann. Sei das System im Zustand D und vergrößerte sich das Volumen des Systems durch irgendeinen Umstand ein wenig, so würde der Druck im System weiter ansteigen, und das System würde sich weiter vergrößern, bis es im Punkt E – einem Gleichgewichtszustand – angelangt ist. Eine spontane Verkleinerung würde das System in den Zustand C treiben. Diese Instabilität sehen wir als Ursache für die Koexistenz der Phasen an.

Zunächst fragen wir, für welche Temperaturen überhaupt solche Instabilitäten auftauchen. Dazu fragen wir nach den Extremwerten der Isothermen der Zustandsgleichung.

$$\frac{dp}{dV}\bigg|_T = -\frac{n \cdot R \cdot T}{(V - n \cdot b)^2} + 2 \cdot a \cdot \frac{n^2}{V^3} = 0 \qquad (7.178)$$

Mit der Abkürzung $x = \dfrac{V}{n \cdot b}$ erhalten wir für solche x Lösungen, für die gilt:

$$\frac{(1 - x)^2}{x^3} = \frac{R \cdot T \cdot b}{2 \cdot a} \qquad (7.179)$$

Die linke Seite ist immer kleiner als 4/27. Das heißt, für

$$T \geq \frac{8}{27} \cdot \frac{a}{b \cdot R} \quad (= T_c) \qquad (7.180)$$

treten keine Instabilitäten auf. Die Grenztemperatur identifizieren wir mit der kritischen Temperatur.

Der kritische Punkt ergibt sich aus der Zustandsgleichung zu:

$$V_c = 3 \cdot n \cdot b \qquad \text{und} \qquad p_c = \frac{1}{27} \cdot \frac{a}{b^2} \qquad (7.181)$$

Bemerkenswert ist, dass auf Grund der Einfachheit der Zustandsgleichung alle Parameter der Gleichung aus dem kritischen Punkt bestimmt werden können und die Zustandsgleichung darüber hinaus noch eine universelle Relation liefert.

$$\frac{n \cdot R \cdot T_c}{p_c \cdot V_c} = \frac{8}{3} \cong 2{,}7 \qquad (7.182)$$

Messungen liefern etwas größere Werte zwischen 3 und 3,5, dennoch ist die Übereinstimmung bemerkenswert.

Für $T < T_c$ bleibt die Frage zu beantworten, wie das System den Instabilitäten quantitativ ausweicht. Wir können den Bereich der Instabilität durch sehr viele Geraden konstanten Drucks überbrücken, aber nur eine davon wird in der Natur realisiert. Die Auswahl der richtigen Geraden $p = p_D$ erfolgt durch das Maxwell-Kriterium. Alle Geraden sind zwischen Volumina V_l und V_g definiert. Sind V_l und V_g die richtigen Volumina, so ändert ein System seine Energie bei dem isothermen Prozess vom Flüssigkeits- zum Dampfvolumen gemäß Gl. 7.174. Denken wir uns denselben Prozess entlang der Isothermen der homogenen Zustandsgleichung geführt, so muss die Energieänderung genauso groß ausfallen, da ja der Anfangs- und Endzustand identisch sind. Ob der Prozess wirklich realisiert werden kann, spielt für die energetische Bewertung keine Rolle. Es muss also gelten:

$$\Delta E = \left(T \cdot \frac{dp_D}{dT} - p_D \right) \cdot \left(V_g - V_l \right) = \int_{V_l}^{V_g} \left(T \cdot \frac{dp}{dT} - p \right) \cdot dV \qquad (7.183)$$

Führen wir die Abkürzung $\Delta p = p - p_D$ ein, so erhalten wir:

$$\int_{V_l}^{V_g} \Delta p \cdot dV = T \cdot \frac{d}{dT} \cdot \int_{V_l}^{V_g} \Delta p \cdot dV \qquad (7.184)$$

mit $T \cdot \frac{d}{dT} \left(\frac{f(T)}{T} \right) = \frac{df}{dT} - \frac{f}{T}$ können wir Bedingung Gl. 7.183 umformulieren.

$$T \cdot \frac{d}{dT} \frac{\int_{V_l}^{V_g} \Delta p \cdot dV}{T} = 0 \qquad (7.185)$$

Das bedeutet, der zu differenzierende Ausdruck darf nicht von der Temperatur abhängen. Bei Annäherung an den kritischen Punkt geht dieser selbst gegen null, was wiederum nur erfüllt sein kann, wenn das Integral selbst null ist.

$$\int_{V_l}^{V_g} p \cdot dV = p_D \cdot \left(V_g - V_l \right) \qquad (7.186)$$

Dies ist die berühmte Maxwell-Konstruktion, deren geometrische Bedeutung darin liegt, dass die Dampfdruckgerade so gelegt werden muss, dass die in Abb. 7.20 eingezeichneten schraffierten Flächen gleich groß sind.

Etwas unbefriedigend bleibt die Maxwell-Konstruktion, da einerseits die Gebiete der reinen Flüssigkeit und des reinen Gases nicht explizit heraus gearbeitet werden und man andererseits mit der analytischen Fortsetzung der Zustandsgleichung arbeitet, deren experimentelle Verifikation unmöglich ist. Dazu sei aber darauf hingewiesen, dass auch das chemische Potenzial einer reinen Flüssigkeit und eines reinen Gases nicht ohne analytische Fortsetzungen auskommt. Im Hinblick auf die Statistische Physik hat die Maxwell-Konstruktion aber den großen Vorteil, dass die analytische Fortsetzung der Zustandsgleichung sehr gut begründet werden kann.

Abschließend wollen wir unsere Kenntnisse der Zustandsgleichung noch nutzen, um die Temperaturänderung im Joule-Thomson-Prozess, der mit einem realen Gas als Arbeitssubstanz geführt wird, zu berechnen. An Gl. 7.122 interessiert uns, unter welchen Bedingungen die Temperatur bei diesem Prozess abnimmt. Die Kurve $p_{inv}(V)$ im p-V-Diagramm, entlang derer der Joule-Thomson-Effekt null ist, nennt man die Inversionskurve.

$$\frac{dT}{dp}\bigg|_H = \frac{1}{C_p}\cdot\left(T\cdot\frac{dV}{dT}\bigg|_p - V\right) = 0 \tag{7.187}$$

Setzen wir die Van-der-Waals-Gleichung in Gl. 7.187 ein, so erhalten wir für den Klammerausdruck:

$$\frac{n\cdot R\cdot T}{p_{inv} - a\cdot\dfrac{n^2}{V^2} + 2\cdot a\cdot b\cdot\dfrac{n^3}{V^3}} - V = 0 \tag{7.188}$$

und damit, nachdem wir die Temperatur mit Hilfe der Van-der-Waals-Gleichung eliminiert haben, für die Inversionskurve

$$p_{inv}(V) = \frac{2\cdot a}{b}\cdot\frac{n}{V} - 3\cdot a\cdot\frac{n^2}{V^2} \tag{7.189}$$

Für eine hinreichend große Verdünnung können wir die Inversionskurve mit der Isothermen ($T = T_{inv}$) eines Gases gleichsetzen.

$$p_{inv}(V) = \frac{2\cdot a}{b}\cdot\frac{n}{V} - 3\cdot a\cdot\frac{n^2}{V^2} \cong \frac{2\cdot a}{b}\cdot\frac{n}{V} \equiv \frac{n\cdot R\cdot T_{inv}}{V} \tag{7.190}$$

Die durch diese Isotherme definierte Inversionstemperatur ist entscheidend für die Richtung des Joule-Thomson-Effektes. Für $T > T_{inv}$ führt die Drosselexpansion durchweg zu einer Erwärmung. Das bedeutet, dass zu einer Abkühlung des Gases durch Verrichtung von Arbeit mit dem Joule-Thomson Effekt zunächst auf irgendeinem Wege die Inversionstemperatur unterschritten werden muss. Für Edelgase kann diese Temperatur sehr niedrig sein. Die Inversionstemperatur und andere Parameter der van-der-Waals'schen Zustandsgleichung sind in Tabelle 7.3 zusammengefasst.

Tabelle 7.3. Parameter realer Gase

Gas	Siedepunkt [K]	T_c [K]	a $\left[10^{-6} \frac{bar \cdot m^6}{mol^2} \right]$	b $[10^{-6} \frac{m^3}{mol}]$	$T_{inv} = \frac{27}{4} \cdot T_c$ [K]
He	4,22	5,19	0,0335	23.5	35
H_2	20,4	33,2	0,246	26,7	224
N_2	77,3	126,0	1,345	38,6	850
O_2	90,1	154,3	1,36	31,9	1040
CO_2	194,7	304,1	3,6	42,7	2050

7.8.6   Der kritische Punkt

Das Kapitel der Phasenübergänge wollen wir mit einigen Betrachtungen zum kritischen Punkt abschließen. Der kritische Punkt übt neben seiner technischen Bedeutung in der Verfahrenstechnik eine besondere Faszination aus. Betrachten wir bei einem Prozess bei konstantem Volumen, der von $T < T_c$ kommend den kritischen Punkt durchstößt. Unterhalb von T_c koexistieren die flüssige und die gasförmige Phase in räumlich getrennten Gebieten mit gleicher Systemmenge. Nähern wir uns dem kritischen Punkt, so beobachten wir Schwankungen in dem System. Das System versucht sich zu durchmischen. Es entstehen in der Flüssigkeit Gasblasen und umgekehrt. Durchstoßen wir den kritischen Punkt, werden zunächst noch Fluktuationen beobachtet, das System ist jedoch im Wesentlichen in einem homogenen Zustand. Das Besondere an diesem Weg ist, dass zwei völlig verschiedene Systemzustände nur durch einen minimalen Temperaturabstand voneinander getrennt sind und das System sich bei der Wandlung extrem inhomogen verhalten muss. Dies führt in den systembeschreibenden Größen wie der spezifischen Wärme zu extremen Temperaturabhängigkeiten. Präzisionsmessung zeigen, dass die physikalischen Größen sich noch bei Temperaturänderungen auf der achten Stelle hinter dem Komma um Größenordnungen ändern.

Dieses Verhalten rührt daher, dass im Unterschied zu anderen Wegen in Koexistenzgebieten, wo immer zunächst eine kleine Systemmenge einer Phase entsteht – der Übergang stetig mit homogenen Teilsystemen realisiert werden kann –, hier das System in zwei Phasen gleicher Systemmenge aufspaltet. Die erstgenannten nennt man Phasenübergänge der ersten Art, den hier diskutierten Phasenübergang der zweiten Art.

Aus übergeordnetem Interesse ist die Beschreibung eines Mechanismus für ein solches Verhalten von großem Interesse. Durchstoßen wir von einer höheren Temperatur kommend den kritischen Punkt, so wird ein homogenes System spontan inhomogen. Ein solches Phänomen nennt man ganz allgemein Symmetriebrechung. Betrachten wir z. B. den Ausguss unserer Duschwanne, so bildet sich ab einer gewissen Strömungsgeschwindigkeit ein Wirbel. Auch dies ist ein Beispiel für eine spontane Symmetriebrechung. Auch in unserem gesellschaftlichen Alltag beobachten wir ähnliche Phänomene. Der Übergang von einer Gesellschaftsform in eine andere durch eine Revolution wird i. A. durch chaotische Verhältnisse begleitet, die als unvermeidbare Schwankungen, wie wir sie am kritischen Punkt beobachten werden, interpretiert werden können. So weit wollen wir hier natürlich nicht gehen. Es zeigt sich aber, dass gewisse Züge des Verhaltens einer Flüssigkeit am kritischen Punkt vergleichbar sind mit Übergängen, wie sie bei Magneten, superfluidem Helium, supraleitenden Materialien etc. gemessen werden. Man sagt, das Verhalten ist an solchen Punkten universell, woraus wir schließen können, dass diesen Phasenübergängen ein gemeinsamer Mechanismus zu Grunde liegt. Diesen Mechanismus, der auf den russischen Physiker Landau zurückgeht, wollen wir uns hier im Ansatz erarbeiten.

Der kritische Punkt wird dadurch geprägt, dass für $T < T_c$ die chemischen Potenziale der beteiligten Phasen einen Schnittpunkt haben, an dem für $T = T_c$ die chemischen Potenziale eine gemeinsame Tangente haben. Für $T > T_c$ existiert dann kein Schnittpunkt mehr. Es entsteht eine homogene Phase. Um den Übergang von einem Gleichgewichtszustand zu einem anderen qualitativ verschiedenen zu verstehen, betrachten wir einen Zustand des Systems bei der Temperatur $T > T_c$ und vergleichen diesen mit einem Nichtgleichgewichtszustand bei derselben Temperatur, der dadurch beschrieben wird, dass in einem Teilvolumen $V_1 = V/2$ die molare Dichte des Systems etwas größer ist als in dem Gleichgewichtszustand, und in dem übrig bleibenden Teilvolumen $V_2 = V/2$ die Dichte entsprechend kleiner ist.

$$\rho_1 = \rho_{gl} + \Delta\rho \qquad\qquad \rho_2 = \rho_{gl} - \Delta\rho\,^{73} \qquad\qquad (7.191)$$

Dieser spezielle Zustand ist dadurch gekennzeichnet, dass er in einem gleich erläuterten Sinne näher an dem Gleichgewichtszustand für $T < T_c$ liegt. In dem Volumen V_1, in dem die beiden Phasen untereinander im Gleichgewicht sein sollen, entspricht er auf der kritischen Isothermen einem Zustand links vom kritischen Punkt. In diesem Teilvolumen liegt also ein größerer Teil der flüssigen Phase vor. In dem Teilvolumen V_2 ist die Situation genau umgekehrt. Denken wir uns diesen Nicht-Gleichgewichtszustand „weiter fortgeschrieben", so er-

---

[73]   Im Weiteren kürzen wir die molare Dichte mit dem Symbol ρ ab, das wir ansonsten der Massendichte vorbehalten. Molare und Massendichte unterscheiden sich nur durch den konstanten Faktor der Molmasse.

halten wir ein Teilsystem, in dem nur Flüssigkeit ist und ein Teilsystem, in dem nur Gas ist, also eine räumliche Koexistenz.

Als Vergleichsmaßstab bietet sich die freie Energie an, da die Temperatur konstant ist. Der Gleichgewichtszustand, den wir durch „gl" indizieren, ist dadurch ausgezeichnet, dass die freie Energie für diesen Zustand den geringsten Wert besitzt. Der oben definierte Nicht-Gleichgewichtszustand besitzt gegenüber dem Gleichgewichtszustand eine freie Energie F die sich um ΔF unterscheidet.

$$F = F_{gl} + \Delta F \qquad (7.192)$$

Mit den bisher abgeleiteten thermodynamischen Beziehungen können folgende Gleichungen abgeleitet werden:

$$F = -p \cdot V + \mu \cdot N = V \cdot (-p + \mu \cdot \rho) \qquad (7.193)$$

$$\Delta p = K \cdot \frac{\Delta \rho}{\rho}$$

$$\Delta \mu = \frac{\Delta p}{\rho} - \frac{1}{2} \cdot \frac{1}{K \cdot \rho} \cdot \Delta p^2$$

Diese Gleichungen nutzend erhalten wir nach geschickten Umformungen den folgenden einfachen Ausdruck für die Änderung der freien Energie unseres Nichtgleichgewichtszustandes:

$$\Delta F = V \cdot \frac{1}{2} \cdot K \cdot \left(\frac{\Delta \rho}{\rho_{gl}} \right)^2 \qquad (7.194)$$

Es ist verständlich, dass dieser Ausdruck nur vom Quadrat der Dichteänderung abhängen kann, da die Indizierung der Teilsysteme 1 und 2 völlig willkürlich ist. Physikalisch ist der Gleichgewichtszustand durch das Minimum der freien Energie gekennzeichnet.

$$\frac{dF}{d\Delta \rho} = V \cdot \frac{K}{\rho_{gl}^2} \cdot \Delta \rho = 0 \text{ und } \frac{d^2 F}{d\Delta \rho^2} = V \cdot \frac{K}{\rho_{gl}^2} \geq 0 \qquad (7.195)$$

Der Gleichgewichtszustand ist also durch $\Delta \rho = 0$ gekennzeichnet. Soweit entspricht das Ergebnis unseren Erwartungen. Mit dem Begriff der Entropie können wir sagen, dass der Nichtgleichgewichtszustand eine niedrigere Entropie besitzt, und daher nach dem zweiten Hauptsatz, dass das System von einem solchen Zustand in den Gleichgewichtszustand übergehen wird. Die dazu notwendige Entropie erhält das System aus dem Wärmebad, das die Temperatur konstant hält.

Betrachten wir die Temperaturabhängigkeit der Änderung der freien Energie in der unmittelbaren Nähe des kritischen Punktes,

$$0 \leq \frac{T - T_c}{T_c} = t \ll 1 \qquad (7.196)$$

so besteht die Besonderheit des kritischen Punktes darin, dass das Kompressionsmodul K am kritischen Punkt identisch null ist. Die kritische Isotherme hat am kritischen Punkt einen Wendepunkt. Wir können mit der Abkürzung

$$\frac{\mathrm{d}}{\mathrm{d}T} \left(\frac{K}{\rho_{gl}^2} \right)_{V,T=T_c} = a \qquad (7.197)$$

die Temperaturabhängigkeit der Änderung der freien Energie analytisch angeben.

$$\Delta F = V \cdot \frac{1}{2} \cdot a \cdot t \cdot \Delta\rho^2 \qquad (7.198)$$

Je näher wir dem kritischen Punkt kommen, desto geringer ist der Unterschied zwischen dem betrachteten Nicht-Gleichgewichtszustand. Ohne zum jetzigen Zeitpunkt verstehen zu können, warum Wärmebad und System Entropie austauschen, wird verständlich, dass, wenn diese beiden Systeme Entropie austauschen können, die Schwankungserscheinungen bei Annäherung an den kritischen Punkt immer heftiger werden. Am kritischen Punkt selbst sind die beiden betrachteten Zustände entropisch gleichwertig – bei den Schankungen wird keine Entropie erzeugt.

Durchstoßen wir den kritischen Punkt in einer Weise, dass wir uns den Gleichgewichtszustand $t > 0$ als Nicht-Gleichgewichtszustand eingestellt denken, so ist der Zustand mit $\Delta\rho \neq 0$ sogar entropisch begünstigt, so dass das System sich immer mehr von dem homogenen Zustand entfernen wird, um den neuen Gleichgewichtszustand einzunehmen.

Das wesentliche Element des kritischen Phänomens ist das Verschwinden der Kompressibilität. Die beiden Phasen oder Systeme befinden sich im Gleichgewicht, es fehlt am kritischen Punkt in gewisser Weise die rücktreibende Kraft, wenn die Systeme etwas aus dem Gleichgewicht ausgelenkt werden. Es ist wie bei einem Boxkampf zweier gleich starker Boxer. Im Mittel steckt jeder der Kontrahenden gleich viele Schläge ein. Durch Angriffe, die durch schnelle Schlagabfolgen beschrieben werden können, versucht der Angreifer, das Gleichgewicht zu stören. Irgendwann kann einer der beiden diesen Schlagabfolgen nicht mehr widerstehen, ein neuer Zustand stellt sich ein, der Boxkampf ist beendet. Besonders spannend ist ein solcher Boxkampf im Grunde, weil in der Nähe des kritischen Punktes – beide Boxer sind genau gleich stark – die Schwankungen in dem Kampf sehr groß werden.

Ähnliche, aber seriösere Überlegungen führten Landau zu einem allgemeinen Zugang zur Beschreibung kritischer Phänomene. Er nimmt an, dass es zu jedem Zustand in der Nähe des kritischen Punktes Nichtgleichgewichtszustände gibt, die in Bezug auf die freie Energie mit Hilfe eines Ordnungsparameters ϕ geordnet werden können. Für $t > 0$ gilt:

$$F(T,V,\phi) = F(T,V) + V \cdot \left(\frac{1}{2} \cdot r \cdot \phi^2 + \frac{1}{4!} \cdot g \cdot \phi^4 + ... \right) \qquad (7.199)$$

In unserem Fall ist der Ordnungsparameter $\Delta\rho$. r und g sind Systemparameter, von denen wir annehmen dass für $t = 0$, $r = 0$ und $g \neq 0$ ist. In unmittelbarer Nähe des kritischen Punktes können wir das wesentliche Verhalten des Systems beschreiben, wenn wir nur die Temperaturabhängigkeit von $r = a \cdot t$ berücksichtigen, da nur diese die qualitative Änderung des Systemzustandes bewirkt.

$$F(T,V,\phi) \cong F(T_c,V,0) + V \cdot \left(\frac{1}{2} \cdot a \cdot t \cdot \phi^2 + \frac{1}{4!} \cdot g_0 \cdot \phi^4 + ... \right) \qquad (7.200)$$

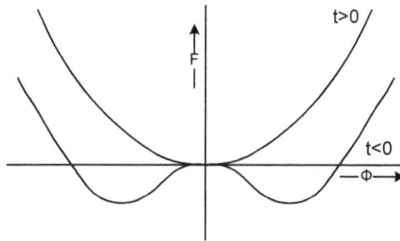

Abb. 7.21. *Die freie Energie als Funktion des Ordnungsparameters*

Abbildung 7.22 zeigt die Abhängigkeit der freien Energie vom Ordnungsparameter für verschiedene Temperaturen. Die Bedeutung des Parameters g wird anschaulich deutlich. Der mit diesem Parameter zusammenhängende Beitrag zur freien Energie stabilisiert den Gleichgewichtszustand und beschreibt das neue Minimum der freien Energie für $t < 0$. Dieses Bild gibt auch eine abstrakte Interpretation des Begriffs der Symmetriebrechung. Für $t < 0$ hat die freie Energie drei Extremwerte. Für die Extremwerte der freien Energie gilt:

$$\left. \frac{\mathrm{d}F}{\mathrm{d}\phi} \right|_{T,V} = \left(a \cdot t + \frac{g_0}{6} \cdot \phi^2 \right) \cdot \phi = 0 \qquad (7.201)$$

Diese Gleichung kann nur erfüllt sein, wenn gilt:

$$\phi = 0 \quad \text{oder} \quad \phi^2 = \frac{6 \cdot a}{g_0} \cdot (-t) \qquad (7.202)$$

Die zweite Gleichung kann nur für $t < 0$ Lösung sein. Die symmetrische Lösung ist für $t < 0$ ein Maximum. Die beiden Lösungen $\phi_\pm = \pm \sqrt{\dfrac{6 \cdot a}{g_0} \cdot (-t)}$ entsprechen beide gleichberechtigt

einem Minimum der freien Energie. Im Experiment wird natürlich immer nur ein Minimum angenommen, das aufgrund äußerer Einflüsse bevorzugt ist. In unserem Beispiel sorgt die

Schwerkraft dafür, dass in dem „unteren" Teilvolumen die Flüssigkeit mit ihrer höheren Dichte ist.

Dieses Modell liefert qualitativ richtige Eigenschaften des Verhaltens von Systemen am kritischen Punkt, z.B. das Temperaturverhalten des Gleichgewichtswertes des Ordnungsparameters bei der Annäherung an den kritischen Punkt von $t < 0$.

$$\phi_{gl} \approx |t|^{\beta} \text{ mit } \beta = \frac{1}{2} \tag{7.203}$$

Das Landau-Modell sagt diesen Wert unabhängig vom speziell betrachteten Phänomen voraus, wodurch sich das universelle Verhalten ausdrückt. β nennt man einen kritischen Exponenten. Im Vergleich mit dem Experiment zeigt sich, dass β in der Tat universell ist, aber etwas von dem Wert ½ abweicht. Das Landau-Modell sagt weiterhin einen Sprung der spezifischen Wärme voraus.

$$
\begin{aligned}
c^{-} - c^{+} &= -\frac{T_c}{V} \cdot \left(\frac{d^2 F\left(T, V, \phi_{gl}(T)\right)}{dT}\bigg|_{T_c, V} - \frac{d^2 F(T, V, 0)}{dT}\bigg|_{T_c, V} \right) \\
&= \frac{3 \cdot a}{g_0 \cdot T_c} > 0
\end{aligned}
\tag{7.204}
$$

Auch dieser Sprung kann experimentell beobachtet werden, bei der Annäherung an den kritischen Punkt ist diesem Sprung aber noch ein Temperaturverhalten überlagert, das ebenfalls durch ein Potenzgesetz beschrieben werden kann.

Das Landau-Modell zeigt die wesentlichen Züge des Verhaltens eines Systems am kritischen Punkt, muss aber zur quantitativen Beschreibung von kritischen Phänomenen noch ergänzt werden. Der Ordnungsparameter kann auch einen vektoriellen Charakter haben, was zur Unterteilung kritischer Phänomene in Universalitätsklassen führt. Das schwierigste Problem ist aber die Behandlung der Schwankungserscheinungen. Zum Beispiel ist es für $t > 0$ nicht statthaft, das System als homogen anzunehmen. Zu jedem Zeitpunkt befinden sich in dem „homogenen" System Gebiete, die schon gasförmig oder flüssig sind. Das muss natürlich Auswirkungen auf die freie Energie oder die spezifische Wärme haben. Das Auftreten solcher Schwankungen versuchen wir gleich durch einen ganz anderen Zugang im Rahmen der Statistischen Physik zu verstehen. Die Behandlung so großer Schwankungen wie sie in der Nähe des kritischen Punktes vorkommen, erfordert ganz neue Methoden, von denen hier exemplarisch die Renormierungsgruppentheorie genannt werden soll, und an deren Entwicklung viele namhafte Physiker mitgewirkt haben, die durch Nobelpreise geehrt wurden.

Sollten Sie Gelegenheit haben, das Verhalten eines Systems am kritischen Punkt beobachten zu können, lassen Sie es sich nicht entgehen. Mit etwas Phantasie ist diese Beobachtung genauso spannend wie ein Boxkampf oder ein ähnlicher Wettkampf.

7.9 Statistische Physik

7.9.1 Einführung

Bei der Besprechung der kritischen Phänomene haben wir gesehen, dass Schwankungen oder Fluktuationen in Systemen auftauchen können. Solche Schwankungen sind eigentlich immer vorhanden, nur i. A. so klein, dass sich ihre Beobachtung unserer Alltagserfahrung entzieht. Mit der Behandlung solcher Schwankungen nähern wir uns immer mehr der modernen Physik, die nicht so sehr dadurch gekennzeichnet ist, dass die verwendeten Denkstrukturen sich besonders von unseren alltäglichen abheben, sondern dass Sie auf Erfahrungen beruht, die nicht unmittelbar zugänglich sind.

Schwankungen in Systemen haben wir bisher als durch äußere Störung induziert interpretiert und als Messfehler abgetan, die durch eine immer vollkommenere Messvorschrift, die im Wesentlichen eine bessere Isolation des zu messenden Systems von der Umgebung beschreibt, vermieden werden können. Schwankungen, die systemintrinsisch sind, also spontan im System entstehen, können wir eigentlich nicht verstehen, da solche Schwankungen dem Satz vom Anwachsen der Entropie widersprechen. Wir könnten sonst einen Motor bauen, bei dem wir auf eine spontane Dichteschwankung warten, um den Kolben dann isotherm zurückzuschieben, ohne Arbeit zu verrichten.

Aufgrund der Struktur des Buches hat das Kapitel Statistische Physik eine andere Intention. Bisher haben wir jede eingeführte Zustandsmenge immer uminterpretieren können, so dass wir den Drehimpuls durch Impulse beschreiben konnten oder „Federmengen" als Impulsflüsse. Das Gedankengebäude der Statistischen Physik erlaubt es, die Entropie ebenfalls als Eigenschaft von Impulsen oder Impulsflüssen zu interpretieren. Dies scheint zunächst unmöglich, da der Impuls eine erhaltene Menge ist, die Entropie jedoch nicht. Andererseits stellt sich heute jeder Schüler ein Gas als aus sehr vielen harten Kugeln – Atomen oder Molekülen – bestehend vor, die definitionsgemäß nur Impuls austauschen können, während wir hier ein solches System durch nur zwei Zustandsmengen, die Entropie und das Systemvolumen, beschreiben. Der Brückenschlag zwischen diesen beiden Beschreibungen erfolgt in der Statistischen Physik und ist wesentlich mit dem Namen Ludwig Boltzmann (1844–1906) verknüpft. Wir gehen hier nicht den geschichtlichen Weg, sondern nutzen die Erfahrung der Schwankungen, um die Verbindung zwischen diesen beiden Interpretationen herzustellen.

7.9.2 Die Brownsche Bewegung

Der erste, der auf Schwankungen in Gleichgewichten aufmerksam gemacht hat, war der englische Botaniker Robert Brown (1773–1858). Er beobachtete, dass feiner Blütenstaub auf der Oberfläche einer mit seiner Umgebung im Gleichgewicht befindlichen Flüssigkeit eine unregelmäßige Zitterbewegung ausführt. Brown, ohne in der Lage zu sein, diese Zitterbewegung quantitativ zu erfassen, wies darauf hin, dass diese Zitterbewegung unabhängig von äußeren Einflüssen ist und daher aus dem beteiligten System selbst erklärt werden müsse. Diese bemerkenswerte Beobachtung und Ihre Veröffentlichung blieben ohne Konsequenzen. Erst als Einstein ein solche Anordnung zur quantitativen Erfassung von Atomen, die sich ja zu Beginn des 20. Jahrhunderts einer direkten Beobachtung entzogen, vorschlug, erinnerte sich man an diese Veröffentlichung und nennt heute jede solche „thermisch induzierte" Bewegung Brownsche Bewegung. Quantitativ befriedigende Messungen konnten erst zu Beginn des vorigen Jahrhunderts ausgeführt werden. Wir werden den steinigen Weg der Interpretation dieser Messungen nicht gehen, sondern mit Hilfe unseres Eimer-Modells die Interpretation der Brownschen Bewegung plausibel machen.

7.9.3   Die Interpretation

Die Erfahrung der Brownschen Bewegung legt es nahe, sich den Eimer nicht mehr als homogen vorzustellen, sondern als einen gefüllten Eimer, dessen Flüssigkeitsspiegel dem einer durch Wind gekräuselten Oberfläche entspricht.

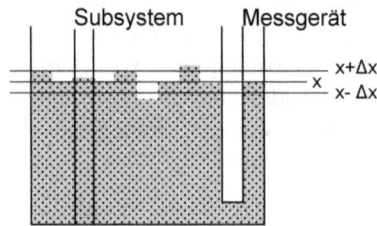

Abb. 7.22. *Das Eimermodell in der Statistik*

Abbildung 7.22 zeigt eine Momentaufnahme der Interpretation eines einfachen Systems[74] mit der Zustandsmenge M und dem Systemzustand x. Als neues Element kommt hinzu, dass wir das System in viele Subsysteme aufgeteilt haben, die alle Zustandsmenge austauschen können, was zu einem gekräuselten „Zustandsmengenspiegel" führt. Das angekoppelte Messgerät, mit dem wir den Zustand bestimmen, sei selbst von der Größe der Subsysteme. Als Folge der intrinsischen Bewegung der Zustandsmenge finden wir bei wiederholter Ablesung des Messgerätes Messwerte im Intervall $x \pm \Delta x$. Bisher haben wir x als den Systemzustand interpretiert und Δx als den Fehler der Messung. Diese Interpretation wurde dadurch nahegelegt, dass bei immer besserer Isolation des Systems von der Umgebung der Fehler der Messung immer kleiner wurde. Daraus haben wir leichtfertig geschlossen, dass bei vollständiger Isolation der Fehler verschwindet, es also ein Messfehler im wahrsten Sinne des Wortes ist. Jetzt müssen wir jedoch feststellen, dass selbst bei hypothetischer vollständiger Isolation eine Abweichung Δx vom Mittelwert übrig bleibt. Diese Abweichung, die in der Praxis meist durch den im Sinne des Wortes Messfehler überdeckt wird, ist die Größe, die uns im Weiteren interessiert. Betrachten wir die Häufigkeitsverteilung, mit der wir die verschiedenen

---

[74] „Einfach" bezieht sich sowohl auf die Einfachheit der Zustandsgleichung des homogen gefüllten Eimers als auch auf den Zustand selbst. Spannungszustände, deren Zustand wir als Differenz zweier Zustände interpretiert haben, erfordern eine gesonderte Betrachtung.

Messwerte x_i an dem Messgerät ablesen, so stellen wir fest, dass diese Häufigkeitsverteilung einer Gaußverteilung entspricht. Dies ist insofern überraschend, als in dieser Verteilung keinerlei Regelmäßigkeiten, die die Gesetzmäßigkeiten des Mengenaustausches widerspiegeln, beobachtet werden. Die durch die intrinsische Bewegung entstehenden Schwankungen sind qualitativ nicht von Schwankungen, die durch Umgebungseinflüsse induziert werden, zu unterscheiden – eine Erfahrung, die ganz besondere Anforderungen an die Struktur der o. g. Gesetzmäßigkeiten stellt und meist durch den Begriff der Ergodizität beschrieben wird. Überraschend ist die Erfahrung, dass die Varianz σ_x einen einfachen Zusammenhang mit der Temperatur des Systems aufweist.

$$\sigma_x^2 \approx T \tag{7.205}$$

Nennen wir ΔM die dem Messgerät vom System zugeführte Systemmenge, um den Zustand $x+\Delta x$ zu erreichen, so können wir Gl. 7.205 quantitativ in eine universelle Erfahrung umwandeln:

$$\frac{dM}{dx} \cdot \sigma_x^2 = k_B \cdot T \tag{7.206}$$

Die Konstante k_B heißt Boltzmannkonstante und hat unabhängig von einem speziellen System oder Systemzustand den Wert:

$$k_B = 1,38 \cdot 10^{-23} \frac{\text{J}}{\text{K}} \tag{7.207}$$

In „menschlichen" Einheiten Joule und Kelvin eine unvorstellbar kleine Zahl, die begründet, warum die Schwankungserscheinung nicht zu unserem unmittelbaren Erfahrungsschatz gehören. Hat das untersuchte System mehrere Systemzustände, die wir durch $\vec{x}$ kennzeichnen, dann können die dazugehörigen Varianzen durch eine Varianzmatrix $\underline{\underline{\sigma}}$ dargestellt werden.

In Anlehnung an die Definition der Varianz einer Messgröße gilt:

$$\sigma_{xy}^2 = \frac{1}{n-1} \cdot \sum_{i=1}^{n} (x - x_i) \cdot (y - y_i) \tag{7.208}$$

Die Erfahrung Gl. 7.206 lässt sich mit Hilfe der Varianzmatrix einfach verallgemeinern.

$$\frac{d\vec{M}}{d\vec{x}} \cdot \underline{\underline{\sigma}}_{\overline{xy}} = \underline{\underline{\sigma}}_{\overline{Mx}} = 1 \cdot k_B \cdot T \tag{7.209}$$

Um die in Gl. 7.206 formulierte Erfahrung, auf der alle weiteren Interpretationen aufbauen, deutlich zu machen, betrachten wir zunächst einen ganz einfachen Fall – eine Kugel in einer Schale. Die Kugel bewege sich reibungsfrei in der Schale. Die Energie der gesamten Anordnung ist dann:

$$E = \frac{1}{2} \cdot m \cdot v^2 + m \cdot g \cdot h \qquad\qquad (7.210)$$

wobei v die Bahngeschwindigkeit und h die Höhe der Kugel über dem Schalenboden ist. Im Allgemeinen wird die einmal losgelassene Kugel eine komplizierte Bewegung in der Schale ausführen. Wir stellen uns vor, dass wir von dieser Bewegung nichts wüssten, und messen, ohne den Ort des Teilchens zu berücksichtigen, die Geschwindigkeit. Mit den so bestimmten Geschwindigkeiten bilden wir eine Häufigkeitverteilung, deren Mittelwert aufgrund der Symmetrie sicherlich $v_x = v_y = v_z = 0$ ist. Messen wir nach einem bestimmten Zeitprogramm, z. B. alle 1/10 s, so könnten wir an den Messdaten sicherlich erkennen, dass die Streuung der Messdaten einer Gesetzmäßigkeit gehorcht und nicht zufällig ist. Dies wollen wir zunächst einmal außer Acht lassen und die Varianz der Geschwindigkeitsmessung σ_v bestimmen.

Unser Messresultat in der alten Interpretation der Varianz als Messfehler lautet: Die Kugel ruht (im Mittel), die Energie ist null. Jetzt denken wir uns eine zweite Messung unabhängig von der Geschwindigkeit der Kugel, bei der wir die Höhe der Kugel über dem Schalenboden messen. Hier erhalten wir das Messergebnis $h \pm \Delta h$. Vergleichen wir h mit der Varianz der Geschwindigkeit, so erhalten wir:

$$\sigma_v^2 = 2 \cdot g \cdot h \qquad\qquad (7.211)$$

Ein Ergebnis, das wir mit unserem Wissen direkt aus dem Energieerhaltungssatz vorhersagen. Das Beispiel hinkt, da wir anhand der Messdaten auf einen inneren Zusammenhang der Höhe und der Geschwindigkeit schließen können, aber es verdeutlicht ungefähr unsere Situation der Unkenntnis, bei der die Temperatur ein Maß für die Schwankungen der Zustände ist.

7.9.4   Die kalorische Zustandsgleichung

Wir gehen jetzt den umgekehrten Weg und werden aus der Erfahrung Gl. 7.206 bzw. Gl. 7.209 die kalorische Zustandsgleichung ableiten. Dazu müssen wir einige Annahmen machen. Zunächst zerlegen wir das betrachtete System in Subsysteme von der Größe des Messgerätes. Aus irgendeinem Grund, den wir hier nicht verstehen können, ist der Zustand des Messgerätes homogen. Also innerhalb des Messgerätes haben wir einen glatten Flüssigkeitsmengenspiegel. Dies führt zu einer neuen Definition der Systemmnenge N:

$$N = \frac{n}{n_{mess}} \qquad\qquad (7.212)$$

Diese neue Systemmenge ist eine Zählgröße. Wenn wir die größten als homogen anzunehmende Subsysteme Atome nennen, dann gibt N die Anzahl der Atome – der nicht weiter teilbaren kleinsten Einheiten – des betrachteten Systems an.

Der Referenzzustand ist der Zustand bei $T = 0$, wenn die Schwankungen verschwinden und das System homogen ist. In diesem Systemzustand gelte die Zustandsgleichung $x = \xi(M)$, die bei entsprechender Skalierung für die Subsysteme bei jeder Temperatur gilt. Am absoluten Nullpunkt führt das Vorhandensein einer Zustandsmenge M zu einer Energie $E = E(M)$. Bei einer endlichen Temperatur weicht in jedem Subsystem die darin enthaltene Zustandsmenge M_i von dem bei $T = 0$ darin enthaltenen Wert M/N um ΔM_i ab. Wir können für den energetischen Wert eines fluktuierenden Systems anschreiben

$$E = E(M) + \sum_{i=1}^{N} x\left(\frac{M}{N}\right) \cdot \Delta M_i + \frac{1}{2} \sum_{i=1}^{N} \Delta x_i \cdot \Delta M_i \qquad (7.213)$$

Da wir annehmen, dass die Schwankungen klein sind, haben wir die Energie nur bis zur ersten relevanten Änderung in den Schwankungen angeschrieben. Der erste Summand ist vernachlässigbar. Ist das System isoliert – auch von einem Messgerät –, ist er sogar identisch null, denn es gilt in diesem Fall:

$$\sum_i \Delta M_i = 0 \qquad (7.214)$$

Wir können also schreiben:

$$E = E(M) + \frac{1}{2} \sum_{i=1}^{N} \Delta x_i \cdot \Delta M_i \qquad (7.215)$$

Dieser Ausdruck ist natürlich nur eine Momentaufnahme, da die Subsysteme miteinander wechselwirken und Zustandsmenge austauschen. Von dieser Bewegung nehmen wir an, dass Sie sehr schnell erfolgt. Dadurch können wir für unsere Messung der Energie, so wie wir sie bisher verstanden haben, annehmen, dass gilt:

$$E = E(M) + \sum_i \frac{1}{t_{mess}} \cdot \int_{t_{mess}} \left(\frac{1}{2} \cdot \Delta x_i(t) \cdot \Delta M_i(t)\right) \cdot dt \qquad (7.216)$$

Durch das Gleichsetzen des zeitlichen Mittels mit Gl. 7.215 haben wir angenommen, dass die Zustände der vielen Subsysteme die Häufigkeitsverteilung repräsentieren. Man nennt die Mittelung über die Subsysteme auch das Scharmittel. Dieses Gleichsetzen des Zeit- mit dem Scharmittel ist eng mit der Ergodenhypothese verknüpft und kann nur richtig sein, wenn das System sich in sehr sehr viele Subsysteme unterteilen lässt. An unserem Beispiel der Kugel wäre die Hypothese nur richtig, wenn sich sehr viele Kugeln in der Schale bewegten. Das zeitliche Mittel können wir aber gemäß Gl. 7.206 durch die Temperatur des Systems ausdrücken und erhalten durch diese Interpretation einen einfachen Ausdruck für die kalorische Zustandsgleichung.

$$E = E(M) + \frac{1}{2} \cdot N \cdot k_B \cdot T = E(M,T) \qquad (7.217)$$

Hat das homogene System mehrere (f) Zustände am absoluten Nullpunkt, so nennen wir f die Freiheitsgrade des Systems. Die Erweiterung von Gl. 7.217 auf mehrere Zustandsmengen ist dann einfach:

$$E = E\big(\vec{M}\big) + \frac{f}{2} \cdot N \cdot k_B \cdot T = E\big(\vec{M}, T\big) \qquad (7.218)$$

Erstaunlicherweise erlauben uns diese einfachen Überlegungen eine Vorhersage der kalorischen Zustandsgleichung, die in der Wärmelehre als experimenteller Befund angenommen werden muss. Noch erstaunlicher ist, dass diese kalorische Zustandsgleichung viele Charakteristiken der Wärmelehre richtig wiedergibt.

Die Wärmekapazität ergibt sich zu:

$$C = \frac{f}{2} \cdot N \cdot k_B \qquad (7.219)$$

Vergleichen wir dieses Resultat mit der ebenfalls konstanten Wärmekapazität eines Edelgases aus Tab. 7.2 und nehmen an, dass bei einem Edelgas die Zustandsmenge der Impuls ist, der im Mittel null ist, dann ist die Anzahl der Freiheitsgrade $f = 3$ für P_x, P_y, P_z, und wir erhalten:

$$N = \frac{n \cdot R}{k_B} = n \cdot N_A \qquad (7.220)$$

N_A ist die Avogadro-Zahl, die die Anzahl der Subsysteme (Atome) pro Mol angibt:

$$N_A = 6{,}02 \cdot 10^{23} \, \frac{1}{\text{mol}} \qquad (7.221)$$

Ein Mol eines Edelgases besteht aus über 10^{23} Atomen! Wenn man annimmt, dass bei komplexeren Molekülstrukturen auch die Freiheitsgrade der Drehung hinzukommen, so werden auch diese Wärmekapazitäten folgerichtig beschrieben. Ein negativer Beigeschmack haftet der Bestimmung der Freiheitsgrade dennoch an, da im Grunde nicht einzusehen ist, warum die Atome eines Edelgases – auch wenn es eine einfache geometrische Struktur besitzt – sich nicht um ihre eigene Achse drehen sollten. Eng verknüpft mit dieser Problematik ist die Temperaturabhängigkeit der spezifischen Wärme, die durch das Durchlaufen verschiedener Plateaus, die ja qualitativ richtig beschrieben werden, gekennzeichnet sind. In der Sprache der Statistischen Physik sagt man, dass zu tieferen Temperaturen hin Freiheitsgrade einfrieren.

$$f = f(T) \quad \text{mit} \quad f(0) = 0 \qquad (7.222)$$

Dies ist aber nur ein Sprachgebrauch, der im Rahmen unserer Interpretation keine Begründung erhält. Eine andere Merkwürdigkeit, die ebenfalls mit der Anzahl der Subsysteme zusammenhängt, ist die Festlegung der Größe der Subsysteme, dergestalt, dass ein größtes als homogen anzunehmendes Subsystem existiert. Dies wird durch die Einführung von räumlich getrennten Atomen scheinbar gelöst, holt uns aber bei der Wechselwirkung eines realen Gases durch elektrische Felder beim System Raum direkt wieder ein. Indirekt handelt es sich wieder um das Problem der einfrierenden Freiheitsgrade. Die räumliche Trennung der Subsysteme ihrerseits wird nahe gelegt durch die Erfahrung der sich addierenden Partialdrücke, was sich zwanglos dadurch erklären lässt, dass die betrachteten Systeme in den jeweiligen Zwischenräumen positioniert sind.

Überhaupt nicht beachtet haben wir das Problem der mechanischen Bewegungsgleichungen und die Bedingungen, die die Kraftgesetze zwischen den Edelgasatomen erfüllen müssen, damit das Gesamtsystem ein ergodisches Verhalten zeigt. Dies ist ein sehr schwieriges Problem der Mechanik, dessen anschauliche Lösung im umgekehrten Verhältnis zu seiner mechanischen Begründung steht und breiten Raum in der statistischen Physik einnimmt. Wir werden hier nicht weiter darauf eingehen. Zusammenfassend haben wir erste Erfolge zu verzeichnen, die uns motivieren, diesen Weg weiter zu beschreiten. Dass wir diesen Weg zu schnell beschreiten und viele Probleme am Rand des Weges liegenlassen, müssen wir billigend in Kauf nehmen.

7.9.5 Die Maxwell-Boltzmannsche Geschwindigkeitsverteilung

Wir betrachten als Nächstes beispielhaft ein Edelgas mit der Atommasse m, der Temperatur T und dem Volumen V und stellen uns die relative Häufigkeitsverteilung der Geschwindigkeitsmessungen an einem Edelgasatom ermittelt vor. Diese Häufigkeitsverteilung entspricht einer Gaußverteilung, da wir den Einfluss der „10^{23}" umgebenden Atome auf das betrachtete Atom vergleichen können mit dem zufälligen Einfluss der Umgebung auf die Zustandsmessung eines nicht vollständig isolierten Systems (vgl. Kap. 2.2). Die relative Häufigkeit H_r bei einer Messung der Geschwindigkeitskomponente v_x, die einen im Intervall v_x, $v_x + dv_x$ liegenden Wert hat, lautet:

$$H_r(v_x, dv_x, T) = h_r(v_x, T) \cdot dv_x \qquad (7.223)$$

mit der relativen Häufigkeitsdichte (vgl. Gl. 2.6):

$$h_r = \left(\frac{m}{2 \cdot \pi \cdot k_B \cdot T} \right)^{\frac{1}{2}} \cdot e^{-\frac{\frac{1}{2} \cdot m \cdot v_x^2}{k_B \cdot T}} \qquad (7.224)$$

Diese relative Häufigkeitsdichte interpretieren wir als Wahrscheinlichkeitsdichte w. Das heißt, bei einer Messung der Geschwindigkeit eines Moleküls finden wir mit einer Wahrscheinlichkeit P diese in einem Intervall v_x, $v_x + \mathrm{d}v_x$.[75]

$$P(v_x, \mathrm{d}v_x, T) = w(v_x, T) \cdot \mathrm{d}v_x \qquad (7.225)$$

Mit Hilfe der Wahrscheinlichkeitsdichte ergibt sich für die erwartete mittlere Geschwindigkeit $\bar{v}_x$ [76] und die erwartete quadratische Abweichung von dieser mittleren Geschwindigkeit $\sigma_{v_x}^2$:

$$\bar{v}_x = \int\limits_{-\infty}^{\infty} w(v_x, T) \cdot \mathrm{d}v_x = 0 \qquad (7.226)$$

und

$$\sigma_{v_x}^2 = \int\limits_{-\infty}^{\infty} v_x^2 \cdot w(v_x, T) \cdot \mathrm{d}v_x = \frac{k_B \cdot T}{m} \qquad (7.227)$$

Die Integrale lassen sich Integraltafeln entnehmen oder mit kleinen mathematischen Kniffen selbst errechnen[77,78]. Die Wahrscheinlichkeit, bei einer Messung an einem Edelgasatom eine Geschwindigkeit $\vec{v} = (v_x, v_y, v_z)$ im Intervall $\vec{v}, \vec{v} + \mathrm{d}\vec{v}$ zu finden, ergibt sich auf Grund der Unabhängigkeit der Zustände durch Multiplikation der Wahrscheinlichkeiten für die Messung der Geschwindigkeitskomponenten.

$$w(\vec{v}, T) = w(v_x, T) \cdot w(v_y, T) \cdot w(v_z, T) \qquad (7.228)$$

---

[75]   Die Formulierung „bei einer Messung ... im Intervall zu finden" ist etwas unhandlich und wird oft in ihrem Sinn nicht direkt verstanden. Deswegen mache man sich klar, dass Formulierungen wie Häufigkeit einer Geschwindigkeit v..." oder „die Wahrscheinlichkeit, eine Geschwindigkeit v zu messen" völlig sinnlos sind. Da unendlich viele sich auf beliebig viele Nachkommastellen messbare Geschwindigkeiten denkbar sind (die Geschwindigkeit eine kontinuierliche Messgröße ist), ist die Wahrscheinlichkeit, eine spezielle Geschwindigkeit zu messen, null!

[76]   Die Mittelwerte werden im Weiteren zur leichteren Lesbarkeit durch Querstriche indiziert.

[77]
$$\int\limits_{-\infty}^{\infty} e^{-x^2} \cdot \mathrm{d}x = \sqrt{\left(\int\limits_{-\infty}^{\infty} e^{-x^2} \cdot \mathrm{d}x\right)^2} = \sqrt{\iint\limits_{\pm\infty} e^{-\left(x^2 + y^2\right)} \cdot \mathrm{d}x \cdot \mathrm{d}y}$$
$$= \sqrt{\int\limits_{0}^{\infty} e^{-r^2} \cdot r \cdot \mathrm{d}r \cdot \int\limits_{0}^{2\pi} \mathrm{d}\varphi} = \sqrt{2 \cdot \pi} \cdot \sqrt{\int\limits_{0}^{\infty} e^{-z} \cdot \mathrm{d}z}$$

[78]
$$\int\limits_{-\infty}^{\infty} x^2 \cdot e^{-x^2} \cdot \mathrm{d}x = -\frac{d}{d\alpha}\left(\int\limits_{-\infty}^{\infty} e^{-\alpha \cdot x^2} \cdot \mathrm{d}x\right)_{\alpha=1} = -\frac{d}{d\alpha}\left(\sqrt{2 \cdot \pi / \alpha}\right)_{\alpha=1}$$

Eine Größe, die die Anschauung der Verhältnisse in dem betrachteten Edelgas fördert, ist die Bahngeschwindigkeit $v = |\vec{v}|$ eines Moleküls. Die Wahrscheinlichkeit $w(v,T)\,dv$ dafür, dass v im Intervall v bis $v + dv$ liegt, erhält man durch folgende Überlegung. Das genannte Intervall entspricht im Zustandsraum der Geschwindigkeitskomponenten einer Kugelschale, deren Volumen $4\pi v^2 dv$ ist. Die Wahrscheinlichkeit, eine Bahngeschwindigkeit innerhalb dieser Kugelschale zu finden, erhält man durch Integration der Wahrscheinlichkeitsdichten der Geschwindigkeitskomponenten innerhalb dieses Volumens.

$$w_v(v,T)\cdot dv = \iiint\limits_{V_{Kugelschale}} w(v_x,T)\cdot w(v_y,T)\cdot w(v_z,T)\cdot dv_x \cdot dv_y \cdot dv_z \qquad (7.229)$$

Da der Integrand innerhalb der Kugelschale gar nicht von den speziellen Werten der Geschwindigkeitskomponenten abhängt, gilt:

$$w_v(v,T) = 4\cdot\pi\cdot\left(\frac{m}{2\cdot\pi\cdot k_B \cdot T}\right)^{\frac{3}{2}}\cdot v^2 \cdot e^{-\frac{\frac{1}{2}\cdot m\cdot v^2}{k_B\cdot T}} \qquad (7.230)$$

Diese Wahrscheinlichkeitsdichte w_v beschreibt die so genannte Maxwell-Boltzmannsche-Geschwindigkeitsverteilung, die in Abb. 7.23 für verschiedene Temperaturen dargestellt ist.

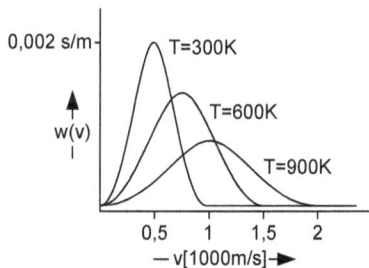

Abb. 7.23. *Die Maxwell-Boltzmannsche-Geschwindigkeitsverteilung*

Der Mittelwert der Bahngeschwindigkeit, der uns eine Vorstellung davon gibt, mit welchen Geschwindigkeiten die Moleküle in einem Gas umherfliegen, liegt in derselben Größenordnung wie die Schallgeschwindigkeit. Ein Sachverhalt, der der Anschauung des Impulstransportes durch Schall förderlich ist.

$$\bar{v} = \int\limits_0^\infty v\cdot w(v,T)\cdot dv = \sqrt{4\cdot\pi\cdot\frac{k_B\cdot T}{m}} \approx c_{Schall} \qquad (7.231)$$

Die Geschwindigkeitsverteilung zeigt eine bemerkenswerte Temperaturabhängigkeit, insbesondere nimmt bei einer Interpretation als Scharverteilung[79] die Anzahl der Atome, die eine sehr hohe Geschwindigkeit haben, mit steigender Temperatur sehr stark zu. Wenn wir annehmen, dass gerade diese Atome durch inelastische Stöße mit anderen eine chemische Reaktionen bestimmen, so erklärt sich die starke Temperaturabhängigkeit von chemischen Reaktionen. Diese Argumentation impliziert, dass bei einer chemischen Reaktion eine gewisse Schwellenergie beim Energieaustausch überschritten werden muss, damit die Stoßrealisierung von einer elastischen in eine inelastische Realisierung übergeht, ähnlich zweier Billardkugeln, die sich, wenn sie nur schnell genug aufeinanderprallen, zerstören. In der Struktur der Wahrscheinlichkeitsdichte erkennen wir unschwer den so genannten Arrhenius-Faktor wieder, der in der Chemie sehr häufig Verwendung findet. Auch das Phänomen der Verdunstungskälte ist vorstellbar, wenn wir annehmen, dass nur die schnellen energiereichen Moleküle die Flüssigkeit verlassen können. Die Häufigkeitsverteilung veranschaulicht das Verhalten in einem Gas und lässt Eigenschaften des Gases als Ganzes verstehen.

Mit Hilfe der Maxwell-Boltzmannschen Geschwindigkeitsverteilung lässt sich auch der Druck eines Gases auf die Wandung seines Behälters berechnen. Dazu berechnet man die Anzahl der Teilchen, die die Wandung in einem Zeitintervall erreichen und mit der Wand elastisch stoßen. Der Druck ergibt sich dann aus dem gesamten Impulsübertrag in dem Zeitintervall pro Flächeneinheit. Diese Skizze sollte lediglich zeigen, dass diese Größe aus der Geschwindigkeitsverteilung berechnet werden kann. Wir geben hier nur Vollständigkeit halber das Ergebnis an. In Übereinstimmung mit der thermischen Zustandsgleichung ergibt sich:

$$p = \frac{N}{V} \cdot m \cdot \frac{\sigma_{v_x}^2 + \sigma_{v_y}^2 + \sigma_{v_z}^2}{3} = \frac{N \cdot k_B \cdot T}{V} = \frac{n \cdot R \cdot T}{V} \qquad (7.232)$$

Die Maxwell-Boltzmannsche Geschwindigkeitsverteilung ist in unserem Kontext nur die beispielhafte Anwendung der allgemeinen Erfahrungen mit Fluktuationen auf den einfachen Fall des idealen Gases. An ihrem Beispiel ließen sich aber auch einige Besonderheiten der statistischen Physik diskutieren. Die ungewöhnlichste ist die, dass wir nicht mehr von einem Systemzustand sprechen, sondern nur noch von den Wahrscheinlichkeiten, mit denen ein Subsystem in einem Zustandsintervall befindlich ist, Für die physikalischen Größen des Gesamtsystems werden diese Wahrscheinlichkeiten jedoch faktisch zu Gewissheiten.

7.9.6   Schwankungen makroskopischer Größen

Die Auswirkung der statistischen Interpretation des Verhaltens eines Gases auf dieses als Ganzes ist für uns von besonderem Interesse. Wir sind ja nicht so sehr am Verhalten einzelner Atome oder Moleküle interessiert, sondern am Verhalten der Gesamtheit der Atome,

---

[79] Das heißt, wir denken uns eine Messung, bei der zu irgendeinem Zeitpunkt alle Bahngeschwindigkeiten der Edelgasatome aufgenommen und diese in Häufigkeitsklassen eingetragen wurden. Es wird angenommen, dass die Dichte der relativen Häufigkeitsverteilung der Maxwell-Boltzmann-Verteilung entspricht.

welches durch Größen beschrieben wird, die in der statistischen Interpretation alle Atome enthalten. Solche Größen nennt man makroskopisch. Die mittlere Energie $\bar{E}$ aller Gasatome ist so eine makroskopische Größe im Unterschied zur mittleren Energie eines Atoms. Diese Diskussion wollen wir im Phasenraum führen, der Einfachheit halber zunächst für ein ideales Gas. Der Phasenraum wird durch die Impulse $\vec{P}_i$ $i = 1,...; N$ der N Atome aufgespannt. Dieser Phasenraum ist $3N$-dimensional! Zu jedem Zeitpunkt wird der Zustand eines idealen Gases in der statistischen Interpretation durch einen Punkt in diesem Raum beschrieben. Wir wollen diesen Punkt symbolisch durch $\{\vec{P}_i\} = \vec{P}_1 \otimes \cdots \otimes \vec{P}_N$ abkürzen. Diesen Zustand können wir als Schwankung oder Fluktuation des Gases um den Gleichgewichtszustand $\{\vec{0}\}$ auffassen. Zunächst interessiert uns die Wahrscheinlichkeit für das Auftreten einer Schwankung in einem Phasenraumvolumenelement.

Die Wahrscheinlichkeit $P_P\left(\vec{P}_i, d^3\vec{P}_i\right)$, dass das i-te herausgegriffene Atom einen Impuls $\vec{P}_i$ im Volumenelement der Größe $d^3\vec{P} = dP_x \cdot dP_y \cdot dP_z$ um $\vec{P}_i$ hat, lässt sich aufgrund der Unabhängigkeit der Bewegung in den verschiedenen Raumrichtungen leicht angeben.

$$P_P\left(\vec{P}_i, d^3\vec{P}_i\right) = w_p\left(P_{xi}\right) \cdot w_p\left(P_{yi}\right) \cdot w_p\left(P_{zi}\right) \cdot dP_{xi} \cdot dP_{yi} \cdot dP_{zi} \qquad (7.233)$$

mit der Wahrscheinlichkeitsdichte

$$w_P(P) = \left(2 \cdot \pi \cdot m \cdot k_B \cdot T\right)^{-\frac{1}{2}} \cdot e^{-\frac{P^2}{m \cdot k_B \cdot T}} \qquad (7.234)$$

Sind die Wahrscheinlichkeiten für das Auftreten der Impulse der einzelnen Atome unabhängig voneinander, so ist die Wahrscheinlichkeit für das Auftreten einer Schwankung $\{\vec{P}_i\}$ im Phasenraumvolumen der Größe $d\Gamma = \prod_{i=1}^{N} d^3\vec{P}_i$ durch das Produkt der Einzelwahrscheinlichkeiten gegeben. Diese Unabhängigkeit, die wir im Weiteren annehmen, muss aber genauer hinterfragt werden. Ruht das Gas als Ganzes, können nur solche Schwankungen auftreten, für die gilt:

$$\sum_{i=1}^{N} \vec{P}_i = 0 \qquad (7.235)$$

Dies bedeutet, dass die Impulse der einzelnen Atome nicht unabhängig voneinander sind. Aufgrund der großen Anzahl der Atome können wir aber annehmen, dass diese Abhängigkeit vernachlässigbar ist. Solche Abhängigkeiten werden untersucht und man unterscheidet je nach Abhängigkeit zwischen mikrokanonischer, kanonischer oder großkanonischer Gesamtheit (von Schwankungen, die in Betracht gezogen werden). Für unsere weiteren Überlegungen sind diese Unterschiede aber nicht von Belang, so dass wir für die Wahrscheinlichkeitsdichte für das Auftreten einer Schwankung schreiben können:

$$w_{\{\vec{P}\}} = \left(2 \cdot \pi \cdot m \cdot k_B \cdot T\right)^{-\frac{3}{2} \cdot N} \cdot e^{-\frac{\sum\limits_i \vec{P}_i^2}{m \cdot k_B \cdot T}} \qquad (7.236)$$

bzw. für die Wahrscheinlichkeit

$$P_{\{\vec{P}\}}\left(\{\vec{P}_i\} d\Gamma\right) = w_{\{\vec{P}\}} \cdot d\Gamma \qquad (7.237)$$

Diese Größen sind im Weiteren Ausgangspunkt für die Berechnung der makroskopischen Größen. Das Besondere an der Wahrscheinlichkeitsdichte ist die Anhängigkeit dieser Größe von dem energetischen Wert der Schwankungen $E\{\vec{P}_i\}$.

$$E\{\vec{P}_i\} = \sum_i \frac{1}{2} \cdot \frac{\vec{P}_i^2}{m} \qquad (7.238)$$

Wir können also die Wahrscheinlichkeitsdichte in der folgenden nützlichen Form anschreiben:

$$w_{\{\vec{P}\}}\left(E\{\vec{P}_i\}\right) = \left(2 \cdot \pi \cdot m \cdot k_B \cdot T\right)^{-\frac{3}{2} \cdot N} \cdot e^{-\frac{E\{\vec{P}_i\}}{k_B \cdot T}} \qquad (7.239)$$

Eine wichtige schon diskutierte Größe ist die Energie des idealen Gases. In der statistischen Interpretation ergibt sich der einfache Zusammenhang.

$$\bar{E} = \frac{3}{2} \cdot N \cdot k_B \cdot T \qquad (7.240)$$

Dieser Mittelwert ergibt sich mit Hilfe der Wahrscheinlichkeitsdichte gemäß:

$$\bar{E} = \int\limits_{\substack{\text{gesamtes} \\ \text{Phasenraumvolumen}}} E\{\vec{P}_i\} \cdot w_{\{\vec{P}\}}\left(E\{\vec{P}_i\}\right) \cdot d\Gamma \qquad (7.241)$$

Dieses 3N-dimensionale Volumenintegral ist i. A. schwierig auszurechnen, im vorliegenden Fall werden wir jedoch die Werkzeuge dazu bereitstellen. Von größerem Interesse ist, die Schwankung der Energie σ_E auszurechnen, von der wir aus Erfahrung wissen, dass sie sehr klein sein muss, da wir sie in unserem Alltag nicht wahrnehmen.

$$\sigma_E^2 = \int\limits_{\substack{\text{gesamtes} \\ \text{Phasenraumvolumen}}} \left(E\{\vec{P}_i\} - \bar{E}\right)^2 \cdot w_{\{\vec{P}\}}\left(E\{\vec{P}_i\}\right) \cdot d\Gamma \qquad (7.242)$$

Zur Berechnung dieser Größen fragt man sinnvollerweise nach der Wahrscheinlichkeit $P_E(E, dE)$, bei einer Messung eine Energie des Gases im Intervall $E, E + dE$ zu finden.

$$P_E(E, dE) = w_E(E) \cdot dE \qquad (7.243)$$

Mit der Wahrscheinlichkeitsdichte w_E können wir die obigen Größen vereinfacht darstellen und besser diskutieren.

$$\bar{E} = \int\limits_0^\infty E \cdot w_E(E) \cdot dE \quad \text{und} \quad \sigma_E^2 = \int\limits_0^\infty \left(E - \bar{E}\right)^2 \cdot w_E(E) \cdot dE \qquad (7.244)$$

Im Weiteren werden wir die Wahrscheinlichkeitsdichte w_E durch die Wahrscheinlichkeitsdichte $w_{\{\vec{P}\}}$ berechnen.

Formal können wir den gesuchten Zusammenhang sofort hinschreiben.

$$w_E(E) \cdot dE = \int\limits_{\substack{\text{beschränkter} \\ \text{Phasenraum}}} w_{\{\vec{P}\}}\left(E\{\vec{P}_i\}\right) \cdot d\Gamma \qquad (7.245)$$

Die Integration ist jetzt über ein beschränktes Phasenraumvolumen zu erstrecken. Die Beschränkung ist dadurch definiert, dass nur über solche solche Schwankungen integriert wird, die einen energetischen Wert aus dem Intervall E, $E + dE$ besitzen. Aufgrund der Struktur Gl. 7.239 der Wahrscheinlichkeitsdichte einer Schwankung sind innerhalb dieses beschränkten Phasenraumvolumens alle Schwankungen gleich wahrscheinlich, so dass wir schreiben können:

$$w_E(E) \cdot dE = w_{\{\vec{P}\}}(E) \int\limits_{\substack{\text{beschränktes} \\ \text{Phasenraum}}} d\Gamma \qquad (7.246)$$

Es bleibt also die Berechnung des Phasenraumvolumens selbst, die im vorliegenden Fall möglich ist.

Aufgrund der einfachen Zustandsgleichung der Atome ist die Energiefunktion eine quadratische Form und die Linien konstanter Energie sind $3N$-dimensionale Kugeloberflächen mit dem „Radius" $\sqrt{2 \cdot m \cdot E}$. Die Größe, aus der wir alle uns interessierenden Phasenraumvolumina ableiten werden und die eng mit der noch zu diskutierenden Entropie zusammenhängt, ist das Phasenraumvolumen einer solchen Kugel $\Phi(E)$.

$$\Phi(E) = \int\limits_{E\{\vec{P}_i\} \leq E} d\Gamma \qquad (7.247)$$

Mit Hilfe dieses Phasenraumvolumens können wir Gl. 7.246 wie folgt umschreiben.

$$w_E(E) \cdot dE = w_{\{\tilde{p}\}}(E) \cdot \frac{d\Phi}{dE} \cdot dE \qquad (7.248)$$

Schon aus Gründern der Dimensionalität muss das Volumen der $3N$-dimensionalen Kugel die folgende Struktur besitzen:

$$\Phi(E) = c_N \cdot (2 \cdot m \cdot E)^{\frac{3 \cdot N}{2}} \qquad (7.249)$$

Die Konstante c_N können wir aus der Normierungsbedingung – die Wahrscheinlichkeit, dass eine Schwankung einen beliebigen energetischen Wert besitzt ist 1 – ausrechnen.

$$\int_0^\infty w_E(E) \cdot dE = \int_0^\infty w_{\{\tilde{p}\}}(E) \cdot \frac{d\Phi}{dE} \cdot dE = -\int_0^\infty \frac{dw_E(E)}{dE} \cdot \Phi(E) \cdot dE \qquad (7.250)$$

$$= \frac{1}{k_B \cdot T} \cdot \int_0^\infty w_{\{\tilde{p}\}}(E) \cdot \Phi(E) \cdot dE = 1$$

Bei der partiellen Integration haben wir ausgenutzt, dass die Wahrscheinlichkeitsdichte der Energieschwankungen an den Rändern des Integrationsgebietes verschwindet. Führen wir noch die Integrationsvariable $x = \dfrac{E}{2 \cdot m \cdot k_B \cdot T}$ ein, so erhalten wir:

$$1 = \frac{c_N}{\pi^{\frac{3N}{2}}} \cdot \int_0^\infty e^{-x} \cdot x^{\frac{3N}{2}} \cdot dx \text{ bzw. } c_N = \pi^{\frac{3N}{2}} \cdot \frac{1}{\displaystyle\int_0^\infty e^{-x} \cdot x^{\frac{3N}{2}} \cdot dx} \qquad (7.251)$$

Das c_N bestimmende Integral ist als Funktion von $t = 3N/2$ in Physik und Technik als Gamma-Funktion (kurz: $\Gamma(t)$) bekannt.

$$\Gamma(t-1) = \int_0^\infty x^{t-1} \cdot e^{-x} \cdot dx \qquad (7.252)$$

Für ganzzahlige $t > 1$ entspricht die Gamma-Funktion der Fakultät und ist gleichsam deren analytische Fortsetzung beliebiger Argumente. Durch partielle Integration und Berücksichtigung, dass der Integrand an den Integrationsgrenzen verschwindet, erhalten wir:

$$(t+1) \cdot \Gamma(t-1) = \Gamma(t) \qquad (7.253)$$

Für den vorliegenden Fall sehr großer Werte von t können wir die Gamma-Funktion näherungsweise explizit angeben. Dazu substituieren wir x durch $n \cdot z$ und erhalten

$$\Gamma(t-1) = t^{t-1} \cdot \int\limits_0^\infty z^t \cdot e^{-t \cdot z} \cdot dz \qquad (7.254)$$

$$= t^{t-1} \cdot e^{-t} \cdot \int\limits_0^\infty z^t \cdot e^{-t \cdot (z-1)} \cdot dz$$

$$= t^{t-1} \cdot e^{-t} \cdot \int\limits_0^\infty \left(e^{\ln z - (z-1)} \right)^t \cdot dz$$

Der Klammerausdruck besitzt ein Maximum an der Stelle 1 mit Wert 1 und fällt zu den Integrationsgrenzen auf den Wert null ab. Wird dieser Ausdruck potenziert, behält das Maximum seinen Wert, der Abfall auf den Wert null wird jedoch immer steiler. Für t sehr sehr groß wird der Integrand nur in der unmittelbaren Nähe des Maximums von null verschieden sein, so dass wir den Integrand durch eine Gauß-Funktion mit kleiner Varianz annähern können. Dies führen wir praktisch durch Entwicklung des Exponenten bis zum quadratischen Glied aus und erhalten näherungsweise für den Integranden und die Gamma-Funktion:

$$\left(e^{\ln z - (z-1)} \right)^t \cong e^{-\frac{1}{2} \cdot t \cdot (z-1)^2} \qquad (7.255)$$

bzw.

$$\Gamma(t-1) \cong t^t \cdot e^{-t} \cdot \sqrt{2 \cdot \pi \cdot t} \qquad (7.256)$$

Gleichung 7.256 ist die berühmte Stirlingsche Formel, mit der $n!$ für große n berechnet werden kann. Nach dieser kleinen mathematischen Exkursion können wir die Wahrscheinlichkeitsdichte w_E kompakt darstellen.

$$w_E(E) = \frac{3N}{2} \cdot \frac{1}{k_B \cdot T} \cdot \left(\frac{E}{k_B \cdot T} \right)^{\frac{3N}{2}-1} \cdot e^{-\frac{E}{k_B \cdot T}} \qquad (7.257)$$

Mit unserer Diskussion der Gamma-Funktion können wir sofort Mittelwert und Varianz der Energie berechnen. Der Mittelwert ergibt sich gemäß Gl. 7.240 und die Varianz zu:

$$\sigma_E^2 = \frac{2}{3N} \cdot \overline{E}^2 \qquad (7.258)$$

Gleichung 7.258 müssen wir dahingehend lesen, dass die relative Abweichung bei einer Energiemessung umgekehrt proportional zur Wurzel aus der Teilchenzahl abnimmt. Das heißt bei der Größenordnung der Atomzahl eines idealen Gases, dass im Rahmen der äußeren Fehler eine Energieschwankung nicht gemessen wird. Dies ist eine etwas tiefschürfendere Begründung dafür, dass die statistische Interpretation überhaupt gelingen kann. Diese Begründung kann auch an der Wahrscheinlichkeitsdichte selbst durchgeführt werden, wenn wir diese auf die mittlere Gesamtenergie als Parameter umschreiben.

$$w_E(E) = \frac{1}{\sqrt{2 \cdot \pi}} \cdot \sqrt{\frac{3N}{2}} \cdot \frac{1}{\overline{E}} \cdot \left(\frac{E}{\overline{E}}\right)^{\frac{3N}{2}-1} \cdot e^{-\frac{3N}{2}\frac{E-\overline{E}}{\overline{E}}} \qquad (7.259)$$

In Anlehnung an die Diskussion des Integranden der Gamma-Funktion sehen wir, dass die Wahrscheinlichkeitsdichte als Funktion der Energie nur in unmittelbarer Nähe des Mittelwertes von null verschieden ist, wir bei einer Messung im Wesentlichen solche Schwankungen beobachten, deren Energie in einem Intervall $\overline{E} \pm \sqrt{\frac{\pi}{2}} \cdot \sigma_E$ liegen. Bemerkenswert ist weiterhin, dass die Wahrscheinlichkeitsdichte keine mikroskopischen Details der Atome enthält.

7.9.7   Die thermische Zustandsgleichung

Der nächste Schritt ist die Anwendung unserer Interpretation auf die Zustandsgleichung. Wir betrachten hier nicht das Scharmittel, sondern wie bei der kalorischen Zustandsgleichung wieder das zeitliche Verhalten eines Subsystems oder des Messgerätes.

$$x_i(t) = x\left(\frac{M}{n}\right) + \frac{dx}{dM_i} \cdot \Delta M_i(t) + \frac{1}{2} \cdot \frac{d^2 x}{dM_i^2} \cdot \Delta M_i(t) \cdot \Delta M_i(t) \qquad (7.260)$$

$$= x\left(\frac{M}{n}\right) + \frac{dx}{dM_i} \cdot \Delta M_i(t) + \frac{1}{2} \cdot \frac{dM_i}{dx} \frac{d^2 x}{dM_i^2} \cdot \Delta x_i(t) \cdot \Delta M_i(t)$$

$$= x\left(\frac{M}{n}\right) + \frac{dx}{dM_i} \cdot \Delta M_i(t) + \frac{1}{2} \cdot N \cdot \frac{d\ln\left|\frac{dx}{dM}\right|}{dM} \cdot \Delta x_i(t) \cdot \Delta M_i(t)$$

Mitteln wir diesen Ausdruck über die Zeit, so verschwindet der mittlere Summand und den letzen Summanden können wir mit Hilfe von Gl. 7.206 auswerten. Wir erhalten die thermische Zustandsgleichung:

$$x\left(\frac{M}{n}, T\right) = x\left(\frac{M}{n}\right) + \frac{1}{2} \cdot N \cdot k_B \cdot T \cdot \frac{d\ln\left|\frac{dx}{dM}\right|}{dM} \qquad (7.261)$$

Wieder werden die Effekte der Temperatur auf die Zustandsgleichung durch diese bei $T = 0$ vollständig beschrieben. Einfache, d. h. die lineare Zustandsgleichung wird durch die Schwankungen nicht beeinflusst. Die Geschwindigkeit eines Gases als Ganzes hängt nur von der dem Gas innewohnenden Impulsmenge ab. Die Impulsschwankungen innerhalb des Gases haben keinen Einfluss auf die Geschwindigkeit des Gases als Ganzem.

Erstaunlich ist in diesem Lichte die thermische Zustandsgleichung eines idealen Gases, die für $T = 0$ unabhängig vom Volumen V einen verschwindenden Druck liefert. Nun wissen wir, dass bei $T = 0$ einige seltsamen Dinge passieren, so dass wir zur Generierung, der thermischen Zustandsgleichung eines idealen Gases annehmen, dass für $T = 0$ gilt:

$$p\left(\frac{V}{n}\right) = -c \cdot \frac{n}{V} \quad \text{mit} \quad c << 1 \tag{7.262}$$

Setzen wir diese Gleichung in 7.261 ein und beachten, dass wir x durch $-p$ ersetzen müssen, so erhalten wir

$$p\left(\frac{V}{n}, T\right) = p\left(\frac{V}{n}\right) + \frac{N \cdot k_B \cdot T}{V} \tag{7.263}$$

Überraschenderweise hängt der zweite Summand gar nicht von der als sehr klein angenommenen Größe c ab, so dass wir diese in Gl. 7.263 gleich null setzen können und die uns bekannte Zustandsgleichung erhalten.

$$p\left(\frac{V}{n}, T\right) = \frac{N \cdot k_B \cdot T}{V} = \frac{n \cdot R \cdot T}{V} \tag{7.264}$$

Die Erweiterung auf Systeme mit mehr Freiheitsgraden gelingt mit elementaren Mitteln.[80]

$$\vec{x}\left(\frac{\vec{M}}{n}, T\right) = \vec{x}\left(\frac{\vec{M}}{n}\right) + \frac{1}{2} \cdot N \cdot k_B \cdot T \cdot \frac{d\ln\left|\det\left(\frac{d\vec{x}}{d\vec{M}}\right)\right|}{d\vec{M}} \tag{7.265}$$

Die bisher abgeleiteten Resultate führen im Eimermodell zu dem Bild (Abb. 7.24), das uns an ein frisch gezapftes Bier erinnert. Die Schwankungen können wir als eine Art Schaum darstellen. Dieses Bild erklärt auch sehr anschaulich, dass es bei einfachen linearen Zustandsgleichungen durch den Schaum zu keiner Änderung des Mittelwertes kommt.[81] In diesem Bild ist die Temperatur durch die Höhe des Schaumes repräsentiert. Die Entropie, der wir uns jetzt zuwenden, ist eine Art Fluktuationsmenge und kann bildlich mit der Schaummenge in Verbindung gebracht werden, die im Unterschied zu einem Bier immer zunimmt.

---

[80] Für die Unterstützung der Anwendung dieser elementaren Mittel bin ich meinem Kollegen Prof. Dr. Karlheinz Schüffler zu Dank verpflichtet.

[81] Dies erklärt auch anschaulich die thermische Zustandsgleichung eines elastischen Körpers, die nur durch den Druck des Raumes entsteht, nicht aber durch die „Federn". Physikalisch bedeutet das, dass durch eine Temperaturänderung eines elastischen Körpers bei konstantem Druck keine Scherspannungen entstehen können.

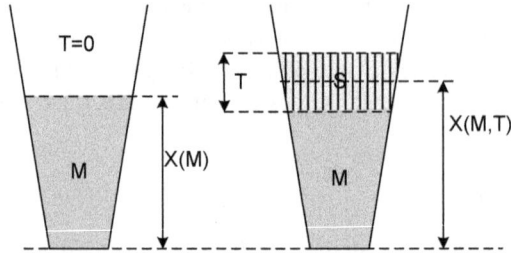

Abb. 7.24. *Die statistische Interpretation der thermischen Zustandsgleichung im Eimer-Modell*

7.9.8   Phasenraum und Entropie

Die Entropie entpuppt sich also als eine Art Schwankungsmenge des Gesamtsystems. Der Schaum in Abb. 7.24 wird anschaulich durch die Schwankungen gebildet. Die Dichte und Höhe des Schaums ist verbunden mit den im System realisierten Schwankungen und kann auf das Phasenraumvolumen Φ^*, das die am häufigsten auftretenden Schwankungen bildet, beschrieben werden. Um diese vage Formulierung genauer zu fassen, berechnen wir zunächst das Phasenraumvolumen Φ^* für den Fall des idealen Gases. Aufgrund der Schärfe der Wahrscheinlichkeitsdichte w_E (Gl. 7.259) werden faktisch nur Schwankungen beobachtet, die in einer Kugelschale im Abstand $\sqrt{2 \cdot m \cdot \overline{E}}$ vom Ursprung des Phasenraumes liegen und die die Dicke $\sqrt{2 \cdot \pi} \cdot \sigma_E$ haben.

$$\Phi^*\left(\overline{E}\right) = \left.\frac{\mathrm{d}\Phi}{\mathrm{d}E}\right|_{E=\overline{E}} \cdot \sqrt{2 \cdot \pi} \cdot \sigma_E \tag{7.266}$$

Setzen wir die in Kap. 7.9.6 gewonnen Ergebnisse ein und wenden die Stirlingsche Formel an, so erhalten wir, dass das gesuchte Phasenraumvolumen dem Volumen einer Kugel im Phasenraum mit dem Radius $\sqrt{2 \cdot m \cdot \overline{E}}$ entspricht.

$$\Phi^*\left(\overline{E}\right) = \Phi\left(\overline{E}\right) \tag{7.267}$$

Dieses Resultat ist der hohen Dimensionalität des Phasenraumes geschuldet. In hochdimensionalen Räumen ist das Volumen einer Kugel weitestgehend durch die oberflächennahen Kugelschalen bestimmt. Ein Vergleich mit dem Normierungsfaktor der Wahrscheinlichkeitsdichte Gl. 7.236 führt zu einer weiteren verallgemeinerungsfähigen Definition des Phasenraumvolumens Φ^*. Mit der Stirlingschen Formel können wir auch schreiben

$$\Phi^*\left(\overline{E}\right) = \int\limits_{\text{Phasenraum}} \mathrm{e}^{-\frac{3N}{3} \cdot \frac{E\{\vec{P_i}\} - \overline{E}}{\overline{E}}} \cdot \mathrm{d}\Gamma \tag{7.268}$$

Dieses Ergebnis lässt sich für beliebige Zustände verallgemeinern.

$$\Phi^*\left(\overline{E},\overline{M}\right) = \int\limits_{\text{Phasenraum}} e^{-\frac{f\cdot N}{2}\frac{E\{\overline{M}_i\}-\overline{E}}{\overline{E}-E\left(\overline{M}\right)}} \cdot d\Gamma \tag{7.269}$$

Der dergestalt definierte Phasenraum, den wir als das Volumen ansehen dürfen, welches von den am „häufigsten" beobachteten Schwankungen eingenommen wird, wird bei einem gegebenen System nur von den makroskopischen Werten bestimmt. Differenzieren wir dieses Phasenraumvolumen nach diesen Parametern, so erhalten wir folgende Resultate, die uns zur Interpretation der Entropie führen.

$$\frac{d\Phi^*\left(\overline{E},\overline{M}\right)}{d\overline{E}} = \frac{1}{k_B\cdot T} \tag{7.270}$$

und

$$\frac{d\Phi^*\left(\overline{E},\overline{M}\right)}{d\overline{M}} = -\frac{\vec{x}\left(\overline{M},T\right)}{k_B\cdot T} \tag{7.271}$$

Durch den Vergleich mit Gl. 7.79 können wir zumindest im Gleichgewicht bis auf eine additive Konstante die Entropie als den Logarithmus des Phasenraumvolumens interpretieren. Dies ist die berühmte Boltzmannsche Formel.

$$S\left(\overline{E},\overline{M}\right) = k_B\cdot \ln\Phi^*\left(\overline{E},\overline{M}\right) \tag{7.272}$$

Dieser unscheinbare Zusammenhang ist Ausgangspunkt für viele weitreichende Überlegungen. Wir halten hier zunächst fest, dass diese Definition der Entropie gut zu unserer Vorstellung der Schwankungsmenge passt. Das Phasenraumvolumen ist ein Maß für die Anzahl der möglichen Schwankungen. Der Logarithmus des Phasenraumvolumens ist proportional zur Systemmenge, so dass die obige Definition sinnvoll erscheint. Die Entropie ist auch eine Größe, die nur makroskopisch sinnvoll ist. Es ist Unsinn, von der Entropie einer Schwankung zu sprechen.

Der zweite Hauptsatz, der die Erfahrung beschreibt, dass die Gesamtentropie einer isolierten Anordnung anwächst, muss dann dahingehend interpretiert werden, dass die innere Dynamik der Subsysteme dergestalt sein muss, dass die Subsysteme der Anordnung einen möglichst großen Phasenraum zu durchlaufen versuchen. Dies ist eine Anforderung, die nicht einfach einzusehen ist. Denken wir uns z.B. ein Gas, dessen Moleküle die Newtonschen Bewegungsgleichungen erfüllen, so ist es zunächst unmöglich, diese nahezu unendlich vielen Bewegungsgleichungen zu lösen und die dazugehörigen Anfangsbedingungen zu bestimmen. Dennoch sagt uns der zweite Hauptsatz, dass – vorausgesetzt die Newtonschen Bewegungs-

gleichungen gelten für so kleine Objekte wie Atome –, unabhängig von den Anfangsbedingungen die Trajektorie des Systems im Laufe der Zeit ein maximales durch die äußeren Bedingungen wie Energie und Volumen definiertes Phasenraumvolumen durchläuft. Dies zu
beweisen, ist für den theoretischen Physiker eine harte Nuss, die nur für einzelne einfache
Fälle geknackt wurde.

Der Inhalt der Interpretation Gl.7.272 wird klarer, wenn wir sie auf makroskopische Subsysteme einer Anordnung anwenden. Betrachten wir nur makroskopische Größen, so können
wir aufgrund der für große N vernachlässigbaren Schwankungen der Energie und der Systemmenge behaupten: Die Wahrscheinlichkeit bei einer Messung an einer Anordnung mit
der Gesamtenergie $\overline{E}$ und der Zustandsmenge $\overline{\overline{M}}$, eine Konfiguration $\{M_i\}$ im Phasenraumvolumen $d\Gamma$ zu messen, ist

$$\frac{d\Gamma}{\Phi^*\left(\overline{E},\overline{\overline{M}}\right)}, \text{ wenn } \left\{\vec{M}_i\right\} \text{ aus } \Phi^* \qquad (7.273)$$

$$0, \text{ sonst}$$

Wir betrachten jetzt einen Parameter a der Anordnung, mit dessen Hilfe verschiedene
makroskopische Zustände der betrachteten Anordnung unterschieden werden können. Betrachten wir z. B. ein ideales Gas, so können wir uns unter dem Parameter a die Lage einer
Trennwand innerhalb des Gases vorstellen. Im Gleichgewicht ist die Lage der Trennwand
eindeutig durch das mechanische Druckgleichgewicht festgelegt. Das Attribut makroskopisch bezieht sich darauf, dass die Wahrscheinlichkeitsverteilung dieser Größe durch die
Wahrscheinlichkeit für das Auftreten von Konfigurationen festgelegt ist.

Fixieren wir bei konstanter Energie und Zustandsmenge a auf einen Wert $a_{gl}+\delta a$, der nicht
dem Gleichgewichtswert von a entspricht, so schränken wir dadurch den der Anordnung zur
Verfügung stehenden Phasenraum ein.

$$\Phi^*(\overline{E},\overline{\overline{M}},a_{gl}+\delta a) < \Phi^*(\overline{E},\overline{\overline{M}},a_{gl}) \qquad (7.274)$$

In der Sprache des zweiten Hauptsatzes:

$$S\left(\overline{E},\overline{\overline{M}},a_{gl}+\delta a\right) < S\left(\overline{E},\overline{\overline{M}},a_{gl}\right) \qquad (7.275)$$

Fragen wir nach der Wahrscheinlichkeit für das Auftreten von Konfigurationen, die bei einer
Messung einen Wert für a im Intervall a, $a + da$ erzeugen und vergleichen diese Wahrscheinlichkeit mit der Wahrscheinlichkeit dafür, bei einer Messung einen Wert von a im Intervall
a_{gl}, $a_{gl} + da$ zu erzeugen, so können wir dieses Verhältnis sofort anschreiben, da ja alle Konfigurationen gleich wahrscheinlich sind.

$$\frac{P\left(\overline{E},\overline{M},a\right)}{P\left(\overline{E},\overline{M},a_{gl}\right)} = \frac{\Phi*\left(\overline{E},\overline{M},a\right)}{\Phi*\left(\overline{E},\overline{M},a_{gl}\right)} = e^{\frac{S\left(\overline{E},\overline{M},a\right)-S\left(\overline{E},\overline{M},a_{gl}\right)}{k_B}} \qquad (7.276)$$

Diese Beziehung ist besonders bemerkenswert, da sie nur thermodynamische Größen enthält. Darüber hinaus ist der Exponent immer negativ und sehr groß.

Betrachten wir zum Beispiel eine auf der Erdoberfläche liegende Kugel der Temperatur T und fragen nach der Wahrscheinlichkeit, dass diese Kugel sich in die Höhe bewegt und sich dabei abkühlt. Energetisch ist dieser Prozess möglich. Wäre er beobachtbar, nähme die Entropie jedoch ab.

$$\Delta S = \frac{\Delta E}{T} = -\frac{m \cdot g \cdot h}{T} \qquad (7.277)$$

Setzen wir „normale" Werte ein, so erhalten wir für das o. g. Verhältnis den unvorstellbar kleinen Wert $e^{-10^{23}}$, was faktisch bedeutet, dass der Prozess des Hochspringens nie realisiert wird.

Wenden wir die Resultate der Entropieinterpretation auf das ideale Gas an, so finden wir die Volumenabhängigkeit der Entropie, die ja im Fall des idealen Gases den Druck bestimmt, nicht richtig wiedergegeben. Das liegt daran, dass wir stillschweigend angenommen haben, dass die räumliche Verteilung der Gasmoleküle konstant ist. Geben wir ein äußeres Volumen vor, so kann jedes Gasatom irgendwo in dem Volumen sein. Der Phasenraum, der in diesem Spezialfall nur indirekt energetisch durch die Wandung eingeschränkt ist, ist das räumliche Volumen.

$$\Phi_V(V) \approx V^N \qquad (7.278)$$

Über die Proportionalitätskonstante wollen wir uns keine Gedanken machen, da diese bei den von uns betrachteten physikalischen Prozessen keine Rolle spielt. Das gesamte Phasenraumvolumen eines idealen Gases ergibt sich durch Multiplikation

$$\Phi*_{id.Gas}\left(\overline{E},V\right) = \Phi*\left(\overline{E}\right) \cdot \Phi_V(V) \qquad (7.279)$$

in Übereinstimmung mit der Entropie des idealen Gases.

Die Statistische Interpretation der Wärmelehre, deren wesentliche Ergebnisse wir hier nur schlaglichtartig präsentieren konnten, wirft bei genauerer Betrachtung mehr Fragen auf, als sie löst. Das Verhalten der Materie bei tiefen Temperaturen – die Temperaturabhängigkeit der spezifischen Wärme – kann nicht gelöst werden. Andererseits gibt diese Interpretation so viele Züge der Wärmelehre richtig wieder, dass man das sichere Gefühl hat, auf einem richtigen Weg zu sein. In Konsequenz behält die statistische Interpretation ihre Gültigkeit; die Newtonsche Mechanik, der wir unterstellt haben, dass sie auch den geringsten Energie- und Impulsaustausch zwischen den Molekülen richtig beschreibt, muss durch eine Quantenmechanik ersetzt werden. Diese Schwierigkeiten und die daraus resultierende Lösung stehen im umgekehrten Verhältnis zur Akzeptanz in unserem Alltag. Während der „einfache" Begriff der Entropie kaum Eingang in unsere alltägliche Denkweise gefunden hat, hat jedes Kind eine Vorstellung von einem aus Atomen bestehenden Körper. Wir finden hier einen ganz allgemeinen Zug des Reduktionismus. Schnell glaubt man, durch die Zerlegung einer Problemstellung in seine Bestandteile und dem Verständnis der Bestandteile die ursprüngliche Problemstellung gelöst zu haben. Eine ähnliche Situation haben wir, wie schon erwähnt, auch in der Gentechnologie, wo man grob gesagt ein Lebewesen in seine Bestandteile zerlegt, diese verstehen lernt, und dann glaubt, man habe das Wesen des Lebendigen verstanden.

Auf eine ganz andere Art von Schwierigkeit trifft man, wenn das Verhalten von Systemen am kritischen Punkt statistisch behandelt werden soll. Einerseits kann man optimistisch sein, durch die Berücksichtigung der sehr großen Fluktuationen die Beschreibung der kritischen Phänomene quantitativ zu verbessern, andererseits sind alle hier vorgestellten Resultate unter der Voraussetzung kleiner Fluktuationen abgeleitet worden. Der mathematische Aufwand der Berücksichtigung auch großer Fluktuationen ist immens und erst in den 80er Jahren des vorigen Jahrhunderts befriedigend gelöst worden.

Abschließend wollen wir noch auf eine weitere Interpretation der Entropie als Maß unserer Unkenntnis oder der Unordnung eingehen. Mit der Vergrößerung des Phasenraums – dem Anwachsen der Entropie – wird die Wahrscheinlichkeit, das System in einem speziellen Phasenraumvolumen zu finden, immer geringer. Unsere Kenntnis über den „Aufenthaltsort" nimmt ab. Das ist natürlich schon eine philosophische Interpretation. Man kann mit der gleichen Berechtigung behaupten, dass unsere Kenntnis zunimmt, da wir ja wissen, dass im Gleichgewicht die Wahrscheinlichkeit für jedes Phasenraumvolumen gleich ist. Man kann sich diese Problematik an seinem Schreibtisch sehr schön deutlich machen. Wir beginnen den Tag mit einem aufgeräumten Schreibtisch, bei dem alle zu bearbeitenden Blätter eine Ordnung haben. Dieser Ordnung entspricht eine Realisierung der Verteilung der Arbeitsblätter. Im Laufe des Tages bearbeiten wir die Blätter, legen Sie nach links und rechts, unter und übereinander und irgendwann ist der Punkt gekommen wo wir uns nicht mehr zurechtfinden. Es herrscht Unordnung. Dieser Unordnungszustand hat viele Realisierungen, da es auf die individuelle Lage der Blätter nicht ankommt. Das Phasenraumvolumen der Unordnung ist viel größer als das der Ordnung. So können wir mit einem gewissen Recht behaupten, das dieses alltägliche Phänomen des Anwachsens der Unordnung ein Spezialfall des zweiten Hauptsatzes in der statistischen Interpretation ist. Das ist umso überraschender, da wir in der Wärmelehre nie darauf gekommen wären, dieses „Unordnungsgesetz" als Teil der Wärmelehre zu begreifen. Das liegt daran, das hier ganz allgemeine Züge der Statistik zum Tragen kommen, die sowohl auf Phänomene der Wärmelehre angewandt werden können als auch auf andere.

8   Zusammenfassung

Wir haben in diesem Buch mit riesigen Schritten ein gewaltiges Gebiet der Physik durcheilt. Dabei haben wir uns auf homogene Systeme beschränkt und die wesentlichen Begriffe der Sprache der Physik und der Ingenieure herausgearbeitet. Wir konnten zeigen, dass das Eimermodell ganz hilfreich ist, um diese Begriffe zu sortieren. Wir hoffen auch, deutlich gemacht zu haben, dass die Physik eigentlich ein sehr einfaches Gebiet ist, an dem man viele Fragestellungen und Denkschemata der uns umgebenden Welt vereinfacht – quasi prototypisch – nachvollziehen kann. Insbesondere die Möglichkeit, alle Zustandsmengen auf Qualitäten von Impulsmengen zurückzuführen, ist wichtig zum Verständnis der modernen Physik. Drei große Problemfelder haben wir dabei vor uns hergeschoben. Erstens die Frage wie die Zustandsmengen in die „Eimer" hineinströmen. Die Beantwortung dieser Fragen führt auf die Bewegung von Mengen unabhängig von ihren „Gefäßen", was wiederum neue Phänomene und Begriffe – Ausbreitung von Wellen, Feldstärke, Interferenz, Kohärenz etc. – verständlich macht. Schwieriger wird der zweite Problemkreis der Behandlung des Systems Raum mit dessen Zuständen und das Ernstnehmen dieses Systems in seinen Auswirkungen auf unsere Vorstellung von Raum und Zeit. Je weiter wir in diese Problemkreise, die Kenntnisse der gesamten Elektrodynamik erfordert, vordringen, desto deutlicher werden prinzipielle Schwächen unseres Denkschemas, die durch die Quantenmechanik wie durch einen Befreiungsschlag überwunden wird und ein ganz neues Tor zum Verständnis der Welt aufstößt. Alle diese Problemstellungen sind methodisch eng mit der Behandlung inhomogener Systeme verknüpft, die mit den Methoden der Feldtheorie behandelt werden. Die Einführung in diese Methoden sprengt jedoch den Rahmen dieses Buches.

So einfach das vorgestellte Denkschema im Nachhinein erscheinen mag, so schwierig war dessen Ausarbeitung. Und es wäre unmöglich gewesen, es zu etablieren, wenn nicht unzählige Physiker mit großem Geschick und einer ungeheuren Präzision durch Experimente die richtigen Fragen an die Natur gestellt hätten und auf abstraktem Niveau die Erfahrungen gewonnen hätten, die durch das Denkschema interpretiert werden. Diese Seite der Physik findet in der vorliegenden Darstellung keine ausreichende Würdigung. Das vorliegende Buch beleuchtet nur einen Aspekt der Physik und jeder, der sich für Physik interessiert, sollte andere Bücher, von denen es sehr viele gute gibt, hinzuziehen und sich ein eigenes Bild der Welt entwerfen. Denken heißt auch zweifeln, und so wird der Leser mit der Bitte entlassen, das Geschriebene immer auch als Provokation zu lesen und zu hinterfragen.

Sachregister